나합격
자동화설비기능사
필기 X 무료특강

나만의 합격비법
나합격은 다르다!

나합격 독자만을 위한
무료 동영상강의

공부가 어려우신가요?
합격을 위한 모든 동영상 강의를 무료로 시청할 수 있습니다.
지금 바로 나합격 쌤을 만나보세요.

> 오리엔테이션 → 이론 특강 → 기출 특강

신규 무료특강은 교재 출간 후 순차적으로 촬영 및 편집되어 업로드 됩니다.

모든 시험정보가 한곳에!
나합격 수험생지원센터

이제 혼자서 공부하지 마세요.
합격후기, 시험정보, Q&A 등 나합격 독자분들을 위한
다양한 서비스를 네이버 카페를 통해 지원받을 수 있습니다.

> 시험자료 → 질의응답 → 합격후기

 본서의 정오사항은 상시 업데이트 해드리고 있습니다.
정오표 확인 및 오류문의는 네이버 카페를 이용해 주세요.

나합격 오픈카톡방 운영!

자격증 시험정보 및 진로정보 공유

나합격 교재인증 & 무료 동영상 수강방법

나합격 카페 가입하기

공부하는 자격증에 해당하는 카페에 가입합니다.

https://cafe.naver.com/napass1　　search

교재인증페이지에 닉네임 작성

교재 맨 뒤페이지의 교재인증페이지에
가입하신 카페 닉네임을 지워지지 않는 펜으로 작성합니다.

교재인증페이지 촬영하기

교재인증페이지 전체가 나오게 촬영합니다.
중고도서 및 보정의 여지가 보일 경우 등업이 불가합니다.

나합격 카페에 게시물 작성하기

등업게시판에 촬영한 이미지를 업로드합니다.
평일 1일 3회(오전 9시 ~ 오후 6시 사이) 등업을 진행됩니다.

무료 동영상 시청하기

카페 등업이 완료된 후 해당 카페에서 무료 동영상 시청이 가능합니다.

NOTICE

교재인증 및 무료 강의 수강 방법에 대한 자세한 설명을
QR코드를 찍어 영상으로 확인해보세요!

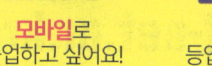

모바일로 등업하고 싶어요!　　**PC**로 등업하고 싶어요!

시험접수부터 자격증발급까지 응시절차

01
시험일정 & 응시자격조건 확인

- 큐넷 시험일정안내에서 응시종목의 접수기간과 시험일을 확인합니다.
- 큐넷 자격정보에서 응시종목의 자격조건을 확인합니다(기능사 제외).

04
필기시험 합격자 발표

- 인터넷, ARS 또는 접수한 지사에서 공고됩니다.
- CBT의 경우 큐넷 합격자 발표조회에서 바로 확인이 가능합니다.

www.Q-net.or.kr 큐넷은 한국산업인력공단에서 운영하는 국가 자격증 포털 사이트입니다.

02 필기시험 원서접수

- 큐넷 www.Q-net.or.kr 에 로그인 합니다.
  (회원가입 시 반명함판 사진 등록 필수)
- 큐넷 원서접수에서 신청순서에 따라 접수하면 됩니다.
- 시험일자 및 장소는 현재접수 가능인원을 반드시 확인 후 선택해야 합니다.
- 결제하기에서 검정수수료 확인 후 결제를 진행합니다.

03 필기시험 응시 및 유의사항

- 신분증은 반드시 지참해야 하며, 기타 준비물은 큐넷 수험자준비물에서 확인하시면 됩니다.
- 시험시간 20분 전부터 입실이 가능합니다.
  (시험시간 미준수 시 시험응시 불가)

05 실기시험 원서접수

- 인터넷 접수 www.Q-net.or.kr 만 가능하며, 필기시험 합격자에 한하여 실기접수기간에 접수합니다.
- 최종합격여부는 큐넷 홈페이지를 통해 확인 가능합니다.

06 자격증 신청 및 수령

- 큐넷 자격증신청에서 상장형, 수첩형 자격증 선택
- 상장형 무료 / 수첩형 수수료 6,110원

콕!집어~ 꼭!필요한 자동화설비기능사 오리엔테이션

자동화설비기능사 필기시험 출제 기준

2024.1.1부로 생산자동화기능사에서 **자동화설비기능사**로 자격명칭이 변경됩니다. 자격명칭은 변경되었으나 출제기준은 기존과 동일합니다.

자동화설비기능사 필기시험 시험 정보

시험과목
자동화요소제어기술

검정방법
객관식 4지 택일형 60문항(60분)

합격기준
각각 100점 만점으로 60점 이상 득점 시 합격

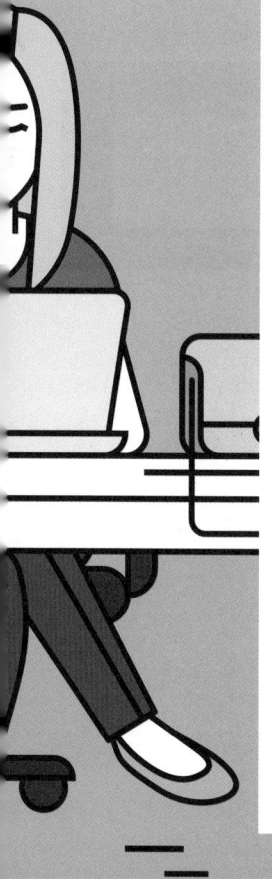

필기시험에서 꼭 필요한 숙지사항은?

- 01 기계 및 전기 기본 이론을 폭넓게 공부하기
- 02 핵심 요약 정리 암기하기
- 03 기출문제 풀면서 본문 내용 정리하기
- 04 최소 5개년 기출문제 완벽히 암기하기

필기시험은 다른 자격증 공부하는 방법과 똑같이 기출문제 중심으로 5개년치 내용을 정리하다 보면 자연스럽게 전체적인 흐름을 이해하여 어떤 문제가 나와도 당황하지 않고 정답을 골라낼 수 있을 것입니다.

실기시험에서 꼭 필요한 숙지사항은?

- 01 입력 및 출력 배선과 할당, PLC 프로그램 이해
- 02 시퀀스 회로도 이해
- 03 3D 모델링 툴 기능 익히기
- 04 실기 기출 유형을 충분히 풀어보기

실기시험은 PLC작업 + CAD 작업으로 이루어집니다. PLC 작업에서는 기본적인 시퀀스 회로를 이해하고 배선 및 할당을 수차례 연습하시면 자기만의 프로그램 짜는 방식이 생길 것입니다. 시간이 많은 편이 아니기 때문에 충분한 연습을 통해 시험장에서 빠르게 프로그램을 짤 수 있는 것이 중요합니다. CAD 작업에서는 3D 모델링 툴을 사용해야하는데 INVENTOR, SOLIDWORKS, CATIA 등 많은 프로그램 중 본인에게 맞는 프로그램을 사용하는 것이 좋습니다. 자동화설비기능사에서의 CAD 작업은 투상이 필요 없고 도면 그대로 나타내기만 하면 되기 때문에 따라하기식으로 연습하면 충분히 합격할 수 있을 것입니다.

STEP 01
중요내용을 빠르게 파악하는 핵심이론 구성

NEW DESIGN

나합격만의 아이덴티티를 강조한
새로운 디자인과 함께 최신 출제경향을
완벽히 반영한 최신 개정판입니다.

본문의 이론을 유기적인 보충설명을 통해
지루하지 않고 탄탄하게 흡수하도록 구성했습니다.

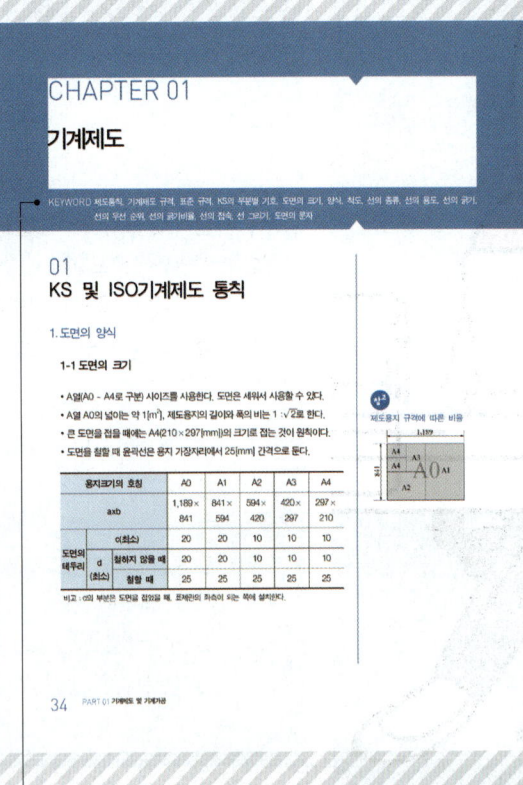

KEYWORD

빅데이터 키워드를 통해
시험에 중요한 키워드를
확인하세요.

본문 날개구성

독창적인 날개구성을 통해
이론학습에 도움을 주는
다양한 컨텐츠를 제공합니다.

핵심 KEY

용어정리부터 핵심KEY까지
다양한 보충 설명과 정보로
학습에 도움을 드립니다.

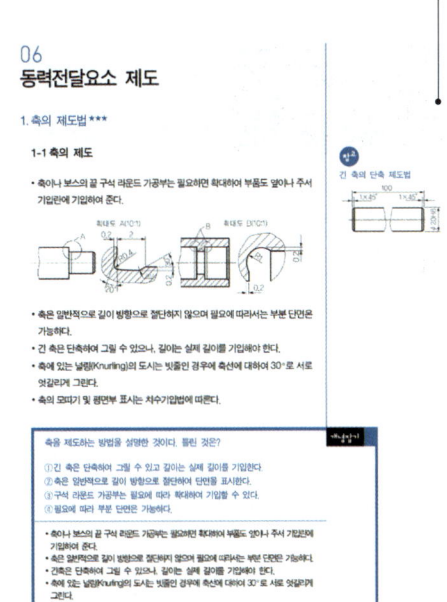

개념잡기

지루한 본문의 흐름을 피하고
문제의 개념잡기를 위해 바로바로
예제를 배치했습니다.

출제되는 정도에 따라
중요도를 별표로
표기하였습니다.

STEP 02

CBT 복원문제 구성
더 빠른 출제경향 파악!

CBT 기출 복원문제
[2017년 ~ 2025년]

2025년 최신 복원문제
최신 CBT 복원문제를 통해
출제경향과 중요 개념을 확인해 보세요.

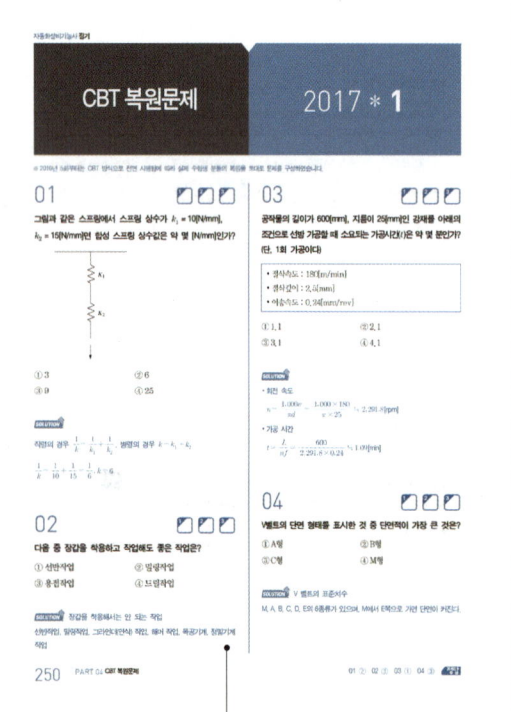

SOLUTION
상세한 해설로 문제의 유형을 익히고 실력을 다져
시험에 출제되는 과목을 모두 공략해보세요.

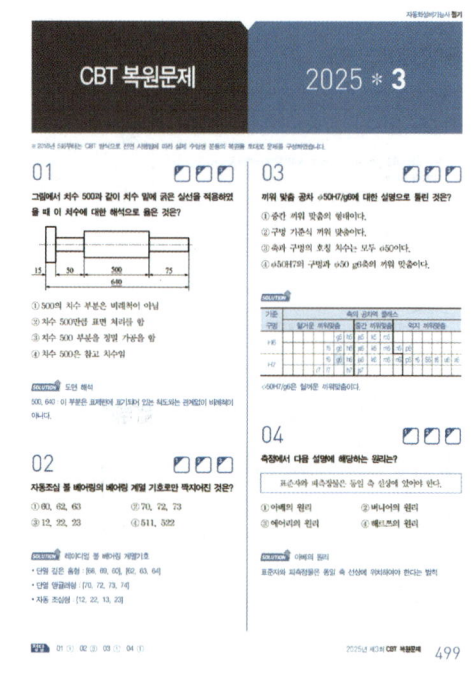

CBT[컴퓨터 방식 문제풀이] 복원문제
2016년 5회부터 CBT 방식이 전면 시행됨에 따라
복원을 토대로 문제를 구성하였습니다.
최신 문제를 풀어보고 최신 경향을 파악해 보세요.

STEP 03

마지막 공부까지 놓치지 않는 **나합격 학습도우미**

합격족보 * 교재 내 수록
1. 기계제도 및 기계가공
2. 기계부품 조립 및 작업안전
3. 공유압 및 자동제어

합격플래너
시험 당일까지 공부일정 및 계획을 짜는 것은 매우 중요합니다. 셀프스터디 합격플래너를 통해 스스로의 합격을 만들어 보세요.

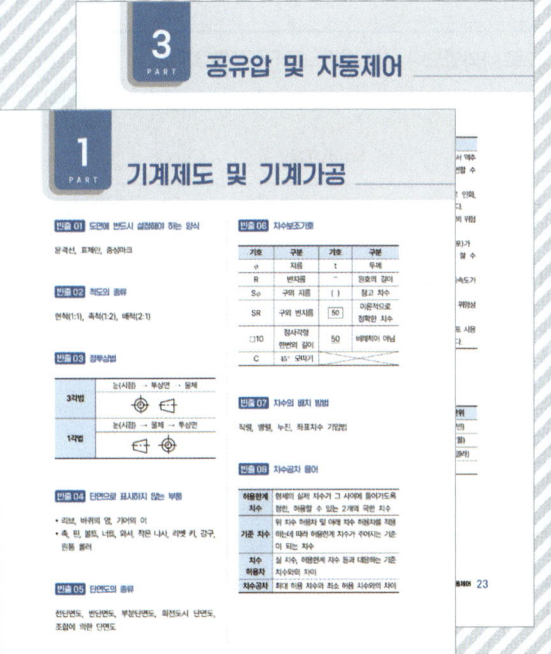

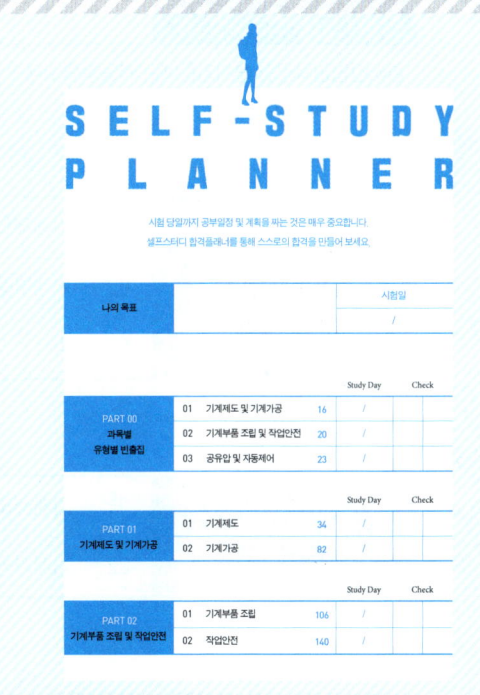

핵심 이론요약집

합격족보는 과목별, 유형별 빈출집으로
핵심 이론 요약본으로 구성되어 있습니다.
기출문제를 풀거나 시험장을 가기 전까지도
유용한 합격도우미입니다.

나만의 합격플래너

스스로 공부한 날이나 시험일을 적어 공부 진척도를
한 눈에 확인할 수 있고, 체크 박스를 통해 공부의 완성도를
파악할 수 있도록 하였습니다.

SELF-STUDY PLANNER

시험 당일까지 공부일정 및 계획을 짜는 것은 매우 중요합니다.
셀프스터디 합격플래너를 통해 스스로의 합격을 만들어 보세요.

나의 목표		시험일
		/

* 한국산업인력공단 출제기준에는 자동화요소제어기술 한 과목으로 나와있으나 내용 기준으로 PART를 3개로 나누었습니다.

				Study Day	Check
PART 00 과목별&유형별 빈출 103형	01	기계제도 및 기계가공	16	/	
	02	기계부품 조립 및 작업안전	20	/	
	03	공유압 및 자동제어	23	/	

				Study Day	Check
PART 01 기계제도 및 기계가공	01	기계제도	34	/	
	02	기계가공	82	/	

				Study Day	Check
PART 02 기계부품 조립 및 작업안전	01	기계부품 조립	106	/	
	02	작업안전	140	/	

				Study Day	Check
PART 03 공유압 및 자동제어	01	공유압	158	/	
	02	자동제어	211	/	

			Study Day	Check
PART 04 CBT 복원문제	2017년 1회 CBT 복원문제	250	/	
	2017년 3회 CBT 복원문제	264	/	
	2018년 1회 CBT 복원문제	280	/	
	2018년 3회 CBT 복원문제	295	/	
	2019년 1회 CBT 복원문제	310	/	
	2019년 3회 CBT 복원문제	325	/	
	2020년 1회 CBT 복원문제	340	/	
	2020년 3회 CBT 복원문제	353	/	
	2021년 1회 CBT 복원문제	366	/	
	2021년 3회 CBT 복원문제	381	/	
	2022년 1회 CBT 복원문제	395	/	
	2022년 3회 CBT 복원문제	410	/	
	2023년 1회 CBT 복원문제	425	/	
	2023년 3회 CBT 복원문제	441	/	
	2024년 1회 CBT 복원문제	456	/	
	2024년 3회 CBT 복원문제	470	/	
	2025년 1회 CBT 복원문제	483	/	
	2025년 3회 CBT 복원문제	499	/	

* 2016년 5회부터 CBT 방식으로 전면 시행됨에 따라 실제 수험생 분들의 복원을 토대로 문제를 구성하였습니다. 최신 문제를 풀어보고 최신 경향을 파악해 보세요.

PART 00

과목별&유형별
빈출 103형

01 기계제도 및 기계가공
02 기계부품 조립 및 작업안전
03 공유압 및 자동제어

PART 1 기계제도 및 기계가공

빈출 01 도면에 반드시 설정해야 하는 양식

윤곽선, 표제란, 중심마크

빈출 02 척도의 종류

현척(1:1), 축척(1:2), 배척(2:1)

빈출 03 정투상법

3각법	눈(시점) → 투상면 → 물체	
1각법	눈(시점) → 물체 → 투상면	

빈출 04 단면으로 표시하지 않는 부품

- 리브, 바퀴의 암, 기어의 이
- 축, 핀, 볼트, 너트, 와셔, 작은 나사, 리벳 키, 강구, 원통 롤러

빈출 05 단면도의 종류

전단면도, 반단면도, 부분단면도, 회전도시 단면도, 조합에 의한 단면도

빈출 06 치수보조기호

기호	구분	기호	구분
φ	지름	t	두께
R	반지름	⌒	원호의 길이
Sφ	구의 지름	( )	참고 치수
SR	구의 반지름	50	이론적으로 정확한 치수
□10	정사각형 한변의 길이	50	비례척이 아님
C	45° 모따기		

빈출 07 치수의 배치 방법

직렬, 병렬, 누진, 좌표치수 기입법

빈출 08 치수공차 용어

허용한계 치수	형체의 실제 치수가 그 사이에 들어가도록 정한, 허용할 수 있는 2개의 극한 치수
기준 치수	위 치수 허용차 및 아래 치수 허용차를 적용하는데 따라 허용한계 치수가 주어지는 기준이 되는 치수
치수 허용차	실 치수, 허용한계 치수 등과 대응하는 기준 치수와의 차이
치수공차	최대 허용 치수와 최소 허용 치수와의 차이

빈출 09 기하공차 종류

적용하는 형체	공차의 종류		기호
단독형체	모양 공차	진직도 공차	—
		평면도 공차	▱
		진원도 공차	○
		원통도 공차	⌭
단독형체 또는 관련형체		선의 윤곽도 공차	⌒
		면의 윤곽도 공차	⌓
관련형체	자세 공차	평행도 공차	//
		직각도 공차	⊥
		경사도 공차	∠
	위치 공차	위치도 공차	⊕
		동축도 공차 또는 동심도 공차	◎
		대칭도 공차	≡
	흔들림 공차	원주 흔들림 공차	↗
		온 흔들림 공차	↗↗

빈출 10 일반 나사 도시법

- 수나사의 바깥지름(산지름)은 굵은 실선으로 도시하고, 안지름(골지름)은 가는 실선으로 도시한다.
- 암나사의 안지름(산지름)은 굵은 실선으로 도시하고, 바깥지름(골지름)은 가는 실선으로 도시한다.
- 불완전 나사부는 나사의 축선에 대하여 30°의 가는 실선으로 도시한다.
- 완전 나사부와 불완전 나사부의 경계는 굵은 실선으로 그린다.

빈출 11 스퍼기어 제도

- 스퍼 기어는 축에 직각인 방향(단면이 나타나는 부분)을 주투상도로 하고 나사의 경우와 같이 치형은 생략하여 표시한다.
- 이끝원(이끝선)은 굵은 실선, 피치원(피치선)은 가는 1점 쇄선으로 도시한다.
- 이뿌리원(이뿌리선)은 가는 실선으로 도시한다.
  - 정면도를 단면도로 도시할 경우 이뿌리원은 굵은 실선으로 나타낸다.

빈출 12 칩의 종류

유동형(정상), 전단형(중간), 균열형(취성재료), 열단형(점성이 큰 재료)

빈출 13 구성인선 방지 대책

- 절삭 속도를 크게 한다.
- 공구의 윗면 경사각을 크게 한다.
- 절삭 깊이를 작게 한다.
- 윤활성이 좋은 절삭 유제를 사용한다.
- 절삭공구를 날 끝을 예리하게 한다.

빈출 14 절삭 저항 3분력

주분력, 배분력, 이송분력

빈출 15 절삭가공 종류

선반가공	주축 끝에 부착된 척에 공작물을 고정하여 회전시키고 공구대에 설치된 바이트에 절삭 깊이와 이송을 주어 주로 원통형으로 가공
밀링가공	주축에 고정된 공구를 회전시키고, 테이블에 고정한 가공물에 절삭 깊이와 이송을 주어 가공물을 필요한 형상으로 가공
연삭가공	단단하고 미세한 입자를 결합하여 제작한 연삭숫돌을 고속으로 회전시켜 가공물의 원통면이나 평면을 극히 소량씩 가공하는 정밀 가공방법

빈출 16 선반 주요 구성

주축대, 왕복대, 심압대, 베드

빈출 17 선반 부속장치

척, 방진구, 맨드릴, 센터, 면판, 돌림판과 돌리개

빈출 18 절삭속도

$$v = \frac{\pi \times D \times n}{1,000} \, [\text{m/min}]$$

빈출 19 선반 작업 종류

외경절삭, 단면절삭, 홈절단적삭, 테이퍼절삭, 드릴링, 보링, 수나사절삭, 암나사절삭, 정면절삭, 곡면절삭

빈출 20 밀링작업 종류

평면가공, 홈가공, 절단가공, 더브테일가공, 정면가공, 윤곽가공, 기어가공, 나선홈가공, 총형가공

빈출 21 밀링에 의한 가공(상향절삭, 하향절삭)

절삭방법 내용	상향절삭	하향절삭
공구와 공작물 가공 그림	회전방향 / 이송	회전방향 / 이송
공구 회전방향과 공작물 이송방향 관계	반대방향	같은 방향
이송 나사의 백래시	영향이 거의 없다.	완전히 제거해야 한다.

빈출 22 드릴링 작업 종류

드릴링, 리밍, 태핑, 보링, 스폿페이싱, 카운터 보링, 카운터 싱킹

빈출 23 연삭숫돌 구성 3요소

숫돌입자, 결합제, 기공

빈출 24 연삭숫돌 성능요인 5인자

숫돌입자, 입도, 결합도, 조직, 결합제

빈출 25 연삭숫돌 수정요인

눈메움	연삭 숫돌의 기공이 너무 작거나, 결합도가 단단하거나, 연성이 큰 재료를 연삭할 경우 숫돌 표면의 기공에 칩이 메워지는 현상
눈무딤	연삭 숫돌의 결합도가 지나치게 단단하면 입자의 날이 닳아서 절삭 저항이 커져도 입자가 떨어져 나가지 않고 연삭 입자가 무디어지는 현상
입자탈락	결합도가 연할 경우 입자가 탈락하는 현상
드레싱	숫돌 입자를 제거하고 예리한 절삭날을 숫돌 표면에 생성하여 절삭성을 회복시키는 작업
트루잉	숫돌을 정확한 모양으로 수정하는 작업

빈출 26 기어절삭법 종류

총형커터에 의한 방법, 형판에 의한 방법, 창성법에 의한 방법

빈출 27 CNC가공 주요 G코드

코드	기능	코드	기능
G00	급속이송	G03	반시계방향 원호가공
G01	직선 가공	G28	자동원점복귀
G02	시계방향 원호가공	G96	주축속도 일정 제어

PART 2 기계부품 조립 및 작업안전

빈출 28 직접측정기 종류

버니어 캘리퍼스, 마이크로미터, 측정기, 자

빈출 29 비교 측정기 종류

다이얼게이지, 미니미터, 높이게이지, 틈새게이지

빈출 30 윤활 방청유 종류

- 1종1호 - KP-7
- 1종2호 - KP-8
- 1종3호 - KP-9
- 2종1호 - KP-10-1
- 2종2호 - KP-10-2
- 2종3호 - KP-10-3

빈출 31 볼트, 너트 풀림(이완) 방지법

- 분할 핀을 이용하는 방법
- 로크 너트를 사용하는 방법
- 와셔를 사용하는 방법
- 절삭 너트를 이용하는 방법
- 핀, 작은나사, 멈춤나사 등을 이용하는 방법

빈출 32 부러진 볼트 제거 방법

스크류 엑스트랙터 이용

빈출 33 키의 종류

성크키(가장 많이 사용), 반달키, 미끄럼키, 평키, 안장키, 접선키, 둥근키

빈출 34 핀의 종류 및 용도

평행핀(위치결정용), 분할핀(볼트, 너트 풀림방지), 테이퍼 핀(결합 시), 스프링핀(구멍크기가 정확하기 않을 시)

빈출 35 베어링 장착방법

- 가열유조에 의한 방법 : 열을 가하여 100[℃] 범위에서 열 박음을 실시하고, 120[℃] 이상 가열하면 베어링에서 경도 저하가 일어나므로 주의해야 한다.
- 고주파 가열기에 의한 방법
- 프레스 압입에 의한 방법

빈출 36 기어 분류

축 평행	평기어, 헬리컬 기어, 래크, 내접기어
축 쇄교	베벨기어, 스파이럴 베벨기어, 마이터 기어, 크라운 기어
평행, 쇄교 X	웜기어, 하이포이드 기어, 스크류 기어

빈출 37 기어의 손상 - 이의파손 원인

과부하 절손, 피로 파손, 균열(나머지는 이면의 열화 손상 원인)

빈출 38 관이음 종류

용접 이음, 플랜지 이음, 신축 이음, 유니언 이음, 주철관 이음, 나사 이음 등

빈출 39 원심형 통풍기의 종류

종류	베인 방향
시로코 팬(실리코 팬)	전향베인
플레이트 팬	경향베인
터보 팬	후향베인

빈출 40 송풍기 분류 - 흡입 방법에 의한

풍로 흡입형, 실내 대기 흡입형, 흡입관 취부형

빈출 41 펌프의 동력

$$수동력(L_w) = \gamma QH [kg_f \cdot m/s] = \frac{\gamma QH}{75} [PS] = \frac{\gamma QH}{102} [kW]$$

- L_w : 수동력
- $Q[m^3/sec]$: 유량
- $H[m]$: 양정
- $\gamma[kg/m^3]$: 비중량

$$축동력(L_s) = \frac{L_w}{\eta}$$

- L_w : 수동력
- L_s : 축동력
- η : 펌프효율

빈출 42 캐비테이션

정의
- 펌프의 흡입 양정이 높거나 흐름속도가 국부적으로 빠른 부분에서 압력 저하로 유체가 증발하여 소음과 진동을 수반하는 현상
- 압력이 포화수증기압 이하로 낮아지면서 기포가 발생하는 현상

방지법
- 흡입 양정을 작게 한다.
- 펌프 흡입 라인을 가능한 짧게 한다.
- 펌프의 운전속도는 규정 속도 이상으로 해서는 안 된다.
- 단흡입형 펌프이면 양흡입형 펌프로 고친다.
- 펌프의 설치위치를 낮게 한다.
- 임펠러의 재질을 침식에 강한 것을 택한다.

빈출 43 수격현상

관로에 유속의 급격한 변화 및 정전에 의한 펌프의 동력이 급히 차단될 때 관내 압력이 상승 또는 하강하는 현상

빈출 44 서징현상

원심식, 축류식의 펌프, 압축기, 송풍기 등에서 운전 중에 진동을 하며 이상 소음을 내고, 유량과 토출 압력에 이상 변동을 일으키는 현상

빈출 45 베어링 열박음 시 주의사항

가열온도가 130[℃]를 초과하게 되면 베어링 재료의 경도가 급격히 저하하게 된다.

빈출 46 안전표시 색채

- 빨강 : 방화, 금지, 정지, 고도의 위험
- 주황 : 위험, 항해, 항공의 보안시설
- 노랑 : 주의(충돌, 추락 등)
- 초록 : 안전, 피난, 위생 및 구호, 진행
- 파랑 : 지시, 주의
- 보라(자주) : 방사능
- 흰색 : 통로, 정돈
- 검정 : 위험 표지와 문자, 유도 표지의 화살표

빈출 47 화재의 분류

화재분류		내용
A급 화재	일반화재	종이, 목재, 석탄
B급 화재	유류화재	휘발유, 벤젠
C급 화재	전기화재	전기 시설 화재
D급 화재	금속화재	금속 등의 화재
E급 화재	가스화재	가연성 가스 화재

PART 3 공유압 및 자동제어

빈출 48 공압의 특징

장점	단점
• 압축공기를 쉽게 구할 수 있다. • 힘의 전달이 간단하고, 먼거리까지 쉽게 이송할 수 있다. • 압축공기의 저장이 간편하다. • 힘의 증폭이 쉽고, 속도변경이 간단하다. • 고속 작동이 가능하고, 폭발, 인화의 위험이 없다. • 취급이 간단하다. • 과부하에 대하여 안전하고, 완충작용이 있다. • 레귤레이터를 이용하여 실린더의 출력을 조절할 수 있다. • 무단변속이 가능하다.	• 전기나 유압에 비해서 큰 힘을 얻을 수 없기 때문에, 대용량에는 부적합하다. • 응답속도가 느리다. • 정밀한 속도제어가 곤란하다. • 초기 에너지 생산 비용이 많이 든다. • 배기 소음이 크다. • 균일한 속도를 얻기 힘들다. • 공압은 압축성에너지로 위치 제어성이 나쁘다.

빈출 49 유압의 특징

장점	단점
• 원격조작, 무단변속이 가능하다. • 응답속도가 빠르다. • 소형장치로 큰 힘을 얻을 수 있다. • 전기, 전자 조합이 간단하여 자동제어가 가능하다. • 공압에 비해 조작이 간편하고 조절하기 쉽다. • 운전 시 소음이 적다. • 윤활성, 방청성, 열방출성이 양호하다. • 충격이나 진동을 효율적으로 감쇄시킬 수 있다. • 과부하 운전 시 안전장치가 간단하다.	• 유온의 변화에 따라서 액추에이터의 출력이 변할 수 있다. • 작동유의 원인으로 인화, 폭발의 위험이 있다. • 고압에서 오일 누설의 위험이 있다. • 오일에 불순물(기포)가 섞여 작동이 불량 할 수 있다. • 공압에 비해 작동속도가 느리다. • 고압을 사용하므로, 위험성이 따른다. • 유압 동력원 및 펌프 사용 시 소음이 발생한다.

빈출 50 SI 기본 단위

물리량	기본단위	물리량	기본단위
질량	kg (킬로그램)	온도	K (켈빈)
길이	m (미터)	물질량	mol (몰)
시간	s (초)	광도	cd (칸델라)
전류	A (암페어)		

빈출 51 대기압

표준대기압[atm] : 1[atm]
= 760[mmHg](수은주)
= 10.336[mAq](수주)
= 1.0332[kg_f/cm^2] = 1.01325[bar]
= 1013[hpa] = 101,325[Pa]
= 101,325[N/m^2] = 14.7[psi(lb/in^2)]

빈출 52 공유압의 원리

파스칼의 원리	비압축성 유체를 밀폐된 공간에 담아 유체의 일부에 힘을 가하여 압력을 증가시키면, 유체 내의 압력은 모든 부분에 똑같은 크기로 전달된다. $P_1 = P_2 = \dfrac{F_1}{A_1} = \dfrac{F_2}{A_2}$
보일, 샤를의 법칙	일정량의 기체가 차지하는 부피는 여기에 가해지는 압력에 반비례하며, 절대온도에는 비례한다는 법칙
연속의 법칙	비압축성 유체가 관내를 흐를 때 유량이 일정할 경우 유체의 속도는 단면적에 반비례한다. $Q_1 = Q_2 = A_1 v_1 = A_1 v_2 =$ 일정
베르누이 법칙	점성이 없는 비압축성의 액체가 수평 관을 흐를 때 속도에너지, 위치에너지, 압력에너지의 합은 항상 일정하다. $\dfrac{P_1}{\gamma} + \dfrac{v_1^2}{2g} + z_1 = \dfrac{P_2}{\gamma} + \dfrac{v_2^2}{2g} + z_2$ = 일정

빈출 53 압축기의 분류

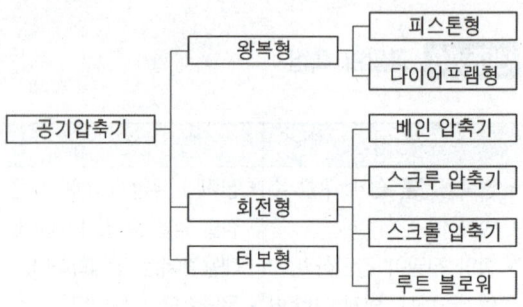

빈출 54 발생장치에 의한 압축기 분류

- 팬 : 0.1[kg_f/cm^2] 미만(10[kPa] 미만)
- 송풍기 : 0.1 ~ 1[kg_f/cm^2](10 ~ 100[kPa])
- 공기압축기 : 1[kg_f/cm^2] 이상

빈출 55 공기건조기 종류

냉동식, 흡착식, 흡수식

빈출 56 어큐뮬레이터(축압기) 용도

- 에너지를 축적하고 보조 에너지원의 역할
- 압력을 일정하게 유지시켜주어 충격압력의 완충용, 펌프의 맥동(서지압) 흡수 역할
- 고장, 정전 등으로 인한 비상 동력원 및 유체 이송의 역할
- 대유량의 순간적인 공급 및 2차 회로 구동의 역할

빈출 57 밸브 연결구 표시

분류	ISO-1219	ISO-5599
작업라인	A, B, C …	2, 4, 6 …
에너지 공급구	P	1
배출구	R, S, T	3, 5, 7
누출라인	L	9
제어라인	X, Y, Z …	10, 12, 14 …

빈출 58 공압실린더 종류

양로드 실린더	• 피스톤로드가 양쪽에 있는 실린더로 행정이 긴 실린더가 요구될 경우, 양쪽 로드가 필요한 경우에 사용 • 전진운동과 후진운동의 속도와 힘을 같게 할 수 있는 실린더
탠덤 실린더	• 두 개의 복동 실린더가 직렬로 연결되어 한 개의 피스톤으로 구성되어 있는 형태 • 큰 힘을 필요로 하는 곳에 사용
로드리스 실린더	• 피스톤의 로드가 없는 실린더로 전진과 후진이 동일한 힘을 얻고자 할 경우 사용하는 실린더 • 제한된 공간상에서 긴 행정거리가 요구되는 곳에 사용하며 외부와 피스톤 사이의 강한 자력에 의해 운동을 전달하므로 내외부의 실링 효과가 우수하고 비접촉식 센서에 의해서 위치제어가 가능한 실린더
충격실린더	• 프레싱, 펀칭 등의 작업과 같이 큰 운동 에너지가 요구되는 곳에 적합하도록 설계된 실린더
텔레스코프 실린더	• 짧은 실린더 본체로 긴 행정거리를 필요로 하는 경우에 사용할 수 있는 다단 튜브형 로드를 가진 실린더

빈출 59 요동형 공기압 액추에이터 종류

베인형, 피스톤형(래크와 피니언형, 스크루형, 크랭크형, 요크형)

빈출 60 공압 모터 종류

피스톤형, 베인형, 기어형, 터빈형

빈출 61 유압 모터 종류

기어 모터, 베인 모터, 피스톤 모터

빈출 62 압력제어밸브(힘 제어)

릴리프 밸브, 감압 밸브, 시퀀스 밸브, 카운터밸런스 밸브, 무부하 밸브

빈출 64 유량제어 밸브(속도 제어)

교축 밸브(스로틀밸브), 일방향유량제어 밸브, 급속배기밸브, 유량조정 밸브

빈출 65 방향제어 밸브 구조에 의한 분류

포핏식, 스풀식, 로터리 및 미끄럼식

빈출 66 논리턴 밸브

체크 밸브	공압에서는 한쪽 방향으로만 공기의 흐름을 허용할 때 사용하는 밸브
2압밸브 (AND밸브)	두 개의 입구와 한 개의 출구를 갖춘 밸브로 두 개의 입구에 압력이 작용할 때만 출구에 출력 신호가 발생하는 밸브
셔틀밸브 (OR밸브)	두 개 이상의 입구와 한 개의 출구를 갖춘 밸브로 둘 중 한개 이상 압력이 작용할 때 출구에 출력 신호가 발생하는 밸브

빈출 67 자동제어의 종류

자동 제어	정성적 제어	시퀀스 제어
		개루프 제어
		프로그램 제어
	정량적 제어	피드백 제어
		폐루프 제어

빈출 68 검출 스위치종류

근접스위치, 광전스위치, 온도 스위치, 리드 스위치

빈출 69 불대수 정리

교환법칙	$A+B=B+A$	$A \cdot B = B \cdot A$
결합법칙	$(A+B)+C$ $=A+(B+C)$	$(A \cdot B) \cdot C$ $= A \cdot (B \cdot C)$
분배법칙	$A \cdot (B+C) = (A \cdot B)+(A \cdot C)$ $A+(B \cdot C) = (A+B) \cdot (A+C)$	
$A+0=A$	$A \cdot (A+B) = A$	
$A \cdot 1 = A$	$(A+B) \cdot (A+C) = A+B \cdot C$	
$A+1=1$	$(A+\overline{B}) \cdot B = A \cdot B$	
$A \cdot 0 = 0$	$A \cdot \overline{B}+B = A+B$	
$A+A=A$	$A \cdot B+A \cdot \overline{B} = A$	
$A \cdot A = A$	$(A+B) \cdot (A+\overline{B}) = A$	
$A+\overline{A}=1$	$A \cdot C+\overline{A} \cdot B \cdot C$ $=A \cdot C+B \cdot C$	
$A \cdot \overline{A} = 0$	$(A+C) \cdot (\overline{A}+B+C)$ $=(A+C) \cdot (B+C)$	
$\overline{\overline{A}}=A$	$A \cdot B+\overline{A} \cdot C$ $=(A+C) \cdot (\overline{A}+B)$	
$A+A \cdot B = A$	$(A+B) \cdot (\overline{A}+C)$ $=A \cdot C+\overline{A} \cdot B$	

빈출 70 논리 연산 회로

AND (논리곱)		$Y = A \cdot B$
NAND (논리곱 부정)		$Y = \overline{A \cdot B}$
NOT (부정)		$Y = \overline{A}$
OR (논리합)		$Y = A+B$
XOR		$Y = A \oplus B$
X-NOR 회로		$Y = (A \oplus B)'$

빈출 71 플립 플롭 종류

동기식 RS플립플롭, JK플립플롭, T플립플롭, D플립플롭

빈출 72 목표값에 따른 제어계의 분류

정치 제어, 추치 제어

빈출 73 제어량에 따른 제어계 분류

프로세스 제어, 서보기구, 자동 조정

빈출 74 제어 동작에 따른 제어계 분류

ON/OFF 동작	제어량이 설정 값에서 어긋나면 조작부를 개폐하여 운전을 정지하거나 기동하는 것
비례제어 동작 (P동작)	조절부의 전달특성이 비례적인 특성을 가진 제어 시스템으로 잔류편차가 발생
적분제어 동작 (I동작)	편차의 크기와 편차가 발생하고 있는 시간에 둘러싸인 면적에 비례하여 조작부를 제어하는 것
미분제어 동작 (D동작)	제어 편차가 검출될 때 편차가 변화하는 속도에 비례하여 조작량을 가감하도록 하는 제어
비례적분제어동작 (PI동작)	비례 동작에 의해 발생되는 잔류편차를 제거하기 위하여 적분 동작을 부가한 동작
비례미분제어동작 (PD동작)	제어 결과에 빨리 도달하도록 미분 동작을 부가한 동작
비례적분미분제어 동작(PID 동작)	비례 적분 동작에 미분 동작을 추가시킨 것

빈출 75 제어정보 형태에 다른 제어계 분류

아날로그 제어계, 디지털 제어계, 2진 제어계

빈출 76 신호처리 방식에 따른 제어계 분류

동기 제어계, 비동기 제어계, 논리 제어계, 시퀀스 제어계

빈출 77 제어 과정에 따른 제어계 분류

파일럿 제어, 메모리 제어, 시간 제어, 조합 제어, 시퀀스 제어

빈출 78 PLC 특징

장점	단점
• 소형화, 집적화 가능 → 설치 면적이 작음 • 신뢰성이 높음 → 릴레이를 대체한 프로세서로 확고한 자리 • 유지 보수의 편리성 → 시스템 정지 시간(down time) 감소로 경제적 • 프로그램의 고기능성 → 큰 규모의 복잡한 제어 쉬운 처리 • 빠른 처리 속도 • 기능의 다양화 → 자기 진단 기능을 이용하여 고장 및 수리가 용이 • 조작의 간편성 → 기본 지식만 있어도 프로그램 작성이 용이 • 설치의 간편성 → 배선 및 설치가 간단	• 표준화되어 있지 않아 호환성이 없음 • 제작 회사마다 다른 프로그램 언어 사용 • 제어 규모가 작으면 기존 릴레이 제어보다 설치비가 높음

빈출 79 계전기 방식과 PLC 비교

항목	계전기 방식(유접점)	PLC방식(무접점)
동작	적은 경우 사용	많은 경우 사용
수명	짧음	반영구적
동작속도	ms단위	μs 단위
주위온도	온도특성 양호	온도에 약함
소비전력	큼	작음
외형	큼	작음
전원	직류 or 교류	별도 직류 전원 필요
입출력수	독립된 다수 출력 동시에 얻음	다수의 입력과 소수 출력이 용이
서지	전기적 노이즈에 안정적	노이즈에 약하고 대책 필요
가격	소량에서 경제적	다량에서 경제적

빈출 80 전동기의 분류

빈출 81 유도전동기의 원리

아라고의 원판 : 알루미늄이나 구리와 같은 비자성체로 만든 원판 위에서 자석을 시계 방향으로 회전시키면 비자성체인 원판도 자석과 같은 방향으로 회전을 하는 원리

빈출 82 유도 전동기의 특징

- 쉽게 전원을 얻을 수 있다.
- 구조가 간단하고 값이 싸며, 튼튼하고 고장이 적다.
- 다루기가 간편하여 전기 지식이 없는 사람이라도 쉽게 운전할 수 있다.
- 슬립에 해당하는 약간의 변화는 있으나, 거의 정속도로 운전되는 전동기로 부하가 변화하더라도 속도의 변동이 거의 없다.

빈출 83 슬립

$$s = \frac{\text{동기 속도} - \text{회전자속도}}{\text{동기속도}} = \frac{N_s - N}{N_s}$$

빈출 84 동기속도

$$N_s = \frac{120f}{p} \text{[rpm]} \quad \begin{array}{l} p : \text{극수} \\ f : \text{전원주파수[Hz]} \end{array}$$

빈출 85 직류 전동기 제어방식 종류

저항 제어 방식, 계자 제어 방식, 전압 제어 방식, 초퍼 제어 방식

빈출 86 동작에 따른 센서 분류

능동형 센서	• 에너지를 측정하고자 하는 측정대상인 발생원과는 다른 입력에너지를 필요로 하는 측정용 장치 • 포토트랜지스터, 서미스터, 측온저항체, 스트레인게이지
수동형 센서	• 외부에서 전원을 공급할 필요가 없는 센서로 출력전력은 입력으로부터 얻어짐 • 태양전지, 열전대, 적외선 센서

빈출 87 접촉식&비접촉식 센서 종류

접촉식	마이크로 스위치, 리밋 스위치, 테이프 스위치, 터치 스위치
비접촉식	근접스위치(유도형, 정전용량형), 광전스위치, 리드스위치

빈출 88 온도센서 종류

열전 온도계, 서미스터, 측온 저항체(RTD),

빈출 89 압력센서 종류

스트레인게이지, 로드셀, 변위센서

빈출 90 저항 변화성 센서 종류

스트레인 게이지, 서미스터, 포텐셔미터

빈출 91 서미스터 종류

NTC, PTC, CTR

빈출 92 서보 센서 종류

리졸버, 타코미터, 포텐셔미터

빈출 93 각도 검출용 센서 종류

싱크로, 로터리 엔코더, 리졸버, 포텐셔미터

빈출 94 산업용 로봇의 종류

직교 좌표 로봇, 원통좌표형 로봇, 극좌표 로봇, 수직 다관절 로봇

빈출 95 산업용 로봇의 기능별(입력 정보 교시) 분류

시퀀스 로봇	순서, 위치, 조건 등 미리 설정된 정보에 따라 동작의 각 단계를 순차적으로 진행하는 로봇
플레이백 로봇	사용자가 순서, 위치, 조건 등 정보를 가르치면 이를 저장한 후 필요하면 재생할 수 있는 로봇
적응 제어 로봇	작업 환경의 변화에 적응하여 스스로 제어 기능을 변화시키는 능력을 가진 로봇
학습 제어 로봇	작업 경험을 학습에 반영하여 이를 바탕으로 적절한 제어 기능을 발휘하는 로봇
지능 로봇	감각기능 및 인식기능에 의해 행동결정을 할 수 있는 로봇
수치 제어 로봇	로봇을 사람이 직접 작동시키지 않고 순서, 조건, 위치 및 그 밖의 정보를 수치, 언어 등으로 교시하면 그 정보에 따라 작업할 수 있는 로봇
조종 로봇	로봇에 시킬 작업의 일부 또는 모두를 사람이 직접 조작함으로써 작업이 이루어지는 로봇

빈출 96 로봇 제어 방식

직선 보간	직각 좌표상에서 두 축을 동시에 제어할 때 두 축이 한 점에서 다른 점까지 움직이는 궤적을 직선이 되도록 제어하는 방법
원호 보간	직각 좌표상에서 두 축을 동시에 제어할 때 궤적을 원이 되도록 제어하는 방법
포인터 투 포인트(PTP)	직각 좌표상에서 두 축을 동시에 제어할 때 두 축이 한 점에서 다른 점까지 움직이는 데 있어서 궤적에 상관없이 중간점들이 지정되지 않은 채 제어되는 것
CP	이동경로가 미리 직선 또는 곡선으로 지정되어 있어 지정된 경로를 따라 연속적으로 이동하는 제어
티칭 플레이 백 (TPB)	위치데이터를 서보 오프(Servo Off) 상태에서 수동으로 조작하여 위치를 확인한 후 입력하는 방식
매뉴얼 데이터 입력(MDI)	이미 정의된 위치데이터를 수동 키(Key) 조작에 의해 직접 입력하는 방식

빈출 97 합성 인덕턴스

	합성 인덕턴스
직렬연결시	$L = L_1 + L_2$
병렬연결시	$L = \dfrac{L_1 \cdot L_2}{L_1 + L_2}$

빈출 98 자주 출제되는 전기 법칙

- 렌츠의 법칙 : 유도기전력 방향
- 패러데이 법칙 : 유도기전력 크기
- 플레밍의 왼손법칙 : 전동기, 전자력 방향
- 플레밍의 오른손법칙 : 발전기
- 토크는 자속과 전류의 크기에 비례한다.
- 회전속도는 전압에 비례하고, 자속에 반비례한다.

빈출 99 합성 커패시턴스

	합성 커패시턴스
직렬연결 시	$C = \dfrac{C_1 \cdot C_2}{C_1 + C_2}$
병렬연결 시	$C = C_1 + C_2$

빈출 100 키르히호프의 법칙

- 키르히호프 제1법칙 : 회로 내의 임의의 접속점에서 들어오는 전류와 나가는 전류의 대수합은 0이다.
- 키르히호프 제2법칙 : 회로 내의 임의의 폐회로에서 한쪽 방향으로 일주하면서 취할 때 공급된 기전력의 대수합은 각 지로에서 발생한 전압강하의 대수합과 같다.

빈출 101 주기, 주파수

- 주기 : $T = \dfrac{1}{f}$ [sec]
- 주파수 : $f = \dfrac{1}{T}$ [Hz]

빈출 102 사인파 교류값

순시값	매 순간의 전압 또는 전류 크기를 나타내는 것
평균값	$\dfrac{2}{\pi} \times$ 최대값
실효값	$\dfrac{\text{최대값}}{\sqrt{2}}$
최대값	$\sqrt{2} \times$ 실효값

빈출 103 측정법 종류

저저항(1[Ω] 미만)	전압강하법, 전위차계법, 캘빈더블 브리지법
중저항(1[MΩ] 미만)	전압 강하법, 휘트스톤 브리지법
고저항(1[MΩ] 이상)	직편법, 전압계법, 절연저항계법(메거법)

PART 01

기계제도 및 기계가공

01   기계제도
02   기계가공

 단원 들어가기 전

기계의 전반적인 내용을 모두 이해하고 있어야 하는 단원입니다.
기계제도, 기계가공 이론이 포함되어 있으며 가공이론과 제도이론을 모두 학습한 후 매칭시켜주는 연습이 필요합니다.

CHAPTER 01

기계제도

KEYWORD 제도통칙, 기계제도 규격, 표준 규격, KS의 부분별 기호, 도면의 크기, 양식, 척도, 선의 종류, 선의 용도, 선의 굵기, 선의 우선 순위, 선의 굵기비율, 선의 접속, 선 그리기, 도면의 문자

01 KS 및 ISO기계제도 통칙

1. 도면의 양식

1-1 도면의 크기

- A열(A0 ~ A4로 구분) 사이즈를 사용한다. 도면은 세워서 사용할 수 있다.
- A열 A0의 넓이는 약 $1[m^2]$, 제도용지의 길이와 폭의 비는 $1 : \sqrt{2}$로 한다.
- 큰 도면을 접을 때에는 A4(210×297[mm])의 크기로 접는 것이 원칙이다.
- 도면을 철할 때 윤곽선은 용지 가장자리에서 25[mm] 간격으로 둔다.

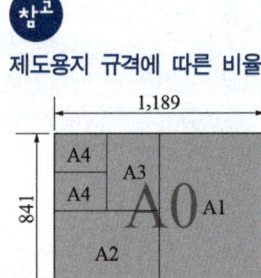

참고
제도용지 규격에 따른 비율

용지크기의 호칭			A0	A1	A2	A3	A4
axb			1,189×841	841×594	594×420	420×297	297×210
도면의 테두리		c(최소)	20	20	10	10	10
	d (최소)	철하지 않을 때	20	20	10	10	10
		철할 때	25	25	25	25	25

비고 : d의 부분은 도면을 접었을 때, 표제란의 좌측이 되는 쪽에 설치한다.

1-2 도면에 반드시 설정해야 되는 양식

윤곽선	제도 영역을 나타내는 윤곽은 0.7[mm] 굵기의 실선으로 그린다.
표제란	제도 영역의 오른쪽 아래 구석에 표제란을 그리고 식별번호, 제목, 도면형식, 주관부서, 작성자, 작성일자, 언어부호, 척도 등을 기입한다.
중심마크	마이크로필름 제작을 위한 촬영을 하거나 도면의 위치를 잘 잡기 위해 윤곽의 중심 안쪽과 바깥쪽으로 5[mm]씩 0.7[mm] 굵기의 실선으로 그린다.
도면구역	도면의 상세 위치를 알기 쉽도록 용지를 나누어 나타낸다.
재단마크	용지를 잘라내는 데 편리하도록 용지 4변의 경계에 표시한다.
비교눈금	도면을 복사할 때 편의를 위해 도면에 비교눈금을 마련한다.

저자 어드바이스

도면이 구비해야 할 요건
- 대상물의 도형과 함께 필요로 하는 구조, 조립상태, 치수, 가공법 등의 정보를 포함하여야 한다.
- 애매한 해석이 생기지 않도록 표현상 명확한 뜻을 가져야 한다.
- 무역 및 기술의 국제교류의 입장에서 국제성을 가져야 한다.
- 기술의 각 분야에 걸쳐 정확성, 보편성을 가져야 한다.

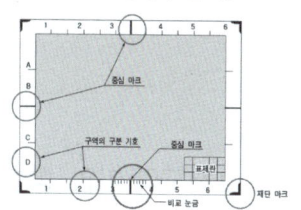

개념잡기

도면을 마이크로필름으로 촬영하거나 복사하고자 할 때 도면의 위치결정에 편리하도록 도면에 나타내야 하는 것은?

① 비교눈금　　　② 중심마크
③ 도면구역　　　④ 표제란

중심마크
도면을 다시 만들거나 마이크로필름을 만들 때, 도면의 위치를 잘 잡기 위해 0.7[mm] 굵기의 실선으로 그린다.

정답 : ②

개념잡기

도면이 구비해야 할 기본 요건으로 가장 거리가 먼 것은?

① 대상물의 도형과 함께 필요로 하는 구조, 조립 상태, 치수, 가공방법 등의 정보를 포함하여야 한다.
② 애매한 해석이 생기지 않도록 표현상 명확한 뜻을 가져야 한다.
③ 무역 및 기술의 국제교류의 입장에서 국제성을 가져야 한다.
④ 제품의 가격 정보를 항상 포함하여야 한다.

제품의 가격 정보, 유통 체계는 도면이 구비해야 할 기본 요건과 관계가 없다.

정답 : ④

2. 도면의 척도

2-1 척도의 표시 방법 ★

도면은 실물과 같은 크기의 현척으로 그리는 것이 원칙이나, 축척 또는 배척인 경우에는 척도를 표제란에 기입한다. 도면에서 척도는 A : B로 표시한다.

- A : 도면에 그려진 물체의 길이
- B : 물체의 실제 길이

2-2 척도의 기입 방법

- 도면을 그리는 데 공통적으로 사용한 척도는 표제란에 기입한다.
- 척도를 사용해서 그린 도면의 치수는 실제 치수를 기입한다.
- 한 도면에 서로 다른 척도를 사용한 경우는 해당 그림 부근에 기입한다.
- 일부를 규정한 척도 값으로 그리지 못할 경우에는 부품 번호의 옆에 기입하며, '비례척이 아님' 또는 'NS(None Scale)'로 표시한다.

> **저자 어드바이스**
>
> **척도의 종류**
> - 현척
>   실물과 같은 크기로 그린 도면
>   예 1 : 1
> - 축척
>   실물을 축소해서 그린 도면.
>   축척으로 그린 도면의 치수는 실물의 실제 치수를 기입
>   예 1 : 2, 1 : 5, 1 : 10, 1 : 20, 1 : 50, 1 : 100, 1 : 200
> - 배척
>   실물을 확대해서 그린 도면.
>   치수 기입은 축척과 마찬가지로 실물의 실제 치수를 기입
>   예 2 : 1, 5 : 1, 10 : 1, 20 : 1, 50 : 1

개념잡기

실제 길이가 50[mm]인 것은 "1 : 2"로 축척하여 그린 도면에서 치수 기입은 얼마로 해야 하는가?

① 25   ② 50
③ 100   ④ 150

척도를 사용해서 그린 도면의 치수는 가공제품의 실제 치수를 기입한다.

정답 : ②

개념잡기

도면에서 척도란에 NS로 표시된 것은 무엇을 뜻하는가?

① 축척임을 표시   ② 제1각법임을 표시
③ 비례척이 아님을 표시 ④ 배척임을 표시

NS(No Scale) : 비례척이 아님을 표시한다.

정답 : ③

3. 선의 종류 ★★

3-1 선의 종류와 용도

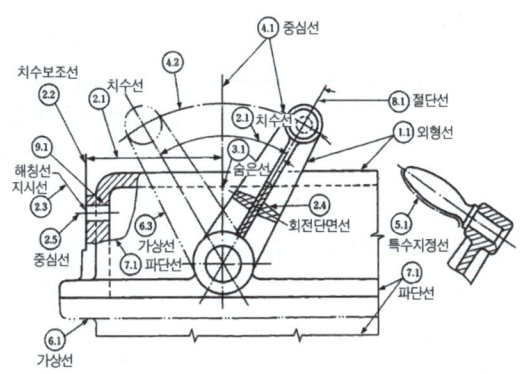

명칭	선의 종류	선의 모양	선의 용도
외형선	굵은 실선	———	• 물체의 보이는 부분의 모양을 나타내는 선
숨은선	파선, 은선	- - - -	• 물체의 보이지 않는 부분의 모양을 나타내는 선
중심선	가는 1점 쇄선	-·-·-·-	• 도형의 중심을 표시하는 데 쓰이는 선 • 중심이 이동한 중심궤적을 표시하는 선
가상선	가는 2점 쇄선	-··-··-	• 인접부분을 참고로 표시하는 선 • 물체가 이동할 운동범위를 나타내는 선 • 되풀이되는 도형을 나타내는 선
특수 지정선	굵은 1점 쇄선	-·-·-·-	• 특수가공하는 부분의 범위를 표시하는 선
파단선	자유 실선	∿∿	• 대상물의 일부를 파단한 경계 또는 일부를 떼어낸 경계를 표시하는 데 쓰이는 선
해칭	가는 실선	/////	• 단면도의 절단된 부분을 나타내는 선
절단선	가는 1점 쇄선		• 단면도를 그리는 경우, 그 절단 위치를 대응하는 그림에 표시하는 선(절단선이 꺾이는 부분은 굵은 실선으로 표시한다)
기준선	가는 1점 쇄선	-·-·-·-	• 위치 결정의 근거를 명시할 때 쓰이는 선
피치선	가는 1점 쇄선	-·-·-·-	• 반복하는 도형의 피치 기준을 표시하는 선

> **참고**
>
> **선의 굵기 비율**
>
> 같은 선이라도 도형의 크기에 따라 굵기를 선택하나, 동일 도면 내에서는 선 굵기 비율에 따라 나타낸다.
>
> 가는 선 : 굵은 선 : 아주 굵은 선
= 1 : 2 : 4

명칭	선의 종류	선의 모양	선의 용도
무게 중심선	가는 2점 쇄선	----------	• 단면의 무게 중심을 표시하는 선
특수한 용도의 선	가는 실선	──────	• 중심선, 치수선, 치수 보조선, 지시선, 회전단면선, 공차문자, 수면 위치 등을 나타내는 선

참고

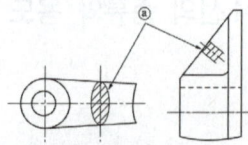
회전단면선

가는 실선으로, 도형 내에 그 부분의 끊은 곳을 90도 회전하여 표시한다.

3-2 겹치는 선의 우선순위 ★★

도면에서 2종류 이상의 선이 같은 장소에 겹치게 될 경우에는 다음에 나타낸 순위에 따라 우선되는 종류의 선으로 그린다.

> 외형선 > 숨은선 > 절단선 > 중심선 > 무게 중심선 > 치수 보조선

저자 어드바이스

선의 우선순위
- 기호, 문자, 숫자
- 외형선
- 숨은선(= 파선 = 은선)
- 절단선
- 중심선
- 무게 중심선
- 치수 보조선

개념잡기

도면에서 2종류 이상의 선이 같은 장소에 겹칠 때 다음 중 가장 우선하는 것은?

① 절단선　　　　　② 숨은선
③ 중심선　　　　　④ 무게 중심선

도면에서 2종류 이상의 선이 같은 장소에 겹치게 될 경우에는 다음에 나타낸 순위에 따라 우선되는 종류의 선으로 그린다.
외형선 > 숨은선 > 절단선 > 중심선 > 무게 중심선 > 치수 보조선

정답 : ②

개념잡기

굵은 1점 쇄선을 사용하는 선으로 가장 적합한 것은?

① 되풀이하는 도형의 피치를 나타내는 기준선
② 수면, 유면 등의 위치를 표시하는 선
③ 표면처리 부분을 표시하는 특수 지정선
④ 치수선을 긋기 위하여 도형에서 인출해낸 선

① 되풀이하는 도형의 피치를 나타내는 기준선 : 가는 1점 쇄선
② 수면, 유면 등의 위치를 표시하는 선 : 가는 실선
③ 표면처리 부분을 표시하는 특수 지정선 : 굵은 1점 쇄선
④ 치수선을 긋기 위하여 도형에서 인출해낸 선 : 가는 실선

정답 : ③

02 투상법

1. 투상법 ★

1-1 투상도의 종류

물체의 모양을 표현하여 제도하는 방법에는 정투상법, 등각투상법, 사투상법이 있는데, 제품을 제작하기 위하여 모양을 제도하기 위한 방법은 정투상법을 사용한다.

종류	그림	특징
정투상도	평면도(위쪽), 좌측면도(좌측), 배면도(뒤쪽), 정면도(앞쪽), 우측면도(우측), 저면도(아래쪽)	• 정투상도는 기계제도 분야에서 가장 많이 사용되며, 물체의 위치와는 관계없이 실제 형상과 같은 형상, 크기로 표시한 그림
등각투상도	등각선, X, Y, Z, 120°, 30°	• 하나의 투상도로 정면, 평면, 측면을 동시에 표시할 수 있고 두 개의 옆면 모서리가 수평선과 30°가 되게 하여 세 축이 120°의 등각이 되도록 입체도로 투상한 방법
사투상도	45°	• 투상면이 수평선과 일정한 경사각을 이루며 물체의 윤곽을 그리고, 육면체의 세 모서리는 경사축이 α을 이루는 입체도가 되도록 그린 그림 • 캐비닛도 : 30 ~ 60°각도의 사투상도
투시도법	VP₁, 눈높이, VP₂	• 원근감을 갖게 하기 위해 시점과 물체를 방사선으로 표시하는 방법 • 주로 건축 및 토목 조감도 등에 널리 쓰인다.

저자 어드바이스

투상법

어떤 물체에 광선을 비추어 하나의 평면에 맺히는 형태, 즉 형상, 크기, 위치 등을 일정한 법칙에 따라 표시하는 도법을 투상법(Projection)이라 한다.

• 확대

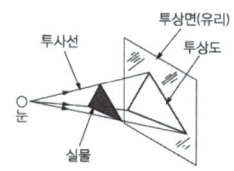

• 축소

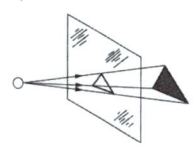

• 실물크기

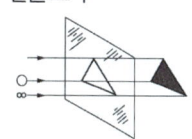

1-2 제1각법과 제3각법 ★★

일반적으로 물체를 제1면각과 제3면각에 놓고 투상하여 도시하는 것을 원칙으로 하며, 제도에서는 전자를 제1각법, 후자를 제3각법이라 한다.

저자 어드바이스

정투상도의 종류
- 정면도
  기본이 되는 가장 주된 면으로, 물체의 앞에서 바라본 모양을 나타낸 도면
- 평면도
  상면도라고도 하며, 물체의 위에서 내려다 본 모양을 나타낸 도면
- 우측면도
  물체의 우측에서 바라본 모양을 나타낸 도면
- 좌측면도
  물체의 좌측에서 바라본 모양을 나타낸 도면
- 저면도
  하면도라고도 하며, 물체의 아래쪽에서 바라본 모양을 나타낸 도면
- 배면도
  물체의 뒤쪽에서 바라본 모양을 나타낸 도면

제1각법	제3각법
• 물체를 제1각에 놓고 정투상하는 방법 • 눈(시점) → 물체 → 투상면 • 평면도 : 정면도의 아래쪽에 위치 • 우측면도 : 정면도의 왼쪽에 위치 • 유럽과 일본에서 사용 • 주로 토목이나 선박제도 등에 쓰인다.	• 물체를 제3각에 놓고 정투상하는 방법 • 눈(시점) → 투상면 → 물체 • 평면도 : 정면도의 위쪽에 위치 • 우측면도 : 정면도의 오른쪽에 위치 • 우리나라와 미국에서 많이 사용되는 정투상도법

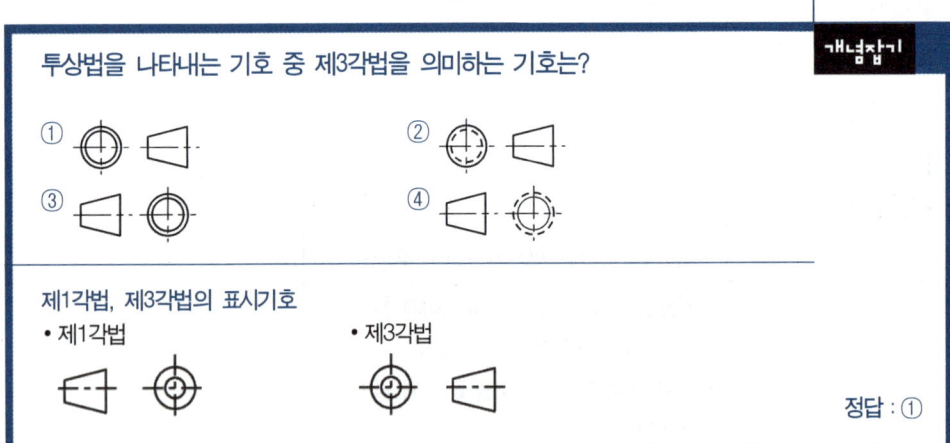

개념잡기

투상법을 나타내는 기호 중 제3각법을 의미하는 기호는?

① ② ③ ④

제1각법, 제3각법의 표시기호
• 제1각법   • 제3각법

정답 : ①

1-3 투상도의 표시방법 ★★

종류	그림	특징
주투상도		• 대상물의 모양이나 기능을 가장 명확하게 표시하는 면을 선정한다. • 기능을 나타내는 도면에서는 대상물을 사용하는 상태로 놓고 표시한다. • 특별한 이유가 없는 경우는 대상물을 가로길이로 놓은 상태로 그린다. • 비교 대조가 불편한 경우를 제외하고 숨은선을 사용하지 않도록 한다. • 주투상도를 보충하는 다른 투상도는 되도록 적게 한다.
보조 투상도		• 투상부의 경사진 부분의 내용을 투상면의 지점에 대해 회전해서 실제 길이와 같도록 투상하는 방법
부분 투상도		• 물체의 전부를 나타내는 것보다 부분을 표시하는 것이 오히려 도면을 이해하기 쉬운 경우에 사용 • 부분 투상도에서 투상을 생략한 부분과의 경계는 파단선으로 표시
국부 투상도		• 대상물의 구멍, 홈 등 한 부분만의 모양을 도시하는 것 • 주 투상도와 중심선, 기준선 또는 치수 보조선으로 연결한다.
회전 투상도		• 투상면이 각도를 가지고 있어 실제 형상을 표시하지 못할 때 사용 • 일부분을 회전해서 형상을 표시 • 잘못 볼 염려가 있을 경우에는 작도에 사용할 선을 표시한다.
부분 확대도		• 물체의 주요 부분이 너무 작아서 상세한 도시나 치수 기입을 할 수 없을 때 사용 • 가는 실선으로 둘러싸고 확대시켜 그리는 투상법 • 문자 및 척도를 기입하고 치수 기입은 실제 치수로 기입

1각법과 3각법의 혼용

- 원칙적으로 동일 도면 내에 제1각법과 제3각법의 혼용을 피해야 하나 부득이하게 혼용할 경우 투시 방향을 화살표로 명시해야 한다.
- 한국, 미국, 캐나다 등은 제3각법, 독일은 제1각법을 사용하고, 일본, 영국 및 국제규격은 제1각법과 제3각법을 혼용한다.

투상면의 공간

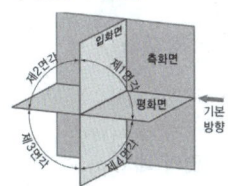

제3각법은 제1각법에 비하여 도면을 이해하기 쉬우며, 치수기입이 편리하고, 보조투상도를 사용하여 복잡한 물체도 쉽고 정확하게 나타낼 수 있다.

> **개념잡기**
>
> 국부 투상도를 나타낼 때 주된 투상도에서 국부 투상도로 연결하는 선의 종류에 해당하지 않는 것은?
>
>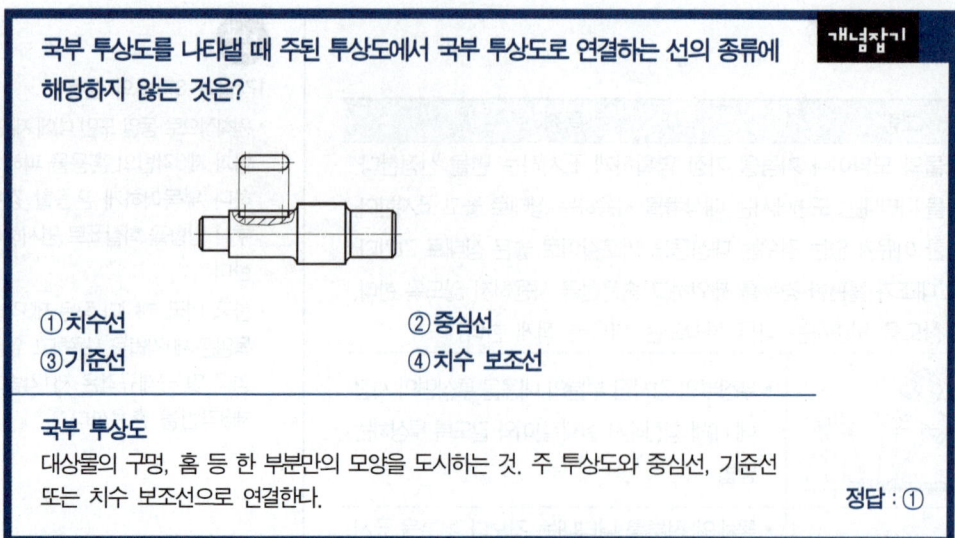
>
> ① 치수선   ② 중심선
> ③ 기준선   ④ 치수 보조선
>
> **국부 투상도**
> 대상물의 구멍, 홈 등 한 부분만의 모양을 도시하는 것. 주 투상도와 중심선, 기준선 또는 치수 보조선으로 연결한다.
>
> 정답 : ①

2. 단면도 ★★

2-1 단면의 표시

내부의 모양이나 구조가 복잡한 경우에는 숨은선이 혼동을 일으키므로, 물체를 명확하게 표시할 필요가 있는 곳을 절단한 것으로 가정하여 물체 내부를 표시하는 방법이다. 대부분의 숨은선이 생략되고, 필요한 부분이 외형선으로 분명히 도시된다.

절단면의 배치

앞부분을 절단한 모양

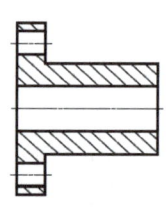
단면도

참고

단면의 표시
가상의 절단면 앞부분을 떼어 낸 다음, 남겨진 모양을 그린 투상도를 단면도라고 한다.

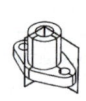 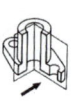 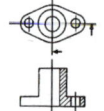

 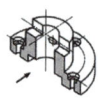
부품도 2   전단면도   단면도에 숨은선을 그린 예

- 단면은 원칙적으로 기본 중심선에서 절단한 면으로 표시한다.
- 단면은 필요한 경우에 기본 중심선이 아닌 곳에서 절단한 면으로 표시해도 좋다. 이때에는 절단선에 의하여 절단 위치를 표시한다.
- 단면을 분명하게 할 필요가 있을 때에는 해칭 또는 스머징을 한다.

종류	특 징
해칭 (Hatching)	• 가는 실선을 이용하여 45°로 하며, 절단면이 인접하여 구분할 필요가 있을 경우는 해칭을 다른 방향으로 하여 중복되지 않게 한다.
스머징 (Smudging)	• 내부 형상을 분명하게 나타내기 위해 연필로 단면을 칠하는 방법 • 해칭(또는 스머징)을 하는 부분 안에 글자, 기호 등을 기입하기 위하여 필요한 경우에는 해칭(또는 스머징)을 중단한다.

• 개스킷(gasket), 박판, 형강 등에서 절단면이 얇은 경우에는 절단면을 검게 칠하거나, 실제 치수와 관계없이 외형선보다 약간 굵은 실선으로 표시한다.

저자 어드바이스
스머징

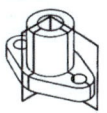

해칭

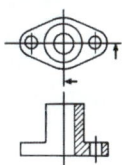

2-2 단면으로 표시하지 않는 부품

• 리브, 바퀴의 암, 기어의 이
• 축, 핀, 볼트, 너트, 와셔, 작은 나사, 리벳 키, 강구, 원통 롤러

절단해서 표시하면 이해를 방해하는 것 또는 절단하여도 의미가 없는 것은 원칙적으로 긴 쪽 방향으로는 절단하지 않는다.

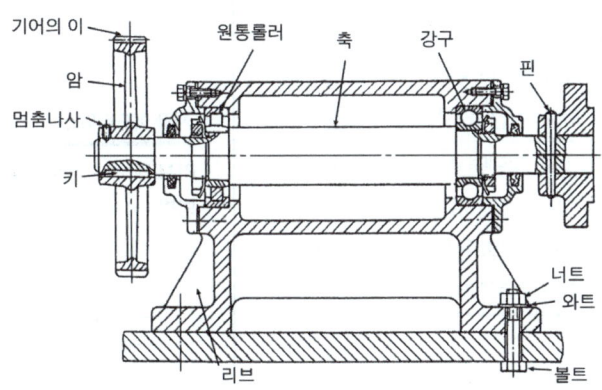

긴쪽 방향으로 절단하지 않는 부품으로 구성된 조립도

개념잡기

도면의 표현 방법 중에서 스머징(Smudging)을 하는 이유는 어떤 경우인가?

① 물체의 표면이 거친 경우
② 물체의 표면을 열처리하고자 하는 경우
③ 물체의 단면을 나타내는 경우
④ 물체의 특정 부위를 비파괴 검사하고자 하는 경우

단면으로 나타낸 것을 분명하게 할 필요가 있을 때에는 해칭 또는 스머징을 한다.

정답 : ③

2-3 단면도의 종류 ★★

종류	그림	특징
온단면도 (전단면도)		• 원칙적으로 대상물의 기본적인 모양을 가장 좋게 표시할 수 있도록 물체를 1/2로 절단하여 내부를 단면도로 표시
한쪽단면도 (반단면도)		• 대칭형의 대상물을 1/4로 절단하여 내부와 외부의 모습을 조합하여 표시
부분단면도		• 필요한 내부 모양을 그리기 위해 일부분만 잘라내어 단면도로 표시 • 파단선(가는 실선)으로 경계를 나타낸다.
회전도시 단면도		• 벨트풀리, 기어와 같은 구조물의 절단면을 90°로 회전시켜서 표시 • 절단할 곳의 전후를 끊어서 그린다. • 절단선의 연장선 위에 그린다. • 도형 내의 절단한 곳에 겹쳐서 그릴 때에는 가는 실선을 사용하여 그린다.
조합에 의한 단면도 (계단단면도)		• 2개 이상의 절단면을 조합하여 한 눈에 볼 수 있게 표시하는 방법 • 단면을 보는 방향을 나타내는 화살표와 글자 기호를 붙인다.

얇은 부분의 단면도

• 개스킷, 박판, 형강 등에서 절단면이 얇은 경우에는 그림과 같이 절단면을 검게 칠한다.
• 실제 치수와 관계없이 한 개의 아주 굵은 실선으로 표시한다.

(a) 개스킷   (b) 박판

(c) 형강

저자 어드바이스

리브(Rib)의 끝부분을 표시하는 방법

• $R_1 = R_2$인 경우

• $R_1 > R_2$인 경우

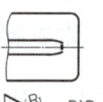 

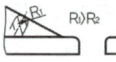

• $R_1 < R_2$인 경우

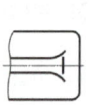 

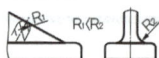

03 치수기입 ★★★

1. 치수 기입

1-1 치수의 표시방법

치수는 치수선, 치수보조선, 지시선, 화살표 등의 끝부분 기호, 치수 수치, 주기(Note) 등의 기본적인 요소와 치수 보조 기호를 사용하여 표시한다.

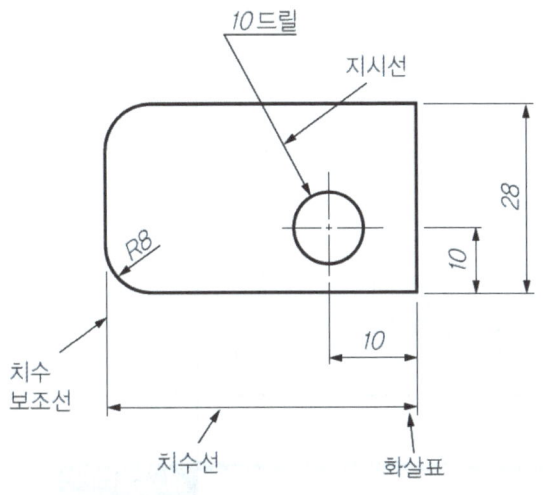

화살표의 표시

치수선이나 지시선 끝에 붙여 사용되며 길이와 폭의 비율이 약 3 : 1이 되고 2.5 ~ 3[mm] 길이로 한다.

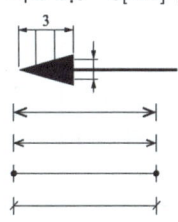

치수보조선	• 수직으로 약간 띄워서 시작하고 치수선 위치에서 2 ~ 3[mm] 정도 연장한다.
치수선	• 외형선으로부터 약간 띄워서 그리며 두 치수보조선 사이에 기입
화살표	• 치수선 양 끝에 화살표를 그려 넣는다. • 화살표 길이와 폭의 비율은 3 : 1
지시선	• 가는 실선을 60° 경사로 끌어내어 가공방법, 주기, 부품번호 등 기입

CHAPTER 01 기계제도

치수보조기호

기호	구분	사용법	예
φ	지름	지름 치수 수치 앞에 붙인다.	φ10
R	반지름	반지름 치수 수치 앞에 붙인다.	R20
Sφ	구의 지름	구의 지름 치수 수치 앞에 붙인다.	Sφ5
SR	구의 반지름	구의 반지름 치수 수치 앞에 붙인다.	SR10
□	정사각형	정사각형의 한변 치수 수치 앞에 붙인다.	□6
C	45° 모따기	45° 모따기 치수 수치 앞에 붙인다.	C2
t	두께	판 두께의 치수 수치 앞에 붙인다.	t30
⌒	원호의 길이	원호의 길이 치수 수치 위에 붙인다.	⌒20
( )	참고 치수	참고 치수의 치수 수치(치수 보조 기호 포함)를 둘러싼다.	(15)
□	이론적으로 정확한 치수	이론적으로 정확한 치수의 치수 수치를 둘러싼다.	50
—	비례척이 아님	치수 밑에 밑줄을 붙인다.	50
⊔	카운터 보어	카운터 보어 지름 치수 수치 앞에 붙인다.	⊔φ6
∨	카운터 싱크	카운터 싱크 지름 치수 수치 앞에 붙인다.	∨φ10
↧	깊이	깊이 치수 수치 앞에 붙인다.	↧10

개념잡기

치수보조기호의 Sφ는 무엇을 나타내는가?

① 표면 ② 구의 반지름
③ 피치 ④ 구의 지름

Sφ	구의 지름	구의 지름 치수 수치 앞에 붙인다.
SR	구의 반지름	구의 반지름 치수 수치 앞에 붙인다.

정답 : ④

개념잡기

치수에 사용되는 치수보조기호의 설명으로 틀린 것은?

① Sφ : 원의 지름 ② R : 반지름
③ □4 : 정사각형의 변 ④ C : 45° 모따기

Sφ은 구의 지름을 의미한다.

정답 : ①

1-2 치수 수치의 표시방법

길이 치수	수치는 [mm]의 단위로 기입하고, 단위 기호는 붙이지 않는다.
각도 치수	도(°) 단위로 기입하고 필요한 경우 분 및 초를 병용할 수 있다. 도(°), 분('), 초(")를 표시하는 데에는 숫자의 오른쪽 상단에 기입한다.
치수 수치 소수점	아래쪽의 점(.)으로 한다. 예 12.00

참고

각도 표기법
- °(도)
- '(분)
  : 1°(도) = 60'(분)
  예 30°15'
- "(초)
  : 1'(분) = 60"(초)
  예 30°15'30"

1-3 치수기입의 원칙 ★★★

- 대상물의 기능, 제작, 조립 등을 고려하여 치수를 명확히 도면에 지시한다.
- 치수는 대상물의 크기, 자세, 위치가 가장 명확하게 나타나도록 기입한다.
- 도면에 나타내는 치수는 특별히 명시하지 않는 한 그 도면에 도시한 대상물의 다듬질 치수(마무리 치수)를 표시한다.
- 치수에는 기능상(호환성을 포함) 필요한 경우 치수의 허용한계를 지시한다.
- 치수는 되도록 주투상도에 집중하고 중복 기입을 피한다.
- 치수는 되도록 계산해서 구할 필요가 없도록 기입한다.
- 치수는 필요에 따라 기준으로 하는 점, 선 또는 면을 기준으로 하여 기입한다.
- 관련되는 치수는 되도록 한 곳에 모아서 기입한다.
- 치수는 되도록 공정마다 배열을 분리하여 기입한다.
- 치수 중 참고 치수에 대하여는 치수 수치에 괄호를 붙인다.

개념잡기

치수기입의 원칙에 대한 설명으로 틀린 것은?

① 치수는 되도록 주 투상도에 집중한다.
② 치수는 중복 기입을 할 수 있고 각 투상도에 고르게 치수를 기입한다.
③ 관련되는 치수는 되도록 한 곳에 모아서 기입한다.
④ 치수는 되도록 공정마다 배열을 분리하여 기입한다.

치수는 되도록 주 투상도에 집중하고, 치수의 중복 기입을 피한다.

정답 : ②

1-4 치수의 배치 방법 ★

직렬치수기입법	• 직렬로 나란히 연결된 개개의 치수에 주어진 치수 공차가 차례대로 누적되어도 좋은 경우에 사용한다.
병렬치수기입법	• 기준면을 설정하여 개개별로 기입되는 방법으로, 각 치수의 일반 공차는 다른 치수의 일반 공차에 영향을 주지 않는다.
누진치수기입법	• 치수의 기준점 위치는 기점 기호(○)로 나타내고, 치수선의 다른 끝은 화살표로 나타내어 하나의 연속된 치수선으로 표시한다.
좌표치수기입법	• 대상물의 한 곳을 기준으로 좌표를 사용하여 치수를 나타낸다.

참고

좌표 치수기입

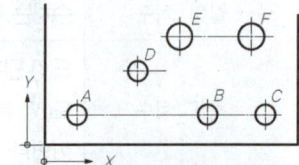

	X	Y	φ
A	20	20	14
B	140	20	14
C	200	20	14
D	60	60	14
E	100	90	26
F	180	90	26
G			
H			

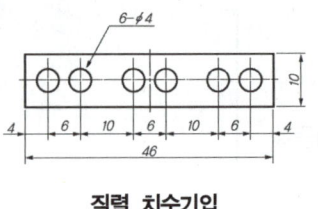

직렬 치수기입

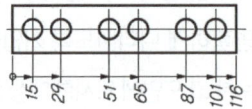

누진 치수기입

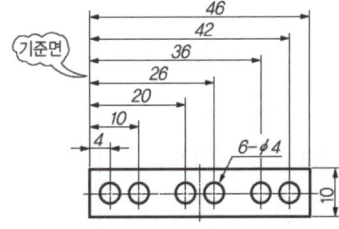

병렬 치수기입

개념잡기

치수 허용 한계를 기입할 때 일반사항에 대한 설명으로 틀린 것은?

① 기능에 관련되는 치수와 허용 한계는 기능을 요구하는 부위에 직접 기입하는 것이 좋다.
② 직렬 치수 기입법으로 치수를 기입할 때는 치수 공차가 누적되므로 공차의 누적이 기능에 관계가 없는 경우에만 사용하는 것이 좋다.
③ 병렬 치수 기입법으로 치수를 기입할 때 치수 공차는 다른 치수의 공차에 영향을 주기 때문에 기능 조건을 고려하여 공차를 적용한다.
④ 축과 같이 직렬 치수 기입법으로 치수를 기입할 때 중요도가 작은 치수는 괄호를 붙여서 참고 치수로 기입하는 것이 좋다.

병렬 치수기입법
기준면을 설정하여 개개별로 기입되는 방법으로, 각 치수의 일반 공차는 다른 치수의 일반 공차에 영향을 주지 않는다. 기준면에 해당하는 치수 보조선의 위치는 제품의 기능, 조립, 가공, 검사 등의 조건을 고려하여 정한다.

정답 : ③

2. 면의 지시기호★★

2-1 각 지시기호의 기입 위치★★

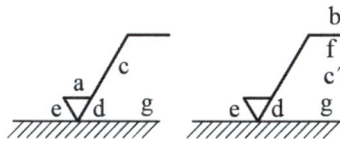

a : R_a의 값[μm]
b : 가공 방법, 표면처리
c : 컷 오프값·평가 길이
c′ : 기준 길이·평가 길이
d : 줄무늬 방향의 기호
e : 기계가공 공차
f : R_a 이외의 파라미터
    (t_p일 때에는 파라미터/절단 레벨)
g : 표면 파상도(KS B ISO 4287에 따른다)
* 주 : a 또는 f 이외는 필요에 따라 기입한다.

R_a값을 지시하는 경우

- 표면거칠기 상한만을 지시하는 경우

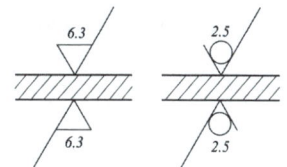

- 표면거칠기 상한과 하한을 지시하는 경우

개념잡기

그림과 같은 면의 지시기호에 대한 각 지시 사항의 기입 위치에 대한 설명으로 틀린 것은?

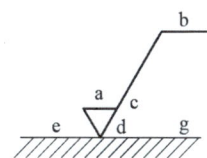

① a : 표면거칠기(R_a) 값　　② d : 줄무늬 방향의 기호
③ g : 표면파상도　　　　　　④ c : 가공 방법

c는 컷 오프값과 평가 길이를 뜻한다.

정답 : ④

2-2 다듬질 기호와 의미 ★★

- '제거 가공을 필요로 함' : 지시기호의 짧은 쪽 끝에 가로선을 그어서 지시
- '제거 가공을 허락하지 않음' : 면의 지시기호의 내접하는 원을 그려 지시
- 특별히 가공 방법 등을 지시할 필요가 있는 경우, 면의 지시기호가 긴 쪽의 다리에 필요한 길이만큼 수평으로 가로선을 그어서 사용

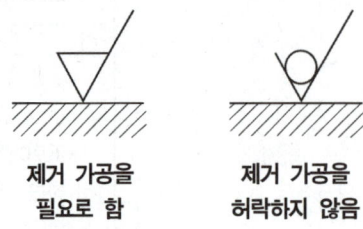

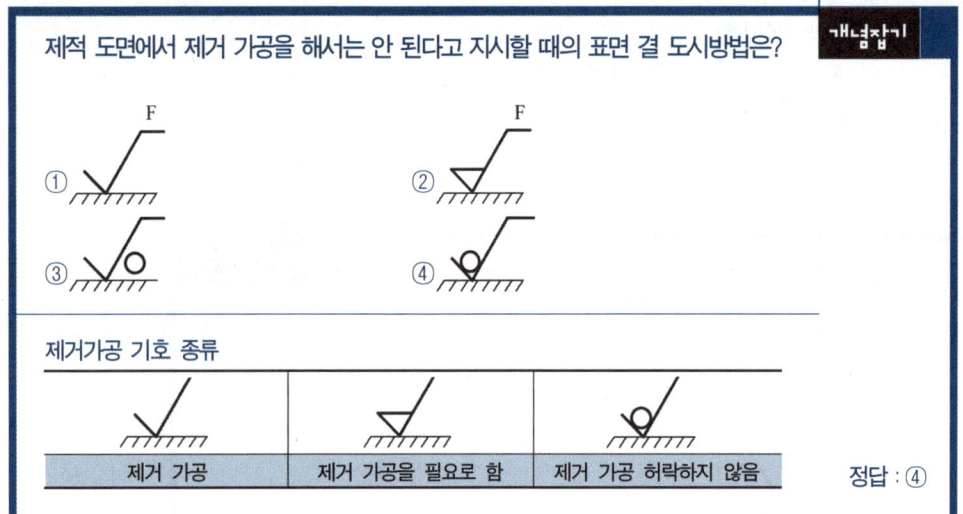

2-3 줄무늬 방향 기호와 의미 ★★★

- 줄무늬 방향을 지시하여야 할 때에는 표에 규정하는 기호를 가공면의 지시기호 오른쪽에 기입한다.
- 규정되어 있지 않은 줄무늬 방향을 지시하고자 하는 경우에는 적당한 주기를 붙여서 지시한다.

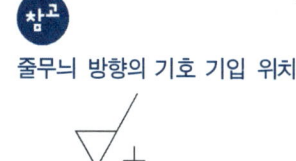

줄무늬 방향의 기호 기입 위치

기호	의미	설명도
=	가공에 의한 커터의 줄무늬 방향이 기호를 기입한 그림의 투영면에 평행 • 보기 : 셰이핑면	
⊥	가공에 의한 커터의 줄무늬 방향이 기호를 기입한 그림의 투영면에 직각 • 보기 : 셰이핑면(옆으로부터 보는 상태) 선삭, 원통 연삭면	
X	가공에 의한 커터의 줄무늬 방향의 기호를 기입한 그림의 투영면에 경사지고 두 방향으로 교차 • 보기 : 호닝 다듬질면	
M	가공에 의한 커터의 줄무늬가 여러 방향으로 교차 또는 무방향 • 보기 : 래핑 다듬질면, 수퍼 피니싱면 가로 이송을 준 정면 밀링 또는 엔드 밀 절삭면	
C	가공에 의한 커터의 줄무늬 방향의 기호를 기입한 면의 중심에 대하여 대략 동심원 모양 • 보기 : 끝면 절삭면	
R	가공에 의한 커터의 줄무늬가 기호를 기입한 면의 중심에 대하여 대략 레이디얼 모양	

개념잡기

다음 표면거칠기의 표시에서 C가 의미하는 것은?

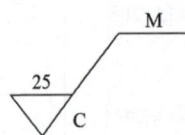

① 주조가공   ② 밀링가공
③ 가공으로 생긴 선이 무방향   ④ 가공으로 생긴 선이 거의 동심원

기호	커터의 줄무늬 방향	적용
⊥	투상면에 직각	선삭
=	투상면에 평행	셰이핑
X	투상면에 경사지고 두 방향으로 교차	호닝
C	중심에 대하여 동심원	끝면절삭
M	여러 방향으로 교차되거나 무방향	밀링, 래핑
R	중심에 대하여 레이디얼 모양	일반적인 가공

정답 : ④

3. 기계재료 표시법 ★

3-1 기계재료 표시법의 의미

SS400(KS D 3503의 일반 구조용 압연 강재)

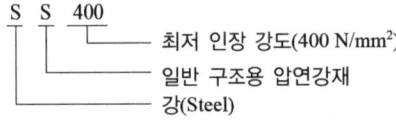

SM45C(KS D 3752 기계 구조용 탄소 강재)

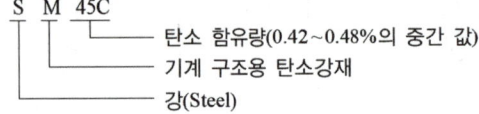

> **참고**
>
> **재료 기호의 구성**
>
> 재료 기호는 로마자와 아라비아 숫자로 구성되어 있으며, 보통 다음과 같이 세 부분으로 나누어 표시한다.
>
> - 처음 부분
>   재질을 표시하는 기호이며, 로마자의 머리글자(대문자)나 원소 기호로 표시한다.
>
> - 중간 부분
>   규격명, 제품명을 표시하는 기호이며 로마자의 머리글자(대문자)로 표시하고 판·봉·선재와 주조품, 단조품 등과 같은 제품의 모양에 따른 종류나 용도를 표시한다.
>
> - 끝 부분
>   재료의 종류 번호, 최저 인장강도와 제조 방법, 열처리 방법 등을 나타낸다.

SF340A(KS D 3710 탄소강 단강품)

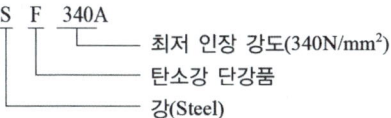

PW-1(KS D 3556의 피아노 선)

SNCM625(KS D 3867 기계구조용 합금강 강재, 니켈-크롬-몰리브덴)

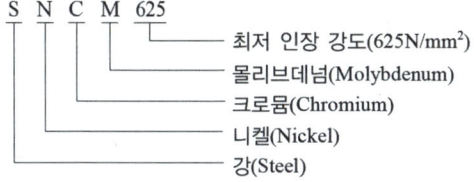

참고

단조품
금속을 두들기거나 눌러서 만든 제품

설계도면에 SM40C로 표시된 부품이 있다. 어떤 재료를 사용해야 하는가?

① 인장강도가 40[MPa]인 일반구조용 탄소강
② 인장강도가 40[MPa]인 기계구조용 탄소강
③ 탄소를 0.37~0.43[%] 함유한 일반 구조용 탄소강
④ 탄소를 0.37~0.43[%] 함유한 기계 구조용 탄소강

SM 40C(KS D 3752 기계 구조용 탄소 강재)

```
S   M   025
            └─ 탄소 함유량(0.42 ~ 0.48%의 중간 값)
        └─ 기계 구조용 탄소강재
    └─ 강(Steel)
```

정답 : ④

재료 기호가 "SF340A"로 표시되었을 때 이 재료는 무엇인가?

① 탄소강 단강품   ② 고속도 공구강
③ 합금 공구강   ④ 소결 합금강

S : 강
F : 단강품
340 : 인장강도 340[kgf/cm²]

정답 : ①

04 공차와 끼워맞춤

1. 치수공차 ★★★

1-1 치수공차의 용어 ★★★

치수	• 구멍이나 축에서 형체의 크기를 나타내는 양(단위 : [mm])
허용한계 치수	• 형체의 실제 치수가 그 사이에 들어가도록 정한, 허용할 수 있는 2개의 극한 치수
최대 허용 치수	• 형체에 허용되는 최대 치수
최소 허용 치수	• 형체에 허용되는 최소 치수
실 치수	• 부품 형체의 실측치수
기준 치수	• 위 치수 허용차 및 아래 치수 허용차를 적용하는데 따라 허용한계 치수가 주어지는 기준이 되는 치수 • 도면에 기입된 정치수
치수 허용차	• 실 치수, 허용한계 치수 등과 대응하는 기준 치수와의 차이 • (치수 허용차) = (허용한계 치수) - (기준 치수)
위 치수 허용차	• 최대 허용 치수와 대응하는 기준 치수와의 차이 • (위 치수 허용차) = (최대 허용 치수) - (기준 치수)
아래 치수 허용차	• 최소 허용 치수와 대응하는 기준 치수와의 차이 • 기준 치수보다 허용한계 치수가 클 때는 치수 허용차의 수치에 (+)의 부호를, 작을 때에는 (-)부호를 붙여서 나타낸다. • (아래 치수 허용차) = (최소 허용 치수) - (기준 치수)
치수공차	• 최대 허용 치수와 최소 허용 치수와의 차이
기준선	• 허용한계 치수 또는 끼워 맞춤을 표시할 때에는 기준 치수를 나타내며, 치수 허용차의 기준이 되는 직선
기본공차	• 치수공차방식과 끼워맞춤방식에 속하는 모든 치수공차 • 기본공차는 기호 IT로 나타낸다.
공차등급	• 치수공차방식과 끼워맞춤방식으로 모든 기준치수에 대하여 동일수준에 속하는 치수 공차의 한 그룹 예 IT6급, IT7급

형체(feature)
치수 공차방식, 끼워맞춤 방식의 대상이 되는 기계 부품의 부분

내측 형체(internal feature)
대상물의 내측을 형성하는 형체

외측 형체(external feature)
대상물의 외측을 형성하는 형체

구멍(hole)
주로 원통형의 내측 형체. 원형 단면이 아닌 내측 형체도 포함한다.

축(shaft)
주로 원통형의 외측 형체. 원형 단면이 아닌 외측 형체도 포함한다.

저자 어드바이스

치수공차의 기입

$$50 {\,}^{+0.25}_{-0.05}$$

(위 치수허용차 / 기준 치수 / 아래 치수허용차)

• 기준 치수 : 50
• 위 치수허용차 : +0.25
• 아래 치수허용차 : -0.05
• 최대 허용 치수 : 50.25
• 최소 허용 치수 : 49.95

공차역	• 치수공차를 도시하였을 때 치수공차의 크기와 기준선에 대한 그 위치에 따라 정해지는 최대 허용 치수와 최소 허용 치수를 나타내는 두 개의 직선 사이의 영역
공차역 클래스	• 공차역의 위치와 공차등급의 조합
최대 실체 치수 (Maximum Material Condition)	• 형체의 실체가 최대가 되는 쪽의 허용한계 치수 • 내측 형체에 대해서는 최소 허용 치수, 외측 형체에 대해서는 최대 허용치수
최소 실체 치수 (Least Material Condition)	• 형체의 실체가 최소가 되는 쪽의 허용한계 치수 • 내측 형체에 대해서는 최대 허용치수, 외측 형체에 대해서는 최소 허용치수

치수허용차와 기준선의 관계

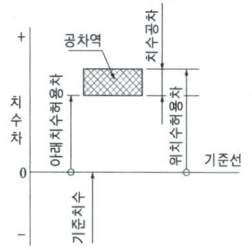

저자 어드바이스

최대 실체 조건(MMC)
- 형체 크기의 부피가 최대를 가질 조건
- 공차가 있는 형체에 최대 실체 공차를 적용하는 경우의 도시 방법은 공차 기입란의 공차값 다음에 Ⓜ의 부가 기호를 붙인다.

최소 실체 조건(LMC)
- 형체 크기의 부피가 최소를 가질 조건
- 공차가 있는 형체에 최소 실체 공차를 적용하는 경우의 도시 방법은 공차 기입란의 공차값 다음에 Ⓛ의 부가기호를 붙인다.

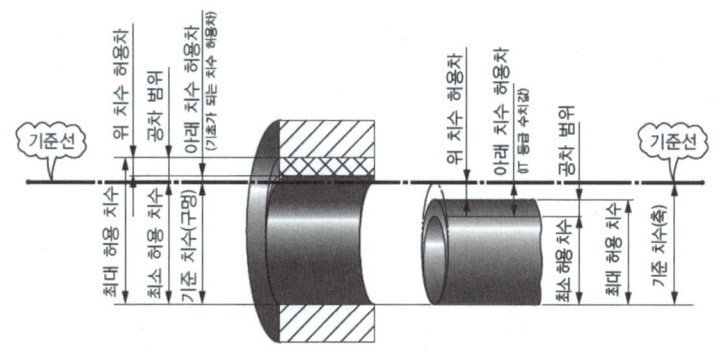

개념잡기

다음 그림의 치수 기입에 대한 설명으로 틀린 것은?

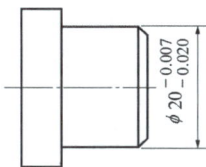

① 기준치수는 지름 20이다.　　② 공차는 0.013이다.
③ 최대 허용 치수는 19.930이다.　　④ 최소 허용 치수는 19.980이다.

- 최대 허용치수(Maximum Limit of Size)
  기준치수에 대해 허용되는 최대 치수
  20 + (−0.007) = 19.993
- 최소 허용치수(Minimum Limit of Size)
  기준치수에 대해 허용되는 최소 치수
  20 + (−0.02) = 19.98

정답 : ③

2. IT 기본공차 ★★★

2-1 IT 공차 ★★★

- 국제표준화기구(ISO) 공차 방식 분류에 의한 치수공차와 끼워맞춤 공차에 있어서 정해진 모든 치수공차
- 같은 등급이라도 기준 치수가 커짐에 따라 공차를 달리한다.
- IT01부터 IT18까지 20등급으로 분류

> **저자 어드바이스**
> - 구멍이나 축의 지름을 정밀하게 다듬질하려면 공차를 작게 하면 되지만, 같은 0.02[mm]의 공차라 하더라도 기준 치수가 40[mm]인 경우와 400[mm]인 경우는 정밀도가 다르다.
> - 기준치수가 크면 공차의 허용 범위를 크게 하여야 하며, 정밀도는 기준 치수와 공차의 비율로 표시된다.

2-2 IT 기본공차의 수치(KS B 0401)

구분 등급		IT 01	IT 0	IT 1	IT 2	IT 3	IT 4	IT 5	IT 6	IT 7	IT 8	IT 9	IT 10	IT 11	IT 12	IT 13	IT 14	IT 15	IT 16	IT 17	IT 18
초과	이하	기본공차의 수치[μm]													기본공차의 수치[mm]						
-	3	0.3	0.5	0.8	1.2	2.0	3.0	4.0	6.0	10	14	25	40	60	0.10	0.14	0.26	0.40	0.60	1.00	1.40
3	6	0.4	0.6	1.0	1.5	2.5	4.0	5.0	8.0	12	18	30	48	75	0.12	0.18	0.30	0.48	0.75	1.20	1.80
6	10	0.4	0.6	1.0	1.5	2.5	4.0	6.0	9.0	15	22	36	58	90	0.15	0.22	0.36	0.58	0.90	1.50	2.20
10	18	0.5	0.8	1.2	2.0	3.0	5.0	8.0	11	18	27	43	70	110	0.18	0.27	0.43	0.70	1.10	1.80	2.27
18	30	0.6	1.0	1.5	2.5	4.0	6.0	9.0	13	21	33	52	84	130	0.21	0.33	0.52	0.84	1.30	2.10	3.30
30	50	0.6	1.0	1.5	2.5	4.0	7.0	11	16	25	39	62	100	160	0.25	0.39	0.62	1.00	1.60	2.50	3.90
50	80	0.8	1.2	2.0	3.0	5.0	8.0	13	19	30	46	74	120	190	0.30	0.46	0.74	1.20	1.90	3.00	4.60
80	120	1.0	1.5	2.5	4.0	6.0	10	15	22	35	54	87	140	220	0.35	0.54	0.87	1.40	2.20	3.50	5.40
120	180	1.2	2.0	3.5	5.0	8.0	12	18	25	40	63	100	160	250	0.40	0.63	1.00	1.60	2.50	4.00	6.30
180	250	2.0	3.0	4.5	7.0	10	14	20	29	46	72	115	185	290	0.46	0.72	1.15	1.85	2.90	4.60	7.20

2-3 IT 기본공차의 적용 ★★

- 공차등급 : IT 기호에 등급을 나타내는 숫자를 붙여 표시 예 IT7, IT8
- IT01, IT0은 정밀도가 아주 높아 제품생산에 적용하지 않고 별도로 지정

구분	게이지 제작공차	끼워맞춤공차	끼워맞춤 이외의 공차
구멍	IT01 ~ IT5	IT6 ~ IT10	IT11 ~ IT18
축	IT01 ~ IT4	IT5 ~ IT9	IT10 ~ IT18

- 축의 등급이 구멍 등급보다 한 등급 낮다.
- 공차역의 위치 : 구멍은 대문자(A ~ ZC), 축은 소문자(a ~ zc)로 나타내며 혼동을 피하기 위해 I, L, O, Q, W(i, l, o, q, w)는 사용하지 않는다.

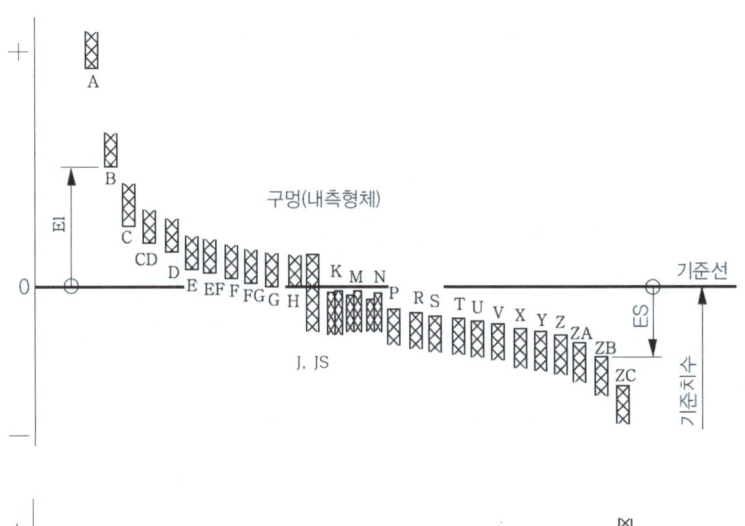

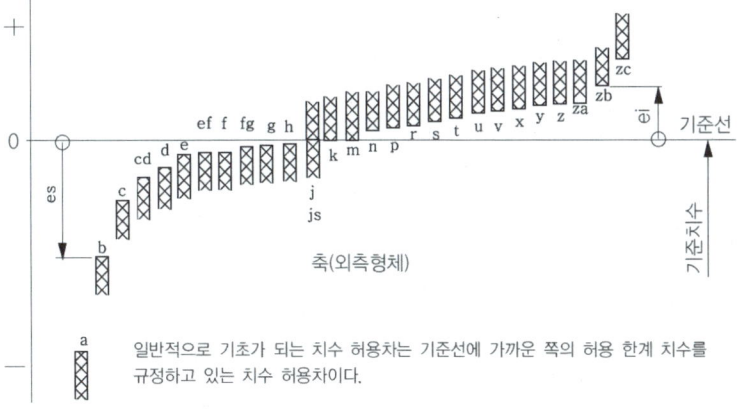

일반적으로 기초가 되는 치수 허용차는 기준선에 가까운 쪽의 허용 한계 치수를 규정하고 있는 치수 허용차이다.

> **개념잡기**
>
> IT공차 등급에 대한 설명 중 틀린 것은?
>
> ① 공차등급은 IT기호 뒤에 등급을 표시하는 숫자를 붙여 사용한다.
> ② 공차역의 위치에 사용하는 알파벳은 모든 알파벳을 사용할 수 있다.
> ③ 공차역의 위치는 구멍인 경우 알파벳 대문자, 축인 경우 알파벳 소문자를 사용한다.
> ④ 공차등급은 IT01부터 IT18까지 20등급으로 구분한다.
>
> - 정해진 알파벳
> - 구멍기호 : 대문자
> - 축기호 : 소문자
> - IT 기본 공차는 치수 공차와 끼워 맞춤에 있어서 정해진 모든 치수 공차를 의미하는 것으로 국제표준화기구(ISO) 공차 방식에 따라 분류하며, IT 01 ~ IT 18까지 20등급으로 나누고 정밀도에 따라 표와 같이 적용한다.
>
> | 용도 | 게이지 제작공차 | 끼워맞춤 공차 | 끼워맞춤 이외 공차 |
> |---|---|---|---|
> | 구멍 | IT 01 ~ IT 5 | IT 6 ~ IT 10 | IT 11 ~ IT 18 |
> | 축 | IT 01 ~ IT 4 | IT 5 ~ IT 9 | IT 10 ~ IT 18 |
>
> 정답 : ②

2-4 자주 사용하는 끼워맞춤 ★★★

자주 사용하는 구멍 기준 끼워맞춤

기준 구멍	축의 공차역 클래스													
	헐거운 끼워맞춤						중간 끼워맞춤			억지 끼워맞춤				
H6					g5	h5	js5	k5	m5					
				f6	g6	h6	js6	k6	m6	n6	p6			
H7				f6	g6	h6	js6	k6	m6	n6	p6	r6	s6	t6	u6	x6
			e7	f7		h7	js7							
				f7		h7								
H8			e8	f8		h8								
		d9	e9											
		d8	e8			h8								
H9		c9	d9	e9			h9							
H10	b9	c9	d9											

저자 어드바이스

구멍기준식 중간 끼워맞춤(n6), 축기준식 중간 끼워맞춤(N6, N7)은 구멍과 축의 치수 수치에 따라 다르게 적용된다.

자주 사용하는 축 기준 끼워맞춤

기준축	구멍의 공차역 클래스											
	헐거운 끼워맞춤				중간 끼워맞춤			억지 끼워맞춤					
h5				H6	JS6	K6	M6	N6	P6			
h6		F6	G6	H6	JS6	K6	M6	N6	P6			
h6		F7	G7	H7	JS7	K7	M7	N7	P7	R7	S7	T7	U7	X7
h7	E7	F7		H7								
h7		F8		H8								
h8	D8	E8	F8	H8								
h8	D9	E9		H9								
h9	D8	E8		H8								
h9	C9	D9	E9	H9								
h9	B10	C10	D10									

다음 끼워맞춤 공차 중 틈새가 가장 큰 것은?

① H7/p6   ② H7/m6   ③ H7/h6   ④ H7/f6

① H7/p6 : 억지 끼워맞춤
② H7/m6 : 중간 끼워맞춤
③ H7/h6 : 헐거운 끼워맞춤
④ H7/f6 : 헐거운 끼워맞춤(틈새가 더 큼)

정답 : ④

다음 중 쬠새가 가장 큰 억지 끼워 맞춤은?

① $100\dfrac{H7}{h6}$ ② $100\dfrac{H7}{g6}$ ③ $100\dfrac{H7}{x6}$ ④ $100\dfrac{H7}{m6}$

- H7/h6, H7/g6 : 헐거운 끼워맞춤
- H7/x6 : 억지 끼워맞춤
- H7/m6 : 중간 끼워맞춤

정답 : ③

3. 끼워맞춤 ★★★

3-1 끼워맞춤의 용어

끼워맞춤

구멍·축의 조립 전 치수의 차이에서 생기는 관계

틈새

구멍의 치수가 축의 치수보다 클 때, 구멍과 축과의 치수공차의 차

- 최소 틈새 = (구멍의 최소 허용 치수) - (축의 최대 허용 치수)
- 최대 틈새 = (구멍의 최대 허용 치수) - (축의 최소 허용 치수)

죔새

구멍의 치수가 축의 치수보다 작을 때, 조립 전의 구멍과 축과의 치수공차의 차

- 최소 죔새 = (축의 최소 허용 치수) - (구멍의 최대 허용 치수)
- 최대 죔새 = (축의 최대 허용 치수) - (구멍의 최소 허용 치수)

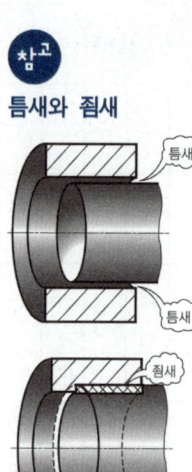

참고
틈새와 죔새

개념잡기

중간 끼워맞춤에서 구멍의 치수는 $50^{+0.035}_{0}$, 축의 치수가 $50^{+0.042}_{+0.017}$ 일 때, 최대 죔새는?

① 0.033　　　　② 0.008
③ 0.018　　　　④ 0.042

최대 죔새 = 축의 최대 허용치수 - 구멍의 최소 허용치수
∴ 50.042 - 50 = 0.042

정답 : ④

3-2 끼워맞춤의 상태 ★★★

헐거운 끼워맞춤	• 구멍과 축 사이에 항상 틈새가 생기는 상태(구멍 > 축 / A ~ G) • 미끄럼 운동이나 회전 운동이 필요한 부품에 적용
중간 끼워맞춤	• 부품의 기능과 역할에 따라 틈새 또는 죔새가 생기는 상태(H ~ N) • 헐거운 끼워맞춤, 억지 끼워맞춤으로 얻을 수 없는 부품에 적용
억지 끼워맞춤	• 구멍과 축 사이에 항상 죔새가 생기는 상태(구멍 < 축 / P ~ Z) • 분해와 조립을 하지 않는 부품에 적용

> **개념잡기**
>
> 구멍의 최소치수가 축의 최대치수보다 큰 경우이며, 항상 틈새가 생기는 끼워맞춤으로 직선운동이나 회전운동이 필요한 기계부품의 조립에 적용하는 것은?
>
> ① 억지 끼워맞춤   ② 중간 끼워맞춤
> ③ 헐거운 끼워맞춤   ④ 구멍기준식 끼워맞춤
>
> - 헐거운 끼워맞춤 : 구멍의 최소 치수가 축의 최대 치수보다 큰 경우로서 항상 틈새가 생기는 상태
> - 억지 끼워맞춤 : 구멍의 최대 치수가 축의 최소 치수보다 작은 경우로서 틈새가 없이 항상 죔새가 생기는 상태
> - 중간 끼워맞춤 : 부품의 기능과 역할에 따라 틈새 또는 죔새가 생기는 상태
>
> 정답 : ③

3-3 끼워맞춤의 종류

구멍 기준식 끼워맞춤	• 구멍의 아래 치수 허용차가 "0"인 끼워 맞춤 방식
	• 기준 구멍 : 아래 치수 허용차가 "0"인 구멍(H 기호)
	예 기초가 되는 치수 허용차가 아래 치수 허용차인 경우 = 구멍(대문자)
	    위 치수 허용차 = 기초가 되는 치수 허용차 + IT등급 공차값
	    아래 치수 허용차 = 기초가 되는 치수 허용차

축 기준식 끼워맞춤	• 축의 위 치수 허용차가 "0"인 끼워 맞춤 방식
	• 축 기준 : 위 치수 허용차가 "0"인 축(h 기호)
	예 기초가 되는 치수 허용차가 위 치수 허용차인 경우 = 축(소문자)
	    위 치수 허용차 = 기초가 되는 치수 허용차
	    아래 치수 허용차 = 기초가 되는 치수 허용차 - IT등급 공차값

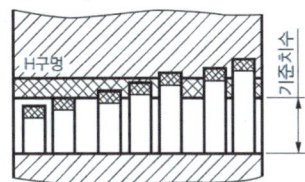 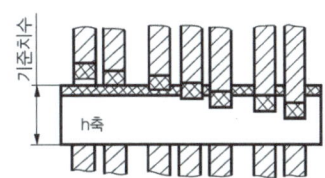

구멍 기준 끼워맞춤(H)   축 기준 끼워맞춤(h)

> **개념잡기**
>
> 끼워맞춤의 표시방법을 설명한 것 중 틀린 것은?
>
> ① φ20H7 : 지름이 20인 구멍으로 7등급의 IT공차를 가짐
> ② φ20h6 : 지름이 20인 축으로 6등급의 IT공차를 가짐
> ③ φ20H7/g6 : 지름이 20인 H7 구멍과 g6 축이 헐거운 끼워맞춤으로 결합되어 있음을 나타냄
> ④ φ20H7/f6 : 지름이 20인 H7 구멍과 f6 축이 중간 끼워맞춤으로 결합되어 있음을 나타냄
>
> | 기준 구멍 | 축의 공차역 클래스 ||||||||||||||
> |---|---|---|---|---|---|---|---|---|---|---|---|---|---|---|
> | | 헐거운 끼워맞춤 |||||중간 끼워맞춤 ||||억지 끼워맞춤 ||||||
> | H6 | | | | g5 | h5 | js5 | k5 | m5 | | | | | | |
> | | | | f6 | g6 | h6 | js6 | k6 | m6 | n6 | p6 | | | | |
> | H7 | | | f6 | g6 | h6 | js6 | k6 | m6 | n6 | p6 | r6 | s6 | t6 | u6 | x6 |
> | | | e7 | f7 | | h7 | js7 | | | | | | | | |
>
> ④ 구멍기준식 H7구멍과 f6 축은 헐거운 끼워맞춤이다. 정답 : ④

4. 기하공차 ★★★

4-1 기하공차(GT, Geometrical Tolerance) : KS A ISO 1101

- 부품을 설계할 때, 치수허용차나 표면거칠기 등과 함께 모양이나 자세, 위치 및 흔들림에 대하여 일정한 정밀도의 허용차를 붙일 필요가 있다.
- 기하공차 : 도면에 표시하는 대상물의 모양, 자세, 위치 및 흔들림의 공차를 총칭
- 제품을 가장 경제적이고 효율적으로 생산할 수 있도록 하고 제품의 검사를 용이하게 하는데 목적이 있다.

4-2 기하공차의 용어

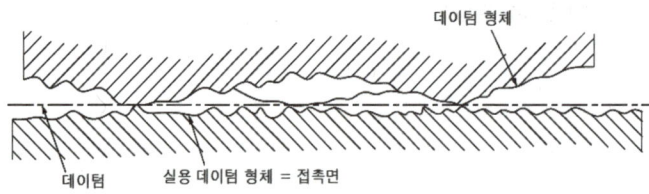

 참고

기하공차 사용에 따른 장점
- 경제적이고 효율적인 생산을 할 수 있다.
- 생산 원가를 절감할 수 있다.
- 최대의 제작 공차를 통하여 생산성을 올릴 수 있다.
- 결합 부품 상호 간에 호환성을 주고 결합 상태를 보증할 수 있다.
- 설계 치수 및 공차상의 요구가 명확하게 정해지고, 확실해진다.
- 기능 게이지(Functional Gauge)를 사용하여 효율적으로 검사, 측정할 수 있다.
- 도면의 안정성과 통일성으로 일률적인 설계를 할 수 있다.

구분	설명
데이텀(Datum)	• 부품에 기하학적 공차를 지시할 때, 공차 영역을 규제하기 위하여 설정한 이론적인 기하학적 기준이다.
데이텀 형체	• 데이텀을 설정하기 위하여 사용하는 대상물의 실제 형체이다. • 데이텀 형체에는 가공 오차 등이 있으므로, 필요에 따라서 데이텀 형체에 적합한 형상 공차를 지시한다.
실용 데이텀 형체	• 데이텀 형체에 접하여 데이텀을 설정할 경우에 사용하는, 충분히 정밀한 모양을 갖는 실제의 표면(정반, 베어링, 맨드릴 등) • 실용 데이텀 형체는 가공, 측정 및 검사를 할 경우에 지시한 데이텀을 실제로 구체화한 것이다.
공통 데이텀	• 두 가지의 데이텀 형체에 따라서 설정되는 단일의 데이텀
데이텀 시스템	• 공차를 갖는 형체를 기준으로 하기 위해, 개별로 두 가지 이상의 데이텀을 조합시켜서 사용할 경우의 데이텀 그룹
데이텀 표적	• 데이텀을 설정하기 위해서 가공, 측정 및 검사용의 장치, 기구 등에 접촉시키는 대상물 위의 점, 선 또는 한정된 영역

4-3 데이텀 및 데이텀 표적 기호 ★★★

구분	기호	설명
데이텀 지시 문자기호	A	• 규제하는 형체가 단독 형체인 경우, 문자 기호를 공차 기입틀에 기입하지 않는다(KS B ISO 5459).
데이텀 삼각기호		• 삼각 기호는 검게 칠하지 않아도 된다(KS B ISO 5459).
데이텀 표적 기입 테두리		• 데이텀 표적 기입 테두리 상단 : 보조 사항 기입 • 데이텀 표적 기입 테두리 하단 : 형체 전체의 데이텀과 같은 데이텀을 지시하는 문자 기호 또는 표적 번호를 나타내는 숫자를 기입
데이텀 표적 기호	점 ×	• 굵은 실선으로 ×표를 한다.
	선 ×—×	• 2개의 ×표시를 가는 실선으로 연결한다.
	영역 원 : ⊘	• 원칙적으로 가는 2점 쇄선으로 둘러싸고 해칭을 한다. 단, 도시가 곤란한 경우에는 2점 쇄선 대신에 가는 실선을 사용해도 좋다(KS B ISO 5459).

4-4 기하공차 기호의 종류 ★★★

적용하는 형체	공차의 종류		기호
단독형체	모양 공차	진직도 공차	—
		평면도 공차	⌇
		진원도 공차	○
		원통도 공차	⌭
단독형체 또는 관련형체		선의 윤곽도 공차	⌒
		면의 윤곽도 공차	⌓
관련형체	자세 공차	평행도 공차	//
		직각도 공차	⊥
		경사도 공차	∠
	위치 공차	위치도 공차	⊕
		동축도 공차 또는 동심도 공차	◎
		대칭도 공차	≡
	흔들림 공차	원주 흔들림 공차	↗
		온 흔들림 공차	↗↗

저자 어드바이스

모양 공차의 종류
- 진직도 : 정확한 직선을 기준으로 이에 벗어나는 정도를 표시
- 평면도 : 정확한 평면을 기준으로 이에 벗어나는 정도를 표시
- 진원도 : 정확한 원을 기준으로 이에 벗어나는 정도를 표시
- 원통도 : 정확한 원통을 기준으로 이에 벗어나는 정도를 표시
- 선의 윤곽도 : 평면의 정확한 윤곽으로부터 윤곽선의 어긋남의 정도를 표시
- 면의 윤곽도 : 입체의 정확한 윤곽으로부터 윤곽선의 어긋남의 정도를 표시

자세 공차의 종류
- 평행도 : 기준선이나 기준면에 대하여 측정하려는 선이나 면의 평행 정도를 표시
- 직각도 : 기준선이나 기준면에 대하여 측정하려는 선이나 면의 직각 정도를 표시
- 경사도 : 기준선이나 기준면에 대하여 측정하려는 선이나 면의 경사 정도를 표시

개념잡기

기하공차 기호에서 ◎은 무엇을 나타내는가?

① 진원도 ② 동축도
③ 위치도 ④ 원통도

공차의 종류		기호	공차의 종류		기호
모양공차	진직도	—	자세공차	평행도	//
	평면도	⌇		직각도	⊥
	진원도	○		경사도	∠
	원통도	⌭	위치공차	위치도	⊕
	선의 윤곽도	⌒		동축도	◎
	면의 윤곽도	⌓		대칭도	≡
흔들림공차	원주 흔들림	↗	흔들림공차	온 흔들림	↗↗

정답 : ②

5. 기하공차의 표시 방법 ★★★

5-1 기하공차의 기입 틀 ★★★

- 공차에 대한 표시사항은 공차 기입 틀을 두 구획 또는 그 이상으로 구분하여 그 안에 기입한다.
- 기하 공차의 종류 기호, 공차값, 데이텀(기준) 기호를 기입하는 직사각형의 틀(공차 기입 틀)은 필요에 따라 아래 그림과 같이 구분한다. 규제하는 형체가 단독 형체인 경우에는 문자 기호를 붙이지 않는다.

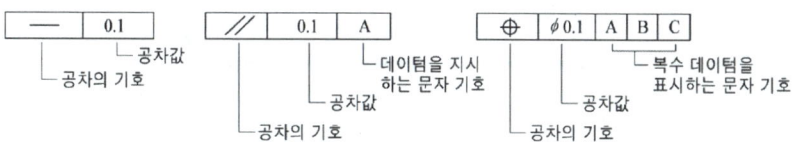

- "6구멍" 및 "4면" 등과 같은 공차붙이 형체에 연관시켜서 지시하는 표시는 공차 기입틀의 위쪽에 기입한다.

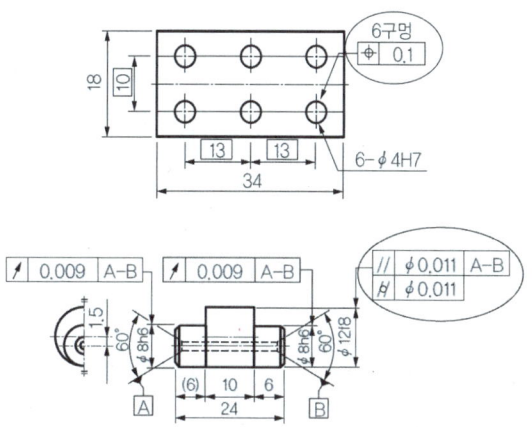

- 한 개의 형체에 두 개 이상의 종류의 공차를 지시하고자 할 때에는 이들 공차의 기입 틀을 상하로 겹쳐서 기입한다.

저자 어드바이스

위치 공차의 종류
- 위치도 : 정확한 위치로부터 점, 직선, 평면 모양이 벗어나는 정도를 표시
- 동심도 : 기준축이나 기준중심에 대하여 측정하려는 중심이 벗어나는 정도를 표시
- 대칭도 : 기준평면에 대하여 서로 대칭이어야 할 모양이 대칭 위치로부터 벗어나는 정도를 표시

흔들림 공차의 종류
- 원주 흔들림 : 중심축에 대하여 회전했을 때 회전면이 흔들리는 정도를 표시
- 온 흔들림 : 중심축에 대하여 원통이 흔들리는 정도를 표시

개념잡기

다음과 같이 기하 공차가 기입되었을 때 설명으로 틀린 것은?

| // | 0.01 | A |

① 0.01은 공차값이다.　　② //은 모양 공차이다.
③ //은 공차의 종류 기호이다.　　④ A는 데이텀을 지시하는 문자 기호이다.

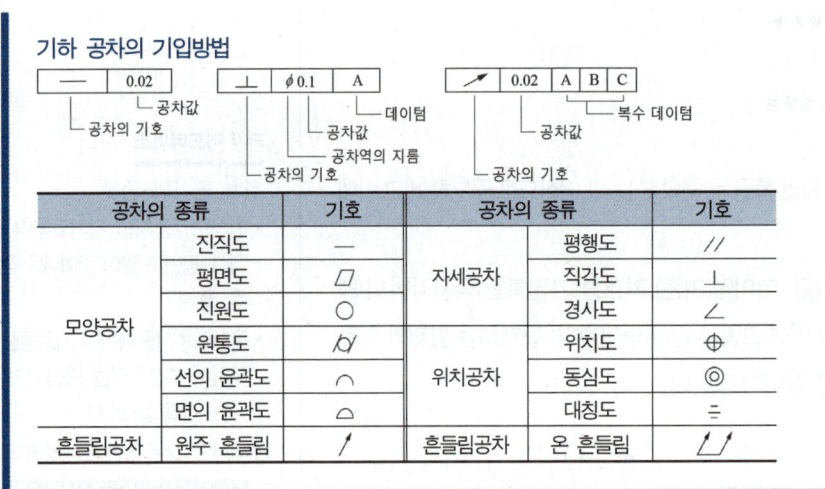

정답 : ②

6. 데이텀의 표시 방법 ★★

- 대상면에 직접 관련되는 경우의 데이텀은 지시하는 문자 기호에 의하여 나타내고 빈틈없이 칠해도 좋으며, 칠하지 않아도 좋은 삼각 기호를 지시선으로 연결하여 나타낸다.

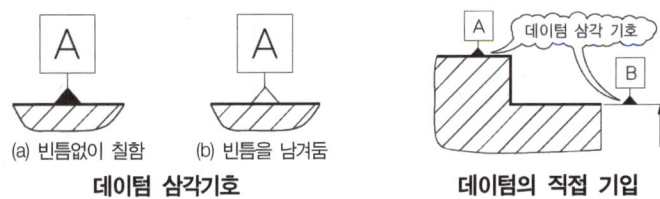

- 문자 기호에 의한 데이텀이 선이나 면 자체인 경우에는 대상면의 외형선 위 또는 외형선을 연장한 가는선 위에(치수선의 위치를 명확히 피해서) 데이텀 삼각 기호를 붙인다.
- 치수가 지정되어 있는 대상면의 축 직선 또는 중심 원통면이 데이텀인 경우에는 치수선의 연장선을 데이텀의 지시선으로서 사용하여 지시한다.

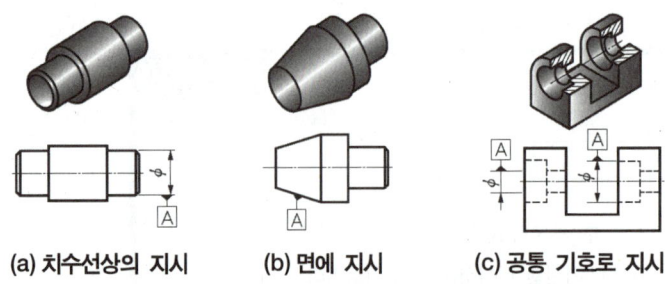

치수 기입이 된 대상선 또는 대상면에 지정하는 데이텀

- 대상면의 축 직선 또는 원통면이 모두 공통으로 데이텀인 경우에는 중심선에 데이텀 삼각 기호를 붙인다.

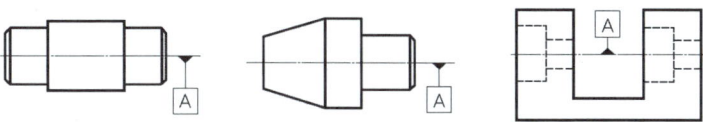

(a) 평행축 중심   (b) 테이퍼와 평행축 중심   (c) 두 구멍의 공통 중심

대상면의 축 직선이나 원통면이 공통인 경우의 데이텀

- 잘못 볼 염려가 없는 경우에는 직접 지시선에 의하여 연결함으로써 데이텀을 지시하는 문자 기호를 생략할 수 있다.

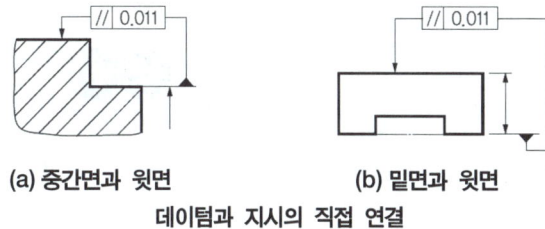

(a) 중간면과 윗면   (b) 밑면과 윗면

데이텀과 지시의 직접 연결

개념잡기

그림에서 ㉮부와 ㉯부에 두 개의 베어링을 같은 축선에 조립하고자 한다. 이때 ㉮부의 데이텀을 기준으로 ㉯부 기하공차를 적용하고자 할 때 올바른 기하공차 기호는?

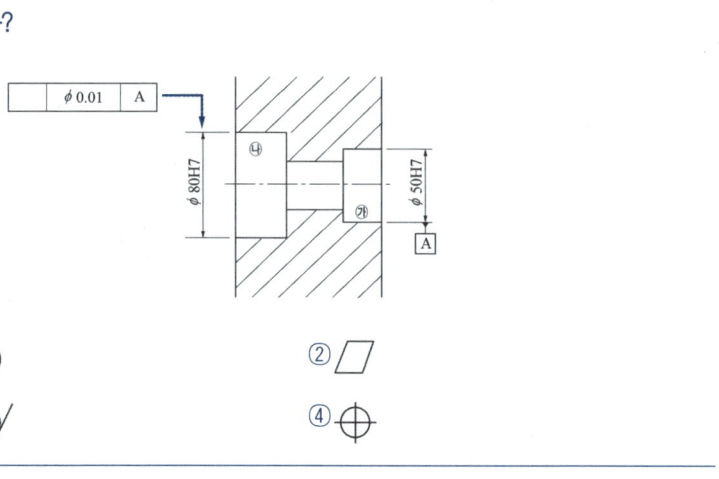

① ◎   ② ▱
③ ⌀   ④ ⊕

원통형의 모양을 가진 물체가 조립되는 데이텀을 기준으로 볼 때, 동심도 또는 동축도가 가장 적합하다.

정답 : ①

05 체결요소 제도

1. 나사의 호칭 방법과 제도법 ★★★

1-1 나사의 호칭 방법

나사의 호칭 방법은 아래와 같이 표기하나 미터사다리꼴 왼나사의 경우 감긴 방향을 뒤에 나타낸다.

예) Tr40×7LH

나사산의 감긴 방향	나사산 줄의 수	나사의 호칭	나사의 등급
• 오른나사 : 표시 생략 • 왼나사 : L(왼)로 표시	• 1줄나사 : 표시 생략 • n줄나사 : n줄로 표시	나사외경×리드	• 생략 가능 • 대문자 : 암나사(너트) • 소문자 : 수나사(볼트)

피치를 [mm]로 표시하는 나사의 경우

| 나사의 종류 기호 | 나사의 바깥지름 | × | 피치 |

예) M 8×1

피치를 산수로 표시하는 나사의 경우

| 나사의 종류 기호 | − | 나사의 바깥지름 | 산 | 나사산의 수 |

예) SM-1/4 산 40

유니파이 나사의 경우

| 나사의 바깥지름 또는 번호 | − | 나사산의 수 | 나사의 종류 기호 |

예) 3/8-16 UNC, No.8-36 UNF

피치
인접한 두 나사산 사이의 거리

리드
나사 한바퀴 회전 시 전진거리
리드 = 피치 × 나사줄 수

1[inch] = 2.54[cm]
       = 25.4[mm]

1-2 나사의 종류를 표시하는 기호 및 나사의 호칭에 대한 표시 방법 ★★★

구분		나사의 종류	나사의 종류를 표시하는 기호	나사의 호칭에 대한 표시방법의 보기
일반용	ISO 규격에 있는 것	미터 보통 나사[1]	M	M8
		미터 가는 나사[2]		M8×1
		미니추어(미니어처) 나사	S	S0.5
		유니파이 보통 나사	UNC	3/8−16UNC
		유니파이 가는 나사	UNF	No.8−36UNF
		미터 사다리꼴 나사	Tr	Tr10×2
		관용 테이퍼 나사 — 테이퍼 수나사	R	R3/4
		관용 테이퍼 나사 — 테이퍼 암나사	Rc	Rc3/4
		관용 테이퍼 나사 — 평행 암나사[3]	Rp	Rp3/4
	ISO 규격에 없는 것	관용 평행 나사	G	G1/2
		30° 사다리꼴 나사	TM	TM18
		29° 사다리꼴 나사	TW	TW20
		관용 테이퍼 나사 — 테이퍼 나사	PT	PT7
		관용 테이퍼 나사 — 평행 암나사[4]	PS	PS7
		관용 평행 나사	PF	PF7
특수용		전구 나사	E	E10
		미싱 나사	SM	SM1/4 산40
		자동차용 타이어 밸브 나사	TV	TV8
		자전거용 타이어 밸브 나사	CTV	CTV8 산30

* 1) 미터 보통 나사 중 M1.7, M2.3, 및 M2.6은 ISO 규격에 규정되어 있지 않다.
 2) 가는 나사임을 특별히 명확하게 나타낼 필요가 있을 때는 피치 다음에 "가는 나사"의 글자를 ( ) 안에 넣어서 기입할 수 있다.
 3) 이 평행 암나사(Rp)는 테이퍼 수나사(R)에 대해서만 사용한다.
 4) 이 평행 암나사(PS)는 테이퍼 수나사(PT)에 대해서만 사용한다.

UNC와 UNF 비교

구분	UNC	UNF
나사외경	3/8인치	3/8인치
나사산수	16TPI	24TPI
피치	1/16인치	1/24인치
체결특성	빠름	느림(정밀)
특징	제작, 가공쉬움	정밀도 요구, 가공 어려움

TM과 TW 비교

구분	TM	TW
단위	[mm]	[inch]
표기	Tm 4*7, Tr 40*7	1" - 5TW
용도	아시아	미국계
호환	Tr, Tm 호환	없음

나사의 종류를 나타내는 기호 중 틀린 것은?

① R : 관용 테이퍼 수나사
② Tr : 미터 사다리꼴 나사
③ UNC : 유니파이 보통 나사
④ TM : 29° 사다리꼴 나사

구분	나사의 종류		나사의 종류를 표시하는 기호
일반용	ISO 규격에 있는 것	미터 보통 나사	M
		미터 가는 나사	M
		미니추어(미니어처) 나사	S
		유니파이 보통 나사	UNC
		유니파이 가는 나사	UNF
		미터 사다리꼴 나사	Tr
		관용 테이퍼 나사 — 테이퍼 수나사	R
		관용 테이퍼 나사 — 테이퍼 암나사	Rc
		관용 테이퍼 나사 — 평행 암나사	Rp
	ISO 규격에 없는 것	관용 평행 나사	G
		30° 사다리꼴 나사	TM
		29° 사다리꼴 나사	TW
		관용 테이퍼 나사 — 테이퍼 나사	PT
		관용 테이퍼 나사 — 평행 암나사	PS
		관용 평행 나사	PF
특수용		미싱 나사	SM
		전구나사	E

정답 : ④

1-3 나사의 호칭 방법의 해석 ★★★

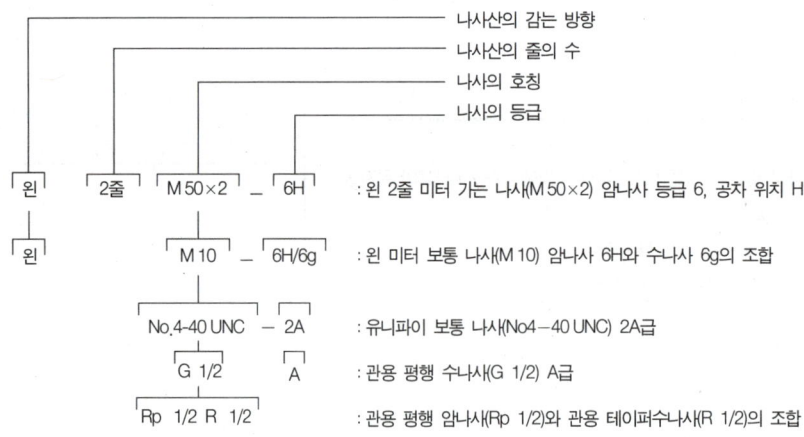

- 왼 2줄 M 50×2 — 6H : 왼 2줄 미터 가는 나사(M 50×2) 암나사 등급 6, 공차 위치 H
- 왼 M 10 — 6H/6g : 왼 미터 보통 나사(M 10) 암나사 6H와 수나사 6g의 조합
- No.4-40 UNC — 2A : 유니파이 보통 나사(No4-40 UNC) 2A급
- G 1/2 A : 관용 평행 수나사(G 1/2) A급
- Rp 1/2 R 1/2 : 관용 평행 암나사(Rp 1/2)와 관용 테이퍼수나사(R 1/2)의 조합

2. 일반 나사의 도시법 ★★★

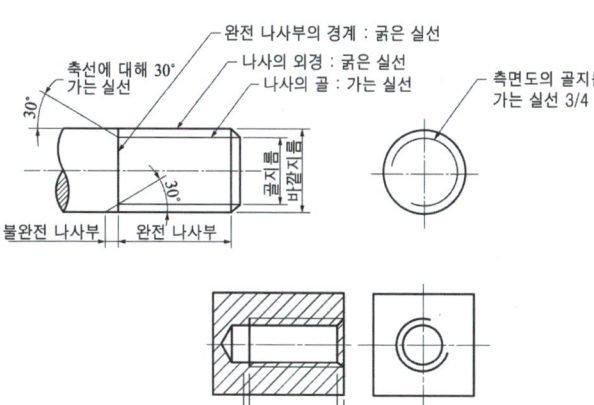

- 수나사의 바깥지름(산지름)은 굵은 실선으로 도시하고, 안지름(골지름)은 가는 실선으로 도시한다.
- 암나사의 안지름(산지름)은 굵은 실선으로 도시하고, 바깥지름(골지름)은 가는 실선으로 도시한다.
- 불완전 나사부는 나사의 축선에 대하여 30°의 가는 실선으로 도시한다.
- 완전 나사부와 불완전 나사부의 경계는 굵은 실선으로 그린다.
- 숨겨진 나사를 표시하는 것이 필요한 곳에는 산봉우리와 골밑은 가는 파선으로 표시한다.
- 나사 단면 그림에서 골지름은 가는 실선으로 3/4만 도시한다.
- 나사의 조립된 상태를 도시할 때는 수나사를 기준으로 도시한다.

조립된 나사부품의 도시법

나사부품의 조립에 적용하며, 수나사 부품은 항상 암나사 부품을 감춘 상태에서 표시하고, 암나사 부품으로 가리지 않는다. 암나사의 완전 나사부의 한계를 표시하는 굵은 선은 암나사의 골 밑까지 그린다.

완전 나사부와 불완전 나사부 (암나사)

- 완전 나사부 : 나사의 나선이(산과 골 규칙적으로 완전히 형성됨)
- 불완전 나사부 : 끝부분에서 나선이 점차 형성되거나 불완전한 부분

개념잡기

나사의 도시방법에 관한 설명 중 틀린 것은?

① 수나사와 암나사의 골밑을 표시하는 선은 가는 실선으로 그린다.
② 완전 나사부와 불완전 나사부의 경계선은 가는 실선으로 그린다.
③ 불완전 나사부는 기능상 필요한 경우 혹은 치수 지시를 하기 위해 필요한 경우 경사된 가는 실선으로 표시한다.
④ 수나사와 암나사의 측면도시에서 각각의 골지름은 가는 실선으로 약 3/4에 거의 같은 원의 일부로 그린다.

- 굵은 실선 : 완전 나사부와 불완전 나사부의 경계선, 수나사의 바깥지름과 암나사의 안지름을 표시하는 선
- 가는 실선 : 수나사와 암나사의 골을 표시하는 선
- 가는 파선 : 보이지 않는 나사부의 산마루와 골밑

정답 : ②

3. 키의 호칭 방법과 제도법 ★★

3-1 키의 호칭법(KS B 1313)

키의 호칭 치수

너비(폭)×높이

규격번호 또는 명칭	폭×높이×길이	끝모양의 특별지정	재료
KS B 1313	12×8×50	양끝 둥금	SM 45C
평행키	25×14×90	양끝 모짐	SM 40C

4. 핀의 호칭 방법과 제도법 ★★

4-1 핀의 호칭 방법

평행 핀의 호칭법(KS B ISO 2338)

평행 핀의 종류는 끼워맞춤 기호에 따른 m6, h8의 두 종류이다.

호칭방법 및 예시
[규격 번호 또는 명칭], [호칭 지름], [공차×호칭 길이], [재료]
예) KS B ISO 2338 6 m6×30-St : 호칭지름 6[mm], 공차 m6, 길이 30[mm] 비경화강 평행 핀

개념잡기

평행 핀의 호칭이 다음과 같이 나타났을 때 이 핀의 호칭지름은 몇 [mm]인가?

KS B ISO 2338 - 8 m6×30 - Al

① 1[mm] ② 6[mm]
③ 8[mm] ④ 30[mm]

평행 핀의 호칭법(KS B ISO 2338)

호칭방법	예시
[규격 번호 또는 명칭], [호칭 지름], [공차×호칭 길이], [재료]	KS B ISO 2338 6 m6×30 - St

정답 : ③

분할 테이퍼 핀의 호칭법(KS B 1323)

- 테이퍼 핀의 호칭

  작은 쪽의 지름(d)으로 표시 테이퍼 값 : 1/50

호칭방법 및 예시
[규격 번호 또는 규격 명칭], [호칭지름×호칭길이], [재료], [지정 사항]
예 KS B 1323 6×70-St : 분할 테이퍼 핀 호칭지름 6[mm], 호칭길이 70[mm]

5. 리벳의 호칭 방법과 제도법 ★★★

5-1 리벳의 호칭 방법(KS B 1102)

- 리벳의 호칭길이 : 접시머리 리벳만 머리부를 포함한 전체의 길이로 호칭하고 그 외의 리벳은 머리부를 제외한 길이로 호칭한다.
- 길이는 겹쳐놓은 형강 두께의 1.3 ~ 1.6d로 하고, 자루의 길이는 리벳지름의 4배 정도로 하며 그 이상의 곳에는 볼트와 너트를 사용한다.

참고

리벳 호칭 방법
규격 번호 / 종류 / 호칭지름×길이 / 재료

예 KS B 1102 / 열간 둥근머리 리벳 / 16×40 / SV 330

개념잡기

다음 중 리벳의 호칭 방법으로 올바른 것은?

① 규격 번호, 종류, 호칭지름×길이, 재료
② 규격 번호, 길이×호칭지름, 종류, 재료
③ 재료, 종류, 호칭지름×길이, 규격 번호
④ 종류, 길이×호칭지름, 재료, 규격 번호

리벳의 호칭법(KS B 1102)

규격번호(생략가능)	종류	호칭 지름×길이	재료
KS B 1102	열간 둥근머리 리벳	16×40	SV 330

- 리벳의 호칭길이 : 접시머리 리벳만 머리부를 포함한 전체의 길이로 호칭되고 그 외의 리벳은 머리부를 제외한 길이로 호칭한다.
- 길이는 겹쳐놓은 형강 두께의 1.3 ~ 1.6d로 하고, 자루의 길이는 리벳지름의 4배 정도로 하며 그 이상의 곳에는 볼트와 너트를 사용한다.

정답 : ①

06 동력전달요소 제도

1. 축의 제도법 ★★★

1-1 축의 제도

- 축이나 보스의 끝 구석 라운드 가공부는 필요하면 확대하여 부품도 옆이나 주서 기입란에 기입하여 준다.

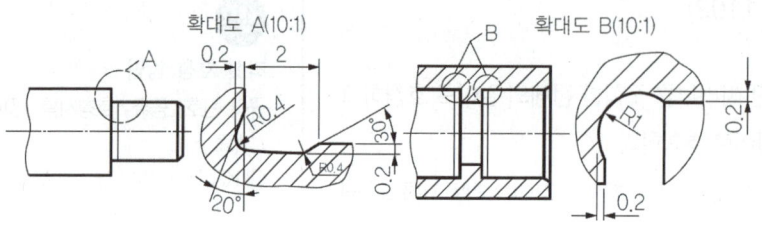

- 축은 일반적으로 길이 방향으로 절단하지 않으며 필요에 따라서는 부분 단면은 가능하다.
- 긴 축은 단축하여 그릴 수 있으나, 길이는 실제 길이를 기입해야 한다.
- 축에 있는 널링(Knurling)의 도시는 빗줄인 경우에 축선에 대하여 30°로 서로 엇갈리게 그린다.
- 축의 모따기 및 평면부 표시는 치수기입법에 따른다.

긴 축의 단축 제도법

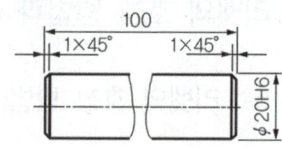

축을 제도하는 방법을 설명한 것이다. 틀린 것은?

① 긴 축은 단축하여 그릴 수 있고 길이는 실제 길이를 기입한다.
② 축은 일반적으로 길이 방향으로 절단하여 단면을 표시한다.
③ 구석 라운드 가공부는 필요에 따라 확대하여 기입할 수 있다.
④ 필요에 따라 부분 단면은 가능하다.

- 축이나 보스의 끝 구석 라운드 가공부는 필요하면 확대하여 부품도 옆이나 주서 기입란에 기입하여 준다.
- 축은 일반적으로 길이 방향으로 절단하지 않으며 필요에 따라서는 부분 단면은 가능하다.
- 긴축은 단축하여 그릴 수 있으나, 길이는 실제 길이를 기입해야 한다.
- 축에 있는 널링(Knurling)의 도시는 빗줄인 경우에 축선에 대하여 30°로 서로 엇갈리게 그린다.
- 축의 모따기 및 평면부 표시는 치수기입법에 따른다.

정답 : ②

2. 베어링의 호칭 방법과 제도법 ★★★

2-1 베어링의 주요 치수

- 베어링을 축 및 몸체에 끼울 때 필요한 베어링의 윤곽을 표시하는 치수
- 안지름(d), 베어링 바깥지름(D), 폭(B), 높이(H), 모따기(r) 등

지름 계열	• 베어링의 안지름에 대하여 바깥지름의 계열을 나타내는 것
폭, 높이 계열	• 같은 베어링의 안지름과 바깥지름을 기준으로 하여 폭(높이)을 단계적으로 한자리 숫자를 써서 계열을 나타내는 것
치수 계열	• 안지름을 기준으로 하고 바깥지름 및 폭(높이)을 단계적으로 정한 치수로 계열을 나타내는 것

2-2 베어링 호칭 번호의 구성 및 배열(KS B 2012) ★★★

기본번호			보조기호					
베어링 계열 기호	안지름 번호	접촉각 기호	내부 치수	밀봉 기호 또는 실드 기호	궤도륜 모양 기호	조합 기호	내부 틈새 기호	정밀도 등급 기호

〈보기〉 6308 Z NR

- 63 : 베어링 계열기호 - 단열 깊은 홈 볼베어링 6, 치수 계열 03(너비 계열 0, 지름 계열 3)
- 08 : 안지름 번호(호칭 베어링 안지름 8×5 = 40[mm])
- Z : 실드 기호(한쪽 실드)
- NR : 궤도륜 모양기호(멈춤링 붙이)

베어링 계열기호
베어링의 계열기호는 베어링의 형식(접촉각은 제외)과 치수 계열을 나타낸다.

안지름 번호
안지름 번호는 베어링의 안지름 치수를 나타낸다. 안지름 번호가 04 이상인 것은 이 수치를 5배하면 안지름이 얻어진다.

주요 베어링 종류 번호
1- 자동 조심 볼 베어링
2- 스러스트 자동 조심 롤러 베어링
3- 테이퍼 롤러 베어링
5- 평면자리 스러스트 볼 베어링
6- 단열 깊은 홈 볼 베어링
7- 단열 앵귤러 볼 베어링
N- 원통 롤러형

베어링 호칭번호
6204 ZZC3
- 6 : 베어링 종류
- 2 : 치수계열(너비, 외경 등)
- 04 : 내부 안지름
- ZZ : 실드타입(양쪽금속)
- C3 : 내부 클리어런스(일반보다 여유있음)

핵심 KEY

베어링 안지름 번호
- 00 : 10[mm]
- 01 : 12[mm]
- 02 : 15[mm]
- 03 : 17[mm]
- 04 : 20[mm]
- 05 : 25[mm]
- 05 이상 : ×5
- 예) 07 : 07×5 = 35[mm]

접촉각 기호

접촉각은 내·외륜과 볼의 접촉점을 연결하는 직선이 레이디얼 방향과 이루는 각도를 나타낸다.

베어링 형식	호칭 접촉각	접촉각 기호
단열 앵귤러 볼 베어링	10° 초과 22° 이하	C
	22° 초과 32° 이하(보통 30°)	A(생략가능)
	32° 초과 45° 이하(보통 40°)	B
테이퍼 롤러 베어링	17° 초과 24° 이하	C
	24° 초과 32° 이하	D

> **참고**
> 치수계열
> • 0 - 폭 외경 작음
> • 1 - 좁고, 외경작음
> • 2 - 중간형(표준형)
> • 3 - 넓고 외경 큼
> • 4 - 더 넓은 타입

개념잡기

구름 베어링의 호칭기호가 다음과 같이 나타날 때 이 베어링의 안지름은 몇 [mm]인가?

> 6026 P6

① 26 ② 60
③ 130 ④ 300

- 60 : 베어링 계열기호
- 26 : 베어링 안지름 번호

안지름 번호는 베어링의 안지름 치수를 나타내고, 안지름 번호가 04 이상인 것은 이 수치를 5배하면 안지름이 얻어진다.

※ 안지름 번호 : 00(안지름 10[mm]), 01(안지름 12[mm]), 02(안지름 15[mm]), 03(안지름 17[mm]), 04(안지름 20[mm])

정답 : ③

개념잡기

베어링의 형식번호에서 N는 무엇을 나타내는가?

① 단열홈형 ② 복열 자동 조심형
③ 단열 앵귤러 컨택트형 ④ 원통 롤러형

베어링의 형식번호(첫번째 숫자)
- 1 : 복열 자동 조심형
- 2, 3 : 복열 자동 조심형(큰나비)
- 6 : 단열 홈형
- 7 : 단열 앵귤러 볼형
- N : 원통 롤러형

정답 : ④

보조기호

보조기호는 내부 치수, 밀봉기호 또는 실드기호, 궤도륜 모양기호, 조합 표시기호, 틈새기호, 등급기호로 구성되어 있으며, 형식과 주요치수 이외의 베어링 규격을 나타낸다.

구분	기호	내용	구분	기호	내용
밀봉(실) 또는 실드 기호	UU	양쪽 실드붙이	리테이너 기호	V	리테이너 없다.
	U	한쪽 실드붙이	레이디얼 내부 틈새 기호	C1	C2보다 작다.
	ZZ	양쪽 실드붙이		C2	보통 틈새보다 작다.
	Z	한쪽 실드붙이		CN	보통 틈새
궤도륜 모양 기호	K	내륜 테이퍼(1/12) 구멍		C3	보통 틈새보다 크다.
	K30	내륜 테이퍼(1/30) 구멍		C4	C3보다 크다.
	N	링 홈붙이		C5	C4보다 크다.
	NR	멈춤 링붙이	정밀도 등급 기호	없다.	0급
	F	플랜지붙이		P6	6급
베어링 조합 기호	DB	뒷면 조합		P5	5급
	DF	정면 조합		P4	4급
	DT	병렬 조합			

2-3 구름 베어링의 제도법(KS B 2013)

- 구름 베어링은 일반적으로 메이커의 제품을 그대로 사용하므로 이 경우에 도면에는 그 형식이 이해될 수 있는 정도의 간략도시 또는 호칭번호를 표시하면 된다.
- 이때, 베어링의 윤곽은 KS B 2013의 "구름 베어링의 주요치수"에 따라서 도시하고, 인접부분에 접하는 모따기는 생략하지 않는다.

호칭 번호의 기입	• 베어링의 지정은 보통 규정된 베어링의 호칭 번호로 표시한다. • 호칭 번호는 지시선을 끌어내어 기입한다.
기호도를 그리는 방법	• 계통을 나타내기 위한 골조만을 나타내도록 그리는 방법 • 그림에 구름 베어링을 표시하는 경우에는 간단하게 도시한다.

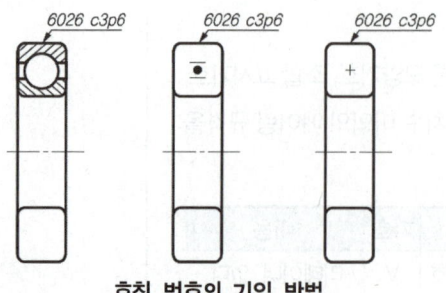

호칭 번호의 기입 방법

구름 베어링의 약도와 도시기호법

적용	도시 방법			
볼 베어링	단열 깊은 홈 볼 베어링	복렬 깊은 홈 볼 베어링	복렬 자동 조심 볼 베어링	
롤러 베어링	단열 원통 롤러 베어링	복렬 원통 롤러 베어링	복렬 구형 롤러 베어링	단열 앵귤러 콘택트 테이퍼 롤러 베어링

적용	도시 방법		
볼 베어링	단열 방향 스러스트 볼 베어링	이중 방향 스러스트 볼 베어링	앵귤러 콘택트 스러스트 볼 베어링
롤러 베어링	단열 방향 스러스트 롤러 베어링		

3. 기어의 제도법 ★★★

3-1 스퍼 기어의 제도 ★★★

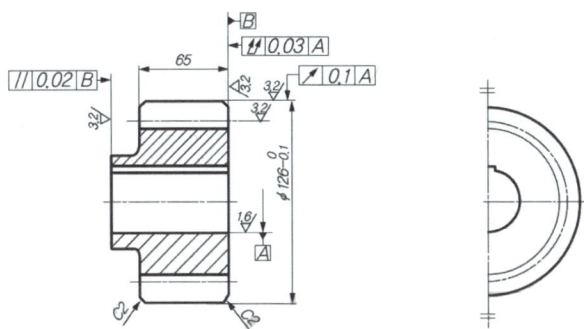

- 스퍼 기어는 축에 직각인 방향(단면이 나타나는 부분)을 주투상도로 하고 나사의 경우와 같이 치형은 생략하여 표시한다.
- 이끝원(이끝선)은 굵은 실선, 피치원(피치선)은 가는 1점 쇄선으로 도시한다.
- 이뿌리원(이뿌리선)은 가는 실선으로 도시한다.
  - 정면도를 단면도로 도시할 경우 이뿌리원은 굵은 실선으로 나타낸다.
- 제작도에서는 기어의 제작상 중요한 치형, 모듈, 압력각, 피치원 지름 등 기타 필요한 사항은 기어 요목표를 만들어 기입한다.

스퍼기어			
기어 치형		표준	- 표준 치형, 전위 치형
기준 래크	치형	보통 이	- 낮은 이, 보통 이, 높은 이
	모듈	2	
	압력각	20°	- 14.5°, 17°, 20°(표준), 22.5°, 25°
잇수		36	
피치원 지름		72	- 피치원 지름 = 모듈×잇수
전위량		0	- 전위 치형일 경우에만 기입
전체 이 높이		4.5	- 전체 이 높이 = 2.25×모듈
걸치기 이 두께		27.5778(잇수 : 5)	- 가공 후 이 두께 측정 방법(KS B 1406)
다듬질 방법		연삭	- 다듬질 방법 또는 가공방법
정밀도		KS B ISO 1328-1 4급	- 정밀도에 따른 기어 등급/0 ~ 12급
비고	재료	SCM415	일반적으로 부품란과 개별 주(Note)에 기입
	열처리	침탄 담금질	
	경도	55 ~ 60H$_R$C	

베벨기어의 제도

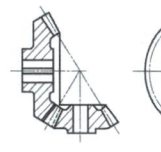

3-2 헬리컬 기어의 제도 ★★

- 측면도는 스퍼 기어와 같으나 정면도에서는 반드시 이의 비틀림 방향(잇줄 방향)을 3개의 가는 실선을 이용하여 도시한다.
- 기어 잇줄 방향을 나타내는 사선은 수평과 30°로 표시하고 치수기입은 실제의 비틀림 각도를 기입한다.
- 맞물리는 한쌍의 기어는 측면도의 양쪽 이끝원은 굵은 실선으로 그리고 정면도의 단면에서는 한쪽의 이끝원은 파선, 다른 한쪽 이끝원은 굵은 실선으로 그린다.

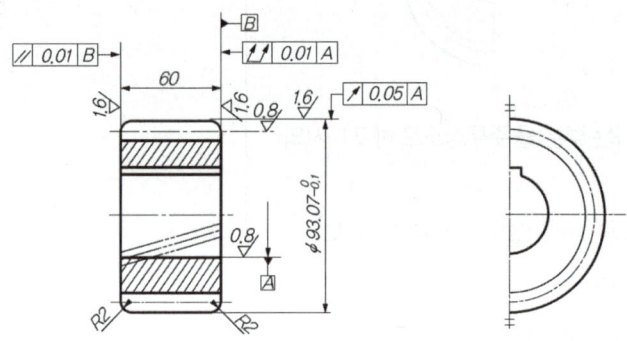

개념잡기

스퍼 기어의 도시법에 관한 설명으로 옳은 것은?

① 피치원은 가는 실선으로 그린다.
② 잇봉우리원은 가는 실선으로 그린다.
③ 축에 직각인 방향에서 본 그림은 단면으로 도시할 때 이골의 선은 가는 실선으로 표시한다.
④ 축 방향에서 본 이골원은 가는 실선으로 표시한다.

이끝원은 굵은 실선으로, 피치원은 가는 1점 쇄선으로, 이뿌리원은 가는 실선 또는 굵은 실선으로 그리고 축방향에서 이골원은 가는 실선으로 그린다.

정답 : ④

4. 스프링의 제도법

4-1 코일 스프링 도시의 일반사항

- 무하중 상태에서 그리는 것을 원칙으로 한다. 하중이 걸린 상태에서 그린 경우에는 치수를 기입할 때, 그때의 하중을 기입한다.
- 하중과 높이(또는 길이) 또는 처짐과의 관계를 표시할 필요가 있을 때에는 선도(Diagram) 또는 표로 나타낸다.
- 선도로 표시하는 경우 하중과 높이(또는 길이) 또는 처짐을 표시하는 좌표축과 그 관계를 표시하는 선은 스프링의 모양을 나타내는 선과 같은 굵은 실선으로 그린다.
- 그림에서 단서가 없는 코일 스프링이나 벌류트 스프링은 모두 오른쪽으로 감은 것으로 나타낸다. 왼쪽으로 감은 경우에는 "감김 방향 왼쪽"이라고 표시한다.
- 그림 안에 기입하기 힘든 사항은 일괄하여 요목표에 기입한다.

스프링 재료의 구비조건
- 가공하기 쉬운 재료이어야 한다.
- 높은 응력에 견딜 수 있고, 영구 변형이 없어야 한다.
- 피로 강도와 파괴 인성치가 높아야 한다.
- 열처리가 쉬워야 한다.
- 표면 상태가 양호해야 한다.
- 부식에 강해야 한다.

개념잡기

코일 스프링 제도에 대한 설명으로 틀린 것은?

① 스프링은 원칙적으로 하중이 걸린 상태로 그린다.
② 특별한 단서가 없으면 오른쪽으로 감은 것은 나타낸다.
③ 스프링의 종류 및 모양만을 간략도로 나타내는 경우에는 스프링 재료의 중심선만을 굵은 실선으로 그린다.
④ 그림 안에 기입하기 힘든 사항은 일괄적으로 오목표에 나타낸다.

코일 스프링은 무하중 상태에서 그리는 것을 원칙으로 한다.

정답 : ①

CHAPTER 02
기계가공

KEYWORD 칩의 종류, 구성인선, 칩브레이커, 절삭저항, 공구수명, 선반가공, 밀링가공, 분할법, 드릴링가공, 연삭숫돌 구성요소, 기어가공, CNC 가공

01 절삭이론

1. 절삭가공 용어

- 절삭가공 : 공작물보다 경도가 높은 공구를 사용하여 공작물과의 상대적인 운동으로 불필요한 부분을 깎아 내어 원하는 모양의 치수로 부품을 만드는 가공방법
- 절삭가공에 미치는 영향력 : 절삭 속도 > 이송 > 깊이

2. 칩의 종류

유동형칩	연성재료의 고속절삭에서 나타나며 바이트의 경사면에 따라 흐르듯이 연속적으로 발생하는 칩
전단형칩	연성재료의 중간속도에서 나타나며 칩은 연속되어 나오나 끊어지기 쉬움. 유동형과 열단형의 중간적 상태
균열형칩	주철과 같은 취성재료를 저속절삭할 때 나타나며 순간적으로 균열이 발생하는 불연속칩으로 절삭저항이 크게 변동함
열단형칩	극연강, Al합금 등과 같이 점성이 큰 재료의 저속절삭에서 나타나며, 일명 경작형칩이라고도 함

절삭가공 관련 용어
- 절삭 속도 : 절삭 운동에서 공구와 공작물 사이의 상대속도[m/min]
- 이송 : 공작물을 회전시켜 가공하는 경우 공작물이 1회전할 때마다 공구가 이동하는 거리 [mm/stroke]
- 절삭 깊이 : 공작물을 1회에 깎아내는 깊이

칩의 형상
- 유동형
- 전단형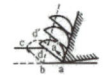
- 균열형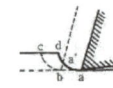
- 열단형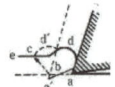

3. 구성인선 ★★

- 연강, 스테인리스 강, 알루미늄 등의 연성 가공물을 절삭할 때, 절삭공구에 절삭력과 절삭열에 의한 고온, 고압이 작용하여 절삭공구 인선에 대단히 경하고 미소한 입자가 압착 또는 융착되어 나타나는 현상
- 구성인선의 발생과정 : **발생 → 성장 → 최대성장 → 분열 → 탈락**
- 구성인선이 절삭에 미치는 영향
  - 공구각을 변화시킨다.
  - 가공면의 표면 거칠기를 나쁘게 한다.
  - 공구의 떨림(채터링) 현상으로 절삭공구 마모를 크게 한다.
- 구성인선의 방지 대책
  - 절삭 속도를 크게 한다.
  - 공구의 윗면 경사각을 크게 한다.
  - 절삭 깊이를 작게 한다.
  - 윤활성이 좋은 절삭 유제를 사용한다.
  - 절삭공구를 날 끝을 예리하게 한다.

4. 절삭 저항과 온도 ★

- 절삭 저항의 3분력 : **주분력, 배분력, 이송분력**
- 주분력 : 배분력 : 이송분력 = 10 : (2 ~ 4) : (1 ~ 2)
- 절삭 저항은 재질이 연할수록, 공구의 윗면경사각이 높을수록, 절삭 속도가 빠를수록, 절삭유를 사용했을 때 작게 나타난다.
- 절삭작업에서 절삭 저항에 영향을 주는 인자
  - 가공방법
  - 절삭조건
  - 일감의 재질

핵심 KEY

주분력
공구의 절삭 방향으로 작용

이송분력
이송방향으로 작용

배분력
절삭 깊이 방향으로 작용

바이트 주요각
- 윗면경사각 : 바이트 절삭날의 윗면과 수평면이 이루는 각도 (절삭력에 가장 큰 영향력을 줌)
- 옆면경사각 : 바이트 절삭날이 경사면과 수평에서 이루는 이루는 각도

5. 공구 수명

- 공구 수명 판정방법
  - 공구의 마모량이 어떤 일정한 값에 달한 경우
  - 공구 절삭날에 치핑이 생긴 경우
  - 다듬질면 거칠기, 치수 정밀도 등의 규격치 값을 넣는 경우
- 공구의 마멸 형태
  - 경사면 마멸(크레이터 마멸)
  - 여유면 마멸(플랭크 마멸)
  - 치핑

핵심 KEY

경사면 마모
크레이터 마모라고도 하며 주로 유동형 칩이 공구 경사면 위를 미끄러질 때, 공구 윗면에 오목 파진 부분이 생기는 것을 말함. 공구의 경사각을 크게 하면 칩이 공구날 윗면을 누르는 압력이 작아지므로 경사면 마모의 발생과 성장을 감소시킬 수 있다.

여유면 마모
플랭크 마모라고도 하며 공구의 여유면이 절삭면에 평행하게 마모되는 것을 말한다. 여유면 마모는 공구의 여유면과 절삭면 사이의 마찰에 의하여 발생하는데 주로 주철과 같이 취성이 있는 재료를 절삭할 때 발생한다.

치핑
경도가 매우 높고 인성이 작은 공구를 사용할 때, 공구의 날 모서리를 따라 작은 조각으로 떨어져 나가는 것

개념잡기

일감을 절삭할 때 바이트가 받는 절삭 저항의 크기 및 방향에 미치는 영향이 가장 적은 것은?

① 가공방법 ② 절삭조건
③ 일감의 재질 ④ 기계의 중량

절삭작업에서 절삭 저항에 영향을 주는 인자로는 가공방법, 절삭조건, 일감의 재질 등이 있다. 기계의 중량도 절삭 저항의 크기에 영향을 줄 수 있지만 문제에서 가장 영향이 적은 인자는 기계의 중량이다.

정답 : ④

02 절삭가공의 종류 ★★★

1. 절삭가공

선반가공	주축 끝에 부착된 척에 공작물을 고정하여 회전시키고 공구대에 설치된 바이트에 절삭 깊이와 이송을 주어 주로 원통형으로 가공
밀링가공	주축에 고정된 공구를 회전시키고, 테이블에 고정한 가공물에 절삭 깊이와 이송을 주어 가공물을 필요한 형상으로 가공
드릴링가공	드릴머신 주축에 드릴을 고정시켜 회전시키면서, 회전축 방향으로 이송을 주어 가공물에 구멍을 뚫는 가공
보링가공	이미 뚫어져 있는 구멍을 좀 더 크게 확대하거나, 표면 거칠기가 높고 정밀도 높은 제품으로 가공
연삭가공	단단하고 미세한 입자를 결합하여 제작한 연삭숫돌을 고속으로 회전시켜 가공물의 원통면이나 평면을 극히 소량씩 가공하는 정밀 가공방법
셰이퍼가공	직선 왕복운동을 하는 램의 공구대에 고정된 바이트에 대하여 공작물을 직각 방향으로 이송시켜 평면, 측면, 경사면, 홈을 가공하는 절삭가공
플레이너가공	테이블의 수평 길이 방향 왕복운동과 공구는 테이블의 가로 방향으로 이송하며, 주로 평면을 가공
슬로터가공	직립 셰이퍼라고도 하며, 커터공구가 상하 직선 왕복운동하여 평면을 가공
기어가공	기어를 절삭하는 가공
브로칭 가공	브로치라고 하는 많은 절삭날을 갖고 있는 공구를 공작물의 외면 또는 내면을 누르고 당겨 1회 통과되는 동안에 브로치의 각 절삭날이 공작물의 표면을 조금씩 깎아 내어 브로치의 단면 형상으로 절삭가공하는 작업

핵심 KEY

브로칭 가공법의 특징
- 브로치의 형상에 따라 다양한 단면 형상의 공작물을 가공할 수 있다.
- 1회의 통과(절삭) 운동에 의해 가공을 완료하므로 작업시간이 매우 짧다.
- 급속 귀환 장치가 있다.
- 인발 또는 압입하여 절삭 작업하는 가공법이다.
- 호환성을 필요로 하는 부품의 대량 생산에 효과적이다.
- 다듬질면은 매우 깨끗하고 균일한 것을 얻을 수 있다.
- 소품종 다량생산에 적합하다.

> **개념잡기**
>
> 브로칭 가공법에 대한 설명 중 옳은 것은?
>
> ① 소량 주문생산에 적합한 가공법이다.
> ② 하나의 절삭날에 의한 가공법이다.
> ③ 인발 또는 압입하여 절삭 작업하는 가공법이다.
> ④ 연삭입자에 의한 가공법이다.
>
> 브로칭 가공법의 특징
> • 호환성을 필요로 하는 부품의 대량 생산에 효과적이다.
> • 자동차, 전기부품의 소형기재의 정밀가공에 적합하다.
> • 급속 귀환 장치가 있다.
> • 인발 또는 압입하여 절삭 작업하는 가공법이다.
>
> 정답 : ③

03
절삭가공 - 1 ★★★

1. 선반가공

1-1 선반의 구조 및 크기

선반의 구조

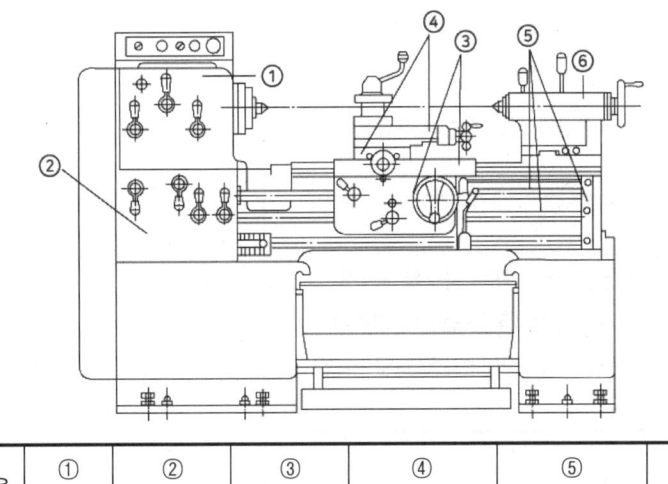

| 급유 부분 | ① 주축대 | ② 이송장치 기어박스 | ③ 왕복대 및 에이프런 | ④ 가로 및 세로 이송대 | ⑤ 리드 스크루, 이송축 및 브래킷 | ⑥ 심압대 |

핵심 KEY

선반 주요 구성

• 주축대
공작물을 지지하여 회전을 주는 주축과 변속 장치 및 왕복대의 이송 기구를 내장하고 있다.

• 왕복대
주축대와 심압대 사이에서 베드의 윗면을 따라 좌우로 미끄러지면서 이동하는 부분으로 에이프런, 새들, 공구대로 구성되어 있다.

• 심압대
베드 위의 주축 맞은편에 설치하여 공작물을 지지하거나 센터 대신 드릴과 리머 등의 공구를 고정하여 작업을 하며, 조정 나사로 심압대를 편위시켜 테이퍼 절삭을 하는 데 사용한다.

• 베드
주축대, 왕복대, 심압대와 공작물 등의 하중과 절삭력의 외력에 쉽게 변형되지 않으며, 안내면은 왕복대와 심압대의 이동을 정확하고 원활하게 한다.

부속장치	내용
주축대	전동기의 회전을 받아 여러 가지 속도로 주축을 회전시키는 변속장치가 있으며 변속장치에는 단차식, 기어식, 유압식, 무단변속식 등이 있다.
심압대	베드 위에서 주축대와 마주보는 위치에 있으며 베드 위를 좌우로 이동할 수 있어 공작물의 길이에 따라 위치조정이 가능하다.
베드	리브가 있는 상자형 주물로서 베드 위의 주축대, 왕복대, 심압대를 받쳐주고 절삭운동, 왕복대, 심압대의 안내 작용을 한다.
왕복대	새들, 에이프런, 복식 공구대, 공구대로 구성되어 있으며 베드 위에서 바이트를 지지하고 가로 이송 및 세로 이송을 한다.
이송기구	에이프런에 장치되어 있으며 수동 이송을 위한 손잡이와 각종 레버가 달려있다.

선반의 크기

- 베드 위의 스윙 : 베드에 접촉하지 않고 가공할 수 있는 공작물의 최대지름
- 왕복대 위의 스윙 : 왕복대에 접촉하지 않고 가공할 수 있는 공작물의 최대지름
- 주축대와 심압대 양 센터 사이의 거리

1-2 선반작업의 종류

외경절삭, 단면절삭, 홈절단작업, 테이퍼절삭, 드릴링, 보링, 수나사절삭, 암나사절삭, 정면절삭, 곡면절삭, 총형절삭, 널링 등

1-3 선반의 부속장치

부속장치	내용
척	• 단동척 : 4개의 조로 공작물을 고정하며, 각각의 조가 단독적으로 이동한다. • 연동척 : 보통 3개의 조를 갖고 있으며, 한 개의 조를 척 핸들로 이동시키면 다른 조들도 동시에 같은 거리를 이동한다. • 유압척 : 유압의 힘으로 조가 움직이는 척으로 가공 정밀도를 높일 수 있다. 보통 CNC선반용으로 많이 사용된다. • 마그네틱척 : 전자석을 이용하여 척의 면을 자화시켜 공작물을 고정한다. 두께가 얇은 공작물을 변형시키지 않고 고정시킬 수 있다. • 콜릿척 : 주축의 테이퍼 구멍에 슬리브를 꽂고 여기에 척을 끼워 사용하며, 지름이 가는 원형 봉이나 각 봉재를 빠르고 간편하게 고정할 수 있다.

핵심 KEY

선반작업 종류 그림

- 외경절삭

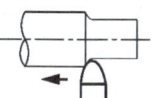

- 단면절삭

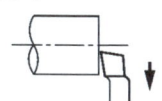

- 홈절단절삭

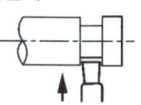

- 테이퍼절삭

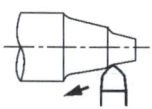

- 드릴링

- 보링

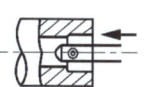

- 수나사절삭

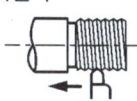

- 암나사절삭

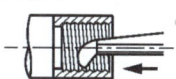

- 정면절삭

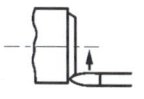

- 곡면절삭

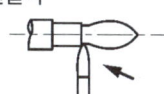

부속장치	내용
방진구	보통 공작물 지름의 20배 이상의 가늘고 긴 공작물을 가공할 때 사용하는 부속장치
맨드릴	구멍이 있는 공작물의 측면이나 바깥지름을 가공할 때 사용하는 고정구
센터	가공물을 지지하는 부속장치로 주축 쪽의 센터와 심압대 쪽의 센터가 있다.
면판	척으로 고정할 수 없는 대형 공작물이나 복잡한 형상의 공작물을 볼트나 클램프, 또는 앵글 플레이트 등을 사용하여 고정한다.
돌림판과 돌리개	주축 끝에 고정하며, 공작물에 고정한 돌리개를 거쳐 주축의 회전을 공작물에 전달한다.

핵심 KEY

선반작업 종류 그림
- 총형절삭

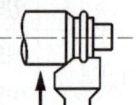

- 널링

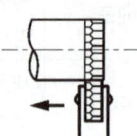

1-4 선반의 종류

부속장치	내용
보통선반	작업의 종류가 다양하고 공작기계로서의 기본적인 구조와 기능을 보유한 대표적인 공작기계
탁상선반	작업대에 설치할 수 있도록 제작된 소형선반으로 가공이 가능한 최대 공작물 지름이 220[mm] 이하이다.
정면선반	기차 바퀴와 같이 지름이 크고 폭이 좁은 공작물을 절삭하는 데 사용되는 선반
수직선반	대형 공작물이나 불규칙한 공작물의 가공에 편리하도록 척을 수평면에 수직으로 설치한 선반으로 공작물의 장착과 탈착이 편리하다.
터릿선반	보통선반의 심압대 대신에 터릿으로 불리는 회전공구대를 설치하여 여러 가지 절삭공구를 공정에 맞게 설치하여 순서에 따라 가공함으로서 간단한 부품을 대량생산하는 데 사용되는 선반
자동선반	캠이나 유압기구를 이용하여 핀, 볼트, 시계, 자동차 등의 부품가공을 자동화한 대량 생산용 선반
모방선반	모방장치를 이용하여 모형이나 형판에 설치된 트레이서가 움직이면 바이트도 함께 움직여 모형이나 형판의 외형과 동일한 형상의 부품을 자동으로 가공하는 선반
차륜선반	기차바퀴를 주로 가공하는 선반으로 주축대 2개를 마주 세운 구조로 되어 있다.
크랭크축 선반	크랭크축의 저널과 크랭크 핀을 가공하는 선반으로 베드 양쪽에 크랭크 핀을 편심시켜 고정하는 주축대가 있다.

핵심 KEY

복식공구대 회전

$$\tan\alpha = \frac{D-d}{2l}$$

- D : 테이퍼에서 큰 지름[mm]
- d : 테이퍼에서 작은 지름[mm]
- l : 테이퍼의 길이[mm]

심압대 편위

$$e = \frac{L(D-d)}{2l}$$

- e : 심압대 편위량
- D : 테이퍼에서 큰 지름[mm]
- d : 테이퍼에서 작은 지름[mm]
- l : 테이퍼의 길이[mm]
- L : 공작물 전체의 길이[mm]

절삭속도

$$v = \frac{\pi \times D \times n}{1,000}$$

- v : 절삭속도[m/min]
- D : 공작물 지름[mm]
- n : 회전수[rpm]

부속장치	내용
갭 선반	지름이 크고 폭이 작은 원판을 절삭하기 위해 척 하단의 베드 일부분을 잘라낸 선반으로 큰 지름의 공작물 가공이 가능하다.
공구선반	보통 선반과 구조가 비슷하며 밀링커터, 탭, 드릴 등의 공구류 제작에 사용되는 선반. 회전수를 변환시킬 수 있고 릴리빙 장치, 테이퍼 절삭 장치, 모방 절삭 장치 등이 부속되어 있다.

1-5 선반에 의한 가공

테이퍼가공
- 복식 공구대를 회전시키는 방법
- 심압대를 편위시키는 방법
- 테이퍼 절삭장치를 사용하는 방법

절삭속도
바이트에 대한 공작물의 원둘레 속도 또는 표면 속도

절삭가공 시간
공작물을 가공하는 데 걸리는 실제 절삭 시간

선반가공 시 안전유의사항
- 가공 중에는 측정을 하지 않는다.
- 가공 중에는 장갑을 끼지 않는다.
- 기계 위에 공구나 재료를 올려놓지 않는다.
- 가공물이나 절삭공구의 장착을 정확히 한다.

절삭가공 시간

$$T = \frac{L}{NF}$$

- T : 실제 절삭시간[min]
- L : 공작물 길이[mm]
- N : 공작물의 회전수[rpm]
- F : 바이트의 이송[mm/rev]

테이퍼
서로 상대하는 양측면이 대칭적으로 경사가 져 있을 때의 기계 용어

방진구

맨드릴

척의 종류 중 3개의 조로 이루어져 있는 것은?

① 단동척 ② 콜릿척
③ 연동척 ④ 마그네틱척

조가 3개인 척은 연동척이다.

정답 : ③

다음 중 선반 부속장치에 속하지 않는 것은?

① 아버
② 센터
③ 맨드릴
④ 방진구

아버는 밀링 부속장치에 속한다.

정답 : ①

다음 중 선반가공으로 할 수 없는 가공은?

① 보링가공
② 드릴가공
③ 총형가공
④ 기어가공

기어가공은 밀링가공으로 할 수 있다.

정답 : ④

기차의 바퀴를 주로 가공하는 선반으로 주축대 2개를 마주 세운 구조로 된 특수 선반은?

① 공구 선반
② 크랭크축 선반
③ 모방 선반
④ 차륜 선반

① 공구 선반 : 보통 선반과 같은 구조이나 테이퍼 깎기 장치와 릴리빙 장치가 장착되어 있어 가공 정밀도를 높이고자 할 때 사용함
② 크랭크축 선반 : 크랭크축의 베어링 저널과 크랭크 핀 가공을 한다.
③ 모방 선반 : 모방절삭이 가능하도록 만들어진 선반

정답 : ④

일반적으로 보통 선반의 크기를 표시하는 방법이 아닌 것은?

① 스핀들의 회전속도
② 왕복대 위의 스윙
③ 베드 위의 스윙
④ 주축대와 심압대 양 센터 간 최대거리

선반의 크기 표시
• 베드 위의 스윙 : 가공 가능한 공작물의 최대 지름으로 표시
• 왕복대 위의 스윙 : 왕복대 윗면에서부터의 공작물 최대 지름으로 표시
• 양 센터 사이의 최대 거리 : 가공 가능한 공작물의 최대 길이로 표시
• 베드 길이 : 선반의 최대 길이로 표시

정답 : ①

2. 밀링가공

2-1 밀링의 구조 및 크기

밀링머신의 구조

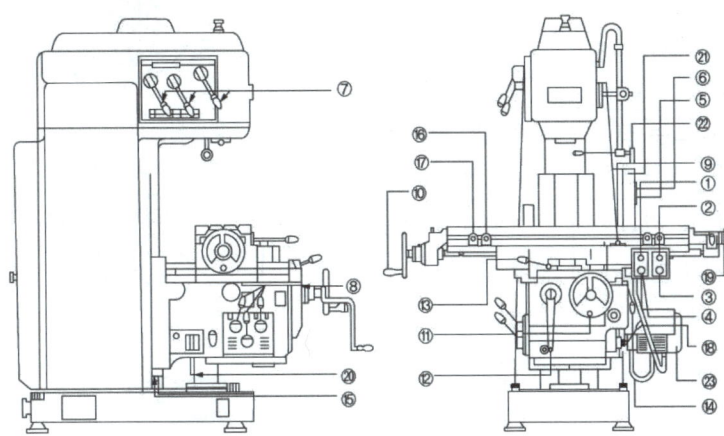

① 메인 스위치
② 메인 모터 스위치
③ 전체 정지 스위치
④ 스핀들 정지 스위치
⑤ 스핀들 브레이크 캠
⑥ 냉각수 스위치
⑦ 주축 속도 변환 레버
⑧ 이송 속도 변환 레버
⑨ 테이블 자동 이송 레버(좌우)
⑩ 테이블 이송 핸들(좌우)
⑪ 새들 이송 핸들(전후)
⑫ 니 상하 이송 핸들
⑬ 테이블 자동 이송 레버(전후)
⑭ 새들 클램프 레버
⑮ 니 리미트 스위치
⑯ 스토퍼
⑰ 스토퍼
⑱ 급속 이송 레버(전후)
⑲ 펌프
⑳ 펌프
㉑ 컨트롤 박스
㉒ 냉각수 노즐
㉓ 이송 모터

밀링머신의 크기

- 테이블의 이동량
- 테이블의 크기 : 테이블의 길이 폭
- 테이블 위에서 주축 중심까지의 거리

2-2 밀링작업의 종류

평면가공, 홈가공, 절단가공, 더브테일가공, 정면가공, 윤곽가공, 기어가공, 나선홈가공, 총형가공 등

2-3 밀링의 부속장치

- 바이스 : 테이블의 T홈에 가이드 블록과 클램핑 볼트로 설치하고 공작물을 고정하는데 쓰인다.
- 아버 : 커터를 고정할 때 사용
- 어댑터와 콜릿 : 자루가 있는 커터를 고정할 때 사용
- 회전테이블 : 밀링 머신에서 공작물에 회전 운동이 필요할 경우 사용

핵심 KEY

밀링작업 종류 그림

- 평면가공

- 홈가공

- 절단가공

- 더브테일가공

- 정면가공

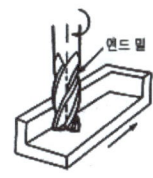

- 윤곽가공

- 기어가공

2-4 밀링에 의한 가공

상향절삭과 하향절삭 ★★★

구분	상향 절삭(Up Milling)	하향 절삭(Down Milling)
커터/이송 방향	반대	동일
칩 두께 변화	○ → 최대	최대 → ○
가공면 품질	거칠음(황삭에 적합).	깨끗함(정삭에 적합).
공작물 고정	위로 들어올리는 힘 → 강력한 고정 필요	아래로 누르는 힘 → 안정적 고정 용이
공구 수명	상대적으로 김	김(마찰 적음).
백래시	영향 적음(제거 불필요).	영향 큼(제거 장치 필수).
칩 배출	위로 배출	아래로 배출(용이)
초기 절삭	마찰 후 절삭 시작	바로 절삭 시작(충격 있음)
절삭 동력	상대적으로 높음	상대적으로 낮음

※ 상향절삭은 공구 진입 시의 초기 충격 부하가 작고 백래시의 영향이 적다는 장점이 있지만, 지속적인 마찰로 인한 진동과 열 발생으로 공구 마모가 빠르고 표면 거칠기가 좋지 않음

※ 하향절삭은 공구 진입 시 비교적 큰 초기 충격력이 발생하여 기계의 강성과 백래시 제거 장치가 필수적이지만, 일단 절삭이 시작되면 마찰이 적고 안정적인 절삭이 가능하여 공구 수명이 길고 우수한 표면 거칠기를 얻을 수 있음

분할대

- **직접 분할법**
  - 분할대 주축을 직접 회전시켜 분할하는 방법
  - 볼트, 너트의 다각 머리 분할이나 키 홈 등 비교적 단순한 분할을 할 때 사용하는 분할법

- **단식 분할법** : 잇수가 40개인 웜 휠과 스핀들 웜, 웜축을 돌리기 위한 크랭크 및 분할판으로 구성되어 있으며 분할대의 크랭크를 40회전하면 웜과 웜기어는 주축을 1회전하므로 주축을 1/N회전시키려면, 분할 크랭크를 40/N회전시키면 된다.

핵심 KEY
밀링작업 종류 그림
- 나선홈가공

- 총형가공

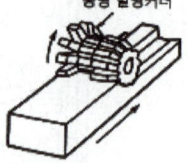

핵심 KEY
분할대
- 직접 분할법

$$n = \frac{24}{N}$$

n : 분할 크랭크의 회전수
N : 등분(분할) 수

- 단식 분할법

$$n = \frac{40}{N} = \frac{R}{N'}$$

n : 분할 크랭크의 회전수
N : 공작물의 등분 분할 수
R : 크랭크를 돌리는 구멍 수
N' : 분할판에 있는 구멍 수

$$n = \frac{D°}{9}$$

n : 분할 크랭크의 회전수
D : 분할 각도

- 절삭속도

$$v = \frac{\pi \times D \times n}{1,000}$$

v : 절삭속도[m/min]
D : 공작물 지름[mm]
n : 회전수[rpm]

- 이송

$$f = fz \times z \times n$$

f : 테이블의 이송속도
fz : 1개의 날 당 이송[mm]
z : 커터의 날 수
n : 커터의 회전수[rpm]

- **차동 분할법** : 직접 분할법이나 단식 분할법으로 분할할 수 없는 67, 91, 121 등 61 이상의 소수나 특수한 수의 분할을 하는 분할법

밀링가공 시 안전유의사항

- 칩 커버를 설치한다.
- 칩이 비산하므로 반드시 보안경을 착용한다.
- 장갑이나 반지, 팔찌, 목걸이 등은 착용하지 않는다.
- 커터 날 끝과 같은 높이에서 절삭상태를 관찰하지 않는다.
- 주축속도를 변속시킬 때는 반드시 주축이 정지한 후에 변환한다.

> **개념잡기**
>
> 일반적으로 밀링 가공으로 할 수 없는 작업은?
>
> ① 곡면 절삭 ② 베벨기어 가공
> ③ 크랭크 절삭 가공 ④ 드릴 홈 가공
>
> 크랭크 절삭 가공은 일반적으로 선반 등의 축가공을 하는 공작기계에서 가공한다. 정답 : ③

3. 드릴링가공, 보링가공

드릴링 작업

- 드릴링 : 구멍을 뚫는 데 사용되는 공구(드릴)로 구멍을 뚫는 작업
- 리밍 : 뚫린 구멍을 정확한 크기와 매끈한 면으로 다듬질하는 작업
- 태핑 : 탭을 사용하여 구멍에 암나사를 가공하는 작업
- 보링 : 이미 뚫린 구멍을 크게 넓히는 가공으로 구멍의 크기나 모양을 바로 잡는 작업
- 스폿 페이싱 : 너트 또는 캡 스크류 머리의 자리를 만들기 위하여 구멍 축에 직각 방향으로 주위를 평면으로 깎는 작업
- 카운터 보링 : 평볼트 또는 작은나사의 머리부를 공작물의 몸체 내에 삽입하기 위하여 구멍의 윗부분을 원통형으로 크게 깎아내는 작업
- 카운터 싱킹 : 접시머리 나사를 사용할 구멍에 나사 머리가 들어갈 부분을 원추형으로 가공하는 작업

드릴링머신의 종류

- 탁상 드릴링머신 : 작업대 위에 설치하여 사용하는 소형의 드릴링 머신으로 지름 13[mm] 이하의 작고 깊이가 얕은 구멍 가공에 적합하다.
- 직립 드릴링머신 : 비교적 큰 공작물을 가공하기에 적합하고 주축을 정회전하거나 역회전할 수 있으며, 자동 이송 장치가 부착되어 있다.
- 다축 드릴링머신 : 여러 개의 구멍을 동시에 가공할 수 있으며, 구멍 뚫기, 리머 작업, 탭 작업 등의 일관 작업을 연속적으로 할 수 있어 능률적이다.
- 레이디얼 드릴링머신 : 수직 기둥을 중심으로 암을 회전시킬 수 있고, 주축 헤드는 암을 따라 수평으로 이동시킬 수 있어 공작물이 매우 크고 구멍 간 거리가 상당히 큰 것도 공작물을 이동시키지 않고 가공이 가능하다.

보링머신의 종류

- 보통 보링머신(수평 보링머신) : 테이블형, 플레이너형, 플로우형, 이동형
- 수직 보링머신 : 스핀들이 수직으로 이루어진 구조의 보링머신
- 정밀 보링머신 : 고속회전 및 정밀한 이송기구를 갖춘 보링머신
- 지그 보링머신 : 높은 정밀도를 요구하는 가공물에 사용하는 보링머신
- 코어 보링머신 : 가공할 구멍이 매우 클 때 사용하는 보링머신

핵심 KEY

드릴링 머신의 크기
- 뚫을 수 있는 구멍의 최대 지름
- 칼럼의 표면부터 주축의 중심까지의 최대 거리
  (※ 레이디얼 드릴링 머신은 칼럼의 표면부터 드릴헤드 주축이 이동할 수 있는 최대길이)
- 스핀들 끝과 베이스 윗면 사이의 최대 거리
- 베이스의 작업면적

드릴링 머신 사용 시 유의사항
- 주축의 운전상태를 확인한다.
- 얇은 판의 구멍가공은 보조판을 사용한다.
- 드릴을 고정하거나 풀 때는 주축이 완전히 정지한 후 실시한다.
- 작업 전 드릴 날의 위치와 물림 상태, 날의 상태 등을 확인한다.
- 공작 시 바이스로 공작물을 고정한 후 공작물에서 손을 뗀 후 작업한다.

드릴작업 시 안전 작업
- 회전하고 있는 주축이나 드릴에 옷자락이나 머리카락이 말려들지 않도록 주의한다.
- 드릴을 회전시킨 후 머신 테이블은 조정하지 않으며, 공작물은 완전하게 고정한다.
- 얇은 판의 구멍 뚫기에는 보조판 나무를 사용하는 것이 좋다.
- 구멍 뚫기가 끝날 무렵은 이송을 천천히 하며 장갑을 끼고 작업을 하지 않는다.
- 드릴이나 드릴 소켓 등을 뽑을 때에는 드릴뽑기를 사용하며 해머 등으로 두들겨 뽑지 않는다.

보링머신의 크기
- 주축의 지름
- 테이블의 크기
- 주축의 이송거리

개념잡기

높은 정밀도를 요구하는 가공물, 각종 지그, 정밀기계의 구멍가공 등에 사용되는 보링머신은?

① 지그 보링머신
② 코어 보링머신
③ 수직 보링머신
④ 보통 보링머신

지그 보링머신은 높은 정밀도를 요구하는 가공물에 사용하는 보링머신이다.

정답 : ①

개념잡기

보링머신의 크기를 알고자 할 때 사용하는 방법으로 옳지 않은 것은?

① 주축의 지름
② 테이블의 크기
③ 주축의 이송거리
④ 보링의 회전속도

보링머신의 크기
주축의 지름, 테이블의 크기, 주축의 이송거리

정답 : ④

개념잡기

드릴작업 시 안전 작업에 대한 설명으로 맞는 것은?

① 드릴에 마모나 균열이 있어도 사용한다.
② 드릴작업 시 작은 공작물은 손으로 잡고 사용한다.
③ 구멍 뚫기나 끝날 무렵은 이송을 천천히 한다.
④ 드릴을 뽑을 때 해머로 두들겨서 뺀다.

드릴 머신의 작업 안전
• 회전하고 있는 주축이나 드릴에 옷자락이나 머리카락이 말려들지 않도록 주의한다.
• 드릴을 회전시킨 후 머신 테이블은 조정하지 않으며, 공작물은 완전하게 고정한다.
• 얇은 판의 구멍 뚫기에는 보조판 나무를 사용하는 것이 좋다.
• 구멍 뚫기가 끝날 무렵은 이송을 천천히 하며 장갑을 끼고 작업을 하지 않는다.
• 드릴이나 드릴 소켓 등을 뽑을 때에는 드릴뽑기를 사용하며 해머 등으로 두들겨 뽑지 않는다.

정답 : ③

04 절삭가공 - 2 ★★

1. 연삭가공

연삭숫돌의 구성 및 성능요인 ★★
- 구성 : 숫돌입자, 결합제, **기공**
- 성능요인 : 숫돌입자, 입도, 결합도, 조직, 결합제

숫돌바퀴의 표시

A	60	K	m	V	1호
숫돌입자	입도	결합도	조직	결합제	모양

숫돌바퀴 표시 내용

- 연삭숫돌의 종류

숫돌입자의 종류	숫돌입자 기호	용도
알루미나계	A	인성이 큰 재료의 강력 연삭이나 절단 작업용, 거친 연삭용, 일반 강재용
	WA	연삭깊이가 얕은 정밀 연삭용, 경연삭용, 담금질강, 특수강, 고속도강
탄화규소계	C	인장 강도가 작고, 취성이 있는 재료, 경합금, 비철금속
	GC	경도가 매우 높고 발열이 적은 초경합금, 특수주철, 칠드주철

- 연삭숫돌 입도

호칭	거친 눈	중간 눈	고운 눈	아주 고운 눈
입도 (번호)	10, 12, 14, 16, 20, 24	30, 36, 46, 54, 60	70, 80, 90, 100, 120, 150, 180, 220	240, 280, 320, 400, 500, 600, 700, 800

핵심 KEY

연삭가공의 특징
- 경화된 강과 같은 단단한 재료를 가공할 수 있다.
- 칩이 미세하여 정밀도가 높고 표면 거칠기가 우수한 다듬질 면을 가공할 수 있다.
- 연삭점의 온도가 높다.
- 연삭 압력 및 연삭저항이 적어 전자석 척으로 가공물을 고정할 수 있다.
- 절삭속도가 빠르다.
- 자생작용이 있다.

자생작용
연삭숫돌은 연삭할 때 입자가 둔화되어 절삭저항이 증가하면 입자가 탈락되어 새로 예리한 입자가 생성되어 별도의 절인 가공 없이 절삭을 계속할 수 있는 현상

결합도에 따른 경도 선정 기준
- 결합도가 높은 숫돌 (단단한 숫돌)
  - 연질 가공물의 연삭
  - 연삭 깊이가 작을 때
  - 접촉 면적이 적을 때
  - 가공면의 표면이 거칠 때
  - 숫돌 차의 원주 속도가 느릴 때
- 결합도가 낮은 숫돌 (연한 숫돌)
  - 연삭 깊이가 클 때
  - 접촉면이 클 때
  - 가공물의 표면이 치밀할 때
  - 숫돌 차의 원주 속도가 빠를 때
  - 경고가 큰 가공물을 연삭할 때

- 연삭숫돌 조직

호칭	기호	조직	입자율[%]
거친 조직	w	7, 8, 9, 10, 11, 12	42 이하
중간 조직	m	4, 5, 6	42 이상 ~ 50 이하
치밀한 조직	c	0, 1, 2, 3	50 이상 ~ 54 이하

- 결합제 : V(비트리파이드), S(실리케이트), E(셀락), R(고무), M(금속)

연삭숫돌 결합도
- E, F, G : 극연
- H, I, J, K : 연함
- L, M, N, O : 중간
- P, Q, R, S : 경함
- T, U, V, W, X, Y, Z : 극경

연삭숫돌 선정방법

연삭숫돌의 요소	가공물 지름 (대→소)	숫돌 지름 (대→소)	가공물 경도 (연→경)	표면 거칠기 (보통→정밀)	연삭속도 (대→소)	가공물 속도 (대→소)
입도	고운 것 ↗ 거친 것	고운 것 ↗ 거친 것	고운 것 ↗ 거친 것	고운 것 ↗ 거친 것	-	-
결합도	연한 것 ↗ 단단한 것	연한 것 ↗ 단단한 것	연한 것 ↘ 단단한 것	-	연한 것 ↗ 단단한 것	연한 것 ↘ 단단한 것
조직	치밀 ↗ 거침	치밀 ↗ 거침	치밀 ↗ 거침	치밀 ↗ 거침	-	-

연삭숫돌 수정요인 및 대책

- 눈메움 : 연삭 숫돌의 기공이 너무 작거나, 결합도가 단단하거나, 연성이 큰 재료를 연삭할 경우 숫돌 표면의 기공에 칩이 메워지는 현상
- 눈무딤 : 연삭 숫돌의 결합도가 지나치게 단단하면 입자의 날이 닳아서 절삭 저항이 커져도 입자가 떨어져 나가지 않고 연삭 입자가 무디어지는 현상
- 입자탈락 : 결합도가 연할 경우 입자가 탈락하는 현상
- 드레싱 : 숫돌 입자를 제거하고 예리한 절삭날을 숫돌 표면에 생성하여 절삭성을 회복시키는 작업
- 트루잉 : 숫돌을 정확한 모양으로 수정하는 작업

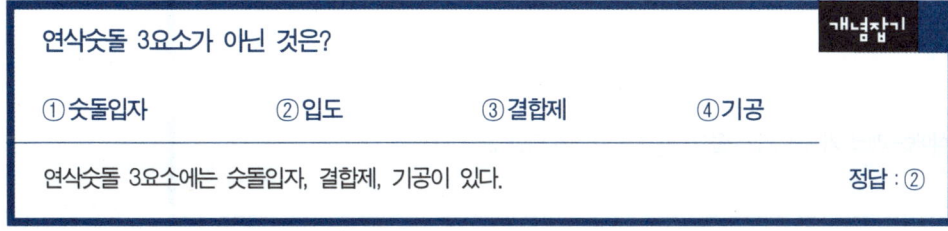

연삭숫돌 3요소가 아닌 것은?

① 숫돌입자　　② 입도　　③ 결합제　　④ 기공

연삭숫돌 3요소에는 숫돌입자, 결합제, 기공이 있다.　　정답 : ②

2. 기어가공

기어절삭법
- 총형 커터에 의한 방법 : 기어의 치형과 같은 형상의 공구를 사용하여 공작물을 1피치씩 회전시키며 치형을 1개씩 가공하는 방법. 치형 곡선과 피치의 정밀도가 높지 못하고, 생산 능률이 낮아 소량의 기어 생산에 이용
- 형판에 의한 방법 : 셰이퍼 테이블에 치형과 같은 곡선으로 만든 형판과 공작물을 고정하고 이송을 주면 공구대가 형판의 치형 곡선을 따라 움직이며 모방 절삭에 의해 기어를 가공하는 방법. 대형 스퍼 기어, 직선 베벨 기어의 기어 가공에 이용
- 창성법에 의한 방법 : 정확한 인벌류트 치형을 가공할 수 있는 방법
  예) 래크 커터에 의한 절삭, 피니언 커터에 의한 절삭, 호브에 의한 절삭

기어 전용 절삭기
호빙 머신, 기어 셰이퍼, 베벨 기어 절삭기

3. 정밀 입자가공

호닝	드릴링, 보링, 리밍 등 1차 가공한 것을 더욱 정밀하게 연삭 가공하는 작업으로 진원도, 진직도 및 표면 거칠기 등을 향상시키기 위한 가공법
래핑	랩과 일감 사이에 랩제를 넣고, 일감을 누르며 상대 운동을 시켜 매끈한 다듬면을 얻는 가공법
액체호닝	연삭 입자를 가공액과 혼합하여 압축 공기와 함께 노즐을 통하여 공작물의 표면에 고속으로 분사시키는 가공법
슈퍼피니싱	미세하고 비교적 연한 숫돌입자를 일감의 표면에 낮은 압력으로 접촉시키면서 매끈하고 고정밀도의 표면으로 일감을 다듬는 가공법
버니싱	1차로 가공된 가공물의 안지름보다 다소 큰 강철 볼을 압입하여 통과시켜 가공물의 표면을 소성변형시키는 가공법

핵심 KEY

치형의 종류
- 인벌류트 곡선 치형
  제작이 간편하고 중심 거리가 다소 틀려도 정확한 물림을 얻을 수 있기 때문에 많이 사용한다.
- 사이클로이드 곡선 치형
  한 원의 안쪽 또는 바깥쪽을 다른 원이 미끄러지지 않고 굴러갈 때, 구르는 원 위의 1점이 그리는 자취를 사이클로이드 곡선이라 하고, 이때의 사이클로이드를 치형곡선으로 하는 것이 사이클로이드 기어이다. 사이클로이드 기어는 공작하기가 어려워 거의 사용되지 않고, 시계용 기어 등과 같은 정밀기기의 소형 기어에 사용될 뿐이다.

개념잡기

창성법에 의한 치형가공 시 사용되지 않는 공구는?

① 래크 커터 ② 호브
③ 피니언 커터 ④ 브로치

창성에 의한 절삭에는 래크 커터에 의한 절삭, 피니언 커터에 의한 절삭, 호브에 의한 절삭이 있다.

정답 : ④

> **개념잡기**
>
> 인벌류트 곡선을 그리는 원리를 이용하여 기어를 절삭하는 방법을 무엇이라 하는가?
>
> ① 창성법　　　　　　　② 모형법
> ③ 형판법　　　　　　　④ 총형커터에 의한 방법
>
> **기어 절삭 법**
> - 창성법 : 정확한 인벌류트 치형을 가공할 수 있는 방법
>   - 래크 커터에 의한 절삭, 피니언 커터에 의한 절삭, 호브에 의한 절삭
> - 형판법 : 셰이퍼 테이블에 치형과 같은 곡선으로 만든 형판과 공작물을 고정하고 이송을 주면 공구대가 형판의 치형 곡선을 따라 움직이며 모방 절삭에 의해 기어를 가공하는 방법. 대형 스퍼 기어, 직선 베벨 기어의 기어 가공에 이용
> - 총형커터에 의한 방법 : 기어의 치형과 같은 형상의 공구를 사용하여 공작물을 1피치씩 회전시키며 치형을 1개씩 가공하는 방법. 치형 곡선과 피치의 정밀도가 높지 못하고, 생산 능률이 낮아 소량의 기어 생산에 이용
>
> 정답 : ①

4. 특수가공

방전 가공	고체, 액체, 기체로 된 절연체에 전류가 흐르는 현상인 방전현상을 인공적으로 발생시키고 이때 발생한 에너지를 이용하는 가공법 예) 번개, 아크용접, 네온사인, 형광등, 전기 집진기 등
전자빔 가공	진공 중에서 전자총으로 고 에너지의 열전자를 광속으로 공작물에 집중 투사하여 투사점의 표층에 전자가 침입하여 전자의 운동에너지가 순간적으로 고온으로 변환되고 이때 발생하는 높은 열로 공작물을 용해, 분출 또는 증발시켜 가공하는 방법
전해 가공	전기화학적 용해작용을 재료의 필요 부분에 집중하거나 제한함으로서 필요로 하는 형상, 치수, 표면상태를 얻는 가공법
전해 연삭	전기 화학적 용해작용과 기계적 연삭작용을 중첩시킨 가공법으로 전해연마에서 나타난 음극 생성물을 전해작용으로 갈아 없애는 가공법
전해 연마	전해액 중에 공작물을 (+)극에 불용해성이며 전기저항이 작은 구리, 아연 등을 음극으로 하여 전류를 흐르게 하면 공작물의 표면이 융해되어 매끈하고 광택이 있는 면으로 가공하는 방법
초음파 가공	봉 또는 판 형상의 공구에 초음파 주파수의 진동을 가해 공구와 공작물 사이의 연삭입자(랩제)에 진동으로 타격을 가함으로써 연삭 입자가 공작물을 정밀하게 절삭하는 가공방법

핵심 KEY

와이어컷 방전가공의 특징
- 소비 전력이 적고, 전극의 소모가 무시된다.
- 가공여유가 적어도 되고, 전 가공이 필요 없다.
- 표면 거칠기가 양호하다.
- 담금질한 강이나 초경합금의 가공도 가능하다.
- 가공물의 형상이 복잡해도 가공 속도가 변하지 않는다.
- 복잡한 가공물도 높은 정밀도의 가공이 가능하다.

초음파 가공의 특징
- 구멍을 가공하기 쉽다.
- 부도체도 가공할 수 있다.
- 가공재료의 제한이 적다.
- 복잡한 형상도 쉽게 가공할 수 있다.

핵심 KEY

전기도금
(-)극의 석출을 이용하는 방법

전해연마
(+)극의 용해를 이용한 것

05 CNC 가공 ★

CNC(Computerized Numerical Control)
선반은 컴퓨터에 입력된 작업 프로그램의 지령에 따라 자동으로 가공조건, 가공 순서가 제어되는 선반으로 다품종 소량생산하는 데 적합하다.

특징
- 가공 중에도 프로그램을 수정할 수 있다.
- 연산 기능의 향상으로 단위 변환이 용이하다.
- 다른 컴퓨터와 통신 및 호환이 가능하여 공장 자동화가 용이하다.
- 저장 기능 향상으로 보조 프로그램 또는 매크로 형태로 하여 필요로 할 때 항상 불러서 사용할 수 있다.
- 고장 발생 시 자가 진단을 할 수 있어 상황을 쉽게 파악하고 수리하기가 쉽다.
- 유연성이 증대되어 새로운 제어 기능의 추가가 쉽다.

주소의 의미

주소	기능	주소의 의미
O	프로그램 번호	프로그램의 번호(O1234)
N	블록 전개 번호	블록의 전개 번호(N0001)
G	준비 기능	기계의 동작모드, 절삭 동작 지시
S	주축 기능	주축의 회전수
T	공구 기능	공구 번호와 공구 보정 번호
M	보조 기능	기계 관련 ON/OFF 제어
F,E	이송 기능	이송 속도, 나사의 리드

G코드 일람표

코드	기능	코드	기능
G00	위치결정(급속 이송)	G40	공구 반경 보정 취소
G01	직선 가공 (지정 속도로 이송)	G41	공구 반경 좌측 보정
G02	시계 방향으로 원호 가공	G42	공구 반경 우측 반경
G03	반시계 방향으로 원호 가공	G50	좌표계 설정 및 주축 최고 회전수 설정
G04	일시 정지	G96	주축 속도 일정 제어ON[m/min]
G27	기계 원점으로 복귀 확인	G97	주축 회전수 일정 제어ON[rpm]
G28	자동 원점 복귀	G98	분당 이송 속도 지정[mm/min]
G29	원점으로부터의 자동 복귀	G99	회전당 이송 속도 지정[mm/rev]
G30	제 2원점으로 복귀	G70 ~ G94	고정 사이클

M코드 일람표

코드	기능	코드	기능
M00	프로그램 정지	M30	프로그램 종료 + 리셋
M01	프로그램 선택 정지	M48	스핀들 override 무시 OFF
M02	프로그램 종료	M49	스핀들 override 무시 ON
M03	주축 정회전	M68	유압척 clamp
M04	주축 역회전	M69	유압척 unclamp
M05	주축 정지	M78	심압대 축 전진
M06	공구 교환	M79	심압대 축 후진
M08	절삭유 공급	M98	sub program 호출
M09	절삭유 정지	M99	sub program 종료

좌표계

- 기계좌표계 : 기계의 원점을 기준으로 정한 좌표계로 전원투입 후 원점 복귀 완료 시 이루어진다.
- 절대좌표계(공작물 좌표계) : 가공 프로그램을 쉽게 작성하기 위하여 공작물 임의의 점을 원점으로 정한 좌표계
- 상대좌표계 : 일시적으로 좌표를 "0"으로 설정할 때 사용하는 좌표계로 현재위치가 기준점이 되는 좌표계

핵심 KEY

나사절삭 G코드
- G32
  일반 나사절삭
- G76
  복합고정형 나사절삭 사이클
- G92
  단일고정형 나사절삭 사이클

수치제어선반의 준비 기능에서 직선 가공(절삭 이송)에 해당하는 G코드는?

① G00 ② G01
③ G02 ④ G03

- G00 : 급속 이송
- G02 : 원호 가공(시계 방향)
- G03 : 원호 가공(반시계 방향)

정답 : ②

수치제어선반에서 주소의 의미 중 보조 기능을 나타내는 기호는?

① G ② S
③ T ④ M

- G : 준비기능
- S : 주축기능
- T : 공구기능

정답 : ④

CNC 선반에서 나사 절삭 사이클의 준비기능 코드는?

① G02 ② G28
③ G70 ④ G92

- G02 : 시계방향(CW) 원호가공
- G28 : 기계원점 복귀
- G70 : 복합 사이클(정삭 사이클)
- G92 : 복합 사이클(나사절삭 사이클)

정답 : ④

CNC 선반에서 내, 외경 황삭 사이클에 적용되는 G 코드는?

① G71 ② G90
③ G94 ④ G98

① G71 : 내, 외경 황삭 사이클
② G90 : 내, 외경 절삭 사이클
③ G94 : 단면 절삭 사이클
④ G98 : 분당 이송[mm/min]

정답 : ①

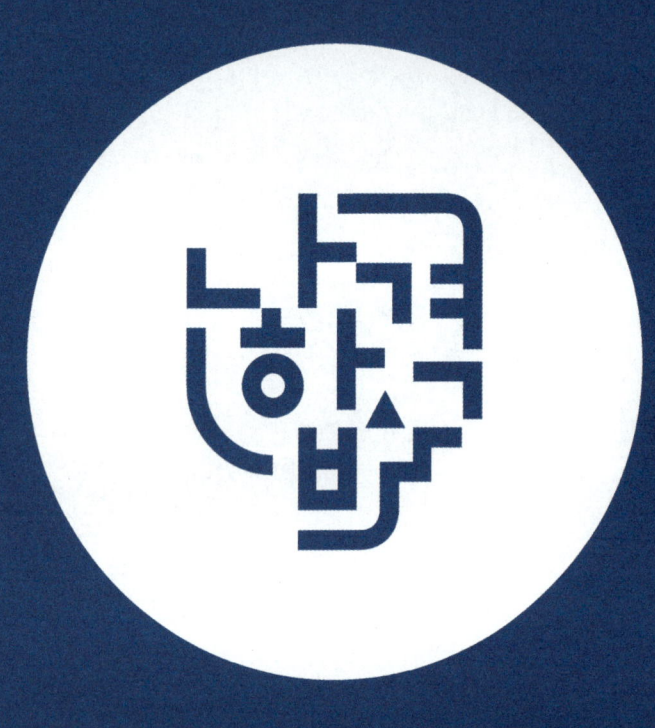

PART 02

기계부품 조립 및 작업안전

01 기계부품 조립
02 작업안전

 단원 들어가기 전

기계요소 단원은 꼼꼼하게 종류와 특징을 암기하는 것이 좋고
작업안전에 관련된 법령 내용은 다소 지엽적이므로 전략적으로 학습하면 좋습니다.

CHAPTER 01

기계부품 조립

KEYWORD 버니어캘리퍼스, 다이얼게이지, 게이지류, 게이지강의 구비조건, 마이크로미터, 공구, 볼트, 너트 풀림방지법, 끼워맞춤, 가열 끼워맞춤, 기어 운전 초기 현상, 관이음

01 정비용 공기구 및 재료

1. 정비용 측정기구

1-1 측정의 기본방법

직접측정(절대측정)

- 개요
  - 측정 대상물을 직접 제품에 대고 실제 길이를 측정하는 방법
  - 물체의 크기를 버니어 캘리퍼스로 측정하여 그 크기를 구하는 방식
- 장점
  - 측정물의 실제 치수를 직접 잴 수 있고, 측정범위가 다른 측정법보다 넓다.
  - 다품종 소량 생산품 측정에 유리하다.
- 단점
  - 판독자에 따라 치수가 다를 수 있고, 측정시간이 오래 걸릴 수 있다.
  - 숙련도나 경험에 따라 측정값이 바뀔 수 있다.

비교측정
제품 측정 시 표준치수의 게이지와 비교하여 측정기의 값의 차이를 읽는 방식

직접측정기의 종류
- 버니어 캘리퍼스
- 마이크로미터
- 측장기
- 각도자

비교 측정기의 종류
- 다이얼게이지
- 미니미터
- 옵티미터
- 전자마이크로미터
- 높이게이지
- 공기마이크로미터
- 틈새게이지 등

- 장점
  - 측정이 용이하고, 고정도의 측정도 비교적 쉽게 할 수 있으며, 다른 측정보다 오차 발생이 적다.
  - 다품종 대량생산물에 적합하다.
  - 길이뿐만 아니라 면의 모양 측정 등 사용범위가 넓다.
- 단점
  - 측정범위가 좁고, 기준치수인 표준 게이지가 필요하다.
  - 제품의 실제 치수를 읽을 수 없다.

한계(기준)측정

제품에 주어진 허용차 중 최대허용치수와 최소허용치수 두 허용한계치수를 정하여 통과와 정지의 두 가지만으로 합격 불합격을 판정하는 측정기로 블록게이지, 한계게이지가 있다.

- 장점
  - 대량생산 제품에 적용이 가능하고, 측정기의 조작이 간단하여 미숙련자도 측정이 가능하다.
  - 제품의 합격, 불합격 판정을 쉽게 할 수 있다.
- 단점 : 제품의 실제 치수를 읽을 수 없고, 측정 치수가 정해지고 한 개의 치수마다 한 개의 게이지가 필요하다.

- 직접 측정기
  외측, 내측 마이크로미터
- 비교 측정기
  공기 마이크로미터, 전자 마이크로미터

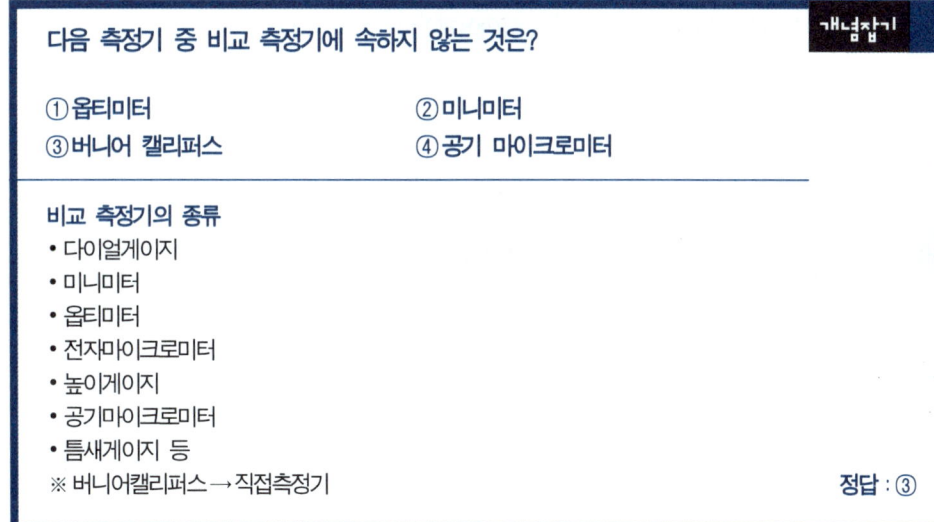

1-2 측정기구의 종류 및 사용법

 참고

나사게이지
나사의 피치, 크기, 형태 측정

높이게이지
공작물의 높이나 특정 위치까지의 높이를 측정 및 표시

센터게이지
나사 절삭 공구의 각도와 형상 확인

실린더게이지
원통형 구멍의 지름이나 원통도 등을 정밀하게 측정

강철자	캘리퍼스	버니어 캘리퍼스
마이크로미터	다이얼게이지	블록게이지
틈새게이지	나사게이지	높이게이지
센터게이지	피치게이지	와이어게이지
반지름게이지		실린더게이지

- 강철자
  - 기계 가공 현장에서 주로 사용되고 있으며, A, B, C 형이 있다.
  - 정밀치수 측정은 곤란하나 휴대성은 좋다.

- 캘리퍼스
  - 외경, 내경 등의 치수를 옮기거나 공작물의 측정에 사용하는 공구이다.
  - 캘리퍼스에는 외측, 내측, 짝다리 캘리퍼스가 있다.
- 버니어 캘리퍼스
  - 어미자의 측면과 버니어를 가진 슬라이드의 측정면 사이에서 제품을 측정하며, 외경, 내경, 깊이, 길이 등을 측정한다.
  - 종류로는 M1형, M2형, CB형, CM형이 있다.
  - 눈금을 읽는 방법 : 최소측정값 = $\dfrac{\text{어미자의 눈금}}{\text{등분 수}}$
    - $\dfrac{1}{20}$[mm]를 읽는 방법 : 아들자 눈금은 어미자를 19[mm]를 20등분한 것으로 아들자 한 눈금이 0.05[mm]로 되어 있다.
    - $\dfrac{1}{50}$[mm]를 읽는 방법 : 아들자 눈금은 어미자 12[mm]를 25등분한 것으로 아들자 한 눈금이 0.02[mm]로 되어 있다.

핵심 KEY

버니어 캘리퍼스 용도
- 물체의 깊이 측정
- 구멍의 내경 측정
- 구멍의 깊이 측정
- 구멍의 외경 측정

참고

버니어캘리퍼스
- 1형 : 부척 미세 이동 불가능 (최소 읽음값 : 0.05)
- 2형 : 부척 미세 이동 가능 (최소 읽음값 : 0.02)

개념잡기

다음 중 버니어 캘리퍼스의 용도로서 적합하지 않은 것은?

① 물체의 길이 측정   ② 구멍의 내경 측정
③ 구멍의 깊이 측정   ④ 나사의 유효직경 측정

버니어 캘리퍼스
- 어미자의 측면과 버니어를 가진 슬라이드의 측정면 사이에서 제품을 측정하며, 외경, 내경, 깊이, 길이 등을 측정한다.
- 종류로는 M1형, M2형, CB형, CM형이 있다.

나사의 유효직경 측정
- 3침법(3침게이지)을 이용하여 나사의 유효직경을 측정한다.

정답 : ④

- 마이크로미터
  - 나사의 회전각과 딤블(thimble) 직경의 눈금으로 확대하여 측정하는 측정기이다.
  - 종류로는 외측 마이크로미터, 내측 마이크로미터, 깊이 마이크로미터, 나사 마이크로미터, 지시 마이크로미터, V홈 마이크로미터 등이 있다.
  - 0 ~ 25[mm], 25 ~ 50[mm], 50 ~ 75[mm] 등, 25[mm]씩의 차이를 두고 150 ~ 175[mm] 측정한다.
- 다이얼게이지 ★
  - 회전축의 흔들림 점검, 공작물의 평행도 측정 및 표준과의 비교측정에 이용되는 측정기기
  - 다이얼게이지를 응용하여 외경 측정, 두께 측정, 높이 측정을 할 수 있다.
- 블록게이지
  - 측정면이 극히 정밀하게 다듬어진 정방형의 블록으로 치수의 기준으로 사용
  - AA급(00급) : 연구소용, 참조용, A급(1급) : 표준용, B급(2급) : 검사용, C급(3급) : 공작용
- 틈새게이지(필러게이지, 치크니스게이지) : 강재의 얇은 판으로 홈의 간극을 점검하고 측정하는 데 사용하는 측정기
- 나사게이지 : 나사규격 검사 게이지. 센터게이지와 스크류피치게이지로 나뉜다.
- 높이게이지 : 높이 측정, 평행선 긋기, 구멍 위치 점검, 표면 점검 등에 사용된다.
- 센터게이지 : 선반에서 나사 바이트 설치 및 각도 측정
- 피치게이지 : 나사의 피치를 측정
- 와이어게이지 : 강선의 지름, 판 두께를 측정
- 반지름게이지 : 모서리 부분의 반경을 측정
- 실린더게이지 : 원통형 구멍의 지름이나 원통도 등을 정밀하게 측정

공식 정리
- 측정량 = 편심량 × 2
- 편심량 = $\dfrac{측정량}{2}$

개념잡기

선반에서 나사 절삭 바이트의 설치 및 측정에 사용되며 게이지 위에 있는 스케일은 인치당 나사수를 정하는 데 사용되는 것으로 맞는 것은?

① 블록게이지 ② 틈새게이지
③ 센터게이지 ④ 스크류피치 게이지

① 블록게이지 : 측정면이 정밀하게 다듬질된 블록으로 구성되어 정밀도 검사와 같이 길이 치수의 기준으로 사용된다.
② 틈새게이지 : 강재의 얇은 편으로 된 것으로 직접 또는 작은 홈의 간극 등을 점검하고 측정하는 데 사용한다.
④ 스크류피치 게이지 : 나사의 피치를 알려고 할 때에 사용한다.

정답 : ③

1-3 기타

- **아베의 원리(Abbe's principle)** ★는 표준자와 피측정물은 동일 축 선상에 위치하여야 한다는 법칙이다.
  - 아베의 원리 적용 : 자, 측장기, 외측 마이크로미터
  - 아베의 원리 위배 : 버니어 캘리퍼스, 캘리퍼스형, 내측 마이크로미터
- 게이지강의 구비조건 ★
  - 열팽창계수가 적고 변화율이 적을 것
  - 경도가 크고 내마모성도 클 것
  - 정밀 다듬질이 가능하고 가공성이 좋을 것
- 제품 검사 단계

  소재 검사 → 부품 검사 → 조립 검사 → 성능 검사
  - 소재 검사 : 소재의 성질, 치수, 표면 상태가 주어진 조건을 만족하는지 검사
  - 부품 검사 : 제품을 구성하는 각 부품들이 주어진 설계 내용대로 되어 있는지 확인하는 검사
  - 조립 검사 : 각 부품들이 제대로 조립되는지 확인하는 검사
  - 성능 검사 : 제품의 기능이 설계된 대로 발휘되는지 확인하는 검사
- 측정 : 기계 부품의 각 부분에 대한 정확한 치수를 수치와 단위로 표시
- 검사 : 요구된 규정에 공작물이 만족하게 가공되었는지를 판정하는 일
- 측정 오차
  - 개인오차(과실오차, 시차) : 측정하는 사람에 따라서 생기는 오차로 숙련도와 측정기의 눈금과 시각차에 의한 발생
  - 계기오차(측정기오차) : 측정기의 구조, 측정 압력, 측정 온도 등의 측정기 미소 변형에 따라서 발생하는 오차
  - 환경오차 : 미세한 측정 조건의 변동으로 인한 오차로 측정실 및 측정기 주변의 온도, 압력, 진동 등의 영향으로 발생하는 오차
  - 우연오차 : 개인오차나 외부조건에 의한 오차를 없애고 기기오차를 보정하여도 발생하는 오차로 어떤 현상을 측정함에 있어 방해가 되는 모든 요소로 인해 생기는 오차. 운동 부분의 마찰, 끼워맞춤 변화, 측정 변화(진동, 실온, 기압, 조명 등) 등의 원인으로 발생
  - 측정력의 영향 : 측정력이 달라지면 접촉부에 생기는 탄성 변형량이 변화함으로써 오차가 발생할 수 있다.
  - 히스테리시스오차 : 계측기의 측정량을 증가시킬 때와 감소시킬 때의 동일 측정량에 대하여 지시값이 다른 경우의 오차

저자 어드바이스

아베의 원리에 적용되는 공구와 위배되는 공구의 원리 차이를 잘 파악하시기 바랍니다.

백분율 오차

$$\frac{측정값 - 참값}{참값} \times 100$$

체결토크 = 힘×거리(길이)

$T = F \times L$

> **개념잡기**
>
> 주위 온도나 압력 등의 영향, 계기의 고정자세 등에 의한 오차에 해당하는 것은?
>
> ① 개인오차　② 과실오차　③ 이론오차　④ 환경오차
>
> 측정 오차의 종류
> - 개인오차(과실오차, 시차) : 측정하는 사람에 따라서 생기는 오차로 숙련도와 측정기의 눈금과 시각차에 의한 발생
> - 계기오차(측정기오차) : 측정기의 구조, 측정 압력, 측정 온도 등의 측정기 미소 변형에 따라서 발생하는 오차
> - 환경오차 : 미세한 측정 조건의 변동으로 인한 오차로 측정실 및 측정기 주변의 온도, 압력, 진동 등의 영향으로 발생하는 오차
>
> 정답 : ④

> **개념잡기**
>
> 아베의 원리를 만족하는 측정기는?
>
> ① 블록 게이지　　　　　② 하이트 게이지
> ③ 외측 마이크로미터　　④ 버니어 캘리퍼스
>
> 아베의 원리
> 표준자와 피측정물은 동일 축 선상에 위치하여야 한다는 법칙
> - 아베의 원리 적용 : 자, 측장기, 외측 마이크로미터
> - 아베의 원리 위배 : 버니어 캘리퍼스, 캘리퍼스형, 내측 마이크로미터
>
> 정답 : ③

2. 정비용 공기구 ★

2-1 체결용 공구

- 공구 : 기계, 설비, 기구 등의 각 부품을 분해, 조립, 정비를 할 때 사용하는 것
- 체결용공구 : 양구스패너, 편구스패너, 타격스패너, 더블옵셋 스패너,
- 조합스패너, 훅 스패너, 소켓렌치, L-렌치, 몽키 스패너
- 양구 스패너 : 일반적인 나사 분해, 결합용으로 쓰이는 입이 양쪽에 있는 스패너
- 편구 스패너 : 입이 한쪽에만 있는 스패너
- 훅 스패너 : 둥근너트 등 원주면에 홈이 파져 있는 부분을 체결할 때 사용하는 공구
- 몽키스패너 : 입의 크기를 조절할 수 있는 공구로 조절렌치라고도 함
- 더블옵셋 스패너 : 볼트·너트를 조이는 공구
- 조합 스패너 : 한쪽은 편구 스패너, 또 다른 한쪽은 오프셋 렌치로 되어 있는 스패너
- L-렌치 : 홈이 있는 둥근 머리 볼트를 빼고 끼울 때 사용하는 것으로 6각형 공구강 렌치

2-2 분해용 공구

- 기어 풀러 : 축에 고정된 기어, 커플링 등을 빼낼 때 사용
- 베어링 풀러 : 축에 고정된 베어링을 빼내는 공구
- 스냅링 플라이어 : 스냅링, 리테이닝링의 부착이나 분해, 조립용으로 사용하는 공구
  - 축용 : 손잡이를 쥐면 벌어져 축에 꽂인 스냅링을 제거
  - 구멍용 : 손잡이를 쥐면 닫혀서 구멍 내경에 꽂인 스냅링을 제거
- 플라이어 : 부품이나 금속편을 물려서 잡고, 구부리고 당기는 공구
- **스크류 엑스트렉터 : 절단된 볼트를 빼내는데 사용하는 공구 ★**

분해용 공구
- 기어 풀러

- 베어링 풀러

- 스냅링 플라이어

- 플라이어

- 집게

- 스크류 엑스트렉터

개념잡기

볼트의 밑부분이 부러졌을 때 빼내기 위해 사용하는 공구는?

① 탭 ② 드릴
③ 스크류 바이스 ④ 스크류 엑스트랙터

볼트의 밑부분이 부러져서 빼고자 할 때 스크류 엑스트랙터를 사용한다.   정답 : ④

2-3 윤활용기구

- 오일건 : 윤활유 주입기
- 그리스건 : 그리스 주입기
- 핸드버킷 펌프 : 수동식 펌프로 옥외에서 그리스를 주입하는 데 사용하는 공구

2-4 배관용기구

- 파이프렌치 : 파이프를 쥐고 회전시켜 분해, 조립하는 공구
- 파이프커터 : 파이프 절단 공구
- 파이프바이스 : 파이프 고정 시 사용
- 오스터 : 파이프에 나사를 깎는 기구
- 플레어링 툴 : 파이프 끝을 넓히는 기구
- 파이프벤더 : 파이프를 구부리는 기구로 유압작동을 이용하는 기구

2-5 정비용 측정기구

- 베어링 체커 : 베어링의 윤활 상태를 측정하는 기구
- 진동계 : 진동체의 진동을 측정하는 기구
- 지시소음계 : 소음을 측정하는 기구
- 회전계 : 기계의 회전속도를 측정하는 기구
- 온도계 : 온도를 측정하는 기구

배관용기구
- 파이프렌치

- 파이프커터

- 파이프바이스

- 오스터

- 파이프벤더

정비용 측정기구 중 베어링의 윤활상태를 측정하는 기구는?

① 록 타이트　　② 그리스 컵
③ 베어링 체커　④ 스트로브스코프

베어링 체커를 통해 베어링의 그리스 윤활상태를 측정하게 된다.　　정답 : ③

3. 정비용 재료

3-1 접착제

물질의 접착력에 의하여 동종이나 다른 어떤 물질의 접착력에 의해 고체를 접합하는 데 사용하는 것이 접착제이다.

접착제의 구비조건

- 고체표면의 좁은 틈새에 침투하여 모세관 작용을 할 것
- 액상의 접합제가 도포 후 용매의 증발 냉각 또는 화학반응에 의해 고체화하여 일정한 강도를 가질 것
- 용매 또는 분산매의 증발에 의하여 경화되는 접착제를 유화액형 접착제라 한다.
- 액체성일 것

접착제의 종류

- 중합제형 접착제(모노마) : 화학반응에 의해 경화하는 것으로 산업현장에서 고무제품 등을 손쉽게 접착하는 데 이용되는 순간접착제
- 유화액(에멀전형) 접착제 : 용매 또는 분산매의 증발에 의해 경화되는 것
- 열 용융형 접착제 : 냉각에 의해 경화되는 것
- 감압형 접착제 : 압력을 가하여 눌러주어야 부착되는 것

용도별 접착제의 특징

- 금속 구조용 접착제 : 접착속도가 빠르고 가격이 저렴하며, 극저온에서도 접합이 가능하지만, 고온에서는 접합 및 사용이 곤란하다.
- 혐기성 접착제
  - 진동이 있는 차량, 항공기, 동력기 등의 풀림방지를 위해 사용되는 접착제로 공기 중에는 액체 상태를 유지하고 공기가 차단되면 중합이 촉진되어 경화된다.
  - 반영구적이며 노화되지 않는다.
- 액상 개스킷
  - 상온에서 유동적인 접착성 물질로 바른 후 일정시간 지난 후 건조되어 누설을 방지하는 개스킷이다.
  - 바른 직후 접합해도 관계없고 얇고 균일하게 칠하고, 접합면의 수분, 기름 등 오물을 제거한다.
  - 접합면을 보호하고 누수를 방지하고 내압기능을 가지고 있다.

모세관현상

가는 관 안에서 액체가 중력 방향과 관계없이 상승하거나 하강하는 현상으로 액체와 관벽사이의 부착력과 액체분자들끼리의 응집력으로 발생

용매

어떤 물질을 녹여서 균일한 용액을 만들 때 용질을 녹이는 역할을 하는 액체
예) 물, 에탄올, 아세톤

분산매

분산시스템에서 입자가 고르게 퍼질 수 있도록 해주는 매질
예) 녹이는 or 입자들이 떠있는

혐기성 접착제 사용상 주의사항

- 작업 중 신체와 접촉되지 않도록 주의하고 환기에 주의할 것
- 접착부분을 깨끗이 할 것
- 경화가 빠르므로 작업을 신속히 할 것
- 충진 고착에 필요한 강도 및 틈에 대하여 알맞게 선택할 것

> **개념잡기**
>
> 공기 중에는 액체 상태를 유지하고 공기가 차단되면 중합이 촉진되어 경화, 접착되는 것으로 진동이 있는 차량, 항공기, 동력기 등의 체결용 요소 풀림과 누설 방지를 위해 사용되는 접착제는?
>
> ① 액상 개스킷　　　　　② 혐기성 접착제
> ③ 열 용융형 접착제　　　④ 금속구조용 접착제
>
> **혐기성 접착제**
> - 진동이 있는 차량, 항공기, 동력기 등의 풀림 방지를 위해 사용되는 접착제로 공기 중에는 액체 상태를 유지하고 공기가 차단되면 중합이 촉진되어 경화된다.
> - 반영구적이며 노화되지 않는다.
> - 접착재질이 금속계통이어야 한다.
>
> 정답 : ②

3-2 방청유

금속에 녹 발생을 막기 위하여 바르는 기름으로 금속 표면에 기름 보호막을 만들어 공기 중의 산소나 수분을 차단하는 것

- 용제 희석형 방청유 : 녹 발생을 방지하기 위하여 불휘발성 재료를 유기용제에 녹여서 분산시킨 액체로서 막의 성질에 따라 1종(KP-1), 2종(KP-2), 3종(KP-3)으로 분류한다.
- 바셀린(와셀린) 방청유 : 방청 능력이 큰 막을 형성하며, 막의 성질에 따라 1종(KP-4), 2종(KP-5), 3종(KP-6)으로 나뉜다.
- 윤활 방청유 : 윤활성 및 방청성을 가지고 있으며, 일반기계, 내연기관 등에 사용되고 용도 및 점도에 따라 1종 1호(KP-7), 1종 2호(KP-8), 1종 3호(KP-9), 2종(KP-10)으로 나뉜다.
- 지문 제거형 방청유
  - 금속 표면을 깨끗하게 하고 엷은 방청 피막을 형성하며 KP-0로 표시한다.
  - 재료는 석유계 용제, 윤활유에 방청 첨가제 알콜, 유기용제 등을 사용하고 있으며, 인체에는 무해하다.
- 방청 그리스 : 그리스를 주재료로 한 것으로 각종 베어링, 크레인, 와이어 로프 등의 윤활 및 방청에 사용된다. KP-11로 표시한다.
- 기화성 방청유 : KP-20으로 표시하며, 밀폐부에서 강한 방청분위기를 만든다.

참고

방청 윤활유 용도 분류
- 1종(KP-7 ~ 9) : 금속 재료 및 제품의 방청
- 2종(KP10) : 내연기관 방청, 주로 보관 및 중하중을 일시적으로 운전하는 곳에 사용

방청 윤활유 2종
- 2종 1호-KP10-1(저점도 유막)
- 2종 2호-KP-10-2(중점도 유막)
- 2종 3호-KP-10-3(고점도 유막)

실(Seal)의 구비조건
- 내열성, 내압성, 내마멸성이 높아야 한다.
- 실이 오일에 의하여 손상되지 않아야 하고, 또한 실이 금속면에 손상을 주어서는 안 된다.
- 타 부품에 간섭을 주거나 작동부에 걸리지 않도록 잘 끼워져야 한다.

3-3 밀봉장치

- 실(Seal) : 외부의 이물질이나 유체의 누설을 방지하기 위해 사용하는 것으로 고정된 부분의 실을 개스킷이라 하고, 운동 부분의 실을 패킹이라고 한다.

개념잡기

보전용 재료 중 방청 윤활유의 종류와 기호가 잘못 연결된 것은?

① 1종(1호) : KP-7 ② 1종(2호) : KP-8
③ 1종(3호) : KP-9 ④ 1종(4호) : KP-10

① KP-7 : 방청윤활유 1종 1호
② KP-8 : 방청윤활유 1종 2호
③ KP-9 : 방청윤활유 1종 3호
④ KP-10 : 방청윤활유 2종 1호

정답 : ④

---

02 기계요소 점검 및 정비

1. 체결용 기계요소

1-1 나사

- 피치와 리드
  - 피치(P) : 나사산과 다음 나사산 사이의 거리
  - 리드(L) : 나사가 1회전할 때 이동한 거리
  - 한줄 나사는 L = P, 두줄 나사는 L = 2P이다.
- [mm]로 표시하는 미터계 나사와 [inch]로 표시하는 인치계 나사가 있다.
- 나사산의 모양에 따라 삼각나사, 사각나사, 사다리꼴나사, 톱니나사, 둥근나사 등으로 나뉜다.
- 사용하는 목적에 따라 체결용나사(미터나사, 유니파이나사, 관용나사)와 운동용 나사(사각나사, 사다리꼴나사, 볼나사, 둥근나사)로 나뉜다.
- 나사산의 표시방법 : 나사산의 감긴 방향, 나사산의 줄 수, 나사의 호칭-나사의 등급

 참고

절삭너트에 의한 방법

- 너트의 일부를 절삭하여 미리 안쪽으로 약간 변형시켜 두고 볼트에 비틀어 넣었을 때 나사부가 꽉 압착되게 한 것이다.
- 반복하여 사용하므로 마모되어 압착력이 약해져 풀림 방지 효과가 감소 된다.
- 대형 너트는 절삭 부분을 작은 나사로 죄어 비틀어 압착력을 증가시켜 풀림 방지를 한다

 **공식정리**

리드값(n은 줄수)
L = n×P

저자 어드바이스

볼트, 너트 풀림방지법 등 볼트와 너트에 관한 내용은 시험에 자주 출제되므로 숙지하도록 합니다.

1-2 볼트와 너트

둥근 막대의 한 끝에 머리가 달린 수나사가 볼트이고, 볼트와 같이 사용하는 암나사가 너트이다.

- 볼트, 너트 풀림(이완) 방지법 ★★
  - 분할 핀을 이용하는 방법
  - 로크 너트를 사용하는 방법
  - 와셔를 사용하는 방법
  - 절삭 너트를 이용하는 방법
  - 핀, 작은나사, 멈춤나사 등을 이용하는 방법
- 볼트 너트에 녹이 발생하여 고착을 일으키는 원인 : 수분, 부식성 가스, 부식성 액체 등으로 인한 체적 팽창이 원인이 된다.
- 고착된 볼트를 분해하는 방법 : 너트를 두드려 푸는 방법, 너트를 잘라 넓히는 방법이 있다.
- 부러진 볼트를 제거하는 방법 : 스크류 엑스트랙터를 이용한다.
- 턴 버클 : 양 끝에 오른나사와 왼나사가 있어 배관지지 장치의 높낮이를 조절할 때 사용되는 너트이다.

볼트의 종류

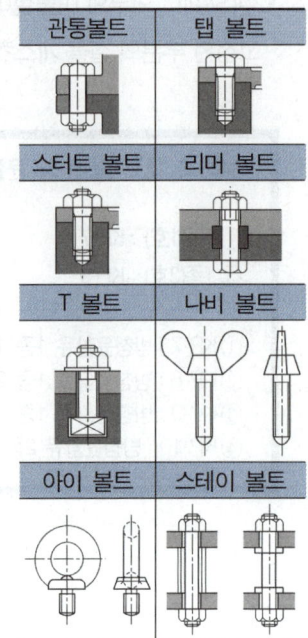

스패너에 의한 적정한 조임 시 볼트 지름별 적당한 힘

- M6 이하 볼트 : 약 5[kgf]
- M6-10 볼트 : 약 20[kgf]
- M12-M14 볼트 : 약 50[kgf]
- M20 이상 볼트 : 약 100[kgf] 이상

개념잡기

너트의 일부를 절삭하여 미리 내측으로 변형을 준 후 볼트에 체결할 때 나사부가 압착하게 되는 이완 방지법은?

① 절삭너트에 의한 방법　　② 로크너트에 의한 방법
③ 특수너트에 의한 방법　　④ 분할 핀 고정에 의한 방법

절삭너트에 의한 방법
- 너트의 일부를 절삭하여 미리 안쪽으로 약간 변형시켜 두고 볼트에 비틀어 넣었을 때 나사부가 꽉 압착되게 한 것이다.
- 반복하여 사용하므로 마모되어 압착력이 약해져 풀림 방지 효과가 감소된다.
- 대형 너트는 절삭 부분을 작은 나사로 죄어 비틀어 압착력을 증가시켜 풀림 방지를 한다.

정답 : ①

> **개념잡기**
>
> 스패너에 의한 적정한 죔 방법 중 M 12~14까지의 볼트를 죌 때 스패너 손잡이 부분의 끝을 꽉 잡고 힘을 충분히 주어야 하는데, 이때 가해지는 적당한 힘은 얼마인가?
>
> ① 약 5[kgf] ② 약 20[kgf]
> ③ 약 50[kgf] ④ 100[kgf] 이상
>
> - M6 이하 볼트 : 약 5[kgf]
> - M6-10 볼트 : 약 20[kgf]
> - M12-M14 볼트 : 약 50[kgf]
> - M20 이상 볼트 : 약 100[kgf] 이상
>
> 정답 : ③

1-3 키

키는 축에 기어, 풀리 등을 조립할 때 사용하고, 축의 재료보다 조금 더 강한 재료를 사용한다. 보통 키에는 테이퍼를 주고, 축과 보스에는 키 홈을 설치한다.

- 안장 키(saddle key)
  - 회전체를 축의 어느 위치에도 설치할 수 있고, 축과 보스의 미찰력만으로 회전력을 전달한다.
  - 작은 동력 전달에 적당하다.

- 평 키(flat key)
  - 안장 키보다는 큰 힘을 전달하고 $\frac{1}{100}$ 기울기를 붙이기도 한다.
  - 축의 강도를 저하시키지 않는다.

- 둥근 키(round key)
  - 핸들같이 토크가 작은 곳에 사용하고, 키 홈의 가공이 쉽다.

- 성크 키(sunk key, 묻힘 키)
  - 축과 보스 양쪽에 키 홈이 있고, 가장 널리 사용되는 키이다.
  - $\frac{1}{100}$ 기울기를 가진 경사 키와 경사가 없는 평행 키가 있다.

- 슬라이딩 키(sliding key, 안내 키, 미끄럼 키)
  - 키를 조립하였을 경우 축과 보스가 가볍게 이동할 수 있는 키이다.
  - 보스를 축 방향으로 이동할 수 있고, 키를 작은 나사로 고정하고, 기울기가 없고 평행하다.

참고

키의 종류

- 성크 키

- 반달 키

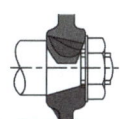

- 미끄럼키

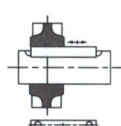

- 평키

- 안장키

- 접선 키(tangential key)
  - $\frac{1}{40} \sim \frac{1}{45}$ 기울기를 가진 키를 접선방향으로 설치하며, 2개의 키를 한쌍으로 한다.
- 스플라인(spline key)
  - 축과 보스의 중심을 맞추기 쉽고, 보스를 축 방향으로 이동할 수 있다.
  - 자동차, 공작기계, 항공기, 발전기 터빈 등의 큰 토크를 전달할 수 있으며, 내구력이 좋다.
- 세레이션(serration)
  - 축과 보스의 위치조절이 쉽고, 같은 지름의 스플라인 축보다 큰 회전력을 전달할 수 있다.
  - 측압 강도가 커서 큰 토크를 전달할 수 있고, 자동차의 핸들, 라디오의 다이얼 축의 조립 등에 사용된다.
- 키 맞춤 시 기본적인 주의사항
  - 충분한 강도를 검토하여 규격품을 사용한다.
  - 키는 측면에 힘이 작용하므로 폭, 치수의 마무리가 중요하다.
  - 키의 각 모서리는 면 따내기를 하고 양단은 큰 면 따내기를 한다.
  - 키 홈은 축 보스 모두 기계가공에 의해 축심과 완전히 평행으로 깎아낸다.

키의 종류
- 접선키

- 둥근키

스플라인, 세레이션 비교
- 스플라인
  - 굵고 간격이 큰 이
  - 일반 동력 전달
  - 비교적 크고 강함
- 세레이션
  - 가늘고 촘촘한 이
  - 정밀 결합
  - 작은 힘 분산에 유리

키 맞춤의 기본적인 주의사항 중 틀린 것은?

① 키는 측면에 힘을 받으므로 폭, 치수의 마무리가 중요하다.
② 키 홈은 축과 보스를 기계가공으로 축심과 완전히 직각으로 깎아낸다.
③ 키의 치수, 재질, 형상, 규격 등을 참조하여 충분한 강도의 규격품을 사용한다.
④ 키를 맞추기 전에 축과 보스의 끼워 맞춤이 불량한 상태인 경우 키 맞춤을 할 필요가 없다.

키 맞춤 기본적인 주의사항
- 키는 측면에 힘을 받으므로 폭, 치수의 마무리가 중요하다.
- 키 홈은 축과 보스를 기계가공으로 축심과 완전히 평행으로 깎아낸다.
- 키의 치수, 재질, 형상, 규격 등을 참조하여 충분한 강도의 규격품을 사용한다.
- 키를 맞추기 전에 축과 보스의 끼워 맞춤이 불량한 상태인 경우 키 맞춤을 할 필요가 없다.

정답 : ②

1-4 핀

작용하는 하중이 작을 때 키의 대체용으로 간편하게 사용된다.

- 평행 핀
  - 조립 분해할 때 위치 결정에 주로 사용된다.
- 분할 핀
  - 결합이나 위치 결정이라기보다 볼트, 너트의 풀림 방지에 쓰이며 큰 강도가 요구되지 않는 곳에 사용되는 핀
- 테이퍼 핀
  - 축에 부품을 결합할 때 주로 사용된다.
  - 테이퍼 핀을 밑에서 뺄 수 없을 경우에는 핀의 머리에 나사를 내어 너트를 걸어서 뺀다.
- 스프링 핀
  - 구멍의 크기가 정확하지 않을 때 사용된다.

1-5 코터

두 개의 축을 쐐기를 이용하여 간단하고, 신속하게 확실히 결합 방향에만 힘이 가해지는 부분에 적합한 체결 부품이다.

핀의 종류
- 평행핀

- 분할핀

- 테이퍼 핀

- 스프링 핀

축이음 핀의 빠짐 방지나 볼트, 너트의 풀림방지로 쓰이는 것은?

① 코터　　　　　　② 평행핀
③ 분할핀　　　　　④ 테이퍼핀

볼트 너트 이완방지 방법
- 분할핀을 이용하는 방법
- 로크 너트를 사용하는 방법
- 와셔를 사용하는 방법
- 절삭너트를 이용하는 방법
- 핀, 작은나사, 멈춤나사 등을 이용하는 방법
- 스프링 와셔 또는 고무 와셔에 의한 방법

정답 : ③

2. 축의 취급과 정비

2-1 축의 고장원인과 대책

조립 및 정비불량

- 기어 풀리, 베어링 등의 끼워맞춤 불량
  보스 내경은 절삭수리를 하고, 축은 살 더하기 보수 또는 신작으로 교체해서 정확한 끼워맞춤을 한다.
- 키, 핀, 코터 등의 맞춤 불량 키와 코터를 적절히 사용하고 첫 번째 현상의 대책과 동일하다.
- 첫 번째, 두 번째 현상을 수리하지 않고 사용했을 때
  - 진동소음이 심하고 기어, 베어링의 수명이 급속히 저하되고 사용불능이 된다.
  - 보스 내경은 절삭수리를 하고, 축은 살 더하기 보수 또는 신작으로 교체해서 정확한 끼워맞춤을 한다.
- 휜 축 사용
  - 진동 소음이 심하고 베어링의 발열이 크다.
  - 굽은 곳을 수리하거나 교체한다.
- 급유불량
  - 기어 마모 소음이 크고 베어링부의 발열이 발생한다.
  - 급유불량의 원인을 파악하여 급유불량이 나타나지 않도록 하고, 적절한 유종 및 급유방법을 사용한다.

설계불량

- 재질불량 : 마모 및 굽음이 발생, 단시간에 피로 파괴가 될 수 있으며, 재질을 변경하여 문제를 해결한다.
- 치수 및 강도부족 : 마모 및 굽음이 발생, 단시간에 피로 파괴가 될 수 있으며, 사이즈를 조정하여 문제를 해결한다.
- 형상 및 구조불량 : 노치부의 응력 집중에 의해 파단될 수 있으며, 형상을 개선하여 문제를 해결한다.

기타

- 자연열화
  - 끼워맞춤부의 마모, 녹, 흠, 변형, 굽음 등이 발생할 수 있다.
  - 끼워맞춤을 확인하고, 축을 분해하여 외관검사 실시, 테스트를 하여 원인 파악하고 개선한다.

보스
돌출된 원기둥 형태 구조물로 체결, 정렬, 위치 고정, 힘 전달 목적이 있음

휜 축의 수정
짐 크로우를 사용하여 축의 구부러짐을 수정하거나 수리한다 (0.1[mm] ~ 0.2[mm] 범위 내에서 수리 가능).

2-2 축과 보스의 수리 방법

끼워 맞춤부 보스의 수리법
- 보스 내경이 마모된 경우 구멍을 크게 해도 될 경우 → 편마모 부분을 최소한도로 깎아 다듬질한다.
- 구멍을 원래 이상으로 할 수 없을 경우
  - 보스 내경을 상당량 깎아내고 부시를 넣는다.
  - 보스의 강도가 허락하는 한 강한 끼워 맞춤으로 때려 넣고 프레스 압입 또는 보스를 약 300[℃] 정도로 가열해서 부시를 열박음 한다.

축 끼워 맞춤부의 수리법
- 신작 교체 : 새로운 축을 제작하여 처음과 같은 효과는 볼 수 있으나, 시간과 비용이 많이 소요된다. 보스부는 내경을 약간 수정하여 사용해도 된다.
- 마모부의 살 더하기 용접 : 신작 교체보다는 비용이나 시간이 절약되나, 용접열 때문에 굽어질 수 있고, 축 중앙부에 불량이 발생할 수 있다.
- 마모부를 잘라 맞춰 용접 : 신작 교체보다는 비용이나 시간이 절약되나, 용접 기술이 부족하면 신뢰성이 낮아진다.
- 축을 깎아낸 후 부시를 신작 : 축의 외경을 수정한 후 부시를 제작하여 보스부에 끼운다. 보스부와 부시는 억지 끼워맞춤을 해야 한다.
- 마모부를 잘라 버리고 비틀어 넣어 용접 : 축의 일부가 기어로 되어 있을 경우에 적당하다.

3. 축이음

3-1 커플링

<u>운전 중에 동력 전달을 끊을 수 없으며(한번 붙이면 그대로 계속)</u>, 두 축이 일직선 상에 있어야 하는 고정 커플링과 일직선상에 있지 않아도 되는 유연성 커플링으로 구분한다.

고정 커플링
- 머프 커플링 : 주철에 원통 속에 두 축을 맞대어 끼워 키로 고정한 축이음
- 마찰원통 커플링 : 바깥둘레가 반원뿔형으로 된 2개의 주철제 분할통을 바깥쪽에서 연강제 링을 두드려 박아 사용한다. 긴 전동축이나 150[mm] 이하의 진동이 없는 축에 적합하다.
- 플랜지 커플링 : 두 축 끝에 플랜지를 달고 볼트로 고정하는 커플링으로 고하중, 대형설비에 사용된다.

정기적인 점검과 정비, 정확한 끼워 맞춤 공차의 설정, 강한 끼워맞춤에서 조립 및 분해를 실시하여 축의 고장을 방지한다.

보스
기계부품에서 돌출된 원형 또는 사각형 형상 부분, 다른 부품이 삽입되거나 조립되는 부분

부시
회전하거나 움직이는 부품 간의 마찰을 줄이기 위해 삽입되는 원통형 슬리브 또는 라이너

플랜지
주로 파이프나 축을 연결하기 위해 사용되는 돌출 원형 판 모양의 부속품(주로 볼트 구멍이 있는 원형 구조)

유연성 커플링(플렉시블 커플링)

미세정렬 오차 허용, 진동, 충격 흡수 가능

- 올덤 커플링
  - 2개의 축이 평행하고, 2축의 중심선이 어긋났을 때 각속도의 변화 없이 회전동력을 전달시키고자 할 때 사용되는 축이음이다.
  - 진동이 발생하고 회전수가 작고, 고속회전에는 부적합하다.
- **유니버설 조인트**
  - **두 축이 만나는 각이 수시로 변화하는 경우에 사용하는 커플링이다.**
- 고무 커플링
  - 방진고무의 탄성을 이용한 커플링으로 두 축 사이가 매우 크거나 어긋난 경우 또는 충격과 진동이 심한 경우 축이음으로 사용될 수 있다.
- 체인 커플링
  - 결합할 두 축의 끝에 스프로킷 휠을 키박음하여 장착하고, 2줄 체인을 사용하여 두 축에 끼워져 있는 스프로킷 휠을 이은 것이다.
- 기어 커플링
  - 한 7쌍의 내접기어로 이루어진 커플링으로, 두 축의 중심이 조금 어긋나도 큰 지장 없이 토크를 전달할 수 있다.
- 그리드 플렉시블 커플링
  - 스틸 플렉시블 커플링(steel flexible coupling)이라고도 하며 축 유동 오차를 허용하여 동력을 전달시키는 커플링이다.
  - 두 축의 중심을 완전히 일치시키기 어려울 때, 전달토크의 변동으로 축에 충격이 가해질 때, 고속회전으로 인한 진동을 완화시킬 때 플렉시블 커플링을 사용한다.

- 올덤 커플링

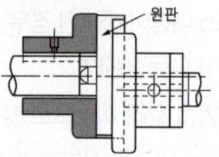

- 플랜지 커플링

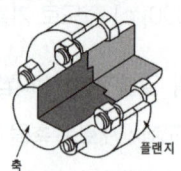

- 그리드 플렉시블 커플링

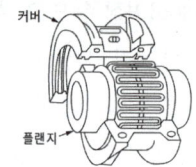

개념잡기

다음 커플링 중 플렉시블 커플링이 아닌 것은?

① 기어 커플링　　② 머프 커플링
③ 고무 커플링　　④ 체인 커플링

플렉시블 커플링
기어, 고무, 체인, 유체, 그리드 커플링은 유연성 커플링(플렉시블) 종류이다.
※ 머프 커플링은 고정 커플링이다.

정답 : ②

3-2 클러치

- 동력을 단속할 때 사용
- 마찰클러치, 전자클러치, 유체클러치, 원심클러치 등

3-3 베어링

- 베어링은 축과 하우징 사이의 상대운동을 원활하게 하면서, 축으로부터 전달되는 하중을 지지하는 요소
- 마찰되는 형식에 따라 구름 베어링과 미끄럼 베어링으로 나눌 수 있다.
- 하중방향에 따라 레이디얼 베어링(원주방향)과 트러스트 베어링(축방향)으로 나눌 수 있다.
- 베어링 사용 시 주의사항
  - 진동 또는 충격 하중에 견디도록 하여야 한다.
  - 먼지 침입에 주의하여야 하고 윤활제의 열화에 적당한 조치를 하여야 한다.
  - 베어링의 압력과 미끄럼 속도에 따라 윤활유의 종류를 선정하여야 한다.
  - 마찰에 의해서 발생되는 열을 발산할 수 있어야 한다.
- 구름 베어링, 미끄럼 베어링 비교

구분	구름 베어링	미끄럼 베어링
마찰	구름 마찰	미끄럼 마찰
회전속도	고속	저속
하중	중하중	고하중
정밀도	높음	보통
소음	다소 있음	조용
유지보수	길다	주기적 윤활 필요
가격	복잡, 비쌈	단순, 비교적 저렴

- 베어링 장착방법 ★
  - 가열유조에 의한 방법 : 열을 가하여 **100[℃] 범위에서 열 박음**을 실시하고, **130[℃] 이상 가열하면 베어링에서 경도 저하**가 일어나므로 주의해야 한다.
  - 고주파 가열기에 의한 방법
  - 프레스 압입에 의한 방법

> **참고**
>
> **맞물림 클러치**
> 원동축과 종동축의 끝에 서로 물림이 가능한 형상의 턱을 만들어 서로 맞물려 동력을 전달하는 장치. 턱모양은 사각형, 톱니형, 사다리꼴 등이 있다.
>
>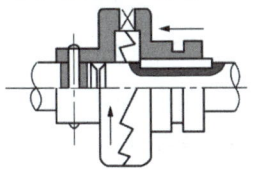
>
> **마찰 클러치**
> 원동축과 종동축에 붙어 있는 마찰면을 서로 밀어붙여 여기서 발생하는 마찰력에 의하여 동력을 전달하는 장치

- 베어링의 호칭방법 : 베어링 호칭 번호의 구성

기본기호			보조기호					
계열 번호	안지름 번호	접촉각 번호	리테이너 기호	식기호 실드 기호	궤도륜 형상 기호	조합 기호	내부 틈새 기호	등급 기호

구름 베어링의 호칭의 예

62 08 C2 P6

62 : 계열번호(깊은 홈 볼 베어링), 08 : 안지름 번호(안지름 40[mm])
C2 : 클리어런스 기호(보통급보다 작은 것), P6 : 정밀도 등급 기호(6급)

- 안지름 번호 표시방법
  - 1[mm] ~ 9[mm] : 안지름 치수를 그대로 안지름 번호로 사용한다.
  - 10[mm] → 00, 12[mm] → 01, 15[mm] → 02, 17[mm] → 03으로 표시한다.
  - 20[mm] ~ 480[mm] : 5를 나눈 값을 안지름 번호로 사용한다.
  - 예 20[mm] → 04, 25[mm] → 05 등

- 미끄럼 베어링의 윤활
  - 유체윤활 : 마찰면 사이에 유체 역학적으로 충분히 두꺼운 점성 유막이 형성된 상태
  - 경계윤활 : 윤활 부위에 하중이 증가하거나, 속도가 저하되어 유막의 두께가 얇아져 유압만으로는 하중을 지탱할 수 없는 상태
  - 극압윤활 : 하중이 증가되어 흡착 유막으로는 하중을 지탱할 수 없고, 국부적인 금속의 융착과 전단이 반복되어 접촉 금속 부분이 융착되어 눌러붙는 상태

핵심 KEY

열박음 가열 시 주의사항
- 조립 후 냉각할 때 급랭하지 않는다.
- 둘레에서 중심으로 서서히 균일하게 가열한다.
- 가열 도중 구멍 내경을 수시로 측정하여 팽창량을 점검한다.
- 대형부품을 열박음 할 때는 기중기(호이스트)를 사용한다.
- 250[℃] 이상의 고열로 가열하면 재질의 변화가 재료변형을 시킬 수 있다.

개념잡기

열박음 가열 작업 시 주의사항으로 틀린 것은?

① 조립 후 냉각할 때는 급랭해서는 안 된다.
② 중심에서 둘레로 서서히 균일하게 가열한다.
③ 대형부품을 열박음 할 때는 기중기를 사용한다.
④ 250[℃] 이상으로 가열하면 재질의 변화나 변형이 발생한다.

열박음 가열 시 주의사항
- 조립 후 냉각할 때 급랭하지 않는다.
- 둘레에서 중심으로 서서히 균일하게 가열한다.
- 가열도중 구멍 내경을 수시로 측정하여 팽창량을 점검한다
- 대형부품을 열박음 할 때는 기중기(호이스트)를 사용한다.
- 250[℃] 이상의 고열로 가열하면 재질의 변화가 재료변형을 시킬 수 있다.

정답 : ②

> **개념찾기**
>
> 열 박음을 위해 베어링을 가열 유조에 넣고 가열할 때 몇 [℃] 이상에서 베어링의 경도가 저하되는가?
>
> ① 130[℃] ② 180[℃]
> ③ 210[℃] ④ 280[℃]
>
> 베어링의 경우 120~130[℃] 정도 이상에서 베어링의 경도가 저하된다.   정답 : ①

4. 기어 전동장치

4-1 기어 전동의 특징

- 큰 동력을 일정한 속도비로 전할 수 있고, 전동 효율이 좋고 감속비가 크다.
- 사용범위가 넓은 반면, 충격에 약하고 소음과 진동이 발생한다.

핵심 KEY

감속비
= 출력축 회전수 / 입력축 회전수

4-2 기어의 종류 ★★

축이 평행한 경우

평 기어 (스퍼 기어, spur gear)	• 기어의 이가 축에 평행한 원통 기어로 제작이 용이하고 동력 전달용으로 많이 사용됨
헬리컬 기어 (helical gear)	• 이의 변형과 진동, 소음이 작고 큰 동력 전달과 고속 운전에 적합한 것으로 두 축이 서로 평행한 기어 • 이가 잇면을 따라 연속적으로 접촉을 하므로 이의 물림 길이가 같음 • 임의로 비틀림 각을 선정할 수 있으므로 중심거리를 조정할 수 있음 • 기하학적 형상으로 인하여 축 방향 하중이 발생
더블 헬리컬 기어 (double-helical gear)	• 좌우 두 개의 나선 이를 가지는 헬리컬 기어가 일체형으로 된 것
래크 (rack)	• 회전운동을 직선운동으로 변환하거나 직선운동을 회전운동으로 변환하는 곳에 사용됨
내접 기어 (인터널 기어, internal gear)	• 피치원통의 안쪽에 톱니가 나 있는 기어 또는 큰 기어에 내접하여 작은 기어가 맞물려 있는 것

참고

평 기어 (스퍼 기어)	헬리컬 기어
더블 헬리컬 기어	래크
내접 기어 (인터널 기어)	베벨 기어
스파이럴 베벨 기어	마이터 기어

축이 한 점에서 만나는 경우(교쇄축형)

베벨 기어 (straight bevel gear)	• 기어의 이가 원뿔의 모선과 일치하는 기어로 동력 전달용으로 많이 사용됨
스파이럴 베벨 기어 (spiral bevel gear)	• 기어의 이가 곡선으로 된 베벨 기어로 강하고 조용함 • 교차하는 두 축에 동력을 전달할 때 사용하며, 잇줄이 곡선이고 모직선에 대하여 비틀려 있고, 제작이 어려우나 이의 물림이 좋아 조용한 전동을 할 수 있는 기어
마이터 기어 (miter gear)	• 축이 직각으로 만나고 기어의 잇수가 같은 한 쌍의 베벨 기어
크라운 기어 (crown gear)	• 피치 원뿔각이 90°이고 피치면이 평면으로 되어 있는 베벨 기어

축이 평행하지도 한 점에서 만나지도 않는 경우(교차형)

웜 기어 (worm gear)	• 기어전동 장치에서 두 축이 직각이며, 교차하지 않는 경우에 큰 감속비를 얻을 수 있으나 전동 효율이 매우 나쁜 기어 • 소음과 진동이 적고 역전을 방지하는 기능을 가지고 있으나, 호환성이 없는 기어
하이포이드 기어 (hypoid gear)	• 어긋난 축 사이에 회전 운동을 전달하는 원추형 기어
스크류 기어 (screw gear)	• 비틀림각이 서로 다른 헬리컬 기어를 엇갈리는 축에 조합시킨 기어

크라운 기어 | 웜 기어
하이포이드 기어 | 스크류 기어

웜기어 감속기의 정비 시 웜휠의 이 간섭면을 약간 중심을 어긋나게 하는 이유
• 원활한 윤활유 공급과 윤활상태 유지

기어 감속기의 분류 중 교쇄축형 감속기에 해당하는 것은?

① 웜 기어　　　　　　② 스퍼 기어
③ 헬리컬 기어　　　　④ 스파이럴 베벨 기어

교쇄축형 감속기 종류
스파이럴 베벨 기어, 스트레이트 베벨 기어, 마이터 기어, 크라운 기어

정답 : ④

> **개념잡기**
>
> 웜기어 감속기의 정비 시 웜휠의 이 간섭면을 약간 중심을 어긋나게 해둔다. 그 이유로 옳은 것은?
>
> ① 상대적으로 마찰이 많은 웜 보호 ② 이물질 제거를 용이하게 하기 위해
> ③ 원활한 윤활유 공급과 윤활상태 유지 ④ 부하 운전 시 웜의 힘 상태를 사전에 고려
>
> 웜기어 감속기는 상호 간에 직각으로 교차하지 않는 2축 간에 큰 감속비의 회전을 전동하는 데 사용되는 기어 장치로 원활한 윤활유 공급을 위해 웜 휠의 간섭면을 약간 중심을 어긋나게 한다.
>
> 정답 : ③

4-3 이의 크기

- 모듈(module) $M = \dfrac{\text{피치원의 지름}(D)}{\text{잇수}(Z)}$

- 지름 피치(diametral pitch) = $\dfrac{\text{잇수}(Z)}{\text{피치원의 지름}(D)}$ [inch]

- 원주 피치(° pitch) = $\dfrac{\text{피치 원주}(\pi D)}{\text{잇수}(Z)}$ [mm]

4-4 기어의 속도비와 중심거리

- 기어의 속도비(i) = $\dfrac{\text{입력축의 회전속도}}{\text{출력축의 회전속도}} = \dfrac{\text{출력축의 잇수}}{\text{입력축의 잇수}} = \dfrac{N_1}{N_2} = \dfrac{Z_2}{Z_1}$

- 기어의 중심거리(a) = $\dfrac{D_1 + D_2}{2} = \dfrac{mZ_1 + mZ_2}{2} = \dfrac{m(Z_1 + Z_2)}{2}$

4-5 기어의 손상

손상부위	분류	손상의 원인	
이 면의 열화	마모	• 정상 마모 • 과부하 마모	• 습동 마모 • 줄 흔적 마모
	소성 항복	• 압연 항복(로오징) • 파상 항복	• 피이닝 항복
	용착	• 가벼운 스코링	• 심한 스코링
	표면 피로	• 초기 피칭 • 피칭(스폴링)	• 파괴적 피칭
	기타	• 부식 마모 • 간섭	• 버닝 • 면삭 파손
이의 파손	-	• 과부하 절손 • 균열	• 피로 파손

과부하 전손
섬유표면 같은 단면을 보이는 절손(부러져서 끊어지는 것)

파손
깨지거나 손상되는 것

4-6 이 면에 일어나는 주요한 손상

- 정확한 이 닿기 : 이의 축 방향 길이의 80[%] 이상, 유효 이 높이의 20[%] 이상 닿아야 한다.
- 백 래쉬(back lash)
  - 한 쌍의 기어가 맞닿은 다음 기어 이빨 간의 틈새이다.
  - 백 래쉬를 주는 이유
    ‣ 백 래쉬가 적정하면 소음, 진동을 줄일 수 있다.
    ‣ 치형 오차, 피치 오차, 편심 가공 오차 때문이다.
    ‣ 중 하중, 고속 회전으로 발열되어 부피가 팽창되기 때문이다.
    ‣ 윤활을 위한 잇면 사이의 유막 두께를 유지하기 위해서이다.

4-7 기어 운전 초기에 일어나는 현상 ★★

- 스코어링(스코링, 접촉마모)
  - 기어 조립 후 운전 초기에 발생하는 현상
  - 스코어링(스코링)의 원인 : 급유량 부족, 윤활유 점도 부족, 내압성능 부족
- 진행성 피칭(피팅) : 이의 표면에 가는 균열이 생겨 그 균열 속에 윤활유가 들어가면 유체 역학적인 고압을 받아 균열을 진행시켜 이의 면의 일부가 떨어져 나가는 것
- 스폴링(스포오링) : 기어 재료의 연질, 충격 고하중으로 인해 발생하는 것으로, 피칭보다 넓은 부분이 어느 정도의 두께를 가지고 최종적으로 박리되는 현상
- 이의 절손 : 충격 고하중, 반복적인 피로, 과부하로 인하여 발생될 수 있다.

4-8 기어를 분해할 때 주의 사항

- 분해는 깨끗한 작업장에서 시행한다.
- 분해한 기어박스와 케이싱을 깨끗이 닦는다.
- 내부 부품을 주의하여 취급한다.
- 기어박스의 오일량은 가장 아래쪽에 있는 축의 중심까지만 채워야 한다.

기어의 파손 원인 중 윤활 문제로 발생하는 것은?

① 피칭　　　　　　　　② 스폴링
③ 피로파괴　　　　　　④ 스코어링

스코어링(스코링) 원인
- 윤활유 점도 부족
- 급유량 부족
- 내압성능 부족

정답 : ④

다음 강의 손상 중 표면피로에 의한 손상만으로 나열된 것은?

① 압연 항복, 균열, 버닝
② 스폴링, 스코링, 리프링
③ 습동마모, 피닝 항복, 스코링
④ 초기피칭, 파괴적 피칭, 스폴링

기어 손상의 분류

손상부위	분류	손상의 원인	
이 면의 열화	마모	• 정상 마모 • 과부하 마모	• 습동 마모 • 줄 흔적 마모
	소성 항복	• 압연 항복(로오징) • 파상 항복	• 피이닝 항복
	용착	• 가벼운 스코링	• 심한 스코링
	표면 피로	• 초기 피칭 • 피칭(스폴링)	• 파괴적 피칭
	기타	• 부식 마모 • 간섭	• 버닝 • 연삭 파손
이의 파손		• 과부하 절손 • 균열	• 피로 피손

정답 : ④

5. 벨트 및 체인 전동장치

5-1 벨트 전동장치 ★

가죽, 고무 또는 직물 등으로 만든 벨트로 2개의 바퀴를 감아 적당한 장력을 주어 이들 사이의 마찰력을 이용하여 전동하는 장치

V 벨트의 특징

- 속도비가 큰 경우의 동력전달에 좋다.
- 고속운전을 시킬 수 있다.
- 이음이 없어 전체가 균일한 강도를 갖는다.
- 미끄럼이 적고 속도비가 크다.
- 벨트가 잘 벗겨지지 않는다.

V 벨트 전동장치에 사용되는 벨트에 관한 사항 ★★

- 허용장력의 크기에 따라 6종류로 규정하고 있다.
- 벨트의 길이는 조정할 수가 없어 생산 시에 여러가지 길이의 규격으로 제공한다.
- 벨트의 단면 규격도 표준규격이 제정되어 있다.
- 바깥둘레를 기준으로 M, A, B, C, D, E의 6종류가 있으며, M의 단면이 가장 작고 E의 단면이 가장 크다. 벨트의 장력은 단면의 크기에 비례하므로, M이 가장 작고, E가 가장 큰 허용장력을 받을 수 있다.

V 벨트 전동장치에서 V 벨트를 선정하려 할 때 고려사항

- V 벨트의 종류 및 형식
- 소요벨트의 가닥수
- V 벨트 풀리의 형상과 지름

> **참고**
> **V벨트 풀리 홈 모양의 크기**
> V벨트의 종류와 마찬가지로 M, A, B, C, D, E 로 분류

> **핵심 KEY**
> **V 벨트 정비에 관한 사항**
> - 2줄 이상을 건 벨트는 균등하게 처져 있어야 한다.
> - 베이스가 이동할 수 없는 축 사이에서는 장력 풀리를 쓴다.
> - 벨트는 합성고무재질로 되어 있어 장기간 보관하면 열화가 발생하므로 오래된 것부터 사용한다.
> - 홈 상단과 벨트의 상면은 거의 일치하여야 한다.

개념잡기

다음 중 V 벨트의 특징이 아닌 것은?

① 벨트가 잘 벗겨진다.
② 고속운전을 시킬 수 있다.
③ 미끄럼이 적고 속도비가 크다.
④ 이음이 없어 전체가 균일한 강도를 갖는다.

V 벨트의 경우 V홈이 패인 곳에 벨트를 걸어줌으로 벨트가 잘 벗겨지는 것을 방지해 준다.

정답 : ①

평벨트의 종류

가죽 벨트	• 탄성이 풍부하고 탄성 계수 및 방열성이 커 연속 운동이 가능함 • 습도의 변화에 따라 길이가 변하기 쉽고 값이 비쌈
섬유 벨트	• 가죽벨트에 비해 내열성이 풍부하고 이음매가 없으며 값이 싸고 인장강도가 큼 • 유연성이 없어 미끄러짐이 크므로 전동 효율이 낮음 • 무명 벨트가 가장 많이 사용되고 있으며 가볍고 고속회전에 적합함
고무 벨트	• 열과 기름에 약하여 장시간 연속 운전에 손상되기 쉬움 • 유연하고 밀착성이 좋아 미끄럼이 적고 값이 싸고 인장강도가 비교적 큼 • 수명이 길고 내습성이 좋아 습기에 강함
강철 벨트	• 압연 강판으로 만듦 • 다른 벨트보다 무게가 가볍고 인장강도가 큼 • 수명이 길고 연신율이 작아 정밀도가 큰 동력의 전동 벨트로 사용됨

핵심 KEY

타이밍 벨트
- 벨트 풀리와 벨트 사이의 접촉면에 치형의 돌기가 있어 미끄럼을 방지하고 맞물려 전동할 수 있는 벨트
- 크랭크축에 장착된 타이밍기어와 캠축에 장착된 타이밍기어를 연결해 캠축을 회전시키는 역할을 하는 벨트
- 기어처럼 등간격의 홈을 가진 벨트 풀리의 홈에 정확히 맞물리도록 내측에 같은 간격의 홈을 가진 벨트
- 회전을 정확하게 전달할 수가 있다.
- V벨트와 기어의 양쪽 장점을 살린 톱니붙이 전동벨트. 미끄러지지 않고 소음이 적어 고속회전에 적합하다.

개념잡기

미끄럼을 방지하기 위하여 안쪽 표면에 이가 있는 벨트로서, 정확한 속도가 요구되는 경우에 사용되는 전동벨트는?

① V 벨트 ② 평 벨트
③ 체인 벨트 ④ 타이밍 벨트

타이밍 벨트
- 크랭크축에 장착된 타이밍기어와 캠축에 장착된 타이밍기어를 연결해 캠축을 회전시키는 역할을 하는 벨트
- 기어처럼 등간격의 홈을 가진 벨트 풀리의 홈에 정확히 맞물리도록 내측에 같은 간격의 홈을 가진 벨트
- 회전을 정확하게 전달할 수가 있다.
- V벨트와 기어의 양쪽 장점을 살린 톱니붙이 전동벨트. 미끄러지지 않고 소음이 적어 고속회전에 적합하다.

정답 : ④

5-2 체인 전동장치

체인을 스프로킷 휠에 걸어 감아서 체인이 스프로킷 휠의 이에 물리게 하여 동력을 전달하는 장치

- 체인 전동의 장점
  - 미끄럼 없이 일정한 속도비를 얻을 수 있다.
  - 인장강도가 크므로 큰 동력을 전달할 수 있다.
  - 유지 수리가 간단하고 수명이 길다.
  - 체인의 탄성에 의해 어느 정도 충격하중을 흡수할 수 있다.
  - 체인의 길이를 자유로이 조절할 수 있고, 마멸이 생겨도 효율이 저하되지 않으며 수명이 길다.
  - 내열, 내유, 내습성이 강하다.
  - 여러 개의 축을 동시에 구동할 수 있다.
- 체인 전동의 단점
  - 진동과 소음이 발생하기 쉽다.
  - 고속 회전에는 부적합하다.
  - 회전각의 전달 정확도가 나쁘다.
  - 윤활이 필요하다.
- 체인을 걸 때 이음 링크를 관통시켜 임시 고정시키고 체인의 느슨한 측을 손으로 눌러보고 조정해야 하는데 다음 그림에서 S-S′가 체인 폭의 2 ~ 4배가 적당하다.

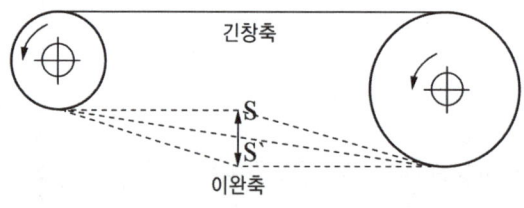

체인 거는 방법

- 사이런트 체인(silent chain) : 롤러 체인은 스프로킷 휠의 이가 마멸되면 진동, 소음이 발생하는데 이러한 결점을 감소시킬 수 있으나 제작이 어렵고 무거우며 가격이 비싼 체인
- 체인형 무단 변속기 : 보통 PIV라고도 하며 한 쌍의 베벨 기어 내 강제링크 체인을 연결하여 유효반경을 바꿈으로써 회전수를 조절하는 무단변속기
- 체인식 무단변속기의 변속조작은 회전 중에 한다.

참고
체인의 종류
- 핀틀체인 : 오프셋 링크핀과 부시를 일체화시킨 것으로, 오프셋 링크와 이음 핀으로 연결되어 있으며, 저속 중용량의 컨베이어, 엘리베이터용으로 사용되는 체인
- 부시체인 : 롤러체인에서 롤러를 없앤 형태의 체인으로서 저속용으로 사용된다.
- 롤러체인 : 강판으로 만든 롤러 링크와 핀 링크를 서로 핀으로 연결한 체인. 체인 전동에 이용되고, 롤러가 자유로이 회전하기 때문에 마찰이 적다.

참고
체인식 무단변속기와 벨트식 무단변속기
- 높은 내구성
- 넓은 변속비
- 소음
- 벨트식보다 동력 전달 효율이 낮다.

- 사일런트 체인은 소음이 적고, 롤러 체인은 자전거, 오토바이에 이용되고, 코일 체인은 인양용으로 사용된다.
- 체인의 검사기준
  - 체인의 길이가 처음보다 5[%] 이상 늘어났을 때
  - 링(ring)단면의 직경이 10[%] 이상 감소했을 때
  - 균열이 발생했을 때

개념잡기

오프셋 링크에서 링크핀과 부시를 일체화시킨 것으로, 오프셋 링크와 이음 핀으로 연결되어있으며, 저속 중용량의 컨베이어, 엘리베이터용으로 사용되는 체인은?

① 롤러 체인
② 부시 체인
③ 핀틀 체인
④ 블록 체인

체인의 종류
- 핀틀체인 : 일체로 된 오프셋 링크와 핀으로 이루어진 체인
- 부시체인 : 롤러체인에서 롤러를 없앤 형태의 체인으로서 저속용으로 사용된다.
- 롤러체인 : 강판으로 만든 롤러 링크와 핀 링크를 서로 핀으로 연결한 체인. 체인 전동에 이용되고, 롤러가 자유로이 회전하기 때문에 마찰이 적다.

정답 : ③

6. 관이음 정비

6-1 관이음의 종류

- 용접이음 : 관과 관을 용접으로 결합하는 방법으로 용접을 확실히 하면 고압, 고온에서의 누설 염려가 적어서 배관 시공에서 유리하다.
- 플랜지이음 : 나사이음 또는 용접 등 방법으로 부착하고 관경이 비교적 클 경우 내압이 높을 경우 사용되며 분해 조립이 편리한 관이음
- 신축이음
  - 열에 의한 관의 수축을 허용하고 축 방향으로 과도하게 응력이 걸리지 않게 하기 위해 신축이 가능한 이음쇠를 사용한다.
  - 신축이음을 사용하는 이유는 온도 변화에 따라 열팽창에 대한 관의 보호, 열 영향으로부터 관을 보호, 매설관 등 지반의 부등침하에 따른 관의 보호를 하기 위함이다.
- 유니언이음 : **배관계통의 정비를 위하여 분해할 필요가 있는 곳**에 사용하는 관이음쇠
- 주철관이음
  - 주로 주철관을 지하에 매설할 경우에 사용한다.
  - 주철관은 강관에 비하여 내식성이 우수하고 가격이 저렴하다.
- 나사이음 : 파이프 끝의 관용 나사를 절삭하고 적당한 이음쇠를 사용하여 결합하는 것
- 고무호스이음 : 고무호스 및 밴드를 이용한 이음
- 패킹 이음 : 파이프에 나사를 절삭하지 않고 이음하는 것
- 턱걸이 이음 : 파이프의 한 끝을 크게 하여 여기에 다른 한 끝을 끼우고, 그 사이에 대마나 목면 등의 패킹을 넣고 그 위에 납이나 시멘트를 유입한 다음 코킹하여 누설이 방지되도록 결합하는 것

6-2 관이음쇠

- 관이음쇠의 기능 : 관로의 연장, 관로의 곡절, 관로의 분기
- 배관의 직선 연결이음에 사용되는 배관용 관이음쇠 : 유니언, 니플, 부싱

핵심 KEY
- 영구이음 - 용접이음
- 분리가능 이음 - 나사 이음, 패킹 이음, 턱걸이 이음, 플랜지 이음, 고무 이음, 신축이음

참고
배관 이음쇠 종류
- 크로스 : 십자형 모양의 관 이음쇠, 서로 직각을 이루며 4방향으로 배치되는 관의 이음쇠
- 유니언 : 접속할 때 배관을 회전시키는 일 없이 이음 자신을 회전시키기만 함으로써 관을 접합 또는 제거할 수 있는 이음 부품으로 긴 관로나 유체기기의 가까이 설치하여 분해, 정비를 용이하게 할 수 있는 배관 이음쇠
- 엘보 : 물이나 기름, 가스 등의 유체가 이동할 수 있는 통로인 관을 연결시켜 주는 관이음 기계요소로 일반적으로 90도나 45도 각도로 생긴 모양
- 리듀서 : 지름이 서로 다른 관과 관을 접속하는 데 사용하는 관 이음쇠

니플	소켓
티	엘보
유니온	

개념잡기

파이프 끝의 관용 나사를 절삭하고 적당한 이음쇠를 사용하여 결합하는 것으로, 누설을 방지하고자 할 때 접착 콤파운드나 접착테이프를 감아 결합하는 이음은?

① 패킹 이음 ② 나사 이음
③ 용접 이음 ④ 고무 이음

배관이음
- 나사이음 : 파이프 끝의 관용 나사를 절삭하고 적당한 이음쇠를 사용하여 결합하는 것
- 플랜지이음 : 플랜지를 파이프에 용접하여 플랜지를 볼트에 연결하는 이음
- 플레어이음 : 동관 이음 시 관 끝 모양을 접시모양으로 넓혀서 이음
- 플레어리스이음 : 관 끝을 넓히지 않고 파이프와 슬리브의 맞물림 이음
- 고무호스이음 : 고무호스 및 밴드를 이용한 이음

정답 : ②

개념잡기

배관이음 중 관경이 비교적 크고 내압이 높은 경우 사용하며, 분해조립이 가장 용이한 이음법은?

① 용접이음 ② 신축이음
③ 납땜이음 ④ 플랜지이음

관 이음의 종류
- 용접이음 : 관과 관을 용접으로 결합하는 방법으로 용접을 확실히 하면 고압, 고온에서의 누설 염려가 적어서 배관 시공에서 유리하다.
- 플랜지이음 : 나사이음 또는 용접 등 방법으로 부착하고 관경이 비교적 크고 내압이 높을 경우 사용되며 분해 조립이 편리한 관이음이다.
- 신축이음 : 열에 의한 관의 수축을 허용하고 축 방향으로 과도하게 응력이 걸리지 않게 하기 위해 신축이 가능한 이음쇠를 사용한다.
- 유니언이음 : 배관계통의 정비를 위하여 분해할 필요가 있는 곳에 사용하는 관이음쇠

정답 : ④

개념잡기

긴 관로나 유체기기의 가까이 설치하여 분해, 정비를 용이하게 할 수 있는 배관 이음쇠는?

① 니플(nipple) ② 엘보(elbow)
③ 소켓(socket) ④ 유니언(union)

유니언
접속할 때 배관을 회전시키는 일 없이 이음 자신을 회전시키기만 함으로써 관을 접합 또는 제거할 수 있는 이음 부품으로 긴 관로나 유체기기의 가까이 설치하여 분해, 정비를 용이하게 할 수 있는 배관 이음쇠

정답 : ④

7. 브레이크, 스프링

브레이크

기계운동 부분의 운동 에너지를 열 에너지나 전기 에너지 등으로 바꾸어 흡수함으로써 운동 속도를 감소시키거나 정지시키는 장치

- 브레이크의 종류
    - 블록 브레이크 : 회전하는 브레이크 드럼을 브레이크 블록으로 누르게 한 것으로 차량, 기중기 등에 많이 사용한다.
    - 드럼 브레이크 : 회전운동을 하는 드럼이 바깥쪽에 있고, 두 개의 브레이크 블록이 드럼의 안쪽에서 대칭으로 드럼에 접촉하여 제동하는 것으로 주로 자동차 뒷바퀴의 제동에 사용한다.
    - 밴드 브레이크 : 레버를 사용하여 브레이크 드럼의 바깥에 감겨있는 밴드에 장력을 주면 밴드와 브레이크 드럼 사이에 생기는 마찰력을 이용한 브레이크
    - 축압 브레이크(축 방향에 압력이 작용)
        ▶ 원판 브레이크 : 회전 운동을 하는 드럼이 안쪽에 있고 바깥에서 양쪽 대칭으로 드럼을 밀어 붙여 마찰력이 발생하도록 한 장치
        ▶ 원추 브레이크 : 축 방향 하중은 브레이크 접촉면에 수직한 하중을 발생시키는데 이 수직력으로 인한 접촉면의 마찰력으로 제동하는 브레이크
    - 자동 브레이크 : 웜 브레이크, 원심 브레이크, 나사 브레이크, 전자 브레이크
- 브레이크 용량
    - 드럼의 원주 속도 v[m/s], 드럼을 블록이 P[N]으로 밀어붙이고, 블록의 접촉 면적 A[mm²]이라 하면,

$$w_f = \frac{uPv}{A} = upv [\text{N/mm}^2 \cdot \text{m/s}]$$

upv : 브레이크 용량
P : 제동압력
u : 마찰계수
p : 압력(P/A)

브레이크 그림
- 블록 브레이크

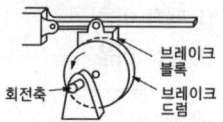

- 밴드 브레이크

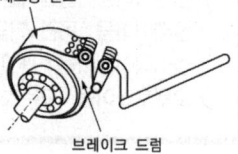

- 다관식 브레이크

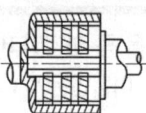

스프링

- 스프링의 종류
  - 모양에 따른 분류 : 코일 스프링, 겹판 스프링, 토션바, 태엽 스프링, 접시 스프링, 벌류트 스프링, 와셔 스프링, 와이어 스프링
  - 하중방향에 따른 분류 : 압축 코일 스프링, 인장 코일 스프링
  - 스프링의 외형에 따른 분류 : 원추형, 장고형, 드럼형
  - 용도에 따른 분류 : 완충형 스프링, 측정용 스프링, 에너지 축적용
- 스프링의 용도
  - 에너지 축적 및 측정
  - 압력의 제한 및 침의 측정
  - 기계부품의 운동 제한 및 운동 전달
  - 진동 흡수, 충격 완화
- 스프링 상수
  - 병렬 : $K = K_1 + K_2$
  - 직렬 : $\dfrac{1}{K} = \dfrac{1}{K_1} + \dfrac{1}{K_2}$
  - 스프링 상수(k) = $\dfrac{\text{작용하중[N]}}{\text{변위량[mm]}} = \dfrac{W}{\delta}$ [N/mm]

코일 스프링의 용어

- 지름 : 재료의 지름, 코일의 평균 지름, 코일의 안지름, 코일의 바깥 지름이 있다.
- 스프링의 종횡비 : 하중이 없을 때의 스프링의 높이를 자유 높이라 하는데, 그 자유 높이와 코일의 평균 지름의 비이다.
- 피치 : 서로 이웃하는 소선의 중심 간 거리이다.
- 코일의 감김 수
- 총 감김 수 : 코일 끝에서 끝까지의 감김 수
- 유효 감김 수 : 스프링의 기능을 가진 부분의 감김 수
- 자유 감김 수 : 무하중일 때 압축 코일 스프링의 소선이 서로 접하지 않는 부분의 감김 수
- 스프링 지수 : 코일의 평균 지름과 재료의 지름의 비이다.

$$C = \dfrac{D}{d}$$

- 스프링 상수 : 후크의 법칙에 의한 스프링의 비례 상수, 스프링의 세기를 나타내며, 스프링 상수가 크면 잘 늘어나지 않는다. 스프링 상수는 작용 하중과 변위량의 비다.

개념잡기

고정 원판식 코일에 전류를 통하면, 전자력에 의하여 회전 원판이 잡아 당겨져 브레이크가 걸리고, 전류를 끊으면 스프링 작용으로 원판이 떨어져 회전을 계속하는 브레이크는?

① 밴드 브레이크　　　　② 디스크 브레이크
③ 전자 브레이크　　　　④ 블록 브레이크

① 밴드 브레이크 : 레버를 사용하여 브레이크 드럼의 바깥에 감겨있는 밴드에 장력을 주면 밴드와 브레이크 드럼 사이에 생기는 마찰력을 이용한 브레이크
② 원판 브레이크(디스크 브레이크) : 회전 운동을 하는 드럼이 안쪽에 있고 바깥에서 양쪽 대칭으로 드럼을 밀어 붙여 마찰력이 발생하도록 한 장치
④ 블록 브레이크 : 회전하는 브레이크 드럼을 브레이크 블록으로 누르게 한 것으로 차량, 기중기 등에 많이 사용한다.

정답 : ③

CHAPTER 02
작업안전

KEYWORD 재해, 도수율, 드릴작업, 위험의 5요소, 안전표지와 색채, 화재, 전격, 가스의 분류, 가스용기 보관, 선반(공작기계) 작업 시 안전사항

01 산업안전의 개요

1. 산업안전의 목적과 정의

1-1 산업안전의 목적

- 인명의 존중
- 사회복지의 증진
- 생산성의 향상
- 경제성의 향상

1-2 산업안전의 정의

- 생산성의 향상과 재산의 손실을 최소화하기 위한 것
- 안전사고가 발생하지 않은 상태를 계속 유지하기 위한 활동

안전 3요소(3E)
- 교육적요소(education)
- 기술적 요소(engineerig)
- 관리적 요소(enforcement)

안전관리의 4단계(데밍's 사이클)
① 계획(Plan)
② 실시(Do)
③ 점검(Check)
④ 조치(Action)

1-3 산업안전의 유지로 얻을 수 있는 이점

- 직장의 신뢰도를 높여준다.
- 이직률이 감소된다.
- 기술의 축적과 품질이 향상된다.
- 질서유지 및 근로자들 간의 분위기가 좋아진다.

1-4 무재해 운동

무재해 운동의 3요소

- 최고 경영자의 경영자세
- 관리자에 의한 안전보건 추진
- 직장의 자주 안전활동 활성화

무재해 운동 추진의 3원칙

- 무(無)의 원칙
- 선취(先取)의 원칙
- 참가(參加)의 원칙

위험예지훈련 및 진행

- 직장에서 위험요인인 불안전한 행동이나 불안전한 상태를 직장 내의 소집단에서 토의, 연구, 이해하여 작업시작 전에 해결하려는 훈련
- 위험예지훈련에는 감수성, 단시간 미팅, 문제해결훈련이 있다.

TBM 위험예지

- 현장에서 즉시, 장소나 상황에 맞게 대응하여 실시하는 안전회의로 즉시즉응법, 공구상자미팅이라고도 한다.
- TBM의 5단계
  - 1단계 : 도입
  - 2단계 : 점검, 정비
  - 3단계 : 작업지시
  - 4단계 : 위험예측
  - 5단계 : 확인

무재해 운동
- 무의 원칙
  재해는 없어야 함
- 선취의 원칙
  사전 예측하여 대응(예방주사)
- 참가의 원칙
  전직원이 안전에 주체적으로 참여

위험예지훈련의 단계
- 1단계 : 현상파악
- 2단계 : 본질추구
- 3단계 : 대책수립
- 4단계 : 목표설정

1-5 산업안전보건법

산업재해를 예방하고 쾌적한 작업환경을 조성함으로써 근로자의 안전과 건강을 유지 증진함을 목적으로 제정된 법이다.

산업안전보건법의 목적
- 산업안전보건기준의 확립
- 산업재해의 예방과 쾌적한 작업환경 조성
- 근로자의 안전과 보건을 유지 증진

산업안전보건법
- 사업주 의무(제5조 외 다수)
- 근로자 의무(제6조)
- 정부의 책무(제4조)

개념잡기

산업재해를 예방하고 쾌적한 작업환경을 조성함으로써 근로자의 안전과 건강을 유지 증진함을 목적으로 제정된 법은?

① 근로기준법　　　② 산업안전보건법
③ 환경보건법　　　④ 사회보장기본법

정답 : ②

---

2. 산업재해의 분류

2-1 산업재해

노무를 제공하는 사람이 업무에 관계되는 건설물, 설비, 원재료, 가스, 증기, 분진 등에 의하거나 작업 또는 그 밖의 업무로 인하여 사망 또는 부상하거나 질병에 걸리는 것

2-2 산업재해의 통상적인 분류 ★★

- 통계적인 분류 : 사망, 중상해, 경상해, 무상해 사고
- 부상의 종류 : 중상해, 경상해, 경미상해
- 상해의 분류 : 사망, 영구 전노동 불능상태, 영구 일부노동 불능상태, 일시 전노동 불능상태, 일시 일부노동 불능상태, 응급처치 상해

하인리히 법칙
1(사망/중상해) : 29(경상해) : 300(무상해 사고) 법칙

핵심 KEY

영구 전노동 불능상태
- 노동 손실일수 7,500일
- 신체장애등급 1-3급(장해등급)

영구 일부노동 불능상태
- 신체장애등급 4-14급
- 신체일부 영구노동불능상태

일시 전노동불능상태
- 휴업상태(휴업재해)

상해

분류	설명
골절	뼈가 부러진 상해
동상	저온물 접촉으로 생긴 상해
부종	국부의 혈액순환 이상으로 몸이 퉁퉁 부어오르는 상해
찔림(자상)	칼날 등 날카로운 물건에 찔린 상해
타박상(좌상)	타박·충돌·추락 등으로 피부 표면보다는 피하 조직 또는 근육부를 다친 상해
절단(절상)	신체 부위가 절단된 상해
중독·질식	음식·약물·가스 등에 의한 중독이나 질식된 상해
찰과상	스치거나 문질러서 벗겨진 상해
베임(창상)	창, 칼 등에 베인 상해
화상	화재 또는 고온물 접촉으로 인한 상해
뇌진탕	머리를 세게 맞았을 때 장해로 일어난 상해
익사	물 등에 익사된 상해
피부병	직업과 연관되어 발생 또는 악화되는 피부질환
청력장해	청력이 감퇴 또는 난청이 된 상해
시력장해	시력이 감퇴 또는 실명된 상해
기타	위 항목으로 분류 불능 시 상해명칭 기재

재해(사고)

분류	설명
떨어짐 (추락)	"떨어짐(높이가 있는 곳에서 사람이 떨어짐)"이라 함은 사람이 인력(중력)에 의하여 건축물, 구조물, 가설물, 수목, 사다리 등의 높은 장소에서 떨어지는 것을 말한다.
넘어짐 (전도)	"넘어짐(사람이 미끄러지거나 넘어짐)"이라 함은 사람이 거의 평면 또는 경사면, 층계 등에서 구르거나 넘어지는 경우를 말한다.
부딪힘 (충돌)	"부딪힘(물체에 부딪힘)·접촉"이라 함은 재해자 자신의 움직임·동작으로 인하여 기인물에 접촉 또는 부딪히거나, 물체가 고정부에서 이탈하지 않은 상태로 움직임(규칙, 불규칙)등에 의하여 부딪히거나, 접촉한 경우를 말한다.
맞음 (낙하·비래)	"맞음(날아오거나 떨어진 물체에 맞음)"라 함은 구조물, 기계 등에 고정되어 있던 물체가 중력, 원심력, 관성력 등에 의하여 고정부에서 이탈하거나 또는 설비 등으로부터 물질이 분출되어 사람을 가해하는 경우를 말한다.

중대재해처벌법상
- 중대산업재해
  - 사망자가 1명 이상 발생한 재해
  - 동일한 사고로 6개월 이상 치료가 필요한 부상자가 2명 이상 발생한 재해
  - 동일한 유해인자로 직업성 질병자가 1년 이내에 3명 이상 발생한 재해
- 중대시민재해
  제조물 공중 이용시설, 공중교통수단의 설계, 제조, 설치, 관리상의 결함으로 인해 발생하는 피해
  - 사망자가 1명 이상 발생한 재해
  - 동일한 사고로 2개월 이상 치료가 필요한 부상자가 10명 이상 발생한 재해
  - 동일한 원인으로 3개월 이상 치료가 필요한 질병자가 10명 이상 발생한 재해

- 협착점 : 왕복운동을 하는 동작부분과 움직임이 없는 고정부분 사이(프레스, 벤딩기 등)에서 형성되는 위험점
- 접선 물림점 : V-벨트와 풀리, 체인과 스프로킷
- 물림점 : 기어와 기어의 물림
- 회전 말림점 : 축, 커플링

비계
높은 곳을 작업할 때 사용하는 임시 발판

분류	설명
끼임 (협착)	"끼임(기계설비에 끼이거나 감김)"이라 함은 두 물체 사이의 움직임에 의하여 일어난 것으로 직선 운동하는 물체 사이의 끼임, 회전부와 고정체 사이의 끼임, 로울러 등 회전체 사이에 물리거나 또는 회전체·돌기부 등에 감긴 경우를 말한다.
감전	"감전"이라 함은 전기설비의 충전부 등에 신체의 일부가 직접 접촉하거나 유도전류의 통전으로 근육의 수축, 호흡곤란, 심실세동 등이 발생한 경우 또는 특별고압 등에 접근함에 따라 발생한 섬락 접촉, 합선·혼촉 등으로 인하여 발생한 아크에 접촉된 경우를 말한다.
폭발·파열	"폭발"이라 함은 건축물, 용기 내 또는 대기 중에서 물질의 화학적, 물리적 변화가 급격히 진행되어 열, 폭음, 폭발압이 동반하여 발생하는 경우를 말하며, 파열은 배관, 용기 등이 물리적인 압력에 의하여 찢어지거나 터진 경우로서 폭풍압이 동반되지 않은 경우를 말한다.
무너짐 (붕괴·도괴)	"무너짐(건축물이나 쌓여진 물체가 무너짐)"라 함은 토사, 적재물, 구조물, 건축물, 가설물 등이 전체적으로 허물어져 내리거나 또는 주요 부분이 꺾어져 무너지는 경우를 말한다.
화재	"화재"라 함은 가연물에 점화원이 가해져 비의도적으로 불이 일어난 경우를 말한다.
불균형 및 무리한 동작	"불균형 및 무리한 동작"이라 함은 물체의 취급없이 일시적이고 급격한 행위·동작 등 신체동작(반응)에 의한 경우나, 물체의 취급과 관련하여 근육의 힘을 많이 사용하는 경우로서 밀기, 당기기, 지탱하기, 들어올리기, 돌리기, 잡기, 운반하기 등과 같은 행위·동작을 말한다.
이상온도 접촉	"이상온도 접촉"이라 함은 고·저온 환경 또는 물체에 노출·접촉된 경우를 말한다.
화학물질 누출·접촉	"화학물질 누출·접촉"이라 함은 유해·위험물질에 노출·접촉 또는 흡입한 경우를 말한다.

기계 안전사고의 종류

- 끼임(협착)

- 얽힘

- 접촉

- 날아옴(비래)

- 부딪힘(충격)

기인물과 가해물 ★

- 기인물 : 재해에 대한 원인이 되는 것으로, 재해를 발생시킨 기계장치, 동력 기계, 운반 기계 등이 있다.
- 가해물 : 작업자에게 직접적으로 가해지는 것

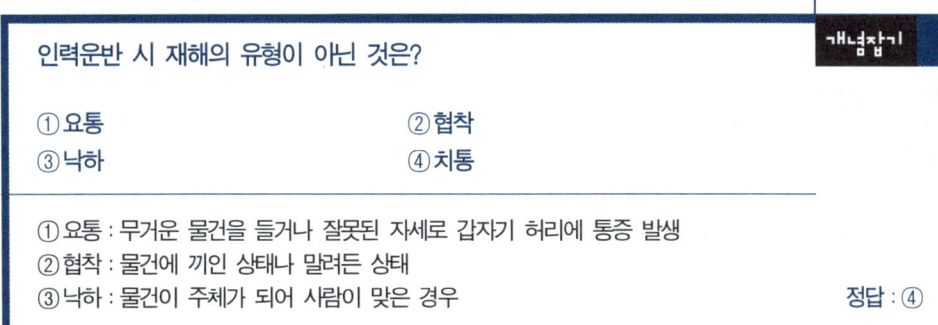

인력운반 시 재해의 유형이 아닌 것은?

① 요통　　　　　　　　② 협착
③ 낙하　　　　　　　　④ 치통

① 요통 : 무거운 물건을 들거나 잘못된 자세로 갑자기 허리에 통증 발생
② 협착 : 물건에 끼인 상태나 말려든 상태
③ 낙하 : 물건이 주체가 되어 사람이 맞은 경우

정답 : ④

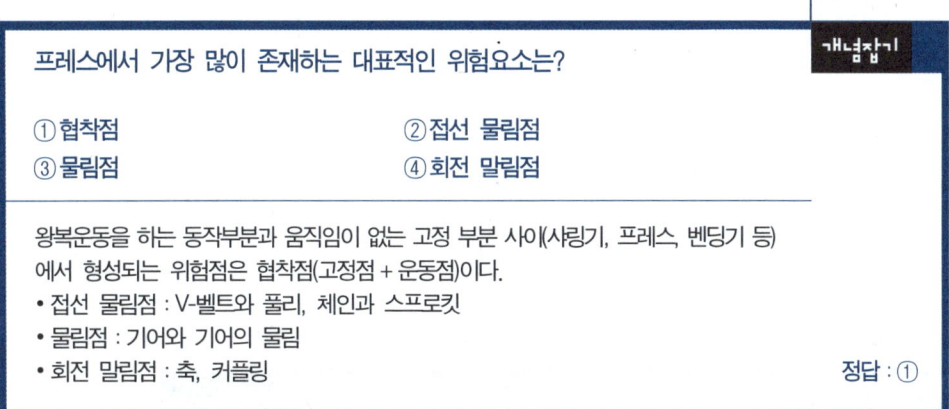

프레스에서 가장 많이 존재하는 대표적인 위험요소는?

① 협착점　　　　　　　② 접선 물림점
③ 물림점　　　　　　　④ 회전 말림점

왕복운동을 하는 동작부분과 움직임이 없는 고정 부분 사이(샤링기, 프레스, 벤딩기 등)에서 형성되는 위험점은 협착점(고정점 + 운동점)이다.
- 접선 물림점 : V-벨트와 풀리, 체인과 스프로킷
- 물림점 : 기어와 기어의 물림
- 회전 말림점 : 축, 커플링

정답 : ①

2-3 재해

재해의 원인

- 직접적인 원인

불안전한 상태(물적 원인)	불안전한 행동(인적 원인)
작업방법, 작업장소, 작업환경의 결함	안전조치 불이행, 위험한 장소에 접근, 위험한 상태로 조작 등
보호구, 장비 등의 결함(미지급)	보호구, 장비 등의 잘못된 착용

- 간접적인 원인 : 사회적 원인, 역사적 원인, 기술적 원인, 교육적 원인, 정신적 원인 등

재해율의 종류

- 재해율
- 연천인율
- 도수율
- 강도율
- 평균강도율
- 종합재해지수
- 안전활동율

재해율의 계산식

- 재해율 ★
  $= \dfrac{\text{재해자의 수}}{\text{근로자의 수}} \times 100$

- 연천인율
  $= \dfrac{\text{연간 재해자 수}}{\text{연평균 근로자 수}} \times 1,000$

- 도수율 $= \dfrac{\text{재해건 수}}{\text{근로 총 시간수}} \times 1,000,000$

- 강도율 $= \dfrac{\text{근로 손실일 수}}{\text{근로 총 시간수}} \times 1,000$

- 평균강도율
  $= \dfrac{\text{강도율}}{\text{도수율}} \times 1,000$

- 종합재해지수
  $= \sqrt{\text{도수율} \times \text{강도율}}$

- 안전활동율 $=$
  $\dfrac{\text{안전활동 건수}}{\text{근로시간수} \times \text{평균 근로자수}}$
  $\times 10^6$

다음 중 도수율을 구하는 식은?

① (재해건수/노동자수)×1,000
② (총손실일수/연근로시간수)×1,000
③ (재해건수/연근로시간수)×1,000,000
④ (재해건수/노동자수)×1,000,000

도수율
산업 재해의 지표의 하나로 노동 시간에 대한 재해의 발생 빈도를 나타내는 것
도수율 = (재해건수/연노동시간수)×1,000,000
    = (재해건수/연노동일수)×1,000,000

정답 : ③

02 산업시설의 안전

1. 기계작업의 안전

1-1 기계의 분류

동력기계	열, 유체에너지를 유용한 기계적 일인 동력으로 바꾸는 기계로, 열기관, 수차, 풍차 등이 있으며, 발전기와 전동기도 동력기계로 분류하기도 한다.
작업기계	동력기계에서 에너지를 받아 작업을 하는 기계, 부품을 가공하거나 생산하는 공작기계, 가공기계, 광산기계, 농업기계, 자동차, 철도, 항공기, 광학기계, 측정기기 등도 작업기계에 속한다. 가정에서 사용하는 청소기, 세탁기, 믹서기 등도 가정용 기계라고 할 수 있다.

1-2 기계설비의 위험점

협착점(Squeeze Point) - 고정점 + 운동점	왕복운동을 하는 동작부분과 움직임이 없는 고정부분 사이에서 형성되는 위험점(사링기, 프레스, 벤딩기 등)
끼임점(Shear Point) - 고정점 + 회전운동	회전운동을 하는 동작부분과 움직임이 없는 공정부분 사이에 형성되는 위험점(연삭숫돌의 작업대)
절단점(Cutting Point) - 회전운동	회전하는 운동부분 자체와 운동하는 기계 자체와의 위험이 형성되는 위험점(밀링커터, 띠톱의 톱날)
물림점(Nip Point) - 중심점 + 반대회전운동	두 회전체가 서로 반대방향으로 맞물려 회전하는 위험점(기어와 기어의 물림)
접선 물림점(Tangential nip Point) - 접선점 + 회전운동	회전하는 부분의 접선 방향으로 물려 들어가서 위험이 존재하는 점(V벨트와 풀리, 체인과 스프로킷)
회전 말림점(Stabbing and puncture Point) - 크기, 속도, 길이가 다른 회전운동	회전하는 물체의 길이, 굵기, 속도 등의 불규칙 부위와 돌기회전 부위에 머리카락, 장갑 및 작업복 등이 말려들 위험이 형성되는 점(축, 커플링 등)

참고

회전중인 숫돌의 위험 방지를 위한 적절한 안전장치는 복개장치이다. 복개장치는 덮개의 역할을 하는 장치이다.

참고

드릴 작업 시 안전에 관한 사항
- 드릴 작업 시 일감은 바이스 등에 고정하여 작업한다.
- 드릴의 착탈은 회전이 완전히 멈춘 다음 행한다.
- 가공 중 드릴이 같이 먹어 들어가면 기계를 멈추고 손돌리기로 드릴을 뽑아낸다.
- 회전하고 있는 주축이나 드릴에 손이나 걸레를 대거나 머리를 가까이 하지 않는다.

참고

기계설비의 위험점
- 협착점   • 끼임점

- 절단점   • 물림점

- 접선 물림점   • 회전 말림점

> **개념잡기**
>
> 드릴 작업 시 안전에 관한 사항 중 잘못된 것은?
>
> ① 작거나 가벼운 일감은 손으로 잡고 작업한다.
> ② 드릴의 착탈은 회전이 완전히 멈춘 다음 행한다.
> ③ 가공 중 드릴이 같이 먹어 들어가면 기계를 멈추고 손돌리기로 드릴을 뽑아낸다.
> ④ 회전하고 있는 주축이나 드릴에 손이나 걸레를 대거나 머리를 가까이 하지 않는다.
>
> 드릴 작업 시 일감은 바이스 등에 고정하여 작업한다.
>
> 정답 : ①

1-3 재해발생원을 나타내는 위험의 5요소

함정, 충격, 말림, 접촉, 튀어나옴 또는 비래

1-4 기계의 안전조건

- 외관의 안전화
- 구조적 안전화
- 기능적 안전화
- 작업의 안전화
- 작업점의 안전화
- 보전 작업의 안전화

1-5 방호장치

위험한 기계 및 기구의 위험 한계 내에서의 안전성을 확보하기 위한 장치

위험 장소에 따른 방호장치

- 격리형 방호장치
- 위치제한형 방호장치
- 접근 거부형 방호장치
- 접근 반응형 방호장치

위험원에 따른 방호장치

- 포집형 방호장치
- 감지형 방호장치

핵심 KEY

- 외관의 안전화(외형)
  - 날카로운 모서리, 감전우려 부분 노출 → 덮개, 안전색채 등
- 구조적 안전화
  - 용도에 맞는 재료선정
  - 충분한 강도유지, 안전성 및 신뢰성 확보
- 기능적 안전화
  - 반자동 또는 자동 제어 장치를 사용하는 경우 전압 강하, 정전, 단락, 스위치나 릴레이의 고장, 밸브의 고장으로 인한 오동작 등을 고려해야 함
  - 풀프루브, 페일세이프
- 작업의 안전화
  - 작업공간 확보, 기동장치 배치, 소음, 조명 개선

참고

위치제한형	접근거부형
포집형	격리형
감지형	접근반응형

2. 수공구

동력을 이용하지 않고 수동으로 직접 사용하는 공구로, 비교적 간단한 공구. 톱, 줄, 대패, 끌, 송곳, 칼 등이 있다.

2-1 수공구를 사용할 때 지켜야 할 사항

- 공구의 사용 전에 이상유무를 반드시 점검한다.
- 수공구를 사용하기 전에 사용법을 익히고 사용한다.
- 공구 취급 시 무리한 힘을 가하지 않는다.

3. 용접 안전관리

3-1 용접 안전사항

아크 용접 시 안전사항

- 아크 용접 시 반드시 보호 장구를 착용하고 우천 시 옥외 작업을 피한다.
- 파손되지 않은 홀더를 사용하며, 벗겨진 홀더는 사용하지 않는다.
- 용접봉을 갈아 끼울 때 충전부에 몸이 닿지 않도록 한다.
- 용접기 접지를 필히 확인하고, 아크 용접을 중단할 때는 전원 스위치 OFF, 커넥터를 풀어준다.

가스 용접 시 안전사항

- 용접 작업 시 차광안경을 사용 및 보호 장구를 착용한다.
- 점화 시 아세틸렌을 먼저 열고 점화하고, 작업 후 산소 밸브를 먼저 닫고 아세틸렌 밸브를 닫는다.
- 역화 발생 시 산소 밸브를 먼저 잠근다.
- 아세틸렌 가스 누설 검사는 비눗물을 사용한다.

용접 가스의 영향

가스	증세
이산화탄소(CO_2)	무색, 무취의 가스로 질식을 발생시킬 수 있다.
일산화탄소(CO)	일산화탄소 중독 및 질식이 발생할 수 있다.
오존(O_3)	피로, 두통, 눈 등에 영향을 줄 수 있다.
이산화질소(NO_2)	폐부종을 일으킬 수 있다.

불꽃으로 인한 화상

- 1도화상 : 피부가 붉게 되고 따끔 거리는 통증을 수반하는 정도
- 2도화상 : 표피와 진피에 영향을 미친 화상으로 피부가 빨갛게 되며, 통증과 부어오름이 생기고, 24시간 내에 물집이 생기게 되는 정도
- 3도화상 : 표피, 진피, 하피까지 영향을 미쳐서 피부가 검게되거나 반투명 백색이 되고 피부 표면 바로 아래에 있는 혈관을 응고시키는 매우 위험한 정도

이산화탄소 농도에 따른 인체의 영향

농도	영향
3 ~ 4[%]	두통, 뇌빈혈
15[%] 이상	위험
30[%] 이상	치명적

유해광선에 대한 안전사항

피복아크 용접과 절단작업에서는 가시광선, 자외선, 적외선, X선(비가시광선)이 발생한다.

- 가시광선은 벽이나 다른 물체에 반사되어 작업장 주위에 보안경을 착용하지 않은 사람들의 눈을 상하게 할 수 있다. 강렬한 가시광선은 눈의 결막염을 발생시킬 수 있고, 잠깐 동안 눈이 안보일 수도 있다.
- 적외선이 눈에 들어가면 백내장을 일으키기도 하고, 열을 동반하여 피부에 쏘이게 되면 화상을 입을 수도 있다.
- 자외선은 화상이나 피부를 검게 타게 하고, 눈으로 보게 되면 눈물이 많이 나고, 눈 속에 모래가 들어가 있는 느낌이 난다.
- X선은 전자빔 용접 중에 발생할 수 있으므로 주의해야 한다.
- 용접 작업 시 보안경이나 보호면을 필히 착용하여 유해광선의 피해를 최소화할 수 있도록 한다.

3-2 산업안전과 대책 ★★

안전표지와 색채 사용

색채	용도	사용 예
빨간색	금지	정지신호, 소화설비 및 그 장소, 유해 행위의 금지
	경고	화학물질 취급장소에서의 유해, 위험경고
노란색	경고	화학물질 취급장소에서의 유해, 위험경고, 주의표지 또는 기계방호물
파란색	지시	특정 행위의 지시 및 사실의 고지
녹색	안내	비상구 및 피난소, 사람 또는 차량의 통행표지
흰색	-	파란색 또는 녹색에 대한 보조색
검은색	-	문자 및 빨간색 또는 노란색에 대한 보조색

형태별 색채기준

1. 금지표지	101 출입금지	102 보행금지	103 차량통행금지	104 사용금지	105 탑승금지	106 금연	107 화기금지	108 물체이동금지	
2. 경고표지	201 인화성물질 경고	202 산화성물질 경고	203 폭발성물질 경고	204 급성독성물질 경고	205 부식성물질 경고	206 방사성물질 경고	207 고압전기 경고	208 매달린 물체 경고	
	209 낙하물 경고	210 고온 경고	211 저온 경고	212 몸균형 상실 경고	213 레이저광선 경고	214 발암성·변이원성·생식독성·전신독성·호흡기 과민성 물질 경고		215 위험장소 경고	
3. 지시표지	301 보안경 착용	302 방독마스크 착용	303 방진마스크 착용	304 보안면 착용	305 안전모 착용	306 귀마개 착용	307 안전화 착용	308 안전장갑 착용	309 안전복 착용

- 금지 : 바탕은 흰색, 기본모형은 빨간색, 관련부호 및 그림은 검은색
- 경고 : 바탕은 노란색, 기본모형과 관련부호 및 그림은 검은색. 다만, 인화성물질 경고, 산화성물질 경고, 폭발성물질 경고, 급성독성물질 경고, 부식성물질 경고 및 발암성·변이원성·생식독성·전신독성·호흡기과민성 물질 경고의 경우 바탕은 무색, 기본모형은 빨간색(검은색도 가능)
- 지시 : 바탕은 파란색, 관련 그림은 흰색
- 안내 : 바탕은 흰색, 기본모형 및 관련부호는 녹색, 바탕은 녹색, 관련부호 및 그림은 흰색

화재 및 폭발 방지

- 인화성 액체의 반응이나 취급은 폭발범위 이하의 농도로 해야 한다.
- 배관이나 기기에서 가연성 가스나 증기의 누출여부를 철저히 점검해야 한다.
- 작업 중 정전 등으로 인하여 화재 발생 위험이 있으므로 예비전원 확보한다.
- 석유류와 같이 도전성이 나쁜 액체의 취급이나 수송 시 유동이나 마찰로 인하여 정전기 발생 위험이 있으므로 주의해야 한다.
- 화재 진화를 위한 방화설비를 갖추어야 한다.
- 가스 폭발 방지를 위해 예방대책에 있어서 가장 먼저 조치를 취해야하는 것은 가스 누설의 방지이다.

핵심 KEY

구분	A급	B급	C급	D급
명칭	일반 화재	유류·가스 화재	전기 화재	금속 화재
가연물	목재, 종이, 섬유 등	유류 및 가스	전기 기계 기구 등	Mg 분말, Al 분말 등
소화 효과	냉각	질식	질식, 냉각	질식

개념잡기

안전·보건 표지의 종류별 형태 및 색채에 대한 내용으로 틀린 것은?

① 금지표지 : 바탕은 흰색, 기본모형은 빨간색
② 경고표지 : 바탕은 빨간색, 기본모형은 노란색
③ 지시표지 : 바탕은 파란색, 관련그림은 흰색
④ 안내표지 : 바탕은 흰색, 기본도형은 녹색 또는 바탕은 녹색, 관련그림은 흰색

경고표지
바탕은 노란색, 기본모형은 빨간색(검은색도 가능)

정답 : ②

화재별 소화방법 및 소화대책 ★★

	A급 화재	B급 화재	C급 화재	D급 화재
명칭	일반화재	유류화재	전기화재	금속화재
소화기	분말	포말, 분말, CO_2	분말, CO_2	모래, 질식

- 소화기를 실외에 설치 시 상자에 넣어둔다.
- 소화기 배치는 눈에 잘 띄는 곳에 두고, 이용하기 쉬운 장소에 설치한다.
- 소화기를 가연성 물질이나 위험물 가까이 두지 않는다.
- 정기적으로 점검하고 항상 사용이 유효하도록 유지한다.

전기적 충격(전격) ★

전류	증세
1 ~ 2[mA](최소감지전류)	감전을 조금 느낄 정도
2 ~ 8[mA](고통전류)	상당히 아픔
8 ~ 15[mA](이탈가능전류)	근육의 수축, 호흡곤란, 피해자가 회로에서 떨어지기 힘듦
15 ~ 50[mA](이탈불능전류)	상당히 위험(사망할 위험이 있음)
50 ~ 100[mA](심실세동전류)	치명적인 결과(사망)

> **개념잡기**
>
> 다음 중 A급 화재에 해당되는 것은?
>
> ① 금속물질의 화재 ② 고체 연료의 화재
> ③ 전기 장치의 화재 ④ 유지류, 알코올, 석유 제품에 의한 화재
>
> | A급 화재 | 일반화재 | C급 화재 | 전기화재 |
> |---|---|---|---|
> | B급 화재 | 유류화재 | D급 화재 | 금속화재 |
>
> 정답 : ②

전기적 충격(전격)의 방지대책

- 땀, 물 등에 의해 습기가 차있는 작업복, 장갑, 구두 등을 착용하지 않는다.
- 홀더나 용접봉은 절대로 맨손으로 취급하지 않는다.
- 용접기의 내부에 함부로 손을 대지 않는다.
- 절연 홀더의 절연부분이 노출, 파손되면 곧 보수하거나 교체한다.

전기스위치류의 취급에 관한 안전사항

- 운전 중 정전 되었을 때 스위치는 반드시 끊는다.
- 스위치의 근처에는 여러 가지 재료 등을 놓아두지 않는다.
- 스위치를 끊을 때는 부하를 가볍게 해 놓고 끊는다.
- 스위치는 노출시켜 놓지 말고, 반드시 뚜껑을 만들어 장착한다.

줄 작업 시의 방법 및 안전수칙

- 줄 작업은 밀 때 힘을 많이 주고 당길 때 힘을 뺀다.
- 줄 작업 전 줄 자루가 단단하게 끼워져 있는가를 확인한다.
- 줄을 해머나 공구용으로 사용하지 않는다.
- 줄눈에 끼인 칩은 와이어 브러쉬로 제거한다.

단선
회로 내의 도선이 끊어지거나 연결이 분리되어 전류가 흐를 수 없는 상태

단락
전류가 부하를 거치지 않고 저항이 거의 없는 지름길로 흐르는 상태 (합선)

4. 안전 보호구

위험한 작업이나 운동, 일, 행위 등을 할 때 사람의 안전보호를 목적으로 착용하는 장비로서, 산업 현장에서는 작업 상황에 맞는 안전 보호구를 착용하여야 한다.

4-1 보호구의 구비조건

- 착용이 쉽고 착용 후 작업에 편리해야 한다.
- 품질이 좋아야 한다.
- 구조나 끝마무리가 좋아야 한다.
- 사용 목적에 맞아야 한다.
- 디자인이나 외관상 우수한 것이 좋다.

4-2 보호구의 종류

- 안전모 : 물체의 낙하, 비래 또는 추락에 의한 위험 방지
- 안전대 : 추락에 의한 위험을 방지하기 위한 로프, 고리, 급정지 기구
- 안전화 : 물건을 취급 또는 운반할 때 취급하고 있는 물품이 미끄러져 발등에 떨어트리는 일이 빈번하게 발생한다. 또 작업 중에 작업상면의 상태가 나쁘거나, 작업 자세가 부적합할 때 발이 미끄러져 넘어져서 발생하는 사고도 많다. 이러한 재해가 발생했을 때 상해를 경감하기 위해 이용하는 신발이 안전화이다.

안전인증 대상 보호구 종류
- 추락 및 감전 위험방지용 안전모
- 안전화
- 안전장갑
- 방진마스크
- 방독마스크
- 송기마스크
- 전동식 호흡 보호구
- 보호복
- 안전대
- 차광 및 비산물 위험방지용 보안경
- 용접용 보안면
- 방음용 귀마개 또는 귀덮개

자율안전 확인 대상 보호구의 종류
- 안전모(안전인증 대상 제외)
- 보안경(안전인증 대상 제외)
- 보안면(안전인증 대상 제외)

* 자율안전확인 대상 보호구는 안전인증 대상이 아닌 일반적인 용도의 보호구를 의미
* 자율안전확인 대상 보호구는 수입하는 자가 스스로 고용노동부 장관에 신고
* 안전인증 대상 보호구는 안전보건공단 등에서 직접 안전성 검사

가죽제 안전화의 구비조건 ★
- 신는 기분이 좋고 작업이 쉬울 것
- 잘 구부러지고 신축성이 있을 것
- 가능한 가벼울 것
- 디자인, 색상 등도 고려할 것

개념잡기

가죽제 안전화의 구비조건으로 맞지 않는 것은?

① 신는 기분이 좋고 작업이 쉬울 것   ② 잘 구부러지고 신축성이 있을 것
③ 가능한 가벼울 것   ④ 디자인, 색상 등은 고려하지 말 것

정답 : ④

- 보안경 : 눈은 대상물을 보아야 하는 중요한 감각기관이다. 외계에 노출되어 작업할 때, 비래하는 이물을 차단하고, 유해광선에 의한 시력장해를 방지하며 눈 부위를 보호하기 위해 이용하는 안경이다.
- 안전장갑 : 전기작업에서 감전위험을 예방하기 위해 사용되는 장갑으로 A종, B종, C종으로 나눈다.
- 보안면 : 근로자가 작업할 때 안면이나 눈을 유해광선, 열, 불꽃, 화학약품 등의 비말, 비산하는 절삭분(chip) 등에 의한 장해를 방호하기 위해 사용되는 보호구이다.
- 방진마스크 : 작업장에 발생하는 광물성 분진 등 유해한 분진을 흡입해 인체에 건강장해가 우려되는 경우에 사용하는 호흡용 보호구이다.
- 방독마스크 : 작업장에 발생하는 유해가스, 증기 및 공기 중에 부유하는 미세한 입자물질을 흡입해서 인체에 장해를 유발할 우려가 있는 경우에 사용하는 호흡보호구이다.
- 마개(귀덮개) : 작업장 소음 및 전동 공구로 야기되는 소음을 줄여주는 장치이다.
- 송기마스크 : 작업자가 가스, 증기, 공기 중에 부유하는 미립자상 물질 또는 산소 결핍 공기를 흡입하므로 발생할 수 있는 건강장해 예방을 위해 사용하는 마스크다.
- 보호복 : 작업 시 신체를 보호하기 위해 입는 옷이다.

작업복 선정 시 유의사항
- 작업복이 몸에 맞고 동작이 편해야 한다.
- 바지 자락 또는 단추가 기계에 말려 들어갈 위험이 없도록 한다.
- 착용자의 연령, 성별 등을 감안하여 적절한 스타일을 선정한다.

절연 안전장갑 분류

종류	AC 최대사용전압	DC 최대사용전압	용도
A종	300[V] 초과 600[V] 이하	750[V] 이하	저압 작업
B종	600[V] 초과 3,500[V] 이하	750[V] 초과 3,500[V] 이하	고압 활선 및 근접 작업
C종	3,500[V] 초과 7,000[V] 이하	특고압 (7[kV] 이하)	활선 및 근접 작업

다음 중 작업복 선정 시 유의사항으로 옳지 않은 것은?

① 작업복이 몸에 맞고 동작이 편해야 한다.
② 바지 자락 또는 단추가 기계에 말려 들어갈 위험이 없도록 한다.
③ 작업에 지장이 없는 한 손발이 많이 노출되는 것이 좋다.
④ 착용자의 연령, 성별 등을 감안하여 적절한 스타일을 선정한다.

정답 : ③

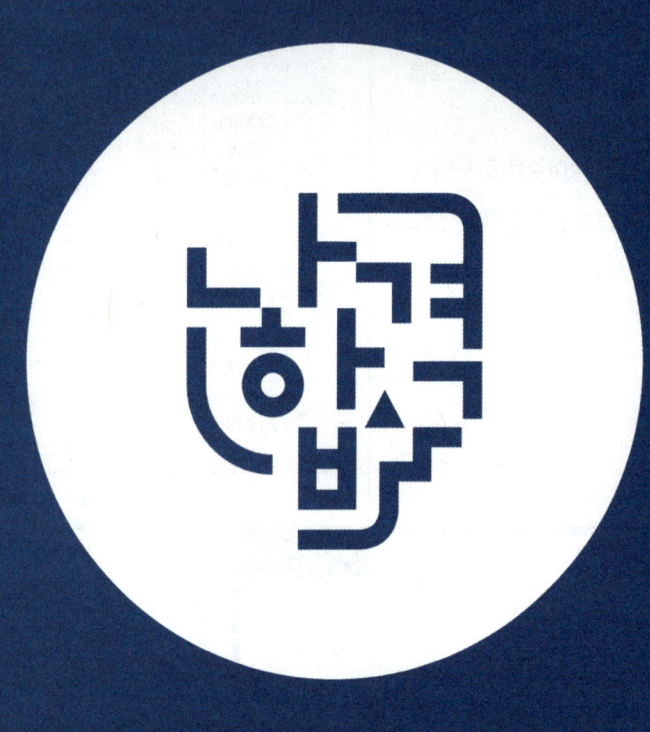

PART 03

공유압 및 자동제어

01 공유압
02 자동제어

단원 들어가기 전

공유압 및 자동제어 파트에서는 기본적인 공유압 기호 및 관련 기기 종류 및 특징을 알고 있으면 기본적인 점수는 얻을 수 있습니다.
고득점을 위해서는 기본회로 이해와 전기, 전자 회로의 기초 이론을 완벽하게 숙지하여야 합니다.

CHAPTER 01

공유압

KEYWORD 공유압의 장단점, 유압 펌프의 분류, 압력제어 밸브, 유량제어 밸브, 방향제어 밸브, 포트의 수와 위치수, 여과기, 축압기(어큐뮬레이터), 공기 건조기, 서비스 유닛, 토출량, 압력, 작동유 구비조건, 공기탱크의 역할, 밸브 표시

01 공유압의 개요

1. 공유압 장치의 개요

1-1 공유압 장치의 정의

각각의 공기와 오일을 매체로 하여 운동에너지를 전달하고 그 에너지를 사용하여 유용한 일을 하는 기기

1-2 공유압의 특징

공압의 특징

장점	단점
• 압축공기를 쉽게 구할 수 있다. • 힘의 전달이 간단하고, 먼거리까지 쉽게 이송할 수 있다. • 압축공기의 저장이 간편하다. • 힘의 증폭이 쉽고, 속도변경이 간편하다. • 고속 작동이 가능하고, 폭발, 인화의 위험이 없다. • 취급이 간단하다. • 과부하에 대하여 안전하고, 완충작용이 있다.	• 전기나 유압에 비해서 큰 힘을 얻을 수 없기 때문에, 대용량에는 부적합하다. • 응답속도가 느리다. • 정밀한 속도제어가 곤란하다. • 초기 에너지 생산 비용이 많이 든다. • 배기 소음이 크다. • 균일한 속도를 얻기 힘들다. • 공압은 압축성에너지로 위치 제어성이 나쁘다.

압축성

공압 에너지를 저장할 때에는 긍정적인 효과로 나타나지만 실린더의 저속 운전 시 속도의 불안정성을 야기하는 공압의 특성

공압과 유압을 비교했을 때 유압은 비압축성 유체를 사용하여 제어성이 우수하지만 공압은 압축성 유체를 사용하기 때문에 제어성이 떨어져 속도의 불안정성을 야기한다.

유압의 특징

장점	단점
• 원격조작, 무단변속이 가능하다. • 응답속도가 빠르다. • 소형장치로 큰 힘을 얻을 수 있다. • 전기, 전자 조합이 간단하여 자동제어가 가능하다. • 공압에 비해 조작이 간편하고 조절하기 쉽다. • 운전 시 소음이 적다. • 윤활성, 방청성, 열방출성이 양호하다. • 충격이나 진동을 효율적으로 감쇄시킬 수 있다. • 과부하 운전 시 안전장치가 간단하다.	• 유온의 변화에 따라서 액추에이터의 출력이 변할 수 있다. • 작동유의 원인으로 인화, 폭발의 위험이 있다. • 고압에서 오일 누설의 위험이 있다. • 오일에 불순물(기포)가 섞여 작동이 불량할 수 있다. • 공압에 비해 작동속도가 느리다. • 고압을 사용하므로, 위험성이 따른다. • 유압 동력원 및 펌프 사용 시 소음이 발생한다.

개념잡기

공·유압 장치의 특징으로 옳은 것은?

① 공압장치는 균일한 속도를 얻기 쉽다.
② 공압장치는 폭발과 인화의 위험이 있다.
③ 유압장치는 진동이 많고 응답성이 나쁘다.
④ 유압장치는 소형장치로 큰 출력을 얻을 수 있다.

• 공압장치는 압축성으로 균일한 속도를 얻기 어렵다.
• 유압장치는 폭발과 인화의 위험이 있다.
• 유압장치는 진동이 적고 응답성이 우수하다.

정답 : ④

개념잡기

유압의 특징으로 틀린 것은?

① 온도와 점도에 영향을 받지 않는다.
② 공기압에 비해 큰 힘을 낼 수 있다.
③ 작동체의 속도를 무단 변속할 수 있다.
④ 방청과 윤활이 자동적으로 이루어진다.

유압 기름이 유체이므로 온도와 점도에 영향을 아주 많이 받는다.

정답 : ①

1-3 공유압 장치의 구성

공압 장치의 구성

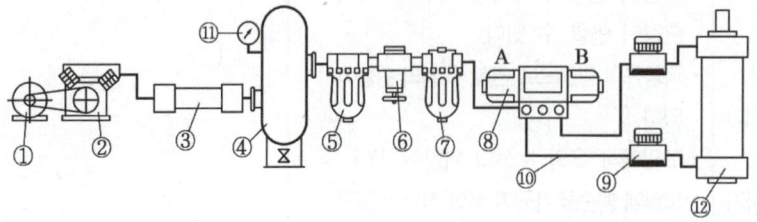

공압 장치 구성 세부설명

번호	구성 명칭	설명
①	동력원	공기 압축기를 구동하기 위한 전기 모터, 기타 동력원
②	공기 압축기	압축 공기의 생산(일반적으로 10[bar] 이내)
③	애프터 쿨러	공기 압축기에서 생산된 고온의 공기를 냉각
④	공기탱크	압축 공기를 저장하는 일정 크기의 용기
⑤	공기 필터	공기 중의 먼지나 수분을 제거하여 압축 공기를 양질화
⑥	압력 조절기	감압 밸브가 주로 사용되며 장치에 사용 압력 공급
⑦	윤활기	밸브나 액추에이터의 원활한 작동을 위한 윤활유 공급
⑧	방향 제어 밸브	압축 공기의 흐름 방향을 변화시킴
⑨	유량 제어 밸브	액추에이터에 공급되는 공기의 양을 증감하여 액추에이터의 속도 조절에 사용됨
⑩	배관(pipe)	압축 공기를 각 공기압 요소에 전달함
⑪	압력 게이지	설정된 압력을 지시함
⑫	공기압 실린더	압축 공기 에너지에 의해 직선운동을 함

핵심 KEY

공압 발생장치 기기 순서
공기 압축기→냉각기→저장 탱크
→에어드라이어→공압 조정 유닛

서비스유닛
- 드레인 붙이 필터
- 압력조절밸브(감압밸브)
- 윤활기(루브리케이터)

개념잡기

공압장치의 액추에이터 습동 부분에 윤활제를 공급하는 장치로 옳은 것은?

① 미니메스 ② 오일스톤
③ 에어브리더 ④ 루브리케이터

루브리케이터(윤활기)
공압 실린더 및 밸브 등의 원활한 작동을 위하여 윤활유를 공급하는 장치

정답 : ④

유압 장치의 구성

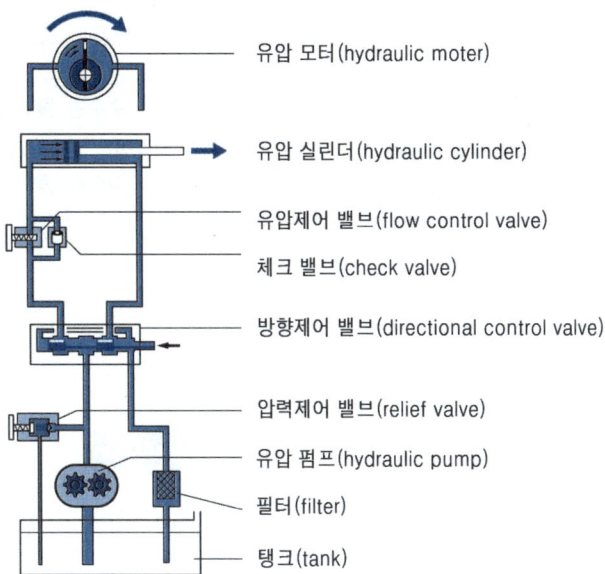

- 유압 모터(hydraulic moter)
- 유압 실린더(hydraulic cylinder)
- 유압제어 밸브(flow control valve)
- 체크 밸브(check valve)
- 방향제어 밸브(directional control valve)
- 압력제어 밸브(relief valve)
- 유압 펌프(hydraulic pump)
- 필터(filter)
- 탱크(tank)

유압 장치 구성 세부설명

번호	구성 명칭	설명
①	동력원	유압 펌프를 구동시키기 위한 전기모터, 내연기관 등
②	오일 탱크	유압 작동유의 저장 기능, 열의 분산 및 유압 부품의 설치 공간 제공
③	릴리프 밸브	회로 내의 압력 상승을 제한하여 설정된 압력의 오일 공급
④	방향 제어 밸브	회로 내의 유체의 흐름 방향을 조절하여 유압 액추에이터의 작동 방향을 바꾸는 데 사용
⑤	유량 제어 밸브	오일의 유동량을 제어하며, 액추에이터의 속도 조절기능
⑥	유압 구동기	유압 장치 내에서 요구된 일을 하며 유체동력을 기계적 동력으로 바꾸는 역할

개념잡기

일반적인 공압 발생장치의 기기순서로 옳은 것은?

① 공기 압축기 → 냉각기 → 저장탱크 → 에어드라이어 → 공압 조정 유닛
② 공기 압축기 → 저장탱크 → 에어드라이어 → 후부 냉각기 → 배관 및 공압 조정 유닛
③ 공기 압축기 → 에어드라이어 → 저장탱크 → 후부 냉각기 → 배관 및 공압 조정 유닛
④ 공기 압축기 → 공압 조정 유닛 → 에어드라이어 → 저장탱크 → 후부 냉각기 → 배관

공압 발생장치 기기 순서
공기 압축기 → 냉각기 → 저장탱크 → 에어드라이어 → 공압 조정 유닛

정답 : ①

2. 공유압 기초이론

2-1 유체의 분류

- 압축성 유체 : 압력변화에 따른 밀도의 변화를 무시할 수 없는 유체
- 비압축성 유체 : 압력변화에 따른 밀도의 변화를 무시할 수 있는 유체
- 점성 유체 : 점성을 갖고 있는 유체
- 비점성 유체 : 점성을 무시할 수 있는 유체
- 이상 유체(완전 유체) : 비점성 비압축성 유체

2-2 기본단위

SI 기본단위

물리량	기본단위	물리량	기본단위
질량	kg (킬로그램)	온도	K (켈빈)
길이	m (미터)	물질량	mol (몰)
시간	s (초)	광도	cd (칸델라)
전류	A (암페어)		

SI 유도단위

물리량	유도단위	물리량	유도단위
힘	N (뉴턴)	속도	m/s
일, 에너지, 열량	J (줄)	가속도	m/s^2
동력	W (와트)	압력	Pa (파스칼)

SI 단위의 접두사

곱해지는 수	명칭	기호	곱해지는 수	명칭	기호
10^2	헥토	h	10^{-2}	센티	c
10^3	킬로	k	10^{-3}	밀리	m
10^6	메가	M	10^{-6}	마이크로	μ
10^9	기가	G	10^{-9}	나노	n
10^{12}	테라	T	10^{-12}	피코	p

- [kgf] : 질량의 중력단위(무게단위)
- ρ(로우) : 밀도기호
- ρ_w : 순수한 물의 밀도
- γ(감마) : 비중량기호
- γ_w : 순수한 물의 비중량

압력 $P = \dfrac{F}{A}$

- P : 압력[kgf/cm^2]
- A : 면적[m^2]

비중
어떤 물질의 질량과 이것과 같은 부피를 가진 표준물질의 질량과의 비율
※ 표준물질
   고체, 액체 : 1[atm], 4[℃]의 물
   기체 : 20[℃], 1[atm] 이하 공기

밀도, 비중량, 비체적, 비중

용어	정의	식	단위
밀도	단위 체적이 갖는 유체의 질량	$\rho = \dfrac{m}{V}$	kg/m³
비중량	단위 체적당 유체가 갖는 무게(중량)	$\gamma = \dfrac{W}{V}$	kgf/m³
비체적	단위 중량이 갖는 체적, 단위 질량당의 체적 혹은 밀도의 역수	$V_s = \dfrac{1}{\rho} = \dfrac{1}{\gamma}$	m³/kg m³/kgf
비중	물체의 밀도를 순수한 물의 밀도로 나눈 값	$S = \dfrac{\rho}{\rho_w} = \dfrac{\gamma}{\gamma_w}$	-

핵심 KEY

표준대기압[atm] : 1[atm]
= 760[mmHg](수은주)
= 10.336[mAq](수주)
= 1.0332[kgf/cm²]
= 1.01325[bar]
= 1.013[hpa]
= 101,325[Pa]
= 101,325[N/m²]
= 14.7[psi(lb/in²)]

압력

- 단위 면적당 누르는 힘
- 압력 측정 단위와 척도

- 대기압 : 지구를 둘러싸고 있는 공기를 대기라고 하면, 그 대기에 의해 누르는 압력(기압계로 측정한 압력)
- 국소대기압 : 대기압을 제외한 모든 임의의 대기압
- 게이지압력 : 압력계로 측정한 압력, 대기압은 게이지압력으로 0이다.
- 진공압 : 진공계로 측정한 압력
- 절대압력 : 완전진공을 기준으로 하여 측정한 압력

절대압력 = 대기압 + 게이지압력 = 대기압 - 진공압

참고

체적탄성계수
유체가 압축되기 어려운 정도를 나타낸 것으로 체적 탄성계수가 클수록 압축이 되지 않는다.

$K = \dfrac{\Delta P}{\Delta V/V}$

- K : 체적탄성계수
- ΔP : 압력 변화량
- ΔV : 체적 변화량

일과 동력

$W = F \cdot S = 1[\text{N}] \cdot 1[\text{m}] = 1[\text{J}]$

- F : 작용한 힘
- S : 이동한 거리
- W : 일

$P = \dfrac{W}{t} = F \cdot \dfrac{S}{t} = F \cdot v$
$= 1[\text{J/s}] = 1[\text{N} \cdot \text{m/s}]$

- P : 동력
- W : 일
- t : 시간

2-3 공유압의 원리

파스칼의 원리

- 비압축성 유체를 밀폐된 공간에 담아 유체의 일부에 힘을 가하여 압력을 증가시키면, 유체 내의 압력은 모든 부분에 똑같은 크기로 전달된다.
- 밀폐된 용기 속에 정지하고 있는 유체에 힘을 가하면 압력은 모든 방향에서 같은 크기로 발생한다.

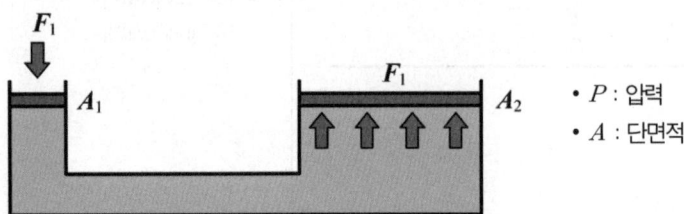

- P : 압력
- A : 단면적

 참고
- 수두[m] : 압력/비중량
- 압력 게이지에 가장 많이 사용되는 것 → 부르동관 압력계

$$P_1 = P_2 = \frac{F_1}{A_1} = \frac{F_2}{A_2}$$

$$F_2 = F_1 \frac{A_2}{A_1}$$

보일의 법칙

온도가 일정할 때 기체의 부피와 압력은 반비례 관계를 갖는다.

$$P_1 V_1 = P_2 V_2 = 일정$$

샤를의 법칙

- 기체는 압력을 일정하게 유지하면서 온도를 상승시키면 체적이 증가한다.
- 온도가 1[℃] 증가함에 따라 체적이 1/273.1씩 증가한다.

보일-샤를의 법칙

일정량의 기체가 차지하는 부피는 여기에 가해지는 압력에 반비례하며, 절대온도에는 비례한다는 법칙

$$PV = nRT$$
$$P_1 V_1 T_2 = P_2 V_2 T_1$$

유체 비중량의 정의로 옳은 것은?

① 단위 체적당 유체가 갖는 무게
② 단위 체적이 갖는 유체의 질량
③ 단위 중량이 갖는 체적, 단위 질량당의 체적
④ 물체의 밀도를 순수한 물의 밀도로 나눈 값

- 비중량 : 유체의 단위 체적당 중량(무게)
- 비체적 : 단위 질량당 유체의 체적(SI단위), 또는 단위 중량당 유체의 체적

정답 : ①

압력에 관한 설명으로 틀린 것은?

① 진공도는 항상 절대압력으로 나타낸다.
② 절대압력 = 계기압력 + 표준 대기압이다.
③ 절대진공도 = 표준대기압 + 진공계압력이다.
④ 대기압보다 높으면 정압, 낮으면 부압이라 한다.

$$절대진공도 = \frac{진공압력}{대기압} \times 100$$

정답 : ③

1표준기압은 수은주 760[mmHg]이다. 상온의 물이라면 이것의 수주는 약 얼마인가?

① 0.76[m] ② 1.034[m]
③ 7.6[m]   ④ 10.34[m]

표준대기압[atm]
1[atm] = 760[mmHg](수은주)
 = 10.336[mAq](수주)
 = 1.0332[kg$_f$/cm^2]
 = 1.01325[bar] = 101,325[Pa]
 = 101,325[N/m^2] = 14.7[PSI(lb/in^2)]

정답 : ④

연속의 법칙

비압축성 유체가 관내를 흐를 때 유량이 일정할 경우 유체의 속도는 단면적에 반비례한다.

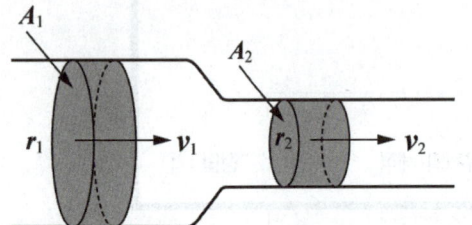

- A : 단면적
- v : 속도
- γ : 비중량

$$\text{유량 } Q[\text{m}^3/\text{s}] = \text{속도 } v[\text{m/s}] \times \text{면적 } A[\text{m}^2]$$
$$Q_1 = Q_2 = A_1 v_1 = A_2 v_2 = \text{일정}$$

베르누이 법칙

점성이 없는 비압축성의 액체가 수평 관을 흐를 때 속도에너지, 위치에너지, 압력에너지의 합은 항상 일정하다.

$$\frac{P_1}{\gamma} + \frac{v_1^2}{2g} + z_1 = \frac{P_2}{\gamma} + \frac{v_2^2}{2g} + z_2 = \text{일정}$$

레이놀즈 수

- 움직이는 유체 내에 물체를 놓거나 유체가 관속을 흐를 때 난류와 층류의 경계가 되는 값
- 무차원 수이며 물체의 관성이 점성에 비해 얼마나 큰가를 나타내는 척도

층류	난류
• 일반적으로 유속이 작고 가는 관을 통과할 때 발생한다. • 유체 입자가 흐름 방향과 평행으로 작용하는 상태 • 레이놀즈수(2,320)보다 작다. • 유속이 작고, 유체의 동점도가 큰 편이다.	• 유속이 크고 굵은 관을 통과할 때 발생한다. • 유체의 입자가 불규칙적으로 소용돌이를 일으키면서 흘러가는 상태 • 레이놀즈수(4,000)보다 크다. • 유체의 점도가 작다.

핵심 KEY

Re ≤ 2,320 → 층류 유동
2,320 ≤ Re ≤ 4,000 → 천이 유동
4,000 ≤ Re → 난류 유동

- 층류

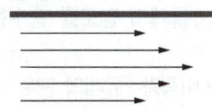

- 난류

개념잡기

공기의 상태 변화에서 압력이 일정할 때 체적과 온도와의 관계를 설명한 법칙은?

① 보일의 법칙　　　　　② 샤를의 법칙
③ 연속의 법칙　　　　　④ 보일샤를의 법칙

유압의 기초 이론 및 관련 법칙
- 보일의 법칙 : 온도가 일정할 때 기체의 부피와 압력은 반비례 관계를 갖는다.
- 샤를의 법칙 : 일정한 부피의 기체는 온도가 상승하면 압력 또한 상승한다.
- 베르누이의 원리 : 점성이 없는 비압축성의 액체가 수평 관을 흐를 때 속도에너지, 위치에너지, 압력에너지의 합은 항상 일정하다.
- 파스칼의 원리 : 비압축성 유체를 밀폐된 공간에 담아 유체의 일부에 힘을 가하여 압력을 증가시키면, 유체 내의 압력은 모든 부분에 똑같은 크기로 전달된다. 즉, 밀폐된 용기 속에 정지하고 있는 유체에 힘을 가하면 압력은 모든 방향에서 같은 크기로 발생한다.
- 연속의 법칙 : 비압축성 유체가 관내를 흐를 때 유량이 일정할 경우 유체의 속도는 단면적에 반비례한다.

정답 : ②

개념잡기

다음 설명에 해당되는 법칙은?

밀폐된 용기 내에 있는 유체의 압력은 모두 같다.

① 연속의 법칙　　　　　② 베르누이 법칙
③ 파스칼의 법칙　　　　④ 벤투리관의 법칙

유압의 기초 이론 및 관련 법칙
- 보일의 법칙 : 온도가 일정할 때 기체의 부피와 압력은 반비례 관계를 갖는다.
- 샤를의 법칙 : 일정한 부피의 기체는 온도가 상승하면 압력 또한 상승한다.
- 베르누이의 원리 : 점성이 없는 비압축성의 액체가 수평 관을 흐를 때 속도에너지, 위치에너지, 압력에너지의 합은 항상 일정하다.
- 파스칼의 원리 : 비압축성 유체를 밀폐된 공간에 담아 유체의 일부에 힘을 가하여 압력을 증가시키면, 유체 내의 압력은 모든 부분에 똑같은 크기로 전달된다. 즉, 밀폐된 용기 속에 정지하고 있는 유체에 힘을 가하면 압력은 모든 방향에서 같은 크기로 발생한다.
- 연속의 법칙 : 비압축성 유체가 관내를 흐를 때 유량이 일정할 경우 유체의 속도는 단면적에 반비례한다.

정답 : ③

> **개념잡기**
>
> 베르누이 정리의 식으로 옳은 것은? (단, V : 유체의 속도, g : 중력가속도, p : 유체의 압력, γ : 비중량, Z : 유체의 위치이다)
>
> ① $\left(\dfrac{V^2}{2g}\right)+\left(\dfrac{p}{\gamma}\right)+Z=$ 일정 ② $\left(\dfrac{V^2}{2g}\right)+\left(\dfrac{p}{\gamma}\right)-Z=$ 일정
>
> ③ $\left(\dfrac{V^2}{2g}\right)-\left(\dfrac{p}{\gamma}\right)+Z=$ 일정 ④ $\left(\dfrac{V^2}{2g}\right)-\left(\dfrac{p}{\gamma}\right)-Z=$ 일정
>
> **베르누이의 정리**
> $\left(\dfrac{V^2}{2g}\right)+\left(\dfrac{p}{\gamma}\right)+Z=$ 일정
> 속도수두 + 압력수두 + 위치수두의 합은 일정하다.
>
> 정답 : ①

02 공압 기기

1. 공압발생장치

압축기나 송풍기 등에 의해 기계적 에너지를 공기(또는 기계)의 에너지로 변환해, 이 압축 공기를 제어 밸브 등으로 적당히 제어하여 액추에이터에 공급함으로써 그 출력을 부하의 요구에 적합한 기계적 에너지로 출력하는 일련의 기기와 그 응용 기기

1-1 공기 압축기

공기를 흡입하여 압축하는 과정에서 공기압 에너지를 만드는 장치로 동력을 공급

압축기의 분류

핵심 KEY

발생장치에 의한 압축기분류
- 팬 : 0.1[kgf/cm²] 미만 (10[kPa] 미만)
- 송풍기 : 0.1 ~ 1[kgf/cm²] (10 ~ 100[kPa])
- 공기압축기 : 1[kgf/cm²] 이상

출력에 의한 분류
- 소형 : 0.2 ~ 14[kW]
- 중형 : 15 ~ 75[kW]
- 대형 : 75[kW] 이상

토출압력에 의한 분류
- 저압 : 0.7 ~ 0.8[MPa]
- 중압 : 1 ~ 1.5[MPa]
- 고압 : 1.5[MPa] 이상

핵심 KEY

공기 압축기 조절하는 방식
- 무부하 조절
- 저속 조절
- ON - OFF 조절 방식

압축기의 종류

왕복형 압축기		• 흡입 밸브에 의해 실린더 내에 공기를 흡입하여 압축한 후에 토출 밸브를 통하여 공기탱크에 저장하는 방식
	피스톤형	• 가장 많이 사용하는 압축기 • 크랭크축을 회전시켜 피스톤의 왕복운동으로 공기를 압축하는 방식 • 낮은 압력부터 매우 높은 압력까지 사용할 수 있다. • 진동이 발생할 수 있으며, 맥동이 발생하므로 큰 탱크가 필요하다. • 다른 압축기에 비해 소음이 크다.
	다이어 프램형 (격판)	• 깨끗한 공기가 필요한 경우 사용 • 공기가 왕복 운동을 하는 피스톤과 직접 접촉하지 않는다.
회전식 공기 압축기		• 회전과 동시에 밀폐된 용기 내의 체적이 감소하여 공기를 압축하는 방식
	베인형	• 미끄럼 날개 회전 압축기 • 베인 압축기는 편심된 로터 + 흡입과 배출 구멍이 있는 실린더 형태 • 하우징 내에서 회전운동을 하여 공기를 압축 • 조용한 운전을 하며, 공기를 안정되고 일정하게 생산할 수 있다. • 가격이 고가이고, 높은 압력이 필요한 곳에는 부적당하다.
	스크루형	• 나사형 회전자의 회전운동을 이용하여 압축 공기를 생산하는 구조 • 오목한 측면과 볼록한 측면을 가진 2개의 로터가 한 쌍이 되어 회전하면서, 축방향으로 흡입된 공기를 반대 방향으로 밀어내면서 압축하는 형식 • 소음과 진동이 작고, 압축공기가 연속적으로 송출되기 때문에 압력의 맥동 현상이 작다.
	스크롤형	• 왕복동식 압축기와 회전형 압축기에 비해 효율이 뛰어남 • 저소음, 저중량 • 흡입, 압축, 토출 공정이 선회 스크롤 1회선으로 연속하여 이루어지므로 토크 변동이 극히 작고 조용하게 작동한다.
	루트 블로워	• 2개의 회전자를 서로 90° 위상으로 설치하여 회전자 간의 작은 틈을 유지하고 역방향으로 회전 • 흡입측에서 흡입한 공기는 고치형 회전자와 하우징 사이에서 밀폐되고, 밀폐된 공간이 토출측에 가까워지면 고압의 공기가 역류하여 압축

핵심 KEY

압축기 설치 시 주의사항
- 고온, 다습한 장소는 설치를 피한다.
- 지반이 견고한 장소에 설치한다.
- 옥외 설치 시 직사광선을 피한다.
- 고장 수리가 가능하도록 충분한 설치 공간을 확보한다.

핵심 KEY

왕복식 압축기 특징
- 왕복 운동을 하는 피스톤에 의해 실린더 내에서 기체의 압축을 하는 기계로 피스톤형 압축기, 다이어프램 압축기가 있다.
- 공기를 압축할 때 압력 맥동이 발생한다.
- 왕복식 압축기의 가장 큰 특징은 고압 발생이 가능하다는 점이다.
- 단점은 설치면적이 넓고, 윤활이 어렵고, 기초가 견고해야 하고, 소용량이다.

터보형 공기 압축기	• 각종 플랜트, 고로와 같은 대용량에 적합 • 하우징 내에 설치한 날개바퀴를 고속 회전시키면 날개를 통과하는 기체의 운동량이 증가되어 압축과 속도를 높인 것 • 진동, 소음이 적고 고속 회전이 가능한 구조 • 토출 공기의 맥동이 적고 무급유 설계가 가능하나 공기압 장치의 동력원으로 사용하는 일은 드물다.	
	축류식	• 공기가 날개바퀴를 축방향으로 통과
	원심식	• 공기가 날개바퀴를 반지름방향으로 통과

원심식 압축기 특징
• 대용량이지만 설치 면적이 비교적 좁다.
• 기초가 견고하지 않아도 된다.
• 윤활이 쉽다.
• 맥동 압력이 없다.
• 고압 발생이 어렵다.

회전식 공기 압축기가 아닌 것은?

① 베인형 ② 스크롤형
③ 루트 블로워 ④ 다이어프램형

공기 압축기 종류

왕복식	피스톤형
	격판(다이어프램)
회전식	베인형
	스크루형
	루트블로워
	스크롤형
터보형	축류식
	원심식

정답 : ④

원심식 압축기의 장점에 대한 설명으로 틀린 것은?

① 압력맥동이 없다. ② 윤활이 용이하다.
③ 고압 발생에 적합하다. ④ 설치면적이 비교적 적다.

원심식 압축기 장점
• 대용량이지만 설치 면적이 비교적 좁다.
• 기초가 경고하지 않아도 된다.
• 윤활이 쉽다.
• 맥동 압력이 없다.
• 고압 발생이 어렵다.

정답 : ③

2. 압축공기 청정화 장치

2-1 애프터쿨러

애프터 쿨러의 개요
- 입구온도를 적합한 온도로 낮추고, 공기에 포함된 수분을 제거하는 역할
- 냉각수나 찬공기를 이용하여 압축공기의 온도를 저하시켜 수분을 제거하는 방법
- 출구측 온도는 40[℃] 이하를 유지할 수 있도록 한다.

애프터 쿨러의 종류
- 공랭식 : 보수가 쉽고 유지비가 저렴하다.
- 수냉식 : 공기 소비량이 많을 때 사용한다.

2-2 공기건조기(에어 드라이어)

종류	내용
냉동식	• 공기의 온도를 이슬점 온도 이하로 낮추어 물을 제거하는 방법 • 신뢰성이 높고 경제적인 방법
흡착식	• 습기에 대하여 친화력을 갖는 실리카겔이나 알루미나겔 등의 고체 건조제를 두 개의 타워 속에 가득 채워 습기와 미립자를 제거하여 초건조공기를 토출한다. • 포화가 된 겔은 더운 공기에 통과시키면 간단하게 원래 상태로 돌아온다. • 저노점(이슬점 온도)은 -70[℃]까지 효과를 볼 수 있고, 반영구적으로 사용이 가능
흡수식	• 조해성을 이용하여 화학적인 방법 • 장비설치가 간단하고, 1년에 2~3회 정도 건조제만 보충하면 되므로 고장 발생률이 적다. • 건조효율이 낮고 비용이 많이 든다.

이슬점 온도
공기 또는 가스에 포함된 수증기가 응축되기 시작하는 온도

조해성
고체가 공기 중의 수분을 흡수하여 녹아 액체가 되는 성질

흡수식 공기건조기에서 사용하는 흡수액 종류
- 염화리튬 수용액
- 폴리에틸렌

2-3 공기 여과기(필터)

이물질의 침입을 막기 위한 여과기

• 필터 엘리먼트의 여과 입도와 사용기기와의 관계

여과 엘리먼트(입도)	사용 기기	비고
70 ~ 40	실린더, 로터리 액추에이터	일반용
40 ~ 10	공기 터빈, 공기 모터	고속용
10 ~ 5	공기 마이크로미터	정밀용
5 이하	순 유체 소자	특수용

2-4 저장 탱크

압축기로부터 발생되는 맥동을 감소시켜 공기 공급을 안정되게 하기 위해 꼭 필요한 장치

공기 저장 탱크의 기능

- 압축공기를 저장
- 공기 압력의 맥동을 평준화
- 압력변화 최소화
- 갑작스러운 정전 및 비상사태 대비
- 압축공기 냉각하여 압축공기 중의 수분을 드레인으로 배출

2-5 윤활기(루브리케이터)

윤활유를 공급하는 장치

- 윤활기의 종류
  - 고정 벤츄리식, 가변 벤츄리식 및 윤활유 입자 별식

압축공기 저장탱크 구성요소
- 배수기
- 압력계
- 압력 안전밸브(릴리프밸브)

저장탱크의 내부 적정온도
40[℃] ~ 50[℃]

윤활기의 원리
파이프 안을 흐르는 유체는 직경이 더 좁은 부분을 만나면 속도가 빨라지고, 역학적 에너지의 보존을 위해 압력이 낮아진다는 벤츄리 효과의 원리를 이용한 것

윤활유의 성질 요구조건
- 마찰 계수가 작아야 한다.
- 원활성이 있어야 한다.
- 마멸, 발열 등을 방지하고 열화의 정도가 적을 것

공압 회로용 윤활유
- 터빈 오일 1종(첨가제 무첨가) ISO VG 32
- 터빈 오일 2종(첨가제 첨가) ISO VG 32
※ VG : 점도 등급
※ 32 : 점도 지수

2-6 압축공기 분배 라인

압축공기 분배라인 종류
- 흡입라인 : 대기압의 공기를 공기 압축기로 흡입하는 관로
- 토출라인 : 공기 압축기로부터 애프터쿨러 또는 공기탱크까지의 연결라인
- 이송라인 : 공기 압축기에서 공기압 장치와 기기까지 압축공기를 이송시키는 라인
- 제어라인 : 공기압 제어 밸브와 공기압 액추에이터를 조작하기 위하여 기기에 직접 연결하는 라인
- 배기라인 : 직접 대기로 방출하는 라인

공기압 배관 특징
- 유압 회로와 같이 복귀 관로를 설치하지 않는다.
- 공기는 관성, 점성이 작으므로 긴 관로를 설치 사용하여도 유압 배관에 비해 관로 손실이 적다.
- 공기압 배관 조인트에서 공기 누설이 발생하여도 폭발의 위험성이나 유압 장치와 같이 기름 누출로 인한 환경오염의 영향이 없다.
- 강관 배관의 경우 관내의 수분에 의한 부식의 우려가 있다.

실리카겔(SiO_2 : 실리콘 이옥사이드)과 같은 물질을 사용하여 압축공기 속의 수분을 제거하는 방식은?

① 고온 건조 ② 저온 건조
③ 흡수식 건조 ④ 흡착식 건조

흡착식 건조
- 습기에 대하여 친화력을 갖는 실리카겔이나 알루미나겔 등의 고체 건조제를 두 개의 타워 속에 가득 채워 습기와 미립자를 제거하여 초건조공기를 토출한다.
- 포화가 된 겔은 더운 공기에 통과시키면 간단하게 원래 상태로 돌아온다.
- 저노점(이슬점 온도)은 -70[℃]까지 효과를 볼 수 있고, 반영구적으로 사용이 가능하다.

정답 : ④

압축공기 저장탱크의 구성요소가 아닌 것은?

① 배수기 ② 압력계
③ 유량계 ④ 압력 안전밸브

압축공기 저장탱크 구성요소
- 배수기
- 압력계
- 압력 안전밸브(릴리프밸브)

정답 : ③

3. 공기압 부속기기

3-1 공유압 변환기

공기의 압력을 동일한 압력의 유압으로 변환하는 것

3-2 에어 하이드로 실린더

공유압 변환기 등을 사용하여 작동 유체를 압축 공기에서 액체로 변환하고 액체의 에너지를 사용하여 기계적 일을 하는 실린더

3-3 하이드로릭 체크 유닛

공기압 실린더와 연결하고 내장된 교축 밸브를 조절하여 실린더의 속도 제어에 이용하는 것

3-4 증압기

일반적인 공기압 회로에서 얻어지는 압력보다 큰 압력을 필요로 할때 이용

> **참고**
>
> **공유압 변환기 사용 시 유의사항**
> - 실린더나 배관 내의 공기를 충분히 뺀다.
> - 수직 방향으로 설치하고 먼지가 들어가지 않게 조심한다.
> - 공유압 변환기의 유효용량을 액추에이터보다 크게 한다.
> - 액추에이터보다 높은 곳에 설치한다.

개념잡기

공유압 변환기의 사용 시 주의사항으로 적절한 것은?

① 수평방향으로 설치한다.
② 발열장치 가까이 설치한다.
③ 반드시 액추에이터보다 낮게 설치한다.
④ 액추에이터 및 배관 내의 공기를 충분히 뺀다.

공유압 변환기 사용 시 유의사항
- 실린더나 배관 내의 공기를 충분히 뺀다.
- 수직 방향으로 설치하고 먼지가 들어가지 않게 조심한다.
- 공유압 변환기의 유효용량을 액추에이터보다 크게 한다.
- 액추에이터보다 높은 곳에 설치한다.

정답 : ④

03 유압기기

1. 유압 펌프

1-1 펌프의 개요

외부에서 가해지는 기계적인 운동 에너지에 의해 유체에 압력을 가하여 낮은 곳에서 높은 곳으로 보내거나 멀리 보내는 장치

1-2 펌프의 능력

- 양정과 송출량으로 나타낸다.
- 양정 : 흡입 수면에서 송출 수면까지의 수직 거리로 나타내는 실양정과 관로에서의 손실을 고려한 전양정이 있다.
- 송출량 : 단위 시간당 송출되는 액체의 체적[m³/min]

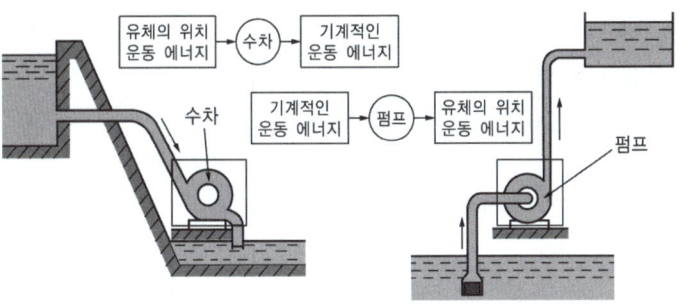

1-3 유압 펌프의 작용

- 흡입작용 : 안쪽으로 작동유를 흡입하는 작용
- 토출작용 : 바깥쪽으로 작동유를 밀어내는 작용

양정
펌프가 물을 낮은 곳(흡수면)으로부터 높은 곳(토출수면)으로 토출할 때의 높이

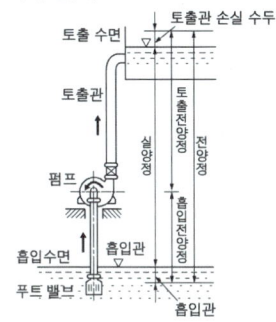

- 전양정 : 물을 낮은 곳에서 높은 곳으로 양수할 때 펌프가 물에 주어야 하는 압력(수두)의 총합
- 실양정 : 흡입 수면에서 토출수면까지의 수직 높이
- 흡입양정 : 흡입실양정과 흡입관 손실 수두의 합
- 토출양정 : 펌프에서 토출 수면까지의 높이

유압 펌프 1회전당 토출량 [cc/rev]

1-4 유압 펌프의 종류

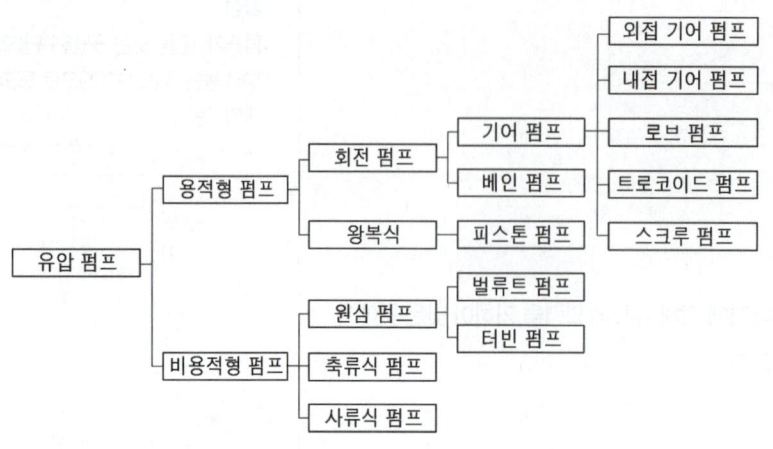

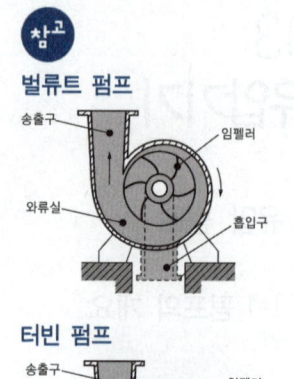

벌류트 펌프

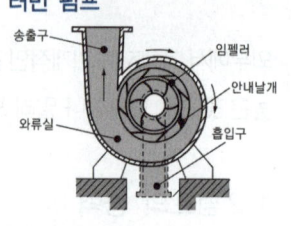

터빈 펌프

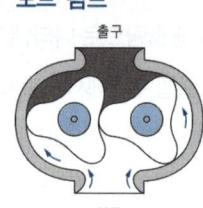

로브 펌프

비용적형 펌프(터보형 펌프)

원심 펌프	• 임펠러를 회전시켜 액체를 수송하거나 압력을 가하여 주는 펌프 • 고속 회전 가능, 구조 간단 • 효율이 높고 맥동이 적어 액체 수송용으로 사용
사류 펌프	• 유체가 축방향에서 유입되어 임펠러 부분에서는 축방향에 대하여 약간 경사진 방향으로 송출되는 펌프 • 원심 펌프와 축류 펌프의 중간 특성 • 축류 펌프에 비해 공동현상의 발생이 적고 수명이 길다.
축류 펌프	• 유체가 축방향에서 유입되어 임펠러 부분에서도 축방향으로 송출되는 펌프 • 선풍기 날개나 선박의 프로펠러와 같은 형상의 회전하는 임펠러에 의해 유체에 속도 에너지 및 압력 에너지를 공급

원심 펌프 비교(벌류트 펌프, 터빈 펌프)

원심펌프 종류	구조	크기	안내 날개	양정	임펠러 수
벌류트 펌프	간단	소형	X	낮다	단단
터빈 펌프	복잡	대형	O	높다	다단

용적형 펌프

기어 펌프		• 한 쌍의 기어가 밀폐된 용적을 갖는 밀실 속에서 회전할 때 기어의 물림에 의한 운동으로 진공 부분에서 흡입한 후에 기어의 계속적인 회전에 의해 토출구를 통해 유체를 토출하는 원리 • 비교적 구조가 간단하고 경제적임
	외접	• 기어가 서로 맞물려 돌아갈 때 유체가 배출되며, 한 쪽 기어는 전동기에 연결되어 회전하고, 다른 쪽 기어는 구동 기어와 맞물려 회전
	내접	• 외측 기어와 펌프중심으로부터 편심되어 외측 기어와 접하여 회전하는 내측 기어로 구성 • 작동 원리는 외접 기어 펌프와 같으나 두 기어가 같은 방향으로 회전함
	로브 펌프	• 구동 원리는 기어펌프와 같음 • 세 개의 회전자가 연속 접촉하여 회전하므로 소음이 적음 • 1회전당 토출량은 기어펌프보다 많으나 변동이 큼
	트로코이드 펌프	• 구동 원리는 내접기어 펌프와 같음 • 외측 로터의 형상에 의해 토출량이 결정됨 • 내측 로터의 이의 수보다 외측 로터의 이의 수가 1개 더 많음
	스크루 펌프	• 2개의 정밀하게 제작된 나사가 하우징 내에서 밀폐되어 회전함 • 매우 조용하고 효율적으로 유체를 토출
베인펌프		• 베인 마모에 의한 압력 저하가 적음(수명이 길다) • 카트리지 방식과 함께 호환성이 양호하고 보수가 용이 • 출력이 좋고 소음과 맥동이 적음 • 동일 마력 및 토출량에서 형상 치수가 최소 • 급속 시동이 가능함 • 공작기계, 프레스기계, 시출성형기 등에 사용됨
나사펌프		• 나사축의 회전에 의해 유체를 송출하는 펌프로써, 나사축 수에 따라 1축, 2축, 3축식 등이 있음 • 소음이 적고 맥동이 없는 안정된 송출이 가능 • 고속 회전이 가능하므로 소형으로 제작이 가능 • 식품 공업이나 화학용 펌프로 많이 사용됨
피스톤펌프		• 실린더 내에서 피스톤 왕복 운동을 통해 유체를 흡입 및 송출 • 200[bar] 이상의 고압이나 고속 장치에 적합 • 다른 유압 펌프에 비해 효율(80 ~ 90[%])이 가장 좋음 • 주로 가변용량형 펌프로 사용됨 • 복잡한 구조, 고가 • 낮은 흡입능력

 참고

외접형 기어 펌프

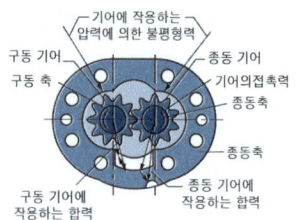

내접형 기어 펌프

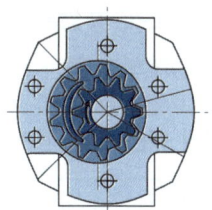

 참고

펌프 흡입관 배관 시 주의사항
- 관의 길이는 짧고 곡관의 수는 적게 한다.
- 흡입관에서 편류나 와류가 발생하지 못하게 한다.
- 배관의 펌프를 향해 1/50 올림 구배한다.
- 흡입관 끝에 스트레이너를 설치한다.

펌프의 선정

- 펌프로 일정한 동력을 얻으려고 할 때에는 압력 상승과 동시에 토출량을 감소해도 된다. 다시 말해서 유압 펌프나 유압 모터 등을 보다 작게 할 수 있다(항공기, 선박 등에 활용).
- 고압 시 작동유가 가열되기 쉬우므로, 오일 온도가 상승하여 밸브나 실 등에서 오일이 새기 쉽다.
- 고압 시 인화되거나 폭발의 위험성이 따른다(항공기에는 고인화점 작동유를 사용한다).
- 너무 고압으로 할 경우 밸브류나 유압 작동기의 강도를 높이기 위하여 소형으로 할 수 없게 되고, 경량 소형으로 하는 이점을 충분히 살릴 수 있다.

토출량에 따른 유압 펌프 분류

압력[kgf/cm²]	토출량[L/min]		
	0 ~ 20	20 ~ 200	200 이상
0 ~ 20	기어펌프 베인 펌프 회전 피스톤 펌프	베인 펌프 나사 펌프 기어 펌프	나사 펌프
20 ~ 70	기어펌프 베인 펌프 회전 피스톤 펌프	베인 펌프 회전 피스톤 펌프 기어 펌프	베인 펌프 나사 펌프 왕복 펌프
70 ~ 140	베인 2단 펌프 회전 피스톤 펌프	베인 2단 펌프 회전 피스톤 펌프	회전 피스톤 펌프 왕복 펌프 베인 2단 펌프
140 이상	회전 피스톤 펌프	회전 피스톤 펌프	회전 피스톤 펌프

기어 펌프의 소음 원인
- 폐입 현상
- 흡입관로 도중 공기 흡입
- 기어의 정밀도 불량
- 토출 압력의 맥동
- Cavitation(공동현상)

기어 펌프의 폐입현상에 따른 증상
- 기어의 진동 및 소음 발생
- 오일 중에 녹아있던 공기가 분리되어 기포 형성되어 불규칙한 맥동의 원인이 됨(케비테이션 발생)
- 축 동력 증가
※ 기어 펌프의 폐입현상
  2개의 기어(구동기어, 종동기어)가 맞물려 회전할 때, 양쪽의 기어가 접해있으면, 기어 사이의 오일은 폐입된 상태가 되는 현상

유압 펌프 성능 비교

성능	베인펌프	기어펌프	피스톤펌프
최고토출압력	높음	낮음(일부 높음)	가장 높음
회전수	고속	저속(일부 고속)	저속
구조	정밀한 제작 요구	가장 간단	구조가 복잡하며 대형, 매우 높은 정밀도 요구
평균효율	높음	낮음	가장 높음
토출 압력과 효율	저압인 경우 낮음	고압으로 될수록 낮아짐	전압력 범위보다 높음
점도의 영향	거의 없음	점도가 낮아지면 효율도 낮아짐	가장 적음
마모의 영향	거의 없음	마모되면 효율이 낮아짐	마모하면 효율이 급격이 낮아짐
이물질의 영향	거의 없음	영향을 받음	가장 예민
비용	기어 펌프보다 높음	낮음	가장 높음

1-5 유압 펌프의 동력과 효율

- **수동력** : 펌프로 유체를 송출할 때 필요한 이론 동력이며, 펌프에 의해서 단위 시간에 액체에 주어지는 유효 에너지

$$L_w = \gamma QH [\text{kg}_f \cdot \text{m/s}]$$
$$= \frac{\gamma QH}{75}[\text{PS}] = \frac{\gamma QH}{102}[\text{kW}]$$

L_w : 수동력
$Q[\text{m}^3/\text{sec}]$: 유량
$H[\text{m}]$: 양정
$\gamma[\text{kg}_f/\text{m}^3]$: 비중량

- **축동력** : 펌프의 외부에 있는 동력 공급원(원동기, 전동기)으로부터 펌프의 회전차를 구동하는 데 필요한 동력, 즉 원동기가 펌프를 구동하는 동력

$$L_s = \frac{L_w}{\eta}$$

L_w : 수동력
L_s : 축동력
L_w : 펌프효율

- **효율** : 펌프의 수동력의 축동력에 대한 비를 전효율(η) 또는 효율

$$\eta = \frac{L_w(수동력)}{L_s(축동력)} \times 100[\%]$$
$$\eta = \eta_v(체적효율) \cdot \eta_v(수력효율) \cdot \eta_m(기계효율)$$

L_w : 수동력
L_s : 축동력
L_w : 펌프효율

기계효율

기계가 실행한 유효한 일과 이것에 공급한 에너지와의 비율

체적효율

흡기행정 중 실린더에 흡입된 공기 질량과 행정체적에 상당하는 대기 질량과의 비(이론상 토출되는 양과 실제로 토출되는 양과의 비율)

수력효율

- 펌프의 흡입구에서 송출구에 이르는 유로 전체에 따르는 마찰로 의한 손실
- 회전차, 안내 깃, 와류실, 송출관 등에서 유체의 부차적 손실인 와류로 인한 손실
- 전차의 깃 입구와 출구에서의 유체 입자들의 충돌에 의한 손실 등

유압 펌프의 동력

- $L = \dfrac{PQ}{102}[\text{kW}]$
- $L = \dfrac{PQ}{75}[\text{PS}]$
- P : 압력, Q : 토출유량

유압펌프 전 효율

= 용적효율 × 기계효율

$1[\text{PS}] = 75[\text{kg}_f \cdot \text{m/s}]$
$1[\text{kW}] = 102[\text{kg}_f \cdot \text{m/s}]$

개념잡기

유압유니트에서 펌프의 압력이 P, 토출유량이 Q로 표시될 때 펌프동력 L을 표시한 식으로 가장 적당한 것은?

① $L = \dfrac{PQ}{75}$ [PS]   ② $L = \dfrac{PQ}{102}$ [PS]

③ $L = \dfrac{PQ}{75}$ [kW]   ④ $L = \dfrac{PQ}{75 \times 102}$ [kW]

유압 펌프의 동력
$L = \dfrac{PQ}{102}$ [kW], $L = \dfrac{PQ}{75}$ [PS]

정답 : ①

개념잡기

다음 중 200[bar] 이상의 고압에 주로 이용되는 펌프는?

① 기어 펌프   ② 나사 펌프
③ 베인 펌프   ④ 피스톤 펌프

피스톤 펌프 특징
- 고속, 고압(200[bar] 이상)의 유압장치에 적합하다.
- 다른 유압 펌프에 비해 효율(80~90[%])이 가장 좋다.
- 가변용량형 펌프로 많이 사용된다.
- 구조가 복잡하고 가격이 고가이다.
- 흡입능력이 가장 낮다.

정답 : ④

개념잡기

베인 펌프의 일반적인 특징으로 틀린 것은?

① 소음이 작다.   ② 토출 측의 맥동현상이 적다.
③ 압력이 떨어질 염려가 없다.   ④ 출력에 비해 형상 치수가 크다.

베인펌프 특징
- 토출 압력의 맥동이 적다.
- 베인 마모에 의한 압력 저하가 적다(수명이 길다).
- 카트리지 방식과 함께 호환성이 양호하고 보수가 용이하다.
- 소음이 작다.
- 동일 마력 및 토출량에서 형상 치수가 최소이다.
- 급속 시동이 가능하다.

정답 : ④

2. 유압 부속장치

2-1 오일 탱크

오일 탱크 기능

- 유압유 저장
- 혼입 불순물이나 기포 제거
- 열 방출하여 유온 일정하게 유지하는 역할

오일 탱크의 구비조건 ★

- 오일 탱크의 크기는 펌프 토출량의 3배 이상이어야 한다.
- 탱크 바닥면은 바닥에서 최소 150[mm](15[cm])를 유지해야 한다.
- 운전 중에 유면이 정상인지 확인할 수 있도록 탱크 상부 벽에 유면계를 설치해야 하며, 적당한 유면을 항상 유지한다(유면의 높이는 2/3 이상).
- 기름 탱크 내의 유온의 안전한 온도 영역은 35 ~ 55[℃]이다.
- 스트레이너는 기름 탱크 바닥에서 50[mm] 떨어져서 설치하고, 유량은 토출량의 2배 이상이어야 한다.

2-2 어큐뮬레이터

어큐뮬레이터 종류

가스 부하식	블래더형	응답성이 양호하고 소형으로 가장 많이 사용함
	피스톤형	넓은 온도 범위에서 사용이 가능함
	벨로즈형	특수유체 고온형으로 사용됨
비가스식	직압형	대용량의 축적에 사용되거나 기름 유출에 문제가 있을 수 있음
	중추형	토출압력이 일정하여 저압에 적합함
	스프링형	저압, 소용량에 적합

어큐뮬레이터 용도 ★

- 에너지를 축적하고 보조 에너지원의 역할
- 압력을 일정하게 유지시켜주어 충격압력의 완충용, 펌프의 맥동(서지압) 흡수 역할
- 고장, 정전 등으로 인한 비상 동력원 및 유체 이송의 역할
- 대유량의 순간적인 공급 및 2차 회로 구동의 역할

어큐뮬레이터의 취급상의 주의사항

- 가스봉입 형식인 것은 미리 소량의 작동유(내용적의 약 10[%])를 넣은 다음 가스를 소정의 압력(최저 유량의 60 ~ 70[%])으로 봉입한다.
- 봉입 가스는 질소가스 등의 불활성 가스 또는 공기압(저압용)을 사용할 것이며, 산소 등의 폭발성 기체를 사용해서는 안 된다.
- 펌프와 어큐뮬레이터 사이에는 체크 밸브를 설치하여 유압유가 펌프에 역류하지 않도록 한다.
- 어큐뮬레이터와 관로와의 사이에 스톱 밸브를 넣어 토출 압력이 봉입 가스와 압력보다 낮을 때는 차단한 후 가스를 넣어야 한다.
- 어큐뮬레이터에 부속쇠 등을 용접하거나 가공, 구멍 뚫기 등을 해서는 안 된다.
- 어큐뮬레이터는 점검, 보수에 편리한 장소에 결합한다.
- 운반, 결합, 분리 등의 경우에는 반드시 봉입 가스를 빼고 그때의 취급에는 특히 주의한다.
- 봉입 가스 압은 6개월마다 점검하고 항상 소정의 압력을 예압시킨다.
- 충격 완충용에는 가급적 충격이 발생하는 곳에 가까이 설치한다.

2-3 실

유체의 누설이나 외부 이물질의 침입을 방지하거나, 장치 및 기계의 접합부, 이음 부분의 누설을 방지

실의 분류

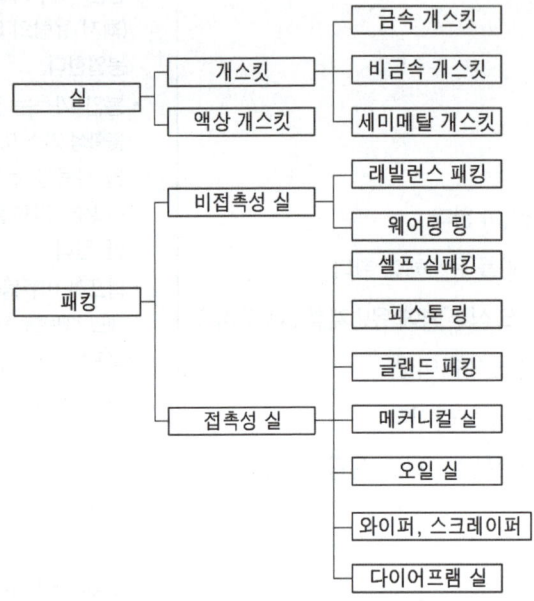

개스킷 (정적실)	• 압력 용기나 파이프의 플랜지면, 기기의 접촉면, 그밖의 고정면에 끼우고 볼트 기타 방법으로 결합, 실 효과를 주는 것
오일실	• 그다지 압력이 걸리지 않는 부분에 사용 • 저속에서 고속까지 넓은 범위에서 사용 • 구조가 간단, 취급하기가 쉽고 장착 공간이 작음
패킹 (동적실)	• 기기의 접합면 또는 접동면의 기밀을 유지하여 그 기기에서 처리하는 유체의 누설을 방지하는 밀봉장치

 참고

O링의 구비조건
- 탄성이 양호하고, 압축 영구변형이 적을 것
- 사용온도 범위가 넓을 것
- 내노화성이 좋을 것
- 내유성, 내용제성이 좋을 것
- 내마모, 기계적 성질이 좋을 것
- 상대 금속을 부식시키지 말 것

메커니컬 실 선정 시 고려사항
- 밀봉면에 작용하는 밀봉력을 유지할 것
- 누유 방지를 위해 탈착이 가능할 것
- 밀봉 단면의 평행한 평면 상태를 유지할 것
- 밀봉면 사이에서 윤활 유체의 기화를 방지할 것

백업링
피스톤에 O링을 사용한 실린더에 압력이 존재하면 실린더배럴과 피스톤의 간극사이로 O링이 밀려 나오는데 이를 방지하는 데 사용하는 패킹

O링의 특징

- 1개로 밀봉하므로 초기의 가격이 싸고 장착 부분의 장소도 작다.
- 장착이 용이하고 구조가 단순하다.
- O링 재질의 선택 및 백업 링의 병용 등에 넓은 범위의 유체, 온도, 압력에 견딜 수 있다.
- 동마찰 저항이 비교적 적다.
- 고정 부분 및 운동 부분의 양쪽에 사용된다.
- O링 재질은 니트릴고무가 표준이다.

사용 조건에 따른 O링 재질 결정법

- 사용하는 기기의 작동 상태
- 링이 사용되는 곳과 상태
- 작동하는 유체의 종류
- 작동압력
- 사용 온도

액상 개스킷
- 상온에서 유동적인 접착성 물질로 바른 후 일정시간 지난 후 건조되어 누설을 방지하는 개스킷이다.
- 바른 직후 접합해도 관계없고 얇고 균일하게 칠하고, 접합면의 수분, 기름 등 오물을 제거한다.
- 접합면을 보호하고 누수를 방지하고 내압기능을 가지고 있다.

2-4 스트레이너

- 펌프 흡입측에 설치하여 비교적 큰 이물질이나 먼지 등을 유압유에서 분리시키는 역할
- 여과 능력은 펌프 흡입량의 2배 이상의 용적을 갖게 한다.
- 눈의 막힘은 흡입 진공 압력을 측정하는 것에 의하여 판정할 수 있다.
- 윗면을 유면보다 10 ~ 15[cm] 이상의 깊이로 되게 한다.
- 기름 탱크 바닥에서 50[mm] 떨어져서 설치하고, 유량은 토출량의 2배 이상이어야 한다.

필터 성능 표시
- 통과 먼지 크기
- 먼지의 정격 크기
- 여과율(정격 크기)
- 여과용량
- 압력 손실
- 먼지 분리성

2-5 여과기

표면식	철망이나 여과기에 의한 여과와 같이 표면에서만 여과하는 것
적층식	여과면이 여러 개 중첩되고 각각의 면은 작은 틈새가 있음
자기식	오일 중에 흡입되고 있는 자성 고형물을 자석에 흡착시키는 것에 의하여 여과하는 것

2-6 배관

파이프	파이프 이음
• 강관 • 스테인리스강관 • 동관 • 고무호스	• 나사 이음 • 플랜지 이음 • 플레어 이음 • 바이트형 이음 • 용접 이음

유압장치용 배관, 파이프 이음의 구비조건
- 분해와 조립이 쉽고 재현성이 있을 것
- 특수 공구를 필요로 하지 않을 것
- 통로 넓이에 심한 변화를 미치지 않을 것
- 조인트부가 차지하는 최대 바깥지름 및 길이가 소형일 것
- 충격, 진동에 대해 강하고, 이완되지 않을 것

어큐뮬레이터 취급 시 주의사항으로 틀린 것은?

① 봉입 가스는 불활성 가스 또는 공기압(저압용)을 사용한다.
② 충격 완충용은 가급적 충격이 발생하는 곳에서 멀리 설치한다.
③ 어큐뮬레이터에 부속쇠 등을 용접하거나 가공, 구멍 뚫기 등을 하지 않는다.
④ 펌프와 어큐뮬레이터 사이에 유압유가 펌프로 역류하지 않도록 체크 밸브를 설치한다.

어큐뮬레이터 취급상의 주의사항
충격 완충용은 가급적 충격이 발생하는 곳에 가까이 설치한다.

정답 : ②

고무 튜브형 또는 인라인형이라고 하는 어큐뮬레이터에 대한 설명으로 옳은 것은?

① 대용량형 제작이 용이하다.
② 일정한 온도로 유지시킬 수 있다.
③ 스프링 특성상 저압용에 사용된다.
④ 배관에 연결하며 맥동방지에 사용된다.

어큐뮬레이터의 용도
- 에너지를 축적하고 보조에너지원의 역할
- 압력을 일정하게 유지시켜주어 충격압력의 완충용, 펌프의 맥동(서지압) 흡수 역할
- 고장, 정전 등으로 인한 비상 동력원 및 유체이송의 역할
- 대유량의 순간적인 공급 및 2차 회로 구동의 역할

정답 : ④

> **개념잡기**
>
> 매커니컬 실(mechanical seal)을 선정할 때 주의사항으로 가장 거리가 먼 것은?
>
> ① 밀봉면에 작용하는 밀봉력을 유지할 것
> ② 누유 방지를 위해 탈착이 불가능할 것
> ③ 밀봉 단면의 평형, 평면 상태를 유지할 것
> ④ 밀봉면 사이에 윤활 유체의 기화를 방지할 것
>
> **메커니컬 실 선정 시 주의사항**
> - 밀봉면에 작용하는 밀봉력을 유지할 것
> - 누유 방지를 위해 탈착이 가능할 것
> - 밀봉 단면의 평형, 평면 상태를 유지할 것
> - 밀봉면 사이에 윤활 유체의 기화를 방지할 것
>
> 정답 : ②

3. 유압 작동유

3-1 유압 작동유 구비조건

- 적당한 점성을 갖추어야 한다.
- 온도의 변화에 따른 점성의 변화가 작아야 한다(점도지수가 커야 한다).
- 유동성이 낮아야 한다.
- 요소의 운동을 원활하게 하기 위하여 윤활성이 좋아야 한다.
- 압축성이 작아야 한다(체적탄성계수가 커야 한다).
- 장시간의 사용에 대하여 물리적, 화학적 변화가 작아야 한다. 즉, 열안정성, 전단 안정성, 산화안정성 등이 좋아야 한다.
- 수분 등의 불순물과 분리성이 좋고 소포성이 좋아야 한다.
- 방청, 방식성이 좋아야 한다.
- 화기에 쉽게 연소되지 않도록 내화성이 좋아야 한다(인화점, 연소점이 높아야 한다).
- 발생된 열이 쉽게 방출될 수 있도록 열전달률이 높아야 한다.
- 열에 의한 유압유의 체적변화가 크지 않도록 열팽창계수가 작아야 한다.
- 값이 싸고 이용도가 높아야 한다.
- 적당한 유막 강도를 가지며, 휘발성이 좋아야 한다.

 **용어 정리**

점도지수
온도변화에 따른 점도 변화와 표시지수

체적탄성계수
유체가 압력을 받았을 때 압축이 되는 정도로 체적탄성계수가 클수록 압축율이 낮다.

3-2 유압유의 성질

온도에 따른 점도 변화

점도가 너무 높을 경우	점도가 너무 낮을 경우
• 내부 마찰의 증대와 온도 상승 (캐비테이션 발생) • 장치의 파이프 저항에 의한 압력 증대 (기계 효율 저하) • 동력 손실의 증대(장치 전체의 효율 저하) • 작동유의 비활성(응답성 저하)	• 내부 누설 및 외부 누설(용적 효율 저하) • 펌프 효율 저하에 따르는 온도 상승 (누설에 따른 원인) • 마찰 부분의 마모 증대(기계 수명 저하) • 정밀한 조절과 제어 곤란 등의 현상이 발생

개념잡기

유압 작동유에 필요한 성질이 아닌 것은?

① 산화안정성이 좋아야 한다.
② 마모방지성이 좋아야 한다.
③ 부식 방지성 및 방청성을 가져야 한다.
④ 온도변화에 따른 점도의 변화가 커야 한다.

유압 작동유는 온도변화에 따른 점도의 변화가 작아야 한다.

정답 : ④

개념잡기

유압작동유의 점도가 너무 낮은 경우 발생되는 현상은?

① 동력소비 증대
② 계통 내의 압력상승
③ 계통 내의 압력손실 증대
④ 내·외부 틈으로의 누유 증대

유압작동유의 점도가 낮은 경우
• 유압유의 내·외부 틈으로의 누설이 증가한다.
• 윤활유의 점도 저하에 따라 마찰부분의 마모가 심해진다.
• 유압 펌프의 체적효율이 저하한다.
• 필요한 압력의 발생이 곤란하므로 정확한 작동과 정밀한 제어가 어려워진다.

정답 : ④

04 공유압 액츄에이터

1. 공압 실린더

1-1 공압실린더의 종류

단동 실린더	• 한 방향의 운동에만 공압이 사용되고 반대 방향의 운동에는 스프링이나 피스톤 및 로드의 자중 또는 외력으로 복귀하는 실린더 - 일반적으로 100[mm] 미만의 행정 거리로 클램핑, 프레싱, 이젝팅 등에 사용
복동 실린더	• 압축 공기를 양쪽에 교대로 공급하여 피스톤을 전·후진시키는 것으로 가장 많이 사용하는 실린더
양로드 실린더	• 피스톤로드가 양쪽에 있는 실린더로 행정이 긴 실린더가 요구될 경우, 양쪽 로드가 필요한 경우에 사용 • 전진운동과 후진운동의 속도와 힘을 같게 할 수 있는 실린더
탠덤 실린더	• 두 개의 복동 실린더가 직렬로 연결되어 한 개의 피스톤으로 구성되어 있는 형태 • 큰 힘을 필요로 하는 곳에 사용된다.
다위치형 실린더	• 2개 이상의 복동 실린더를 동일 축선상에 연결하고 각각의 실린더를 독립적으로 제어함에 따라 몇 개의 위치를 제어하는 실린더 • 위치 정밀도를 비교적 높게 제어할 수 있다.
로드리스 실린더	• 피스톤의 로드가 없는 실린더로 전진과 후진이 동일한 힘을 얻고자 할 경우 사용하는 실린더 • 제한된 공간상에서 긴 행정거리가 요구되는 곳에 사용하며 외부와 피스톤 사이의 강한 자력에 의해 운동을 전달하므로 내·외부의 실링 효과가 우수하고 비접촉식 센서에 의해서 위치제어가 가능한 실린더
충격 실린더	• 프레싱, 펀칭 등의 작업과 같이 큰 운동에너지가 요구되는 곳에 적합하도록 설계된 실린더
텔레스코프 실린더	• 짧은 실린더 본체로 긴 행정거리를 필요로 하는 경우에 사용할 수 있는 다단 튜브형 로드를 가진 실린더
램형 실린더	• 좌굴 등 강성을 요구할 때 사용하는 실린더

참고

- 행정거리 : 작동이 가능한 범위의 거리
- 복귀시 실린더 헤드 위치 0이고, 작동완료 후 실린더 헤드 위치 100 → 행정거리 100
- 실린더의 출력
  $F = P \times A$
  F : 작용력[kgf]
  P : 작용압력[kgf/cm^2]
  A : 면적[cm^2]

설치형식에 의한 공압 실린더 분류

분류		형상	기능	
복수 실린더	텔레스코픽형		긴 행정을 지시할 수 있는 다단튜브형 로드를 가진 실린더	
	텐덤형		빗형으로 연결된 복수의 피스톤을 가진 실린더	
	다위치형		복수의 실린더를 직결해 몇 개의 위치를 지정하는 실린더	
설치 형식	풋형 (LA,LB)		가장 단단하고 일반적인 설치 방법으로 주로 경부하용	고정
	플랜지형 (FA,FB)		가장 강력한 설치방법의 하나이며 부하의 운동 방향과 축심을 일치시키는 것	
	피벗형		부하의 운동 방향과 실린더 요동 방향을 일치시킬 것	요동
	트러니언형 (TA, TB, TC)		요동 운동을 하므로 실린더가 다른 곳에 닿지 않도록 한다.	
	회전형 (CA, CB)		부하가 연속적으로 회전한다.	회전

공압실린더의 선정
- 튜브의 안지름
  - 부하의 상태, 사용 속도를 잘 고려해서 부하율을 검토한다.
  - 빠른 속도를 필요로 하는 경우는 부하율을 낮게 잡는다.
- 행정 길이
  - 행정 길이가 긴 경우는 로드의 강도, 힘 등을 검토한다.
  - 행정 길이가 긴 경우는 로드의 지지 방법을 고려하는 것도 필요하다.
- 쿠션 : 쿠션 능력을 검토하고 용량이 부족한 경우는 정지 직전에 감속하거나 또는 외부 완충기의 설치를 검토한다.
- 설치 형식
  - 행정 길이, 부하와의 균형을 고려해서 결정한다.
  - 작동 중에 부하가 직선운동하는 경우는 풋형, 플랜지형을 이용하고 부하가 한 평면 내에서 요동할 경우는 트러니언형, 클레비스형이 유효하다.

1-2 공압 실린더의 구조

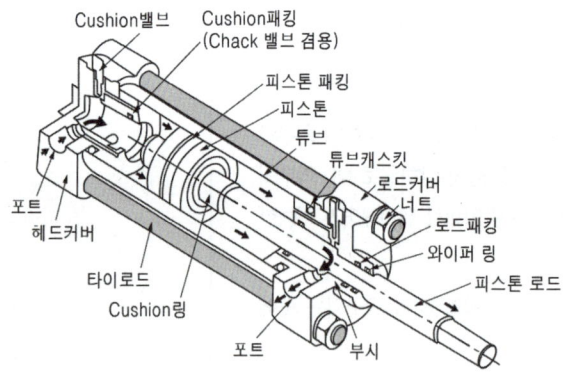

- 실린더 튜브 : 실린더 내부에서 피스톤이 왕복 운동할 때에 안내하는 것
- 헤드 커버 : 실린더 튜브의 양단에 설치되어 피스톤의 행정 위치를 결정하는 것
- 피스톤 로드 : 로드 커버와 피스톤에 연결되어 피스톤 출력, 변위를 외부에 전달하는 것
- 타이로드 : 커버를 실린더 튜브에 부착시키는 데 사용되는 것
- 로드 부싱 : 왕복 운동을 하는 피스톤 로드를 안내하는 것

1-3 요동형 공기압 액추에이터

한정된 회전각 범위 내에서 공압 에너지를 회전운동의 일로 변환하는 액추에이터

요동형 공기압 액추에이터 종류

베인형		• 원통형의 케이싱과 케이싱의 내벽에 밀착되어 회전하는 베인으로 이루어져 있음 • 한정된 각운동이 되도록 케이싱 내벽에 멈춤 장치가 설치되어 있음 • 싱글 베인형은 300° 이내, 더블 베인형은 90 ~ 120°
피스톤형	래크와 피니언형	• 피스톤 로드의 직선 왕복 운동이 래크와 피니언의 상대 운동을 통하여 회전 운동으로 변환 • 회전의 범위는 45°에서 720°까지이며 조절 장치에 의해 행정 거리를 변화시키면 회전각을 조절
	스크루형	• 피스톤의 왕복운동을 나사의 리드(lead)에 의하여 피스톤이 축방향으로 일정 거리를 이동하면 나사의 직선 왕복 운동이 각 운동으로 변환
	크랭크형	• 피스톤의 직선 왕복 운동을 피스톤에 직결된 크랭크를 통하여 제한된 각도의 회전 운동으로 변환 • 각운동의 범위는 110° 이내
	요크형	• 피스톤의 직선 왕복 운동을 피스톤 로드부의 중앙 위치에 요크를 통하여 제한된 각운동으로 변환

개념잡기

전진과 후진 시 추력이 같은 장점을 갖는 실린더는?

① 탠덤 실린더　　　　　　② 양 로드 실린더
③ 다위치형 실린더　　　　④ 텔레스코프형 실린더

실린더의 종류
• 탠덤 실린더 : 두 개의 복동 실린더가 직렬로 연결되어 한 개의 피스톤으로 구성되어 있는 형태로 큰 힘을 얻을 수 있다.
• 충격 실린더 : 프레싱, 펀칭 등의 작업과 같이 큰 운동에너지가 요구되는 곳에 적합하도록 설계된 실린더
• 복동 양로드 실린더 : 전진운동과 후진운동의 속도와 힘을 같게 할 수 있는 실린더
• 단동 텔레스코프 실린더 : 긴 행정을 지시할 수 있는 다단튜브형 로드를 가진 실린더

정답 : ②

> **개념잡기**

두 개의 복동 실린더가 직렬로 하나의 유니트에 조합되어 가압하면 약 2배의 추력을 얻을 수 있는 구조의 실린더는?

① 격판 실린더 ② 충격 실린더
③ 탠덤 실린더 ④ 다위치 제어 실린더

- 탠덤 실린더 : 실린더의 지름이 한정되고 큰 힘이 필요한 곳에 사용된다. 같은 크기의 복동 실린더에 의해 2배의 힘을 낼 수 있지만 실린더의 길이가 많이 길어지는 단점을 가지고 있다.
- 격판 실린더 : 내장된 격판이 압축 공기의 압력에 의해 부풀어져서 짧은 직선 운동을 얻는 장치로 주로 클램핑에 이용된다.
- 충격 실린더 : 작은 실린더로 큰 충격 에너지를 얻을 수 있어 리베팅, 펀칭, 미킹 등의 작업에 효율적이다.
- 다위치 제어 실린더 : 2개 또는 여러 개의 복동 실린더를 결합시켜 놓은 것으로 정확한 위치 제어가 가능하다.

정답 : ③

> **개념잡기**

공기압 실린더의 설치형식이 아닌 것은?

① 풋 형 ② 플랜지 형
③ 타이로드 형 ④ 트러니언 형

설치형식에 따른 실린더 분류

설치형식	
	풋형(LA, LB)
	플랜지형(FA, FB)
	피벗형
	트러니언형(TA, TB, TC)
	회전형(CA, CB)

정답 : ③

> **개념잡기**

요동형 실린더가 아닌 것은?

① 베인형 실린더 ② 피스톤형 실린더
③ 스크루형 실린더 ④ 로킹암형 실린더

요동형 실린더 종류
- 날개형(베인형)
- 랙 – 피니언형
- 스크루형
- 피스톤형

정답 : ④

2. 유압 실린더

2-1 유압 실린더 개요

공압실린더와 유사하며 유체(공압 → 공기, 유압 → 기름)에 따른 차이가 있다.

2-2 유압실린더 구조

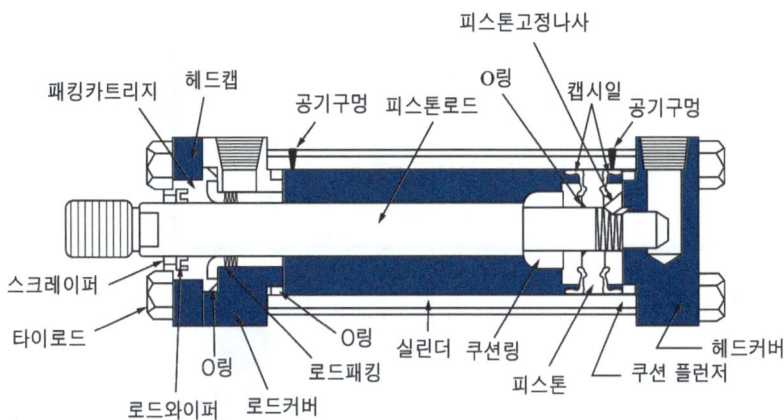

실린더 구조	구비조건
실린더 튜브	내압, 내마모성이 높고 절삭성이 좋아야 함
피스톤	실린더 튜브의 양면을 손상하지 않도록 원활하게 작동하고 압력, 압축, 휨, 진동 등의 하중에 견딜 수 있어야 함
피스톤 로드	기계 구조용 탄소강 또는 특수강 단조품을 열처리하여 사용하고 있음
커버	헤드 커버와 로드 커버가 있고 내압에 대한 충분한 강도를 갖고 있어야 함
패킹	내유, 나마모, 내열, 내압성 등이 좋은 재료를 써야 함

유압실린더 설계상 주의사항

- 피스톤이 실린더 양단부에 도달하여도 실린더 튜브 내에 유압이 걸리게 할 수 있고, 피스톤의 구동에 지장이 없도록 한다.
- 유압 실린더를 가볍게 만들기 위해서는 강 대신 양극 산화 알루미늄의 실린더와 피스톤 로드를 사용하면 좋다.
- 하중이 주로 축 방향에 걸리는 경우에는 축받이의 길이는 피스톤 로드 지름의 약 1.5배 정도가 적당한 것으로 되어 있다.
- 유압 실린더의 전 압축에서 전 인장까지의 과정 중 작용압력이 크게 변화하고 지름이 방향의 굽힘이 문제가 되지 않는 경우에는 압력 변화에 따라서 실린더 튜브 외벽에 테이퍼를 준다.
- 실린더 안지름 및 봉 지름의 결정에 있어서는 규격화된 실린더 튜브재가 실을 사용할 수 있도록 배려하는 것이 좋다.
- 유압 실린더는 적당한 위치에 공기구멍을 장치한다.
- 유압 실린더는 원칙적으로 더스트 와이퍼를 연결해야 한다.
- 오일 누출 : 유압 실린더의 내부 누출은 동작 특성에 영향을 끼치므로 피스톤 실에는 특히 주의해야한다.

실린더의 이론 출력을 구하기 위한 요소

- 공기 압력
- 실린더 튜브 내경
- 피스톤 로드 내경

> **개념잡기**
>
> 실린더의 이론 출력을 구하기 위해 필요한 요소가 아닌 것은?
>
> ① 공기 압력 ② 실린더 튜브 내경
> ③ 실린더 행정 거리 ④ 피스톤 로드 내경
>
> ---
>
> 실린더의 이론 출력을 구하기 위한 요소
> - 공기 압력
> - 실린더 튜브 내경
> - 피스톤 로드 내경
>
> ※ 실린더 출력
> - 전진 시 : $\dfrac{\pi D^2}{4} \times P$
> - 후진 시 : $\dfrac{\pi(D^2 - d^2)}{4} \times P$
>
> (단, D : 실린더 내경, P : 사용 공기압력, d : 로드직경, 마찰력은 무시하고 로드측 압력은 대기압이다)
>
> 정답 : ③

3. 공압 모터

공기의 압력 에너지를 연속 회전 운동으로 변환하는 공기압 기기

3-1 공압 모터의 종류

피스톤형	• 정, 역회전 가능, 대형 중저속 고토크용으로 주로 이용 • 최고 회전속도는 5,000[rpm], 출력은 1.5 ~ 1.9[kW](2 ~ 25마력) • 구조가 복잡하고 비쌈
베인형	• 구조가 간단하고 무게가 가벼움 • 대부분의 공압 모터는 이 방식으로 만들어짐 • 고속, 저토크형으로 주로 이용 • 3 ~ 10개의 날개, 모터 속도 : 3,000 ~ 8,500[rpm] • 역회전 가능, 출력 : 0.1 ~ 17[kW](0.1 ~ 24마력)
기어형	• 2개의 맞물린 기어에 압축공기를 공급하여 회전운동을 얻는 방식 • 고속회전, 고토크형으로 주로 이용된다. • 역회전 가능, 45[kW] 높은 출력을 얻을 수 있어 광산기계, 호이스트 등에 사용
터빈형	• 터빈을 구동하여 분출되는 공기를 이용하여 회전력을 얻음 • 초고속회전, 미소 토크형에 주로 이용

> **참고**
>
> 공압모터 사용상 주의사항
> - 공기압 모터의 성능이 충분히 확보되도록 배관 및 밸브는 될 수 있는 한 유효 단면적이 큰 것을 사용하고, 밸브는 가급적 공기압 모터의 가까이에 설치한다.
> - 공기압 모터는 일반적으로 급유를 필요로 하므로 윤활기를 반드시 사용하고 윤활유 공급이 중단되지 않도록 주의한다.
> - 내부의 단열 팽창에 의해 항상 냉각되므로 고속 회전 및 저온에서의 사용에 있어서는 결빙에 주의하고 경우에 따라 에어 드라이어를 사용한다.

3-2 공압 모터의 특징

- 에너지를 축적 가능하다.
- 과부하에 안전하다.
- 폭발의 위험이 없고 회전수, 토크 조절이 가능하다.
- 기동, 정지, 역회전 운전이 쉬우나, 에너지 변환 효율이 낮다.
- 운전비용이 많이 소요된다.
- 정밀한 운전이 어렵다.
- 압축성으로 정밀한 제어가 어렵고 소음이 발생한다.

개념잡기

공기압 모터의 특징으로 옳은 것은?

① 공기압 모터는 과부하에 대하여 비교적 안전하다.
② 요동형 공기압 모터는 회전각의 제한이 없다
③ 공기압 모터를 사용하면 고속을 얻기가 어렵다.
④ 공기압 모터의 회전 속도는 무단으로 조절할 수 없다.

공압 모터의 특징
- 에너지를 축적할 수 있어서 정전이 발생하여도 기동이 가능하다.
- 과부하에 안전하고, 일정 토크 이상의 힘을 발생시키지 않는다.
- 폭발의 위험이 없어 안전하고, 회전수, 토크 조절이 가능하다.
- 기동, 정지, 역회전 운전이 쉬우나, 에너지 변환 효율이 낮다.
- 회전운동에 공기 소비량이 많기 때문에 운전비용이 많이 든다.
- 회전속도의 변형이 심하여 정밀한 운전을 유지하기 힘들다.
- 압축성이 불량하여 제어에 어려움이 있고, 소음이 크게 발생한다.

정답 : ①

---

4. 유압 모터

4-1 유압 모터 종류

기어 모터	• 작동유체의 압력에 의한 힘이 기어의 이에 작용하여 기어에 회전 토크를 발생시켜 운동을 얻음 - 유압 모터 중 구조가 가장 간단, 출력 토크 일정, 정역회전이 가능 - 압력부하에 대한 보상 장치가 없으며, 정밀한 서보기구에는 부적합 - 토크효율이 약 75 ~ 85[%], 전효율은 80[%], 최저 회전수는 150 ~ 500[rpm] - 이물질에 둔감, 운전 조건이 양호, 가격이 저렴

베인 모터	• 회전축과 함께 회전하는 로터에 부착된 베인이 유압유의 압력으로 토크를 발생시켜 회전운동을 얻음 • 비교적 구조가 간단, 토크 변동이 적고, 기어 모터에 비해 높은 동력과 높은 효율 • 누설에 강함 • 공급압력 일정 시 출력토크가 일정, 무단변속이 가능 • 전효율은 70 ~ 80[%], 최고사용압력은 70[kg_f/cm^2], 회전수는 200 ~ 1,800[rpm] • 가동 시나 저속 시에 토크효율이 낮고 각 부분의 치수, 직각도 등이 상당한 정도를 요구하는 반면, 구성부품수가 적고 구조가 간단한 편이라 고장 발생이 적음
피스톤 모터	• 고속, 고압이 필요한 유압장치에 사용되며, 피스톤 펌프와 거의 유사하고, 엑시얼형과 레이디얼형으로 분류될 수 있음. 그리고 정용량형과 가변용량형으로 분류할 수 있음 • 구조가 복잡, 큰 출력 발생, 가격이 고가 • 유압 모터 중 효율이 가장 우수하여, 보통 3,000[rpm], 350[kg_f/cm^2]의 압력을 얻음 - 회전 실린더형 엑시얼 피스톤 모터는 중·고속 저토크용으로, 레이디얼 피스톤 모터는 저속 고토크용으로 사용

 참고

요동형 유압 모터

한정된 회전각 범위 내에서 왕복, 회전운동을 하는 액추에이터

- 베인형 : 구조가 간단하고 소형이지만 큰 토크를 발생시킬 수 있다.
- 피스톤형 : 회전각도의 제한이 없고, 설치면적은 길어지는 면이 있지만 출력토크를 크게 할 수 있다.

4-2 유압 모터의 특징

유압 모터의 장점	유압 모터의 단점
• 소형 경량으로도 큰 출력을 낼 수 있음 • 토크 제어 기계에 사용하면 편리 • 최대 토크를 제한하는 기계에 사용하면 편리 • 시동, 정지, 역전, 변속 등은 미터링 밸브 또는 가변, 토출 펌프에 의해서 간단히 제어할 수 있음	• 작동유 내에 먼지나 공기가 침입하지 않도록 해야 함 • 수명이 사용 조건에 따라 다름 • 화재 염려가 있는 곳에서는 사용이 곤란 • 작동유의 점도 변화에 따라 사용에 제약을 받음. 일반적인 사용 온도 범위는 20 ~ 80[℃]

개념잡기

유압 모터의 종류가 아닌 것은?

① 기어 모터
② 베인 모터
③ 스크루 모터
④ 피스톤 모터

유압 모터의 종류
- 기어 모터
- 피스톤 모터
- 나사 모터
- 베인 모터

정답 : ③

개념잡기

유압 모터 중 구조면에서 가장 간단하며 출력토크가 일정하고 정·역회전이 가능하고 토크효율이 약 75~85[%], 최저 회전수는 150[rpm] 정도이며, 정밀 서보 기구에는 부적합한 것은?

① 기어 모터(gear motor)
② 베인 모터(vane motor)
③ 액시얼 피스톤 모터(axial piston motor)
④ 레디얼 피스톤 모터(radial piston motor)

유압 모터의 종류 - 기어 모터
- 작동유체의 압력에 의한 힘이 기어의 이에 작용하여 기어에 회전 토크를 발생시켜 운동을 얻는다.
- 유압 모터 중 구조가 가장 간단하며 출력토크가 일정하고 정역회전이 가능하다.
- 모터는 약 140[kg/cm^2] 이하의 압력에서 작동하며, 작동 회전수는 2,400[rpm] 정도, 최대 유량은 600[L/min] 정도이다. 압력부하에 대한 보상 장치가 없으며, 정밀한 서보 기구에는 적합하지 않다.
- 토크효율이 약 75~85[%], 전효율은 80[%] 정도이고, 최저 회전수는 150~500[rpm] 정도이다.
- 이물질에 둔감하고 운전 조건이 양호하며, 가격이 저렴하다.

정답 : ①

05 공유압 제어밸브

1. 압력제어밸브

회로의 압력을 제어하여 액츄에이터의 힘을 조절하는 밸브

1-1 압력제어밸브 종류

릴리프 밸브	• 압력제한, 입구측(1차측) 압력이 스프링의 힘보다 커지면 통과시킨다. • 시스템 내의 최고 압력을 설정하는 밸브 • 입력되는 압력을 일정 압력 이하로 유지 • 시스템 내의 압력이 최대 허용 압력을 초과하는 것을 방지 • 실린더 내의 토크나 힘을 제한하여 과부하를 방지하는 안전 밸브
감압 밸브	• 입력되는 압력과는 무관하게 출력되는 압력을 일정 압력 이하로 조절해 주는 밸브
시퀀스 밸브	• 일정 압력에 도달하면 제어 신호를 순차적으로 출력시켜주는 밸브
카운터 밸런스 밸브	• 한쪽 방향의 흐름에 대해서는 설정된 배압이 생기게 하고, 다른 방향으로는 자유로운 흐름이 가능한 유압 밸브로 체크 밸브가 내장되어 있는 밸브 • 릴리프 밸브 + 체크밸브
무부하 밸브	• 작동압력이 규정압력 이상이 되면 유압유를 유압 펌프로부터 직접 오일탱크로 귀환시키면서 펌프를 무부하 상태로 만드는 밸브 • 동력을 절감시키고 유압유의 온도 상승을 방지하기 위해 사용

핵심 KEY

압력제어밸브 기호

• 릴리프 밸브

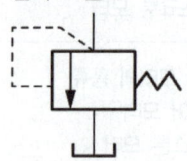

• 감압 밸브

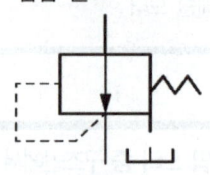

• 시퀀스 밸브

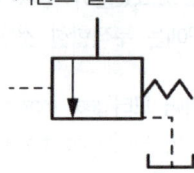

• 카운터밸런스 밸브

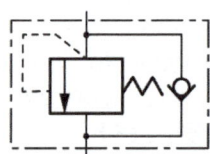

• 무부하 밸브

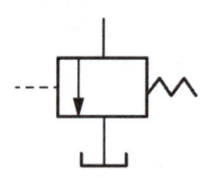

1-2 제어밸브 특성

압력조정 특성	압력제어 밸브의 핸들을 돌렸을 때 회전각에 따라 공기압력이 원활하게 변화하는 특성
유량 특성	2차측 유로를 조여서 유량이 0인 상태에서 공기 압력을 설정한 후에 2차측 유량을 서서히 증가시켜 가면, 2차측 압력은 서서히 저하됨
압력 특성	압력 특성은 1차측 압력의 변동에 따라 2차측 압력 변동의 변화 특성을 말함
재현성 특성	1차측의 공기 압력을 일정 공기압으로 설정하고 2차측을 조절할 때 설정압력의 변동상태를 확인하는 것
히스테리시스 특성	압력 제어 밸브의 핸들을 조작하여 공기 압력을 설정하고 압력을 변동시켰다가, 다시 핸들을 조작하여 원래의 설정에 복귀시켰을 때, 최초의 설정값과의 오차를 말하며 이는 밸브의 내부 마찰 등에 그 영향이 크게 나타남
릴리프 특성	2차측 공기의 압력을 외부에서 상승시켰을 때 릴리프 구멍에서 배기되는 고압의 압력 특성

압력스위치

회로의 압력이 설정값에 도달하면 시스템의 전기 회로에 신호를 보내 전기 회로를 열거나 닫히게 하는 역할을 하는 전환 스위치

- 압력스위치

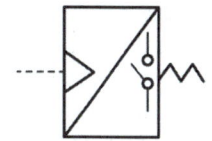

개념잡기

다음 밸브의 명칭과 역할은?

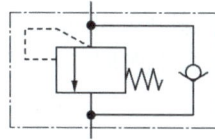

① 감압 밸브 : 실린더 전진 시 압력 제어
② 릴리프 밸브 : 회로의 압력을 일정하게 유지
③ 일방향 유량제어 밸브 : 실린어 후진속도 제어
④ 카운터 밸런스 밸브 : 실린더 자중에 의한 낙하 방지

감압 밸브	릴리프 밸브	일방향 유량제어밸브	카운터 밸런스 밸브

정답 : ④

압력제어 밸브의 핸들을 돌렸을 때 회전각에 따라 공기 압력이 원활하게 변화하는 특성은?

① 압력조정 특성
② 유량 특성
③ 재현 특성
④ 릴리프 특성

압력조정 특성
- 압력조정 특성 : 압력제어밸브의 핸들을 돌렸을 때 회전각에 따라 공기압력이 원활하게 변화하는 특성
- 유량 특성 : 2차측 유로를 조여서 유량이 0인 상태에서 공기 압력을 설정한 후에 2차측 유량을 서서히 증가시켜 가면, 2차측 압력은 서서히 저하된다.
- 압력 특성 : 압력 특성은 1차측 압력의 변동에 따라 2차측 압력 변동의 변화 특성을 말한다.
- 재현성 특성 : 1차측의 공기 압력을 일정 공기압으로 설정하고 2차측을 조절할 때 설정압력의 변동상태를 확인하는 것
- 히스테리시스 특성 : 압력 제어 밸브의 핸들을 조작하여 공기 압력을 설정하고 압력을 변동 시켰다가, 다시 핸들을 조작하여 원래의 설정값에 복귀시켰을 때, 최초의 설정값과의 오차를 말하며 이는 밸브의 내부 마찰 등에 그 영향이 크게 나타난다.
- 릴리프 특성 : 2차측 공기의 압력을 외부에서 상승시켰을 때 릴리프 구멍에서 배기되는 고압의 압력 특성

정답 : ①

다음 설명에 해당되는 특성은?

> 압력제어 밸브의 조정 핸들을 조작하여 압력을 설정한 후 압력을 변화 시켰다가 다시 핸들을 조작하여 원래의 설정 값에 복귀시켰을 때 최초의 압력값과는 오차가 발생한다.

① 유량 특성
② 릴리프 특성
③ 압력 조절 특성
④ 히스테리시스 특성

정답 : ④

2. 유량제어밸브

유체의 양을 조절하여 액츄에이터의 속도를 제어하는 밸브

2-1 유량제어밸브 종류

교축 밸브 (스로틀밸브)	• 유로의 단면적을 교축하여 유량을 제어하는 밸브(양방향 유량 제어)
속도제어 밸브 (일방향 유량제어 밸브)	• 유량을 교축하는 동시에 흐름의 방향을 제어하는 밸브로 실린더의 속도를 제어하는 밸브 • 체크밸브 + 교축밸브
급속배기 밸브	• 공압 실린더의 배기압을 빨리 제거하여 실린더의 전진이나 복귀속도를 빠르게 하기 위한 목적으로 실린더와 최대한 가깝게 설치하여 사용하는 밸브(배기 유량 증가시켜 속도 증진)
유량조정 밸브	• 압력보상형, 압력 - 온도보상형 유량조정 밸브 • 압력의 변동에 의해 유량이 변동되지 않도록 회로에 흐르는 유량을 일정하게 유지
바이패스 유량제어 밸브	• 펌프의 전 유량을 한 가지 기능에 사용하는 경우나 다른 기능을 위해 유량을 흘려보내야 하는 경우 등에 사용하는 밸브
유량 분류 밸브	• 유량을 제어, 분배하는 기능을 하는 밸브

핵심 KEY

유량제어밸브 기호
• 교축 밸브(스로틀 밸브)

• 속도제어 밸브 (일방향 유량제어 밸브)

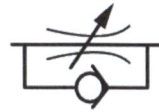

• 급속배기 밸브

3. 방향제어밸브

3-1 밸브의 구조에 의한 분류

포핏식	• 구조가 간단하고, 밀봉이 우수하고 이물질의 영향을 받지 않음 • 작동거리가 짧고 작동력이 크고 압력보상이 있어야 함
스풀식	• 적은 양의 누유가 발생할 수 있으며, 이물질에 민감 • 작동거리가 길고 작동력이 작고, 작은 힘으로도 밸브를 변환할 수 있음 • 다양한 유압 흐름의 형식을 쉽게 설계할 수 있음 • 전환밸브에서 가장 널리 사용되는 형식
로터리 및 미끄럼식	• 회전하면서 유로를 개폐하여 유동의 방향을 변환 • 유량이 적고 압력이 낮은 원격제어용 파일럿 밸브로 사용

3-2 방향제어밸브 기호

기호	설명		
□	• 밸브의 스위치 전환위치를 사각형으로 나타냄		
□□	• 겹쳐져 있는 사각형은 밸브 전환 위치의 개수로, 사각형이 2개인 밸브는 2개의 제어 위치를 가진 밸브		
(↑)	• 밸브의 기능과 작동 원리는 사각형 안에 표시 • 직선은 유로를 나타내고 화살표는 흐르는 방향을 나타냄		
(⊥⊤)	• 매체의 흐름이 차단되는 위치는 사각형 안에 직각으로 표시		
(연결구)	• 출구와 입구의 연결구는 사각형 밖에 직선으로 표시		
(배기)	• 배관이 있는 배기구는 밸브에 직접 붙지 않는 삼각형으로 표시		
a 0 b	• 3개의 전환 위치를 가지는 밸브에서 중간 위치는 중립위치를 나타냄		
(그림 A/P)	2/2 방향 제어 밸브 (2/2-way 밸브)	정상상태 → 닫힘	
(그림 A/P)		정상상태 → 열림	
(그림 A/P R)	3/2 방향 제어 밸브 (3/2-way 밸브)	정상상태 → P는 외부와 차단, A는 R로 배기	
(그림 A/P R)		정상상태 → P와 A 연결	
(그림 A B/P R)	4/2 방향 제어 밸브 (4/2-way 밸브)	2개의 작업라인이 있어서 복동 실린더의 제어에 사용, 공급, 배기 라인	
(그림 A B/R P S)	5/2 방향 제어 밸브 (5/2-way 밸브)	2개의 작업라인, 2개의 배출구 복동 실린더 제어에 사용	

기호		설명
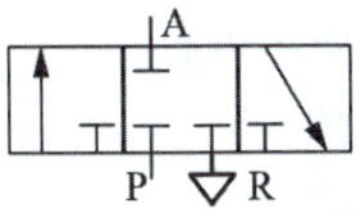 (그림)	3/3 방향 제어 밸브 (3/3-way 밸브)	중립위치 → 모두 닫힘
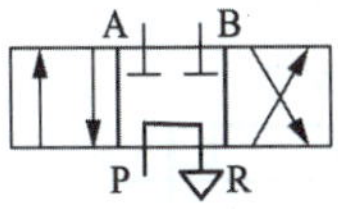 (그림)	4/3 방향 제어 밸브 (4/3-way 밸브)	중립위치 → P가 배출
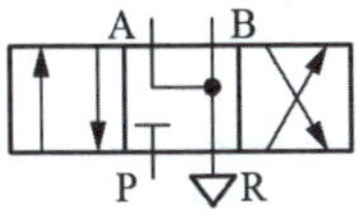 (그림)		중립위치 → 작업라인 A, B 배기
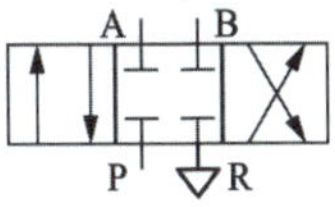 (그림)		중립위치 → 닫힘
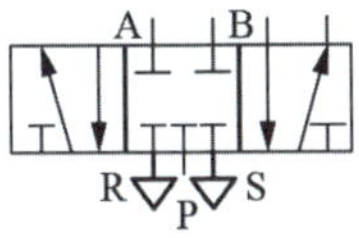 (그림)	5/3 방향 제어 밸브 (5/3-way 밸브)	중립위치 → 닫힘
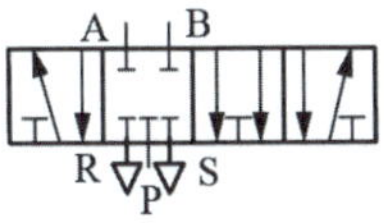 (그림)	5/4 방향 제어 밸브 (5/4-way 밸브)	중립위치 → 닫힘 양쪽 신호가 모두 존재하면 A, B 배기

3-3 밸브의 연결구 표시방법

분류	ISO-1219	ISO-5599
작업라인	A, B, C …	2, 4, 6 …
에너지 공급구	P	1
배출구	R, S, T	3, 5, 7
누출라인	L	9
제어라인	X, Y, Z …	10, 12, 14 …

핵심 KEY

- 포트의 수와 위치 수
  - 포트 수 : 밸브와 주관로를 접속하는 접속구의 수
  - 위치 수 : 밸브 내부에 생기는 전환의 위치 수

3-4 논리턴 밸브

어떠한 조건을 만족하거나, 양쪽 방향의 공기의 흐름에 큰 차이가 있을 때에만 유체의 흐름을 허용하는 밸브

체크 밸브	• 공압에서는 한쪽 방향으로만 공기의 흐름을 허용할 때 사용하는 밸브 • 유체의 흐름을 차단하는 방법으로 원뿔, 볼, 판 등이 있음
AND 밸브 (2압 밸브)	• 저압 우선형 셔틀 밸브 • 두 개의 입구와 한 개의 출구를 갖춘 밸브로 두 개의 입구에 압력이 작용할 때만 출구에 출력 신호가 발생하는 밸브
OR 밸브 (셔틀 밸브)	• 고압 우선형 셔틀 밸브 • 두 개 이상의 입구와 한 개의 출구를 갖춘 밸브로 둘 중 한개 이상 압력이 작용할 때 출구에 출력 신호가 발생하는 밸브

핵심 KEY

논리턴 밸브 기호
• 체크 밸브
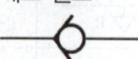
• AND 밸브
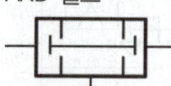
• OR 밸브
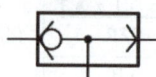

3-5 밸브 조작방식

조작방법	종류	기호
인력 조작 방법	누름버튼방식	
	레버방식	
	페달방식	
기계방식	플런저방식	
	롤러방식	
	스프링방식	
전자방식	직접작동방식	
	간접작동방식	
공기압 방식	직접파일럿	
	간접파일럿	
보조방식	디텐드	

3-6 밸브의 중립위치에 따른 분류

올오픈 센터형	• 중립위치에서 모든 포트가 서로 통하게 되어 있어 펌프 송출유는 탱크로 귀환되어 무부하 운전이 된다. • 전환 시 충격도 적고 전환 성능이 좋으나 실린더를 확실하게 정지시킬 수 없다.
올클로즈드 센터형	• 중립위치에서 모든 포트를 막은 형식으로 실린더를 임의의 위치에서 고정시킬 수 있다. • 밸브의 전환을 급격하게 작동하면 서지압이 발생하므로 주의를 요한다.
탠덤 센터형	• 중립위치에서 A, B포트는 차단, 펌프측과 탱크측은 연결된다. • 펌프의 무부하 운전 시 사용한다.
펌프 클로즈드 센터형	• 중립위치에서 P포트가 막히고 다른 포트들은 서로 통하게끔 되어 있는 밸브. 3위치 파일럿조작 밸브의 파일럿 밸브로 많이 쓰인다. • 저속, 경부하에서 관성에 의한 자중의 위험이 적을 때 (실린더 세로 ×, 가로 ○) 사용한다.
탱크 클로즈드 센터형	• 전진행정은 차동회로에 의해 종속가능하다. • 중립위치에서 실린더의 전진속도를 빠르게 하기 위해 사용된다.
실린더 클로즈드 센터형	• 펌프 언로드가 요구되면서 부하에 의한 자중을 방지할 때 사용한다.
오픈 탠덤 센터형	• 센터 바이 패스형이라고도 하며 중립위치에서 A, B 포트가 모두 닫히면 실린더는 임의의 위치에서 고정된다. • P포트와 T포트가 서로 통하게 되므로 펌프를 무부하시킬 수 있다.

핵심 KEY

밸브의 중립위치에 따른 분류
• 올오픈 센터형

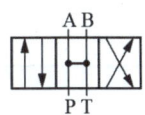

• 올클로즈드 센터형

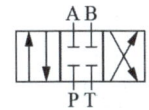

• 탠덤 센터형

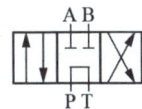

• 탱크클로즈드

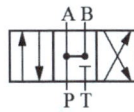

• 펌프 클로즈드

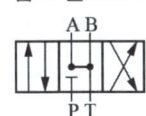

방향제어밸브의 연결구 표시방법 중 'R'이 의미하는 것은?

① 배출구
② 작업라인
③ 제어라인
④ 에너지 공급구

연결구 표시법

	ISO 5599	ISO 1219
공급라인	1	P
작업라인	2, 4 …	A, B, C
배기라인	3, 5 …	R, S, T
제어라인	10, 12, 14 …	X, Y, Z
누출라인	9	L

정답 : ①

방향제어 밸브의 구조 중 스풀 방식의 밸브에 대한 설명으로 틀린 것은?

① 다양한 조작방식을 쉽게 적용할 수 있다.
② 전환밸브에서 가장 널리 사용되는 형식이다.
③ 다양한 유압 흐름의 형식을 쉽게 설계할 수 있다.
④ 밸브 습동 부분에서의 내부 누설이 없고 조작이 확실하다.

내부 누설이 없고 조작이 확실한 것은 포핏밸브에 대한 설명이다.

정답 : ④

방향 제어 밸브 조작 방식 명칭과 기호의 연결이 틀린 것은?

① 전자 방식 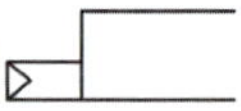
② 페달 방식 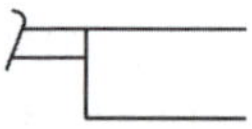
③ 플런저 방식 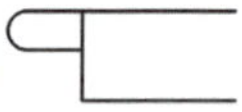
④ 누름 버튼 방식

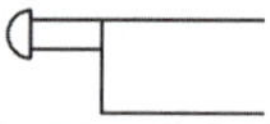

1번 보기는 공기압 방식 기호이다.

정답 : ①

06 공유압 기호

1. 동력원

공압원	유압원	전동기	원동기
▷―	▶―	Ⓜ=	[M]=

2. 모터 및 펌프

공기압 모터 (2방향 유동)	유압 모터	공기압 압축기	유압 펌프

3. 측정계

온도계	유면계	압력계	차압계

토크계	유량계	적산유량계

4. 기타 기기

냉각기	가열기	온도조절기	윤활기 (루브리게이터)
공유압 변환기	증압기	어큐뮬레이터	드레인붙이 필터
공기탱크	유압탱크	스트레이너	공기필터
압력스위치	소음기	공기건조기	공기압 조정유닛

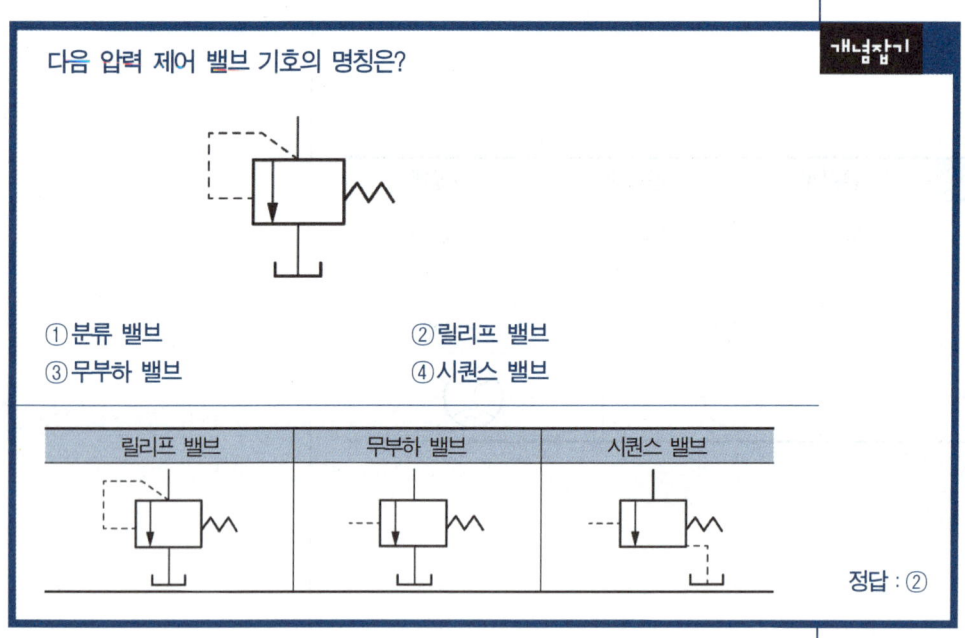

다음 압력 제어 밸브 기호의 명칭은?

① 분류 밸브
② 릴리프 밸브
③ 무부하 밸브
④ 시퀀스 밸브

릴리프 밸브	무부하 밸브	시퀀스 밸브

정답 : ②

다음 유압 회로도를 구성하는 기기의 명칭이 틀린 것은?

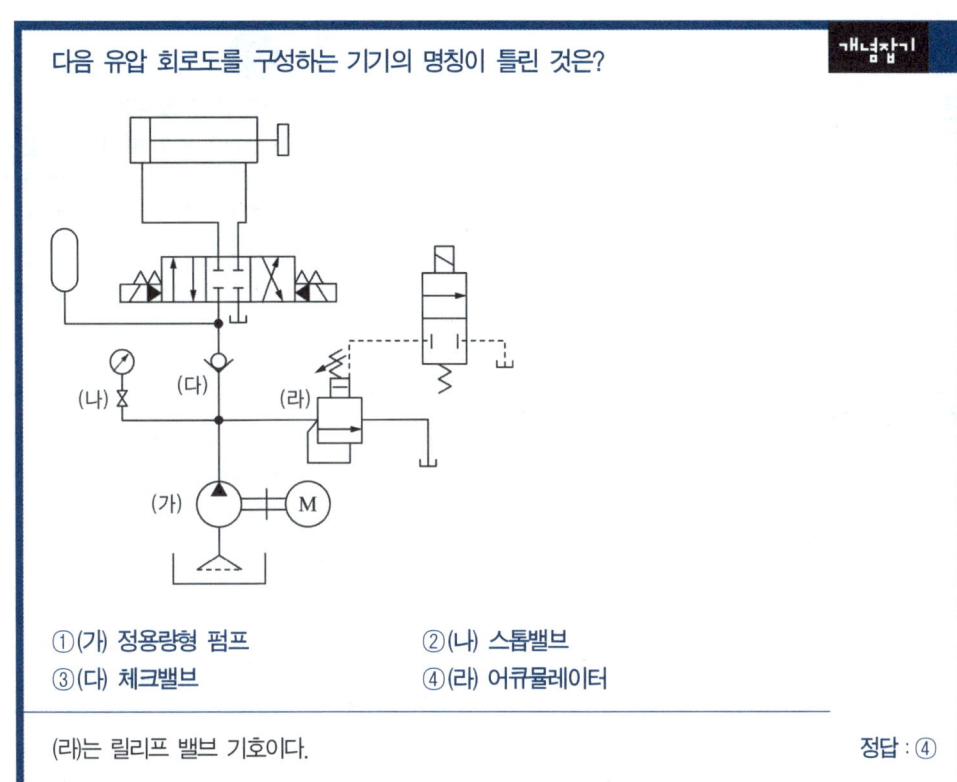

① (가) 정용량형 펌프
② (나) 스톱밸브
③ (다) 체크밸브
④ (라) 어큐뮬레이터

(라)는 릴리프 밸브 기호이다.

정답 : ④

공기압 모터의 기호는?

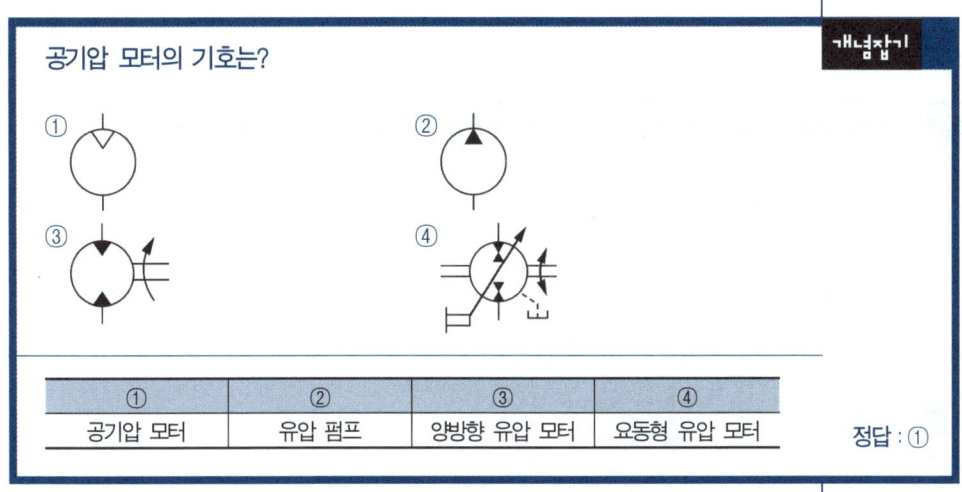

①	②	③	④
공기압 모터	유압 펌프	양방향 유압 모터	요동형 유압 모터

정답 : ①

07 공유압회로

1. 공유압 회로

1-1 기본회로

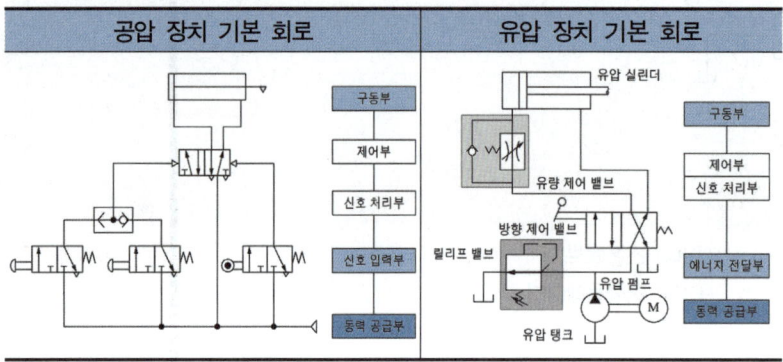

1-2 제어 회로

압력제어회로

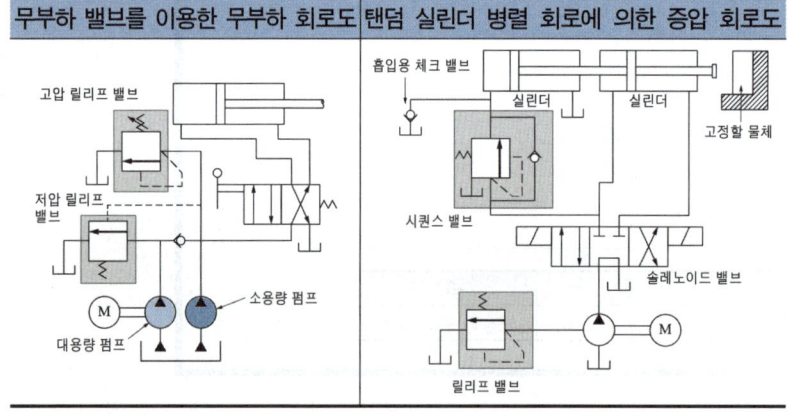

공압 회로 표시법
- 밸브의 스위치 전환 위치는 사각형으로 표시하고, 제어기기의 주 기호는 1개의 직사각형 또는 복수의 직사각형으로 만든다.
- 작동 위치에서 형성되는 조작 기호에 의해 눌러진 직사각형이 이동되어 유로가 외부 접속구와 일치되는 상태가 조립상태가 되도록 표시한다.
- 밸브에 뚫려있는 개구의 수를 포트라고 하고, 직사각형의 개수(방의 수)가 위치가 된다(4포트 2위치).
- 배기구는 역삼각형으로 표시한다.

유압 회로 표시법
- 주관로, 전기 신호선은 실선으로 나타낸다.
- 파일럿 관로, 드레인 관로는 파선으로 나타낸다.
- 큰 원은 에너지 변환기를 나타내고 중간원은 계측기, 작은 원은 체크 밸브를 나타낸다.
- 관로의 접속, 롤러의 축은 점으로 나타낸다.

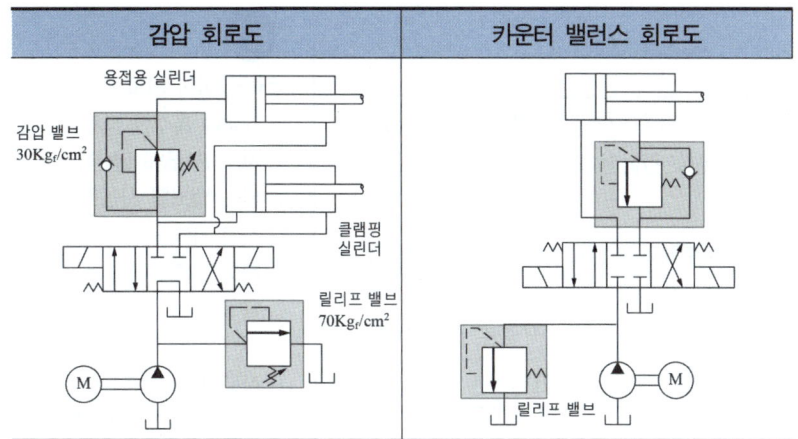

속도제어회로

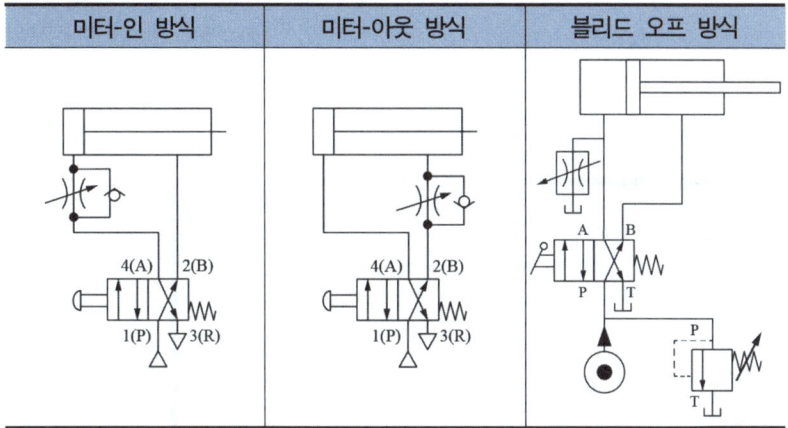

미터-인 회로
실린더 공급 관로에 설치된 바이패스 관로의 흐름을 제어하여 속도를 제어하는 회로

미터-아웃 회로
미터-인 회로와 반대로, 배기쪽 관로에 설치된 바이패스 관로에 흐름을 제어하여 속도를 제어하는 회로

블리드 오프 회로
실린더와 병렬로 밸브를 설치하여 실린더 공급 관로에 바이패스 관로를 설치하고, 유입되는 유량의 흐름을 제어하여 힘(속도)을 제어하는 회로

방향제어회로

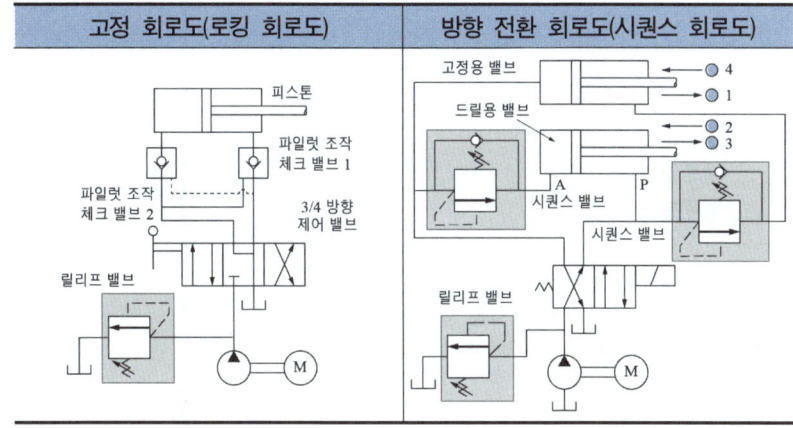

로킹 회로
- 위치 제어 회로로 파일럿 조작 체크 밸브를 사용한 것
- 단조 기계, 압연기와 같은 장치에 사용

방향 전환 회로도
실린더가 전·후진하는 행정을 순차적으로 하도록 되어 있음

1-3 회로의 표현 방법

제어선도	• 신호 발생 요소의 신호영역을 ON-OFF 표시 방식으로 표현함으로써 각 신호 발생 간의 신호 간섭현상을 예지할 수 있는 동작 상태 표현법
변위-단계선도	• 기기 간 접속보다 단지 액추에이터의 동작 순서를 표시하는 것 • 작업 요소의 변화가 순서에 따라 표시되며, 제어 시스템에 여러 개의 작업 요소가 사용되면 같은 방법으로 여러 줄로 표시하는 것
변위-시간선도	• 시간에 따른 액추에이터의 동작 상태를 표현하는 방법

캐스케이드 회로 개요
- 제어에 특수한 장치나 밸브를 사용하지 않고 일반적으로 이용되는 밸브를 사용한다.
- 작동 시퀀스가 복잡하게 되면 제어 그룹의 개수가 많아지게 되어 배선이 복잡하고, 제어회로의 작성도 어렵게 된다.
- 작도에 방향성이 없는 리밋 스위치를 이용하고, 리밋 스위치가 순서에 따라 작동되어야만 제어신호가 출력되기 때문에 높은 신뢰성을 보장할 수 있다.
- 캐스케이드 밸브가 많아지게 되면 제어 에너지의 압력이 낮아져 제어에 걸리는 스위칭 시간이 길어지는 특징이 있다.

다음 회로의 명칭으로 옳은 것은?

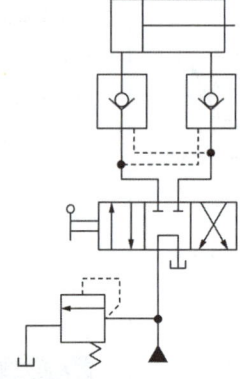

① 로크 회로　　　　　② 증압 회로
③ 축압 회로　　　　　④ 무부하 회로

로크 회로
실린더 행정 중 임의 위치에서 또는 행정 끝에서 실린더를 고정시켜 놓을 필요가 있을 때, 부하가 클 때 또는 장치 내의 압력 저하에 의하여 실린더 피스톤이 이동되는 경우가 발생하는데 이 피스톤의 이동을 방지하는 회로
- 임의 위치 로크 회로
- 체크밸브를 이용한 로크 회로
- 파일럿 조작 체크 밸브를 이용한 완전 로크 회로

위 그림은 파일럿 조작 체크 밸브를 이용한 완전 로크 회로에 해당한다.

정답 : ①

CHAPTER 02

자동제어

KEYWORD 시퀀스제어, 리드 스위치, 유도형 센서, 플로차트, 기능선도, 자기유지회로, 인터록 회로, 불대수, 논리 연산 회로, 플립플롭, 피드백 제어, 비례제어 동작, 산업용 로봇

01 제어의 기초이론

1. 제어의 개요

- 제어 : 기계나 설비 등이 목적에 적합하도록 제어 대상에 필요한 조작을 가하는 것
- 자동제어 : 사람이 개입하지 않고 어떤 대상물의 현재 상태를 사람이 원하는 상태로 제어 장치에 의해 자동적으로 조절되는 것

2. 자동제어의 종류

자동제어	정성적 제어	시퀀스 제어
		개루프 제어
		프로그램 제어
	정량적 제어	피드백 제어
		폐루프 제어

자동제어의 필요성
- 생산원가를 줄일 수 있다.
- 생산량을 증대시킬 수 있다.
- 품질을 균일화시킬 수 있다.
- 생산 설비의 수명이 길어진다.
- 인건비를 감축시킬 수 있다.
- 작업환경을 향상시킬 수 있다.

자동제어의 특징
- 개루프 제어(= 시퀀스 제어 = 순차 제어) : 순차적으로 동작하는 제어로 출력이 제어에 영향을 주지 않는다.
- 폐루프 제어(= 피드백 제어) : 목표값과 출력을 비교하여 오차를 줄여나가는 제어로 출력이 제어에 영향(피드백)을 주는 제어

> **개념잡기**
>
> 제어량과 목표값을 비교하고 그들이 일치하도록 정정 동작을 하는 제어는?
>
> ① 순차 제어　　　　　② 조건 제어
> ③ 시퀀스 제어　　　　④ 피드백 제어
>
> - 개루프 제어(= 시퀀스 제어 = 순차 제어) : 순차적으로 동작하는 제어로 출력이 제어에 영향을 주지 않는다.
> - 폐루프 제어(= 피드백 제어 = 궤환제어) : 목표값과 출력을 비교하여 오차를 줄여나가는 제어로 출력이 제어에 영향(피드백)을 주는 제어
>
> 정답 : ④

02 시퀀스 제어

미리 정해진 순서에 따라서 제어의 각 단계를 차례로 행하는 것

1. 시퀀스 제어 개요

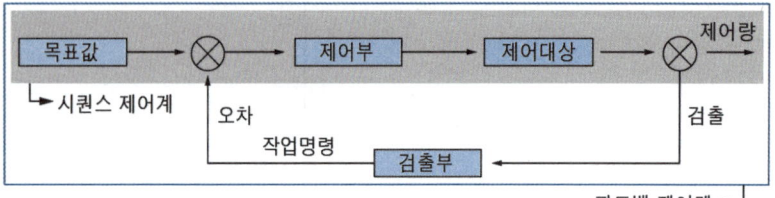

시퀀스 관련 용어

- 개로 : 전기회로를 스위치, 릴레이 등으로 여는 것
- 폐로 : 전기회로를 스위치, 릴레이 등으로 닫는 것
- 기동 : 기기 또는 장치를 정지 상태에서 운전 상태로 되게 하는 것
- 정지 : 기기 또는 장치를 운전 상태를 정지 상태로 하는 것
- 동작 : 어떤 원인을 주어서 소정의 작용을 하는 것
- 복귀 : 동작 이전의 상태로 되돌리는 것
- 여자 : 코일에 전류를 흘려 전자력을 갖게 되는 것
- 소자 : 코일에 흐르고 있는 전류를 차단하여 자력을 잃게 하는 것
- 인칭 : 기계의 순간동작을 얻기 위해서 미소시간의 조작을 1회 또는, 반복해서 행하는 것
- 쇄정 : 관련된 동작을 어떤 조건이 갖추어질 때까지 관련된 동작을 저지 시키는 것
- 연동 : 동작을 관련시키는 것으로 어떤 조건이 갖추어 졌을 때 동작을 진행하는 것
- 트립핑(Tripping) : 유지 기구를 분리시키는 것

2. 제어용 기기

2-1 조작 스위치

복귀형 스위치 (푸쉬버튼 스위치)	• 버튼을 누르고 있을 때 접점이 열리거나 닫히고, 버튼에서 손을 떼면 즉시 원래의 상태로 복귀하는 스위치
유지형 스위치	• 조작을 가하면 반대 조작이 있을 때까지 조작했을 때의 접점 상태를 유지하는 스위치
리밋 스위치	• 기계적 동작을 접점 동작으로 변환하는 스위치
플로트레스 스위치	• 유체의 변위를 검출하기 위한 방법으로 볼 형태의 플로트와 리밋 스위치를 조합하여 유면이 높아지면 플로트가 부력으로 인해 리밋 스위치의 접촉자를 밀어 올려 접점을 개폐하는 스위치

2-2 검출 스위치

근접 스위치	• 검출 대상 물체가 검출 면 가까이 근접했을 때 검출신호를 출력하는 비접촉식 센서 • 전자유도 현상을 이용한 자기형, 자기 포화형, 차동 코일형, 고주파 발진형 근접 센서와 검출 물체와 대지간의 정전용량 변화를 이용한 정전 용량형 근접센서로 분류
광전 스위치	• 광을 매체로 하는 검출기로써 투광기 내의 광원에서 방사된 광이 물체에 의하여 차단 또는 반사되어 변화하는 광량을 수광기 내의 광전변환 소자에 의하여 전기량으로 변환시킴으로써 물체의 유무나 상태의 변화 등을 검출하는 스위치
온도 스위치	• 온도의 변화에 대하여 전기적 특성이 변화하는 소자를 이용하여 온도가 설정값에 도달했을 때 동작하는 검출 스위치
리드 스위치	• 접점 부분이 비활성 가스를 충전한 유리관 속에 봉입되어 있는 스위치 코일에 전류를 흘리면 자력선은 자성체로 만들어진 리드 속을 좀 더 많이 통과하기 때문에 자기적 흡인력이 발생되어 접촉하는 스위치
카운터	• 센서와 릴레이를 조합하여 길이 및 생산량 등의 제어회로에 이용하며 입력신호가 들어오면 계수하는 것

핵심 KEY

스위치 종류
- 유도형 센서 : 물체가 접근하면 진폭이 감소하는 고주파 LC발진기에 의해 센서 표면에 전자계를 형성하고 금속만을 감지하는 센서
- 용량형 센서 : 대상으로 하는 물체와의 거리를 비접촉상태로 검출하는 근접(각) 센서
- 리드 스위치 : 한 쌍의 리드핀이 자기장 범위 내에 위치할 때, 리드는 반대 극성으로 자화하여 서로 끌어당기고 접점이 닫혀 스위치가 ON되는 원리를 이용한 스위치

2-3 제어용 계전기

전자 계전기		• 전자력에 의하여 접점을 개폐하는 스위치의 기능을 갖는 장치
유지형 계전기		• 동작 코일에 전류가 흐르면 코일이 여자되어 접점이 닫히게 되고, 이와 동시에 동작 코일의 전류를 차단하여도 접점은 닫힌 상태를 유지하는 스위치 • 코일에 전류가 흐르는 시간이 짧고, 소비 전력이 작음 • 발열이 작아서 소형 코일로 대용할 수 있으므로 대형의 전자 접촉기나 차단기 등에도 응용
무접점 계전기		• 반도체 소자의 스위칭 동작으로 필요한 신호를 전달하게 되는 계전기
한시 계전기	한시동작 순시복귀 타이머	• a접점 : 타이머 코일에 전원이 인가되면 설정 시간 t초 후에 동작하여 닫히고, 전원이 제거되면 순간적으로 복귀하여 열리는 접점 • b접점 : 타이머 코일에 전원이 인가되면 설정 시간 t초 후에 동작하여 열리고, 전원이 제거되면 순간적으로 복귀하여 닫히는 접점
	순시동작 한시복귀 타이머	• 타이머 코일에 전원이 인가되면 순간적으로 동작하여 닫히고, 전원이 제거되면 설정 시간 t초 후에 복귀하여 열리는 접점 • 타이머 코일에 전원이 인가되면 순간적으로 동작하여 열리고, 전원이 제거되면 설정 시간 t초 후에 복귀하여 닫히는 접점
	한시동작 한시복귀 타이머	• a접점 : 타이머 코일에 전원이 인가되면 설정시간 t초 후에 동작하여 닫히고, 전원이 제거되면 설정 시간 t초 후에 복귀하여 열리는 접점 • b접점은 타이머 코일에 전원이 제거되면 설정 시간 t초 후에 동작하여 열리고, 전원이 제거되면 설정시간 t초 후에 복귀하여 닫히는 접점
전자개폐기		• 전자석의 동작에 의하여 부하의 전로를 개폐하는 것
전자식 과전류 계전기(EOCR)		• 기동지연시간과 동작시간을 분리설정할 수 있음 • 완벽한 보호가 가능하고 과전류, 결상, 구속 보호 방지와 촌동 및 파동 부하에도 오동작 없이 운전이 가능 • 전력 소모가 작으며, 변류기 관 통식은 관통 횟수를 가감하여 사용 범위 확대 가능
배선용 차단기(MCCB)		• 회로의 단락이나 과부하로 규정값 이상의 전류가 흐르면 전로를 차단하는 것

접점의 종류
- a접점 : 평상시에는 접점이 떨어져 있고, 조작하면 붙는 접점으로 주로 시동용으로 쓰인다.
- b접점 : 평상시에는 접점이 붙어 있고, 조작하면 접점이 떨어지는 접점으로 주로 정지용으로 쓰인다.
- c접점 : a접점과 b접점이 하나의 케이스 안에 있는 접점으로 필요에 따라 a접점과 b접점을 선택하여 사용 가능

기능선도 기호

AND	OR
&	≥
스텝부	명령부
A / B	A B C

2-4 시퀀스 제어계의 표시법

논리도	시퀀스 제어계에서 2값의 신호 동작을 논리기호(AND, OR, NOT 등)를 조합하여 세부적으로 나타낸 것
블록선도	시퀀스 제어계가 복잡해지고, 취급하는 정보량이 많을 때 전체 동작을 쉽게 이해하고 제어장치의 종합을 구상하기 위하여 제어 계통을 대략적으로 그려서 기능의 흐름을 파악하기 위하여 사용하는 선도
플로차트	시퀀스 동작의 연속적인 관계를 기호를 사용하여 나타낸 것
타임차트	가로축에 시간 또는 시간적 순서를 기입하고 세로축에 신호 "1", "0", 또는 on/off로 표시하여 나타낸 것
기능선도	순차제어 문제를 표시하는 방법
래더 다이어그램	릴레이 회로의 표시에 이용되는 방법

플로차트 기호

기호	명칭
⬭	순서도의 시작이나 끝을 나타내는 기호
▭	값을 계산하거나 대입 등을 나타내는 처리기호
◇	조건이 참이면 '예', 거짓이면 '아니오'로 가는 판단기호
⌒	서류로 인쇄할 것을 나타내는 인쇄 기호
▱	일반적인 입·출력을 나타내는 입·출력 기호
↓	기호를 연결하여 처리의 흐름을 나타내는 흐름선

2-5 시퀀스 기본회로

자기유지 회로	전자 계전기 자신의 a접점에 의하여 동작회로를 구성하고 스스로 동작을 유지하는 회로
선입력 우선회로	새로 주어지는 입력 신호가 있더라도 먼저 진행되고 있는 신호가 항상 우선하는 회로
후입력 우선회로	먼저 진행되고 있는 조건을 해제하고 새로 주어지는 입력 신호가 항상 우선하는 회로
인칭 회로	기계의 순간동작을 얻기 위해서 미소시간의 조작을 1회 또는, 반복해서 신호를 주고 있을 때만 동작하는 회로 예) 천장용 크레인
우선 회로	2개 이상의 입력 접점이 있을 때 어느 쪽이 먼저 우선적으로 동작되는가를 결정하는 회로
인터록 회로	복수의 관련된 동작을 어떤 조건이 갖추어지기까지 관련된 동작을 저지시키는 회로
지연 회로 (한시 회로)	타이머를 이용하여 한시(어느정도 시간)가 지나고 on하거나 off하는 회로
캐스케이드 회로	신호 간섭을 피하기 위해 에너지원 공급을 순차로 하는 회로

디시전 테이블

- 복잡한 업무처리 방법을 분석 기술하는 데에 사용되는 방법
- 모든 조건과 모든 결과를 세로와 가로의 2차원의 테이블상에 표시(매트릭스형)함으로써 계산 처리상의 룰을 빠뜨리지 않고 기술이 가능함

릴레이를 사용한 전기제어 회로에서 릴레이 자신의 접점을 통해 전기신호를 자신의 릴레이 코일에 계속 흐르게 하여 릴레이 코일의 여자 상태를 유지하는 회로는?

① 동조 회로 ② 비동기 회로
③ 인터록 회로 ④ 자기유지 회로

- 자기유지 회로 : 전자 계전기 자신의 a접점에 의하여 동작회로를 구성하고 스스로 동작을 유지하는 회로로, 복귀신호를 주어야 원래의 상태로 복귀하는 회로
- 인터록 회로 : 2개의 입력 중 먼저 동작시킨 쪽의 회로가 우선으로 이루어져 기기가 작동하는 회로

정답 : ④

물체가 접근하면 진폭이 감소하는 고주파 LC발진기에 의해 센서 표면에 전자계를 형성하고 금속만을 감지하는 센서는?

① 광전 센서 ② 리드 스위치
③ 용량형 센서 ④ 유도형 센서

- 유도형 센서 : 자성체가 영구 자석에 접근하면 코일 내 자속의 변화율에 따라 출력 단자 사이에 전압을 발생시켜 물체의 유무를 판단하는 센서
- 압력 센서 : 압력을 측정하는 압력계의 일종으로, 주로 측정 결과를 전기신호로 변환하여 출력하는 압력계를 가리킴
- 리드 스위치 : 한 쌍의 리드핀이 자기장 범위 내에 위치할 때, 리드는 반대 극성으로 자화하여 서로 끌어당기고 접점이 닫혀 스위치가 ON되는 원리를 이용한 스위치
- 용량형 센서 : 대상으로 하는 물체와의 거리를 비접촉상태로 검출하는 근접(각) 센서

정답 : ④

검출 대상 물체가 검출면 가까이 왔을 때 검출 신호를 출력하는 비접촉식 검출 스위치는?

① 플로트레스 스위치 ② 근접 스위치
③ 리밋 스위치 ④ 온도 스위치

근접스위치
- 자석에 발생하는 자력에 의해 스위치를 작동시켜 검출하는 자기형 근접 감지기로, 물체에 직접 접촉하지 않아도 검출할 수 있다.
- 구동 전원을 필요로 하지 않고, 2개의 자성체 조각으로 구성되어 자계에 반응하는 스위치이다.

정답 : ②

03 논리회로

1. 불대수의 정리

교환법칙	$A+B=B+A$	$A \cdot B=B \cdot A$
결합법칙	$(A+B)+C=A+(B+C)$	$(A \cdot B) \cdot C=A \cdot (B \cdot C)$
분배법칙	$A \cdot (B+C)=(A \cdot B)+(A \cdot C)$	
	$A+(B \cdot C)=(A+B) \cdot (A+C)$	
$A+0=A$	$A \cdot (A+B)=A$	
$A \cdot 1=A$	$(A+B) \cdot (A+C)=A+B \cdot C$	
$A+1=1$	$(A+\overline{B}) \cdot B=A \cdot B$	
$A \cdot 0=0$	$A \cdot \overline{B}+B=A+B$	
$A+A=A$	$A \cdot B+A \cdot \overline{B}=A$	
$A \cdot A=A$	$(A+B) \cdot (A+\overline{B})=A$	
$A+\overline{A}=1$	$A \cdot C+\overline{A} \cdot B \cdot C=A \cdot C+B \cdot C$	
$A \cdot \overline{A}=0$	$(A+C) \cdot (\overline{A}+B+C)=(A+C) \cdot (B+C)$	
$\overline{\overline{A}}=A$	$A \cdot B+\overline{A} \cdot C=(A+C) \cdot (\overline{A}+B)$	
$A+A \cdot B=A$	$(A+B) \cdot (\overline{A}+C)=A \cdot C+\overline{A} \cdot B$	

드모르간 정리
- 모든 AND 연산은 OR 연산으로 바꾼다.
- 모든 OR 연산은 AND 연산으로 바꾼다.
- 모든 상수 1은 0으로 바꾼다.
- 모든 상수 0은 1로 바꾼다.
- 모든 변수는 그의 보수로 나타낸다.

$\overline{A+B}=\overline{A} \cdot \overline{B}$
$\overline{A \cdot B}=\overline{A}+\overline{B}$
$(A+B) \cdot (B+C) \cdot (A+C)$
$=A \cdot B+B \cdot C+A \cdot C$

2. 논리 연산 회로

AND(논리곱)		$Y=A \cdot B$
NAND(논리곱 부정)		$Y=\overline{A \cdot B}$
NOT(부정)		$Y=\overline{A}$
OR(논리합)		$Y=A+B$
XOR		$Y=A \oplus B$
X-NOR		$Y=(A \oplus B)'$

XOR회로
두 입력값이 서로 다를 때만 출력하는 회로

X-NOR회로
두 입력값이 서로 같을 때만 출력하는 회로

3. 플립플롭

2개의 안정된 출력 상태를 가지고, 입력 유무에 관계없이 직전에 가해진 입력의 상태를 출력 상태로서 유지하는 회로

플립플롭의 종류

동기식 R-S(Reset-Set) 플립플롭

논리회로	진리표

R	S	Q(t + 1)
0	0	Qt
0	1	1
1	0	0
1	1	부정

J-K 플립플롭

J	K	Q(t + 1)
0	0	Qt
0	1	1
1	0	0
1	1	$\overline{Q_t}$(반전)

T 플립플롭

T	Q(t + 1)
0	0
1	1

D(Data transfer) 플립플롭

D	Q(t + 1)
0	0
1	1

핵심 KEY

동기식 R-S 플립플롭
기본 플립플롭 회로에 게이트를 추가하여 플립플롭이 하나의 클록 펄스 발생기간 동안에만 입력이 응답하도록 만든 것

J-K 플립플롭
- R-S 플립플롭에서 S = R = 1 일 때 정의되지 않는 출력(부정) 상태를 정의한 것
- R-S 플립플롭에서 불확실한 출력상태를 정의하여 사용할 수 있도록 개량

T 플립플롭
- 트리거 입력 펄스가 들어올 때마다 Q의 출력이 반전을 하는 플립플롭
- J와 K값을 항상 같게 인가되도록 구성된 플립플롭
- 입력신호 주파수의 1/2의 출력 주파수를 얻는 플립플롭

D 플립플롭
D 플립플롭은 R-S 플립플롭에서 S와 R값을 항상 다르게 인가되도록 구성한 시간 지연소자 역할을 하는 플립플롭으로 입력신호가 가해지고 있는 상태에서 클록펄스가 들어가면 펄스 1개 정도가 뒤져서 출력된다.

참고

공유압에서의 플립플롭회로

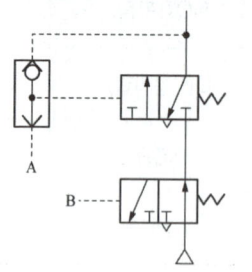

개념잡기

다음 불대수 식의 결과로 옳은 것은?

$$(A+B) \cdot (A+\overline{B})$$

① A　　　　　　　　　　② B
③ $A+B$　　　　　　　　　④ $A \cdot B$

$Y = (A+B) \cdot (A+\overline{B})$
　$= (A \cdot A) + (A \cdot \overline{B}) + (A \cdot B) + (B \cdot \overline{B})$
　$= A + A \cdot (\overline{B}+B) + 0$
　$= A + A \cdot 1 = A$

정답 : ①

개념잡기

입력신호가 가해지고 있는 상태에서 클록 펄스가 들어가면 펄스 1개 정도가 뒤져서 출력되는 플립플롭은?

① D - 플립플롭　　　　　② RS - 플립플롭
③ T - 플립플롭　　　　　④ JK - 플립플롭

플립플롭의 종류
- 동기식 R-S(Reset-Set) 플립플롭 : 기본 플립플롭 회로에 게이트를 추가하여 플립플롭이 하나의 클록펄스 발생기간 동안에만 입력이 응답하도록 만든 것
- J-K 플립플롭 : R-S 플립플롭에서 S = R = 1일 때 정의되지 않는 출력(부정) 상태를 정의한 것
- T 플립플롭 : 트리거 입력 펄스가 들어올 때마다 Q의 출력이 반전을 하는 플립플롭으로 Toggle의 의미를 붙여 T플립플롭이라고 하는데, J와 K값을 항상 같게 인가되도록 구성한 플립플롭
- D(Data transfer) 플립플롭 : D 플립플롭은 R-S 플립플롭에서 S와 R값을 항상 다르게 인가되도록 구성한 시간 지연소자 역할을 하는 플립플롭으로 입력신호가 가해지고 있는 상태에서 클록펄스가 들어가면 펄스 1개 정도가 뒤져서 출력된다.

정답 : ①

다음 중 NAND 소자를 나타내는 논리 소자는?

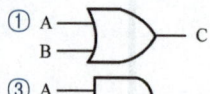

논리 기호

AND회로	OR회로	NOT회로
$X = A \cdot B$	$X = A + B$	$X \neq A$
NAND회로	NOR회로	XOR회로
$X = (A \cdot B)'$	$X = (A + B)'$	$X = A \oplus B$

① OR
② OR + NOT(NOR)
③ AND
④ AND + NOT(NAND)

정답 : ④

입력신호 주파수의 1/2의 출력 주파수를 얻는 플립플롭은?

① T 플립플롭　　② D 플립플롭
③ JK 플립플롭　　④ RS 플립플롭

플립플롭의 종류
- 동기식 R-S(Reset-Set) 플립플롭 : 기본 플립플롭 회로에 게이트를 추가하여 플립플롭이 하나의 클록펄스 발생기간 동안에만 입력이 응답하도록 만든 것
- J-K 플립플롭 : R-S 플립플롭에서 S = R = 1일 때 정의되지 않는 출력(부정)상태를 정의한 것
- T 플립플롭 : 트리거 입력 펄스가 들어올 때마다 Q의 출력이 반전을 하는 플립플롭으로 Toggle의 의미를 붙여 T플립플롭이라고 하는데, J와 K값을 항상 같게 인가되도록 구성된 플립플롭이다. 즉, 입력신호 주파수의 1/2의 출력 주파수를 얻는다.
- D(Data transfer) 플립플롭 : D 플립플롭은 R-S 플립플롭에서 S와 R값을 항상 다르게 인가되도록 구성한 시간 지연소자 역할을 하는 플립플롭

정답 : ①

04 피드백 제어

1. 제어계의 종류

1-1 개회로와 폐회로

회로 종류	개회로	폐회로
정의	• 시퀀스 제어로써 미리 정해진 순서에 따라서 제어의 각 단계를 순차적으로 진행하므로 제어 동작이 출력과 무관	• 피드백 제어로써 제어계의 출력이 목표값과 일치하는가를 비교하여 일치하지 않을 경우에는 그 차이에 비례하는 정정 동작 신호를 제어계에 보내어 오차를 수정하도록 하는 궤환회로(검출부와 비교부)를 갖는 제어계
특징	• 오차의 발생이 높고 오차를 수정할 수 없음 • 가장 간단한 제어계이므로 많이 사용	• 외부 조건의 변화에 대한 영향을 줄일 수 있음 • 제어기 부품들의 성능이 다소 나빠지더라도 큰 영향을 받지 않음 • 제어계의 특성 향상 • 목표 값 정확히 달성 가능
블록 선도	목표값 → 제어 요소 →조작량→ 제어 대상 →외란→ 제어량	목표 값 →+ 제어신호→ 제어 요소 →조작량→ 제어 대상 →외란→ 제어량, 검출부 궤환

1-2 제어계의 분류

선형 제어계와 비선형 제어계

선형 제어계	• 비례성이 성립하는 제어계로 입력이 증가하면 출력도 그에 따라 증가하는 것
비선형 제어계	• 비례성이 성립하지 않는 제어계로 대부분의 물리계는 비선형 제어계

폐회로 관련 용어

- 목표값 : 제어계에서 제어량이 그 값을 갖도록 목표로 해서 외부에서 주어지는 값(설정값)
- 기준 입력요소 : 목표 값에 비례하는 기준 입력 신호를 발생하는 요소(설정부)
- 기준 입력신호 : 제어계를 동작시키는 기준으로서 직접 폐회로에 가해지는 입력신호
- 궤환신호 : 제어계량의 값을 목표 값과 비교하여 동작 신호를 얻기 위해 궤환되는 신호
- 동작신호 : 기준 입력과 주 궤환 신호와의 차로써 제어 동작을 발생하는 신호(편차)
- 제어요소 : 동작 신호를 조작량으로 변환하는 요소, 조절부와 조작부로 이루어짐
- 조절부 : 기준입력과 검출부 출력을 합하여 제어계가 소요의 작용을 하는 데 필요한 신호를 만들어 조작부에 보내는 부분
- 조작부 : 조절부로부터 받은 신호를 조작량으로 바꾸어 제어 대상에 보내주는 부분
- 조작량 : 제어장치가 제어 대상에 가하는 제어 신호, 제어장치의 출력인 동시에 제어 대상의 입력이 됨
- 제어대상 : 제어의 대상이 되는 것으로써 장치의 전체 또는 그 일부분
- 외란 : 제어량의 변화를 일으킬 수 있는 신호 중에서 기준 입력 신호 이외의 것
- 제어량 : 제어를 받는 제어계의 출력량으로 제어 대상에 속하는 양
- 궤환요소 : 제어량을 검출하여 주 궤환 신호를 만드는 요소
- 검출부 : 제어량을 검출하고 기준 입력 신호와 비교시키는 부분

목표 값에 따른 분류

정치 제어	• 목표 값의 시간 변화에 의한 분류로써 목표 값이 시간적으로 변화하지 않는 일정한 제어
추치 제어	• 시간에 따라 변화하는 목표값에 제어량을 추종하도록 하는 제어를 추치 제어라고 한다. 서보 기구는 목표 값에 정확히 추종하도록 설계한 제어계 • 추종 제어, 프로그램제어, 비율 제어

- 제어편차 : 목표 값으로부터 제어량을 뺀 것
- 제어장치 : 제어를 하기 위하여 제어 대상에 부착시켜 놓은 장치

제어량에 따른 분류

프로세스 제어	• 온도, 유량, 압력, 레벨, 농도, 비중, pH 등 공정 제어의 제어량으로 하는 제어 • 일반적으로 응답속도가 느림
서보 기구	• 기계적 위치, 방향, 자세 등을 제어량으로 하는 추치 제어로써, 선박이나 비행기의 자동조정, 로켓의 자세 제어, 공작기계의 제어, 자동평형기록계, 공업용 로봇의 제어 등의 제어로 임의의 설정치에 대해 추종하는 형태
자동 조정	• 속도, 회전력, 전압, 주파수, 역률 등 기계적 또는, 전기적인 양을 제어량으로 하는 제어 • 입력 값이 변하더라도 일정한 출력을 내는 것 예 자동전압조정, 자동주파수조정, 자동장력제어

CNC의 서보기구 제어방식
- 개방회로 방식
- 반폐쇄회로 방식
- 폐쇄회로 방식
- 복합회로 방식

제어 동작에 따른 분류

ON/OFF 동작	제어량이 설정 값에서 어긋나면 조작부를 개폐하여 운전을 정지하거나 기동하는 것
비례제어 동작(P 동작)	조절부의 전달특성이 비례적인 특성을 가진 제어 시스템으로 잔류편차가 발생
적분제어 동작(I 동작)	편차의 크기와 편차가 발생하고 있는 시간에 둘러싸인 면적에 비례하여 조작부를 제어하는 것
미분제어 동작(D 동작)	제어 편차가 검출될 때 편차가 변화하는 속도에 비례하여 조작량을 가감하도록 하는 제어
비례적분제어 동작(PI 동작)	비례 동작에 의해 발생되는 잔류 편차를 제거하기 위하여 적분 동작을 부가한 동작
비례미분제어 동작(PD 동작)	제어 결과에 빨리 도달하도록 미분 동작을 부가한 동작
비례적분미분 제어 동작 (PID 동작)	비례 적분 동작에 미분 동작을 추가시킨 것

적분제어 동작

옵셋제거, 편차, 에러제거 시 적용하는 제어 장치

제어 방식에 따른 분류

최적 제어	제어 대상의 상태를 최적 상태로 제어하는 것
적응 제어	환경의 변화에 따라 제어 장치의 특성을 조건에 충족하도록 적응시키는 제어
디지털 제어	제어 시스템 내의 신호를 어떤 양자화된 신호로 제어하는것

제어 정보 형태에 따른 분류

아날로그 제어계	• 연속적으로 표시되는 물리량은 아날로그 신호로 처리되는 시스템 • 온도, 속도, 조도, 질량, 길이 등
디지털 제어계	• 정보의 범위를 여러 단계로 등분하여 이 각각의 단계에 하나의 값을 부여한 디지털 제어 신호에 의하여 제어되는 시스템
2진 제어계	• 하나의 제어 변수에 2가지의 가능한 값, 신호의 유/무, 1/0, ON/OFF, YES/NO 등과 같은 2진 신호를 이용하여 제어하는 시스템

신호 처리 방식에 따른 분류

동기 제어계	실제의 시간과 관계된 신호에 의하여 제어가 행해지는 것
비동기 제어계	시간과는 관계없이 입력 신호의 변화에 의해서만 제어가 행해지는 것
논리 제어계	요구되는 입력 조건이 만족되면 그에 상응하는 신호가 출력되는 시스템
시퀀스 제어계	제어 프로그램에 의해 미리 정해진 순서에 따라 순차적인 제어(시간종속 시퀀스, 종속 시퀀스 제어계)
시간 종속 시퀀스 제어계	순차적인 제어가 시간의 변화에 따라서 행해지는 제어 시스템
종속 시퀀스 제어계	순차적인 작업이 전 단계의 작업 완료 여부를 확인하여 행하는 제어 시스템

제어 과정에 따른 분류

파일럿 제어	요구되는 입력 조건이 만족되면 그에 상응하는 출력 신호가 발생되는 형태
메모리 제어	어떤 신호가 입력되어 출력 신호가 발행한 후에는 입력 신호가 없어도 그때의 출력 상태를 유지하는 제어
시간 제어	시간의 변화에 따라서 제어가 행해지게 되는 것
조합 제어	목표 값이 캠축이나 프로그램, 벨트 또는 프로그래머에 의하여 영향을 받는 제어
시퀀스 제어	전 단계의 작업 완료 여부를 리밋 스위치나 센서를 이용하여 확인한 후, 다음 단계의 작업을 수행하는 것

개념잡기

피드백 제어의 구성요소 중 제어량을 검출하고 기준 입력 신호와 비교시키는 부분은?

① 검출부　　　　　　② 설정부
③ 조작부　　　　　　④ 조절부

② 설정부 : 제어 시스템에서 제어량이 그 값을 가지도록 목표로 해서 외부에서 주어지는 값
③ 조작부 : 조절부로부터 받은 신호를 조작량으로 바꾸어 제어대상에 보내주는 부분
④ 조절부 : 기준입력과 검출부 출력을 합하여 제어 시스템이 제어를 하는데 필요한 신호를 만들어 조작부에 보내주는 부분

정답 : ①

개념잡기

다음 중 제어량에 따른 제어계 분류가 아닌 것은?

① 서보 기구　　　　　② 정치 제어
③ 자동 조정　　　　　④ 프로세스 제어

제어량에 따른 제어계 분류
- 서보기구 : 제어량이 위치나 각도 등으로 주로 공작 기계, 선박의 조타, 자동 평형 기록 등에 사용된다.
- 프로세서 제어 : 제어량이 온도, 압력, 습도 등으로 공장의 생산 공정에 널리 사용된다.
- 자동조정 : 제어량이 전압, 전류, 회전 속도, 토크(회전력) 등의 기계적인 것으로 수차, 증기 터빈에 널리 사용된다.

정답 : ②

> **개념잡기**
>
> 제어오차가 검출될 때 오차가 변화하는 속도에 비례하여 조작량을 가감하는 동작으로서 오차가 커지는 것을 방지하는 제어는?
>
> ① 자력 제어   ② 메모리 제어
> ③ 미분동작 제어   ④ 프로세서 제어
>
> ---
>
> 연속 데이터 제어
> - 비례 제어(P 동작) : 잔류 편차가 발생하는 제어계
> - 적분 제어(I 동작) : 옵셋을 제거, 편차 제거 시 적용
> - 비례적분 제어(PI 동작) : 응답속도가 느림
> - 미분 제어(D 동작) : 제어 편차가 검출될 때 편차가 변화하는 속도에 비례하여 조작량을 가감하도록 하는 제어
> - 비례미분 제어(PD 동작)
> - 비례적분 미분 제어(PID 동작) : 응답속도가 빠르고 안정도가 가장 좋은 동작
>
> ※ 자력제어 : 조작부를 조작하는 데 외부의 동력을 필요로 하지 않고 제어신호를 자체를 이용하는 제어로 구조가 간단하고 동작이 확실하며 저가이다.
>
> 정답 : ③

2. 제어계의 표현

2-1 라플라스 변환

$f(t)$	$F(s)$	비고
$\delta(t)$	1	단위임펄스
$u(t)$	$\dfrac{1}{s}$	단위계단
t	$\dfrac{1}{s^2}$	램프
t^n	$\dfrac{n!}{s^{n+1}}$	n차 램프
e^{-at}	$\dfrac{1}{s+a}$	지수

> **참고**
>
> 라플라스 변환 장점
> - 제차 방정식의 해와 특수적 해가 한 번의 연산으로 얻어진다.
> - 라플라스 변환에 의해 미분방정식이 S의 대수 방정식으로 바뀌어진다. 이 대수방정식에 간단한 대수 연산법을 적용함으로써 S영역에서의 해가 구해지고 라플라스 역변환에 의하여 미분방정식의 해가 얻어진다.

2-2 전달함수

제어계 또는, 요소의 입력 변수와 출력 변수의 관계를 수식적으로 표현한 것

전달요소	• 전압, 변위, 온도, 수위, 유량, 주파수 등의 신호를 전달하는 각 부분
전달함수	• 제어계의 입력 신호와 출력 신호의 관계를 나타내는 방법 • 모든 초기값을 0으로 가정했을 때 출력 신호의 라플라스 변환과 입력 신호의 라플라스 변환의 비

2-3 블록선도

자동 제어계의 안정·불안정에 관한 정보 및 안정 개선 방법 등에 관하여 도식화한 것

3. 제어 시스템의 특성

3-1 시간 응답

입력에 의한 시간에 따른 출력

시간응답 용어

- 지연시간 : 목표값의 50[%]에 도달하는 데 소요되는 시간
- 상승시간 : 목표값의 10[%]에서 90[%]까지 도달하는 데 소요되는 시간
- 오버슈트 : 동작 간격으로부터 벗어나 초과되는 오차, 반대로 나타나는 오차를 언더슈트라 함
- 시정수 : 목표값의 63[%]에 도달하기까지의 시간

시간 응답 종류

- 과도응답 : 입력신호가 어떤 정상 상태에서 다른 상태로 변화했을 때 출력신호가 정상 상태에 도달하기까지의 특성
- 스탭응답 : 입력을 단위량만큼 돌변시켜 평형 상태를 상실했을 때의 과도응답
- 정상응답 : 과도응답에 대하여 제어계 혹은 요소가 완전히 정상상태로 이루어졌을 때의 응답
- 주파수응답 : 사인파 상의 입력에 대한 자동제어계 또는 그 요소의 정상응답을 주파수의 함수로 나타낸 것

전달 함수의 성질

- 전달 함수는 선형 제어계에서만 정의된다.
- 전달 함수는 임펄스 응답의 라플라스 변환이다.
- 전달 함수를 구할 때 제어계의 모든 초기 조건을 0으로 하므로 정상 상태의 주파수 응답을 나타내며 과도 응답 특성은 알 수 없다.
- 전달함수는 제어계의 입력과는 관계없다.

안정도 판별법

- 안정도 : 시스템의 입력, 초기값 또는, 제어계 매개 변수의 작은 변화에 따라 제어계 출력이 크게 변하지 않는 것

안정도 판별법 종류

- 루스-후르비츠 판별법 : 제어계의 안정 또는 불안정 상태를 판별하는 절대안정도 방법
- 나이퀴스트 판별법 : 준도식적 방법으로 루프 전달함수 $G(s)H(s)$의 주파수 영역의 성질을 검토하여 폐루프 제어시스템의 안정성을 판별하는 방법
- 보드 선도 판별법 : 극점과 영점을 몰라도 되며 나이퀴스트 선도와 같은 부류지만 형태가 다르고 계산을 하지 않아도 쉽게 그릴 수 있어 많이 사용됨

과도응답 특성 파악 기본 입력신호

- 계단 신호
- 임펄스 신호
- 정현파 신호

3-2 주파수 응답

입력 주파수에 의해 진폭과 위상차가 생긴 응답

정특성
- 밀도나 감도, 시간에 관계없는 정적 특성
- 정상상태에 있어서 유량과 2차 압력과 관계(감도, 직선성, 히스테리시스 오차)

동특성
- 일반적으로 안정성과 적응성이 좋으며, 자동제어에서 응답을 나타낼 때 목표치의 앞과 뒤의 진동으로 시간 지연을 필요로 하는 시간적 동작
- 시간응답에서는 정상 상태를 얻기 전 특성들을 의미로 주파수 응답에서는 전달함수로 나타내는 특성(시간지연)
- 계측계에서 입력신호인 측정량이 시간적으로 변동할 때, 출력 신호인 계측기 지시 특성을 나타내는 것

 참고

안정도 판별법 관련 용어
- 이득 여유 : 위상이 -180°가 되는 주파수에서의 이득이 1에 대해서 어느 정도 여유가 있는가를 나타내는 값
- 위상 여유 : 이득이 1이 되는 주파수에서의 위상이 -180°에 대해서 어느 정도 여유가 있는지를 나타내는 값

개념잡기

다음 안정도 판별법에 관한 설명에서 ( ) 안에 들어갈 알맞은 값은?

> 안정도 판별법에 있어서의 이득 여유(gain margin)는 위상이 ( )가 되는 주파수에서의 이득이 1에 대하여 어느 정도 여유가 있는지를 표시하는 값이다.

① 180° ② 360°
③ -180° ④ -360°

이득 여유와 위상 여유
- 이득 여유 : 위상이 -180°가 되는 주파수에서의 이득이 1에 대해서 어느 정도 여유가 였는가를 나타내는 값이다.
- 위상 여유 : 이득이 1이 되는 주파수에서의 위상이 -180°에 대해서 어느 정도 여유가 있는지를 나타내는 값이다.

정답 : ③

> **개념잡기**
>
> 다음 중 과도응답 특성을 파악하기 위하여 기본적으로 사용하는 입력신호가 아닌 것은?
>
> ① 계단 신호　　　② 임펄스 신호
> ③ 정현파 신호　　④ 삼각파 신호
>
> - 과도 응답 : 입력신호가 어떤 정상 상태에서 다른 상태로 변화했을 때 출력신호가 정상 상태에 도달하기까지의 특성
> - 과도응답 특성 파악 기본 입력신호
>   - 계단 신호
>   - 임펄스 신호
>   - 정현파 신호
>
> 정답 : ④

> **개념잡기**
>
> 계측계의 동작 특성 중 정특성이 아닌 것은?
>
> ① 감도　　　　　② 직선성
> ③ 시간지연　　　④ 히스테리시스 오차
>
> 계측계의 동작특성
> - 정특성 : 정상상태에 있어서 유량과 2차 입력과 관계(감도, 직선성, 히스테리시스 오차)
> - 동특성 : 시간응답에서는 정상 상태를 얻기 전 특성들을 의미로 주파수 응답에서는 전달 함수로 나타내는 특성(시간지연)
>
> 정답 : ③

05
PLC 제어

1. PLC 개요

1-1 PLC 정의(programmable logic controller)

제어반 내의 릴레이, 타이머, 카운터 등의 기능을 IC, 트랜지스터 등의 반도체 소자로 대체시켜, 기본적인 시퀀스 제어 기능에 수치 연산 및 논리 연산 기능을 추가하여 프로그램 제어가 가능하도록 한 자율성이 높은 제어 장치

> **참고**
>
> PLC 사용 언어
> - 도형 언어
>   - LD(Ladder Diagram) : 사다리 형태로 로직을 표현하는 릴레이 로직 표현 방식의 언어
>   - FBD(Function Block Diagram) : 블록화한 기능을 서로 연결하여 프로그램을 표현하는 언어
> - 문자 언어
>   - IL(Instruction List) : 어셈블리 언어 형태의 언어
>   - ST(Structured Text) : 파스칼 형식의 고 수준 언어
> - SFC(Sequential Function Chart) : 공정의 순차적인 동작을 구조적으로 표시한 언어로, 스텝과 트랜지션으로 제어 시퀀스를 정의한 언어

1-2 PLC의 특징

장점	단점
• 소형화, 집적화 가능 → 설치 면적이 작음 • 신뢰성이 높음 → 릴레이를 대체한 프로세서로 확고한 자리 • 유지 보수의 편리성 → 시스템 정지 시간(down time) 감소로 경제적 • 프로그램의 고기능성 → 큰 규모의 복잡한 제어 쉬운 처리 • 빠른 처리 속도 • 기능의 다양화 → 자기 진단 기능을 이용하여 고장 및 수리가 용이 • 조작의 간편성 → 기본 지식만 있어도 프로그램 작성이 용이 • 설치의 간편성 → 배선 및 설치가 간단	• 표준화되어 있지 않아 호환성이 없음 • 제작 회사마다 다른 프로그램 언어 사용 • 제어 규모가 작으면 기존 릴레이 제어보다 설치비가 높음

개념잡기

계전기(릴레이) 제어반과 비교해서 PLC 제어의 장점으로 옳은 것은?

① 소형화　　　　　　　② 유접점
③ 하드 로직　　　　　　④ 컴퓨터와 연결이 불가능

항목	릴레이 방식	PLC 방식
동작	횟수가 적은 경우에 사용	횟수가 많은 경우에 사용
수명	수명이 짧다.	반영구적이다.
동작속도	ms단위로 동작의 한계가 있다.	μs단위로 빠르다.
주위온도	온도특성이 양호하다.	열에 약하며 보호대책이 필요하다.
환경조건	진동이나 충격에 약하다.	진동이나 충격에 강하다.
서지	전기적 노이즈에 안정하다.	노이즈에 약하며 대책이 필요하다.
소비전력	크다.	작다.
동작확인	용이하다.	테스트에 의해 가능하다.
외형	크다.	작다.
입·출력수	독립된 다수의 출력을 동시에 얻는다.	다수의 입력과 소수 출력이 용이하다.
전원	직류 또는 교류를 사용한다.	별도의 직류 전원이 필요하다.
가격	소량에서 싸다.	다량에서 싸다.
크기	비교적 대형	소형

정답 : ①

1-3 PLC와 계전기 제어반 비교

계전기 방식과 전자제어 방식 비교

항목	계전기 방식(유접점)	PLC방식(무접점)
동작	적은 경우 사용	많은 경우 사용
수명	짧음	반영구적
동작속도	ms단위	μs 단위
주위온도	온도특성 양호	온도에 약함
소비전력	큼	작음
외형	큼	작음
전원	직류 or 교류	별도 직류 전원 필요
입출력수	독립된 다수 출력 동시에 얻음	다수의 입력과 소수 출력이 용이
서지	전기적 노이즈에 안정적	노이즈에 약하고 대책 필요
가격	소량에서 경제적	다량에서 경제적

참고

입출력부
- 입력부
  - 푸시 버튼 스위치, 선택 스위치, 토클 스위치
  - 리밋 스위치, 광전 스위치, 근접 스위치, 레벨 스위치
- 출력부
  - 파일럿 램프, 버저
  - 전자 밸브, 전자 클러치, 전자 브레이크, 전자 개폐기

개념잡기

다음 중 무접점 방식와 비교하여 유접점 방식의 장점에 해당하지 않는 것은?

① 동작속도가 빠르다.
② 온도 특성이 양호하다.
③ 동작상태의 확인이 용이하다.
④ 전기적 잡음에 대해 안정적이다.

유접점 회로의 특징

장점	단점
• 개폐부하용량이 크다.	• 소비전력이 비교적 크다.
• 과부하에 견디는 힘이 크다.	• 접점이 소모되므로 수명에 한계가 있다.
• 전기적 노이즈에 대하여 안정하다.	• 동작속도가 늦다.
• 온도 특성이 양호하다.	• 기계적 진동, 충격 등에 비교적 약하다.
• 입력과 출력을 분리하여 사용할 수 있다.	• 외형의 소형화에 한계가 있다.

무접점 회로의 특징

장점	단점
• 동작속도가 빠르다.	• 전기적 노이즈, 서지에 약하다.
• 고빈도 사용에 견디며 수명이 길다.	• 온도변화에 약하다.
• 고정밀도로서 동작 시간, 강도에 분산이 적다.	• 신뢰성이 떨어진다.
• 진동, 충격에 대한 불량 동작의 우려가 없다.	• 별도의 전원을 필요로 한다.
• 장치의 소형화가 가능하다.	

정답 : ①

06 전동기 제어

1. 전동기의 개요

1-1 전동기

전기 에너지를 운동 에너지로 변환시켜 주는 회전운동 액추에이터

1-2 전동기의 분류

- 직류 : 항상 일정한 방향으로 흐르는 전류(DC)
- 교류 : 시간에 따라 크기와 방향이 주기적으로 변하는 전류(AC)
- 단상 교류 : 하나의 위상각의 변화에 의해서 표시되는 보통의 사인파 교류
- 3상 교류
  주파수가 같고 위상이 다른 3개의 기전력에 의해 흐르는 교류
  - 대칭 3상 기전력에 의해 흐르는 교류
  - 서로 위상이 120° 다르고, 진폭이 같은 3개의 정현파 교류가 동시에 흐르고 있는 교류

2. 교류 전동기

2-1 유도 전동기

유도 전동기의 종류

단상 유도 전동기	분상 기동형
	콘덴서 기동형
	영구 콘덴서형
	셰이딩 코일형
3상 유도 전동기	보통 농형
	특수 농형
	권선형

유도 전동기의 원리
- 아라고의 원판 : 알루미늄이나 구리와 같은 비자성체로 만든 원판 위에서 자석을 시계 방향으로 회전시키면 비자성체인 원판도 자석과 같은 방향으로 회전을 하는 원리

유도 전동기의 특징
- 쉽게 전원을 얻을 수 있다.
- 구조가 간단하고 값이 싸며, 튼튼하고 고장이 적다.
- 다루기가 간편하여 전기 지식이 없는 사람이라도 쉽게 운전할 수 있다.
- 슬립에 해당하는 약간의 변화는 있으나, 거의 정속도로 운전되는 전동기로 부하가 변화하더라도 속도의 변동이 거의 없다.

동기 속도

$$N_s = \frac{120f}{p} \text{[rpm]} \qquad \begin{bmatrix} p : \text{극수} \\ f : \text{전원주파수[Hz]} \end{bmatrix}$$

슬립과 회전수

- 슬립 : 자기장의 동기속도(N_s)와 회전자의 속도(N)사이의 차이

$$s = \frac{\text{동기 속도 - 회전자속도}}{\text{동기속도}} = \frac{N_s - N}{N_s}$$

- 무부하 시 - 동기 속도로 회전할 때 : $N_s = N,\ s = 0$
- 기동 시 - 회전자가 정지하고 있을 때 : $N = 0,\ s = 1$
- 회전 자기장과 회전자 사이의 상대속도

$$N_s - N = s \cdot N_s$$
$$N = (1-s) \cdot N_s \text{[rpm]}$$
$$N = \frac{120f(1-s)}{p} \text{[rpm]}$$

2-2 동기 전동기

단상 유도 전동기	• 고정자 권선이 180° 간격으로 배치되어 있고 영구 자석을 회전자로 사용 • 단상 전원을 공급하여 고정자 권선에 회전 자기장을 형성하여 전동기를 구동시킴
3상 유도 전동기	• 고정자 권선을 3상 권선으로 배치하고 영구 자석을 회전자로 사용 • 3상 전원에 의해 고정자 권선에 회전 자기장이 발생하여 회전자가 회전함

핵심 KEY

동기 전동기의 개요
- 회전자의 고정 자기장과 고정자의 권선에 의해 형성되는 회전 자기장이 같은 속도로 회전한다.
- 비싸지만 속도가 일정하고 역률 조정이 용이하고 효율이 높아 대형 전력 분야용 전동기, 큰 부하용 전동기로 많이 사용된다.
- 동기 전동기의 원리 : 자석을 회전자로 하고, 회전자의 자극 가까이에 반대 극성의 자석을 가져다 놓고 회전시키면 회전자는 움직이는 자석의 끌어당기는 힘으로 회전하는 원리

개념잡기

유도전동기의 슬립 $s=1$일 때의 회전자의 상태는?

① 발전기 상태이다.　　② 무구속 상태이다.
③ 동기속도 상태이다.　④ 정지 상태이다.

$N = (1-s) \cdot N_s [\text{rpm}]$
$s = 0$일 때, $N = N_s$이므로 동기속도 상태
$s = 1$일 때, $N = 0$이므로 정지상태
- N : 회전자 속도
- N_s : 동기속도(회전자계의 속도)

정답 : ④

개념잡기

60[Hz], 4극 유도전공기의 회전자 속도가 1,728[rpm]일 때, 슬립은 얼마인가?

① 0.04　　② 0.05
③ 0.08　　④ 0.10

$N_s = \dfrac{120f}{P} = \dfrac{120 \times 60}{4} = 1,800 [\text{rpm}]$

$S = 1 - \dfrac{N}{N_s} = 1 - \dfrac{1,728}{1,800} = 0.04$

정답 : ①

3. 직류 전동기

3-1 계자 권선과 회전자(전기자) 권선에 전류를 공급하는 방법에 따른 분류

타여자 전동기	• 계자 권선과 회전자 권선에 각기 다른 전원을 연결하는 전동기 • 계자와 전기자를 개별적으로 제어할 수 있고, 전류가 일정하게 공급되어 자속이 일정하여 정속도 특성이 좋음 • 큰 출력이 필요한 산업용 공작 기계에 사용 • 가격이 비싸고 설비가 복잡하여 유지 보수가 어려움	
자여자 전동기	• 계자 권선과 회전자 권선에 같은 전원을 연결하는 전동기	
	직권 전동기	• 전기자와 계자권선을 직렬로 접속
	분권 전동기	• 전기자와 계자권선을 병렬로 접속
	복권 전동기	• 분권, 직권의 두 계자 권선을 감음 - 가동 복권 : 두 권선의 자속이 합해지도록 접속 - 차동 복권 : 두 권선의 자속이 서로 지워지도록 접속

3-2 직류 전동기 제어방식

저항 제어 방식	• 전기자에 저항을 연결하고 저항값을 조정하여 속도를 제어하는 방법 • 저항 손실이 크고 부하 변동에 따른 회전 속도 변동이 커 효율이 좋지 않음
계자 제어 방식	• 흐르는 전류의 크기를 변화시켜 자기력의 세기를 조절해 전동기의 속도를 제어 • 취급이 용이하고 정출력, 정속도의 특징이 있으나 응답성이 나쁨
전압 제어 방식	• 전동기에 공급하는 전압을 조절하여 전동기의 속도를 제어 • 정토크의 특성을 가지고 있으며 광범위한 속도 제어를 원활히 할 수 있음
초퍼 제어 방식	• ON-OFF의 반복을 통해 전동기의 속도를 제어하는 전원 회로 제어방식 • 전동차와 같은 큰 기동성이 요구되는 데에 사용

4. 특수 전동기

4-1 서보 전동기

직류 서보 전동기		• 전류와 발생되는 토크가 비례적인 관계를 가지고 있어 속도와 위치 등의 제어가 유리함 • 주로 반도체 스위칭 소자를 이용한 펄스 폭 변조 방식을 구동 방식으로 사용 • 제어성이 좋고 경제적이지만, 브러시의 마모에 대한 유지 보수가 필요함 • 정류에 의한 발열, 정류 불꽃, 섬락 등으로 수명이 짧고 불안정함
교류 서보 전동기		• 정류자와 브러시가 없이 교류 전원을 공급받아서 작동하는 전동기
	동기형	• 회전자에 영구 자석을 사용하는 일반 동기 전동기와 같은 구조 • 구조가 복잡하고 전동기의 제어를 위해 회전자의 위치 검출을 위한 광학식 엔코더나 리졸버를 사용 • 전류와 토크의 관계가 비례하여 제어가 용이하고, 비상 정지 시에는 다이나믹 브레이크가 작동
	유도형	• 일반 유도 전동기와 같은 구조 • 회전자와 고정자의 위치 검출을 위한 위치 검출 센서가 필요 없기 때문에 구조가 간단 • 정지 시에도 여자 전류를 계속 공급으로 인한 발열이 생기고, 비상 정지 시에 다이나믹 브레이크를 사용하는 것이 불가능

4-2 스테핑 전동기

스테핑 전동기 특징

- 회전축의 위치 검출을 매우 정확하게 할 수 있음
- 가격이 저렴
- 정지 시 매우 큰 정지 토크가 있어 전자 브레이크 등이 불필요
- 회전 속도는 입력 펄스의 수에 비례하여 제어 용이
- 큰 힘이 필요한 곳에서는 사용이 부적합
- 전동기 자체에 피드백 장치가 없어 정확하게 움직인 거리를 알아내기 어려움
- 크기에 비해 토크가 적고, 과부하에서 난조를 일으킴
- 고속 회전이 어렵고 저속 회전에서는 진동이 발생

핵심 KEY

스테핑 전동기 특성
- 정토크 특성
  홀딩토크, 디턴드토크
- 동토크 특성
  풀인토크 특성, 탈출토크 특성

스테핑 전동기의 종류와 특성

고정자	프레스형	단층형		다층형
회전자	영구자석형	가변 릴럭턴스형	복합형	가변 릴럭턴스형
스텝각	3.6°~18°	0.9°~15°	0.9°~7.5°	0.36°~15°
토크	작음	중간	중간~큼	큼
원전 주파수	작음	중간	중간	큼

스테핑 모터 특징
- 회전 속도는 입력주파수에 비례한다.
- 회전 각도는 입력펄스의 수에 비례한다.
- 피드백 루프 없이 속도와 위치 제어응용이 가능하다.
- 스테핑 모터 정토크 특성으로 홀딩토크, 디텐드토크, 동토크 특성으로 풀인토크특성, 탈출 토크특성을 가지고 있다.

07 센서

1. 센서의 개요

측정 대상물로부터 감지 또는, 측정하여 그 검출량이나 측정량을 전기적인 신호로 변환하는 장치

1-1 센서의 역할

검출 대상		센서		출력정보
모든 정보 및 에너지 변환	→	물리적 수단 화학적 수단 생물학적 수단	→	일반적인 전기 신호

1-2 센서의 특성

- 감도 : 감지하고자 하는 대상의 변화량에 따른 출력 변화량의 비율
- 동작 범위 : 센서가 작동하는 입력 범위
- 직선성 : 센서의 입력과 출력과의 비례적 관계의 정도
  - 선택도 : 측정하고자 하는 대상 외의 다른 대상에 반응하는 정도
  - 안정성 : 측정 대상이나 다른 요소가 일정할 경우 센서의 출력이 어느정도 일정한가를 나타내는 성질
  - 응답속도 : 입력이 변화할 때 센서 출력이 얼마나 빨리 따라 변화할 수 있는가 하는 정도
  - 히스테리시스 : 동일한 입력값에 대한 출력값이 동일하지 않은 현상

자동화를 위한 센서 주요 사용 기준
- 생산 원가의 절감
- 생산 공정의 합리화
- 생산 설비의 자동화
- 생산 체제의 유연성
- 작업자의 보호 및 안전

센서의 목적
- 정보의 수집
- 정보의 변환
- 제어 정보의 취급

2. 센서의 분류

2-1 측정량에 따른 분류

구분	감지 대상	센서
역학센서	변위, 길이	차동 트랜스, 스트레인 게이지, 콘텐서 변위계
	속도, 가속도	회전형 속도계, 동전형 가속도계
	회전수, 진동	엔코더, 리졸버, 스코프, 압전형 검출기
	압력	다이어프램, 로드 셀, 수정 압력계
	힘, 토크	저울, 천칭, 토션 바
물리 센서	온도	열전대, 서미스터, 온도계
	빛, 색	광도전, 광결합형, 이미지, 포토 다이오드
	자기	홀 소자, 자기저항 소자
	전류	분류기, 변류기
	자외선, 방사선	조도계, 광량계
화학 센서	습도	세라믹, 결로, 고분자막
	가스	반도체 가스, 지르코니아 산소, 백금선, 매연
	이온	pH 전극 센서, 이온 선택 전극 센서

센서 선정시 고려사항
- 정확성
- 감지 거리
- 신뢰성
- 내구성
- 단위 시간당 스위칭 사이클
- 반응속도
- 선명도

2-2 동작에 따른 분류

능동형 센서	• 에너지를 측정하고자 하는 측정대상인 발생원과는 다른 입력 에너지를 필요로 하는 측정용 장치 • 포토트랜지스터, 서미스터, 측온저항체, 스트레인게이지
수동형 센서	• 외부에서 전원을 공급할 필요가 없는 센서로 출력전력은 입력 으로부터 얻어짐 • 태양전지, 열전대, 적외선 센서

공압센서
- 반향센서
- 배압센서
- 에어 배리어

2-3 접촉 방식에 따른 분류

접촉식	리밋 스위치
비접촉식	반향 센서, 배압 센서, 에어 배리어, 유도형 센서, 정전 용량형 센서, 광전 센서, 광전 스위치

2-4 출력신호에 따른 분류

아날로그 센서	• 응답 속도가 좋고, 감도가 좋음 • 분해능은 제한적으로 약 0.1[%]가 한계이며 잡음에 약함
디지털 센서	• 아날로그 신호보다 전송이 더 용이 • 재현성이 우수하고, 신뢰성과 정확도가 높음 • 응답 속도와 감도면에서 아날로그 센서에 비하여 낮으며, 지능형 센서 시스템에 적합

분해능
서로 떨어져 있는 두 물체를 서로 구별할 수 있는 능력

RTD(Resistance Temperature Detector)
금속성 물질의 저항 변화를 이용해서 온도를 측정하는 센서

CCD
빛을 전하로 변환시켜 이미지를 얻어내는 센서

PZT
생체 신호 스플럭스 압전 호흡 센서

다음 중 수동형 센서(Passive sensor)에 속하는 것은?

① 포토 커플러   ② 포토 리플렉터
③ 레이저 센서   ④ 적외선 센서

수동형 센서(자기발전형)
입력에 의한 전원이 공급되며, 태양전지, 열전대, 적외선 센서 등이 있다.

정답 : ④

---

3. 센서 재료

센서 재료에 의한 분류

센서 재료	센서 예
금속	RTD, 스트레인 게이지, 로드 셀, 열전대
반도체	홀 소자, 홀 IC, 반도체 압력 센서, 포토다이오드, CCD
세라믹	습도 센서, 서미스터, 가스 센서, 압전 센서, 산소 센서
광섬유	온도 센서, 레벨 센서, 압력 센서, 변형 센서
유전체	초전형 센서, 온도 센서
고분자	습도 센서, 압전 센서
생체물질	각종 바이오 센서
복합재료	PZT 압전 센서

4. 스위치

4-1 유접점 스위치

푸시 버튼 스위치 (누름버튼 스위치)	• 시퀀스 제어회로에서 주로 시동용 스위치나 정지용 스위치로 사용됨
유지형 스위치	• 조작 후 손을 떼어도 조작 부분이 조작 시의 상태를 계속 유지하는 기능을 갖는 스위치
	• 비상 스위치 : 비상 시 전원을 급히 차단할 목적으로 사용하며 차단 시 눌러서 유지시키고, 복귀시 우측으로 돌려 복귀시킴
	• 셀렉터 스위치 : 형태나 종류 면에서 다양하나, 일반적으로 좌우로 돌려 접점을 선택하여 사용함

4-2 검출 스위치

구분	종류	
접촉형	마이크로 스위치, 리밋 스위치, 테이프 스위치, 터치 스위치	
비접촉형	근접 스위치	고주파형, 정전 용량형, 자기형, 유도형
	광전 스위치	투과형, 반사형
	에어리어 감지기	광전형, 초음파형, 적외선형

접촉형 스위치

마이크로 스위치	• 비교적 소형으로 성형케이스에 접점 기구를 내장하고 밀봉되어 있지 않은 스위치 • 물체의 움직이는 힘에 의하여 작동편이 눌러져 접점이 개폐되며 물체에 직접 접촉하여 검출하는 스위치
리밋 스위치	• 외부와의 접촉에 의해 전기적 접점이 ON-OFF 동작을 하는 것 • 전동식 셔터나 엘리베이터의 상승과 하강, 벨트 컨베이어의 왕복 운전, CNC 등 모터의 정·역 회전을 제어하기 위한 위치 검출기로 널리 사용됨
매트 스위치	• 테이프 스위치를 병렬로 붙여 놓은 구조

비접촉형 스위치

리드 스위치		• 비접촉형 검출 스위치 • 한 쌍의 리드핀이 자기장 범위 내에 위치할 때, 리드는 반대 극성으로 자화하여 서로 끌어당기고 접점이 닫혀 스위치가 ON되는 원리를 이용한 스위치 • 물탱크의 수위 레벨, 실린더의 피스톤 위치 검출
근접 스위치		• 센서의 검출 범위 내에 접근하는 물체나 주위에 존재하는 물체의 유무를 전자계 에너지, 정전계 에너지의 변화 등을 이용하여 검출하는 비접촉형 검출 스위치
	유도형	• 강자성체가 영구 자석에 접근하면 코일 내 자속의 변화율에 따라 출력 단자 사이에 전압을 발생시켜 물체의 유무를 판단
	정전 용량형	• 대상으로 하는 물체와의 거리를 비접촉 상태로 검출하는 근접(각)센서로써, 정전용량의 변화를 이용하는 센서 • 대상물과 센서간의 정전용량이 둘 사이의 거리의 반비례 관계를 이용 • 미세한 변위를 검출하는 데 적합하며 • 간단한 구성으로, 정밀도 높은 검출을 할 수 있다.
광전 스위치		•검출 대상의 반사광 또는 복사광을 검출하여 접점을 변화하여 물체를 검출
초음파 스위치		• 약 20[kHz] 이상의 음파로, 사람이 들을 수 없는 특성을 이용 • 지하나 깊은 물속, 장거리에 있는 물체를 정확하게 검출할 때 사용
로터리 엔코더		• 축의 회전이나 위치 등 물리적인 양을 전기적인 신호로 변환하는 감지기
적외선 감지기		• 일정 주파수의 빛을 발산하는 발광부와 발광부에서 발산하는 빛을 받아들이는 수광부로 이루어져 있고 이 발광부와 수광부 사이의 전압 변화량을 기준값과 비교하여 검출하는 방식
온도 센서		• 온도에 따라 반응 및 작동하는 센서
	열전쌍 (열전대)	• 기전력이 다른 두 금속을 접합해서 온도차를 주고 반응하도록 한 것
	서미스터	• 반도체의 저항이 온도에 따라 물질의 저항이 변화하는 성질을 이용한 전기적 장치
측온 저항체		• 저항과 온도와의 관계를 이용하여 온도를 측정하는 장치
압력센서		• 스트레인게이지(하중감지), 로드셀(저항감지)

5. 물체 감지 및 검출센서

5-1 유도형 센서

정의	• 강자성체가 영구 자석에 접근하면 코일 내 자속의 변화율에 따라 출력 단자 사이에 전압을 발생시켜 물체의 유무를 판단하는 센서 • 물체가 접근하면 진폭이 감소하는 고주파 LC발진기에 의해 센서 표면에 전자계를 형성하고 금속만을 감지하는 센서
특성	• 전력 소모가 적다. • 자석 효과가 없다. • 감지 물체 안에 온도 상승이 없다. • 금속재료 감지용으로 사용한다.

정전용량
도체가 전기를 축적하는 능력의 정도를 나타내는 양

5-2 용량형 센서

정의	• 대상으로 하는 물체와의 거리를 비접촉상태로 검출하는 근접(각)센서로써, 정전용량의 변화를 이용하는 센서
특성	• 물리적인 접촉 없이 물, 유리, 플라스틱, 금속과 같은 모든 전도성 및 비전도성 물질 감지

5-3 광 센서

정의	• 빛을 이용하여 물체의 유무를 검출하는 것
특성	• 투광기와 수광기로 되어 있으며, 검출 방식에 따라 투과형, 직접 반사형, 거울 반사형으로 구분한다. • 광 에너지 변환에 따라 광기전력 효과형, 광도전 효과형, 광전자 방출형으로 나눌 수 있다.

광센서 종류
- 황화카드뮴 센서(Cds)
  빛의 양에 따라 저항 값이 변화하며, 조도 센서, 도난방지 센서에 이용한다.
- 포토 커플러
  물체의 유무 검출이나 회전체의 속도 검출, 위치판단용으로 사용된다.
- 포토 다이오드, 포토 트랜지스터, 고전관, 촬상관, 광전자 증배관, 초전 센서

5-4 리드스위치

정의	• 자석에 발생하는 자력에 의해 스위치를 작동시켜 검출하는 자기형 근접 감지기
특성	• 소형, 경량이다. • 스위칭 시간이 짧다. • 반복정밀도가 높다. • 회로 구성이 간단하다.

5-5 리밋스위치

물건의 위치나 동작 거리의 제한 등에 사용되는 대표적인 접촉식 변위 센서

6. 기타 센서

6-1 온도 센서

열전대 검출기 종류

열전대 종류 (기호)	양극(+) 재료	음극(-) 재료	최고 측정 온도(대략)	주요 특징 및 용도
B형	백금 - 30[%] 로듐 (Pt·30%Rh)	백금 - 6[%] 로듐 (Pt·6%Rh)	1,700[℃] (최대 1,800[℃] 이상도 가능)	• 가장 높은 온도를 측정할 수 있는 열전대 • 고온의 산화성 분위기에 사용 • 유리, 철강 산업 등
R형	백금 - 13[%] 로듐 (Pt·13%Rh)	백금(Pt)	1,600[℃]	• S형과 유사하지만 R형이 더 흔하게 사용됨
S형	백금 - 10[%] 로듐 (Pt·10%Rh)	백금(Pt)	1,600[℃]	• 특히 0[℃]에서 1,064[℃] 사이의 온도 표준기로 사용되기도 함
N형	니크로실 (Ni-Cr-Si)	니실(Ni-Si)	1,300[℃]	• 고온에서 K형보다 안정성 및 재현성이 좋음
K형	크로멜 (Chromel: Ni-Cr 합금)	알루멜 (Alumel: Ni-Al-Mn-Si 합금)	1,200[℃]	• 가장 널리 사용되는 범용 열전대 • 비교적 넓은 온도 범위에서 사용 가능 • 내열성, 내식성 양호
E형	크로멜	콘스탄탄 (Cu-Ni 합금)	900[℃]	• 열기전력이 가장 크고 정밀도가 우수
J형	철	콘스탄탄	750[℃]	• 환원성 분위기에 강함 • 저렴한 가격
T형	구리	콘스탄탄	350[℃]	• 정밀도가 좋고 안정적 • 식품 산업 등에 활용

제벡효과

두 종류의 금속을 고리 모양으로 접속하고 두 접속점에 서로 다른 온도를 가하면 기전력이 발생하여 일정한 방향으로 전류가 흐르는 현상

핵심 KEY

열전 온도계(열전쌍, 열전대)

• 2개의 다른 금속선으로 폐회로를 만들어 열기전력을 발생시키고 폐회로의 전류가 흐르게 하는 원리를 이용한 온도계
• 다른 금속을 접합하여 양단의 온도차에 의해 발생되는 기전력을 이용
• 제벡 효과를 이용하여 온도를 측정하기 위한 소자

열전대 구비조건

• 열기전력이 크고, 온도 - 열기전력 특성의 분산이 작을 것
• 열기전력 특성이 연속적이고 직선적일 것
• 열적, 화학적, 기계적으로 안정하고 가공이 쉬우며, 가격이 저렴할 것

서미스터
- 온도에 따라 저항 값이 변화하는 소자
- NTC, PTC, CTR

측온 저항체(RTD)
- 금속체의 전기저항은 일반적으로 온도에 따라서 변화하는 성질을 이용하여 온도를 측정하는 접촉식 온도 센서
- 측온 저항체로 백금, 구리, 니켈 등의 순금속이 사용됨.
- 측온 저항체에서 공칭 저항값은 0[℃]에서의 100[Ω]인 것에 규정
- 저항 온도계수가 크고, 사용온도 범위가 넓고, 제작이 쉽고 소성 가공이 용이한 것이 좋으며, 기계적, 화학적으로 안정된 것이 좋다.
- 고온 측정이 불가능하고 구조가 복잡하여 형상이 크고 응답속도가 느리다.

적외선 센서
- 물체가 발사하고 있는 각종 적외선을 검출하여 이로부터 온도를 구하는 비접촉식 센서
- 가전제품의 리모콘, 방사온도계 등으로 사용됨

6-2 압력 센서

스트레인게이지
물체가 압축이나 인장으로 인한 변형률을 측정하는 센서

로드셀
중량 센서로 무게를 측정하며 전자저울에 필수적이다. 수 백 [kg] ~ 수 [톤]까지 넓은 범위의 측정이 가능하고, 구조가 간단하고 정밀도가 높다.

6-3 변위 센서

- 일반적으로 거리를 측정하는 센서
- 직선변위 측정 : 포텐셔미터, 정전용량형 변위센서
- 회전변위 측정 : 포텐셔미터, 싱크로, 리졸버, 로터리 엔코더, 홀센서

핵심 KEY

서미스터 종류
- NTC : 온도가 상승하면 저항값은 감소하여 부(-)의 온도계수를 갖는다. 트랜지스터 회로의 온도 보상, 통신기의 자동이득조절 등에 사용된다.
- PTC : 온도가 상승하면 저항값도 상승하고, 주로 온도 스위치로 사용하므로, 전류제한 소자, 다리미 등에 사용된다.
- CTR : NTC 서미스터와 비슷한 성향을 가지고 있으나, 어떤 특정한 온도에 이르면 전기 저항이 급격히 변화한다. 적외선 검출, 온도 경보 등에 이용된다.

저항 변화형 센서 종류
- 스트레인 게이지
- 서미스터
- 포텐셔미터

6-4 자기 센서

홀 센서
- 자계에 변화량을 전기적인 양으로 변화하거나, 빛이나 압력의 변화로 바꾸어 자계를 측정하는 센서
- 자계의 방향이나 강도를 측정할 수 있는 자기 센서

자기저항 소자
- 반도체의 물리적 특성 가운데 자기저항 효과를 이용한 것
- 자계의 강약에 의해서 저항값이 변화하는 반도체 소자

6-5 초음파 센서

- 25 ~ 300[kHz] 정도를 사용하며 물체의 유·무 검출이나 특정물체까지의 거리 등을 측정하는 센서
- 자동차 후방감지 센서 등에 사용됨(파이로 센서)
- 초음파 센서의 특징
  - 비교적 검출거리가 길다.
  - 투명체도 검출할 수 있다.
  - 먼지나 분진 연기에 둔감하다.
  - 특정 형상, 재질, 색깔을 검출할 수 있다.

6-6 각도 검출 및 서보 센서

각도 검출용 센서
싱크로(Synchro), 로터리 엔코더, 리졸버, 포텐셔미터

서보 센서
리졸버, 타코미터, 포텐셔미터

용어정리

홀 효과
전류를 흐르게 한 뒤 수직한 자기장을 가하면 전압이 발생하는 효과

포텐셔미터
직선변위와 회전변위를 전기저항의 변화로 바꾸는 가변저항기

타코미터
회전계 또는 회전속도계는 기기에 있어서 축의 회전수(회전속도)를 지시하는 계량기, 측정기이며, 회전계의 일종

리졸버
싱크로 또는 그와 유사한 장치. 회전자는 기계적으로 구동되고 회전자 각도의 사인이나 코사인에 상당하는 전기 출력이 생긴다.

싱크로
코일 간의 전자유도 현상을 이용한 것으로서 발신기와 수신기로 구성되어 있으며, 회전각도 변위를 전기신호로 변환하여 회전체를 검출하는 수신기

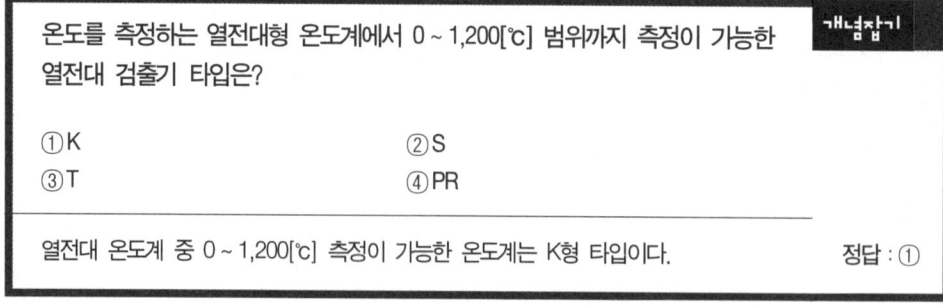

온도를 측정하는 열전대형 온도계에서 0 ~ 1,200[℃] 범위까지 측정이 가능한 열전대 검출기 타입은?

① K　　　　　　　　② S
③ T　　　　　　　　④ PR

열전대 온도계 중 0 ~ 1,200[℃] 측정이 가능한 온도계는 K형 타입이다.

정답 : ①

7. 산업용 로봇

7-1 산업용 로봇의 종류

직교 좌표 로봇	• 주로 직선 형태의 로봇으로, X, Y, Z 3축을 사용함 • 간단하고 가격이 저렴함 • 정밀도가 우수하고, 제어가 쉽다는 장점으로 일반적인 자동화 장비와 반도체, LCD, PDP 조립과 검사 등의 장비에 주로 사용됨
원통좌표형 로봇	• 동작하는 범위와 형태가 주로 원통 좌표 형식인 로봇 • 회전 운동과 상하 운동, 반경 방향으로 운동하여 일반적인 직각 좌표형 로봇에 비해 큰 작업 범위를 가지고 있어 제어 시스템이 더 복잡함
극좌표 로봇	• 1개의 직선축과 2개의 회전축으로 구성된 로봇 • 상하 운동이 우수하며, 작업 영역이 넓고, 경사진 작업이 가능하여 용접과 도장, 도색 작업에 주로 사용됨
수직 다관절 로봇	• 6축 기능을 보유하여 모든 방향을 자유롭게 움직이면서 작업을 할 수 있기 때문에 복잡한 작업과 고속 작업 등 용도가 다양함

직각 좌표 로봇

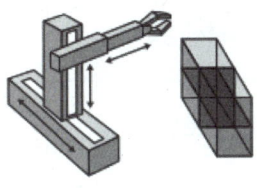

원통 좌표형 로봇

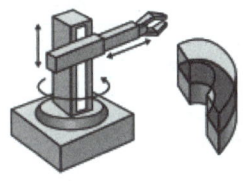

극 좌표형

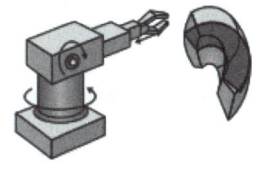

수직 관절형

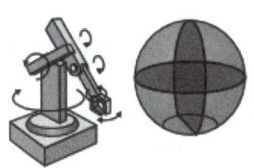

7-2 산업용 로봇의 기능별(입력 정보 교시) 분류

시퀀스 로봇	순서, 위치, 조건 등 미리 설정된 정보에 따라 동작의 각 단계를 순차적으로 진행하는 로봇
플레이백 로봇	사용자가 순서, 위치, 조건 등 정보를 가르치면 이를 저장한 후 필요하면 재생할 수 있는 로봇
적응 제어 로봇	작업 환경의 변화에 적응하여 스스로 제어 기능을 변화시키는 능력을 가진 로봇
학습 제어 로봇	작업 경험을 학습에 반영하여 이를 바탕으로 적절한 제어 기능을 발휘하는 로봇
지능 로봇	감각기능 및 인식기능에 의해 행동결정을 할 수 있는 로봇
수치 제어 로봇	로봇을 사람이 직접 작동시키지 않고 순서, 조건, 위치 및 그 밖의 정보를 수치, 언어 등으로 교시하면 그 정보에 따라 작업할 수 있는 로봇
조종 로봇	로봇에 시킬 작업의 일부 또는 모두를 사람이 직접 조작함으로써 작업이 이루어지는 로봇

7-3 로봇 제어방식

직선 보간	직각 좌표상에서 두 축을 동시에 제어할 때 두 축이 한 점에서 다른 점까지 움직이는 궤적을 직선이 되도록 제어하는 방법
원호보간	직각 좌표상에서 두 축을 동시에 제어할 때 궤적을 원이 되도록 제어하는 방법
포인터 투 포인트(PTP)	직각 좌표상에서 두 축을 동시에 제어할 때 두 축이 한 점에서 다른 점까지 움직이는 데 있어서 궤적에 상관없이 중간점들이 지정되지 않은 채 제어 되는 것
CP	이동경로가 미리 직선 또는 곡선으로 지정되어 있어 지정된 경로를 따라 연속적으로 이동하는 제어
티칭 플레이 백(TPB)	위치데이터를 서보 오프(Servo Off) 상태에서 수동으로 조작하여 위치를 확인한 후 입력하는 방식
매뉴얼 데이터 입력(MDI)	이미 정의된 위치데이터를 수동 키(Key) 조작에 의해 직접 입력하는 방식

 참고

서보레디
전원 공급 후 컨트롤러가 이상 유무를 확인하기 전에 드라이버 측에서 컨트롤러로 보내는 준비 신호

서보 알람
컨트롤러에서 이상 유무를 확인한 후 이상 발생 시 나타나는 신호

전압(볼테지) 커멘드
아날로그 타입에서 드라이버로 출력하는 속도 명령으로서 최대 ±10V이다.

개념잡기

위치결정 방식에 의한 로봇의 종류 중 관계없는 것은?

① 다관절형 로봇　　② 직각좌표형 로봇
③ 원통좌표형 로봇　④ 무한좌표형 로봇

위치결정 방식에 의한 산업용 로봇 종류
- 다관절형 로봇
- 직각로봇형 로봇
- 원통좌표형 로봇
- 극좌표형 로봇

정답 : ④

개념잡기

다음 산업용 로봇의 입력 정보 교시에 따른 분류가 아닌 것은?

① 가변 시퀀스 로봇　② 수치제어 로봇
③ 다관절 로봇　　　④ 적응제어 로봇

산업용 로봇의 입력 정보 교시에 따른 분류
- 머니퓰레이터(로봇)　　・수동 머니퓰레이터
- 가변 시퀀스 로봇　　　・수치제어 로봇
- 적응제어 로봇　　　　・감각제어 로봇
- 학습제어 로봇　　　　・플레이백 로봇
- 고정 시퀀스 로봇

정답 : ③

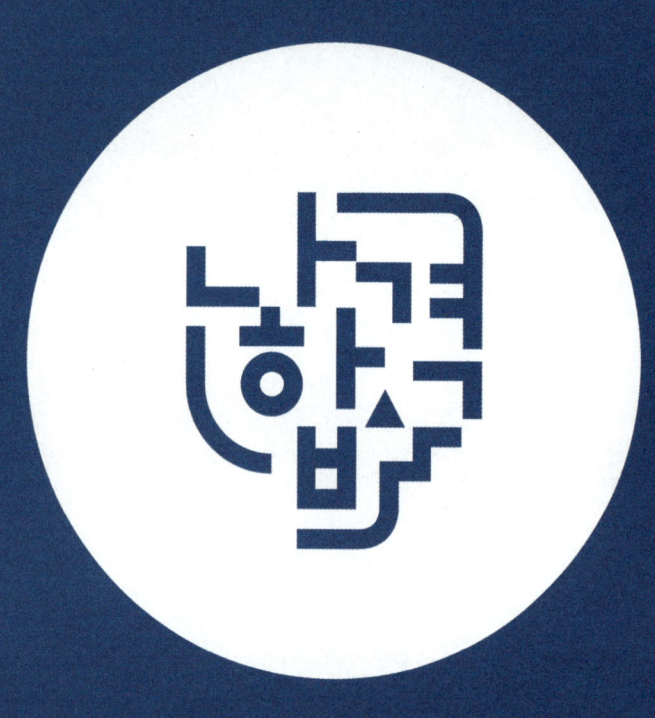

PART 04

CBT 복원문제

2017년 1, 3회 CBT 복원문제
2018년 1, 3회 CBT 복원문제
2019년 1, 3회 CBT 복원문제
2020년 1, 3회 CBT 복원문제
2021년 1, 3회 CBT 복원문제
2022년 1, 3회 CBT 복원문제
2023년 1, 3회 CBT 복원문제
2024년 1, 3회 CBT 복원문제
2025년 1, 3회 CBT 복원문제

 단원 들어가기 전

2016년 5회부터는 CBT 방식으로 전면 시행됨에 따라 실제 수험생 분들의 복원을 토대로 문제를 구성하였습니다.
본 서에 구성된 CBT 복원문제를 통해 최신경향을 파악하고 실력을 키워보세요.

CBT 복원문제　2017 * 1

※ 2016년 5회부터는 CBT 방식으로 전면 시행됨에 따라 실제 수험생 분들의 복원을 토대로 문제를 구성하였습니다.

01

그림과 같은 스프링에서 스프링 상수가 $k_1 = 10$[N/mm], $k_2 = 15$[N/mm]면 합성 스프링 상수값은 약 몇 [N/mm]인가?

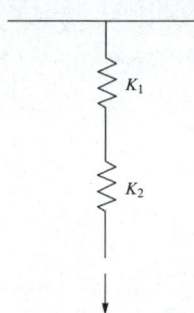

① 3　　　　　② 6
③ 9　　　　　④ 25

SOLUTION

직렬의 경우 $\dfrac{1}{k} = \dfrac{1}{k_1} + \dfrac{1}{k_2}$, 병렬의 경우 $k = k_1 + k_2$

$\dfrac{1}{k} = \dfrac{1}{10} + \dfrac{1}{15} = \dfrac{1}{6}$, $k = 6$

02

다음 중 장갑을 착용하고 작업해도 좋은 작업은?

① 선반작업　　　② 밀링작업
③ 용접작업　　　④ 드릴작업

SOLUTION 장갑을 착용해서는 안 되는 작업
선반작업, 밀링작업, 그라인더(연삭) 작업, 해머 작업, 목공기계, 정밀기계 작업

03

공작물의 길이가 600[mm], 지름이 25[mm]인 강재를 아래의 조건으로 선반 가공할 때 소요되는 가공시간(t)은 약 몇 분인가? (단, 1회 가공이다)

- 절삭속도 : 180[m/min]
- 절삭깊이 : 2.5[mm]
- 이송속도 : 0.24[mm/rev]

① 1.1　　　　　② 2.1
③ 3.1　　　　　④ 4.1

SOLUTION

- 회전 속도
$n = \dfrac{1{,}000v}{\pi d} = \dfrac{1{,}000 \times 180}{\pi \times 25} ≒ 2{,}291.8$[rpm]

- 가공 시간
$t = \dfrac{L}{nf} = \dfrac{600}{2{,}291.8 \times 0.24} ≒ 1.09$[min]

04

V벨트의 단면 형태를 표시한 것 중 단면적이 가장 큰 것은?

① A형　　　　　② B형
③ C형　　　　　④ M형

SOLUTION V 벨트의 표준치수
M, A, B, C, D, E의 6종류가 있으며, M에서 E쪽으로 가면 단면이 커진다.

정답　01 ②　02 ③　03 ①　04 ③

05

절삭가공에서 구성인선을 방지하는 방법으로 적합한 것은?

① 공구의 윗면 경사각을 크게 한다.
② 절삭깊이를 크게 한다.
③ 절삭속도를 작게 한다.
④ 윤활성 있는 절삭제는 사용하지 않는다.

SOLUTION 구성인선의 방지법
- 공구의 윗면 경사각을 크게 한다.
- 절삭 속도를 크게 한다.
- 절삭 깊이를 작게 한다.
- 공구의 날끝을 예리하게 한다.
- 가공 중에 절삭유를 사용한다.
- 재결정 온도 이상에서 가공한다.

06

끝면의 모양에 따라 45° 모따기형과 평형이 있으며 위치 결정이나 막대의 연결용으로 사용하는 핀은?

① 스프링 핀 ② 분할 핀
③ 테이퍼 핀 ④ 평행 핀

SOLUTION
- 평행 핀 : 끝면의 모양에 따라 45° 모따기형과 평형이 있으며 위치결정이나 막대의 연결용으로 사용하는 핀
- 분할 핀 : 나사의 풀림 방지나 부품을 축에 결부하는 데 사용하는 가운데가 갈라진 핀
- 테이퍼 핀 : 톱니바퀴, 벨트, 핸들 따위의 보스를 축에 간단히 고정하는 핀
- 스프링 핀 : 탄성이 있는 얇은 강판을 원통 모양으로 둥글게 말아서 핀의 반지름 방향으로 스프링 작용이 발생하게 한 핀

07

센터리스 연삭의 특징으로 틀린 것은?

① 긴 축 재료의 연삭이 가능하다.
② 대형, 중량물의 연삭에 적합하다.
③ 속이 빈 원통의 외면 연삭에 편리하다.
④ 긴 홈이 있는 가공물의 연삭은 할 수 없다.

SOLUTION 센터리스 연삭의 특징
- 연삭하는데 큰 숙련도를 요하지 않는다.
- 가늘고 긴 가공물의 연삭에 적합하다.
- 중공물의 원통 연삭에 적합하다.
- 센터 구멍이 필요 없다.
- 연삭숫돌의 너비가 크므로 지름의 마멸이 적어 수명이 길다.

08

주조경질합금 중 상온에서 고속도강보다 경도가 낮고 고온에서는 경도가 높으며 단조나 열처리가 되지 않는 것은?

① 서밋(Cermet)
② 세라믹(Ceramic)
③ 다이아몬드(Diamond)
④ 스텔라이트(Stellite)

SOLUTION 공구재료 종류
- 탄소공구강 : 탄소량 0.6~1.5[%] 함유한 고품질의 탄소강
- 고속도강 : 텅스텐(W), 크롬(Cr), 바나듐(V), 코발트(Co) 등의 원소를 함유하는 합금강
- 소결초경합금 : W, Ti, Ta, Mo 등의 경질합금 탄화물 분말을 Co, Ni을 결합제로 하여 1,400[℃] 이상의 고온으로 가열하면서 프레스로 소결 성형한 절삭공구
- 주조경질합금 : 스텔라이트가 대표적이며, 주성분은 W, Cr, Co, Fe
- 서멧 : 세라믹스와 금속의 합성어로, TiC를 주체로 하고 TiN, TiCN 등의 탄화물을 초미립화하여 소결시킨 합금

09

창성법에 의한 기어 가공용 커터가 아닌 것은?

① 래크 커터 ② 브로치
③ 피니언 커터 ④ 호브

SOLUTION 창성법에 의한 기어 절삭
- 래크 커터에 의한 방법
- 피니언 커터에 의한 방법
- 호브에 의한 방법

10

페더키(Feather Key)라고도 하며, 축 방향으로 보스를 슬라이딩 운동을 시킬 필요가 있을 때 사용하는 키는?

① 성크 키 ② 접선 키
③ 미끄럼 키 ④ 원뿔 키

SOLUTION
① 성크 키 : 묻힘 키라고도 하며 축과 보스에 다 같이 홈을 파는 가장 널리 사용하는 일반적인 키
② 접선 키 : 축의 접선 방향으로 끼우는 키로 1/100 기울기를 가진 2개의 키를 한 쌍으로 하여 사용하는 키로 아주 큰 회전력을 전달하는데 적합하다.
④ 원뿔 키 : 축이 설치되는 구멍에 원뿔 통을 끼워 마찰로서 축과 보스를 고정하는 키

11

체결하려는 부분이 두꺼워서 관통구멍을 뚫을 수 없을 때 사용되는 볼트는?

① 탭 볼트 ② T홈 볼트
③ 아이 볼트 ④ 스테이 볼트

SOLUTION
② T홈 볼트 : 볼트 머리가 T자형으로 만들어진 것으로 T형 홈에 끼워서 사용
③ 아이 볼트 : 나사의 머리부를 고리 모양으로 만들어 체인 또는 훅 등을 걸 때에 사용
④ 스테이 볼트 : 간격 유지

12

피치원 지름이 250[mm]인 표준 스퍼 기어에서 잇수가 50개일 때 모듈은?

① 2 ② 3
③ 5 ④ 7

SOLUTION

$$m(모듈) = \frac{피치원의 지름[mm]}{잇수} = \frac{D}{Z} = \frac{250}{50} = 5$$

13

리벳의 호칭 길이를 가장 올바르게 도시한 것은?

① 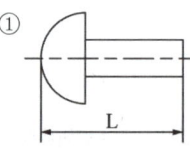 ②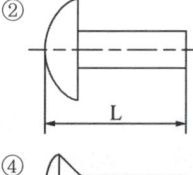

③ 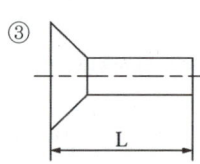 ④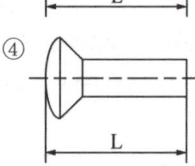

SOLUTION 리벳의 호칭길이는 접시머리 리벳만 머리를 포함하고 다른 리벳은 머리를 포함하지 않는다.

14

도면에서 특정 치수가 비례척도가 아닌 경우를 바르게 표기한 것은?

① (24) ② 24
③ 24 ④ 24

SOLUTION
① 참고치수
② 수정치수
③ 일반치수

15

다음 그림에 대한 설명으로 옳은 것은?

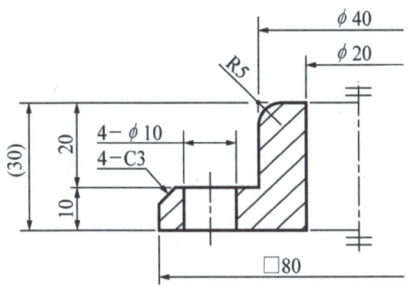

① 참고 치수로 기입한 곳이 2곳이 있다.
② 45° 모따기의 크기는 4[mm]이다.
③ 지름이 10[mm]인 구멍이 한 개 있다.
④ □80은 한 변의 길이가 80[mm]인 정사각형이다.

SOLUTION
① 참고 치수로 기입한 곳이 1곳(30)이 있다.
② 45° 모따기의 크기는 3[mm](C3)이다.
③ 지름이 10[mm]인 구멍이 4개(4-φ10)가 있다.

16

그림과 같은 치수 기입법의 명칭은?

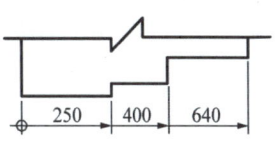

① 직렬 치수 기입법 ② 누진 치수 기입법
③ 좌표 치수 기입법 ④ 병렬 치수 기입법

SOLUTION

• 직렬 치수 기입법

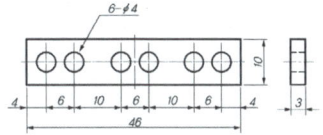

• 누진 치수 기입법

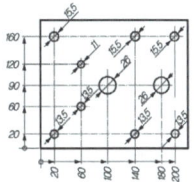

• 좌표 치수 기입법

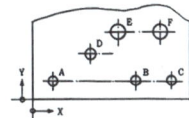

• 병렬 치수 기입법

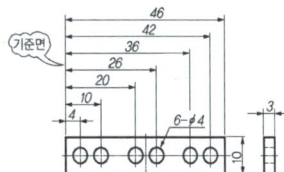

17

도면에서 척도란에 NS로 표시된 것은 무엇을 뜻하는가?

① 축척임을 표시 ② 제1각법임을 표시
③ 비례척이 아님을 표시 ④ 배척임을 표시

SOLUTION

NS(No Scale) : 비례척이 아님을 표시한다.

18

선의 종류에 의한 용도 중 가는 실선으로 표현해야 하는 선으로 틀린 것은?

① 치수선 ② 중심선
③ 지시선 ④ 외형선

SOLUTION

외형선은 굵은 실선으로 표시한다.

19

그림의 치수선은 어떤 치수를 나타내는 것인가?

① 각도의 치수 ② 현의 길이 치수
③ 호의 길이 치수 ④ 반지름의 치수

SOLUTION

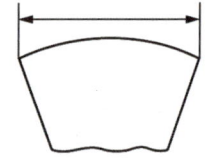

현의 치수	호의 치수

20

투상도법에서 그림과 같이 경사진 부분의 실제 모양을 도시하기 위하여 사용하는 투상도의 명칭은?

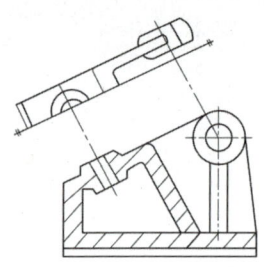

① 부분 투상도 ② 국부 투상도
③ 부분 확대도 ④ 보조 투상도

SOLUTION

① 부분 투상도 : 그림의 일부를 도시하는 것으로 충분한 경우에는 필요한 부분만 투상도로서 나타냄
② 국부 투상도 : 물체의 구멍이나 홈 등의 한 국부만의 모양을 도시하는 것으로 충분한 경우에는 필요한 부분을 국부투상도로 나타낸다.
③ 부분 확대도 : 도형의 일부분이 너무 작아서 알아보기 어렵거나 치수 기입을 하기 곤란한 경우에 그 부분만을 확대해서 그리는 것
④ 보조 투상도 : 물체의 경사면을 실형으로 그려서 바꾸기 할 필요가 있을 경우에는 그 경사면과 위치에 필요부분만을 보조 투상도로 표시한다.

21

도면의 같은 장소에 선이 겹칠 때 표시되는 우선순위가 가장 먼저인 것은?

① 숨은선 ② 절단선
③ 중심선 ④ 치수보조선

SOLUTION 선 우선순위

외형선 - 숨은선 - 절단선 - 중심선 - 치수선 - 치수보조선

22

투상도에서 특정 부분의 도형이 작기 때문에 그 부분을 상세히 도시하거나 치수를 기입할 수 없을 때, 그 부분을 확대하여 별도로 다른 곳에 상세하게 도시하는 것은?

① 보조 투상도
② 국부 투상도
③ 부분 확대도
④ 부분 투상도

SOLUTION
- 보조 투상도 : 경사면부가 있는 대상물에서 그 경사면의 실제 모양을 표시할 필요가 있는 경우에 그린 투상도
- 국부 투상도 : 대상물의 구멍, 홈 등 한 국부만의 모양을 도시하는 것
- 부분 투상도 : 그림의 일부를 도시하는 것으로, 그 필요 부분만을 나타내는 투상도로 생략한 부분과의 경계를 파단선으로 나타냄

23

표준기어의 피치점에서 이끝까지의 반지름 방향으로 측정한 거리는?

① 이뿌리 높이
② 이끝 높이
③ 이끝 원
④ 이끝 틈새

SOLUTION 기어 각부 명칭
- 피치원 : 두 개의 기어가 맞물릴 때에, 서로 접하는 점을 이어 만든 원
- 이끝 높이 : 피치원에서 이끝까지의 거리
- 이뿌리 높이 : 피치원에서 이뿌리원까지의 거리
- 총 이높이 : 이끝 높이 + 이뿌리 높이
- 이끝 틈새 : 이끝원에서부터 이것과 맞물리고 있는 기어의 이뿌리원까지의 거리
- 유효 이의 높이 : 이뿌리원부터 이끝원까지의 거리

24

다음 중 척도의 표시 중에서 배척에 해당하는 것은?

① 1 : 1
② 1 : 5
③ 2 : 1
④ 1 : $\sqrt{2}$

SOLUTION 척도의 표시
- 축척 : 1 : 2, 1 : 5, 1 : 10
- 현척 : 1 : 1
- 배척 : 2 : 1, 5 : 1, 10 : 1

25

투상면이 각도를 가지고 있어 실형을 표시하지 못할 때에는 그림과 같이 표시할 수 있다. 무슨 투상도인가?

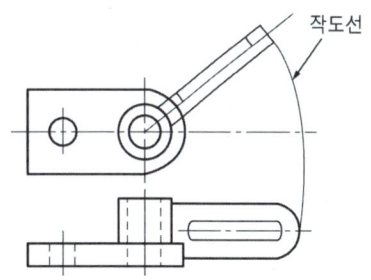

① 보조 투상도
② 회전 투상도
③ 부분 투상도
④ 국부 투상도

SOLUTION
① 보조 투상도 : 경사면부가 있는 대상물에서 그 경사면의 실제 모양을 표시할 필요가 있는 경우에 그린 투상도
② 회전 투상도 : 투상면이 일정한 각도를 가지고 있어서 실형을 제대로 표시하기 어려운 경우에, 그 부분의 일부를 회전하여 나타내는 투상도
③ 부분 투상도 : 그림의 일부를 도시하는 것으로, 그 필요 부분만을 나타내는 투상도로 생략한 부분과의 경계를 파단선으로 나타냄
④ 국부 투상도 : 대상물의 구멍, 홈 등 한 국부만의 모양을 도시하는 것

26

회전수를 적게 하고 빨리 조이고 싶을 때 가장 유리한 나사는?

① 1줄 나사 ② 2줄 나사
③ 3줄 나사 ④ 4줄 나사

SOLUTION

l(리드) : 나사가 1회전하여 진행한 거리
l(리드) = n(나사 줄수)×p(피치)에서 나사의 줄 수와 리드값은 비례하고 나사의 줄 수가 클수록 나사를 빨리 조일 수 있다.

27

볼트를 결합시킬 때 너트를 2회전하면 축 방향으로 10[mm], 나사산 수는 4산이 진행한다. 이와 같은 나사의 조건은?

① 피치 2.5[mm], 리드 5[mm]
② 피치 5[mm], 리드 5[mm]
③ 피치 5[mm], 리드 10[mm]
④ 피치 2.5[mm] 리드 10[mm]

SOLUTION $l = n \times p$

l : 리드(1회전 시 이동한 거리), n : 줄수, p : 피치
너트가 2회전하면 나사산 수는 4산이 진행된다. → 2줄나사를 말한다.
① 5[mm] = 2×2.5[mm] : 2회전하면 10[mm]
② 5[mm] = 1×5[mm] : 2회전하면 10[mm], 나사산 수는 2산만 진행
③ 10[mm] = 2×5[mm] : 2회전하면 20[mm] 진행
④ 10[mm] = 2×2.5[mm] : 2회전하면 20[mm] 진행

28

기계 제도에서 도형에 나타나지 않으나 공작 시의 이해를 돕기 위하여 가공 전 형상이나, 공구의 위치 등을 나타내는데 사용하는 선은?

① 파단선 ② 숨은선
③ 중심선 ④ 가상선

SOLUTION 선의 종류

용도에 의한 명칭	선의 종류	용도
외형선	굵은 실선	대상물의 보이는 부분의 모양을 표시하는 데 사용한다.
치수선	가는 실선	치수를 기입하기 위해 사용한다.
치수 보조선		치수를 기입하기 위해 도형으로부터 끌어내는 데 사용한다.
숨은선	파선	대상물의 보이지 않는 부분의 모양을 표시하는 데 사용한다.
중심선	가는 1점 쇄선	도형의 중심을 표시하는 데 사용한다.
기준선		특히 위치 결정의 근거가 된다는 것을 명시할 때 사용한다.
피치선		되풀이하는 도형의 피치를 취하는 기준을 표시하는 데 사용한다.
특수 지정선	굵은 1점 쇄선	특수한 가공을 하는 부분 등 특별한 요구사항을 적용할 수 있는 범위를 표시하는 데 사용한다.
가상선	가는 2점 쇄선	인접부분을 참고로 표시하는 데 사용한다.
파단선	불규칙한 파형의 가는 실선	대상물의 일부를 파단한 경계 또는 일부를 떼어낸 경계를 표시하는 데 사용한다.

29

그림과 같은 단면도의 형태는?

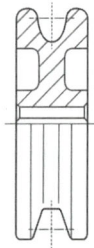

① 온 단면도 ② 한쪽 단면도
③ 부분 단면도 ④ 회전 도시 단면도

SOLUTION 한쪽 단면도(반단면도)

대칭형의 대상물을 1/4로 절단하여 내부와 외부의 모습을 조합하여 표시

30

도형의 대부분을 외형도로 하고, 필요로 하는 요소의 일부분만을 단면도로 나타낸 것은?

① 전 단면도
② 한쪽 단면도
③ 부분 단면도
④ 회전도시 단면도

SOLUTION
① 전 단면도 : 물체를 기본 중심선에서 1/2로 절단하여 도시한 단면도
② 한쪽 단면도 : 좌우 대칭인 물체에서 외형과 단면을 도시에 나타내고자 1/4만 잘라내어 도시한 단면도
④ 회전도시 단면도 : 암, 리브, 훅 등을 축에 수직한 면으로 절단하여 이면 위에 그려진 절단 투상도를 90° 회전시켜 단면의 모양과 크기를 국부적으로 나타낸 단면도

31

다음 실린더 중 전진운동과 후진운동의 속도와 힘을 같게 할 수 있는 것은?

① 탠덤 실린더
② 충격 실린더
③ 복동 양로드 실린더
④ 단동 텔레스코프 실린더

SOLUTION 실린더의 종류
- 탠덤 실린더 : 두 개의 복동 실린더가 직렬로 연결되어 한 개의 피스톤으로 구성되어 있는 형태로 큰 힘을 얻을 수 있다.
- 충격 실린더 : 프레싱, 펀칭 등의 작업과 같이 큰 운동에너지가 요구되는 곳에 적합하도록 설계된 실린더
- 복동 양로드 실린더 : 전진운동과 후진운동의 속도와 힘을 같게 할 수 있는 실린더
- 단동 텔레스코프 실린더 : 긴 행정을 지시할 수 있는 다단튜브형 로드를 가진 실린더

32

용적형 공기압축기가 아닌 것은?

① 격판 압축기
② 베인 압축기
③ 터보 압축기
④ 피스톤 압축기

SOLUTION 공기압축기 작동원리에 따른 분류
- 용적형
  - 왕복식 : 피스톤식, 다이어프램식
  - 회전식 : 나사식(스크류식), 베인식, 루터 블로어
- 터보형
  - 원심식
  - 축류식

33

다음 조작방식의 명칭은?

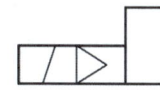

① 유압 2단 파일럿
② 전자·유압 파일럿
③ 전자·공기압 파일럿
④ 공기압·유압 파일럿

SOLUTION 보기 기호는 전자 / 공기압 파일럿 기호이다.

34

프로그램에 의한 제어가 아닌 것은?

① 조합 제어
② 시퀀스 제어
③ 파일럿 제어
④ 시간에 따른 제어

SOLUTION 파일럿 제어는 조작에 의한 제어이다.

35

유압모터 중 구조가 간단하며 출력토크가 일정하고 정·역회전이 가능하지만 정밀한 서보기구에는 적합하지 않은 모터는?

① 기어 모터
② 베인 모터
③ 레디얼 피스톤 모터
④ 액시얼 피스톤 모터

SOLUTION 모터의 종류

모터 종류	내용
기어 모터	• 유압모터 중 구조면에서 가장 간단하며 출력토크가 일정하다. • 정회전과 역회전이 가능하다. • 토크 효율은 75~85[%], 용적 효율은 94[%] 이하이다. • 조작압력은 최대 140[kg_f/cm^2] 정도, 전 효율은 80[%] 전후이다. • 최저 속도는 150~500[rpm] 정도로 정밀한 서보기구에는 부적합하다.
베인 모터	• 베인펌프와 구조가 동일하다. • 공급 압력이 일정할 때 출력 토크가 일정, 역전이 가능하고, 무단 변속이 가능하며, 가혹한 운전이 가능하다. • 최고 사용 압력 70[kg_f/cm^2], 동력 5[HP]~30[HP], 회전수 200~1,800[rpm] • 저압, 저속에서 효율이 나쁘고, 토크의 변동이 증대된다.
회전 피스톤 모터	• 액시얼 피스톤 모터, 레이디얼 피스톤 모터가 있다. • 구조가 복잡하고 고가이다. • 효율이 가장 좋다. • 고압, 고속 및 대출력을 발생한다.
요동 모터	• 가동 베인이 칸막이가 되어 있는 파이프를 왕복하면서 토크를 발생하는 구조 • 360° 전체를 회전할 수는 없으나 출구와 입구를 변화시키면 보통 ±50° 정, 역회전이 가능하다. • 가동 베인의 양측 압력에 비례한 토크를 낼 수 있다.

36

공기의 체적과 온도의 관계를 표현한 것은?

① 보일의 법칙
② 샤를의 법칙
③ 베르누이의 정리
④ 파스칼의 원리

SOLUTION 유압의 기초 이론 및 관련 법칙

• 보일의 법칙 : 온도가 일정할 때 기체의 부피와 압력은 반비례 관계를 갖는다.
• 샤를의 법칙 : 일정한 부피의 기체는 온도가 상승하면 압력 또한 상승한다.
• 베르누이의 정리 : 점성이 없는 비압축성의 액체가 수평 관을 흐를 때 속도에너지, 위치에너지, 압력에너지의 합은 항상 일정하다.
• 파스칼의 원리 : 비압축성 유체를 밀폐된 공간에 담아 유체의 일부에 힘을 가하여 압력을 증가시키면, 유체내의 압력은 모든 부분에 똑같은 크기로 전달된다. 즉, 밀폐된 용기 속에 정지하고 있는 유체에 힘을 가하면 압력은 모든 방향에서 같은 크기로 발생한다.
• 연속의 법칙 : 어떤 유체가 관 속을 이동할 때, 단위 시간 동안 유입된 양과 유출양은 같아야 한다. 같지 않다면 유체가 다른 곳에서 유입되었거나, 다른 곳으로 유출되었다는 것이다.

37

어큐뮬레이터의 용도로 적합하지 않은 것은?

① 압력 증대용
② 에너지 축적용
③ 펌프 맥동 완화용
④ 충격압력의 완충용

SOLUTION 어큐뮬레이터의 용도

• 에너지를 축적하고 보조에너지원의 역할
• 압력을 일정하게 유지시켜주어 충격압력의 완충용, 펌프의 맥동(서지압) 흡수 역할
• 고장, 정전 등으로 인한 비상 동력원 및 유체 이송의 역할
• 대유량의 순간적인 공급 및 2차 회로 구동의 역할

38

플라스틱, 유리, 도자기, 목재 등과 같은 절연물의 위치를 검출할 수 있는 센서는?

① 압력 센서
② 리드 스위치
③ 유도형 센서
④ 용량형 센서

SOLUTION
① 압력센서 : 압력을 측정하는 압력계의 일종으로, 주로 측정 결과를 전기 신호로 변환하여 출력하는 압력계를 가리킨다.
② 리드스위치 : 한 쌍의 리드핀이 자기장 범위 내에 위치할 때, 리드는 반대 극성으로 자화하여 서로 끌어당기고 접점이 닫혀 스위치가 ON 되는 원리를 이용한 스위치
③ 유도형 센서 : 강자성체가 영구 자석에 접근하면 코일 내 자속의 변화율에 따라 출력 단자 사이에 전압을 발생시켜 물체의 유무를 판단한다.
④ 용량형 센서 : 대상으로 하는 물체와의 거리를 비접촉상태로 검출하는 근접(각)센서

39

압력이 설정압력 이상이 되면 작동유를 탱크로 귀환시키는 회로는?

① 단락 회로
② 미터인 회로
③ 압력설정 회로
④ 미터아웃 회로

SOLUTION 압력설정회로(릴리프밸브)
압력을 설정값 내로 일정하게 유지, 안전밸브로 사용한다.
※ 미터인회로 : 액추에이터에 공급되는 유량을 제어
※ 미터아웃회로 : 액추에이터에서 배출되는 유량을 제어

40

외부의 압력부하가 변하더라도 회로에 흐르는 유량을 항상 일정하게 유지시켜 주면서 유압모터의 회전이나 유압실린더의 이동속도를 제어하는 밸브는?

① 분류 밸브
② 단순 교축 밸브
③ 압력 보상형 유량 조절 밸브
④ 온도 보상형 유량 조절 밸브

SOLUTION 압력 보상형 유량 조절 밸브
유량의 조정에 영향을 미치는 압력차를 일정하게 유지함으로써 부하 변화에 따른 유량 변화가 없는 유량제어밸브

41

공압 조정 유닛 구성 요소로 맞는 것은?

① 필터-압력조절기-윤활기
② 공기건조기-냉각기-윤활기
③ 기름 분무 분리기-냉각기-건조기
④ 자동배수밸브-압력조절기-공기건조기

SOLUTION 공압 조정 유닛 구성요소
• 압축공기 필터
• 압축공기 조절기(감압밸브)
• 압축공기 윤활기(루브리케이터)

42

논리식 $\overline{\overline{AB} \cdot \overline{AC} \cdot \overline{BC}}$ 를 드모르간 정리에 의해 변환하면 어떻게 되는가?

① AB+(AC)'
② AB+AC+BC
③ AB·AC·BC
④ A·(B+C)

SOLUTION 드모르간 법칙

$\overline{(A \cdot B)} = \overline{A} + \overline{B}, \overline{(A+B)} = \overline{A} \cdot \overline{B}$ 에 의해,

$\overline{\overline{AB} \cdot \overline{AC} \cdot \overline{BC}} = \overline{\overline{AB}} + \overline{\overline{AC}} + \overline{\overline{BC}}$
$= AB + AC + BC$

43

실린더 피스톤의 운동 속도를 증가시킬 목적으로 사용하는 밸브는?

① 이압 밸브
② 셔틀 밸브
③ 체크 밸브
④ 급속 배기 밸브

SOLUTION
① 이압 밸브 : 두 개의 입구와 한 개의 출구를 갖춘 밸브로 두 개의 입구에 압력이 작용할 때만 출구에 출력이 작용(AND밸브)
② 셔틀 밸브 : 두 개 이상의 입구와 한 개의 출구를 갖춘 밸브로 압력에 따라 선택적으로 유압류를 통과시키며, 저압 우선형 셔틀 밸브와 고압 우선형 셔틀 밸브로 나뉜다.
③ 체크 밸브 : 유체의 흐름을 선택적으로 허용하거나 차단시키는 밸브

44

포핏(Poppet)식 공압 방향제어밸브의 장점은?

① 밸브의 이동거리가 길다.
② 밸브시트는 탄성이 있는 실(seal)에 의해 밀봉되어 공기누설이 잘 안 된다.
③ 다방향 밸브로 되어도 구조가 간단하다.
④ 공급압력이 밸브에 작동하지 않기 때문에 큰 변형 조작이 필요없다.

SOLUTION 포핏식 공압 방향 제어 밸브의 특징
• 구조가 간단하기 때문에 이물질의 영향을 잘 받지 않는다.
• 짧은 거리에서 밸브를 개폐할 수 있다.
• 밸브시트는 탄성이 있는 실에 의하여 밀봉되기 때문에 공기가 누설되기 어렵다.
• 활동부가 없기 때문에 윤활의 필요가 없고 수명이 길다.
• 큰 변환 조작이 필요하고, 다방향 밸브로 되면 구조가 복잡하다.

45

배타적 OR회로(EX-OR 회로)의 설명으로 올바른 것은?

① 모든 입력이 0일 때에만 출력이 1인 회로
② 서로 다른 입력이 가해질 때에만 출력이 1인 회로
③ 모든 입력이 1인 경우만을 제외하고 출력이 1인 회로
④ 입력이 0이면 출력이 1이고, 입력이 1이면 출력이 0인 회로

SOLUTION
• 배타적 OR회로(XOR회로) : 두 개의 입력이 서로 다를 때에만 출력이 1인 회로
• 배타적 부정 OR회로(XNOR회로) : 두 개의 입력이 서로 같을 때에만 출력이 1인 회로

46

감각기능 및 인식기능에 의해 행동결정을 할 수 있는 로봇은?

① 지능 로봇
② 수치제어 로봇
③ 플레이 백 로봇
④ 매뉴얼 머니퓰레이션

SOLUTION 입력정보 교시에 의한 로봇의 분류
• 고정 시퀀스 로봇 : 미리 설정된 순서와 조건 및 위치에 따라 동작의 각 단계를 차례로 거쳐나가는 머니퓰레이터로 설정정보 변경 불가능
• 가변 시퀀스 로봇 : 미리 설정된 순서와 조건 및 위치에 따라 동작의 각 단계를 차례로 거쳐나가는 머니퓰레이터로 설정정보 변경 가능
• 플레이백 로봇 : 머니퓰레이터를 조작하여 미리 작업을 설정함으로써 그 작업의 순서, 위치 및 기타의 정보를 기억시켜 이를 재생함으로써 그 작업을 되풀이 할 수 있는 머니퓰레이터

정답 42 ② 43 ④ 44 ② 45 ② 46 ①

- 수치제어 로봇 : 순서, 위치 기타의 정보를 수치에 의해 지령 받은 작업을 할 수 있는 머니퓰레이터
- 지능로봇 : 감각기능 및 인식기능에 의해 행동 결정을 할 수 있는 로봇

47

시퀀스도를 그리는 일반적인 방법으로 옳지 않은 것은?

① 전원 모선은 상하 또는 좌우에 쓴다.
② 아래(오른쪽) 제어 모선에 전등을 비롯한 부하를 그린다.
③ 위(왼쪽) 제어 모선에 누름 버튼 스위치, 감지기 등을 그린다.
④ 교류전원은 P(+), N(-), 직류전원은 (R), (T) 등으로 표시한다.

SOLUTION 시퀀스도 그리는 방법
- 전원 모선은 상하 또는 좌우에 쓴다.
- 위(왼쪽) 제어 모선에 입력장치(스위치, 센서 등)를 그린다.
- 아래(오른쪽) 제어 모선에 출력장치(전등을 비롯한 부하)를 그린다.
- 직류전원은 P(+), N(-), 교류전원은 R, T 등으로 표시한다.

48

그림의 기호가 나타내는 것은?

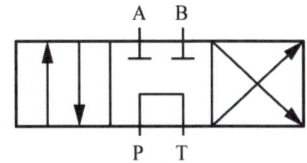

① 3/2way 방향 제어 밸브
② 4/2way 방향 제어 밸브
③ 4/3way 방향 제어 밸브
④ 5/2way 방향 제어 밸브

SOLUTION
- 포트 수 : 직사각형 내 통로의 개수
- 위치 수 : 직사각형 개수

49

다음 중 터보형 공기 압축기의 압축방식은?

① 원심식
② 스크류식
③ 피스톤식
④ 다이어프램식

SOLUTION 터보형 공기 압축기
날개를 회전시키는 것에 의해 공기에 에너지를 주어 압력으로 변환하여 사용하는 것으로 원심식, 축류식 등이 있다.

50

타이머에 전원이 투입되면 순간적으로 접점이 열리고 전원을 제거하면 일정시간 경과 후에 닫히는 접점을 무엇이라 하는가?

① 순시복귀 a접점
② 순시복귀 b접점
③ 한시복귀 a접점
④ 한시복귀 b접점

SOLUTION 한시복귀 b접점에 대한 동작설명이다.

51

다음 PLC 언어 중 문자식 언어가 아닌 것은?

① IL
② ST
③ FBD
④ SFC

SOLUTION
문자식 언어에는 IL, ST, SFC가 있다.
FBD는 도형식 언어이다.

정답 47 ④ 48 ③ 49 ① 50 ④ 51 ③

52

다음 중 캐비테이션(공동현상)의 발생 원인이 아닌 것은?

① 흡입 필터가 막히거나 급격히 유로를 차단한 경우
② 흡입관로 및 스트레이너의 저항 등에 의한 압력 손실이 있을 경우
③ 과부하이거나 오일의 점도가 클 경우
④ 펌프의 정격속도 이하로 저속 회전시킬 경우

SOLUTION 캐비테이션 발생 원인
① 펌프를 규정 속도 이상으로 고속 회전시킬 경우
② 과부하이거나 급격히 유로를 차단한 경우
③ 패킹부의 공기 흡입
④ 흡입필터가 막히거나 유온이 상승한 경우

53

다음 그림과 같은 변위단계선도가 나타내는 시스템의 운동 상태는?

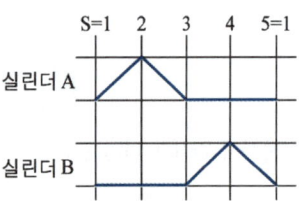

① A+, B+, B-, A-
② A+, B+, A-, B-
③ A+, A-, B+, B-
④ B+, B-, A+, A-

SOLUTION 1단계는 A 전진, 2단계는 A 후진, 3단계는 B 전진, 4계는 B 후진

54

$F=(A \cdot B + A \cdot \overline{B}) \cdot C$를 간단히 하면?

① A+B
② A+C
③ A·B
④ A·C

SOLUTION
$$F=(A \cdot B + A \cdot \overline{B}) \cdot C = [A(B+\overline{B})] \cdot C = A \cdot C$$

55

다음 기능 다이어그램(Function Diagram)과 동작이 같은 것은?

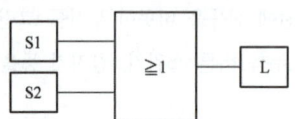

① OR
② AND
③ NOT
④ EX-OR

SOLUTION S1과 S2 중 입력이 하나라도 있으면 출력이 나오는 것으로 OR회로와 동작이 같다.

56

다음 그림에서 스위치 PBS₁을 동작시키면 R-a 접점의 동작은?

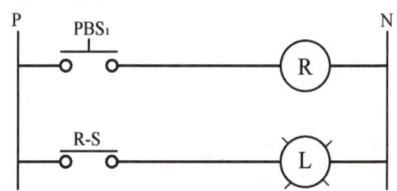

① 단선
② 단락상태
③ 개로(열림)
④ 폐로(닫힘)

SOLUTION
- 개로(열림) - 접점이 열려 전기가 통하지 않음
- 폐로(닫힘) - 접점이 닫혀 전기가 통함

PBS₁을 동작시키면 릴레이 R이 여자되어 상시열림 상태였던 R-a 접점이 닫히게 되면서 램프를 ON 시킨다.

57

유체의 관로 중 짧은 줄임 기구로 면적을 줄인 길이가 단면 치수에 비하여 비교적 짧은 것은?

① 초크
② 벤추리
③ 피토관
④ 오리피스

SOLUTION
- 오리피스 : 관로 단면적을 줄인 길이가 단면 치수에 비해 짧은 경우의 교축을 말한다. 압력 강하는 액체의 점도에 영향을 받지 않는다.
- 초크 : 관로 단면적을 줄인 길이가 단면 치수에 비해 긴 경우의 교축을 말한다. 압력 강하는 액체의 점도에 따라 크게 영향을 받는다.

58

방향 제어 밸브에서 존재할 수 있는 포트의 개수가 아닌 것은?

① 1
② 2
③ 3
④ 4

SOLUTION
포트가 1개이면 방향 제어를 할 수가 없다.

59

유압 실린더의 지지형식 중 요동형으로만 짝지어진 것은?

① 풋형, 플랜지형
② 풋형, 트러니언형
③ 플랜지형, 클레비스형
④ 트러니언형, 클레비스형

SOLUTION 유압 실린더 고정방식에 따른 분류
- 고정 실린더 : 풋형, 플랜지형
- 요동 실린더 : 클레비스형(U자형 금속물질 이용), 트러니언형(축으로지지)

60

플립플롭에서 불확실한 출력상태를 정의하여 사용할 수 있도록 개량된 것은?

① D 플립플롭
② T 플립플롭
③ JK 플립플롭
④ 비동기식 RS 플립플롭

SOLUTION 플립플롭의 종류
- 동기식 R-S(Reset-Set) 플립플롭 : 기본 플립플롭 회로에 게이트를 추가하여 플립플롭이 하나의 클록펄스 발생기간 동안에만 입력이 응답하도록 만든 것
- J-K 플립플롭 : R-S 플립플롭에서 S = R = 1일 때 정의되지 않는 출력(부정) 상태를 정의한 것
- T 플립플롭 : 트리거 입력 펄스가 들어올 때마다 Q의 출력이 반전을 하는 플립플롭으로 Toggle의 의미를 붙여 T플립플롭이라고 하는데, J와 K값을 항상 같게 인가되도록 구성된 플립플롭
- D(Data transfer) 플립플롭 : D 플립플롭은 R-S 플립플롭에서 S와 R값을 항상 다르게 인가되도록 구성한 시간 지연소자 역할을 하는 플립플롭으로 입력신호가 가해지고 있는 상태에서 클록펄스가 들어가면 펄스 1개 정도가 뒤져서 출력된다.

정답 57 ④ 58 ① 59 ④ 60 ③

CBT 복원문제 2017 * 3

※ 2016년 5회부터는 CBT 방식으로 전면 시행됨에 따라 실제 수험생 분들의 복원을 토대로 문제를 구성하였습니다.

01

볼베어링에서 베어링 하중을 2배로 하면 수명은 몇 배로 되는가?

① 4배　　② 1/4배
③ 8배　　④ 1/8배

SOLUTION 구름베어링(볼베어링, 롤러베어링)의 수명

$$L_h = \left(\frac{C}{P}\right)^r \times 10^6 \,[\text{rev}]$$

$$= 500 \times \frac{33.3}{N} \times \left(\frac{C}{P}\right)^r [\text{hr}]$$

볼베어링일 때 $r=3$, 롤러베어링일 때 $r=10/3$

L_h : 수명시간, N : 회전수, C : 기본정격하중,
P : 베어링 하중

위 식에서 볼 베어링이므로 r=3, 베어링 하중(P)을 2배로 하면 수명은 1/8배가 된다.

02

줄 다듬질의 가공방법 약호는?

① BR　　② FF
③ GB　　④ SB

SOLUTION

① BR : 브로치 가공
② FF : 줄 다듬질
③ GB : 벨트샌드 가공
④ SB : 브러스트 다듬질

03

결합도가 높은 숫돌에서 알루미늄 같은 연한 금속을 연삭할 때 가장 많이 나타나는 현상은?

① 드레싱　　② 트루잉
③ 무딤　　　④ 눈메움

SOLUTION 눈메움의 원인

• 조직이 너무 치밀할 경우
• 연삭깊이가 깊을 경우
• 원주속도가 너무 느린 경우
• 숫돌입자가 너무 고운 경우
• 결합도가 단단하여 자생작용이 어려운 경우
• 알루미늄과 구리와 같이 연성이 풍부한 재료인 경우

① 드레싱 : 숫돌 표면에 무디어진 입자나 기공을 메우고 있는 칩을 제어하여 본래의 형태로 숫돌을 수정하는 방법
② 트루잉 : 연삭하려는 부품의 형상으로 연삭숫돌을 성형하거나, 성형연삭으로 인하여 숫돌 형상이 변화된 것을 부품의 형상으로 바르게 고치는 가공
③ 무딤 : 연삭숫돌의 결합도가 필요 이상으로 높으면 숫돌 입자가 마모되어 예리하지 못할 때 탈락하지 않고 둔화되는 현상
④ 눈메움 : 결합도가 높은 숫돌에서 알루미늄이나 구리 같은 연한 금속을 연삭하게 되면 연삭숫돌 표면에 기공이 메워져 칩을 처리하지 못하여 연삭 성능이 떨어지는 현상

04

밀링가공에서 커터의 회전 방향과 반대방향으로 일감을 이송하는 절삭은 무엇인가?

① 하향절삭   ② 상향절삭
③ 비틀림절삭   ④ 치형절삭

SOLUTION
- 상향절삭 : 커터의 절삭방향과 이송방향이 반대방향
- 하향절삭 : 커터의 절삭방향과 이송방향이 같은 방향

05

날수가 24개인 플레인 밀링커터로 공작물을 가공할 경우, 날 1개당 이송량이 0.15[mm], 회전수가 400[rpm]일 때 테이블 이송속도는 몇 [mm/min]인가?

① 672   ② 1,312
③ 1,440   ④ 2,625

SOLUTION

$F = f_z \times Z \times N = 0.15 \times 24 \times 400$
$= 1,440 [mm/min]$

F : 이송속도, f_z : 날1개당 이송량, Z : 날 수
N : 회전수

06

체결하려는 부분이 두꺼워서 관통구멍을 뚫을 수 없을 때 사용되는 볼트는?

① 탭 볼트   ② T홈 볼트
③ 아이 볼트   ④ 스테이 볼트

SOLUTION
② T홈 볼트 : 볼트 머리가 T자형으로 만들어진 것으로 T형 홈에 끼워서 사용
③ 아이 볼트 : 나사의 머리부를 고리 모양으로 만들어 체인 또는 훅 등을 걸 때에 사용
④ 스테이 볼트 : 간격 유지

07

선반가공 시 테이퍼의 양 끝 지름 중 큰 지름을 ∅42[mm], 작은 지름을 ∅30[mm], 테이퍼 전체의 길이를 65[mm]라 할 때 심압대 편위량은?

① 4[mm]   ② 5[mm]
③ 6[mm]   ④ 7[mm]

SOLUTION 심압대 편위

공작물을 비스듬하게 장착하여 회전시켜 가공하므로 기울이는 정도를 길이로 표시하는 방법

$$e = \frac{L(D-d)}{2l}$$

D : 큰 지름, d : 작은 지름, L : 공작물 전체 길이, l : 테이퍼 부분의 길이

$e = \frac{(42-30)65}{2 \times 65} = 6$

08

표면의 줄무늬 방향의 기호 중 "R"의 설명으로 맞는 것은?

① 가공에 의한 커터의 줄무늬 방향이 기호를 기입한 그림의 투상면에 직각
② 가공에 의한 커터의 줄무늬 방향이 기호를 기입한 그림의 투상면에 평행
③ 가공에 의한 커터의 줄무늬 방향이 여러 방향으로 교차 또는 무방향
④ 가공에 의한 커터의 줄무늬 방향이 기호를 기입한 면의 중심에 대하여 대략 레이디얼 모양

SOLUTION 가공 줄무늬 방향기호 종류

기호	커터의 줄무늬 방향	적용
⊥	투상면에 직각	선삭
=	투상면에 평행	셰이핑
X	투상면에 경사지고 두방향으로 교차	호닝
C	중심에 대하여 동심원	끝면절삭
M	여러방향으로 교차되거나 무방향	밀링, 래핑
R	중심에 대하여 레이디얼 모양	일반적인 가공

09

선반 작업에서 절삭가공시 회전수를 구하는 공식은?
(단, d = 공작물 직경[mm], n = 주축의 회전수[rpm], v = 절삭속도이다)

① n = 1,000v
② n = 1,000πd
③ n = (1,000v)/(πd)
④ n = (πd)/(1,000v)

SOLUTION 절삭조건

$v = \dfrac{\pi d n}{1{,}000}$ [m/min], $n = \dfrac{1{,}000v}{\pi d}$ [rpm]

10

다음 중 V벨트의 단면 형상에서 단면이 가장 큰 벨트는?

① A ② C
③ E ④ M

SOLUTION V벨트의 표준치수

M, A, B, C, D, E의 6종류가 있으며, M에서 E쪽으로 가면 단면이 커진다.

11

제작 도면에서 제거가공을 해서는 안 된다고 지시할 때의 표면 결 도시방법은?

① 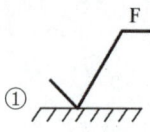   ②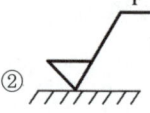
③ 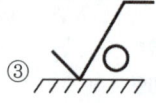   ④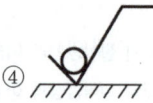

SOLUTION 제거 가공 표시 기호

제거 가공	제거 가공을 필요로 함	제거 가공 허락하지 않음

12

축 중심의 센터구멍 표현법으로 올바르지 않은 것은?

① 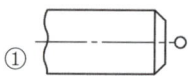   ②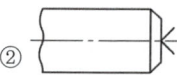
③ 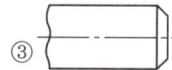   ④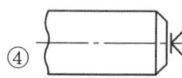

SOLUTION

센터구멍을 남겨둠	센터구멍의 유무 관계없음	센터구멍을 제거함

13

끼워맞춤의 치수가 $\Phi 40H7$과 $\Phi 40G7$일 때 치수 공차값을 비교한 설명으로 옳은 것은?

① $\Phi 40H7$이 크다.
② $\Phi 40G7$이 크다.
③ 치수 공차는 같다.
④ 비교할 수 없다.

SOLUTION 구멍과 축에 대한 표준 공차 등급

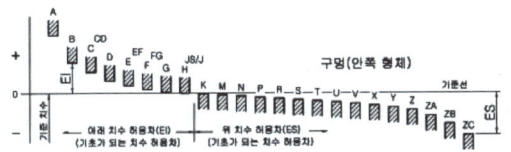
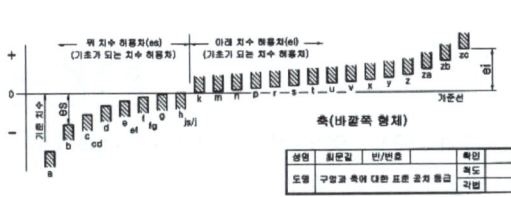

14

나사의 종류 중 ISO 규격에 있는 관용 테이퍼 나사에서 테이퍼 암나사를 표시하는 기호는?

① PT　　② PS
③ Rp　　④ Rc

SOLUTION

① PT : 관용 테이퍼 나사 - 테이퍼 수나사(ISO 규격에 없는 것)
② PS : 관용 테이퍼 나사 - 평행 암나사(ISO 규격에 없는 것)
③ Rp : 관용 테이퍼 나사 - 평행 암나사(ISO 규격에 있는 것)
④ Rc : 관용 테이퍼 나사 - 테이퍼 수나사(ISO 규격에 있는 것)

15

스퍼기어에서 피치원의 지름이 150[mm]이고, 잇수가 50일 때 모듈(module)은 얼마인가?

① 5　　② 4
③ 3　　④ 2

SOLUTION 모듈

$$m = \frac{\text{피치원의 지름[mm]}}{\text{잇수}} = \frac{D}{Z} = \frac{150}{50} = 3$$

16

밀링 절삭 방법 중 상향절삭과 하향절삭에 대한 설명이 틀린 것은?

① 하향절삭은 상향절삭에 비하여 공구수명이 길다.
② 상향절삭은 가공면의 표면거칠기가 하향절삭보다 나쁘다.
③ 상향절삭은 절삭력이 상향으로 작용하여 가공물의 고정이 유리하다.
④ 커터의 회전방향과 가공물의 이송이 같은 방향의 가공방법을 하향절삭이라 한다.

SOLUTION

① 상향 절삭 : 절삭공구의 회전방향과 가공물의 이송방향이 반대인 절삭방법. 가공물을 들어 올리는 힘이 작용
② 하향 절삭 : 절삭공구의 회전방향과 가공물의 이송방향이 같은 방향인 절삭방법. 가공물을 내려 누르는 힘이 작용(백래시 제거장치가 필요)

내용	상향절삭	하향절삭
백래시(back lash)	절삭에 별 지장이 없다.	백 래시를 제거하여야 한다.
기계의 강성	강성이 낮아도 무방하다.	충격에 있어 높은 강성이 필요하다.
가공물의 고정	가공물 고정이 불리하다.	가공물 고정이 유리하다.
공구의 수명	마찰열로 공구 수명이 짧다.	상향절삭에 비해 공구 수명이 길다.
마찰 저항	마찰저항이 크다.	마찰저항은 작고 충격력이 작용한다.
가공면의 거칠기	광택은 있으나 가공면이 나쁘다.	광택은 적으나 가공면이 좋다.

17

그림과 같은 도면에서 'L' 치수는 몇 [mm]인가?

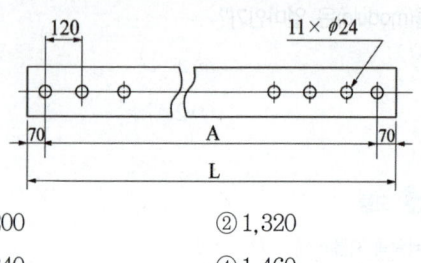

① 1,200 ② 1,320
③ 1,340 ④ 1,460

SOLUTION

구멍이 11개가 있으므로 구멍의 간격은 구멍의 개수보다 1개 적은 10개가 존재하며, 구멍의 간격(피치)은 120[mm]이므로,
$L = 120 \times (11-1) + (70 \times 2) = 1,340$[mm]

18

다음과 같이 치수가 도시되었을 경우 그 의미로 올바른 것은?

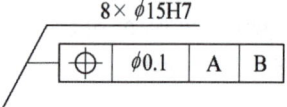

① 8개의 축이 $\phi15$에 공차등급이 H7이며, 원통도가 데이텀 A, B에 대하여 $\phi0.1$을 만족해야 한다.
② 8개의 구멍이 $\phi15$에 공차등급이 H7이며, 원통도가 데이텀 A, B에 대하여 $\phi0.1$을 만족해야 한다.
③ 8개의 축이 $\phi15$에 공차등급이 H7이며, 위치도가 데이텀 A, B에 대하여 $\phi0.1$을 만족해야 한다.
④ 8개의 구멍이 $\phi15$에 공차등급이 H7이며, 위치도가 데이텀 A, B에 대하여 0.1을 만족해야 한다.

SOLUTION 기하 공차의 기입틀

공차에 대한 표시사항은 공차 기입 틀을 두 구획 또는 그 이상으로 구분하여 그 안에 기입한다.

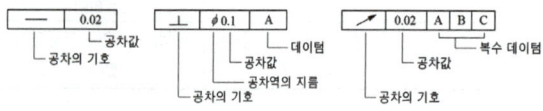

19

나사의 도시 방법으로 옳은 것은?

① 암나사의 골지름은 굵은 실선으로 그린다.
② 수나사의 바깥지름은 굵은 실선으로 그린다.
③ 완전 나사부와 불완전 나사부의 경계는 가는 실선으로 그린다.
④ 수나사와 암나사의 조립부를 그릴 때는 암나사를 기준으로 그린다.

SOLUTION

① 암나사의 골지름은 가는 실선으로 그린다.
③ 완전나사부와 불완전나사부의 경계는 굵은 실선으로 그린다.
④ 수나사와 암나사의 조립부를 그릴 때는 수나사를 기준으로 그린다.

20

기준치수가 $\phi50$인 구멍기준식 끼워 맞춤에서 구멍과 축의 공차 값이 다음과 같을 때 틀린 것은?

- 구멍 : 위 치수허용차 +0.025, 아래 치수허용차 0.000
- 축 : 위 치수허용차 −0.025, 아래 치수허용차 −0.050

① 축의 최대 허용치수 : 49.975
② 구멍의 최소 허용치수 : 50.00
③ 최대 틈새 : 0.050
④ 최소 틈새 : 0.025

SOLUTION

- 축의 최대 허용치수 : 기준치수 + 축의 위 치수허용차 = 50 + (−0.025) = 49.975
- 구멍의 최소 허용치수 : 기준치수 + 구멍의 아래 치수허용차 = 50 + 0.00 = 50.00
- 최대 틈새 : 구멍의 최대 허용치수 − 축의 최소허용치수 = 50.025 − 49.95 = 0.075
- 최소 틈새 : 구멍의 최소 허용치수 − 축의 최대허용치수 = 50 − 49.975 = 0.025

17 ③ 18 ④ 19 ② 20 ③

21

다음 그린 기호가 표시하는 것은?

① 제1각법 ② 정투상법
③ 제3각법 ④ 등각투상법

SOLUTION 3각법 및 1각법의 기호

제3각법 기호	제1각법 기호

22

측정기에 대한 설명으로 옳은 것은?

① 일반적으로 버니어 캘리퍼스가 마이크로미터보다 측정 정밀도가 높다.
② 사인바(Sine Bar)는 공작물의 내경을 측정한다.
③ 다이얼 게이지는 각도 측정기이다.
④ 스트레이트 에지(Straight Edge)는 평면도의 측정에 사용된다.

SOLUTION 스트레이트 에지
판금작업 시 금긋기 작업을 하거나 실린더 블록의 변형도를 측정하는 자

23

기어제도에 관한 설명으로 옳지 않은 것은?

① 잇봉우리원은 굵은 실선으로 표시하고 피치원은 가는 1점 쇄선으로 표시한다.
② 이골원은 가는 실선으로 표시한다. 다만, 축에 직각인 방향에서 본 그림을 단면으로 도시할 때는 이골의 선은 굵은 실선으로 표시한다.
③ 잇줄 방향은 통상 3개의 가는 실선으로 표시한다. 다만 주 투영도를 단면으로 도시할 때 외접 헬리컬 기어의 잇줄 방향을 지면에서 앞의 이의 잇줄방향을 3개의 가는 2점 쇄선으로 표시한다.
④ 맞물리는 기어의 도시에서 주 투영도를 단면으로 도시할 때는 맞물림부의 한쪽 잇봉우리 원을 표시하는 선은 가는 1점 쇄선 또는 굵은 1점 쇄선으로 표시한다.

SOLUTION 스퍼 기어의 제도
- 스퍼 기어를 그릴 때에는 축에 직각인 방향을 주투상도로 할 수 있고 나사의 경우와 같이 치형은 생략하여 표시한다.
- 이끝원은 굵은 실선으로, 피치원은 가는 1점 쇄선으로, 이뿌리원은 가는 실선 또는 굵은 실선으로 그리고 축방향에서 이골원은 가는 실선으로 그린다.
- 서로 맞물리는 한 쌍의 기어의 이끝원은 굵은 실선으로 그린다.
- 제작도에서는 기어의 제작상 중요한 치형, 모듈, 압력각, 피치원 지름 등 기타 필요한 사항은 기어 요목표를 만들어 기입한다.
- 헬리컬 기어의 잇줄방향은 3개의 가는 실선으로 나타낸다.

24

기계제도에서 특수한 가공을 하는 부분(범위)을 나타내고자 할 때 사용하는 선은?

① 굵은 실선 ② 가는 1점 쇄선
③ 가는 실선 ④ 굵은 1점 쇄선

SOLUTION 선의 종류와 용도

명칭	선의 종류	선의 모양	선의 용도
외형선	굵은 실선	———	• 물체의 보이는 부분의 모양을 나타내는 선
숨은선	파선, 은선	------	• 물체의 보이지 않는 부분의 모양을 나타내는 선
중심선	가는 1점 쇄선	—·—·—	• 도형의 중심을 표시하는 데 쓰이는 선 • 중심이 이동한 중심궤적을 표시하는 선
가상선	가는 2점 쇄선	—··—··—	• 인접부분을 참고로 표시하는 선 • 물체가 이동할 운동범위를 나타내는 선 • 되풀이되는 도형을 나타내는 선
특수지정선	굵은 1점 쇄선	—·—·—	• 특수가공하는 부분의 범위를 표시하는 선
파단선	자유 실선	∿∿	• 대상물의 일부를 파단한 경계 또는 일부를 떼어낸 경계를 표시하는 데 쓰이는 선
해칭	가는 실선	/////	• 단면도의 절단된 부분을 나타내는 선
절단선	가는 1점 쇄선	⌐ ¬	• 단면도를 그리는 경우, 그 절단 위치를 대응하는 그림에 표시하는 선 (절단선이 꺾이는 부분은 굵은 실선으로 표시한다)
기준선	가는 1점 쇄선	—·—·—	• 위치 결정의 근거를 명시할 때 쓰이는 선
피치건	가는 1점 쇄선	—·—·—	• 반복하는 도형의 피치 기준을 표시하는 선
무게중심선	가는 2점 쇄선	—··—··—	• 단면의 무게 중심을 표시하는 선
	가는 실선		• 치수선, 치수보조선, 지시선, 회전 단면선, 공차문자, 수면 위치 등을 나타내는 선

25

다음 중 죔새가 가장 큰 억지 끼워 맞춤은?

① $100 \dfrac{H7}{h6}$ ② $100 \dfrac{H7}{g6}$

③ $100 \dfrac{H7}{x6}$ ④ $100 \dfrac{H7}{m6}$

SOLUTION 자주 사용하는 구멍 기준 끼워맞춤

기준 구멍	축의 공차역 클래스													
	헐거운 끼워맞춤				중간				억지 끼워맞춤					
H6				g5	h5	js5	k5	m5						
			f6	g6	h6	js6	k6	m6	n6	p6				
H7			f6	g6	h6	js6	k6	m6	n6	p6	r6	S6	t6	u6	x6
		r7	f7		h7	js7									
			f7		h7										
H8			e8	f8		h8									
		d9	e9												
		d8	e8		h8										
H9	c9	d9	e9		h9										
H10	b9	c9	d9												

26

구름베어링의 안지름 번호에 대하여 베어링의 안지름 치수를 잘못 나타낸 것은?

① 안지름번호 : 01 – 안지름 : 12[mm]
② 안지름번호 : 02 – 안지름 : 15[mm]
③ 안지름번호 : 03 – 안지름 : 18[mm]
④ 안지름번호 : 04 – 안지름 : 20[mm]

SOLUTION

베어링 호칭의 안지름 번호 : 베어링의 안지름 치수를 나타내고, 안지름 번호가 04 이상인 것은 이 수치를 5배하면 안지름의 치수가 된다.
※ 안지름 번호 : 00(안지름10[mm]), 01(안지름12[mm]), 02(안지름15[mm]), 03(안지름17[mm]), 04(안지름20[mm])

24 ④ 25 ③ 26 ③

27

다음 그림의 치수 기입에 대한 설명으로 틀린 것은?

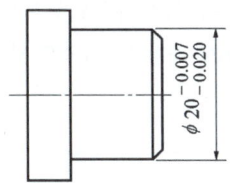

① 기준 치수는 지름 20이다.
② 공차는 0.013이다.
③ 최대 허용치수는 19.93이다.
④ 최소 허용치수는 19.98이다.

SOLUTION

- 최대 허용치수(Maximum Limit of Size)
  기준치수에 대해 허용되는 최대 치수
  20 + (-0.007) = 19.993
- 최소 허용치수(Minimum Limit of Size)
  기준치수에 대해 허용되는 최소 치수
  20 + (-0.02) = 19.98

28

그림과 같이 테이퍼를 가공할 때 심압대의 편위량은 몇 [mm]인가?

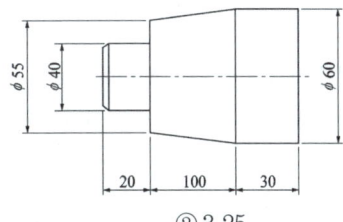

① 3.0
② 3.25
③ 3.75
④ 5.25

SOLUTION 심압대 편위량

$x = \dfrac{(D-d)L}{2l} = \dfrac{(60-55) \times 150}{2 \times 100} = 3.75 \text{[mm]}$

29

그림의 도면의 양식에 대한 명칭이 틀린 것은?

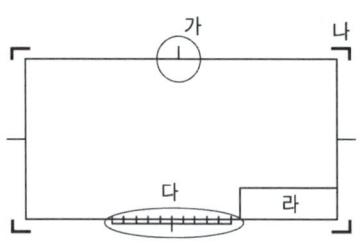

① [가] : 중심 마크
② [나] : 재단 마크
③ [다] : 비교눈금
④ [라] : 부품란

SOLUTION

[라]는 표제란을 기입한다.

30

한 변의 길이가 1[cm]인 정사각형 단면의 주철제 각봉에 4,000[N]의 중량을 가진 물체를 올려놓았을 때 발생하는 압축응력[N/mm²]은?

① 10
② 20
③ 30
④ 40

SOLUTION

압축응력 $\sigma_c = \dfrac{P_c}{A} = \dfrac{4,000}{10 \times 10} = 40 \text{[N/mm}^2\text{]}$

31

유압시스템에서 펌프 구동 동력이 부족할 때 발생되는 현상은?

① 작동유가 과열된다.
② 토출유량이 많아진다.
③ 실린더 추력이 감소된다.
④ 유압유의 점도가 높아진다.

SOLUTION
펌프 구동 동력이 부족할 때 힘과 관련된 실린더 추력이 감소된다.
※ 추력 : 회전축과 회전체의 축 방향에 작용하는 외력
※ 토출 유량은 속도와 관련이 있다.

32

다음 논리 회로에서 출력이 1이 되기 위한 입력 값으로 옳은 것은?

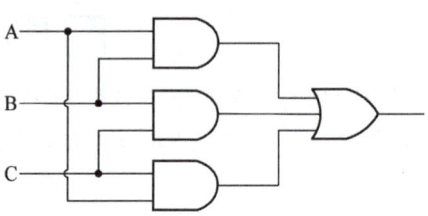

① A = B = C = 0
② A = 1, B = C = 0
③ A = C = 0, B = 1
④ A = B = 1, C = 0

SOLUTION

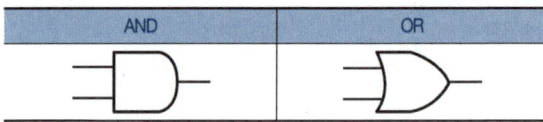

논리회로를 논리식으로 하면,
(A·B) + (B·C) + (A·C)이므로
①, ②, ③을 대입해보면 출력이 모두 0이 나옴

33

양 제어밸브라고도 하며 다음 그림과 같이 압축 공기가 입구 Y에 작용할 경우 볼에 의해 다른 입구 X를 차단하면서 공기의 통로를 Y에서 A로 개방하는 구조의 밸브는?

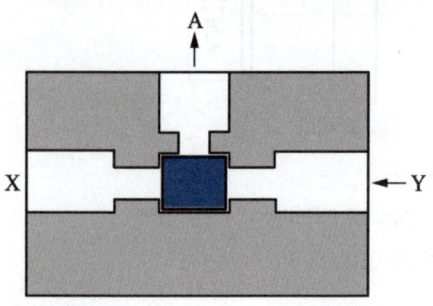

① 2압 밸브
② 셔틀 밸브
③ 차단 밸브
④ 체크 밸브

SOLUTION 셔틀밸브(고압우선형)
두 개 이상의 입구와 한 개의 출구를 갖춘 밸브로 둘 중 한개 이상 압력이 작용할 때 출구에 출력신호가 발생하고 양쪽 입구로 고압과 저압이 유입될 때 고압(고압우선 셔틀 밸브)쪽이 출력된다.

34

공압 모터의 특징으로 틀린 것은?

① 배기소음이 크다.
② 모터 자체의 발열이 적다.
③ 에너지 변환 효율이 높으며 제어성이 좋다.
④ 폭발의 위험성이 있는 환경에서도 안전하다.

SOLUTION 공압모터의 특징
• 모터 자체의 발열이 적어 과부하 시 위험성이 없다.
• 회전수, 토크를 자유로이 조절할 수 있다.
• 폭발의 위험이 있는 곳에서도 사용할 수 있다.
• 보수 유지가 비교적 쉽다.
• 소음이 발생한다.
• 유압에 비해 물, 열, 이물질에 민감하지 않다.
• 압축성 때문에 제어성이 좋지 않고 에너지 변환효율이 낮다.

35

유압 실린더를 선정함에 있어서 유의할 사항이 아닌 것은?

① 행정길이 ② 설치형식
③ 실린더 색상 ④ 튜브의 안지름

SOLUTION 유압실린더 선정 유의사항
- 행정길이
- 설치형식
- 튜브 안지름

36

스테핑 모터의 속도를 결정하는 요소는?

① 펄스의 방향 ② 펄스의 전류
③ 펄스의 주파수 ④ 펄스의 상승시간

SOLUTION

높은 정밀도가 필요한 위치 결정 운전이 가능하게 설계된 모터로 드라이버는 컨트롤러에서 출력하는 펄스 신호와 동시에 움직이도록 설계되어 스텝각(분해능)으로 모터를 회전시킨다. 따라서 스테핑모터의 속도는 주파수로 결정된다.

예 1펄스에 1.8도가 움직이는 스텝모터라면, 한바퀴 돌려면 360/1.8 = 200펄스가 필요하다. 1[Hz]는 200펄스를 주면 1초에 200펄스를 감당하므로 200펄스를 주면 한바퀴를 돈다.

37

4포트 3위치 방향제어밸브 중 탠덤센터형에 대한 설명이 아닌 것은?

① 펌프를 무부하시킬 수 있다.
② 센터 바이패스형이라고도 한다.
③ 실린더를 임의의 위치에서 정지시킬 수 있다.
④ 중립위치에서 액추에이터 배관에 압력이 걸리지 않는다.

SOLUTION 탠덤센터형

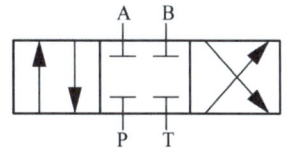

- 중립 위치에서 A, B 포트는 차단, 펌프측과 탱크측은 연결된다.
- 펌프의 무부하 운전 시 사용

38

다단형 피스톤 로드를 가진 형태로 실린더 길이에 비해 긴 행정거리를 얻을 수 있는 실린더는?

① 충격 실린더
② 탠덤 실린더
③ 텔레스코프 실린더
④ 복동 양 로드 실린더

SOLUTION 실린더의 종류

- 탠덤 실린더 : 두 개의 복동 실린더가 직렬로 연결되어 한 개의 피스톤으로 구성되어 있는 형태로 큰 힘을 얻을 수 있다.
- 충격 실린더 : 프레싱, 펀칭 등의 작업과 같이 큰 운동에너지가 요구되는 곳에 적합하도록 설계된 실린더
- 복동 양로드 실린더 : 전진운동과 후진운동의 속도와 힘을 같게 할 수 있는 실린더
- 텔레스코프 실린더 : 긴 행정을 지시할 수 있는 다단튜브형 로드를 가진 실린더

39

자동화의 작업순서를 제어하는 제어 시스템(Control System)의 최종작업 목표가 아닌 것은?

① 공정 상태 확인
② 작업 공정의 계획 수립
③ 처리된 결과에 기초한 공정 작업
④ 공정 상태에 따른 자료의 분석처리

SOLUTION 제어 시스템 최종목표
- 공정 상태의 확인
- 공정 상태에 따른 자료의 분석처리
- 처리된 결과에 기초한 공정의 작업처리

40

그림에서처럼 밀폐된 시스템이 평형 상태를 유지할 경우 힘 F_1을 옳게 표현한 식은?

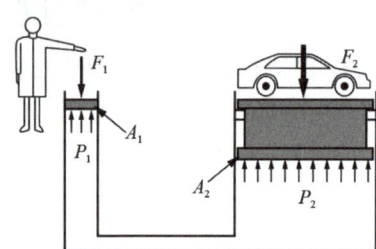

① $\dfrac{A_1 \times A_2}{F_2}$
② $\dfrac{A_1 \times F_2}{A_2}$
③ $\dfrac{F_2}{A_1 \times A_2}$
④ $\dfrac{A_2}{A_1 \times F_2}$

SOLUTION 파스칼의 원리

비압축성 유체를 밀폐된 공간에 담아 유체의 일부에 힘을 가하여 압력을 증가시키면, 유체 내의 압력은 모든 부분에 똑같은 크기로 전달된다. 즉, 밀폐된 용기 속에 정지하고 있는 유체에 힘을 가하면 압력은 모든 방향에서 같은 크기로 발생한다.

※ 파스칼의 원리에 의해 압력은 모든 방향에서 같은 크기로 발생하므로,

$$P_1 = P_2 = \dfrac{F_1}{A_1} = \dfrac{F_2}{A_2}, \quad F_1 = \dfrac{A_1 \times F_2}{A_2}$$

41

공압제어 밸브의 연결구 표시방법이 틀린 것은?

① 압축공기 공급라인 : P 또는 1
② 작업라인 : A, B, C 또는 1, 2, 3
③ 배기라인 : R, S, T 또는 3, 5, 7
④ 제어라인 : X, Y, Z 또는 10, 12, 14

SOLUTION 공압제어 밸브 연결구 표시방법

구분	ISO1219	ISO5599
작업포트	A, B, C	2, 4, 6
공급포트	P	1
배기포트	R, S, T	3, 5, 7
제어포트	Z, Y, X	10, 12, 14

42

다음 유접점 회로를 PLC를 이용하여 코딩하고자 한다. 빈칸 (a)와 (b)에 해당하는 명령어와 데이터는?

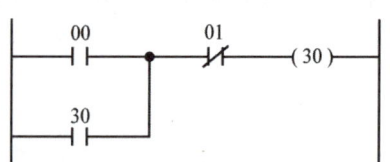

스텝	명령	데이터
0000	LOAD	00
0001	(a)	30
0002	AND NOT	01
0003	OUT	(b)

① (a) OR, (b) 30
② (a) OR, (b) 01
③ (a) AND, (b) 01
④ (a) AND, (b) 30

SOLUTION 30번 데이터는 병렬로 OR 관계로 연결되어 있고, 30번 자리는 출력이 나오는 자리이다.

43

그림과 같은 공압기호 명칭은?

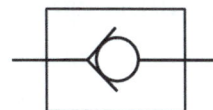

① 셔틀 밸브(OR 밸브)
② 2압 밸브(AND 밸브)
③ 체크 밸브
④ 급속배기 밸브

SOLUTION 공압기호 명칭

체크 밸브	2압 밸브
셔틀 밸브	급속배기 밸브

44

다음 중 표준 대기압(1[atm])과 다른 값은?

① 760[mmHg]   ② 1.0332[kg$_f$/m²]
③ 1,013[mbar]   ④ 101.3[kPa]

SOLUTION

1표준기압[atm]
= 760[mmHg](수은주) = 1,000×13.6×0.76
= 10,336[kg$_f$/m²] = 1.0332[kg$_f$/cm²](중력단위)
= 10.332[mAq](물기둥) = 101,292.8[N/m²](SI단위)
= 1.013[bar] = 1,013[mbar] = 1,013[hPa]

45

다음의 기호가 나타내는 것은?

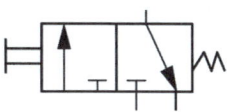

① 3/2way 방향제어 밸브(푸시 버튼형, N.O)
② 3/2way 방향제어 밸브(롤러 레버형, N.O)
③ 3/2way 방향제어 밸브(푸시 버튼형, N.C)
④ 3/2way 방향제어 밸브(롤러 레버형, N.C)

SOLUTION

기호는 3/2way 상시닫힘형(NC) 방향제어밸브이고 작동방식은 푸시버튼형이다.
※ 밸브에서 상시 연결되어 있으면 NO형, 상시 떨어져있으면 NC형이다.

46

다음 중 오일 탱크의 구비 조건으로 틀린 것은?

① 스트레이너의 유량은 유압 펌프 토출량과 같을 것
② 오일 탱크의 크기는 적어도 펌프 토출량의 3배 이상일 것
③ 공기나 이물질을 오일로부터 분리할 수 있을 것
④ 공기청정기의 통기용량은 유압 펌프 토출량의 2배 이상일 것

SOLUTION 오일 탱크 선정조건

- 오일 탱크의 크기는 그 속에 들어가는 유량이 토출량의 적어도 3배 이상으로 한다.
- 오일 탱크의 용량은 장치의 운전중지 중 장치 내의 작동유가 복귀하여도 지장이 없을 만큼의 크기를 가져야 한다.
- 공기청정기의 통기 용량은 유압 펌프 토출량의 2배 이상으로 한다.
- 오일 탱크의 바닥면은 바닥에서 최소 간격 15[cm]를 유지하는 것이 바람직하다.
- 운전 중에도 보기 쉬운 곳에 유면계를 설치한다.
- 공기구멍에는 공기청정기를 부착하여 먼지의 혼입을 방지한다.
- 스트레이너의 유량은 유압 펌프 토출량의 2배 이상의 것을 사용한다.

47

사용온도가 비교적 넓기 때문에 화재의 위험성이 높은 유압장치의 작동유에 적합한 것은?

① 식물성 작동유 ② 동물성 작동유
③ 난연성 작동유 ④ 광유계 작동유

SOLUTION 난연성 작동유
가연성과 불연성의 중간으로 연소하기 어려운 작동유로 화재의 위험성이 높은 곳에 적합하다.

48

유량제어 밸브에 해당하는 것은?

① 교축 밸브   ② 시퀀스 밸브
③ 감압 밸브   ④ 릴리프 밸브

SOLUTION 유량제어 밸브의 종류
교축 밸브, 속도제어 밸브, 급속배기 밸브

49

방향제어 밸브의 연결도(포트)에 "P"라는 문자가 적혀있다면 여기에 연결해야 하는 배관은?

① 소음기로 배기되는 배관
② 실린더와 연결되는 배관
③ 공기탱크와 연결되는 배관
④ 제어라인과 연결되는 배관

SOLUTION 방향제어 밸브의 연결구의 "P"포트는 공급라인으로 공기탱크와 연결되는 배관이다.

50

구동부가 일을 하지 않아 회로에서 작동유를 필요로 하지 않을 때 작동유를 탱크로 귀환시키는 것은?

① AND 회로   ② 무부하 회로
③ 플립플롭 회로 ④ 압력설정 회로

SOLUTION
① AND회로 : 두 개의 입구와 한 개의 출구를 갖춘 밸브로 두 개의 입구에 압력이 작용할 때만 출구에 출력이 작용하는 밸브
③ 플립플롭 회로 : 신호와 출력의 관계가 기억되어, 먼저 도달한 신호가 우선으로 작동하고 다음 신호가 입력될 때까지 처음 신호가 유지되는 회로
④ 압력설정 회로 : 회로에서 최대 압력을 넘지 않도록 하거나 조작 실린더의 압력을 바꾸거나 하는 등에 사용하는 회로

51

다음 기능 다이어그램(Function Diagram)과 동작이 같은 것은?

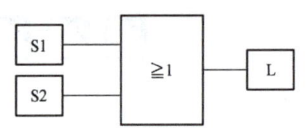

① OR   ② AND
③ NOT   ④ EX-OR

SOLUTION S1과 S2 중 입력이 하나라도 있으면 출력이 나오는 것으로 OR회로와 동작이 같다.

52

다음 회로도는 자기유지(메모리블록) 회로를 IEC 심벌기호로 표시한 것이다. 다음 중에서 회로도의 입력 신호와 출력신호 관계를 틀리게 설명한 것은?

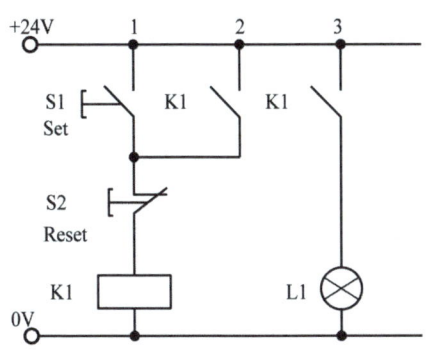

① 푸시버튼 스위치 S1을 누르면 K1 릴레이 내부의 코일이 여자되어 전자석이 된다.
② K1 릴레이가 여자되면 정상상태 열린 접점인 K1 접점이 닫혀 L1 램프가 점등된다.
③ K1 릴레이가 여자되면 정상상태 열린 접점인 K1 접점이 닫혀 K1 릴레이가 자기유지 된다.
④ K1 릴레이를 소자시켜 L1 램프를 소등시키려면 S1 스위치를 한번 더 누르면 된다.

SOLUTION ④ K1으로 자기유지가 되고 있으므로 S2 Reset 버튼을 눌러야 자기유지가 해제되어 L1이 소등된다.

53

다음 그림과 같은 구조의 밸브 명칭은?

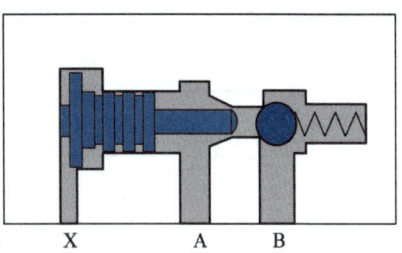

① 셔틀 밸브
② 릴리프 밸브
③ 파일럿 조작 체크 밸브
④ 압력 보상형 유량 조정 밸브

SOLUTION 파일럿 조작 체크 밸브
유체를 한방향으로 흐르게 할 뿐 아니라, 외부로부터의 파일럿 압력에 의해 반대방향으로 흐르게 할 수 있다.

54

자동제어의 분류 중 폐루프 제어에 해당되는 내용으로 적합한 것은?

① 시퀀스제어 시스템이다.
② 피드백(feed back)신호가 요구된다.
③ 출력이 제어에 영향을 주지 않는다.
④ 외란에 대한 영향을 고려할 필요가 없다.

SOLUTION
- 개루프제어(= 시퀀스제어 = 순차제어) : 순차적으로 동작하는 제어로 출력이 제어에 영향을 주지 않는다.
- 폐루프제어(= 피드백제어) : 목표값과 출력을 비교하여 오차를 줄여나가는 제어로 출력이 제어에 영향(피드백)을 주는 제어

55

다음 그림은 4포트 3위치 방향제어밸브의 도면기호이다. 이 밸브의 중립위치 형식은?

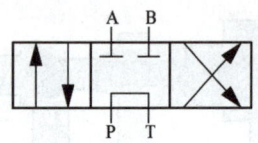

① 탠덤(Tandem) 센터형
② 올 오픈(All Open) 센터형
③ 올 클로즈(All Close) 센터형
④ 프레셔 포트블록(Block) 센터형

SOLUTION

올 오픈 센터형	세미 오픈 센터형	올 클로즈드 센터형
펌프클로즈드 센터형		탠덤 센터형

56

2개의 안정된 출력 상태를 가지고, 입력 유무에 관계없이 직전에 가해진 압력의 상태를 출력 상태로서 유지하는 회로는?

① 부스터 회로   ② 카운터 회로
③ 레지스터 회로   ④ 플립플롭 회로

SOLUTION 플립플롭 회로

클록형 순차 회로에서 사용하는 기억 장치 요소로 2진 정보의 1[bit](0 또는 1)을 펄스의 1주기 동안에 유지하는 회로

① 부스터 회로 : 순간적으로 전압을 증압하는 경우에 쓰이는 회로
② 카운터 회로 : 입력 펄스가 어떤 정해진 수만큼 모이면, 출력 펄스를 1개 송출하도록 만들어진 회로
③ 레지스터 회로 : 1비트 또는 복수의 비트를 유지하는 기억장치나 회로로서 지정의 목적에 사용되는 회로

57

펌프의 송출압력이 50[kgf/cm²], 송출량이 20[L/min]인 유압 펌프의 펌프동력은 약 얼마인가?

① 1.0[kW]   ② 1.2[kW]
③ 1.6[kW]   ④ 2.2[kW]

SOLUTION

펌프동력(P) = 힘(F)×속도(V) ······················ ㉠
유량(Q) = 면적(A)×속도(V) ······················ ㉡
압력(P) = 힘(F) / 면적(A) ······················ ㉢

즉, 펌프동력(P) = $Q/A \times F$ = Q(유량)×P(압력)

송출유량 = 20[L/min] = 333[cc/s] = 333[cm³/s]
송출압력 = 50[kgf/cm²]
펌프동력(P) = 송출유량×송출압력
= 333[cm³/s]×50[kgf/cm²]
= 16,650[kgf·cm/s]
= 16,650[kgf·cm/s×9.81m/s²]
= 16,336[N·cm/s]
= 1,633.36[N·m/s]

1[kW] = 1,000[N·m/s]이므로
= 1.633[kW]

$L_P = \dfrac{PQ}{500}$[kW], $L_P = \dfrac{PQ}{450}$[PS]

P : 송출압력, Q : 송출량

58

제어오차가 검출될 때 오차가 변화하는 속도에 비례하여 조작량을 가감하는 동작으로서 오차가 커지는 것을 방지하는 제어는?

① 자력 제어   ② 메모리 제어
③ 미분동작 제어   ④ 프로세서 제어

SOLUTION 연속 데이터 제어

- 비례 제어(P 동작) : 잔류 편차가 발생하는 제어계
- 적분 제어(I 동작) : 옵셋을 제거, 편차 제거 시 적용
- 비례적분 제어(PI 동작) : 응답속도가 느림
- 미분 제어(D 동작) : 오차가 커지는 것을 미연에 방지
- 비례적분 미분 제어(PID 동작) : 응답속도가 빠르고 안정도가 가장 좋은 동작

※ 자력 제어 : 조작부를 조작하는 데 외부의 동력을 필요로 하지 않고 제어신호 자체를 이용하는 제어로 구조가 간단하고 동작이 확실하며 저가이다.

59

다음 논리기호의 식으로 옳은 것은?

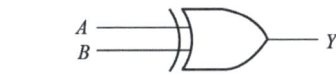

① $Y = \overline{A} + B$
② $Y = A + \overline{B}$
③ $Y = A \cdot B + \overline{A} \cdot \overline{B}$
④ $Y = A \cdot \overline{B} + \overline{A} \cdot B$

SOLUTION

AND회로	OR회로
$X = A \cdot B$	$X = A + B$
NOT회로	NAND회로
$X \neq A$	$X = (A \cdot B)'$
NOR회로	XOR회로
$X = (A + B)'$	$X = (A \oplus B)$

위 논리기호는 XOR회로(배타적 OR회로)로 두 개의 입력이 서로 다를 때에만 출력이 나오는 회로이다.

$A \oplus B = A \cdot \overline{B} + \overline{A} \cdot B$

60

감압밸브에 관한 설명으로 옳은 것은?

① 밸브의 양면에 작용하는 온도 차에 의해 자동적으로 작동한다.
② 피스톤의 왕복운동에 의한 유체의 역류를 자동적으로 방지한다.
③ 내약품, 내열 고무제의 격막 판을 밸브시트에 밀어 붙인 밸브이다.
④ 유체압력이 높을 경우에는 자동적으로 압력을 감소시키며 감소된 압력을 일정하게 유지한다.

SOLUTION

- 릴리프밸브 : 압력을 설정값 내로 일정하게 유지, 안전밸브로 사용
- 감압밸브 : 공기압축기에서 생산된 압축 공기의 압력을 사용공기압 장치에 맞는 압력으로 감압하여 안정된 공기압을 공급할 목적으로 사용

CBT 복원문제 2018 * 1

※ 2016년 5회부터는 CBT 방식으로 전면 시행됨에 따라 실제 수험생 분들의 복원을 토대로 문제를 구성하였습니다.

01

전해연마 가공에 대한 설명으로 틀린 것은?

① 가공면에 방향성이 있다.
② 내부식성과 내마모성이 향상된다.
③ 가공 표면에 변질층이 생기지 않는다.
④ 복잡한 형상의 제품도 전해연마가 가능하다.

SOLUTION 전해연마 특징
- 가공면에 방향성이 없다.
- 내마멸성 및 내부식성이 좋아진다.
- 면이 깨끗하고 도금이 잘 된다.
- 연마량이 적어 깊은 홈은 제거가 되지 않으며, 모서리가 라운드 된다.
- 가공 변질층이 나타나지 않으므로 평활한 면을 얻을 수 있다.
- 연질의 금속도 용이하게 연마할 수 있다.

02

볼트, 너트의 풀림을 방지하기 위해 사용하는 방법으로 틀린 것은?

① 캡 너트에 의한 방법
② 로크 너트에 의한 방법
③ 자동 죔 너트에 의한 방법
④ 분할 핀 고정에 의한 방법

SOLUTION 너트의 풀림 방지법
- 로크 너트에 의한 법
- 탄성 와셔에 의한 법
- 철사에 의한 법
- 핀 또는 작은 나사를 쓰는 법
- 자동 죔 너트에 의한 법
- 세트 스크루에 의한 법
- 너트의 회전 방향에 의한 법

03

밀링작업에서 원주를 5° 30′씩 등분하려고 한다. 이때, 분할판의 구멍열은?

① 12구멍   ② 14구멍
③ 16구멍   ④ 18구멍

SOLUTION 밀링분할법 - 직접분할법, 단식분할법, 차동분할법

차동분할법
- 도면에 도로 표시되어 있을 때

$$\frac{h}{H} = \frac{D°}{9}$$

- 도면에 도 및 분으로 표시되어 있을 때

$$\frac{h}{H} = \frac{D'}{540}$$

원주를 5°30′씩 등분하려면,

$$\frac{h}{H} = \frac{D°}{9} = \frac{5.5}{9} = \frac{5.5 \times 2}{9 \times 2} = \frac{11}{18}$$

따라서, 브라운샤프 No.1 분할판 18구멍열에서 11구멍씩 전진하면서 가공하면 5°30′씩 분할할 수 있다.

정답 01 ① 02 ① 03 ④

04

가는 홈붙이 날을 가진 커터로, 가공된 기어의 면을 매끄럽고 정밀하게 다듬질하는 가공은?

① 기어 셰이빙   ② 밀링 가공
③ 래핑   ④ 선반 가공

SOLUTION 기어 셰이빙
셰이빙 공구를 가공면에 가볍게 접촉시켜 적은 절삭 면적에서 고속으로 경절삭하여 기어를 다듬질하는 가공법

05

센터리스 연삭의 특징으로 틀린 것은?

① 긴 축 재료의 연삭이 가능하다.
② 대형, 중량물의 연삭에 적합하다.
③ 속이 빈 원통의 외면 연삭에 편리하다.
④ 긴 홈이 있는 가공물의 연삭은 할 수 없다.

SOLUTION 센터리스 연삭기 특징
- 연삭하는 데 큰 숙련도를 요하지 않는다.
- 가늘고 긴 가공물의 연삭에 적합하다.
- 중공물의 원통 연삭에 적합하다.
- 센터 구멍이 필요 없다.
- 연삭숫돌의 너비가 크므로 지름의 마멸이 적어 수명이 길다.

06

CNC 선반에서 내, 외경 황삭 사이클에 적용되는 G 코드는?

① G71   ② G90
③ G94   ④ G98

SOLUTION
① G71 : 내, 외경 황삭 사이클
② G90 : 내, 외경 절삭 사이클
③ G94 : 단면 절삭 사이클
④ G98 : 분당 이송[mm/min]

07

브로칭 작업에 대한 설명으로 틀린 것은?

① 대량생산에 적합하다.
② 기어의 전용 절삭법으로 정도가 높은 가공이다.
③ 1회에 인방 또는 압입시켜 가공면을 완성한다.
④ 일반적으로 가공물의 내면이나 외경에 필요한 형성가공을 할 수 있다.

SOLUTION 브로칭 작업은 브로치라는 여러 개의 비슷한 절삭날이 달린 공구를 이용하여 일감의 안팎을 절삭하는 가공이다.

기어전용 절삭법	기어전용 절삭기
• 호브를 이용한 방법	• 호빙머신
• 형판에 의한 방법	• 기어셰이퍼
• 총형공구에 의한 방법	• 기어셰이빙
• 창성에 의한 방법	

08

미끄럼이 거의 없어 변속비가 일정하게 유지되고 두 축이 평행한 경우에 한하여 사용되며, 진동, 소음에 취약하여 고속회전에는 사용하기 곤란한 전동장치는?

① 벨트 전동장치   ② 체인 전동장치
③ 기어 전동장치   ④ 로프 전동장치

SOLUTION
체인 전동장치의 경우 체인과 이의 물림에 의해 미끄럼이 거의 없고 변속비가 일정하게 유지될 수 있다.

09

재료 기호가 "SF340A"로 표시되었을 때 이 재료는 무엇인가?

① 탄소강 단강품 ② 고속도 공구강
③ 합금 공구강 ④ 소결 합금강

SOLUTION
- S : 강
- F : 단조물
- 340 : 인장강도 340[kgf/cm²]

10

핀 전체가 두 갈래로 되어있어 너트의 풀림 방지나 핀이 빠져 나오지 않게 하는 데 사용되는 핀은?

① 테이퍼 핀 ② 너클 핀
③ 분할 핀 ④ 평행 핀

SOLUTION 핀의 종류
- 평행 핀 : 부품의 위치결정
- 분할 핀 : 나사나 볼트, 너트 풀림 방지
- 스프링 핀 : 부품결합(구멍의 크기가 정확하지 않을 때)
- 테이퍼 핀 : 전달동력이 작을 때 키대용으로 부품 고정

11

부등변 ㄴ형강의 표시가 바르게 된 것은?

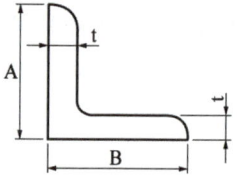

① $LA \times B \times t \times L$　② $LA \times B \times t - L$
③ $LA \times B - t - L$　④ $LA - B - t - L$

SOLUTION 형강의 표시방법

형상높이×나비×두께 - 길이

예 ㄷ$H \times B \times t_1 \times t_2 - L$
　ㄴ$H \times B \times t - L$
　Ⅰ$H \times B \times t - L$

12

다음 공차에 관한 용어 설명 중 옳은 것은?

① 치수허용차란 최대 허용치수에서 기준치수를 뺀 값이다.
② 위치수허용차란 최대 허용치수에서 기준치수를 뺀 값이다.
③ 아래치수허용차란 기준치수에서 최소 허용치수를 뺀 값이다.
④ 최대 허용치수란 기준치수에서 최소 허용치수를 더한 값이다.

SOLUTION
- 치수허용차 = 허용한계치수 − 기준치수
- 위치수허용차 = 최대 허용치수 − 기준치수
- 아래치수허용차 = 최소 허용치수 − 기준치수

13

도면의 A1 크기에서 철하지 않을 때 C의 치수는 몇 [mm]인가?

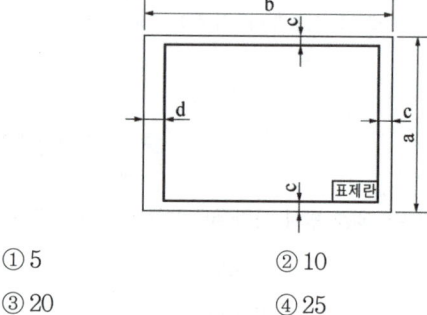

① 5　② 10
③ 20　④ 25

SOLUTION 도면의 크기와 종류 및 윤곽의 치수

호칭방법	치수 a×b	c (최소)	d(최소) 철하지 않을 때	d(최소) 철할 때
A0	841×1,189	20	20	25
A1	594×841	20	20	25
A2	420×594	20	20	25
A3	297×420	10	10	25
A4	210×297	10	10	25

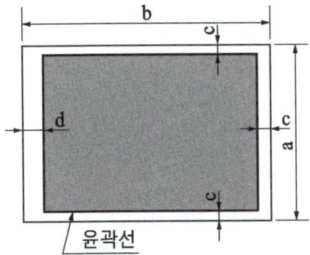

14

평 벨트 풀리를 도시할 때 주의할 사항으로 틀린 것은?

① 축의 직각 방향의 투상을 정면도로 한다.
② 암은 길이 방향으로 절단하여 도시한다.
③ 대칭인 것은 그 일부만을 도시할 수 있다.
④ 암의 테이퍼 부분의 치수를 기입할 때 치수보조선은 수평선과 60° 또는 30°로 긋는다.

SOLUTION 평 벨트 풀리의 도시법

• 벨트 풀리는 축 직각 방향의 투상을 정면도로 한다.
• 모양이 대칭형인 벨트 풀리는 그 일부분만 도시한다.
• 방사형으로 되어 있는 암(arm)은 수직 중심선 또는 수평 중심선까지 회전하여 투상한다.
• 암은 길이 방향으로 절단하여 단면을 도시하지 않는다.
• 암의 단면형은 도형의 안이나 밖에 회전 단면을 도시한다.
• 암의 테이퍼 부분 치수를 기입할 때 치수보조선은 경사선(수평과 60° 또는 30°)으로 긋는다.

15

다음 중 KS 기어의 제도 방법으로 올바른 것은?

① 잇봉우리원은 가는 실선으로 그린다.
② 피치선의 지름은 굵은 1점 쇄선으로 그린다.
③ 베벨 기어의 이끝원은 원칙적으로 생략한다.
④ 이끝원은 굵은 실선으로 그린다.

SOLUTION 기어의 도시방법

• 잇봉우리원(이끝원) : 굵은 실선
• 피치원 : 가는 1점 쇄선
• 이골원(이뿌리원) : 가는 실선
(단, 정면도를 단면으로 나타낼 때에는 굵은 실선)

16

나사의 표시방법 중 틀린 것은?

① S 0.5 : 미니추어 나사
② Tr 10×2 : 미터 사다리꼴 나사
③ Rc 3/4 : 관용 테이퍼 암나사
④ E 10 : 미싱나사

SOLUTION 나사기호 및 호칭법

• G 1/2 : 관용 평행나사
• BC 3/4 : 자전거나사
• SM 1/4 : 미싱나사
• E 10 : 전구나사
• CTC 19 : 박강전선관나사
• 3/8-16 UNC : 유니파이 보통나사

17

KS B 기계제도 규정에 의한 도면의 크기, 양식에 관한 설명 중 올바른 것은?

① 윤곽선은 0.8[mm] 이상의 굵기로 그린다.
② 도면의 크기는 A열 또는 B열 사이즈를 사용한다.
③ 도면은 짧은 쪽을 좌우방향으로 놓고 사용한다.
④ 복사한 도면을 접을 때는 297×420[mm] 크기로 하는 것이 원칙이다.

SOLUTION

② 도면의 크기는 A열 사이즈를 사용한다.
③ 도면은 일반적으로 긴 쪽을 좌우방향으로 놓고 사용한다.
④ 복사한 도면을 접을 때는 A4(210×297[mm]) 크기로 하는 것이 원칙이다.

18

지름 15[mm]의 연강 봉에 5,000[kgf]의 인장하중이 작용할 때 생기는 응력은 약 몇 [kgf/mm²]인가?

① 10　　② 18
③ 24　　④ 28

SOLUTION

응력 $\sigma = \dfrac{P}{A} = \dfrac{5,000}{\dfrac{\pi \times 15^2}{4}} \fallingdotseq 28.29 [\text{kgf/mm}^2]$

19

키(Key)의 호칭이 옳게 표시된 것은? (단, A : 규격번호 또는 명칭, B : 호칭치수, C : 길이, D : 끝 모양의 특별지정, E : 재료)

① A-B×C D E
② A B×C-D-E
③ A B×C×D×E
④ A-B×C×D-E

SOLUTION

규격번호 또는 명칭	호칭 치수×길이	끝 모양의 지정	재료
미끄럼 키	25×8×50	양끝 둥금	SM45C

20

다음 표면거칠기 표시방법에서 C가 의미하는 것은?

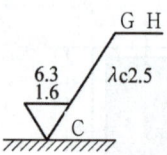

① 가공으로 생긴 선이 거의 방사상이다.
② 가공으로 생긴 선이 다방면 또는 무방향이다.
③ 가공으로 생긴 선이 거의 동심원이다.
④ 가공으로 생긴 선이 두 방향으로 교차를 이룬다.

SOLUTION

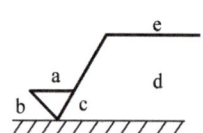

- a : 중심선 평균 거칠기 값
- b : 가공 방법
- c : 컷오프값
- d : 줄무늬 방향기호
- e : 다듬질 여유 기입
- f : 중심선 평균거칠기 이외의 표면거칠기 값
- g : 표면 파상도

• 가공모양 기호(줄무늬 방향기호)
= : 평행, ⊥ : 수직, × : 교차, M : 무방향,
C : 동심원, R : 방사상(레이디얼형)

21

물체의 구멍이나 홈과 같은 것을 그 일부만의 모양과 크기만 나타내도 이해가 가능한 경우 그 필요한 부분만 도시하는 투상도 명칭은?

① 보조 투상도   ② 회전 투상도
③ 부분 확대도   ④ 국부 투상도

SOLUTION
- 보조 투상도 : 투상부의 경사진 일정 부분을 회전해서 실제 길이와 같도록 투상하는 방법
- 회전 투상도 : 투상면이 어느 각도를 가지고 있어서 그 실제 형상을 표시하지 못할 때 그 부분만을 회전해서 실제 형상을 도시하는 투상 방법
- 부분 확대도 : 물체의 주요 부분이 너무 작아서 상세한 도시나 치수 기입을 할 수 없을 때 그 부분을 가는 실선으로 둘러싸고 확대시켜 그리는 투상 방법
- 국부 투상도 : 대상물의 구멍, 홈 등 한 부분만의 모양을 도시하는 투상 방법

22

다음 그림은 어느 기어를 도시한 것인가?

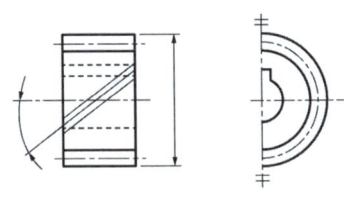

① 스퍼 기어   ② 헬리컬 기어
③ 베벨 기어   ④ 웜 기어

SOLUTION 헬리컬 기어와 웜 기어 잇줄 방향은 보통 3개의 가는 실선으로 그린다. 헬리컬 기어의 정면도를 단면으로 도시할 때는 이의 잇줄 방향을 3개의 가는 2점 쇄선으로 그린다.

23

기계가공 도면에 기재된 KS 나사 표시법에서 "왼 2줄 M20×1.5-6H"로 표시된 경우 "1.5"는 나사의 무엇을 나타낸 것인가?

① 나사산 높이   ② 등급
③ 나사골 깊이   ④ 피치

SOLUTION "왼 2줄 M20×1.5-6H" 해석
- 왼 : 왼쪽으로 감기
- 2줄 : 줄의 수는 2줄
- M20×1.5 : 미터나사 지름 20[mm], 피치 1.5
- 6H : 공차 위치 H

24

호칭지름 40[mm], 리드 14[mm], 피치 7[mm] 수나사의 등급이 7e인 미터 사다리꼴 나사의 표시 방법으로 옳은 것은?

① Tr 40×14(P7)−7e
② TW 40×14(P7)−7e
③ Tr 40×7e−14(P7)
④ TW 40×7e−14(P7)

SOLUTION 미터 사다리꼴 나사의 경우
① 호칭지름 40[mm], 리드 14[mm] : Tr 40×14
② 문제에서 왼나사일 때 : Tr 40×14(P7)LH−7e(LH : 왼나사 표시기호)

25

다음과 같은 기하공차 도시방법에 관한 설명 중 올바른 것은?

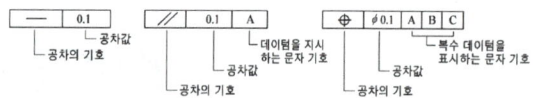

① KS에는 없는 방법이다.
② 한 개 형체에 두 개의 공차를 지시하는 경우이다.
③ 진원도의 데이텀은 B이다.
④ 단독 형체에는 적용되지 않은 공차들이다.

SOLUTION 기하 공차의 기입 방법
- 기하 공차에 대한 표시사항은 공차 기입틀을 두 구획 또는 그 이상으로 한다.

 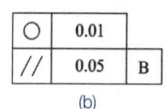

- "6구멍", "4면"과 같은 공차붙이 형체에 연관시켜서 지시하는 주기는 공차 기입틀의 왼쪽에 쓴다(a).
- 한 개의 형체에 두 개 이상의 종류의 공차를 지시할 필요가 있을 때(b)

(a)   (b)

26

아래와 같이 베어링 기호와 치수에 대한 설명 중 잘못된 것은?

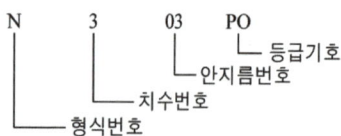

① N … 원통 롤러형
② 3 … 중간 하중형
③ 03 … 안지름 15
④ PO … 정밀급

SOLUTION 베어링 안지름 번호(3, 4번째 자리)
- 00 : 10[mm]
- 01 : 12[mm]
- 02 : 15[mm]
- 03 : 17[mm]
- 04 ~ 99는 5를 곱하면 된다.
- 예 07 ⇒ 07×5=35[mm]

27

다음 리벳 그림에서 머리부까지 포함한 길이를 호칭길이로 표시한 리벳은?

①   ②

③   ④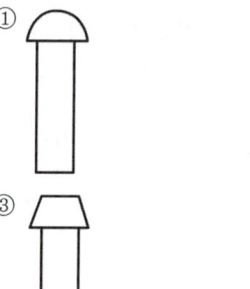

SOLUTION 리벳의 호칭길이
- 머리부를 포함한 전체길이 : 접시머리 리벳(②)
- 머리부를 뺀 전체길이 : 둥근머리 리벳(①), 납작머리 리벳(③), 얇은 납작머리 리벳(④), 냄비머리 리벳

28

다음의 핀에 대한 설명 중 적절하지 않은 것은?

① 테이퍼 핀 호칭은 명칭, 호칭지름×길이, 등급, 재료 순이다.
② 슬롯 테이퍼 핀 호칭은 명칭, 호칭지름×길이, 재료, 지정사항 순이다.
③ 테이퍼 핀의 테이퍼 값은 1/50이다.
④ 테이퍼 핀의 호칭지름은 가는 쪽의 지름이다.

SOLUTION 핀의 호칭방법	
명칭	호칭방법
평행 핀	규격 번호 또는 명칭, 종류, 형식, 호칭지름×길이, 재료
테이퍼 핀	명칭, 등급, 호칭지름×길이, 재료
슬롯 테이퍼 핀	명칭, 호칭지름×길이, 재료, 지정사항
분할 핀	규격 번호 또는 명칭, 호칭 지름×길이, 재료

29

그림과 같은 사인 바(Sine Bar)를 이용한 각도 측정에 대한 설명으로 틀린 것은?

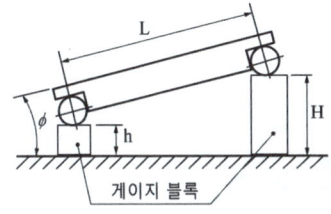

① 게이지 블록 등을 병용하고 3각함수 사인(Sine)을 이용하여 각도를 측정하는 기구이다.
② 사인바는 롤러의 중심거리가 보통 100[mm] 또는 200[mm]로 제작한다.
③ 45°보다 큰 각을 측정할 때에는 오차가 적어진다.
④ 정반 위에서 정반면과 사인봉과 이루는 각을 표시하면 $\sin\phi = (H-h)/L$ 식이 성립한다.

SOLUTION
측정각이 45° 이상이 되면 측정 오차가 생기게 된다.
$$\sin\phi = \frac{H}{L} = \frac{H-h}{L}$$
(작은 게이지 블록을 사용하지 않은 경우)

30

유량 제어 밸브가 아닌 것은?
① 스로틀 밸브   ② 시퀀스 밸브
③ 급속 배기 밸브   ④ 속도 제어 밸브

SOLUTION
• 유량 제어 밸브 종류
  - 교축 밸브(스로틀 밸브)
  - 일방향 유량제어 밸브(속도 제어 밸브)
  - 급속 배기 밸브
• 압력 제어 밸브 종류
  - 릴리프 밸브
  - 감압 밸브
  - 시퀀스 밸브
  - 카운터밸런스 밸브

31

다음 도면과 같이 치수 25 밑에 그은 선이 의미하는 것은?

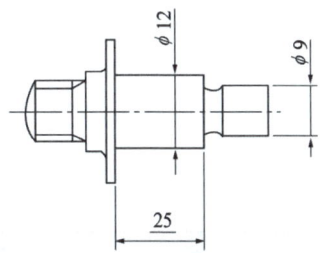

① 다듬질 치수   ② 가공 치수
③ 기준 치수   ④ 비례하지 않는 치수

SOLUTION 도면에서의 그림 크기에 따라 비례하지 않는 치수는 치수값 밑에 밑줄로 표시한다.

• 치수보조기호

기호	구분	사용법	예
ϕ	지름	지름 치수의 치수 수치 앞에 붙인다.	$\phi 10$
R	반지름	반지름 치수의 치수 수치 앞에 붙인다.	$R20$
$S\phi$	구의 지름	구의 지름 치수의 치수 수치 앞에 붙인다.	$S\phi 5$
SR	구의 반지름	구의 반지름 치수의 치수 수치 앞에 붙인다.	$SR10$
□	정사각형	정사각형의 한변 치수의 치수 수치 앞에 붙인다.	□6
C	45° 모따기	45° 모따기 치수의 치수 수치 앞에 붙인다.	$C2$
t	두께	판 두께의 치수 수치 앞에 붙인다.	$t30$
⌒	원호의 길이	원호의 길이 치수의 치수 수치 위에 붙인다.	⌒10
( )	참고지수	참고 지수의 치수 수치(치수 보조 기호 포함)를 둘러쌈	(15)
▢	이론적으로 정확한 치수	이론적으로 정확한 치수의 치수 수치 앞에 붙인다.	▢50

32

다음 공·유압 기호의 명칭은?

① 공압 펌프   ② 유압 펌프
③ 유압 모터   ④ 요동 모터

SOLUTION

공압 펌프	유압 펌프	유압 모터

33

유체의 관로 중 짧은 줄임 기구로 면적을 줄인 길이가 단면 치수에 비하여 비교적 짧은 것은?

① 초크   ② 벤추리
③ 피토관   ④ 오리피스

SOLUTION
• 오리피스 : 관로 단면적을 줄인 길이가 단면 치수에 비해 짧은 경우의 교축을 말한다. 압력 강하는 액체의 점도에 영향을 받지 않는다.
• 초크 : 관로 단면적을 줄인 길이가 단면 치수에 비해 긴 경우의 교축을 말한다. 압력 강하는 액체의 점도에 따라 크게 영향을 받는다.

34

선형 스텝모터의 구성요소가 아닌 것은?

① 스핀들   ② 인덕터
③ 고정자 코일   ④ 회전자(영구자석)

SOLUTION 스텝모터의 구성요소

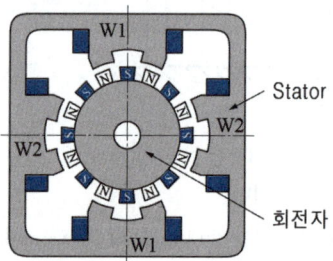

• 스핀들
• 고정자 코일(스테이터)
• 회전자

35

유압펌프 운전 시 점검 사항에 대한 설명으로 틀린 것은?

① 작동유의 온도는 유온계로 점검한다.
② 오일탱크 속에 이물질이 있는지 확인한다.
③ 유면계를 이용하여 작동유의 점도를 점검한다.
④ 배관의 연결부가 완전히 연결되었는지 확인한다.

SOLUTION 유면계
기계나 기구 등의 속에 들어 있는 기름의 높이를 보여 주는 기구

36

다음 기능 다이어그램(Function Diagram)과 동작이 같은 것은?

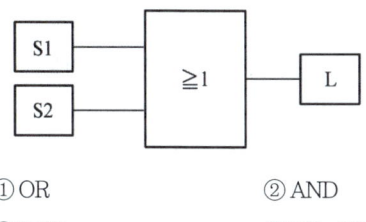

① OR
② AND
③ NOT
④ EX-OR

SOLUTION S1과 S2 중 입력이 하나라도 있으면 출력이 나오는 것으로 OR회로와 동작이 같다.

37

폐회로 자동제어 시스템의 특징을 옳은 것은?

① 외란 변수의 변화가 적다.
② 작은 에너지로 큰 에너지를 조절한다.
③ 외란 변수에 의한 영향을 제어할 수 없다.
④ 출력신호의 일부가 시스템에 보내져 오차를 수정하는 피드백 통로가 있다.

SOLUTION 폐회로 자동제어 시스템에는 오차를 수정하여 피드백하는 제어부가 추가로 있다.

38

다음 회로에서 실린더의 속도제어방식은?

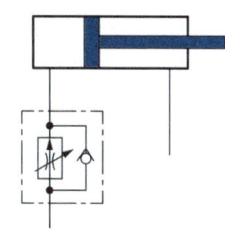

① 블리드 오프 방식
② 파일럿 오프 방식
③ 전진 시 미터 인 방식
④ 후진 시 미터 아웃 방식

SOLUTION 보기는 일방향 유량제어밸브의 방향으로 보아 액추에이터(실린더)로 들어가는 유체의 양을 제어하므로 전진속도를 미터인 방식으로 제어하는 방식이다.
- 미터인회로 : 공급되는 유량을 제어하는 방식으로 부하에 영향을 받는다.
- 미터아웃회로 : 배출되는 유량을 제어하는 방식으로 부하 상태에 크게 영향을 받지 않는다.
- 블리드오프회로 : 공급쪽 관로에 바이패스관로를 설치하여 바이패스로의 흐름을 제어하는 회로

39

로드 커버와 피스톤에 연결되어 피스톤 출력 및 변위를 외부에 전달하는 공압 실린더의 구성 요소는?

① 로드 부싱
② 타이 로드
③ 실린더 튜브
④ 피스톤 로드

SOLUTION 피스톤 로드

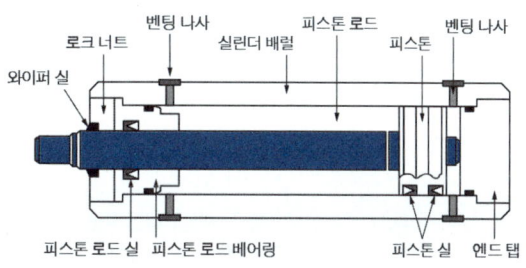

피스톤의 왕복운동을 크랭크 핀에 전달하여 회전 운동으로 바꾸도록 하는 매개체

40

공압 회로에서 얻어지는 압력보다 큰 압력이 필요할 때 사용하는 것은?

① 증압기
② 공기배리어
③ 어큐뮬레이터
④ 하이드롤릭 체크유닛

SOLUTION 증압기
- 설비를 간소화할 수 있다.
- 일반적인 공기압 회로에서 얻어지는 압력보다 큰 압력을 필요로 할 때 이용된다.
- ② 공기배리어 : 생산이나 조립공정에서의 계수나 어떤 물체의 유무에 대한 검사. 감지거리는 100[mm] 미만
- ③ 어큐뮬레이터 : 용기 내에 오일을 고압으로 압입하여 유용한 작업을 하는 유압유 저장 용기
- ④ 하이드롤릭 체크유닛 : 유압 유닛. 펌프, 구동 모터, 탱크 및 릴리프 밸브 등으로 구성된 유압원 장치 또는 유압원 장치의 제어 밸브를 포함하여 일체로 구성된 유압장치

41

PLC 스캔타임(Scan Time)에 대한 설명으로 옳은 것은?

① PLC에 입력된 프로그램을 1회 연산하는 시간
② PLC 입력 모듈에서 1개 신호가 입력되는 시간
③ PLC 출력 모듈에서 1개 출력이 실행되는 시간
④ PLC에 의해 제어되는 시스템이 1회 실행되는 시간

SOLUTION PLC 스캔타임
프로그램을 한 번 실행하는 데 걸리는 시간

42

다음 중 오일 탱크의 구비 조건으로 틀린 것은?

① 스트레이너의 유량은 유압 펌프 토출량과 같을 것
② 오일 탱크의 크기는 적어도 펌프 토출량의 3배 이상일 것
③ 공기나 이물질을 오일로부터 분리할 수 있을 것
④ 공기청정기의 통기용량은 유압 펌프 토출량의 2배 이상일 것

SOLUTION 오일 탱크 선정조건
- 오일 탱크의 크기는 그 속에 들어가는 유량이 토출량의 적어도 3배 이상으로 한다.
- 오일 탱크의 용량은 장치의 운전중지 중 장치 내의 작동유가 복귀하여도 지장이 없을 만큼의 크기를 가져야 한다.
- 공기청정기의 통기 용량은 유압 펌프 토출량의 2배 이상으로 한다.
- 오일 탱크의 바닥면은 바닥에서 최소 간격 15[cm]를 유지하는 것이 바람직하다.
- 운전 중에도 보기 쉬운 곳에 유면계를 설치한다.
- 공기구멍에는 공기청정기를 부착하여 먼지의 혼입을 방지한다.
- 스트레이너의 유량은 유압 펌프 토출량의 2배 이상의 것을 사용한다.

43

과도적으로 상승한 압력의 최댓값을 무엇이라 하는가?

① 배압
② 서지압
③ 맥동
④ 전압

SOLUTION
① 배압 : 일반적으로 유체가 배출될 때 유체가 갖는 압력
③ 맥동 : 압력이 시간에 대한 방향은 바뀌지 않고 크기만 변하는 것
④ 전압 : 유동하는 유체의 정압과 동압의 합

44

다음 그림과 같은 구조의 밸브 명칭은?

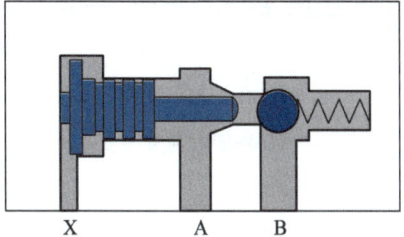

① 셔틀 밸브
② 릴리프 밸브
③ 파일럿 조작 체크 밸브
④ 압력 보상형 유량 조정 밸브

SOLUTION 파일럿 조작 체크 밸브
유체를 한 방향으로 흐르게 할 뿐 아니라, 외부로부터의 파일럿 압력에 의해 반대 방향으로 흐르게 할 수 있다.

45

베르누이의 정리에서 에너지 보존의 법칙에 따라 유체가 가지고 있는 에너지가 아닌 것은?

① 위치 에너지
② 마찰 에너지
③ 운동 에너지
④ 압력 에너지

SOLUTION 베르누이의 법칙

압력수두 + 속도수두 + 위치수두 = 일정
(압력에너지) (운동에너지) (위치에너지)

46

다음의 기호를 무엇이라 하는가?

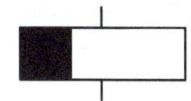

① On Delay 타이머
② Off Delay 타이머
③ 카운터
④ 솔레노이드

SOLUTION

On-Delay Timer	Off-Delay Timer

47

유압에서 이용되는 속도 제어의 3가지 기본 회로는?

① 미터 인 회로, 미터 아웃 회로, 록킹 회로
② 블리드 오프 회로, 록킹 회로, 미터 아웃 회로
③ 미터 아웃 회로, 블리드 오프 회로, 록킹 회로
④ 미터 인 회로, 블리드 오프 회로, 미터 아웃 회로

SOLUTION 속도제어회로
• 미터 인 회로 : 액추에이터에 공급되는 유량을 제어
• 미터 아웃 회로 : 액추에이터에서 배출되는 유량을 제어
• 블리드 오프 회로 : 공급쪽 관로에 바이패스관로를 설치하여 바이패스로의 흐름을 제어하는 회로

48

습기 있는 압축공기가 실리카겔, 활성알루미나 등의 건조제를 지나가면 건조제가 압축공기 중의 습기와 결합하여 혼합물이 형성되어 건조되는 공기 건조기는?

① 흡착식 에어 드라이어
② 흡수식 에어 드라이어
③ 냉동식 에어 드라이어
④ 혼합식 에어 드라이어

SOLUTION 공기건조방식

- 냉동식 : 이슬점 온도를 낮추는 원리로 공기를 강제로 냉각시켜 수증기를 응축시켜 수분을 제거하는 방식
- 흡착식 : 고체 흡착제(실리카겔)를 사용하여 수분을 흡착하는 방식
- 흡수식 : 건조제를 사용하여 건조제와 물의 혼합물로 용해되어 공기가 건조되는 방식

49

유압제어 밸브의 분류에서 압력제어 밸브에 해당되지 않는 것은?

① 릴리프 밸브(Relief Valve)
② 스로틀 밸브(Throttle Valve)
③ 시퀀스 밸브(Sequence Valve)
④ 카운터 밸런스 밸브(Counter Balance Valve)

SOLUTION 압력제어밸브

- 릴리프 밸브
- 감압 밸브
- 시퀀스 밸브
- 카운터 밸런스 밸브
※ 스로틀 밸브는 유량제어 밸브에 속한다.

50

강자성체가 영구 자석에 접근하면 코일 내 자속의 변화율에 따라 출력 단자 사이에 전압을 발생시켜 물체의 유무를 판단하는 센서는?

① 압력센서
② 리드 스위치
③ 유도형 센서
④ 용량형 센서

SOLUTION

① 압력센서 : 압력을 측정하는 압력계의 일종으로, 주로 측정 결과를 전기 신호로 변환하여 출력하는 압력계를 가리킨다.
② 리드스위치 : 한 쌍의 리드핀이 자기장 범위 내에 위치할 때, 리드는 반대 극성으로 자화하여 서로 끌어당기고 접점이 닫혀 스위치가 ON 되는 원리를 이용한 스위치
③ 유도형 센서 : 강자성체가 영구 자석에 접근하면 코일 내 자속의 변화율에 따라 출력 단자 사이에 전압을 발생시켜 물체의 유무를 판단한다.
④ 용량형 센서 : 대상으로 하는 물체와의 거리를 비접촉상태로 검출하는 근접(각)센서

51

유압 펌프가 기름을 토출하지 않을 때 흡입쪽의 점검이 필요한 기기는?

① 실린더
② 스트레이너
③ 어큐뮬레이터
④ 릴리프 밸브

SOLUTION

유압 펌프가 기름을 토출하지 않을 때는 흡입구 쪽 필터인 스트레이너를 점검하여 필터가 막혀있는지 확인한다.

52

공압과 유압의 조합기기에 해당되는 것은?

① 에어 서비스 유닛
② 스틱 앤 슬립 유닛
③ 하이드롤릭 체크 유닛
④ 벤투리 포지션 유닛

SOLUTION 공·유압 조합기기
- 에어 하이드로 실린더
- 공·유압 변환기
- 하이드롤릭 체크 유닛

53

구동부가 일을 하지 않아 회로에서 작동유를 필요로 하지 않을 때 작동유를 탱크로 귀환시키는 것은?

① AND 회로
② 무부하 회로
③ 플립플롭 회로
④ 압력설정 회로

SOLUTION
① AND회로 : 두 개의 입구와 한 개의 출구를 갖춘 밸브로 두 개의 입구에 압력이 작용할 때만 출구에 출력이 작용하는 밸브
③ 플립플롭 회로 : 신호와 출력의 관계가 기억되어, 먼저 도달한 신호가 우선으로 작동하고 다음 신호가 입력될 때까지 처음 신호가 유지되는 회로
④ 압력설정 회로 : 회로에서 최대 압력을 넘지 않도록 하거나 조작 실린더의 압력을 바꾸거나 하는 등에 사용하는 회로

54

리밋 스위치의 A접점은?

① 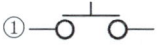 ②
③  ④

SOLUTION
① 푸쉬버튼 스위치 A접점
② 푸쉬버튼 스위치 B접점
③ 리밋 스위치 A접점
④ 리밋 스위치 B접점

55

다음 밸브 기호의 명칭은?

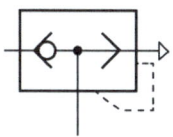

① 급속 배기 밸브
② 고압 우선형 밸브
③ 저압 우선형 밸브
④ 파일럿 조작 체크 밸브

SOLUTION

급속 배기 밸브	고압 우선형 밸브
저압 우선형 밸브	파일럿 조작 체크 밸브

56

검출용 스위치에 해당하지 않는 것은?

① 토글 스위치 ② 마이크로 스위치
③ 리미트 스위치 ④ 광전 스위치

SOLUTION
- 검출용 스위치 : 센서 - 리미트 스위치, 마이크로 스위치, 리드 스위치, 광전 스위치 등
- 조작용 스위치 : 푸쉬버튼 스위치, 토글 스위치, 셀렉트 스위치 등

57

공기압 실린더의 지지형식이 아닌 것은?

① 풋형
② 플랜트형
③ 플랜지형
④ 트러니언형

SOLUTION 설치형식에 따른 공압 실린더 분류
- 풋형
- 플랜지형
- 피벗형
- 트러니언형
- 회전형

58

배타적 OR회로(EX-OR 회로)의 설명으로 올바른 것은?

① 모든 입력이 0일 때에만 출력이 1인 회로
② 서로 다른 입력이 가해질 때에만 출력이 1인 회로
③ 모든 입력이 1인 경우만을 제외하고 출력이 1인 회로
④ 입력이 0이면 출력이 1이고, 입력이 1이면 출력이 0인 회로

SOLUTION
- 배타적 OR회로(XOR회로) : 두 개의 입력이 서로 다를 때에만 출력이 1인 회로
- 배타적 부정 OR회로(XNOR회로) : 두 개의 입력이 서로 같을 때에만 출력이 1인 회로

59

다음 중 펌프의 부착계기가 아닌 것은?

① 리밋 스위치
② 압력 스위치
③ 플로트 스위치
④ 액면제어 스위치

SOLUTION 펌프 부착계기
- 압력스위치
- 플로트 스위치
- 액면제어 스위치

60

유압 및 공기압 용어의 정의에 대하여 규정한 한국산업표준으로 맞는 것은?

① KS B 0112
② KS B 0114
③ KS B 0119
④ KS B 0120

SOLUTION

① KS B 0112 : 사무용 기계-용어
② KS B 0114 : 공작 기계(부품, 공작 방법)용어 [폐지]
③ KS B 0119 : 유압 용어 [폐지]
④ KS B 0120 : 유압 및 공기압 용어

CBT 복원문제 2018 * 3

※ 2016년 5회부터는 CBT 방식으로 전면 시행됨에 따라 실제 수험생 분들의 복원을 토대로 문제를 구성하였습니다.

01

두 개의 기어가 서로 맞물려서 운동을 전달하고 있다. 회전방향이 같고 감속비가 큰 기어는 어느 것인가?

① 헬리컬 기어 ② 웜 기어
③ 내접 기어 ④ 하이포이드 기어

SOLUTION 축이 평행한 경우
- 평 기어(스퍼 기어, Spur Gear) : 기어의 이가 축에 평행한 원통 기어로 제작이 용이하고 동력 전달용으로 많이 사용된다.
- 헬리컬 기어(Helical Gear) : 이의 변형과 진동, 소음이 작고 큰 동력전달과 고속운전에 적합한 것으로 두 축이 서로 평행한 기어이다.
- 더블 헬리컬 기어(Double-helical Gear) : 좌우 두 개의 나선 이를 가지는 헬리컬 기어가 일체형으로 된 것이다.
- 래크(Rack) : 회전운동을 직선운동으로 변환하거나 직선운동을 회전운동으로 변환하는 곳에 사용된다.
- 내접 기어(인터널 기어, Internal Gear) : 피치원통의 안쪽에 톱니가 나 있는 기어 또는 큰 기어에 내접하여 작은 기어가 맞물려 있는 것으로 회전 방향이 같고 감속비가 크다.

02

다품종 소량생산을 위하여 쉽게 다른 모델의 가공공정으로 변환할 수 있도록 한 유연생산시스템은?

① CNC ② DNC
③ FMS ④ EDMS

SOLUTION FMS(Flexible Manufacturing System)
유연생산 시스템으로 다품종 소량생산을 가능하게 하는 생산 시스템

03

접시머리 나사의 머리 부분을 묻히게 하기 위해 자리를 파는 작업은?

① 스텝 보링(Step Boring)
② 스폿 페이싱(Spot Facing)
③ 카운터 보링(Counter Boring)
④ 카운터 싱킹(Counter Sinking)

SOLUTION 드릴링 가공
- 보링 : 이미 뚫린 구멍을 크게 넓히는 가공으로 구멍의 크기나 모양을 바로 잡는 작업
- 스폿 페이싱 : 너트 또는 캡 스크류 머리의 자리를 만들기 위하여 구멍 축에 직각 방향으로 주위를 평면으로 깎는 작업
- 카운터 보링 : 평볼트 또는 작은나사의 머리부를 공작물의 몸체 내에 삽입하기 위하여 구멍의 윗 부분을 원통형으로 크게 깎아내는 작업
- 카운터 싱킹 : 접시머리 나사를 사용할 구멍에 나사 머리가 들어갈 부분을 원추형으로 가공하는 작업

04

CNC 선반에서 홈 가공 시 1.5초 동안 공구의 이송을 잠시 정지시키는 지령 방식은?

① G04 Q1500 ② G04 P1500
③ G04 X1500 ④ G04 U1500

SOLUTION 일시정지(G04) 명령방식
예) 1.5초간 정지할 때
- G04 X1.5
- G04 U1.5
- G04 P1500

정답 01 ③ 02 ③ 03 ④ 04 ②

05

선반 작업 시 안전사항으로 틀린 것은?

① 절삭 중에는 측정을 하지 않는다.
② 기계 위에 공구나 재료를 올려놓지 않는다.
③ 가공물이나 절삭공구의 장착은 정확히 한다.
④ 칩이 예리하므로 장갑을 끼고 작업한다.

SOLUTION 선반작업 시 장갑을 끼고 작업하면 장갑이 말려들어가 사고가 날 위험이 있으므로 끼지 않는 것이 원칙이다.

06

SKH2로 규정되는 고속도강의 표준 성분[%]으로 적합한 것은?

① 18(W)-7(Cr)-1(V)
② 18(W)-4(Cr)-1(V)
③ 28(W)-7(Cr)-1(V)
④ 28(W)-12(Cr)-1(V)

SOLUTION 고속도강
- 텅스텐(W), 크롬(Cr), 바나듐(V), 코발트(Co) 등의 원소를 함유하는 합금강
- 절삭속도가 탄소 공구강의 2배
- 고온경도가 높고 내마모성이 우수
- 표준 고속도강 : W(18[%])-Cr(4[%])-V(1[%])
- 특수 고속도강 : Co 및 V의 함유량을 많이 첨가시킨 고속도강

07

고속도강 공구에서 더 뚜렷하게 나타나며, 전연성의 재료를 가공할 때 연속칩의 마찰에 의하여 공구 상면에 오목하게 파진 접시모양의 마모는?

① 여유면 마모 ② 노즈 마모
③ 경사면 마모 ④ 경계 마모

SOLUTION
- 크레이터 마모(경사면 마모) : 칩에 의하여 공구의 경사면이 음폭 패이는 마모로서 초경합금과 고속도강에서 나타나고 전연성 재료의 유동형 칩을 만드는 경우에 공구상면에 주로 발생하는 마모
- 플랭크 마모(여유면 마모) : 공구의 플랭크가 절삭면에 평행하게 마모, 주철같이 균열형 칩이 생길 때 발생하는 경우, 크레이터 마멸은 생기지 않으나, 여유권의 인선이 마찰에 의해 마모됨

08

기계에서 발생하는 소음이나 진동 등과 같은 주위 환경에서 오는 오차 또는 자연 현상의 급변 등으로 생기는 오차는?

① 측정기의 오차
② 시차
③ 우연오차
④ 긴 물체의 휨에 의한 영향

SOLUTION 오차의 종류
- 기기오차(측정기의 오차) : 측정기의 구조, 측정압력, 측정온도, 측정기의 마모 등에 따른 오차로서 아무리 정밀한 측정기라도 다소의 기기오차는 있으며 다음 식에 의하여 구해진 값을 보정하여 사용한다.
- 개인오차 : 측정하는 사람의 습관, 부주의, 숙련도에 따라 발생하는 오차
- 외부조건에 의한 오차 : 온도나 채광의 변화에 의한 오차
- 우연오차 : 개인오차나 외부조건에 의한 오차를 없애고 기기오차를 보정하여도 발생하는 오차로 어떤 현상을 측정함에 있어 방해가 되는 모든 요소로 인해 생기는 오차

09

밀링머신에서 사용하는 절삭공구가 아닌 것은?

① 엔드밀 ② 정면커터
③ 총형커터 ④ 브로치

SOLUTION 밀링커터의 분류
- 엔드밀 : 원주면과 단면에 날이 있는 형태로 일반적으로 가공물의 홈과 좁은 평은 평면, 윤곽가공, 구멍가공 등에 사용
- 정면 밀링 커터 : 외주와 정면에 절삭 날이 있는 커터이며, 주로 수직 밀링에서 사용하는 커터로 평면가공에 이용되는 커터
- T홈 밀링 커터 : 주로 T홈을 가공할 때 사용하는 커터로 엔드밀이나 사이드 커터 등으로 가공한 바닥면과 측면을 가공하여 밀링 테이블 T홈, 원형 테이블의 T홈 등을 가공하는 커터
- 더브테일 밀링 커터 : 선반의 가로 이송대 및 세로 이송대의 형상과 같은 더브테일 홈을 가공하는 커터

※ 수평 밀링 머신에서 사용하는 커터 : 평면 밀링 커터, 측면 밀링 커터, 메탈 슬리팅 소우, 슬래브 밀링 커터, 총형 밀링 커터 등
※ 브로치는 브로칭머신에서 사용하는 공구이다.

10

가공 방법의 표시 방법 중 M은 어떤 가공법인가?

① 선반 가공 ② 밀링 가공
③ 평삭 가공 ④ 주조

SOLUTION
① 선반 가공 - L
② 밀링 가공 - M
③ 평삭 가공 - P
④ 주조 - C

11

인공합성 절삭 공구재료로 고속작업이 가능하며, 난삭재료, 고속도강, 담금질강, 내열강 등의 절삭에 적합한 공구재료는?

① 서멧 ② 세라믹
③ 초경합금 ④ 입방정 질화붕소

SOLUTION 입방정계 질화붕소(CBN)
다이아몬드 다음의 경도가 있으므로 각종 연마, 절삭공구에 사용된다. 특히, 철계 재료와는 반응하지 않는다.

12

치수보조선에 대한 설명으로 옳지 않은 것은?

① 필요한 경우에는 치수선에 대하여 적당한 각도로 평행한 치수보조선을 그을 수 있다.
② 도형을 나타내는 외형선과 치수보조선은 떨어져서는 안 된다.
③ 치수보조선은 치수선을 약간 지날 때까지 연장하여 나타낸다.
④ 가는 실선으로 나타낸다.

SOLUTION
치수보조선은 지시하는 치수의 끝에 닿는 도형상의 점 또는 선의 중심을 통과하고 치수선에 직각되게 그어서 치수선을 약간 지날 때까지 연장한다. 이때, 치수보조선과 도형 사이를 약간 떼어 놓는다.

13

주투상도의 방법에 관한 설명 중 틀린 것은?

① 특별한 이유가 없는 경우 대상물도 가로 길이로 놓은 상태
② 조립도 등 주로 기능을 표시하는 도면에서는 대상물을 사용하는 상태
③ 가공하기 위한 도면에서는 가장 많이 이용하는 공정에서 대상물을 놓은 상태
④ 부품도의 경우는 그 부품이 최초로 가공해야 하는 공정에서 부품이 놓이는 상태

SOLUTION 정면도의 선택
- 물체는 자연스러운 위치로 나타낸다.
- 물체의 주요면은 투상면에 평행되고 수직되게 한다.
- 물체의 특징을 가장 명료하게 나타내는 투상도를 정면도로 선택하고 이것을 중심으로 평면도와 측면도 등을 보충해 넣는다.
- 관련 투상도의 배치는 되도록 은선을 쓰지 않고도 그릴 수 있게 한다. 그러나 비교·대조가 불편하게 되는 경우는 제외한다.
- 도형은 그 물체의 가공량이 가장 많은 공정을 기준으로 하여 그 물체가 가공될 상태와 같은 방향으로 그려서 가공 능률을 올리도록 한다.

14

국부 투상도를 그릴 때 투상 관계를 나타내기 위하여 사용할 수 있는 선이 아닌 것은?

① 가상선 ② 중심선
③ 기준선 ④ 치수보조선

SOLUTION 대상물의 구멍, 홈 등 한 국부만의 모양을 도시하는 것으로 충분한 경우에는 그 필요한 부분을 국부 투상도로서 나타낸다. 투상 관계를 나타내기 위하여 원칙적으로 주된 그림에 중심선, 기준선, 치수보조선 등으로 연결한다.

15

3줄 나사에서 피치가 2[mm]일 때 나사를 6회전시키면 이동하는 거리는 몇 [mm]인가?

① 6   ② 12
③ 18 ④ 36

SOLUTION 나사 곡선을 따라 축의 둘레를 한 바퀴 회전하였을 때 축 방향으로 이동하는 거리를 리드(Lead) l이라 하고, 서로 인접한 나사산과 나사산 사이의 축방향의 거리를 피치(Pitch) p라 한다.

$$l = n \times p$$

l : 리드(1회전 시 이동한 거리), n : 줄수, p : 피치
$l = n \times p$에서,
3[줄] × 2[mm, 피치] × 6[회전] = 36[mm]

16

다음 중 길이 방향으로 단면하지 않는 부품으로 가장 부적절한 것은?

① 리브   ② 기어의 이
③ 훅   ④ 바퀴의 암

SOLUTION 길이 방향으로 절단하지 않는 부품
리브, 바퀴의 암, 기어의 이, 축, 핀, 볼트, 너트, 와셔, 작은 나사, 리벳 키, 강구, 원통 롤러

17

구멍의 최소치수가 축의 최대치수보다 큰 경우이며, 항상 틈새가 생기는 끼워맞춤으로 직선운동이나 회전운동이 필요한 기계 부품의 조립에 적용하는 것은?

① 억지 끼워맞춤   ② 중간 끼워맞춤
③ 헐거운 끼워맞춤   ④ 구멍기준식 끼워맞춤

SOLUTION
- 헐거운 끼워맞춤 : 구멍의 최소 치수가 축의 최대 치수보다 큰 경우로서 항상 틈새가 생기는 상태
- 억지 끼워맞춤 : 구멍의 최대 치수가 축의 최소 치수보다 작은 경우로서 틈새가 없이 항상 죔새가 생기는 상태
- 중간 끼워맞춤 : 부품의 기능과 역할에 따라 틈새 또는 죔새가 생기는 상태

18

도면이 구비해야 할 기본 요건으로 가장 거리가 먼 것은?

① 대상물의 도형과 함께 필요로 하는 구조, 조립 상태, 치수, 가공방법 등의 정보를 포함하여야 한다.
② 애매한 해석이 생기지 않도록 표현상 명확한 뜻을 가져야 한다.
③ 무역 및 기술의 국제교류의 입장에서 국제성을 가져야 한다.
④ 제품의 가격 정보를 항상 포함하여야 한다.

SOLUTION 제품의 가격 정보, 유통 체계는 도면이 구비해야 할 기본 요건과 관계가 없다.

19

치수 배치 방법 중 치수공차가 누적되어도 좋은 경우에 사용하는 방법은?

① 누진치수 기입법   ② 직렬치수 기입법
③ 병렬치수 기입법   ④ 좌표치수 기입법

SOLUTION 직렬치수 기입법
직렬로 나란히 연결된 개개의 치수에 주어진 치수 공차가 축차로 누적되어도 좋은 경우에 사용한다. 철골 구조물 설계에 쓰인다.

20

다음 중 억지 끼워맞춤 또는 중간 끼워맞춤에서 최대 죔새를 나타내는 것은?

① 구멍의 최대 허용 치수 – 축의 최소 허용 치수
② 구멍의 최소 허용 치수 – 축의 최대 허용 치수
③ 축의 최소 허용 치수 – 구멍의 최소 허용 치수
④ 축의 최대 허용 치수 – 구멍의 최소 허용 치수

SOLUTION 최대 죔새
= 축의 최대 허용 치수 – 구멍의 최소 허용 치수

21

다음 도면에서 표현된 단면도로 모두 맞는 것은?

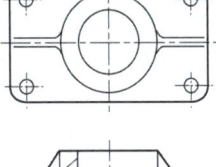

① 전 단면도, 한쪽 단면도, 부분 단면도
② 한쪽 단면도, 부분 단면도, 회전 도시 단면도
③ 부분 단면도, 회전 도시 단면도, 계단 단면도
④ 전 단면도, 한쪽 단면도, 회전 도시 단면도

SOLUTION
- 한쪽 단면도 : 대칭형의 대상물을 1/4로 절단하여 내부와 외부의 모습을 조합하여 표시한다.
- 부분 단면도 : 필요한 내부 모양을 그리기 위해 일부분만 잘라내어 단면도로 표시하며, 파단선으로 그 경계를 나타낸다.
- 회전 도시 단면도 : 핸들이나 바퀴 등의 암 및 링, 리브, 훅, 축, 구조물의 부재 등의 절단면을 90° 회전하여 표시한다.

22

보조 투상도의 설명 중 가장 옳은 것은?

① 복잡한 물체를 절단하여 그린 투상도
② 그림의 특정 부분만을 확대하여 그린 투상도
③ 물체의 경사면에 대응하는 위치에 그린 투상도
④ 물체의 홈, 구멍 등 투상도의 일부를 나타낸 투상도

SOLUTION

- 복잡한 물체를 절단하여 그린 투상도 - 단면도
- 그림의 특정 부분만을 확대하여 그린 투상도 - 확대도, 상세도
- 물체의 홈, 구멍 등 투상도의 일부를 나타낸 투상도 - 국부투상도

23

다음 중 벨트 장치의 도시방법에 관한 설명으로 틀린 것은?

① 암은 길이 방향으로 절단하여 도시하는 것이 좋다.
② 벨트 풀리와 같이 대칭형인 것은 그 일부만을 도시할 수 있다.
③ 암과 같은 방사형의 것은 회전도시 단면도로 나타낼 수 있다.
④ 벨트 풀리는 축직각 방향의 투상을 주 투상도로 할 수 있다.

SOLUTION

- 벨트 풀리는 대칭형이므로 전부를 표시하지 않고 일부만을 표시할 수 있다.
- 암은 길이 방향으로 절단하지 않으며, 단면형은 도형의 밖이나 도형 속에 표시한다.
- 테이퍼 부분의 치수는 치수보조선을 빗금 방향(수평과 30° 또는 60°)으로 그어도 좋다.

24

같은 단면의 부분이나 같은 모양이 규칙적으로 나타난 경우는 그림과 같이 중간 부분을 잘라내어 도시할 수 있다. 이와 같은 용도로 사용하는 선의 명칭은?

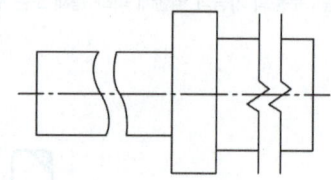

① 절단선
② 파단선
③ 생략선
④ 가상선

SOLUTION 파단선

선의 종류	선의 모양	굵기
자유 실선	~~~~	0.1 ~ 0.25

대상물의 일부를 파단한 경계 또는 일부를 떼어낸 경계를 표시하는 데 쓰이는 선

25

치수 공차 및 끼워 맞춤에 관한 용어의 설명으로 옳지 않은 것은?

① 허용 한계치수 : 형체의 실 치수가 그 사이에 들어가도록 정한, 허용할 수 있는 대소 2개의 극한의 치수
② 기준치수 : 위 치수 허용차 및 아래 치수 허용차를 적용하는 데 따라 허용 한계치수가 주어지는 기준이 되는 치수
③ 치수허용차 : 실제치수와 이에 대응하는 기준치수와의 대수차
④ 기준선 : 허용 한계치수 또는 끼워맞춤을 도시할 때 치수 허용차의 기준이 되는 직선

SOLUTION 치수 허용차(Deviation)

허용 한계치수에서 기준 치수를 뺀 값으로서 허용차라고도 한다.
치수 허용차
= 최대 허용 한계치수 - 최소 허용 한계치수
= 위 치수 허용차 - 아래 치수 허용차

26

그림과 같이 물체를 투상할 때 중심선 또는 절단선을 기준으로 그 앞부분을 잘라내고 남은 뒷부분의 단면모양을 나타내는 것은?

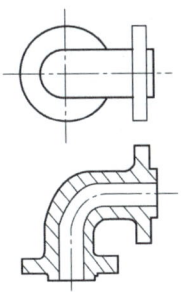

① 한쪽 단면도
② 회전 도시 단면도
③ 온 단면도
④ 조합에 의한 단면도

SOLUTION 온 단면도
원칙적으로 대상물의 기본적인 모양을 가장 좋게 표시할 수 있도록 물체를 1/2로 절단하여 내부를 단면도로 표시한다.

27

축을 제도할 때 도시방법의 설명으로 맞는 것은?

① 축에 단이 있는 경우는 치수를 생략한다.
② 축은 길이 방향으로 전체를 단면하여 도시한다.
③ 축 끝에 모따기는 치수는 생략하고 기호만 기입한다.
④ 단면 모양이 같은 긴 축은 중간을 파단하여 짧게 그릴 수 있다.

SOLUTION
- 축이나 보스의 끝 구석 라운드 가공부는 필요하면 확대하여 부품도 옆이나 주서 기입란에 기입하여 준다.
- 축은 일반적으로 길이 방향으로 절단하지 않으며 필요에 따라서는 부분 단면은 가능하다.
- 긴 축은 단축하여 그릴 수 있으나, 길이는 실제 길이를 기입해야 한다.
- 축에 있는 널링(Knurling)의 도시는 빗줄인 경우에 축선에 대하여 30°로 서로 엇갈리게 그린다.
- 축의 모따기 및 평면부 표시는 치수기입법에 따른다.

28

치수 기입의 원칙과 방법에 관한 설명으로 적합하지 않은 것은?

① 치수는 중복기입을 피한다.
② 치수는 되도록 공정마다 배열을 분리하여 기입한다.
③ 치수는 되도록 계산하여 구할 필요가 없도록 기입한다.
④ 치수는 되도록 정면도, 평면도, 측면도 등에 분산시켜 기입한다.

SOLUTION 치수는 되도록 주투상도에 집중해서 기입하고, 치수의 중복은 피한다.

29

끼워맞춤 공차가 φ50H7/m6일 때 끼워맞춤의 상태로 알맞은 것은?

① 구멍 기준식 중간 끼워맞춤
② 구멍 기준식 억지 끼워맞춤
③ 구멍 기준식 헐거운 끼워맞춤
④ 축 기준식 억지 끼워맞춤

SOLUTION

기준 구멍	축의 공차역 클래스												
	헐거운 끼워맞춤				중간				억지 끼워맞춤				
					g5	h5	js5	k5	m5				
H6				f6	g6	h6	js6	k6	m6	n6	p6		
H7				f6	g6	h6	js6	k6	m6	n6	p6	r6	S6	t6	u6	x6
		r7	f7			h7	js7						

H7 - 구멍기준식, m6 - 중간 끼워맞춤

30

되풀이되는 도형을 도시할 때 적용하는 가상선의 종류는?

① 가는 2점 쇄선   ② 가는 1점 쇄선
③ 가는 실선   ④ 가는 파선

SOLUTION 가상선

선의 종류	선의 모양	굵기
가는 2점 쇄선	————————	0.1 ~ 0.25

인접부분을 참고로 표시하는 선, 물체가 이동할 운동범위를 나타내는 선, 되풀이되는 도형을 나타내는 선

31

공압 회로에서 압축 공기를 대기 중으로 방출할 경우 배기 속도를 줄이고 배기음을 작게 하기 위하여 사용되는 것은?

① 소음기   ② 완충기
③ 진공패드   ④ 원터치 피팅

SOLUTION 소음기

- 배기속도를 줄이고 배기음을 줄이기 위해 소음기를 사용한다.
- 소음기를 사용하면 공기의 흐름에 저항이 부여되고 배압이 발생하여 효율적인 부분에서는 좋지 않다.

32

다음 중 능동센서가 아닌 것은?

① 서미스터   ② 측온 저항체
③ 포토 다이오드 ④ 스트레인 게이지

SOLUTION 능동센서

- 에너지를 측정하고자 하는 측정대상인 발생원과는 다른 입력(동작) 에너지 (전기)를 필요로 하는 측정용 장치
- 서미스터 : 보통의 저항에 비해 온도에 따른 저항의 변화가 크게 만든 저항으로 열가변 저항기

- 측온 저항체 : 전기 저항이 온도에 따라 변화하는 성질을 이용한 온도 측정용의 저항체
- 스트레인 게이지 : 물체가 외력으로 변형될 때 등에 변형을 측정하는 측정기

※		
능동센서	인공적으로 만들어진 전자기 에너지를 쏘아 센서로 되돌아오는 복사속을 분석하는 방법 (신호 - 전자기파, 레이더 등)	
수동센서	태양에너지를 통해 반사되는 정보를 수신받아 전달하는 방법 (카메라 - 전자광학 센서, 적외선 센서 등)	

※ 포토 다이오드 : 반도체 다이오드의 일종으로 광다이오드라고도 하며, 빛에너지를 전기에너지로 변환한다.

33

유압실린더의 실린더 전진과 후진 속도를 일정하게 하는 방법으로 옳은 것은?

① 양로드 실린더를 사용한다.
② 브레이크 회로를 사용한다.
③ 블리드 오프 회로를 사용한다.
④ 카운터 밸런스 회로를 사용한다.

SOLUTION 실린더의 전진과 후진 속도를 일정하게 하려면 액추에이터(실린더)의 가운데 기준 양쪽의 면적이 같아야 하므로, 양로드 실린더를 사용한다.

34

자중에 의한 낙하 등을 방지하기 위한 배압을 생기게 하고, 역 방향의 흐름이 자유롭도록 체크 밸브의 기능이 내장되어 있는 밸브는?

① 방향 제어 밸브   ② 유압 서보 밸브
③ 유량 제어 밸브   ④ 카운터 밸런스 밸브

SOLUTION 카운터 밸런스 밸브

중력에 의한 낙하를 방지하기 위해 배압을 유지하는 압력 제어 밸브

35

다음 블리드 오프 방식의 회로에서 점선 안에 들어갈 기호로 적절한 것은?

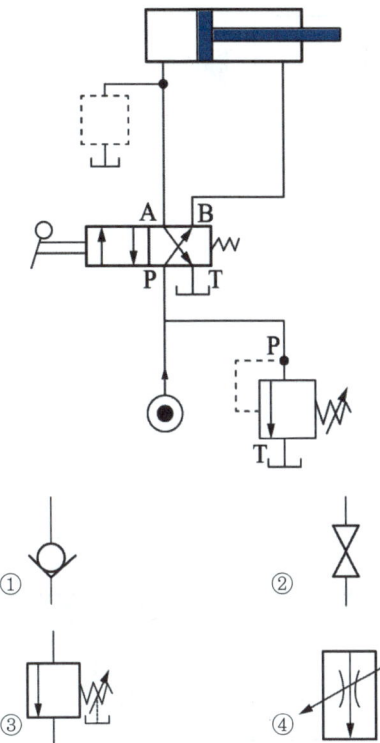

SOLUTION 블리드 오프 회로
- 실린더의 유입 유량을 바이패스로 조절한다.
- 실린더로 유입하는 측에 실린더와 병렬로 유량조절밸브(스로틀 밸브)를 설치한다.

36

구조가 간단하고 값이 저렴하며 차량, 건설기계, 운반기계 등에 널리 사용되고 외접, 내접 등의 구조를 갖는 펌프는?

① 기어 펌프
② 베인 펌프
③ 피스톤 펌프
④ 플런저 펌프

SOLUTION 펌프의 종류
- 기어펌프
  - 두 개의 기어가 케이싱 속에서 서로 맞물려 회전하여 기름을 흡입측에서 토출측으로 밀어내는 펌프
  - 구조가 가장 간단하고 큰 힘으로 흡입이 가능하며, 점도가 크면 효율에는 영향을 미치나 다른 큰 영향은 없다. 제작비용이 저렴하고 이물질의 영향이 거의 없어 일반적으로 많이 사용된다.
- 베인 펌프
  - 로터의 베인이 반지름 방향으로 홈 속에 끼여 있어서 캠링의 내면과 접하여 로터와 함께 회전하면서 오일을 토출하는 방식이다.
  - 부품이 많고 정밀한 제작을 요구한다. 큰 힘으로 흡입하기는 힘들며, 점도에 영향을 받는다.
- 피스톤펌프
  - 실린더 내부에서의 피스톤의 왕복운동에 의한 용적변화를 이용하여 펌프작용을 한다.
  - 구조가 복잡하고 매우 높은 정밀도를 요구하며 고속, 고압의 유압장치에 적합하다.
  - 다른 유압펌프에 비해 효율이 가장 좋으며 점도와 압력에 영향을 크게 받는다.

37

절대 압력이 일정할 때 절대 온도와 체적과의 관계는?

① 공기의 체적은 절대 온도에 비례한다.
② 공기의 체적은 절대 온도에 반비례한다.
③ 공기의 체적은 절대 온도의 제곱에 비례한다.
④ 공기의 체적은 절대 온도의 제곱에 반비례한다.

SOLUTION
- 보일의 법칙 : 일정량의 기체가 등온을 유지할 때 압력과 부피는 서로 반비례한다.
- 샤를의 법칙 : 일정량의 기체가 등압을 유지할 때 절대온도와 부피는 서로 비례한다.

38

공압 모터의 종류가 아닌 것은?

① 기어 모터
② 나사 모터
③ 베인 모터
④ 피스톤 모터

SOLUTION 모터의 종류

회전형	회전날개형(베인형)
	기어형
	피스톤형
	터빈형
요동형	날개형(베인형)
	랙-피니언형
	스크루형

39

다음 회로와 동일한 동작의 논리는? (단, 입력은 X1, X2, 출력은 Y이다)

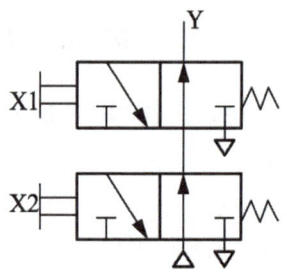

① OR 논리
② AND 논리
③ NOR 논리
④ NAND 논리

SOLUTION
X1과 X2의 입력이 모두 없을 때만 Y출력이 나오므로 NOR논리이다.

40

다음 밸브 기호의 명칭은?

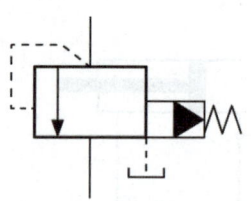

① 감압 밸브
② 릴리프 밸브
③ 카운터 밸런스 밸브
④ 파일럿 작동형 시퀀스 밸브

SOLUTION
보기 기호는 파일럿 작동형 시퀀스 밸브이다.

감압 밸브	릴리프 밸브	카운터 밸런스 밸브

시퀀스 밸브

일반기호	보조조작 부착	파일럿 작동형

41

다음 유압기호의 명칭은?

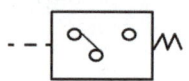

① 스톱 밸브
② 압력계
③ 압력 스위치
④ 축압기

SOLUTION

스톱 밸브	압력계	축압기

정답 38 ② 39 ③ 40 ④ 41 ③

42

유체의 흐름은 층류와 난류가 있다. 배관 내에서 유체 흐름의 형태를 결정짓는 것은?

① 레이놀즈 수
② 베르누이의 정리
③ 파스칼의 원리
④ 토리첼리의 정리

SOLUTION 레이놀즈 수
움직이는 유체 내에 물체를 놓거나 유체가 관속을 흐를 때 난류와 층류의 경계가 되는 값. 무차원 수이며 물체의 관성이 점성에 비해 얼마나 큰가를 나타내는 척도

43

유압 펌프가 기름을 토출하지 않을 때 흡입쪽의 점검이 필요한 기기는?

① 실린더
② 스트레이너
③ 어큐뮬레이터
④ 릴리프 밸브

SOLUTION 유압 펌프가 기름을 토출하지 않을 때는 흡입구 쪽 필터인 스트레이너를 점검하여 필터가 막혀있는지 확인한다.

44

시퀀스 회로에서 전동기를 표시하는 것은?

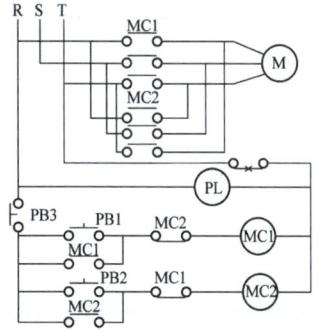

① M
② PL
③ MCL
④ MC2

SOLUTION
- M : 전동기
- PL : 파일럿램프
- MC : 전자접촉기
- PB : 푸시버튼램프

45

그림과 같은 회로도를 무엇이라고 하는가?

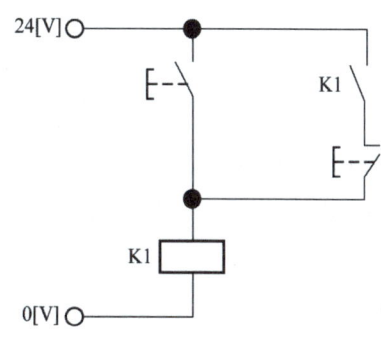

① 인터록 회로
② 플립플롭 회로
③ ON 우선 자기유지 회로
④ OFF 우선 자기유지 회로

SOLUTION 보기 그림 회로는 ON 우선 자기유지 회로이다.
OFF 우선 자기유지 회로는 스위치 b접점이 릴레이 바로 위에 위치한다.

46

다음 산업용 로봇의 입력 정보 교시에 따른 분류가 아닌 것은?

① 가변 시퀀스 로봇
② 수치제어 로봇
③ 다관절 로봇
④ 적응제어 로봇

SOLUTION 산업용 로봇의 입력 정보 교시에 따른 분류
- 머니퓰레이터(로봇)
- 수동 머니퓰레이터
- 가변 시퀀스 로봇
- 수치제어 로봇
- 적응제어 로봇
- 감각제어 로봇
- 학습제어 로봇
- 플레이백 로봇
- 고정 시퀀스 로봇

47

2개의 안정된 출력 상태를 가지고, 입력 유무에 관계없이 직전에 가해진 압력의 상태를 출력 상태로서 유지하는 회로는?

① 부스터 회로 ② 카운터 회로
③ 레지스터 회로 ④ 플립플롭 회로

SOLUTION 플립플롭 회로
클록형 순차 회로에서 사용하는 기억 장치 요소로 2진 정보의 1[bit] (0 또는 1)을 펄스의 1주기 동안에 유지하는 회로
① 부스터 회로 : 순간적으로 전압을 증압하는 경우에 쓰이는 회로
② 카운터 회로 : 입력 펄스가 어떤 정해진 수만큼 모이면, 출력 펄스를 1개 송출하도록 만들어진 회로
③ 레지스터 회로 : 1비트 또는 복수의 비트를 유지하는 기억장치나 회로로서 지정의 목적에 사용되는 회로

48

다음 기호로 보고 알 수 없는 것은?

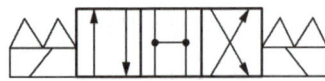

① 포트의 수 ② 위치의 수
③ 조작방법 ④ 접속의 형식

SOLUTION
- 포트 수 : 4
- 위치의 수 : 3
- 조작방법 : 전자식 방법(솔레노이드), 스프링

49

A, B, C가 논리변수일 때 논리대수식이 잘못된 것은?

① $A \cdot B = B \cdot A$
② $A + B = B + A$
③ $(A + B) + C = A + (B + C)$
④ $A \cdot (B + C) = (A + B) \cdot (A + C)$

SOLUTION
$A \cdot (B + C) = (A \cdot B) + (A \cdot C)$

50

다음과 같은 진리표에 해당하는 회로는? (단, L : 0[V], H : 5[V]이다)

입력신호		출력
A	B	C
L	L	L
L	H	L
H	L	L
H	H	H

① OR 회로 ② AND 회로
③ NOT 회로 ④ NOR 회로

SOLUTION
- L : Low(신호 없음)
- H : High(신호 있음)

입력신호 두 개가 동시에 들어올 때만 출력이 나오므로 AND 회로이다.

51

미리 정해진 순서에 따라 제어의 각 단계를 진행하는 제어 방식은?

① 자동 제어 ② 시퀀스 제어
③ 조건 제어 ④ 피드백 제어

SOLUTION 시퀀스 제어

미리 정해진 순서에 따라 제어의 각 단계를 점차로 진행해 나가는 제어, 개회로 제어

52

공기압 실린더의 지지형식이 아닌 것은?

① 풋형 ② 플랜트형
③ 플랜지형 ④ 트러니언형

SOLUTION 설치형식에 따른 공압 실린더 분류
- 풋형
- 플랜지형
- 피벗형
- 트러니언형
- 회전형

53

공압회로에서 얻어지는 압력보다 큰 압력이 필요할 때 사용하는 것은?

① 증압기 ② 공기배리어
③ 어큐뮬레이터 ④ 하이드롤릭 체크유닛

SOLUTION 증압기
- 설비를 간소화할 수 있다.
- 일반적인 공기압 회로에서 얻어지는 압력보다 큰 압력을 필요로 할 때 이용된다.

② 공기배리어 : 생산이나 조립공정에서의 계수나 어떤 물체의 유무에 대한 검사. 감지거리는 100[mm] 미만
③ 어큐뮬레이터 : 용기 내에 오일을 고압으로 압입하여 유용한 작업을 하는 유압유 저장 용기
④ 하이드롤릭 체크유닛 : 유압 유닛. 펌프, 구동 모터, 탱크 및 릴리프 밸브 등으로 구성된 유압원장치 또는 유압원 장치의 제어 밸브를 포함하여 일체로 구성된 유압장치

54

유압기기에서 작동유의 기능이 아닌 것은?

① 방청 기능 ② 윤활 기능
③ 응고 기능 ④ 압력 전달 기능

SOLUTION 작동유의 역할
- 압력에너지 이송
- 습동부의 윤활(윤활작용)
- 열에너지의 분산(냉각작용)
- 부식의 방지(방청작용)
- 마모입자의 제거

55

공압과 유압의 조합기기에 해당되는 것은?

① 에어 서비스 유닛
② 스틱 앤 슬립 유닛
③ 하이드롤릭 체크 유닛
④ 벤투리 포지션 유닛

SOLUTION 공·유압 조합기기
- 에어 하이드로 실린더
- 공·유압 변환기
- 하이드롤릭 체크 유닛

정답 51 ② 52 ② 53 ① 54 ③ 55 ③

56

제어오차가 검출될 때 오차가 변화하는 속도에 비례하여 조작량을 가감하는 동작으로서 오차가 커지는 것을 방지하는 제어는?

① 자력 제어
② 메모리 제어
③ 미분동작 제어
④ 프로세서 제어

SOLUTION 연속 데이터 제어
- 비례 제어(P 동작) : 잔류 편차가 발생하는 제어계
- 적분 제어(I 동작) : 옵셋을 제거, 편차 제거 시 적용
- 비례적분 제어(PI 동작) : 응답속도가 느리다.
- 미분 제어(D 동작) : 오차가 커지는 것을 미연에 방지
- 비례적분 미분 제어(PID 동작) : 응답속도가 빠르고 안정도가 가장 좋은 동작이다.
- ※ 자력 제어 : 조작부를 조작하는 데 외부의 동력을 필요로 하지 않고 제어신호를 자체를 이용하는 제어로 구조가 간단하고 동작이 확실하며 저가이다.

57

가열기를 나타낸 공·유압기호는?

①
②
③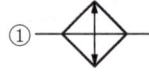
④

SOLUTION

냉각기	가열기	유량계	입력계
		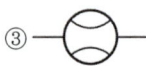	

58

방향제어밸브의 연결도(포트)에 "P"라는 문자가 적혀있다면 여기에 연결해야 하는 배관은?

① 소음기로 배기되는 배관
② 실린더와 연결되는 배관
③ 공기탱크와 연결되는 배관
④ 제어라인과 연결되는 배관

SOLUTION 방향제어밸브의 연결구의 "P"포트는 공급라인으로 공기탱크와 연결되는 배관이다.

59

도면에서 밸브 ㉠의 입력으로 A가 ON되고, ㉡의 신호 B를 OFF로 해서 출력 OUT이 ON 되게 한 다음 신호 A를 OFF로 한다면 출력은 어떻게 되는가?

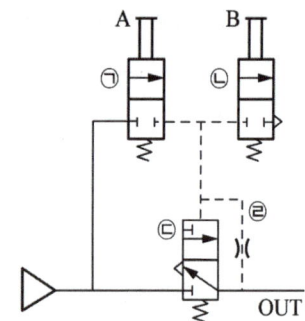

① OUT은 OFF로 된다.
② OUT은 ON으로 유지된다.
③ ㉢의 밸브가 OFF로 된다.
④ ㉡의 밸브에서 대기 방출이 된다.

SOLUTION 밸브 ㉠의 입력을 주면 ㉢ 3포트 2위치 밸브 위치가 바뀌어 OUT으로 출력이 나온다. ㉣ 교축밸브 쪽으로도 신호가 들어가서 ㉠ 밸브가 OFF 되더라도 계속 순환한다. 즉, ㉠ 밸브의 입력이 OFF 되어도 OUT 쪽이 계속 ON으로 유지된다.

60

압축공기의 응축된 물과 고형 이물질을 제거하기 위하여 사용하는 필터의 기호는?

①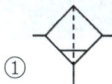
②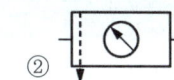
③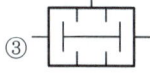
④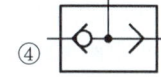

SOLUTION

① 드레인 배출기 붙이 필터
② 공기압 조정유닛
③ AND밸브
④ 셔틀밸브

정답 60 ①

CBT 복원문제 2019 * 1

※ 2016년 5회부터는 CBT 방식으로 전면 시행됨에 따라 실제 수험생 분들의 복원을 토대로 문제를 구성하였습니다.

01

헬리컬 기어에 관한 설명으로 틀린 것은?

① 축방향의 반력이 발생한다.
② 큰 동력의 전달과 고속운전에 적합하다.
③ 이의 맞물림의 원활하여 이의 변형과 진동소음이 작다.
④ 이 끝이 직선이며 축에 나란한 원통형 기어로 감속비는 최고 1 : 6까지 가능하다.

SOLUTION 헬리컬 기어(Helical Gear)
- 이의 변형과 진동, 소음이 작고 큰 동력전달과 고속운전에 적합한 것으로 두 축이 서로 평행한 기어이다.
- 이가 잇면을 따라 연속적으로 접촉을 하므로 이의 물림 길이가 같다.
- 임의로 비틀림 각을 선정할 수 있으므로 중심거리를 조정할 수 있다.
- 기하학적 형상으로 인하여 축 방향 하중이 발생한다.

02

연삭하려는 부품의 형상으로 연삭숫돌을 성형할 때 연삭숫돌의 외형을 수정하는 작업은?

① 드레싱(Dressing) ② 무딤(Glazing)
③ 눈메움(Loading) ④ 트루잉(Truing)

SOLUTION 연삭가공 용어
- 드레싱 : 숫돌 표면에 무디어진 입자나 기공을 메우고 있는 칩을 제거하여 본래의 형태로 숫돌을 수정하는 방법
- 트루잉 : 연삭하려는 부품의 형상으로 연삭숫돌을 성형하거나 성형연삭으로 인하여 숫돌 형상이 변화된 것을 부품의 형상으로 바르게 고치는 가공
- 무딤(글레이징) : 연삭숫돌의 결합도가 필요 이상으로 높으면, 숫돌 입자가 마모되어 예리하지 못할 때 탈락하지 않고 둔화되는 현상
- 눈메움(로딩) : 결합도가 높은 숫돌에서 알루미늄이나 구리 같이 연한 금속을 연삭하게 되면 연삭숫돌 표면에 기공이 메워져서 칩을 처리하지 못하여 연삭 성능이 떨어지는 현상

03

입방정 질화붕소의 미결정을 결합제를 사용하여 초고압 고온에서 인공 합성한 공구재료로 경도가 다이아몬드의 2/3 정도인 것은?

① 초경합금
② 세라믹공구
③ CBN(Cubic Boron Nitride)공구
④ 피복초경합금

SOLUTION 공구재료 종류
- 탄소공구강 : 탄소량 0.6 ~ 1.5[%] 함유한 고품질의 탄소강
- 고속도강 : 텅스텐(W), 크롬(Cr), 바나듐(V), 코발트(Co) 등의 원소를 함유하는 합금강
- 소결초경합금 : W, Ti, Ta, Mo 등의 경질합금 탄화물 분말을 Co, Ni을 결합제로 하여 1,400[°C] 이상의 고온으로 가열하면서 프레스로 소결 성형한 절삭공구
- 주조경질합금 : 스텔라이트가 대표적이며, 주성분은 W, Cr, Co, Fe
- 서멧 : 세라믹스와 금속의 합성어로, TiC를 주체로 하고 TiN, TiCN 등의 탄화물을 초미립화하여 소결시킨 합금
- CBN(Cubic Boron Nitride) 공구 : 입방정 질화붕소의 미결정을 결합제를 사용하여 초고압 고온에서 인공 합성한 공구재료

정답 01 ④ 02 ④ 03 ③

04

30° 사다리꼴 나사의 종류를 표시하는 기호는?

① Rc
② Rp
③ TW
④ TM

SOLUTION

① Rc : 관용 테이퍼 암나사
② Rp : 관용 평행 암나사
③ TW : 29° 사다리꼴 나사

05

빌트업 에지(구성인선)의 발생을 감소시키기 위한 방법으로 틀린 것은?

① 절입 깊이를 작게 한다.
② 공구의 윗면 경사각을 크게 한다.
③ 공구의 날끝을 둔하게 한다.
④ 윤활성이 좋은 절삭유제를 사용한다.

SOLUTION 구성인성의 방지법

- 공구의 윗면 경사각을 크게 한다.
- 절삭 속도를 크게 한다.
- 절삭 깊이를 작게 한다.
- 공구의 날 끝을 예리하게 한다.
- 가공 중에 절삭유를 사용한다.
- 재결정 온도 이상에서 가공한다.

06

CNC 시스템을 사용한 생산시스템의 발전과정을 4단계로 분류할 경우 순서가 맞는 것은?

① NC → CNC → FMS → DNC
② NC → CNC → DNC → FMS
③ CNC → NC → FMS → DNC
④ CNC → DNC → NC → FMS

SOLUTION 공작기계 발전과정

NC (수치제어) → CNC (컴퓨터를 이용한 수치제어) → DNC (여러 공작기계를 제어하는시스템) → FMS (유연생산시스템)

07

제3각법에 의한 그림과 정투상도의 입체로 가장 적합한 것은?

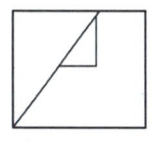

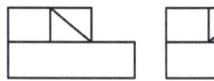

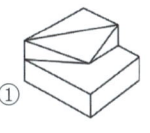 ①
 ②
 ③
 ④

SOLUTION 정면도, 평면도, 우측면도를 고려해봤을 때 그림과 같은 정투상도의 입체도로 가장 적합한 것은 "③"번이다.

정답 04 ④ 05 ③ 06 ② 07 ③

08

칩이 절삭공구의 경사면 위를 미끄러지면서 나갈 때 마찰력에 의하여 경사면 일부가 오목하게 파여지는 것은?

① 크레이터 마모 ② 플랭크 마모
③ 치핑 ④ 미소파괴

SOLUTION

• 경사면 마멸 : 크레이터 마모라고도 하며 주로 유동형 칩이 공구 경사면 위를 미끄러질 때, 공구 윗면에 오목 파진 부분이 생기는 것을 말한다. 공구의 경사각을 크게 하면 칩이 공구날 윗면을 누르는 압력이 작아지므로 경사면 마모의 발생과 성장을 감소시킬 수 있다.

• 여유면 마멸 : 플랭크 마모라고도 하며 공구의 여유면이 절삭면에 평행하게 마모되는 것을 말한다. 여유면 마모는 공구의 여유면과 절삭면 사이의 마찰에 의하여 발생하는데 주로 주철과 같이 취성이 있는 재료를 절삭할 때 발생한다.

09

축의 원주에 많은 키를 깎은 것으로 큰 토크를 전달시킬 수 있고, 내구력이 크며, 보스와의 중심축을 정확하게 맞출 수 있는 키는?

① 성크 키 ② 반달 키
③ 접선 키 ④ 스플라인

SOLUTION 키의 종류

• 성크 키 : 묻힘 키라고도 하며 축과 보스에 다같이 홈을 파는 가장 널리 사용하는 일반적인 키
• 반달 키 : 축에 반달모양의 홈을 만들어 반달모양으로 가공된 키를 끼움
• 미끄럼 키 : 페더 키 또는 안내 키라고도 하며 축 방향으로 보스를 미끄럼 운동을 시킬 필요가 있을 때 사용
• 평 키 : 축 방향으로 이동할 수 없고, 안장키보다 약간 큰 토크 전달이 가능
• 안장 키 : 새들 키라고도 하며 키에는 기울기가 없다.
• 접선 키 : 축의 접선 방향으로 끼우는 키로 1/100 기울기를 가진 2개의 키를 한 쌍으로 하여 사용
• 둥근 키 : 축과 보스를 끼워맞춤하고 축과 보스 사이에 구멍을 가공하여 원형 단면의 평행 핀 또는 테이퍼 핀으로 때려 박은 키

• 스플라인 : 축으로부터 직접 여러 줄의 키(key)를 절삭하여, 축과 보스가 슬립 운동을 할 수 있도록 한 것으로 큰 동력을 전달한다.

10

평 벨트와 비교한 V 벨트 전동의 특성이 아닌 것은?

① 설치면적이 넓어 큰 공간이 필요하다.
② 비교적 작은 장력으로 큰 회전력을 전달할 수 있다.
③ 운전이 정숙하다.
④ 마찰력이 평 벨트보다 크고 미끄럼이 적다.

SOLUTION V벨트의 특징

• 고무나 가죽으로 된 사다리꼴 단면을 갖는 V 벨트를 풀리 홈에 끼워 마찰에 의해 전동한다.
• 마찰력이 평 벨트보다 크고, 미끄럼이 적어 비교적 작은 장력으로 큰 회전력을 전달할 수 있다.
• 운전이 정숙하고, 충격을 완화하는 작용을 한다.
• 지름이 작은 풀리에도 사용 가능하다.
• 설치 면적이 좁아 사용이 편리하다.
※ 선반, 밀링머신 등의 동력 전달 장치에서는 마찰력이 크고 미끄럼이 적은 V벨트를 가장 많이 사용한다.

11

피치원 지름이 250[mm]인 표준 스퍼 기어에서 잇수가 50개일 때 모듈은?

① 2 ② 3
③ 5 ④ 7

SOLUTION

$$m(모듈) = \frac{피치원의\ 지름[mm]}{잇수} = \frac{D}{Z} = \frac{250}{50} = 5$$

12

도면의 같은 장소에 선이 겹칠 때 표시되는 우선순위가 가장 먼저인 것은?

① 숨은선 ② 절단선
③ 중심선 ④ 치수보조선

SOLUTION 선 우선순위

외형선 - 숨은선 - 절단선 - 중심선 - 치수선 - 치수보조선

13

플랜지를 이용하여 관을 결합했을 때 도시법으로 올바른 것은?

① ─┼─
② ─┼┼─
③ ─○─
④ ─┼╫─

SOLUTION 관의 결합방식 표시방법

결합방식의 종류	그림기호
일반	─┼─
용접식	─●─
플랜지식	─╫─
턱걸이식	─⊃─
유니온식	─┼╫─

14

표준기어의 피치점에서 이끝까지의 반지름 방향으로 측정한 거리는?

① 이뿌리 높이 ② 이끝 높이
③ 이끝 원 ④ 이끝 틈새

SOLUTION 기어 각부 명칭

- 피치원 : 두 개의 기어가 맞물릴 때에, 서로 접하는 점을 이어 만든 원
- 이끝 높이 : 피치원에서 이끝원까지의 거리
- 이뿌리 높이 : 피치원에서 이뿌리원까지의 거리
- 총 이높이 : 이끝 높이 + 이뿌리 높이
- 이끝 틈새 : 이끝원에서부터 이것과 맞물리고 있는 기어의 이뿌리원까지의 거리
- 유효 이의 높이 : 이뿌리원부터 이끝원까지의 거리

15

가공방법의 보조기호 중에서 리밍(Reaming) 가공에 해당하는 것은?

① FS ② FL
③ FF ④ FR

SOLUTION

- FS : 스크레이퍼 다듬질
- FL : 래핑 다듬질
- FF : 줄 다듬질

16

리벳의 호칭 길이를 가장 올바르게 도시한 것은?

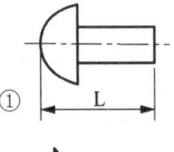 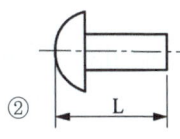
① L   ② L

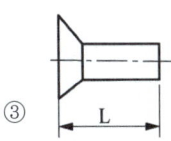 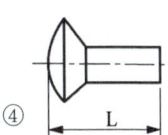
③ L   ④ L

SOLUTION 리벳의 호칭길이는 접시머리 리벳만 머리를 포함하고 다른 리벳은 머리를 포함하지 않는다.

정답 12 ① 13 ② 14 ② 15 ④ 16 ③

17

다음 중 나사의 표시법을 통하여 알 수 없는 것은?

① 나사의 감긴 방향
② 나사산의 줄수
③ 나사의 종류
④ 나사의 길이

SOLUTION 나사 표시법
- 나사의 감기는 방향
- 나사산 줄수
- 나사의 호칭
- 나사의 등급

18

기계 제도에서 도형에 나타나지 않으나 공작시의 이해를 돕기 위하여 가공 전 형상이나, 공구의 위치 등을 나타내는 데 사용하는 선은?

① 파단선
② 숨은선
③ 중심선
④ 가상선

SOLUTION 선의 종류

용도에 의한 명칭	선의 종류	용도
외형선	굵은 실선	대상물의 보이는 부분의 모양을 표시하는 데 사용한다.
치수선	가는 실선	치수를 기입하기 위해 사용한다.
치수 보조선		치수를 기입하기 위해 도형으로부터 끌어내는 데 사용한다.
숨은선	파선	대상물의 보이지 않는 부분의 모양을 표시하는 데 사용한다.
중심선	가는 1점 쇄선	도형의 중심을 표시하는 데 사용한다.
기준선		특히 위치 결정의 근거가 된다는 것을 명시할 때 사용한다.
피치선		되풀이하는 도형의 피치를 취하는 기준을 표시하는 데 사용한다.
특수 지정선	굵은 1점 쇄선	특수한 가공을 하는 부분 등 특별한 요구사항을 적용할 수 있는 범위를 표시하는 데 사용한다.
가상선	가는 2점 쇄선	인접부분을 참고로 표시하는 데 사용한다.
파단선	불규칙한 파형의 가는 실선	대상물의 일부를 파단한 경계 또는 일부를 떼어낸 경계를 표시하는 데 사용한다.

19

다음 중 기하공차 기호와 그 의미의 연결이 틀린 것은?

① ▱ : 평면도
② ◎ : 동축도
③ ∠ : 경사도
④ ○ : 원통도

SOLUTION 기하공차 데이텀 기호 해석

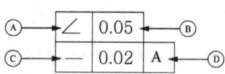

- Ⓐ : 기하공차(경사도공차)
- Ⓑ : 공차값(0.05)
- Ⓒ : 기하공차(진직도 공차)
- Ⓓ : 데이텀을 지시하는 문자기호

20

국제단위계(SI)에서 기본 단위로 옳은 것은?

① 길이, 질량, 시간, 전압, 열역학적 온도, 물질량, 광속
② 길이, 질량, 시간, 전류, 열역학적 온도, 물질량, 광도
③ 길이, 질량, 시간, 저항, 열역학적 온도, 물질량, 광도
④ 길이, 질량, 시간, 전압, 열역학적 온도, 물질량, 광도

SOLUTION SI 기본 단위

항목	명칭	기호
길이	미터	[m]
질량	킬로그램	[kg]
시간	초	[s]
전류	암페어	[A]
온도	캘빈온도	[K]
물질량	몰수	[mol]
광도	칸델라	[cd]

21

투상도에서 특정 부분의 도형이 작기 때문에 그 부분을 상세히 도시하거나 치수를 기입할 수 없을 때, 그 부분을 확대하여 별도로 다른 곳에 상세하게 도시하는 것은?

① 보조 투상도
② 국부 투상도
③ 부분 확대도
④ 부분 투상도

SOLUTION
- 보조 투상도 : 경사면부가 있는 대상물에서 그 경사면의 실제 모양을 표시할 필요가 있는 경우에 그린 투상도
- 국부 투상도 : 대상물의 구멍, 홈 등 한 국부만의 모양을 도시하는 것
- 부분 투상도 : 그림의 일부를 도시하는 것으로, 그 필요 부분만을 나타내는 투상도로 생략한 부분과의 경계를 파단선으로 나타냄

22

표면의 줄무늬 방향기호에 대한 설명으로 맞는 것은?

① X : 가공에 의한 컷의 줄무늬 방향이 투상면에 직각
② Y : 가공에 의한 컷의 줄무늬 방향이 투상면에 평행
③ C : 가공에 의한 컷의 줄무늬 방향이 중심에 동심원 모양
④ R : 가공에 의한 컷의 줄무늬 방향이 투상면에 교차 또는 경사

SOLUTION 가공 줄무늬 방향기호 종류

기호	커터의 줄무늬 방향	적용
⊥	투상면에 직각	선삭
=	투상면에 평행	셰이핑
X	투상면에 경사지고 두방향으로 교차	호닝
C	중심에 대하여 동심원	끝면절삭
M	여러방향으로 교차되거나 무방향	밀링, 래핑
R	중심에 대하여 레이디얼 모양	일반적인 가공

23

도면에서 특정 치수가 비례척도가 아닌 경우를 바르게 표기한 것은?

① (24)
② 24
③ 24
④ <u>24</u>

SOLUTION
① 참고치수
② 수정치수
③ 일반치수

24

치수에 사용하는 기호이다. 잘못 연결된 것은?

① 정사각형의 변 – □
② 구의 반지름 – R
③ 지름 – φ
④ 45° 모따기 – C

SOLUTION
구의 반지름 치수보조기호는 SR이다.

25

투상면이 각도를 가지고 있어 실형을 표시하지 못할 때에는 그림과 같이 표시할 수 있다. 무슨 투상도인가?

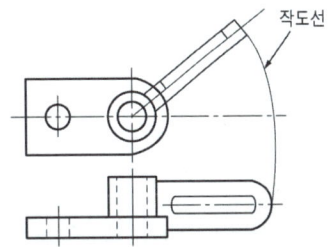

① 보조 투상도
② 회전 투상도
③ 부분 투상도
④ 국부 투상도

SOLUTION
① 보조 투상도 : 경사면부가 있는 대상물에서 그 경사면의 실제 모양을 표시할 필요가 있는 경우에 그린 투상도
② 회전 투상도 : 투상면이 일정한 각도를 가지고 있어서 실형을 제대로 표시하기 어려운 경우에, 그 부분의 일부를 회전하여 나타내는 투상도
③ 부분 투상도 : 그림의 일부를 도시하는 것으로, 그 필요 부분만을 나타내는 투상도로 생략한 부분과의 경계를 파단선으로 나타냄
④ 국부 투상도 : 대상물의 구멍, 홈 등 한 국부만의 모양을 도시하는 것

26

나사 표시가 "L 2N M50×2 - 4h"로 나타낼 때 이에 대한 설명으로 틀린 것은?

① 왼 나사이다.
② 2줄 나사이다.
③ 미터 가는 나사이다.
④ 암나사 등급이 4h이다.

SOLUTION 나사 표기방법

나사산의 감는 방향	나사산의 줄 수	나사의 호칭	나사의 등급
왼	2줄	M50×2	4h

"L 2N M50×2 - 4h"의 해석
• 나사산의 감는 방향 : 왼쪽
• 나사산의 줄 수 : 2
• 나사의 호칭 : 지름이 50[mm]인 미터가는나사
• 나사의 등급 : 수나사 등급 4, 공차위치 h
※ 등급이 대문자(구멍기준) - 암나사
  등급이 소문자(축기준) - 수나사

27

다음 도면의 (*) 안의 치수로 가장 적합한 것은?

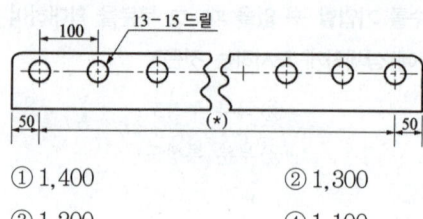

① 1,400   ② 1,300
③ 1,200   ④ 1,100

SOLUTION "13-15 드릴" 해석
지름이 15[mm]인 드릴구멍 13개
원이 13개이고 인접 원과의 거리가 100이므로,
12×100 = 1,200

28

다음 그림에 대한 설명으로 옳은 것은?

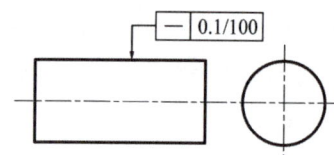

① 지시한 면의 진직도가 임의의 100[mm] 길이에 대해서 0.1[mm] 만큼 떨어진 2개의 평행면 사이에 있어야 한다.
② 지시한 면의 진직도가 임의의 구분 구간 길이에 대해서 0.1[mm] 만큼 떨어진 2개의 평행 직선 사이에 있어야 한다.
③ 지시한 원통면의 진직도가 임의의 모선 위에서 임의의 구분 구간 길이에 대해서 0.1[mm] 만큼 떨어진 2개의 평행면 사이에 있어야 한다.
④ 지시한 원통면의 진직도가 임의의 모선 위에서 임의로 선택한 100[mm] 길이에 대해, 축선을 포함한 평면 내에 있어 0.1[mm] 만큼 떨어진 2개의 평행한 직선 사이에 있어야 한다.

SOLUTION 기하공차 종류

- 진직도 : 해당 모양에서 기하학적으로 정확한 직선을 기준으로 설정하고 이 직선으로부터 벗어나는 어긋남의 크기를 측정한다.
- 평면도 : 해당 모양에서 기하학적으로 정확한 평면을 기준으로 설정하고 이 평면으로부터 벗어나는 어긋남의 크기를 측정한다.
- 진원도 : 해당 모양에서 기하학적으로 정확한 원을 기준으로 설정하고 이 원으로부터 벗어나는 어긋남의 크기를 측정한다.
- 원통도 : 해당 모양에서 기하학적으로 정확한 원통을 기준으로 설정하고 이 원통으로부터 벗어나는 어긋남의 크기를 측정한다.

※ 문제에서 기하공차는 진직도 공차이고 원통형상이기 때문에 지시한 원통면의 진직도가 임의의 모선 위에서 임의로 선택한 100[mm] 길이에 대해, 축선을 포함한 평면 내에 있어 0.1[mm]만큼 떨어진 2개의 평행한 직선 사이에 있어야 한다.

29

호칭치수가 20[mm]이고 피치가 2[mm]인 미터 가는 나사의 표시법으로 옳은 것은?

① M20×2 ② M20-2
③ M20 P2 ④ M20 (2)

SOLUTION M20×2

- M : 미터나사
- 20 : 호칭지름 20[mm]
- 2 : 피치 2[mm]

30

다음 중 척도의 표시 중에서 배척에 해당하는 것은?

① 1 : 1 ② 1 : 5
③ 2 : 1 ④ $1 : \sqrt{2}$

SOLUTION 척도의 표시

- 축척 : 1 : 2, 1 : 5, 1 : 10
- 현척 : 1 : 1
- 배척 : 2 : 1, 5 : 1, 10 : 1

31

제어시스템 분류 중 신호처리 방식에 의한 분류가 아닌 것은?

① 논리 제어계 ② 비동기 제어계
③ 시퀀스 제어계 ④ 파일럿 제어계

SOLUTION 제어시스템 분류 - 신호처리 방식에 의해

- 논리 제어계
- 비동기 제어계
- 시퀀스 제어계

※ 파일럿 제어계는 조작방식에 의한 분류이다.

32

유압 작동유에 공기가 침입할 경우 발생하는 현상으로 적절한 것은?

① 작동유의 과열
② 토출유량의 증대
③ 비금속 실(Seal)의 파손
④ 실린더의 불규칙적인 작동

SOLUTION 실린더의 불규칙적인 작동

- 펌프의 성능이 불량하거나 밸브의 작동불량
- 밸브 누설로 인한 압력변화
- 내, 외부 누설 및 마찰 저항의 증대
- 배관 내의 공기흡입, 파손 변형 등

33

단동 실린더가 아닌 것은?

① 탠덤 실린더 ② 격판 실린더
③ 피스톤 실린더 ④ 벨로스 실린더

> **SOLUTION** 단동실린더 종류
> - 격판 실린더
> - 단동 피스톤 실린더
> - 롤링 격판 실린더
> - 벨로스 실린더
>
> ※ 탠덤 실린더 : 실린더의 지름이 한정되고 큰 힘이 필요한 곳에 사용되는 복동실린더. 같은 크기의 복동 실린더에 의해 2배의 힘을 낼 수 있지만 실린더의 길이가 많이 길어지는 단점을 가지고 있다.

34

공기압 실린더의 고정방법 중 가장 강력한 부착이 가능한 설치 형식은?

① 풋형　　　　② 피벗형
③ 플랜지형　　 ④ 트러니언형

> **SOLUTION** 공기압 실린더 고정방법
>
> | 고정형 | • 풋형 : 가장 단단하고 일반적인 설치방법으로 경부하용이다.
• 플랜지형 : 가장 강력한 설치방법이다. |
> |---|---|
> | 요동형 | • 피벗형 : 부하의 운동 방향과 실린더 요동 방향을 일치시킬 것
• 트러니언형 : 요동 운동을 하므로 실린더가 다른 곳에 닿지 않도록 한다. |

35

윤활유를 사용하는 목적이 아닌 것은?

① 감마작용　　　② 냉각작용
③ 방청작용　　　④ 응력집중작용

> **SOLUTION** 윤활유의 사용목적
> - 감마작용
> - 냉각작용
> - 청정작용
> - 방청작용
> - 응력분산작용
> - 밀봉작용
> - 방진작용
> - 동력전달작용

36

다음 밸브 기호의 명칭은?

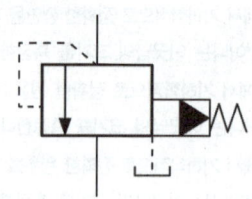

① 감압 밸브
② 릴리프 밸브
③ 카운터 밸런스 밸브
④ 파일럿 작동형 시퀀스 밸브

> **SOLUTION**
> 보기 기호는 파일럿 작동형 시퀀스 밸브이다.
>
> | 감압 밸브 | 릴리프 밸브 | 카운터 밸런스 밸브 |
> |---|---|---|
> | | | |
>
> 시퀀스 밸브
>
> | 일반기호 | 보조조작 부착 | 파일럿 작동형 |
> |---|---|---|
> | | | |

37

PLC에 사용되는 CPU의 내부 구성요소에서 ALU의 역할은?

① 스파크 방지　　　② 데이터의 저장
③ 아날로그의 영상화　④ 산술이나 논리연산

> **SOLUTION** ALU(Arithmetic Logic Unit)
> 산술연산, 논리연산 및 시프트(shift)를 수행하는 중앙처리장치 내부의 회로 장치로, 독립적으로 데이터 처리를 수행하지 못하며 반드시 레지스터들과 조합하여 처리한다.

38

베인형 압축기의 특징이 아닌 것은?

① 소음과 진동이 작다.
② 압력을 일정하게 공급한다.
③ 소형으로 제작이 가능하다.
④ 압축기 벽면에 냉각핀을 부착해야 한다.

SOLUTION 베인형 압축기
- 베인 압축기는 편심된 로터가 흡입과 배출 구멍이 있는 실린더 형태의 하우징 내에서 회전운동을 하여 공기를 압축한다.
- 조용한 운전을 하며, 공기를 안정되고 일정하게 생산할 수 있다.
- 가격이 고가이고, 높은 압력이 필요한 곳에는 부적당하다.
- 소형으로 제작이 가능하다.

39

리드 스위치의 특징으로 틀린 것은?

① 반복 정밀도가 낮다.
② 회로 구성이 간단하다.
③ 사용온도 범위가 넓다.
④ 내전압 특성이 우수하다.

SOLUTION 리드 스위치
- 자석에 발생하는 자력에 의해 스위치를 작동시켜 검출하는 자기형 근접 감지기로, 물체에 직접 접촉하지 않아도 검출할 수 있다.
- 구동 전원을 필요로 하지 않고, 2개의 자성체 조각으로 구성되어 자계에 반응하는 스위치

40

구조가 간단하고 무게가 가벼우며, 3~10개의 날개가 삽입되어 있는 구조로 대부분의 공압회로에 사용되는 모터는?

① 기어 모터 ② 베인 모터
③ 터빈 모터 ④ 피스톤 모터

SOLUTION 모터의 종류

모터 종류	내용
기어 모터	• 유압모터 중 구조면에서 가장 간단하며 출력토크가 일정하다. • 정회전과 역회전이 가능하다. • 토크 효율은 75~85[%], 용적 효율은 94[%] 이하이다. • 조작압력은 최대 140[kg/cm²] 정도, 전 효율은 80[%] 전후이다. • 최저 속도는 150~500[rpm] 정도로 정밀한 서보기구에는 부적합하다.
베인 모터	• 베인펌프와 구조가 동일하다. • 공급 압력이 일정할 때 출력 토크가 일정, 역전이 가능하고, 무단 변속이 가능하며, 가혹한 운전이 가능하다. • 최고 사용 압력 70[kg/cm²], 동력 5[HP]~30[HP], 회전수 200~1,800[rpm] • 저압, 저속에서 효율이 나쁘고, 토크의 변동이 증대된다.
회전 피스톤 모터	• 액시얼 피스톤 모터, 레이디얼 피스톤 모터가 있다. • 구조가 복잡하고 고가이다. • 효율이 가장 좋다. • 고압, 고속 및 대출력을 발생한다.
요동 모터	• 가동 베인이 칸막이가 되어 있는 파이프를 왕복하면서 토크를 발생하는 구조 • 360° 전체를 회전할 수는 없으나 출구와 입구를 변화시키면 보통 ±50° 정, 역회전이 가능하다. • 가동 베인의 양측 압력에 비례한 토크를 낼 수 있다.

41

다음의 그림은 단동실린더 제어 회로이다. 이 회로를 설명한 것 중 옳은 것은?

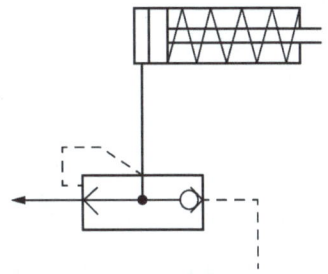

① 후진속도 증가회로   ② 전진속도 증가회로
③ 전진속도 조절회로   ④ 후진속도 조절회로

SOLUTION 보기 회로의 기호는 "급속배기 밸브"로 체크 밸브의 방향으로 보아 후진속도를 증가하는 회로이다.

정답 38 ④ 39 ① 40 ② 41 ①

42

다음 그림의 시스템 방식은?

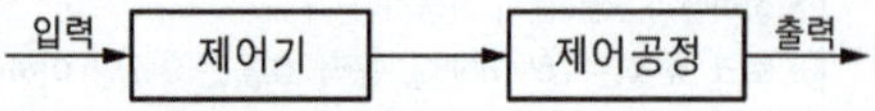

입력 → 제어기 → 제어공정 → 출력

① 서보 시스템(Servo System)
② 피드백 제어시스템(Feedback Control System)
③ 개회로 제어시스템(Open Loop Control System)
④ 폐회로 제어시스템(Closed Loop Control System)

SOLUTION 위 시스템 방식은 조작부가 없는 것으로 보아 개회로제어시스템(시퀀스제어시스템)이다.
개회로제어 ↔ 폐회로제어 = 피드백제어 = 되먹임제어

43

압축공기를 생산하는 장치는?

① 에어 루브리케이터(Air Lubricator)
② 에어 액추에이터(Air Actuator)
③ 에어 드라이어(Air Dryer)
④ 에어 컴프레서(Air Compressor)

SOLUTION
• 에어 루브리케이터 : 윤활기
• 에어 액추에이터 : 모터, 실린더
• 에어 드라이어 : 건조기

44

유압제어 밸브의 분류에서 압력제어 밸브에 해당되지 않는 것은?

① 릴리프 밸브(Relief Valve)
② 스로틀 밸브(Throttle Valve)
③ 시퀀스 밸브(Sequence Valve)
④ 카운터 밸런스 밸브(Counter Balance Valve)

SOLUTION 압력제어밸브
• 릴리프 밸브
• 감압 밸브
• 시퀀스 밸브
• 카운터 밸런스 밸브
※ 스로틀 밸브는 유량제어 밸브에 속한다.

45

공압과 유압의 조합기기에 해당되는 것은?

① 에어 서비스 유닛
② 스틱 앤 슬립 유닛
③ 하이드롤릭 체크 유닛
④ 벤투리 포지션 유닛

SOLUTION 공유압 조합기기
• 에어 하이드로 실린더
• 공유압 변환기
• 하이드롤릭 체크 유닛

46

다음 중 방향제어 밸브에 속하는 것은?

① 미터링 밸브
② 언로딩 밸브
③ 솔레노이드 밸브
④ 카운터 밸런스 밸브

SOLUTION
① 미터링 밸브 : 아주 가볍게 브레이크를 밟아도 앞바퀴에만 브레이크가 작동하여 패드를 빨리 마모시키는 것을 방지하기 위해 일정 유압까지는 앞바퀴에 유압이 작용하지 않도록 하기 위한 밸브
② 언로딩 밸브 : 파일럿 압력을 외부로부터 받았을 때 이것으로 밸브 내에 있는 평형 피스톤을 움직여 펌프로부터 압유를 탱크로 빼올려 펌프를 무부하 운전 상태가 되게 하는 밸브
③ 솔레노이드 밸브 : 도선을 나선형으로 감아서 전기를 통전시키면 자장의 힘에 의해 밸브가 열리고 닫히는 전자밸브
④ 카운터 밸런스 밸브 : 부하가 급격히 제거되었을 때 그 자중이나 관성력 때문에 소정의 제어를 못하게 된다거나 램의 자유낙하를 방지하기 위하여 귀환유의 유량에 관계없이 일정한 배압을 걸어주는 역할을 하는 밸브

47

작업요소의 작업순서와 표시되고, 각 요소의 관계는 시스템별로 비교될 수 있는 것은?

① 논리도
② 제어선도
③ 파레토도
④ 변위-단계선도

SOLUTION 변위-단계선도
- 기기 간 접속보다 단지 액추에이터의 동작 순서를 표시하는 것
- 작업 요소의 변화가 순서에 따라 표시되며, 제어 시스템에 여러 개의 작업요소가 사용되면 같은 방법으로 여러 줄로 표시하는 것

48

유압실린더 피스톤 로드의 추력 방향이 실린더 축심 끝을 기준으로 원주상 일정 각도로 회전할 수 있도록 하기 위한 실린더 설치형식은?

① 풋형
② 램형
③ 플랜지형
④ 클레비스형

SOLUTION 설치형식에 따른 실린더 분류

설치형식			
	풋형 (LA, LB)	고정	가장 단단하고 일반적인 설치 방법으로 주로 경부하용
	플랜지형 (FA, FB)		가장 강력한 설치방법의 하나로 부하의 운동 방향과 축심을 일치시키는 것
	피벗형	요동	부하의 운동 방향과 실린더 요동 방향을 일치시킬 것
	트러니언형 (TA, TB, TC)		요동 운동을 하므로 실린더가 다른 곳에 닿지 않도록 한다.
	회전형 (CA, CB)	회전	부하가 연속적으로 회전한다.

49

단위 램프 함수 t를 라플라스 변환한 값으로 옳은 것은?

① 1
② $\dfrac{1}{s}$
③ $\dfrac{1}{s^2}$
④ $\dfrac{1}{s+a}$

SOLUTION

$f(t)$	$F(s)$
상수 c	$\dfrac{c}{s}$
t	$\dfrac{1}{s^2}$
t^2	$\dfrac{2}{s^3}$
t^n	$\dfrac{n!}{s^{n+1}}$

50

다음 중 윤활유의 작용으로 틀린 것은?

① 감마작용
② 방청작용
③ 냉각작용
④ 마찰작용

SOLUTION 윤활유의 작용
- 감마작용 : 금속의 표면에 유막을 형성하여 유동부분의 마찰을 감소시키는 것
- 냉각작용 : 윤활부위에서 발생되는 열 및 외부로부터 전달되는 열이 축적되어 고온으로 될 경우
- 방청작용 : 공기 중의 산소나 물 또는 부식성 가스에 의해 금속표면에 녹이 발생되는 것을 방지
- 응력분산작용 : 윤활 부분에 가해진 압력을 넓게 분산시켜 국부적인 높은 압력에 의해 발생되는 마모를 방지
- 청정분산작용 : 슬러지가 고형화되어 설비 내에 퇴적되거나 부착되는 것을 방지하고 기생성된 산화생성물 및 슬러지를 미세한 입자상으로 분산시키는 작용
- 밀봉작용 : 밀폐계 내의 윤활에 있어 두 기계의 요소의 미세한 틈을 막아 윤활유의 누설방지, 밀폐계 내의 압력유지 및 외부의 이물질이 침투되는 것을 방지

정답 47 ④ 48 ④ 49 ③ 50 ④

51

다음 중 드레인 배출기 붙이 필터를 나타내는 기호는?

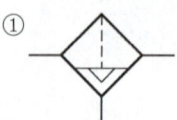
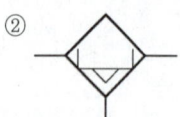

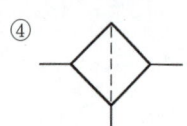

SOLUTION
② 기름분무 분리기(자동배출)
③ 드레인 배출기(자동배출)
④ 필터

52

다음 중 캐비테이션(공동현상 : Cavitation)의 발생원인이 아닌 것은?

① 유온이 하강한 경우
② 패킹부에 공기가 흡입된 경우
③ 과부하이거나 급격히 유로를 차단한 경우
④ 펌프를 규정속도 이상으로 고속회전 시킬 경우

SOLUTION 캐비테이션(공동현상) 발생 원인
- 흡입 필터가 막히거나 급격히 유로를 차단한 경우
- 흡인관로 및 스트레이너의 저항 등에 의한 압력손실이 있을 경우
- 과부하이거나 오일의 점도가 클 경우

53

유압을 측정했더니 압력계의 지침이 $50[kg_f/cm^2]$일 때 절대압력은 약 몇 $[kg_f/cm^2]$인가?

① 35   ② 40
③ 51   ④ 61

SOLUTION 절대압력 = 대기압 ± 게이지압력
$1.03323[kg_f/cm^2] + 50[kg_f/cm^2] ≒ 51[kg_f/cm^2]$

54

그림과 같은 공압기호 명칭은?

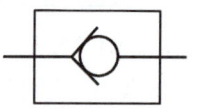

① 셔틀 밸브(OR 밸브)
② 2압 밸브(AND 밸브)
③ 체크 밸브
④ 급속배기 밸브

SOLUTION 공압기호 명칭

체크 밸브	2압 밸브
셔틀 밸브	급속배기 밸브

55

압력제어 밸브의 핸들을 돌렸을 때 회전각에 따라 공기 압력이 원활하게 변화하는 특성은?

① 압력조정 특성　② 유량 특성
③ 재현 특성　　　④ 릴리프 특성

SOLUTION
- 압력조정 특성 : 압력제어 밸브의 핸들을 돌렸을 때 회전각에 따라 공기 압력이 원활하게 변화하는 특성
- 유량 특성 : 2차측 유로를 조여서 유량이 0인 상태에서 공기 압력을 설정한 후에 2차측 유량을 서서히 증가시켜 가면, 2차측 압력은 서서히 저하된다.
- 압력 특성 : 압력 특성은 1차측 압력의 변동에 따라 2차측 압력 변동의 변화 특성을 말한다.
- 재현 특성 : 1차측의 공기 압력을 일정 공기압으로 설정하고 2차측을 조절할 때 설정압력의 변동상태를 확인하는 것
- 히스테리시스 특성 : 압력 제어 밸브의 핸들을 조작하여 공기 압력을 설정하고 압력을 변동시켰다가, 다시 핸들을 조작하여 원래의 설정값에 복귀시켰을 때, 최초의 설정값과의 오차를 말하며 이는 밸브의 내부 마찰 등에 그 영향이 크게 나타난다.
- 릴리프 특성 : 2차측 공기의 압력을 외부에서 상승시켰을 때 릴리프 구멍에서 배기되는 고압의 압력 특성

56

다음 그림의 기호가 가지고 있는 기능에 관한 설명으로 옳지 않은 것은?

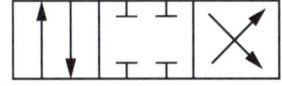

① 실린더 내의 압력을 제거할 수 있다.
② 실린더가 전진 운동할 수 있다.
③ 실린더가 후진 운동할 수 있다.
④ 모터가 정지할 수 있다.

SOLUTION 보기 기호는 4포트 3위치 올포트 클로즈드형으로 임의의 위치에서 중간 정지가 가능하다.

※ 압력을 제거한다는 기호는 표기되어 있지 않다.

57

다음 회로도에 관한 설명으로 옳은 것은?

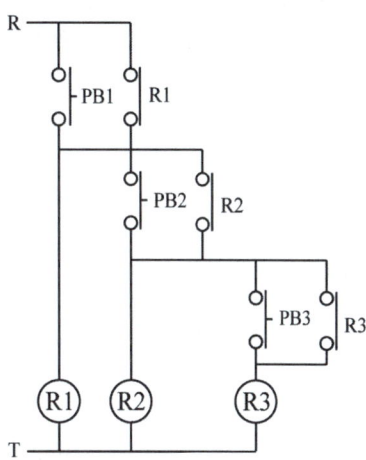

① PB1을 누르면 R3가 여자된다.
② PB1과 PB3를 동시에 누르면 R3가 여자된다.
③ PB2를 누르고 PB3를 누르면 R3가 여자된다.
④ PB1, PB2, PB3를 순차적으로 누르면 R3가 여자된다.

SOLUTION
① PB1을 누르면 R1이 여자된다.
② PB1과 PB3를 동시에 누르면 R2가 여자된다.
③ PB2를 누르고 PB3를 누르면 R1,R2,R3 모두 여자되지 않는다.

58

제어오차가 검출될 때 오차가 변화하는 속도에 비례하여 조작량을 가감하는 동작으로서 오차가 커지는 것을 방지하는 제어는?

① 자력 제어　　　② 메모리 제어
③ 미분동작 제어　④ 프로세서 제어

SOLUTION 연속 데이터 제어
- 비례 제어(P 동작) : 잔류 편차가 발생하는 제어계
- 적분 제어(I 동작) : 옵셋을 제거, 편차 제거 시 적용
- 비례적분 제어(PI 동작) : 응답속도가 느리다.

정답 56 ① 57 ④ 58 ③

- 미분 제어(D 동작) : 오차가 커지는 것을 미연에 방지
- 비례적분 미분 제어(PID 동작) : 응답속도가 빠르고 안정도가 가장 좋은 동작이다.
※ 자력 제어 : 조작부를 조작하는데 외부의 동력을 필요로 하지 않고 제어 신호를 자체를 이용하는 제어로 구조가 간단하고 동작이 확실하며 저가이다.

59

다음 논리기호의 식으로 옳은 것은?

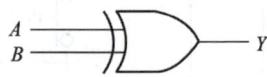

① $Y = \overline{A} + B$ ② $Y = A + \overline{B}$
③ $Y = A \cdot B + \overline{A} \cdot \overline{B}$ ④ $Y = A \cdot \overline{B} + \overline{A} \cdot B$

SOLUTION

AND회로	OR회로
$X = A \cdot B$	$X = A + B$
NOT회로	NAND회로
$X \neq A$	$X = (A \cdot B)'$
NOR회로	XOR회로
$X = (A + B)'$	$X = (A \oplus B)$

위 논리기호는 XOR회로(배타적 OR회로)로 두 개의 입력이 서로 다를 때에만 출력이 나오는 회로이다.
$A \oplus B = A \cdot \overline{B} + \overline{A} \cdot B$

60

배타적 OR회로(EX-OR 회로)의 설명으로 올바른 것은?

① 모든 입력이 0일 때에만 출력이 1인 회로
② 서로 다른 입력이 가해질 때에만 출력이 1인 회로
③ 모든 입력이 1인 경우만을 제외하고 출력이 1인 회로
④ 입력이 0이면 출력이 1이고, 입력이 1이면 출력이 0인 회로

SOLUTION

- 배타적 OR회로(XOR회로) : 두 개의 입력이 서로 다를 때에만 출력이 1인 회로
- 배타적 부정 OR회로(XNOR회로) : 두 개의 입력이 서로 같을 때에만 출력이 1인 회로

CBT 복원문제 2019 * 3

※ 2016년 5회부터는 CBT 방식으로 전면 시행됨에 따라 실제 수험생 분들의 복원을 토대로 문제를 구성하였습니다.

01

G04를 이용하여 휴지(Dwell)시간을 지령하는 방법으로 잘못된 것은?

① G04 X3.;
② G04 U3.;
③ G04 K3.;
④ G04 P3000.;

SOLUTION Dwell(일시정지) 사용법
- G04 X3.;
- G04 U3.;
- G04 P3000.;

02

피치원지름 165[mm]이고 잇수 55인 표준평기어의 모듈은?

① 2
② 3
③ 4
④ 6

SOLUTION

$$m = \frac{\text{피치원의 지름[mm]}}{\text{잇수}} = \frac{165}{55} = 3$$

03

CG 60KmV 1호이며 외경이 300[mm]인 연삭숫돌을 사용한 연삭기의 회전수가 1,700[rpm]이라면 숫돌의 원주 속도는 약 몇 [m/min]인가?

① 102
② 135
③ 1,602
④ 1,725

SOLUTION

$$\text{원주속도}(v) = \frac{\pi dN}{1,000} = \frac{\pi \cdot 300[\text{mm}] \cdot 1,700[\text{rpm}]}{1,000}$$
$$\fallingdotseq 1,602.2$$

04

연삭숫돌의 결합체(Bond)와 표시기호의 연결이 바른 것은?

① 셀락 : E
② 레지노이드 : R
③ 고무 : B
④ 비트리파이드 : F

SOLUTION 연삭숫돌의 결합제 종류
- V : 비트리파이트
- S : 실리게이트
- E : 셀락
- R : 고무
- M : 금속

05

하중이 축에 직각으로 작용하는 곳에 쓰이는 베어링은?

① 레이디얼 베어링
② 컬러 베어링
③ 스러스트 베어링
④ 피벗 베어링

SOLUTION 하중에 따른 베어링 분류
- 축방향 : 레이디얼 베어링
- 원주방향 : 스러스트 베어링
- 축, 원주방향 : 테이퍼 베어링

정답 01 ③ 02 ② 03 ③ 04 ① 05 ①

06

CNC프로그램에서 보조기능에 해당하는 어드레스는?

① F ② M
③ S ④ T

SOLUTION CNC 어드레스
- F : 이송기능
- M : 보조기능
- S : 주축기능
- T : 공구기능
- G : 준비기능

07

다음 중 전단력이 작용하는 곳에 가장 적합한 볼트는?

① 스터드 볼트 ② 탭 볼트
③ 리머 볼트 ④ 스테이 볼트

SOLUTION 볼트의 종류
- 스터드 볼트 : 봉의 양 끝에 나사가 절삭 되어 한쪽은 기계의 본체에 체결하고 다른 한 쪽은 너트를 사용해서 체결하는 것
- 스테이 볼트 : 두 물체의 간격을 유지하는 데 사용하는 볼트
- 리머 볼트 : 리머로 다듬질한 구멍에 박아 체결하는 볼트로 전단력이 작용하는 곳에 적합하다.
- 관통 볼트 : 머리 달린 볼트를 연결할 두 부품에 구멍을 뚫고 이것을 관통시켜 반대쪽에 끼워 체결하는 것

스터드볼트	스테이볼트	리머볼트	관통볼트

08

다음 중 산화알루미늄(Al_2O_3) 분말을 주성분으로 소결한 절삭 공구 재료는?

① 세라믹 ② 고속도강
③ 다이아몬드 ④ 주조경질합금

SOLUTION 세라믹
산화알루미늄(Al_2O_3) 분말에 규소 및 마그네슘 등의 산화물이나 다른 산화물의 첨가물을 넣고 소결한 것
- 내마모성이 풍부하여 경사면 마모가 적다.
- 다량 생산이 가능하다.
- 금속과 친화력이 적고 구성 인선이 생기지 않는다.
- 칩 브레이커 제작이 곤란하다.
- 절삭열에 의해 냉각제를 사용하지 않는다.

09

원주를 단식 분할법으로 32등분하고자 할 때, 다음 준비된 (분할판)을 사용하여 작업하는 방법으로 옳은 것은?

No.1 : 20, 19, 18, 17, 16, 15
No.2 : 33, 31, 29, 27, 23, 21
No.3 : 49, 47, 43, 41, 39, 37

① 16구멍열에서 1회전과 4구멍씩
② 20구멍열에서 1회전과 10구멍씩
③ 27구멍열에서 1회전과 18구멍씩
④ 33구멍열에서 1회전과 18구멍씩

SOLUTION

$n = \dfrac{40}{N} = \dfrac{R}{N'}$, $n = \dfrac{40}{32} = 1\dfrac{8}{32} = 1\dfrac{4}{16}$

16구멍열에서 1회전과 4구멍씩 분할
- n : 분할 크랭크의 회전 수
- N : 공장물의 등분 분할 수
- R : 크랭크를 돌리는 구멍 수
- N' : 분할판에 있는 구멍 수

06 ② 07 ③ 08 ① 09 ①

10

드릴 선단부에 마멸이 생긴 경우 선단부의 끝날을 연삭하여 사용하는 방법은?

① 시닝(Thinning) ② 트루잉(Truing)
③ 드레싱(Dressing) ④ 글레이징(Glazing)

SOLUTION
- 시닝 : 드릴의 절삭 효율을 증대시키기 위하여 날끝 일부를 원호상으로 갈아내는 것을 말한다.
- 트루잉 : 연삭하려는 부품의 형상으로 연삭숫돌을 성형하거나 성형연삭으로 인하여 숫돌 형상이 변화된 것을 부품의 형상으로 바르게 고치는 가공
- 드레싱 : 숫돌 표면에 무디어진 입자나 기공을 메우고 있는 칩을 제거하여 본래의 형태로 숫돌을 수정하는 방법
- 무딤(글레이징) : 연삭숫돌의 결합도가 필요 이상으로 높으면, 숫돌 입자가 마모되어 예리하지 못할 때 탈락하지 않고 둔화되는 현상

11

기계부품을 조립하는 데 있어서 치수공차와 기하공차의 호환성과 관련한 용어 설명 중 옳지 않은 것은?

① 최대 실체 조건(MMC)은 한계치수에서 최소 구멍 지름과 최대 축 지름과 같이 몸체의 형체의 실체가 최대인 조건
② 최대 실체 가상 크기(MMVS)는 같은 몸체 형체의 유도 형체에 대해 주어진 몸체 형체와 기하 공차의 최대 실체 크기의 집합적효과에 의해서 만들어진 크기
③ 최대 실체 요구사항(MMR)은 LMVS와 같은 본질적 특성(치수)에 대해 주어진 값을 가지고 있으며, 같은 형식과 안전한 형상의 기하학적 형체를 정의하는 몸체 형체에 대한 요구사항으로 실체의 내부에 비이상적 형체를 제한
④ 상호 요구사항(RPR)은 최대 실체 요구사항(MMR) 또는 최소 실체 요구사항(LMR)에 부가함으로써 사용되는 몸체 형체에 대한 부가적 요구사항

SOLUTION
- 최대 실체 조건(MMC : Maximum Material Condition) : 재료가 최대 크기일 경우에 형태가 한계 크기가 되는 고려된 형태의 상태, 즉, 최소 구멍의 지름과 최대 축 지름
- 최대 실체 치수(MMS : Maximum Material Size) : 형태의 최대 재료 조건을 규정하는 크기
- 최소 실체 조건(LMC : Least Material Condition) : 재료가 최소 크기일 경우에 형태가 한계 크기가 되는 고려된 형태의 상태, 즉, 최대 구멍의 지름과 최소 축 지름
- 최소 실체 치수(LMS : Least Material Size) : 최소 재료 조건을 규정하는 치수
- 최소 실체 실효 조건(LMVC : Least Material Virtual Condition) : 완전한 형태와 최소 재료 크기의 경계
- 최소 실체 실효 치수(LMVS : Least Material Virtual Size) : 최소 실체 치수(LMS)와 기호 ⓛ과 함께 사용된 기하학적 허용 공차의 집합적인 영향에 의해 만들어진다.
  - 축 : LMVS = LMS - 기하학적 허용 공차
  - 구멍 : LMVS = LMS + 기하학적 허용 공차
- 최소 실체 요구조건(LMR)
  - 관련된 형태가 최소 재료 조건에서 멀어지는 경우 최소 재료 요구 사항은 명시된 기하학적 허용공차가 증가하는 것을 허용한다.
  - 허용공차가 적용된 형태에 적용하는 경우, 최소 실체 실효 조건(LMVC)은 실제 허용공차가 적용된 형태의 재료에 완전히 포함되어야 한다.
  - 기준에 적용되는 경우, 재료 크기인 완전한 형태의 경계는 실제 기준 형태의 물질 내에서 이동될 수 있다.
- 최대 실체 요구조건(MMR : Maximum Material Requirement) : 최대 재료 실질 크기(MMVS)와 같은 본질적 특성(치수)에 대해 주어진 값을 가지고 있으며 같은 형식과 완전한 형상의 기하학적 형체를 정의하는 몸체 형체에 대한 요구사항
- 상호 요구조건(RPR : Reciprocity Requirement) : 최대 실체 요구조건(MMR) 또는 최소 실체 요구조건(LMR)에 부가함으로써 사용되는 몸체 형체에 대한 부가적 요구사항으로, 치수 공차가 기하공차와 실제 기하편차 사이의 차에 의해 증가됨을 나타내기 위함이다.

12

베어링의 상세한 간략 도시방법 중 다음과 같은 기호가 적용되는 베어링은?

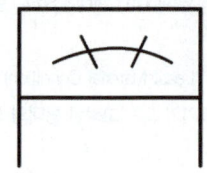

① 단열 앵귤러 콘택트 분리형 볼 베어링
② 단열 깊은 홈 볼 베어링 또는 단열 원통롤러 베어링
③ 복렬 깊은 홈 볼 베어링 또는 복렬 원통롤러 베어링
④ 복렬 자동조심 볼 베어링 또는 복렬 구형 롤러 베어링

SOLUTION 선이 두 개인 것은 복렬을 뜻하고 중심을 향하고 있는 것으로 보아 자동으로 중심을 잡는 복렬 자동 조심 볼 베어링 기호이다.

13

기계제도에서 사용되는 재료기호 SM20C의 의미는?

① 기계 구조용 탄소 강재
② 합금 공구강 강재
③ 일반 구조용 압연 강재
④ 탄소 공구강 강재

SOLUTION
② 합금 공구강 강재 : STS11
③ 일반 구조용 압연 강재 : SS400
④ 탄소 공구강 강재 : STC1

14

방전 가공에서 가공액의 역할 중 틀린 것은?

① 발생되는 열을 보온한다.
② 칩의 제거작용을 한다.
③ 절연성을 회복시킨다.
④ 방전할 때 생기는 용융금속을 비산시킨다.

SOLUTION 방전 가공에서 가공액의 역할
• 가공 시 생기는 용융금속을 비산시킨다.
• 방전 시 발생된 열을 냉각시킨다.
• 극간의 절연을 회복시킨다.
• 용해된 칩을 공작물과 전극 사이의 밖으로 내보낸다.

15

KS B 1311 TG 20×12×70으로 호칭되는 키의 설명으로 옳은 것은?

① 나사용 구멍이 있는 평행키로서 양쪽 네모형이다.
② 나사용 구멍이 없는 평행키로서 양쪽 둥근형이다.
③ 머리붙이 경사키이며 호칭치수는 20×12이고 호칭길이는 70이다.
④ 둥근바닥 반달 키이며 호칭길이는 70이다.

SOLUTION TG 20×12×70
머리붙이 경사키로 호칭치수는 20×120고 호칭 길이는 70이다.

16

투상선이 평행하게 물체를 지나 투상면에 수직으로 닿고 투상된 물체가 투상면에 나란하기 때문에 어떤 물체의 형상도 정확하게 표현할 수 있는 투상도는?

① 사 투상도 ② 등각 투상도
③ 정 투상도 ④ 부등각 투상도

SOLUTION 투상도 종류
- 정 투상도 : 직교하는 투상면의 공간을 4등분하여 투상각이라 하며 3개의 화면(입화면, 측화면, 평화면) 중간에 물체를 놓고 평행관선에 투상되는 모양을 그린 것을 말하는 것으로 3각법과 1각법이 있다.
- 등각 투상도 : 각이 서로 120°를 이루는 3개의 축을 기본으로 하여, 이들 기본축에 물체의 높이, 너비, 안쪽 길이를 옮겨서 나타내는 방법. 이렇게 하여 나타낸 도면을 등각도, 혹은 등각 투상도라고 한다. 하나의 그림으로 정육면체의 세 면을 같게 표시할 수 있는 특징이 있으며, 대개 제품의 설명용 도면에 많이 사용한다.
- 부등각 투상도 : 등각 투상도와 달리 세 각이 모두 다르게 하여 나타낸 것
- 사 투상도 : 물체의 주요면을 투상면에 평행하게 놓고 투상면에 대하여 수직보다 다소 옆면에서 보고 그린 투상도

17

도형의 대부분을 외형도로 하고, 필요로 하는 요소의 일부분만을 단면도로 나타낸 것은?

① 전 단면도 ② 한쪽 단면도
③ 부분 단면도 ④ 회전도시 단면도

SOLUTION
① 전 단면도 : 물체를 기본 중심선에서 1/2로 절단하여 도시한 단면도
② 한쪽 단면도 : 좌우 대칭인 물체에서 외형과 단면을 도시에 나타내고자 1/4만 잘라내어 도시한 단면도
④ 회전도시 단면도 : 암, 리브, 훅 등을 축에 수직한 면으로 절단하여 이면 위에 그려진 절단 투상도를 90° 회전시켜 단면의 모양과 크기를 국부적으로 나타낸 단면도

18

그림에서 치수 500과 같이 치수 밑에 굵은 실선을 적용하였을 때 이 치수에 대한 해석으로 옳은 것은?

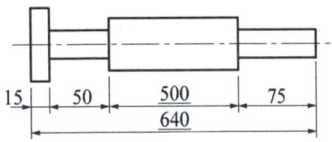

① 500의 치수 부분은 비례척이 아님
② 치수 500만큼 표면 처리를 함
③ 치수 500 부분을 정밀 가공을 함
④ 치수 500은 참고 치수임

SOLUTION
- 500 : 500 치수 부분은 비례척이 아님
- 640 : 640 치수 부분은 비례척이 아님
- 참고치수 : (500)

19

볼트 부품을 제도할 때 수나사의 완전 나사부와 불완전 나사부의 경계선을 나타내는 선은?

① 가는 실선 ② 굵은 실선
③ 가는 1점 쇄선 ④ 굵은 1점 쇄선

SOLUTION 나사의 제도
- 수나사의 바깥지름과 암나사의 안지름은 굵은 실선으로 그린다.
- 수나사의 골지름과 암나사의 골지름은 가는 실선으로 그린다.
- 완전 나사부와 불완전 나사부의 경계선은 굵은 실선으로 그린다.
- 불완전 나사부의 끝 밑선은 축선에 대하여 30°의 가는 실선으로 그린다.
- 가려서 보이지 않는 나사부는 파선으로 그린다.
- 수나사와 암나사의 측면도시에서의 골지름은 가는 실선으로 그린다.

20

구름베어링의 안지름이 100[mm]일 때, 구름베어링의 호칭번호에서 안지름 번호로 옳은 것은?

① 10
② 20
③ 25
④ 100

SOLUTION 베어링 안지름 번호

- 00 : 10[mm]
- 01 : 12[mm]
- 02 : 15[mm]
- 03 : 17[mm]
- 04 : 20[mm]
- 05 이상부터는 안지름 = 안지름번호×5

21

그림 중 ㉠~㉣의 괄호에 들어갈 투상도의 명칭이 바르게 구성된 것은?

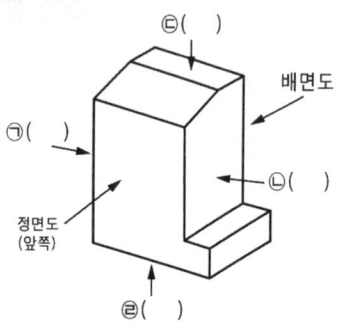

① ㉠ 우측면도 ㉡ 좌측면도 ㉢ 저면도 ㉣ 평면도
② ㉠ 우측면도 ㉡ 좌측면도 ㉢ 평면도 ㉣ 저면도
③ ㉠ 좌측면도 ㉡ 우측면도 ㉢ 저면도 ㉣ 평면도
④ ㉠ 좌측면도 ㉡ 우측면도 ㉢ 평면도 ㉣ 저면도

SOLUTION 제3각법 배치

	평면도		
좌측면도	정면도	우측면도	배면도
	저면도		

㉠ 좌측면도 ㉡ 우측면도 ㉢ 평면도 ㉣ 저면도

22

다음 그림의 치수 기입에 대한 설명으로 틀린 것은?

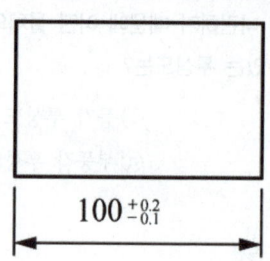

① 공차는 0.1이다.
② 기준 치수는 100이다.
③ 최대 허용치수는 100.2이다.
④ 최소 허용치수는 99.9이다.

SOLUTION

치수공차 = 최대 허용치수 - 최소 허용치수
즉, 위치수 허용차 - 아래치수 허용차이므로, 100.2 - 99.9 = 0.3이다.

23

도면에서 2종류 이상의 선이 같은 장소에서 중복되는 경우에 우선순위를 옳게 나타낸 것은?

① 외형선 – 절단선 – 숨은선 – 치수보조선 – 중심선 – 무게 중심선
② 외형선 – 숨은선 – 절단선 – 중심선 – 무게 중심선 – 치수보조선
③ 숨은선 – 절단선 – 외형선 – 중심선 – 무게 중심선 – 치수보조선
④ 숨은선 – 절단선 – 외형선 – 치수보조선 – 중심선 – 무게 중심선

SOLUTION 선의 우선순위

외형선 - 숨은선 - 절단선 - 중심선 - 무게 중심선 - 치수선 - 치수보조선

24

길이 방향으로 단면하여 도면에 표시해도 관계없는 것은?

① 핸들의 암
② 구부러진 배관
③ 베어링의 볼
④ 조립 상태의 볼트

SOLUTION 단면으로 표시하지 않는 부품
- 길이 방향으로 절단하지 않는 부품 : 축, 스핀들, 볼트, 너트, 와셔, 작은 나사, 세트 스크루, 키, 핀, 코터, 리벳
- 세로 방향으로 절단하지 않는 부품 : 리브 바퀴의 암, 기어의 이, 핸들 등
- 얇은 부분 : 리브, 웨브
- 베어링의 볼, 롤러 등

25

"20 h7"의 공차 표시에서 "7"의 의미로 가장 적합한 것은?

① 기준 치수
② 공차역의 위치
③ 공차의 등급
④ 틈새의 크기

SOLUTION "⌀20 h7의 해석
지름이 20이고, 축기준(수나사), 공차 등급 7
※ H(대문자) : 구멍기준(암나사)
  h(소문자) : 축기준(수나사)

26

도형이 대칭인 경우 대칭 중심선의 한쪽 도형만을 작도할 때 중심선의 양 끝부분의 작도 방법은?

① 짧은 2개의 평행한 굵은 1점 쇄선
② 짧은 2개의 평행한 가는 1점 쇄선
③ 짧은 2개의 평행한 굵은 실선
④ 짧은 2개의 평행한 가는 실선

SOLUTION 도형이 대칭인 경우 대칭 중심선의 한쪽 도형만을 작도할 때 중심선의 양 끝부분은 짧은 2개의 평행한 가는 실선으로 작도한다.

27

다음 나사의 그림에서 [A]는 무엇을 나타내는가?

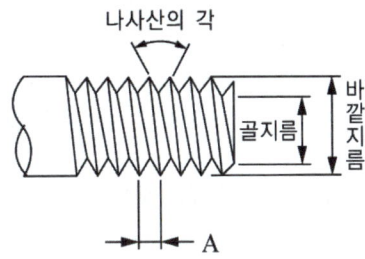

① 리드(Lead)
② 피치(Pitch)
③ 호칭지름
④ 모듈(Module)

SOLUTION
- 리드 : 나사가 1회전 시 진행되는 거리
- 호칭지름 : 수나사의 경우 바깥지름
- 모듈 : 이의 크기
- 피치 : 나사산과 나사산 사이의 거리

28

투상면이 각도를 가지고 있어 실형을 표시하지 못할 때에는 그림과 같이 표시할 수 있다. 무슨 투상도인가?

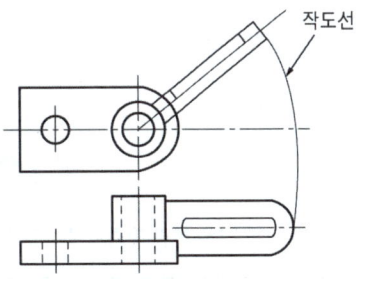

① 보조 투상도
② 회전 투상도
③ 부분 투상도
④ 국부 투상도

SOLUTION
① 보조 투상도 : 경사면부가 있는 대상물에서 그 경사면의 실제 모양을 표시할 필요가 있는 경우에 그린 투상도
② 회전 투상도 : 투상면이 일정한 각도를 가지고 있어서 실형을 제대로

표시하기 어려운 경우에, 그 부분의 일부를 회전하여 나타내는 투상도
③ 부분 투상도 : 그림의 일부를 도시하는 것으로, 그 필요 부분만을 나타내는 투상도로 생략한 부분과의 경계를 파단선으로 나타냄
④ 국부 투상도 : 대상물의 구멍, 홈 등 국부만의 모양을 도시하는 것

SOLUTION 헐거운 끼워 맞춤

조립하였을 때, 구멍의 최소 치수가 축의 최대 치수보다 큰 경우로서 항상 틈새가 생기는 상태

구분	구멍	축	허용차
최대허용한계치수	50.025	49.975	0.05
최소허용한계치수	50.000	49.950	0.05

29

다음 그림에 대한 설명으로 옳은 것은?

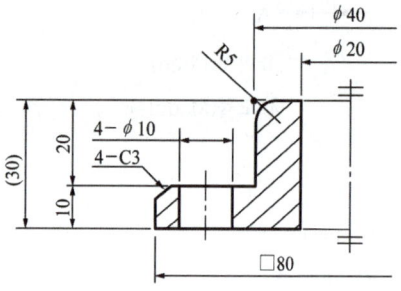

① 참고 치수로 기입한 곳이 2곳이 있다.
② 45° 모따기의 크기는 4[mm]이다.
③ 지름이 10[mm]인 구멍이 한 개 있다.
④ □80은 한 변의 길이가 80[mm]인 정사각형이다.

SOLUTION

① 참고 치수로 기입한 곳이 1곳(30)이 있다.
② 45° 모따기의 크기는 3[mm](C3)이다.
③ 지름이 10[mm]인 구멍이 4개(4-φ10)가 있다.

31

실린더에 적용된 사양이 다음과 같을 때 실린더의 전진 추력 [N]은 얼마인가? (단, 배압은 작용하지 않는다)

- 피스톤 직경 : 10[cm]
- 공급압력 : 1,000[kPa]
- 로드 직경 : 2[cm]

① 250π
② 500π
③ $2,500\pi$
④ $5,000\pi$

SOLUTION 실린더 추력

- 전진 시 : $\dfrac{\pi D^2}{4} \times P$

- 후진 시 : $\dfrac{\pi (D^2 - d^2)}{4} \times P$,

※ D : 피스톤 직경, d : 로드 직경

$\dfrac{\pi (0.1[\text{m}])^2}{4} \times 1,000[\text{kPa}]$

$= \dfrac{0.01\pi}{4} \times 1,000 \times 10^3 [\text{Pa}] = 2,500\pi [\text{N}]$

30

다음과 같은 치수가 있을 경우 끼워 맞춤의 종류로 맞는 것은?

	구멍	축
최대 허용치수	50.025	49.975
최소 허용치수	50.000	49.950

① 절대 끼워 맞춤
② 억지 끼워 맞춤
③ 헐거운 끼워 맞춤
④ 중간 끼워 맞춤

32

공압시스템의 특징으로 틀린 것은?

① 과부하에 대하여 안전하다.
② 에너지로서 저장성이 있다.
③ 사용에너지를 쉽게 구할 수 있다.
④ 방청과 윤활이 자동으로 이뤄진다.

SOLUTION 공압시스템의 특징

- 압축공기를 쉽게 구할 수 있다.
- 힘의 전달이 간단하고, 먼거리까지 쉽게 이송할 수 있다.
- 압축공기의 저장이 간편하다.
- 힘의 증폭이 쉽고 속도변경이 간단하다.
- 고속 작동이 가능하고, 폭발·인화의 위험이 없다.
- 취급이 간단하다.
- 과부하에 대하여 안전하고, 완충작용이 있다.
- 레귤레이터를 이용하여 실린더의 출력을 조절할 수 있다.
- 무단변속이 가능하다.
- 전기나 유압에 비해서 큰 힘을 얻을 수 없기 때문에, 대용량에는 부적합하다(일반적으로 3톤 이하).
- 응답속도가 느리다.
- 정밀한 속도제어가 곤란하다.
- 초기 에너지 생산 비용이 많이 든다.
- 배기 소음이 크다.
- 균일한 속도를 얻기 힘들다.
- 공압은 압축성에너지로 위치 제어성이 나쁘다.

※ 방청과 윤활로 자동으로 이뤄지는 것은 유압에 대한 설명이다.

33

공기압 요동형 액추에이터에 관한 설명으로 틀린 것은?

① 속도 조정은 속도제어 밸브를 미터인 방식으로 접속한다.
② 부하의 운동에너지가 기기의 허용 운동에너지보다 큰 경우에는 외부 완충기구를 설치한다.
③ 외부 완충기구는 부하 쪽의 지름이 큰 곳에 설치하여 내구성의 향상과 정지 정밀도를 확보할 수 있게 한다.
④ 축과 베어링에 과부하가 작동되지 않도록 과대부하를 직접 액추에이터 축에 부착하지 않고 축에 부하게 적게 작용하도록 부착한다.

SOLUTION

- 공압 요동형 액추에이터 : 일정 회전각을 왕복, 회전 운동하는 액추에이터
- 회전 실린더
  - 피스톤 로드가 기어의 형상을 하고 있으며, 직선운동을 회전운동으로 변환하는 실린더
  - 상업화 회전범위는 45°, 90°, 180°, 290° ~ 720°이다.

- 회전 날개 실린더
  - 큰 힘을 얻을 수 있고, 밀봉상의 문제로 인하여 공압에서는 거의 사용하지 않고 유압에서 많이 사용되고 있다. 회전각도는 300° 이내이다.

※ 미터아웃 회로로 하는 것이 실린더의 속도를 정확하게 제어할 수 있기 때문에 요동형 액추에이터는 미터아웃 방식으로 접속한다.

34

서비스 유닛의 구성요소에 포함되지 않은 것은?

① 필터
② 소음기
③ 압력조절기
④ 드레인 배출기

SOLUTION 서비스 유닛의 구성요소

- 드레인 붙이 필터
- 압력조절기(감압밸브)
- 윤활기(루브리게이터)

35

공압 단동 실린더의 특징으로 틀린 것은?

① 귀환장치를 내장한다.
② 행정거리의 제한을 받는다.
③ 압축공기를 한쪽에서만 공급한다.
④ 압축공기의 유량을 조절하여도 전/후진 속도가 동일하다.

SOLUTION 단동 실린더

- 한쪽 방향의 운동은 압축 공기에 의해 일어나고, 반대 방향의 운동은 내장된 스프링이나 외력에 의해 일어나는 실린더이다.
- 최대 행정거리가 100[mm] 이내로 제한되며 귀환장치가 내장되어 있어서 공기 소요량이 적다.

36

저투자성 자동화(LCA : Low Cost Automation)의 특징이 아닌 것은?

① 단계적 자동화 구축
② 원리가 간단하고 확실
③ 기존의 장비 이용 가능
④ 다양한 제품에 유연하게 대응 가능

SOLUTION LCA(Low Cost Automation)
비용이 적게 드는 자동화를 말하며, 시설투자비가 적고, 운영, 보수 유지가 간단하고 저렴하게 해결되는 자동화
※ 시설이 최소화되므로 비용이 적게 든다는 장점이 있는 반면, 다양한 제품에 유연하게 대응하기는 어렵다. 다양한 제품에 유연하게 대처할 수 있는 것은 FMS(유연생산시스템)에 대한 설명이다.

37

어큐뮬레이터(축압기)의 용도로 적합하지 않은 것은?

① 에너지 축적용
② 펌프 맥동 완화용
③ 충격압력의 완충용
④ 압력 증대용

SOLUTION 어큐뮬레이터(축압기) 용도
• 에너지를 축적하고 보조에너지원의 역할
• 압력을 일정하게 유지시켜주어 충격압력의 완충용, 펌프의 맥동(서지압) 흡수 역할
• 고장, 정전 등으로 인한 비상 동력원 및 유체 이송의 역할
• 대유량의 순간적인 공급 및 2차 회로 구동의 역할

38

입력요소 $S1$, $S2$가 동시에 작동되던지, $S3$이 작동되지 않는 상태에서 $S4$가 작동되었을 때 출력이 발생되는 제어기의 논리식으로 옳은 것은?

① $Z = S1 + S2 + \overline{S3} + S4$
② $Z = S1 \cdot S2 \cdot \overline{S3} + S4$
③ $Z = S1 \cdot S2 + \overline{S3} \cdot S4$
④ $Z = (S1 + S2) \cdot (\overline{S3} + S4)$

SOLUTION
• 동시에 작동된다 → AND(논리곱)
• 작동되지 않는다 → NOT(부정)
• S3 작동되지 않으면서 S4 작동될 때 → AND(논리곱)
$Z = S1 \cdot S2 + \overline{S3} \cdot S4$

39

강자성체가 영구 자석에 접근하면 코일 내 자속의 변화율에 따라 출력 단자 사이에 전압을 발생시켜 물체의 유무를 판단하는 센서는?

① 압력센서
② 리드 스위치
③ 유도형 센서
④ 용량형 센서

SOLUTION
• 압력센서 : 압력을 측정하는 압력계의 일종으로, 주로 측정 결과를 전기신호로 변환하여 출력하는 압력계를 가리킨다.
• 리드스위치 : 한 쌍의 리드핀이 자기장 범위 내에 위치할 때, 리드는 반대 극성으로 자화하여 서로 끌어당기고 접점이 닫혀 스위치가 ON 되는 원리를 이용한 스위치
• 용량형 센서 : 대상으로 하는 물체와의 거리를 비접촉상태로 검출하는 근접(각)센서

40

압력의 조정을 통해 실린더를 순서대로 작동시키기 위해 사용하는 밸브는?

① 시퀀스 밸브
② 카운터 밸런스 밸브
③ 파일럿 작동 체크 밸브
④ 일방향 유량제어 밸브

SOLUTION 압력제어 밸브 종류

- 릴리프 밸브(세이프, 안전 밸브) : 시스템 내의 최고 압력을 설정하는 밸브로서, 입력되는 압력을 일정 압력이하로 유지시켜준다.
- 감압 밸브 : 입력되는 압력과는 상관없이 출구의 압력을 일정 압력 이하로 유지시켜 준다.
- 시퀀스 밸브 : 일정 압력에 도달하면 제어 신호를 출력시켜 주는 밸브로, 조작의 순서를 제어할 때 사용한다.
- 카운터 밸런스 밸브 : 유압작동기에 걸려있는 부하가 급격히 제거되었을 때, 하중이나 관성력으로 인하여 작동기의 제어가 불가능한 상태가 되는 것을 막기 위해 시스템 내의 배압을 형성하여 작동기의 운동속도를 제어한다.
- 무부하 밸브 : 작동압력이 규정압력 이상으로 되면, 유압유를 유압 펌프로부터 직접 오일탱크로 귀환시키면서 펌프를 무부하 상태로 하고, 이하가 되면 밸브는 닫히고 다시 작동하게 된다.

41

다음 그림의 기호는 무엇을 뜻하는가?

① 압력계
② 온도계
③ 유면계
④ 차압계

SOLUTION

압력계	온도계	유면계	차압계

42

다음 그림의 기호가 나타내는 것은?

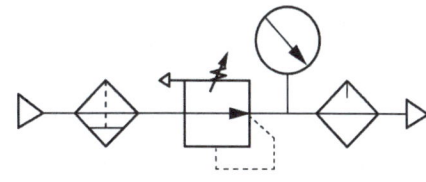

① OR 밸브
② 서비스 유닛
③ AND 밸브
④ 시퀀스 밸브

SOLUTION 보기의 그림은 서비스 유닛으로 드레인붙이 필터, 압력조정밸브(감압 밸브), 윤활기(루브리케이터)로 구성되어 있다.

43

공기압축기를 작동원리에 따라 분류할 때 용적형 압축기가 아닌 것은?

① 축류식
② 피스톤식
③ 베인식
④ 다이어프램식

SOLUTION

44

다음 회로도는 자기유지(메모리블록) 회로도를 IEC 심벌기호로 표시한 것이다. 다음 중에서 회로도의 입력 신호와 출력신호 관계를 틀리게 설명한 것은?

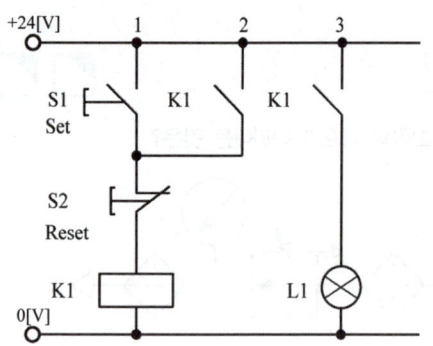

① 푸시버튼 스위치 S1을 누르면 K1 릴레이 내부의 코일이 여자되어 전자석이 된다.
② K1 릴레이가 여자되면 정상상태 열린 접점인 K1 접점이 닫혀 L1 램프가 점등된다.
③ K1 릴레이가 여자되면 정상상태 열린 접점인 K1 접점이 닫혀 K1 릴레이가 자기유지 된다.
④ K1 릴레이를 소자시켜 L1 램프를 소등시키려면 S1 스위치를 한번 더 누르면 된다.

SOLUTION ④ K1으로 자기유지가 되고 있으므로 S2 Reset 버튼을 눌러야 자기유지가 해제되어 L10l 소등된다.

45

다음 중 사용압력이 0.1[MPa] 이상으로 높은 압력의 기체를 송출시키는 기기는?

① 압축기　　　② 송풍기
③ 환풍기　　　④ 통풍기

SOLUTION 발생장치에 의한 분류
- 팬 : 0.1[kg$_f$/cm^2] 미만(10[kPa] 미만)
- 송풍기 : 0.1~1[kg$_f$/cm^2](10~100[kPa])
- 공기압축기 : 1[kg$_f$/cm^2] 이상(0.1[MPa])

46

방향제어 밸브의 작동을 위한 조작 방식이 아닌 것은?
① 유량제어 방식　　② 인력조작 방식
③ 기계 방식　　　　④ 전자 방식

SOLUTION 밸브 작동 방식

수동(인력조작) 작동방법	일반 수동 작동, 누름 버튼 레버, 페달
기계적 작동방법	플런저, 스프링, 롤러 버튼, 방향성 롤러 레버
공기압 작동방법	압력을 가함, 압력을 제거
전기적 작동방법	직접 작동형 솔레노이드, 간접 작동형 솔레노이드

47

다음 유접점 회로를 PLC를 이용하여 코딩하고자 한다. 빈칸 (a)와 (b)에 해당되는 명령어와 데이터는?

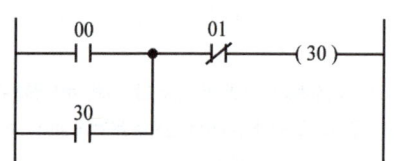

스텝	명령	데이터
0000	LOAD	00
0001	(a)	30
0002	AND NOT	01
0003	OUT	(b)

① (a) OR, (b) 30
② (a) OR, (b) 01
③ (a) AND, (b) 01
④ (a) AND, (b) 30

SOLUTION 30번 데이터는 병렬로 OR 관계로 연결되어 있고, 30번 자리는 출력이 나오는 자리이다.

48

유압 실린더의 조립형식에 의한 분류에 속하지 않는 것은?

① 슬라이딩 방식 ② 일체형 방식
③ 플랜지 방식 ④ 볼트 삽입 방식

SOLUTION 유압 실린더의 조립형식에 의한 분류
- 일체형 방식
- 플랜지 방식
- 볼트 삽입 방식

49

액추에이터의 공급 쪽 관로에 설정된 바이패스 관로의 흐름을 제어함으로써 속도를 제어하는 회로는?

① 미터 인 회로 ② 미터 아웃 회로
③ 블리드 온 회로 ④ 블리드 오프 회로

SOLUTION
① 미터 인 회로 : 액추에이터에 공급되는 유량을 제어
② 미터 아웃 회로 : 액추에이터에서 배출되는 유량을 제어
③ 해당 없음
④ 블리드 오프 회로 : 공급쪽 관로에 바이패스관로를 설치하여 바이패스로의 흐름을 제어하는 회로

50

공압시간 지연 밸브의 구성요소가 아닌 것은?

① 공기저장 탱크 ② 시퀀스 밸브
③ 속도제어 밸브 ④ 3포트 2위치 밸브

SOLUTION 공압시간 지연 밸브의 구성요소
- 3/2 way 밸브
- 유량제어 밸브(속도제어)
- 공기저장 탱크

51

다음 중 캐비테이션(공동현상 : Cavitation)의 발생원인이 아닌 것은?

① 유온이 하강한 경우
② 패킹부에 공기가 흡입된 경우
③ 과부하이거나 급격히 유로를 차단한 경우
④ 펌프를 규정속도 이상으로 고속회전 시킬 경우

SOLUTION 캐비테이션(공동현상) 발생 원인
- 흡입 필터가 막히거나 급격히 유로를 차단한 경우
- 흡인관로 및 스트레이너의 저항 등에 의한 압력손실이 있을 경우
- 과부하이거나 오일의 점도가 클 경우

52

유관의 안지름을 2.5[cm], 유속을 10[cm/s]로 하면 최대 유량은 약 몇 [cm³/s]인가?

① 49 ② 98
③ 196 ④ 250

SOLUTION
$Q = A \cdot V$

$Q[\text{cm}^3/\text{s}] = \dfrac{\pi \cdot (2.5)^2}{4} \cdot 10 = 49[\text{cm}^3/\text{s}]$

53

공유압 변환기를 에어 하이드로 실린더와 조합하여 사용할 경우 주의사항으로 틀린 것은?

① 에어하이드로 실린더보다 높은 위치에 설치한다.
② 공유압 변환기는 수평방향으로 설치한다.
③ 열원의 가까이에서 사용하지 않는다.
④ 작동유가 통하는 배관에 누설, 공기 흡입이 없도록 밀봉을 철저히 한다.

SOLUTION 에어 하이드로 실린더

공유압변환기 등을 사용하여 작동 유체를 압축 공기에서 액체로 변환하고 액체의 에너지를 사용하여 기계적인 일을 하는 실린더

- 가급적 수직 방향으로 설치
- 액추에이터(실린더)보다 높은 위치에 설치
- 열의 발생이 있는 곳에서 사용하지 않는다.

54

유체의 관로 중 짧은 줄임 기구로 면적을 줄인 길이가 단면 치수에 비하여 비교적 짧은 것은?

① 초크 ② 벤추리
③ 피토관 ④ 오리피스

SOLUTION
- 오리피스 : 관로 단면적을 줄인 길이가 단면 치수에 비해 짧은 경우의 교축을 말한다. 압력 강하는 액체의 점도에 영향을 받지 않는다.
- 초크 : 관로 단면적을 줄인 길이가 단면 치수에 비해 긴 경우의 교축을 말한다. 압력 강하는 액체의 점도에 따라 크게 영향을 받는다.

55

포핏(Poppet)식 공압 방향제어밸브의 장점은?

① 밸브의 이동거리가 길다.
② 밸브시트는 탄성이 있는 실(seal)에 의해 밀봉되어 공기누설이 잘 안 된다.
③ 다방향 밸브로 되어도 구조가 간단하다.
④ 공급압력이 밸브에 작동하지 않기 때문에 큰 변형 조작이 필요없다.

SOLUTION 포핏식 공압 방향 제어 밸브의 특징
- 구조가 간단하기 때문에 이물질의 영향을 잘 받지 않는다.
- 짧은 거리에서 밸브를 개폐할 수 있는 것이다.
- 밸브시트는 탄성이 있는 실에 의하여 밀봉되기 때문에 공기가 누설되기 어렵다.
- 활동부가 없기 때문에 윤활의 필요가 없고 수명이 길다.
- 큰 변환 조작이 필요하고, 다방향 밸브로 되면 구조가 복잡하다.

56

미리 정해진 순서에 따라 제어의 각 단계를 진행하는 제어 방식은?

① 자동 제어 ② 시퀀스 제어
③ 조건 제어 ④ 피드백 제어

SOLUTION 시퀀스 제어
미리 정해진 순서에 따라 제어의 각 단계를 점차로 진행해 나가는 제어, 개회로 제어

57

압력제어 밸브의 핸들을 돌렸을 때 회전각에 따라 공기 압력이 원활하게 변화하는 특성은?

① 압력조정 특성 ② 유량 특성
③ 재현 특성 ④ 릴리프 특성

SOLUTION
- 압력조정 특성 : 압력제어밸브의 핸들을 돌렸을 때 회전각에 따라 공기압력이 원활하게 변화하는 특성
- 유량 특성 : 2차측 유로를 조여서 유량이 0인 상태에서 공기 압력을 설정한 후에 2차측 유량을 서서히 증가시켜 가면, 2차측 압력은 서서히 저하된다.
- 압력 특성 : 압력 특성은 1차측 압력의 변동에 따라 2차측 압력 변동의 변화 특성을 말한다.
- 재현 특성 : 1차측의 공기 압력을 일정 공기압으로 설정하고 2차측을 조절할 때 설정압력의 변동상태를 확인하는 것
- 히스테리시스 특성 : 압력 제어 밸브의 핸들을 조작하여 공기 압력을 설정하고 압력을 변동시켰다가, 다시 핸들을 조작하여 원래의 설정값에 복귀시켰을 때, 최초의 설정값과의 오차를 말하며 이는 밸브의 내부 마찰 등에 그 영향이 크게 나타난다.
- 릴리프 특성 : 2차측 공기의 압력을 외부에서 상승시켰을 때 릴리프 구멍에서 배기되는 고압의 압력 특성

58

다음 PLC회로를 논리식으로 표현한 것으로 옳은 것은?

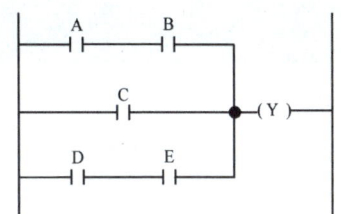

① Y=(A+B)·C·(D+E)
② Y=(A·B)·C·(D·E)
③ Y=(A+B)+C+(D+E)
④ Y=(A·B)+C+(D·E)

SOLUTION

- 직렬로 연결되어 있는 것은 논리곱 - $A \cdot B$, $D \cdot E$
- 병렬로 연결되어 있는 것은 논리합
→ $Y = (A \cdot B) + C + (D \cdot E)$

59

목표값이 시간에 따라 변하며, 이 변화하는 목표값에 제어량을 추종하도록 하는 되먹임제어를 무엇이라 하는가?

① 정치제어(Constant-value Control)
② 추종제어(Follow-up Control)
③ 공정제어(Process Control)
④ 자동조정(Automatic Regulation)

SOLUTION 목표값의 종류에 따른 분류
- 정치제어 : 목표값이 일정하다.
- 추치제어 : 목표값이 시간에 따라 변하는 제어서보기구
 - 추종제어 : 대공포의 포신 제어, 자동 아날로그 선반 등
 - 프로그램제어 : 열처리 노의 온도제어, 무인 열차 운전 등
 - 비율제어 : 보일러의 자동 연소 장치, 암모니아의 합성 프로세서 제어 등

60

유접점 시퀀스 제어의 특징이 아닌 것은?

① 개폐 부하의 용량이 크다.
② 제어반의 외형과 설치면적이 작다.
③ 온도 특성이 좋다.
④ 입·출력이 분리된다.

SOLUTION

장점	· 개폐부하용량이 크다. · 과부하에 견디는 힘이 크다. · 전기적 노이즈에 대하여 안정하다. · 온도특성이 양호하다. · 입력과 출력을 분리하여 사용할 수 있다.
단점	· 소비전력이 비교적 크다. · 접점이 소모되므로 수명에 한계가 있다. · 동작속도가 늦다. · 기계적 진동, 충격 등에 비교적 약하다. · 외형의 소형화에 한계가 있다.

CBT 복원문제 2020 * 1

※ 2016년 5회부터는 CBT 방식으로 전면 시행됨에 따라 실제 수험생 분들의 복원을 토대로 문제를 구성하였습니다.

01

벨트 풀리와 벨트 사이의 접촉면에 치형의 돌기가 있어 미끄럼을 방지하고 맞물려 전동할 수 있는 벨트는?

① 평 벨트 ② V 벨트
③ 타이밍 벨트 ④ 체인 벨트

SOLUTION 타이밍 벨트
- 크랭크축에 장착된 타이밍기어와 캠축에 장착된 타이밍기어를 연결해 캠축을 회전시키는 역할을 하는 벨트
- 기어처럼 등간격의 홈을 가진 벨트 풀리의 홈에 정확히 맞물리도록 내측에 같은 간격의 홈을 가진 벨트
- 회전을 정확하게 전달할 수가 있다.
- V벨트와 기어의 양쪽 장점을 살린 톱니붙이 전동벨트. 미끄러지지 않고 소음이 적어 고속회전에 적합하다.

02

애크미 나사라고도 하며 나사산의 각도가 인치계에서는 29°이고, 미터계에서는 30°인 나사는?

① 사다리꼴 나사 ② 미터 나사
③ 유니파이 나사 ④ 너클 나사

SOLUTION
② 미터나사 : 나사산의 각도가 60°인 삼각나사의 일종
③ 유니파이 나사 : ABC나사라고도 하며 나사산이 삼각형인 삼각나사로, 나사산의 각도는 미터나사와 같은 60°로 되어 있지만, 인치나사로 ISO에 규격화되어 있는 나사. 유니파이 보통나사(UNC)와 유니파이 가는나사(UNF)로 분류된다.

④ 너클나사(둥근나사) : 나사산의 단면이 원호 모양으로 되어 있는 형태의 나사로서, 모난 곳이 없으므로 먼지나 가루 등이 나사부에 끼이기 쉬운 곳에 사용된다.

03

1회전하는 동안에 드릴의 이송거리는 0.05[mm/rev]이고, 드릴 끝 원뿔의 높이는 1.6[mm], 구멍의 깊이 25[mm]일 때, 이 구멍을 뚫는 데 소요되는 시간은 약 얼마인가? (단, 절삭속도는 50[m/min], 드릴지름은 12[mm]이다)

① 0.12분 ② 0.8분
③ 0.4분 ④ 1분

SOLUTION
1회전하는 동안 이송거리는 0.05[mm/rev]이고, 총 길이가 26.6[mm] (1.6[mm] + 25[mm])이므로 관통하는 데 필요한 회전수를 x라 하면,
26.6[mm] : 0.05[mm] = x : 1
x = 532[rev]
즉, 532바퀴 회전해야 관통할 수 있다.

절삭속도(V) = $\dfrac{\pi D n}{1{,}000}$, 50[m/min] = $\dfrac{\pi \times 12 \times n}{1{,}000}$

∴ n ≒ 1,327[rev]

분당 1,327회전을 하므로 구멍을 뚫는 데 걸리는 시간을 구하려면,
532[rev] : 1,327[rev] = x : 1분
∴ x = 0.4분

04

선반가공에서 회전운동을 하며 절삭할 때의 이송(Feed) 단위는?

① [m/min] ② [rev/min]
③ [mm/rev] ④ [rev/mm]

SOLUTION 이송 : 1회전당 이동거리[mm/rev]

05

CNC공작기계에 사용되는 좌표계 중에서 절대 좌표계의 기준이 되며, 프로그램 원점과 동일한 지점에 위치하는 좌표계는?

① 기계 좌표계 ② 상대 좌표계
③ 측정 좌표계 ④ 공작물 좌표계

SOLUTION 좌표계
- 기계 좌표계 : 기계의 원점을 기준으로 정한 좌표계로 전원투입 후 원점 복귀 완료 시 이루어진다.
- 절대 좌표계(공작물 좌표계) : 가공 프로그램을 쉽게 작성하기 위하여 공작물 임의의 점을 원점으로 정한 좌표계
- 상대 좌표계 : 일시적으로 좌표를 "0"으로 설정할 때 사용하는 좌표계로 현재위치가 기준점이 되는 좌표계

06

다음 중 M10×1.5 탭을 가공하기 위한 드릴링 작업 기초구멍으로 적합한 것은?

① 6.5[mm] ② 7.5[mm]
③ 8.5[mm] ④ 9.5[mm]

SOLUTION
기초구멍 = 드릴지름 - 피치
드릴지름 : 10[mm], 피치 : 1.5
10 - 1.5 = 8.5[mm]

07

연삭 숫돌 중 초경합금 연삭 작업에 쓰이며 색깔이 녹색인 것은?

① A 숫돌 ② B 숫돌
③ GC 숫돌 ④ WA 숫돌

SOLUTION

숫돌입자 기호	용도
A(갈색)	인성이 큰 재료의 강력 연삭이나 절단 작업용, 거친 연삭용, 일반 강재용
WA(흰색)	연삭깊이가 얕은 정밀 연삭용, 경연삭용, 담금질강, 특수강, 고속도강
C	인장 강도가 작고, 취성이 있는 재료, 경합금, 비철금속
GC	경도가 매우 높고 발열이 적은 초경합금, 특수주철, 칠드주철

08

절삭공구 재료에서 표준 고속도강의 주성분이 아닌 것은?

① 크롬 ② 바나듐
③ 텅스텐 ④ 탄화 티타늄

SOLUTION 표준고속도강
W(18[%]) - Cr(4[%]) - V(1[%])

09

한쪽 또는 양쪽의 기울기를 갖는 평판 모양의 쐐기로 인장력이나 압축력을 받는 2개의 축을 연결하는 결합용 기계요소는?

① 키 ② 핀
③ 코터 ④ 리벳

SOLUTION 결합용 기계요소
- 키 : 일반적으로 벨트풀리·기어·커플링 등과 그것들에 끼이는 축과의 상대적 회전미끄럼을 방지하기 위해 사용되는 기계요소
- 핀 : 기계부품의 간단한 체결이나 위치 결정을 위하여 사용하는 작은 지름의 환봉
- 코터 : 축과 축 등을 결합시키는 데 사용하는 쐐기

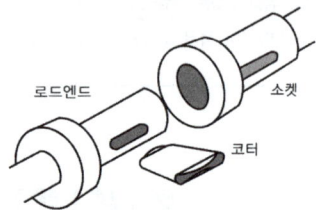

- 리벳 : 강철판·형강등의 금속재료를 영구적으로 결합하는 데 사용되는 막대 모양의 기계요소

10

유니파이나사의 나사산 각도는?

① 55° ② 60°
③ 30° ④ 50°

SOLUTION
유니파이나사의 나사산 각도는 60°이다(인치계).
※ 미터나사 나사산 : 60°, 미터사다리꼴나사 나사산 : 30°

11

그림과 같은 3각법으로 정투상한 정면도와 우측면도에 가장 적합한 평면도는?

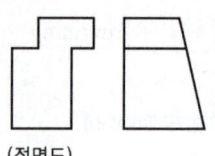

(정면도)

① 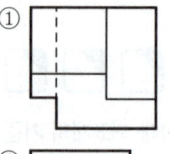 ②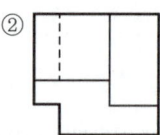

③ 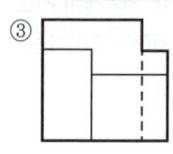 ④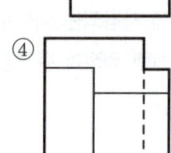

SOLUTION 평면도 오른쪽에 파선이 있고 우측면도의 경사부분이 잘 나타나 있는 ③번이 정답이다.

12

나사가 축을 중심으로 한 바퀴 회전할 때 축방향으로 이동한 거리는 무엇인가?

① 피치 ② 리드
③ 리드각 ④ 백래시

SOLUTION
① 피치 : 나사산과 나사산의 거리
② 리드 : 나선을 따라 한 점이 축 주위를 한 바퀴 돌 때의 축방향 이동 거리
③ 리드각 : 나선의 접선과 나선이 놓인 원통 축에 직각인 평면 사이의 예각
④ 백래시 : 한 쌍의 기어를 맞물렸을 때 치면 사이에 생기는 틈새

13

강판을 말아서 그림과 같은 원통을 만들고자 한다. 다음 중 가장 적합한 강판의 크기(가로×세로)는?

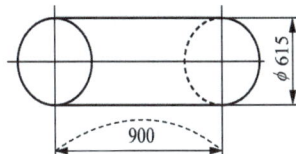

① 966×900
② 1,932×900
③ 2,515×900
④ 3,864×900

SOLUTION

세로의 크기 = 원주길이 = πd = ×615 ≒ 1,932
즉, 강판의 크기(가로×세로) = 1,932×900

14

기계제도에서 척도 및 치수 기입법 설명으로 잘못된 것은?

① 치수는 되도록 주 투상도에 집중하여 기입한다.
② 치수는 특별한 명기가 없는 한 제품의 완성치수이다.
③ 현의 길이를 표시하는 치수선은 동심 원호로 표시한다.
④ 도면에 NS로 표시된 것은 비례척이 아님을 나타낸 것이다.

SOLUTION 현의 길이를 표시하는 치수선은 직선으로 표시하고 호의 길이를 표시하는 치수선은 원호로 표시한다.

15

체결용 기계요소가 아닌 것은?

① 나사
② 키
③ 브레이크
④ 핀

SOLUTION 브레이크는 제동용 요소이다.

16

코일 스프링의 전체의 평균 지름이 30[mm], 소선의 지름이 3[mm]라면 스프링 지수는?

① 0.1
② 6
③ 8
④ 10

SOLUTION 스프링 지수

스프링 설계에 중요한 수로, 코일의 평균 지름과 재료의 지름의 비다.
스프링 지수 30/3 = 10

17

기준원 위에서 원판을 굴릴 때 원판 위의 1점이 그리는 궤적으로 나타내는 것은?

① 쌍곡선
② 포물선
③ 인벌류트 곡선
④ 사이클로이드 곡선

SOLUTION

• 인벌류트 곡선 : 원통 면(기초원)에 실을 감아서 팽팽하게 잡아당기면서 풀어나갈 때 실의 한 점이 그리는 궤적
• 사이클로이드 곡선 : 작은 구름원이 피치원의 바깥둘레(외측)를 미끄럼 없이 굴러갈 때 구름 원주상의 한 점이 그리는 궤적

18

그림과 같은 용접 기호에서 a5는 무엇을 의미하는가?

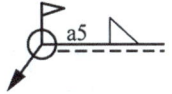

① 루트 간격이 5[mm]
② 필릿 용접 목 두께가 5[mm]
③ 필릿 용접 목 길이가 5[mm]
④ 점 용접부의 용접 수가 5개

SOLUTION 전체 둘레 현장 용접의 보호 기호로 필릿 용접 목 두께를 나타낸다.

19

기계제도에서 물체의 투상에 관한 설명 중 잘못된 것은?

① 주투상도는 대상물의 모양 및 기능을 가장 명확하게 표시하는 면을 그린다.
② 보다 명확한 설명을 위해 주투상도를 보충하는 다른 투상도는 되도록 많이 그린다.
③ 특별한 이유가 없는 경우 대상물을 가로길이로 놓은 상태로 그린다.
④ 서로 관련되는 그림의 배치는 되도록 숨은선을 쓰지 않도록 한다.

SOLUTION 주투상도를 보충하는 다른 투상도는 되도록 적게 그린다.

20

체결하려는 부분이 두꺼워서 관통구멍을 뚫을 수 없을 때 사용되는 볼트는?

① 탭 볼트
② T홈 볼트
③ 아이 볼트
④ 스테이 볼트

SOLUTION
② T홈 볼트 : 볼트 머리가 T자형으로 만들어진 것으로 T형 홈에 끼워서 사용
③ 아이 볼트 : 나사의 머리부를 고리 모양으로 만들어 체인 또는 훅 등을 걸 때에 사용
④ 스테이 볼트 : 간격 유지

21

V벨트에서 인장강도가 가장 작은 것은?

① M형
② A형
③ B형
④ E형

SOLUTION M, A, B, C, D, E 6종류가 있고, M에서 E로 갈수록 단면이 커진다.

22

끝면의 모양에 따라 45° 모따기형과 평형이 있으며 위치결정이나 막대의 연결용으로 사용하는 핀은?

① 스프링 핀
② 분할 핀
③ 테이퍼 핀
④ 평행 핀

SOLUTION
① 스프링 핀 : 탄성이 있는 얇은 강판을 원통 모양으로 둥글게 말아서 핀의 반지름 방향으로 스프링 작용이 발생하게 한 핀
② 분할 핀 : 나사의 풀림 방지나 부품을 축에 결부하는 데 사용하는 가운데가 갈라진 핀
③ 테이퍼 핀 : 톱니바퀴, 벨트, 핸들 위의 보스를 축에 간단히 고정하는 핀

23

기계제도에서 제3각법에 대한 설명으로 틀린 것은?

① 눈 → 투상면 → 물체의 순으로 나타낸다.
② 평면도는 정면도의 위에 그린다.
③ 배면도는 정면도의 아래에 그린다.
④ 좌측면도는 정면도의 좌측에 그린다.

SOLUTION
• 배면도는 우측면도 우측에 그린다.
• 정면도 아래에 저면도를 그린다.

24

패킹, 얇은 판, 형강 등과 같이 절단면의 두께가 얇은 경우 실제 치수와 관계없이 단면을 특정선으로 표시할 수 있다. 이 선은 무엇인가?

① 가는 실선
② 굵은 1점 쇄선
③ 아주 굵은 실선
④ 가는 2점 쇄선

SOLUTION 얇은 판의 단면은 아주 굵은 실선으로 표시한다.

25

회전축의 회전 방향이 양쪽 방향인 경우 2쌍의 접선키를 설치할 때 접선키의 중심각은?

① 30° ② 60°
③ 90° ④ 120°

SOLUTION 접선키의 특징
- 축의 접선 방향으로 끼우는 키로 1/100 기울기를 가진 2개의 키를 한 쌍으로 하여 사용
- 회전방향이 양쪽 방향일 때는 중심각이 120°되는 위치에 두 쌍을 설치
- 아주 큰 회전력을 전달하는 데 적합

26

다음 중 선의 굵기가 가는 실선이 아닌 것은?

① 지시선 ② 치수선
③ 해칭선 ④ 외형선

SOLUTION
- 외형선 : 굵은 실선
- 치수선, 지시선, 해칭선 : 가는 실선

27

결합용 기계요소인 와셔를 사용하는 이유가 아닌 것은?

① 볼트 머리보다 구멍이 클 때
② 볼트 길이가 길어 체결 여유가 많을 때
③ 자리면이 볼트 체결 압력을 지탱하기 어려울 때
④ 너트가 닿는 자리면이 거칠거나 기울어져 있을 때

SOLUTION 와셔의 사용
- 볼트 결합부의 구멍이 크거나 너트의 자리면이 고르지 못할 때
- 자리면의 재료가 너무 연하여 볼트의 체결 압력에 견딜 수 없을 때
- 너트의 풀림을 방지할 때
- 접촉면이 바르지 못하고 경사졌을 때

28

평기어에서 잇수가 40개, 모듈이 2.5인 기어의 피치원 지름은 몇 [mm]인가?

① 100 ② 125
③ 150 ④ 250

SOLUTION 모듈

$$m = \frac{\text{피치원의 지름}}{\text{잇수}} = \frac{D}{Z}$$ 에서,

피치원 지름 = 모듈×잇수 = 2.5×40 = 100

29

그림과 같이 도면에서 대각선으로 표시한 가는 실선이 나타내는 뜻은?

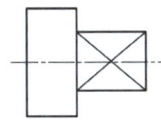

① 평면 ② 열처리할 면
③ 가공제외 면 ④ 끼워맞춤부분

SOLUTION 도면에서 평면인 것을 나타낼 때는 가는 실선으로 대각선을 그어 표시한다.

30

다음 투상법의 기호는 제 몇 각법을 나타내는 기호인가?

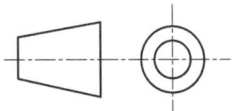

① 1각법 ② 2각법
③ 3각법 ④ 4각법

SOLUTION 눈 - 물체 - 투상면으로 1각법 기호이다.

31

스텝각 1.8°인 스테핑 모터에서 펄스당 이동량이 0.01[mm]일 때 2[mm]를 이동하려면 필요한 펄스 수는?

① 100
② 200
③ 300
④ 400

SOLUTION 1펄스 당 0.01[mm] 이동하므로 2[mm]를 이동하기 위해서는 200펄스가 필요하다.

32

유량제어밸브가 아닌 것은?

① 스로틀밸브
② 시퀀스밸브
③ 급속배기밸브
④ 속도제어밸브

SOLUTION
- 유량제어밸브 종류
  - 교축밸브(스로틀밸브)
  - 일방향 유량제어밸브(속도제어밸브)
  - 급속배기밸브
- 압력제어밸브 종류
  - 릴리프밸브
  - 감압밸브
  - 시퀀스밸브
  - 카운터밸런스밸브

33

A_1의 면적은 30[cm²]이고 유속 V_1은 2[m/s]이다. A_2의 면적이 10[cm²]일 때 유속 V_2[m/s]는 얼마인가?

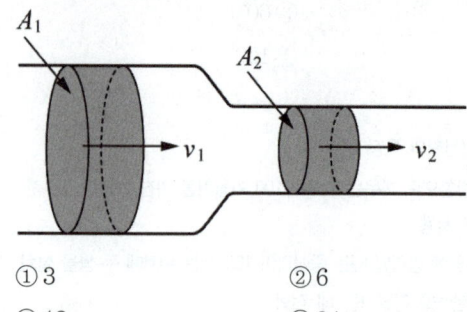

① 3
② 6
③ 12
④ 24

SOLUTION
$Q = A_1 \cdot V_1 = A_2 \cdot V_2$
$V_2 = A_1 \cdot V_1 / A_2 = 30 \times 2 / 10 = 6 [\text{m/sec}]$

34

서보량(위치, 속도, 가속도 등)을 정밀하게 제어한 서보제어계에 사용되는 서보센서의 종류가 아닌 것은?

① 열전대
② 포텐쇼미터
③ 타코미터
④ 리졸버

SOLUTION 각도 검출용 센서

- 포텐쇼미터 : 직선변위와 회전변위를 전기저항의 변화로 바꾸는 가변 저항기
- 타코미터 : 회전계 또는 회전속도계는 기기에 있어서 축의 회전수(회전속도)를 지시하는 계량기, 측정기이며, 회전계의 일종
- 리졸버 : 싱크로 또는 그와 유사한 장치. 회전자는 기계적으로 구동되고, 회전자 각도의 사인이나 코사인에 상당하는 전기 출력이 생긴다.
※ 열전대 : 제베크 효과를 이용하여 온도를 측정하기 위한 소자(열전 온도계)
※ 제베크 효과 : 두 가지 금속의 양단을 접합하여 양 접합점의 접촉 전위차에 의해 불평형이 발생하여 열전류가 저온측에서 고온측으로 이동하여 단자 사이에 기전력이 발생하는 현상

35

외부의 압력부하가 변하더라도 회로에 흐르는 유량을 항상 일정하게 유지시켜 주면서 유압모터의 회전이나 유압실린더의 이동속도를 제어하는 밸브는?

① 압력 보상형 유량 조절 밸브
② 온도 보상형 유량 조절 밸브
③ 단순 교축 밸브
④ 분류 밸브

SOLUTION 압력 보상형 유량 조절 밸브
유량의 조정에 영향을 미치는 압력차를 일정하게 유지함으로써 부하 변화에 따른 유량 변화가 없는 유량제어밸브

36

변위, 길이 등을 감지 대상으로 하는 센서가 아닌 것은?

① 로드 셀
② 포텐셔미터
③ 차동 트랜스
④ 콘덴서 변위계

SOLUTION 로드 셀
중량센서로 무게를 측정하며 전자저울에 필수적이며, 수백~수톤까지 넓은 범위의 측정이 가능하고, 구조가 간단하고 정밀도가 높다.
- 포텐셔미터 : 직선변위와 회전변위를 전기저항의 변화로 바꾸는 가변 저항기
- 차동 트랜스 : 전자기유도를 이용해서 직선변위를 전압으로 변환하는 검전기

감지대상	센서
변위/길이	차동트랜스, 스트레인 게이지, 이미지센서, 콘덴서(정전형)변위계
속도/가속도	회전형 속도계, 동전형 가속도계
회전수/진동	로터리 엔코더, 스코프, 압전형 검출기
압력	다이어프램, 로드셀, 수정압력계
힘/토크	저울, 천칭, 토션바(비틀림 바)

37

공압제어밸브의 연결구 표시방법이 틀린 것은?

① 압축공기 공급라인 : P 또는 1
② 작업라인 : A, B, C 또는 1, 2, 3
③ 배기라인 : R, S, T 또는 3, 5, 7
④ 제어라인 : X, Y, Z 또는 10, 12, 14

SOLUTION 공압제어 밸브 연결구 표시방법

구분	ISO1219	ISO5599
작업포트	A, B, C	2, 4, 6
공급포트	P	1
배기포트	R, S, T	3, 5, 7
제어포트	Z, Y, X	10, 12, 14

38

다음 중 밀도의 의미로 옳은 것은?

① 단위 용적당 면적
② 단위 면적당 체적
③ 단위 체적당 질량
④ 단위 질량당 점성 계수

SOLUTION
- 밀도 : 질량 / 단위 체적
- 비체적 : 체적 / 단위 중량
- 비중량 : 중량 / 단위 부피

39

다음 밸브 기호의 명칭은?

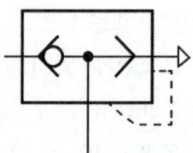

① 급속 배기 밸브 ② 고압 우선형 밸브
③ 저압 우선형 밸브 ④ 파일럿 조작 체크 밸브

SOLUTION

급속 배기 밸브	고압 우선형 밸브
저압 우선형 밸브	파일럿 조작 체크 밸브

40

연속 회전운동을 하지 않고 한정된 회전각내에서 회전운동을 하는 공압 액추에이터는?

① 공압 모터 ② 공압 실린더
③ 공압 전기모터 ④ 공압요동 액추에이터

SOLUTION 요동 액추에이터
제한된 회전각 내에서 회전운동을 하는 액추에이터

41

유압 시스템의 언로드 회로에 관한 설명으로 옳은 것은?

① 발열이 감소된다.
② 동력이 많이 소비된다.
③ 펌프의 수명이 짧아진다.
④ 장치의 효율이 감소한다.

SOLUTION 언로드 회로(무부하 회로)
- 유압펌프의 구동력을 절약할 수 있다.
- 유압장치의 가열을 방지한다.
- 펌프의 수명이 연장된다.
- 유온 상승을 방지한다.
- 유압유의 노화를 방지한다.

42

그림의 전열기의 발열량에는 관계없이 스위치를 개폐하여 전류를 흐르게 하거나 차단시키는 두 동작 가운데 어느 한 동작에 의해 제어명령이 내려지는 제어는?

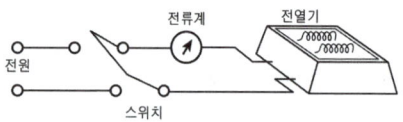

① 정량적 제어 ② 정성적 제어
③ 되먹임 제어 ④ 피드백 제어

SOLUTION 제어명령에 따른 분류
- 정성적 제어 : 목표값이 변화하지 않는 제어. 즉, 2진값 신호이며, 상태 제어라고도 한다. 즉, 정성적 제어는 목표값과 제어량의 오차를 정정할 수 있는 부분을 갖지 않는 것이 특징이다.
  예 전자 계전기, 디지털 제어
- 정량적 제어 : 크기와 양에 대하여 일정량을 제어하는 것으로 온도의 높고 낮음, 전기로 발열량의 많고 적음 등이 있다. 즉, 오차를 자동적으로 정정할 수 있는 피드백 제어라고 하며 폐회로 제어라 한다.
  예 서보 모터, 추적용 레이더, 자동전원 조정 장치, 온도, 습도제어

43

다음 중 제어량에 따른 제어계 분류가 아닌 것은?

① 서보 기구 ② 정치 제어
③ 자동 조정 ④ 프로세스 제어

SOLUTION 제어량에 따른 제어계 분류
- 서보 기구 : 제어량이 위치나 각도 등으로 주로 공작 기계, 선박의 조타, 자동 평형 기록 등에 사용된다.
- 프로세서 제어 : 제어량이 온도, 압력, 습도 등으로 공장의 생산 공정에 널리 사용된다.
- 자동 조정 : 제어량이 전압, 전류, 회전 속도, 토크(회전력) 등의 기계적인 것으로 수차, 증기 터빈에 널리 사용된다.

44

프레싱작업, 플랜징작업, 리벳팅작업 그리고 펀칭 작업에 이용되는 실린더로서 운동에너지를 이용하기 위한 것은?

① 다위치 제어 실린더
② 케이블 실린더
③ 텔레스코프 실린더
④ 충격 실린더

SOLUTION 실린더 종류
- 단동 실린더 : 전진할 때에는 압축 공기의 힘을 이용하고, 후진할 때에는 스프링이나 외력에 의해 움직이는 공기압 실린더
- 복동 실린더 : 압축 공기의 힘으로 실린더를 전진과 후진 양 방향으로 운동시킬 수 있는 공기압실린더
- 양 로드 실린더 : 피스톤의 양쪽에 로드가 달려 있는 실린더로 전진 및 후진 시 동일한 크기의 힘을 얻을 수 있는 실린더
- 탠덤 실린더 : 격판이 두 개 존재하여 로드를 길게 사용하거나 공기압을 두 배로 받을 수 있도록 하여 출력을 두 배로 사용할 수 있도록 만든 실린더
- 충격 실린더 : 급격한 출력을 내고자 할 때 사용하는 실린더로 펀칭작업, 프레싱작업 등에 이용된다.
- 쿠션 내장형 실린더 : 내부에 쿠션이 내장되어 있어 스트로크의 충격을 완화할 때 사용하는 실린더

45

흡수식 에어드라이어(공기건조기)의 특징이 아닌 것은?

① 취급이 복잡하다.
② 장비의 설치가 간단하다.
③ 기계적 마모가 적다.
④ 외부 에너지 공급이 필요 없다.

SOLUTION 흡수식 공기건조기 특징
- 장비의 설치가 간단하고, 기계적 마모가 적다.
- 건조기에 움직이는 부분이 없어 외부 에너지 공급이 필요 없다.
- 건조제 교체에 따른 운전 비용이 많이 들고 효율이 낮다.

46

다음 공기압 기호의 명칭은?

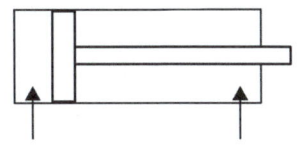

① 단동 실린더 ② 복동 실린더
③ 요동(회전) 실린더 ④ 공압 모터

47

다음 중 유도형 센서(고주파 발진형 근접 스위치)가 검출할 수 없는 물질은?

① 구리　　　　② 황동
③ 철　　　　　④ 플라스틱

SOLUTION 유도형 센서
검출물체는 금속체이고 검출 물체 표면에 와류가 발생하여 발진이 방지된다.

48

다음 중 드레인(Drain)의 발생 원인은?

① 압축에 의한 경우　② 충격에 의한 경우
③ 파괴에 의한 경우　④ 접지에 의한 경우

SOLUTION 드레인
압축공기 중의 수분을 배출시키는 기능을 한다.

49

압력의 표시단위가 아닌 것은?

① [Pa]　　　　② [bar]
③ [atm]　　　④ [Nm]

SOLUTION 압력의 단위 : [Pa], [bar], [atm]
※ [Nm] : 일의 단위

50

탠덤 실린더를 사용하여 실린더의 램을 전진시켜 높지 않은 압력으로 강력한 압축력을 얻을 수 있는 회로는?

① 시퀀스 회로　　② 무부하 회로
③ 증강 회로　　　④ 블리드 오프 회로

SOLUTION
① 시퀀스 회로 : 한 회로 내에 있는 2개 이상의 실린더를 미리 정한 순서에 따라 순차적으로 동작시키기 위한 회로
② 무부하 회로 : 반복 작업 시에 펌프의 수명 연장, 동력비의 절감, 열 발생의 방지, 조작의 안전성 등을 위하여 작업을 하지 않는 동안 펌프를 무부하 상태로 유지할 수 있는 회로
④ 블리드 오프 회로 : 실린더로의 유입 유량을 바이패스로 조절하여 속도 제어하는 회로

51

시퀀스제어의 구성요소를 나열한 것이다. 적당하지 않은 것은 어느 것인가?

① 명령 처리부　　② 제어기
③ 비교부　　　　④ 제어대상

SOLUTION 비교부는 출력과 피드백을 비교하는 되먹임제어의 구성요소이다.

52

다음 중 제어 시스템의 신호처리 방식에 따른 분류에 속하지 않는 것은?

① 동기 제어계　　② 디지털 제어계
③ 논리 제어계　　④ 시퀀스 제어계

SOLUTION
- 신호처리 방식에 의한 분류
  - 동기 제어계
  - 비동기 제어계
  - 논리 제어계
  - 시퀀스 제어계
- 제어정보 표시에 따른 분류
  - 아날로그 제어계
  - 디지털 제어계
  - 2진 제어계

53

다음 기호는 유량 조절 밸브이다. 이 밸브에 대한 설명으로 옳은 것은?

① 니들 밸브와 유량 조절 밸브를 조합하여 유량을 자유롭게 흐르게 하는 밸브이다.
② 압력 조절 밸브와 온도의 변화에 대응하기 위한 밸브이다.
③ 온도의 변화에 관계없이 관로 내에 설정된 값을 유지하는 밸브이다.
④ 압력 보상 밸브를 내부에 설치하여 부하의 변동에 관계없이 유량을 일정하게 하는 밸브이다.

SOLUTION 유량 조절 밸브
- 압력 보상 기구를 내장하고 있으므로 압력의 변동에 대하여 유량이 변동되지 않도록 회로에 흐르는 유량을 일정하게 또는 자동적으로 유지시켜 주는 밸브이다.
- 다이얼 눈금을 선정하여 유압 모터의 회전이나 유압 실린더의 이송속도 등을 제어한다.
- 유량 조정부, 압력 보상부, 체크 밸브부로 이루어져 있다.

54

유압펌프의 기계효율이 90[%]이고 용적효율이 90[%]일 경우 펌프의 전효율(Overall Efficiency)은 얼마인가?

① 45[%]   ② 81[%]
③ 85[%]   ④ 90[%]

SOLUTION
유압 펌프 전 효율 = 용적효율 × 기계효율
= 0.9 × 0.9 × 100 = 81[%]

55

유압제어 밸브의 분류에서 압력제어 밸브에 해당되지 않는 것은?

① 릴리프 밸브(Relief Valve)
② 스로틀 밸브(Throttle Valve)
③ 시퀀스 밸브(Sequence Valve)
④ 카운터 밸런스 밸브(Counter Balance Valve)

SOLUTION 압력제어 밸브
- 릴리프 밸브
- 감압 밸브
- 시퀀스 밸브
- 카운터 밸런스 밸브
※ 스로틀 밸브는 유량제어 밸브에 속한다.

56

아래 그림의 프로그램을 명령어 방식으로 코딩하면 스텝이 몇 개가 나오는가?

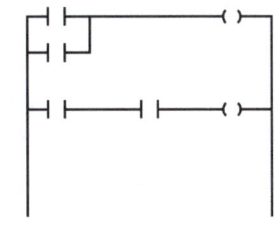

① 5   ② 6
③ 7   ④ 8

SOLUTION 프로그램을 명령어 방식으로 코딩하면 아래와 같이 총 6스텝이 나온다.
1. LOAD   2. OR
3. OUT   4. LOAD
5. AND   6. OUT

57

송풍기를 흡입방법에 의해 분류한 것으로 틀린 것은?

① 실내대기 흡입형
② 흡입관 취부형
③ 풍로 흡입형
④ 송출관 취부형

SOLUTION 송풍기의 흡입방법에 의한 분류

풍로 흡입형, 흡입관 취부형, 대기 흡입형

58

위치결정 방식에 의한 로봇의 종류 중 관계없는 것은?

① 다관절형 로봇
② 직각좌표형 로봇
③ 원통좌표형 로봇
④ 무한좌표형 로봇

SOLUTION 위치결정 방식에 의한 산업용 로봇 종류

- 다관절형 로봇
- 직각로봇형 로봇
- 원통좌표형 로봇
- 극좌표형 로봇

59

유압 실린더의 지지형식 중 요동형으로만 짝지어진 것은?

① 풋형, 플랜지형
② 풋형, 트러니언형
③ 플랜지형, 클레비스형
④ 트러니언형, 클레비스형

SOLUTION 유압 실린더 고정방식에 따른 분류

- 고정 실린더 : 풋형, 플랜지형
- 요동 실린더 : 클레비스형(U자형 금속물질 이용), 트러니언형(축으로 지지)

60

릴레이의 기능을 설명한 것 중 틀린 것은?

① 증폭 기능
② 교환 기능
③ 연산 기능
④ 10진 정보의 저장 기능

SOLUTION 릴레이의 기능

- 증폭 기능
- 교환 기능
- 연산 기능

CBT 복원문제 2020 * 3

※ 2016년 5회부터는 CBT 방식으로 전면 시행됨에 따라 실제 수험생 분들의 복원을 토대로 문제를 구성하였습니다.

01

선반 가공에서 대형이고 형상이 복잡한 가공물을 고정할 때 사용하는 방법은?

① 방진구에 의한 방법
② 맨드릴에 의한 방법
③ 파이프 센터에 의한 방법
④ 면판에 의한 방법

SOLUTION 면판에 의한 방법
- 대형 공작물이나 복잡한 형상의 공작물 가공에 사용
- 주축의 나사에 고정, 돌리개를 이용하여 공작물 가공에 사용

02

보통선반의 심압대에 ∅13[mm] 이상의 드릴을 고정하는 데 사용하는 도구는?

① 맨드릴   ② 슬리브
③ 총형바이트   ④ 앤드밀

SOLUTION
- 드릴 지름 ∅13 이하 : 곧은자루 → 슬리브 이용하여 주축에 장치
- 드릴 지름 ∅13 이상 : 테이퍼자루 → 그대로 주축에 장치
※ 슬리브 : 드릴자루 테이퍼 지름이 테이퍼 구멍지름보다 작을 때 드릴을 주축에 장치하기 위한 장치
※ 맨드릴 : 기어, 벨트 풀리 등과 같이 구멍과 외경이 동심원이고, 직각이 필요한 경우에 구멍을 먼저 가공하고 구멍에 맨드릴을 끼워 양 센터로 지지하여, 외경과 측면을 가공하여 부품을 완성하는 선반의 부속품

03

사인바는 피측정물의 무엇을 측정하기에 적합한가?

① 나사 측정   ② 길이 측정
③ 임의의 각 측정   ④ 면 조도 측정

SOLUTION 사인바
길이를 측정하여 직각 삼각형의 삼각 함수를 이용한 계산에 의하여 임의의 각의 측정 또는 임의각을 만드는 기구

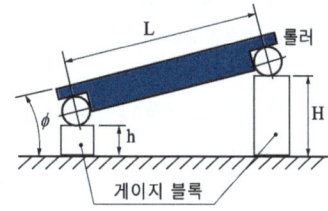

04

CNC 선반에서 내, 외경 황삭 사이클에 적용되는 G 코드는?

① G71   ② G90
③ G94   ④ G98

SOLUTION
① G71 : 내, 외경 황삭 사이클
② G90 : 내, 외경 절삭 사이클
③ G94 : 단면 절삭 사이클
④ G98 : 분당 이송[mm/min]

정답 01 ④ 02 ② 03 ③ 04 ①

05

결합도가 높은 숫돌에서 알루미늄 같은 연한 금속을 연삭할 때 가장 많이 나타나는 현상은?

① 드레싱 ② 트루잉
③ 무딤   ④ 눈메움

SOLUTION 눈메움의 원인
- 조직이 너무 치밀할 경우
- 연삭깊이가 깊을 경우
- 원주속도가 너무 느린 경우
- 숫돌입자가 너무 고운 경우
- 결합도가 단단하여 자생작용이 어려운 경우
- 알루미늄과 구리와 같이 연성이 풍부한 재료인 경우

① 드레싱 : 숫돌 표면에 무디어진 입자나 기공을 메우고 있는 칩을 제어하여 본래의 형태로 숫돌을 수정하는 방법
② 트루잉 : 연삭하려는 부품의 형상으로 연삭숫돌을 성형하거나, 성형연삭으로 인하여 숫돌 형상이 변화된 것을 부품의 형상으로 바르게 고치는 가공
③ 무딤 : 연삭숫돌의 결합도가 필요 이상으로 높으면, 숫돌 입자가 마모되어 예리하지 못할 때 탈락하지 않고 둔화되는 현상
④ 눈메움 : 결합도가 높은 숫돌에서 알루미늄이나 구리 같은 연한 금속을 연삭하게 되면 연삭숫돌 표면에 기공이 메워져 칩을 처리하지 못하여 연삭 성능이 떨어지는 현상

06

지름이 120[mm], 길이가 300[mm]인 탄소강의 봉을 초경합금 바이트로 절삭 깊이 1.8[mm], 이송 0.35[mm], 회전수 398[r/min](= [rpm])의 조건으로 선반 가공할 때, 절삭속도는 몇 [m/min]인가?

① 375   ② 150
③ 2,245   ④ 0.437

SOLUTION
$$v = \frac{\pi D N}{1,000} = \frac{\pi \times 120 \times 398}{1,000} = 150$$

07

가공 방법의 표시 방법 중 M은 어떤 가공법인가?

① 선반 가공 ② 밀링 가공
③ 평삭 가공 ④ 주조

SOLUTION
① 선반 가공-L
② 밀링 가공-M
③ 평삭 가공-P
④ 주조-C

08

선반 작업 시 안전사항으로 틀린 것은?

① 절삭 중에는 측정을 하지 않는다.
② 기계 위에 공구나 재료를 올려놓지 않는다.
③ 가공물이나 절삭공구의 장착은 정확히 한다.
④ 칩이 예리하므로 장갑을 끼고 작업한다.

SOLUTION 선반 작업 시 장갑을 끼고 작업하면 장갑이 말려들어가 사고가 날 위험이 있으므로 끼지 않는 것이 원칙이다.

09

숏 피닝 가공에서 피닝 효과에 영향을 미치는 주요 인자 3가지는?

① 분사면적, 분사각, 분사시간
② 분사면적, 분사각, 분사속도
③ 분사각, 분사속도, 분사시간
④ 분사면적, 분사속도, 분사거리

SOLUTION 숏 피닝
재료의 표면에 강으로 된 작은 구를 분사시켜 피닝효과를 주어 재료 표면을 단련시키는 방법으로 피닝 효과에 영향을 주는 인자로는 분사각, 분사면적, 분사속도가 있다.

10

다품종 소량생산을 위하여 쉽게 다른 모델의 가공공정으로 변환할 수 있도록 한 유연생산시스템은?

① CNC   ② DNC
③ FMS   ④ EDMS

SOLUTION FMS(유연 생산 시스템)
- 다품종 소량 생산
- 새로운 공작물 생산 준비 기간을 단축할 수 있다.
- 임금을 절약할 수 있다.
- 생산품의 품질을 향상시킬 수 있다.
- 재고품이 감소한다.

11

애크미나사라고도 하며 나사산의 각도가 인치계에서는 29°이고, 미터계에서는 30°인 나사는?

① 사다리꼴나사   ② 미터나사
③ 유니파이나사   ④ 너클나사

SOLUTION
② 미터나사 : 나사산의 각도가 60°인 삼각나사의 일종
③ 유니파이나사 : ABC나사라고도 하며 나사산이 삼각형인 삼각나사로, 나사산의 각도는 미터나사와 같은 60°로 되어 있지만, 인치나사로 ISO에 규격화되어 있는 나사. 유니파이 보통나사(UNC)와 유니파이 가는나사(UNF)로 분류된다.
④ 너클나사(둥근나사) : 나사산의 단면이 원호 모양으로 되어 있는 형태의 나사로서, 모난 곳이 없으므로 먼지나 가루 등이 나사부에 끼이기 쉬운 곳에 사용된다.

12

다음 도면에 사용된 치수가 아닌 것은?

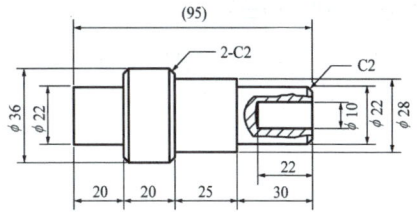

① 참고 치수   ② 모따기 치수
③ 지름 치수   ④ 반지름 치수

SOLUTION
① 참고 치수 : (95)
② 모따기 치수 : C2
③ 지름 치수 : $\phi 22$, $\phi 36$

13

유니파이나사의 나사산 각도는?

① 55°   ② 60°
③ 30°   ④ 50°

SOLUTION
유니파이나사의 나사산 각도는 60°이다(인치계).
※ 미터나사 나사산 : 60°
   미터사다리꼴나사 나사산 : 30°

14

볼트 부품을 제도할 때 수나사의 완전 나사부와 불완전 나사부의 경계선을 나타내는 선은?

① 가는 실선 ② 굵은 실선
③ 가는 1점 쇄선 ④ 굵은 1점 쇄선

SOLUTION 나사의 제도
- 수나사의 바깥지름과 암나사의 안지름은 굵은 실선으로 그린다.
- 수나사의 골지름과 암나사의 골지름은 가는 실선으로 그린다.
- 완전 나사부와 불완전 나사부의 경계선은 굵은 실선으로 그린다.
- 불완전 나사부의 끝 밑선은 축선에 대하여 30°의 가는 실선으로 그린다.
- 가려져 보이지 않는 나사부는 파선으로 그린다.
- 수나사와 암나사의 측면도시에서의 골지름은 가는 실선으로 그린다.

15

관용 테이퍼 나사 중 테이퍼 수나사를 나타내는 표시 기호로 옳은 것은?

① G ② R
③ Rc ④ Rp

SOLUTION
① G : 관용 평행 나사
③ Rc : 관용 테이퍼 나사(테이퍼 암나사)
④ Rp : 관용 테이퍼 나사(평행 암나사)

16

미끄럼이 거의 없어 변속비가 일정하게 유지되고 두 축이 평행한 경우에 한하여 사용되며, 진동, 소음에 취약하여 고속회전에는 사용하기 곤란한 전동장치는?

① 벨트 전동장치 ② 체인 전동장치
③ 기어 전동장치 ④ 로프 전동장치

SOLUTION 체인 전동장치의 경우 체인과 이의 물림에 의해 미끄럼이 거의 없고 변속비가 일정하게 유지될 수 있다.

17

핀 전체가 두 갈래로 되어있어 너트의 풀림 방지나 핀이 빠져 나오지 않게 하는 데 사용되는 핀은?

① 테이퍼 핀 ② 너클 핀
③ 분할 핀 ④ 평행 핀

SOLUTION 핀의 종류
- 평행 핀 : 부품의 위치결정
- 분할 핀 : 나사나 볼트, 너트 풀림 방지
- 스프링 핀 : 부품결합(구멍의 크기가 정확하지 않을 때)
- 테이퍼 핀 : 전달동력이 작을 때 키대용으로 부품 고정

18

체결하려는 부분이 두꺼워서 관통구멍을 뚫을 수 없을 때 사용되는 볼트는?

① 탭 볼트 ② T홈 볼트
③ 아이 볼트 ④ 스테이 볼트

SOLUTION
② T홈 볼트 : 볼트 머리가 T자형으로 만들어진 것으로 T형 홈에 끼워서 사용
③ 아이 볼트 : 나사의 머리부를 고리 모양으로 만들어 체인 또는 훅 등을 걸 때에 사용
④ 스테이 볼트 : 간격 유지

19

다음 그림의 치수 기입에 대한 설명으로 틀린 것은?

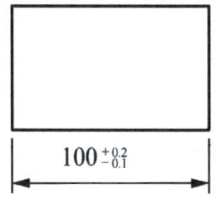

① 공차는 0.1이다.
② 기준 치수는 100이다.
③ 최대 허용치수는 100.2이다.
④ 최소 허용치수는 99.9이다.

SOLUTION

치수공차 = 최대 허용치수 - 최소 허용치수
즉, 위치수 허용차 - 아래치수 허용차이므로, 100.2 - 99.9 = 0.3이다.

20

헬리컬 기어에 관한 설명으로 틀린 것은?

① 축방향의 반력이 발생한다.
② 큰 동력의 전달과 고속운전에 적합하다.
③ 이의 맞물림이 원활하여 이의 변형과 진동소음이 작다.
④ 이 끝이 직선이며 축에 나란한 원통형 기어로 감속비는 최고 1 : 6까지 가능하다.

SOLUTION 헬리컬 기어(Helical Gear)

- 이의 변형과 진동, 소음이 작고 큰 동력전달과 고속운전에 적합한 것으로 두 축이 서로 평행한 기어이다.
- 이가 잇면을 따라 연속적으로 접촉을 하므로 이의 물림 길이가 같다.
- 임의로 비틀림 각을 선정할 수 있으므로 중심거리를 조정할 수 있다.
- 기하학적 형상으로 인하여 축 방향 하중이 발생한다.

21

다음 블리드 오프 방식의 회로에서 점선 안에 들어갈 기호로 적절한 것은?

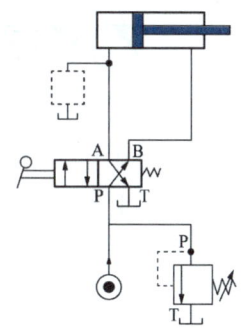

①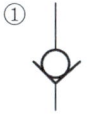
②
③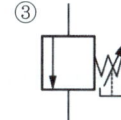
④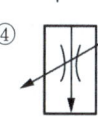

SOLUTION 블리드 오프 회로

- 실린더의 유입 유량을 바이패스로 조절한다.
- 실린더로 유입하는 측에 실린더와 병렬로 유량조절밸브를 설치한다.

22

선형 스텝모터의 구성요소가 아닌 것은?

① 스핀들
② 인덕터
③ 고정자 코일
④ 회전자(영구자석)

SOLUTION 스텝모터의 구성요소

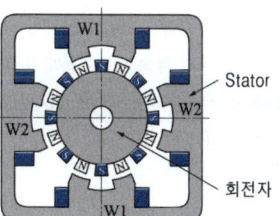

- 스핀들
- 고정자 코일(스테이터)
- 회전자

23

다음 중 능동센서가 아닌 것은?

① 서미스터   ② 측온 저항체
③ 포토 다이오드   ④ 스트레인 게이지

SOLUTION 능동센서
- 에너지를 측정하고자 하는 측정대상인 발생원과는 다른 입력(동작) 에너지(전기)를 필요로 하는 측정용 장치
- 서미스터 : 보통의 저항에 비해 온도에 따른 저항의 변화가 크게 만든 저항으로 열가변저항기
- 측온 저항체 : 전기 저항이 온도에 따라 변화하는 성질을 이용한 온도 측정용의 저항체
- 스트레인 게이지 : 물체가 외력으로 변형될 때 등에 변형을 측정하는 측정기

능동센서	인공적으로 만들어진 전자기 에너지를 쏘아 센서로 되돌아온 복사속을 분석하는 방법 (신호 - 전자기파, 레이더 등)
수동센서	태양에너지를 통해 반사되는 정보를 수신받아 전달하는 방법 (카메라 - 전자광학 센서, 적외선 센서 등)

※ 포토 다이오드 : 반도체 다이오드의 일종으로 광다이오드라고도 하며, 빛에너지를 전기에너지로 변환한다.

24

점성계수의 단위로 옳은 것은?

① $[kg_f \cdot m]$ ② $[kg_f/cm^2]$
③ $[kg_f \cdot s/m^2]$ ④ $[kg_f/s^2 \cdot m^4]$

SOLUTION 유체 중에서 흐름에 따른 2개의 평행면 사이에 점성에 의한 작용으로 생기는 마찰력 F는, 이 면의 면적 A와 유속 v의 흐름에 수직인 y방향의 속도 구배 $\triangle/\triangle y$에 비례하고, $F = \mu \triangle A \triangle v / \triangle y$로 표시된다. 이 비례 상수 μ를 유체의 점성 계수라 한다.
그 공학 단위로는 $[N \cdot s/m^2]$, $[kg_f \cdot s/m^2]$
절대 단위로는 포아즈[poise] = $[dyne \cdot s/cm^2]$를 사용한다.

25

프로그램에 의한 제어가 아닌 것은?

① 조합 제어   ② 시퀀스 제어
③ 파일럿 제어   ④ 시간에 따른 제어

SOLUTION 파일럿 제어는 조작에 의한 제어이다.

26

양 제어밸브라고도 하며 다음 그림과 같이 압축 공기가 입구 Y에 작용할 경우 볼에 의해 다른 입구 X를 차단하면서 공기의 통로를 Y에서 A로 개방하는 구조의 밸브는?

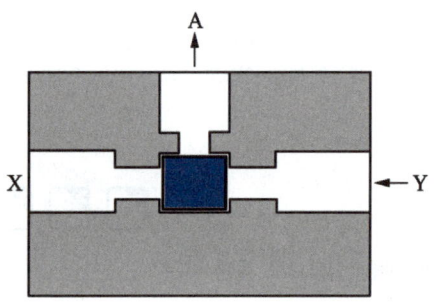

① 2압 밸브   ② 셔틀 밸브
③ 차단 밸브   ④ 체크 밸브

SOLUTION 셔틀 밸브(고압우선형)
두 개 이상의 입구와 한 개의 출구를 갖춘 밸브로 둘 중 한개 이상 압력이 작용할 때 출구에 출력신호가 발생하고 양쪽 입구로 고압과 저압이 유입될 때 고압(고압우선 셔틀 밸브)쪽이 출력된다.

27

스테핑 모터의 속도를 결정하는 요소는?

① 펄스의 방향   ② 펄스의 전류
③ 펄스의 주파수   ④ 펄스의 상승시간

SOLUTION 스테핑 모터 속도는 펄스모터라고 불리우며 펄스에 의한 제어로 일정한 각도의 회전이 쉬운 모터로 모터의 속도를 결정하는 것은 펄스의 주파수이다.

28

다음 중 검출 방법이 접촉식은 것은?

① 근접 스위치 ② 리밋 스위치
③ 광전 스위치 ④ 초음파 스위치

SOLUTION
- 접촉식 : 리밋 스위치
- 비접촉식 : 근접 스위치, 광전 스위치, 리드 스위치, 초음파 스위치

29

플라스틱, 유리, 도자기, 목재 등과 같은 절연물의 위치를 검출할 수 있는 센서는?

① 압력 센서 ② 리드 스위치
③ 유도형 센서 ④ 용량형 센서

SOLUTION
① 압력 센서 : 압력을 측정하는 압력계의 일종으로, 주로 측정 결과를 전기 신호로 변환하여 출력하는 압력계를 가리킨다.
② 리드 스위치 : 한 쌍의 리드핀이 자기장 범위 내에 위치할 때, 리드는 반대 극성으로 자화하여 서로 끌어당기고 접점이 닫혀 스위치가 ON되는 원리를 이용한 스위치
③ 유도형 센서 : 강자성체가 영구 자석에 접근하면 코일 내 자속의 변화율에 따라 출력 단자 사이에 전압을 발생시켜 물체의 유무를 판단한다.
④ 용량형 센서 : 대상으로 하는 물체와의 거리를 비접촉상태로 검출하는 근접(각)센서

30

공기의 체적과 온도의 관계를 표현한 것은?

① 보일의 법칙 ② 샤를의 법칙
③ 베르누이의 정리 ④ 파스칼의 원리

SOLUTION 유압의 기초 이론 및 관련 법칙
- 보일의 법칙 : 온도가 일정할 때 기체의 부피와 압력은 반비례 관계를 갖는다.
- 샤를의 법칙 : 일정한 부피의 기체는 온도가 상승하면 압력 또한 상승한다.
- 베르누이의 정리 : 점성이 없는 비압축성의 액체가 수평 관을 흐를 때 속도에너지, 위치에너지, 압력에너지의 합은 항상 일정하다.
- 파스칼의 원리 : 비압축성 유체를 밀폐된 공간에 담아 유체의 일부에 힘을 가하여 압력을 증가시키면, 유체내의 압력은 모든 부분에 똑같은 크기로 전달된다. 즉, 밀폐된 용기 속에 정지하고 있는 유체에 힘을 가하면 압력은 모든 방향에서 같은 크기로 발생한다.
- 연속의 법칙 : 어떤 유체가 관 속을 이동할 때, 단위 시간 동안 유입된 양과 유출양은 같아야한다. 같지 않다면 유체가 다른 곳에서 유입되었거나, 다른 곳으로 유출되었다는 것이다.

31

다음 그림의 시스템 방식은?

① 서보 시스템(Servo System)
② 피드백 제어시스템(Feedback Control System)
③ 개회로 제어시스템(Open Loop Control System)
④ 폐회로 제어시스템(Closed Loop Control System)

SOLUTION 위 시스템 방식은 조작부가 없는 것으로 보아 개회로 제어시스템(시퀀스 제어시스템)이다.
개회로 제어 ↔ 폐회로 제어 = 피드백 제어 = 되먹임 제어

정답 28 ② 29 ④ 30 ② 31 ③

32

직선왕복운동용 액추에이터가 아닌 것은?

① 다단 실린더   ② 단동 실린더
③ 복동 실린더   ④ 요동 실린더

SOLUTION 요동 실린더의 경우 회전운동용 액추에이터의 종류에 속한다.

33

다음 밸브의 설명으로 틀린 것은?

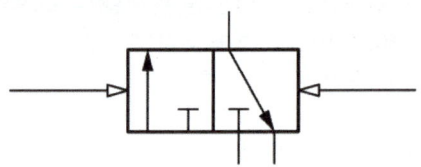

① 메모리형   ② 3/2 way 밸브
③ 정상상태 닫힘형   ④ 유압에 의한 작동

SOLUTION 밸브에서 알 수 있는 것
- 3포트 2위치
- 정상상태 닫힘형(NC형)
- 공압에 의한 작동
- 메모리형

34

카운터밸런스 밸브 및 시퀀스 밸브에 관한 설명으로 옳은 것은?

① 원격제어가 가능한 시퀀스 밸브는 내부 파일럿형이다.
② 카운터밸런스 밸브는 압력릴리프 밸브와 체크 밸브의 조합이다.
③ 카운터밸런스 밸브는 무부하, 시퀀스 밸브는 배압발생 밸브이다.
④ 카운터밸런스 밸브는 압력제어 밸브, 시퀀스 밸브는 방향제어 밸브이다.

SOLUTION 카운터밸런스 밸브의 경우 압력 릴리프 밸브의 입출구쪽을 체크 밸브로 연결해 놓은 밸브이다.

35

두 개의 복동 실린더가 직렬로 하나의 유니트에 조합되어 가압하면 약 2배의 추력을 얻을 수 있는 구조의 실린더는?

① 격판 실린더   ② 충격 실린더
③ 탠덤 실린더   ④ 다위치 제어 실린더

SOLUTION
- 탠덤 실린더 : 실린더의 지름이 한정되고 큰 힘이 필요한 곳에 사용된다. 같은 크기의 복동 실린더에 의해 2배의 힘을 낼 수 있지만 실린더의 길이가 많이 길어지는 단점을 가지고 있다.
- 격판 실린더 : 내장된 격판이 압축 공기의 압력에 의해 부풀어져서 짧은 직선 운동을 얻는 장치로 주로 클램핑에 이용된다.
- 충격 실린더 : 작은 실린더로 큰 충격 에너지를 얻을 수 있어 리베팅, 펀칭, 마킹 등의 작업에 효율적이다.
- 다위치 제어 실린더 : 2개 또는 여러개의 복동 실린더를 결합시켜 놓은 것으로 정확한 위치 제어가 가능하다.

36

다음 중 회로도의 표현 방식은 어느 것인가?

① 횡서   ② 중서
③ 장서   ④ 황서

SOLUTION 회로도는 좌 → 우(횡서), 위 → 아래로 표현한다.

37

단동 실린더가 아닌 것은?

① 탠덤 실린더 ② 격판 실린더
③ 피스톤 실린더 ④ 벨로스 실린더

SOLUTION 단동실린더 종류
- 격판 실린더
- 단동 피스톤 실린더
- 롤링 격판 실린더
- 벨로스 실린더

※ 탠덤 실린더 : 실린더의 지름이 한정되고 큰 힘이 필요한 곳에 사용되는 복동실린더. 같은 크기의 복동 실린더에 의해 2배의 힘을 낼 수 있지만 실린더의 길이가 많이 길어지는 단점을 가지고 있다.

38

다음의 기호가 나타내는 것은?

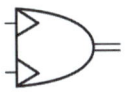

① 요동형 공기압 펌프
② 요동형 공기압 모터
③ 요동형 공기압 압축기
④ 요동형 공기압 실린더

SOLUTION

요동형 공기압 액추에이터(실린더)	요동형 유압 펌프
요동형 유압 모터	공기압축기

39

1표준기압은 수은주 760[mmHg]이다. 상온의 물이라면 이것의 수주는 약 얼마인가?

① 0.76[m]   ② 1.034[m]
③ 7.6[m]   ④ 10.34[m]

SOLUTION 표준대기압[atm]

1[atm] = 760[mmHg](수은주)
= 10.332[mAq](수주)
= 1.0332[kg_f/cm^2]
= 1.01325[bar] = 101,325[Pa]
= 101,325[N/m^2] = 14.7[PSI(lb/in^2)]

40

다음 회로의 속도제어방식으로 옳은 것은?

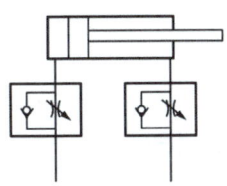

① 전진 시 미터인, 후진 시 미터인 제어회로
② 전진 시 미터인, 후진 시 미터아웃 제어회로
③ 전진 시 미터아웃, 후진 시 미터인 제어회로
④ 전진 시 미터아웃, 후진 시 미터아웃 제어회로

SOLUTION 실린더 속도 제어방식
- 미터인회로 : 액추에이터에 공급되는 유량을 제어하는 회로
- 미터아웃회로 : 액추에이터에서 배출되는 유량을 제어하는 회로
- 급속배기회로 : 실린더의 속도를 증가시켜 급속히 작동시키는 회로
※ 체크 밸브의 방향으로 보아 실린더에서 배기되는 유량을 제어하므로 전진, 후진 시 모두 미터아웃회로이다.

41

다음 중 제어 시스템의 신호처리 방식에 따른 분류에 속하지 않는 것은?

① 동기 제어계
② 디지털 제어계
③ 논리 제어계
④ 시퀀스 제어계

SOLUTION
- 신호처리 방식에 의한 분류
  - 동기 제어계
  - 비동기 제어계
  - 논리 제어계
  - 시퀀스 제어계
- 제어정보 표시에 따른 분류
  - 아날로그 제어계
  - 디지털 제어계
  - 2진 제어계

42

PLC의 특징이 아닌 것은?

① 컴퓨터와 정보를 교환할 수 있다.
② 산술연산, 비교연산, 데이터처리는 할 수 없다.
③ 시스템의 진행상황과 내부 논리상황을 감시할 수 있다.
④ 계전기, 카운터, 타이머 등의 기능까지 간단히 프로그램 할 수 있다.

SOLUTION PLC의 특징
- 컴퓨터와 정보 교환이 가능하여 체계적인 고장진단 및 점검이 용이하다.
- 릴레이 제어반에 비해 신뢰성이 높고, 고속 동작이 가능하다.
- 계전기, 카운터, 타이머 등의 기능까지 간단히 프로그래밍이 가능하다.
- 설치 면적이 작다.
- 동작 실행에 대한 내용 변경을 쉽게 할 수 있다.
- 산술, 비교 연산과 데이터 처리까지 할 수 있다.

43

유압유니트에서 펌프의 압력이 P, 토출유량이 Q로 표시될 때 펌프동력 L을 표시한 식으로 가장 적당한 것은?

① $L = \dfrac{PQ}{75}$ [PS]
② $L = \dfrac{PQ}{102}$ [PS]
③ $L = \dfrac{PQ}{75}$ [kW]
④ $L = \dfrac{PQ}{75 \times 102}$ [kW]

SOLUTION 유압 펌프의 동력
$L = \dfrac{PQ}{102}$ [kW], $L = \dfrac{PQ}{75}$ [PS]

44

다음 센서 중 접촉식 센서에 속하는 것은?

① 초음파 센서
② 마이크로 스위치
③ 적외선 센서
④ 근접 스위치

SOLUTION
- 접촉식 센서 : 마이크로 스위치, 리밋 스위치
- 비접촉식 센서 : 근접 스위치(유도형, 정전용량형), 적외선 센서, 초음파 센서, 리드 스위치

45

물체가 상태변화를 할 때 에너지의 전체량이 변화 없이 일정하게 유지되는 것을 무엇이라 하는가?

① 보일의 법칙
② 파스칼의 원리
③ 연속의 법칙
④ 에너지 보존의 법칙

SOLUTION
① 보일의 법칙 : 온도가 일정할 때 기체의 부피와 압력은 반비례 관계를 갖는다.
② 파스칼의 원리 : 밀폐된 용기 속에 정지하고 있는 유체에 힘을 가하면 압력은 모든 방향에서 같은 크기로 발생한다.
③ 연속의 법칙 : 어떤 유체가 관 속을 이동할 때, 단위 시간 동안 유입된 양과 유출된 양은 같아야 한다.

46

다음 중 유도형 센서(고주파 발진형 근접 스위치)가 검출할 수 없는 물질은?

① 구리 ② 황동
③ 철   ④ 플라스틱

SOLUTION 유도형 센서
검출물체는 금속체이고 검출 물체 표면에 와류가 발생하여 발진이 방지된다.

47

직렬회로와 같은 기능을 하는 논리게이트는?

① OR   ② NOR
③ AND   ④ NAND

SOLUTION 논리 게이트 종류
- AND 게이트 : 두 개의 입력이 모두 1일 경우에만 출력이 1인 게이트(직렬회로)
- OR 게이트 : 두 개의 입력 중 하나라도 1인 경우 출력이 1인 게이트(병렬회로)
- NAND 게이트 : 두 개의 입력이 모두 1인 경우에만 출력이 0인 게이트
- NOR 게이트 : 두 개의 입력이 모두 0인 경우에만 출력이 1인 게이트
- NOT 게이트 : 입력과 출력이 반대인 게이트

48

유압시스템에서 사용하는 유량제어 밸브에 해당 되지 않는 것은?

① 교축 밸브
② 압력 보상형 유량조절 밸브
③ 압력온도 보상형 유량조절 밸브
④ 릴리프 밸브

SOLUTION
- 유량제어 밸브 : 교축 밸브, 압력보상형 유량조절 밸브, 압력온도 보상형 유량조절 밸브, 일방향유량제어 밸브
- 압력제어 밸브 : 릴리프 밸브, 감압 밸브, 시퀀스 밸브, 카운터밸런스 밸브

49

위치결정 방식에 의한 로봇의 종류 중 관계없는 것은?

① 다관절형 로봇   ② 직각좌표형 로봇
③ 원통좌표형 로봇   ④ 무한좌표형 로봇

SOLUTION 위치결정 방식에 의한 산업용 로봇 종류
- 다관절형 로봇
- 직각로봇형 로봇
- 원통좌표형 로봇
- 극좌표형 로봇

50

광감지기(Photosensor)는 무엇을 이용한 것인가?

① 빛   ② 자석
③ 힘   ④ 속도

SOLUTION 광센서
빛을 이용하여 물체의 유무를 검출하는 것으로 포토 센서, 광학적 센서가 이에 속한다.

정답 46 ④ 47 ③ 48 ④ 49 ④ 50 ①

51

유압 실린더나 유압 모터의 작동 방향을 바꾸는 데 사용되는 것으로 회로 내의 유체 흐름의 통로를 조정 하는 것은?

① 체크 밸브
② 유량제어 밸브
③ 방향제어 밸브
④ 압력제어 밸브

SOLUTION

① 체크 밸브 : 유체가 역류하여 흐르는 것을 방지해 주는 밸브
② 유량제어 밸브 : 관의 단면적을 변화시켜 유량을 제어하고 액추에이터의 속도와 회전수를 변화시키는 밸브
④ 압력제어 밸브 : 압축 공기의 변화를 일정한 압력치로 제어해서 안정된 공기 압력을 공급하는 밸브

52

실제의 시간과 관계된 신호에 의해서 제어가 이루어지는 것은?

① 논리 제어
② 동기 제어
③ 비동기 제어
④ 시퀀스 제어

SOLUTION

- 비동기 제어계 : 시간과는 관계없이 입력 신호의 변화에 의해서만 제어가 행해지는 것으로 누르는 신호 등이 이에 속한다.
- 논리 제어계 : 입력조건만 만족되면 출력이 되는 시스템으로 메모리 기능은 없고 불 대수를 이용한다.
- 시퀀스 제어계 : 제어프로그램에 의해 미리 결정된 순서대로 순차적인 제어가 행하여지는 것을 의미하며, 시간 종속 시퀀스 제어와 위치 종속 시퀀스 제어계로 구분한다.

53

서보 기구 제어계에 대한 설명으로 틀린 것은?

① 위치 제어
② 전압 제어
③ 방위 제어
④ 자세 제어

SOLUTION 서보기구의 제어량을 결정하는 요소
- 위치
- 방위
- 자세

54

압축기로부터 토출되는 고온의 압축공기를 공기건조기 입구 온도 조건에 알맞게 냉각시켜 수분을 제거하는 장치는?

① 애프터 쿨러
② 자동 배출기
③ 스트레이너
④ 공기 필터

SOLUTION 공압기기
- 애프터 쿨러 : 공기 압축기에서 토출된 고온, 고압의 압축공기를 공기 건조기에 공급하기 전에 건조기의 입구온도를 적합한 온도(35[℃] 정도)로 낮추고, 공기에 포함된 수분을 제거하는 역할
- 스트레이너 : 펌프 흡입측에 설치하여 비교적 큰 이물질이나 먼지 등을 유압유에서 분리시키는 역할을 한다.
- 필터 : 관로용 필터와 통기용 필터가 있으며, 보통 배관 사이나 귀환 회로 등에 부착하여 스트레이너에서 제거하지 못한 미세한 이물질을 제거하는 역할

55

유압펌프의 기계효율이 80[%]이고 용적효율이 80[%]일 경우 펌프의 전효율(Overall Efficiency)은 얼마인가?

① 60[%]
② 64[%]
③ 81[%]
④ 90[%]

SOLUTION

유압 펌프 전 효율 = 용적효율 × 기계효율
$$= 0.8 \times 0.8 \times 100 = 64[\%]$$

56

PLC의 주요 구성요소로 적합하지 않은 것은?

① 전원부
② 입출력부
③ 전자개폐기
④ 중앙처리장치(CPU)

SOLUTION PLC 주요 구성요소
- 전원부
- 입출력부
- 중앙처리장치(CPU)

57

방향제어 밸브의 조작방식 중 기계조작 방식에 속하지 않는 것은?

① 플런저 방식
② 페달 방식
③ 롤러 방식
④ 스프링 방식

SOLUTION 방향제어 밸브 조작방식
- 인력조작 방식 : 누름 버튼, 레버, 페달
- 기계 방식 : 플런저, 롤러, 스프링
- 전자 방식 : 직접 작동, 간접 작동
- 공압 방식 : 직접 작동, 간접 작동

58

자동화시스템의 구성요소에서 서보모터(Servo Motor)는 주로 어디에 속하는가?

① 메카니즘(Mechanism)
② 액추에이터(Actuator)
③ 파워서플라이(Power Supply)
④ 센서(Sensor)

SOLUTION 액추에이터
실린더, 모터와 같이 동작하는 요소

59

캐비테이션의 방지책이 아닌 것은?

① 펌프의 설치 위치를 되도록 낮게 할 것
② 흡입관을 가능한 짧게 할 것
③ 펌프의 회전수를 낮게 할 것
④ 흡입양정을 크게 할 것

SOLUTION 캐비테이션의 방지법
- 흡입양정을 작게 한다.
- 펌프 흡입 라인을 가능한 짧게 한다.
- 펌프의 운전속도는 규정 속도 이상으로 해서는 안 된다.
- 단흡입형 펌프이면 양흡입형 펌프로 고친다.
- 펌프의 설치위치를 낮게 한다.
- 임펠러의 재질을 침식에 강한 것으로 선택한다.

60

다음 중 공압기기에서 수분을 제거하기 위한 장치가 아닌 것은?

① 에어드라이어(Air Dryer)
② 냉각기
③ 어큐뮬레이터
④ 공기압필터

SOLUTION 수분을 제거하기 위한 장치
에어드라이어, 냉각기, 공기압필터
※ 어큐뮬레이터(축압기) : 유압 에너지 축적, 2차 회로의 구동, 맥동제거, 충격완충, 액체의 수송, 압력보상

정답 56 ③ 57 ② 58 ② 59 ④ 60 ③

CBT 복원문제 2021 * 1

※ 2016년 5회부터는 CBT 방식으로 전면 시행됨에 따라 실제 수험생 분들의 복원을 토대로 문제를 구성하였습니다.

01

브로칭 가공법에 대한 설명 중 옳은 것은?

① 소량 주문생산에 적합한 가공법이다.
② 하나의 절삭날에 의한 가공법이다.
③ 인발 또는 압입하여 절삭 작업하는 가공법이다.
④ 연삭입자에 의한 가공법이다.

SOLUTION 브로칭 가공법의 특징
- 브로치의 형상에 따라 다양한 단면 형상의 공작물을 가공할 수 있다.
- 1회의 통과(절삭) 운동에 의해 가공을 완료하므로 작업시간이 매우 짧다.
- 급속 귀환 장치가 있다.
- 인발 또는 압입하여 절삭 작업하는 가공법이다.
- 호환성을 필요로 하는 부품의 대량 생산에 효과적이다.
- 다듬질 면은 매우 깨끗하고 균일한 것을 얻을 수 있다.
- 소품종 다량생산에 적합하다.
- 인발 또는 압입하여 절삭 작업하는 가공법이다.

02

CNC공작기계의 가공 프로그램의 기호와 그 의미가 잘못 연결된 것은?

① M : 보조기능
② T : 공구기능
③ S : 절삭기능
④ F : 이송기능

SOLUTION CNS 공작기계 가공 프로그램 기호
- G : 준비기능
- T : 공구기능
- S : 주축기능
- F : 이송기능
- M : 보조기능

03

연삭숫돌 입자의 종류 중 갈색 알루미나의 기호로 맞는 것은?

① C
② GC
③ WA
④ A

SOLUTION 연삭숫돌의 종류

숫돌입자 기호	용도
A(갈색)	인성이 큰 재료의 강력 연삭이나 절단 작업용, 거친 연삭용, 일반 강재용
WA(흰색)	연삭깊이가 얇은 정밀 연삭용, 경연삭용, 담금질강, 특수강, 고속도강
C	인장 강도가 작고, 취성이 있는 재료, 경합금, 비철금속
GC	경도가 매우 높고 발열이 적은 초경합금, 특수주철, 칠드주철

04

빌트업 에지(구성인선)의 발생을 감소시키기 위한 방법으로 틀린 것은?

① 절입 깊이를 작게 한다.
② 공구의 윗면 경사각을 크게 한다.
③ 공구의 날끝을 둔하게 한다.
④ 윤활성이 좋은 절삭유제를 사용한다.

SOLUTION 구성인선의 방지법
- 공구의 윗면 경사각을 크게 한다.
- 절삭 속도를 크게 한다.
- 절삭 깊이를 작게 한다.
- 공구의 날 끝을 예리하게 한다.
- 가공 중에 절삭유를 사용한다.
- 재결정 온도 이상에서 가공한다.

05

드릴가공의 종류가 아닌 것은?

① 보링　　　② 리밍
③ 맨드릴　　④ 카운터 싱킹

SOLUTION 드릴가공의 종류
- 리밍 : 뚫린 구멍을 정확한 크기와 매끈한 면으로 다듬질하는 작업
- 보링 : 드릴가공, 단조가공, 주조가공 등에 의하여 이미 뚫어져 있는 구멍을 좀 더 크게 확대하거나 표면 거칠기가 높고 정밀도 높은 제품으로 가공하는 작업
- 카운터 보링 : 평볼트 또는 작은나사의 머리부를 공작물의 몸체 내에 삽입하기 위하여 구멍의 윗부분을 원통형으로 크게 깎아내는 작업
- 카운터 싱킹 : 접시머리 나사를 사용할 구멍에 나사 머리가 들어갈 부분을 원추형으로 가공하는 작업
- 스폿페이싱 : 너트 또는 캡 스크류 머리의 자리를 만들기 위하여 구멍 축에 직각 방향으로 주위를 평면으로 깎는 작업
- ※ 맨드릴 : 구멍이 있는 공작물을 고정, 가공 시심봉 자체는 양 센터로 지지하거나 주축의 테이퍼 구멍에 끼워 사용하고, 반가공에서 구멍과 외경을 동심으로 가공 시에 사용한다.

07

밀링 주축의 회전운동을 직선 왕복운동으로 변환하여 가공물 안지름에 키 홈을 가공할 수 있는 부속장치는?

① 슬로팅 장치　　② 인발 장치
③ 래크 절삭 장치　④ 수직 밀링 장치

SOLUTION 밀링머신 부속장치
- 회전 테이블 장치 : 원형 테이블은 테이블 위에 설치하며, 수동 또는 자동으로 회전시킬 수 있어 밀링에서 바깥부분을 원형이나 곽가공, 간단한 등분을 사용하는 밀링 머신의 부속품
- 래크 절삭 장치 : 만능 밀링 머신의 컬럼에 부착하여 사용하며 래크 기어를 절삭할 때 사용
- 슬로팅 장치 : 수평 밀링 머신이나 만능 밀링 머신의 컬럼에 설치하여 사용한다. 주축 회전 운동을 직선 왕복 운동으로 변환시켜 슬로터 작업을 할 수 있도록 한 장치이며, 공작물 안지름에 키 홈, 스플라인 등을 가공한다. 슬로팅 장치는 주축을 중심으로 좌우 90°씩 선회할 수 있다.
- 수직 밀링 장치 : 수평 밀링 머신이나 만능 밀링머신의 컬럼면에 설치하여 수직 밀링 가공을 할 수 있도록 하는 장치
- ※ 테이퍼 절삭 장치 : 모방선반에서 사용하는 부속품이다.

06

다음 중 직경이 작은 환봉이나 각 봉재를 고정할 때 가장 편리한 척은?

① 콜릿척　　② 벨척
③ 마그네틱척　④ 복동척

SOLUTION 선반 척의 종류
- 단동척 : 4개의 조로 공작물을 고정하며, 각각의 조가 단독적으로 이동한다.
- 연동척 : 보통 3개의 조를 갖고 있으며, 한 개의 조를 척 핸들로 이동시키면 다른 조들도 동시에 같은 거리를 이동한다.
- 유압척 : 유압의 힘으로 조가 움직이는 척으로 가공 정밀도를 높일 수 있다. 보통 CNC 선반용으로 많이 사용된다.
- 마그네틱척 : 전자석을 이용하여 척의 면을 자화시켜 공작물을 고정한다. 두께가 얇은 공작물을 변형시키지 않고 고정시킬 수 있다.
- 콜릿척 : 주축의 테이퍼 구멍에 슬리브를 꽂고 여기에 척을 끼워 사용하며, 지름이 가는 원형 봉이나 각 봉재를 빠르고 간편하게 고정할 수 있다.

08

절삭제의 사용목적이 아닌 것은?

① 칩의 배출작용
② 공작물의 냉각작용
③ 절삭부의 윤활작용
④ 절삭공구의 마찰작용

SOLUTION 절삭유 사용목적
- 공구의 인선을 냉각시켜 공구의 경도 저하 방지
- 가공물을 냉각시켜 절삭열에 의한 정밀도 저하방지
- 공구의 마모를 줄이고 윤활 및 세척작용으로 가공표면을 양호하게 만든다.
- 칩을 씻어주고 절삭부를 깨끗이 닦아 절삭작용을 쉽게 한다.

정답　05 ③　06 ①　07 ①　08 ④

09

보링머신에서 할 수 없는 작업은?

① 태핑 ② 드릴링
③ 기어가공 ④ 나사절삭

SOLUTION 보링머신에서 할 수 있는 작업
- 태핑
- 드릴링
- 나사절삭
- 보링
- 리밍
- 밀링 가공의 일부분

※ 기어가공은 호빙머신에서 작업한다.

10

연삭하려는 부품의 형상으로 연삭숫돌을 성형할 때 연삭숫돌의 외형을 수정하는 작업은?

① 드레싱(Dressing) ② 무딤(Glazing)
③ 눈메움(Loading) ④ 트루잉(Truing)

SOLUTION 연삭가공 용어
- 드레싱 : 숫돌 표면에 무디어진 입자나 기공을 메우고 있는 칩을 제거하여 본래의 형태로 숫돌을 수정하는 방법
- 트루잉 : 연삭하려는 부품의 형상으로 연삭숫돌을 성형하거나 성형연삭으로 인하여 숫돌 형상이 변화된 것을 부품의 형상으로 바르게 고치는 가공
- 무딤(글레이징) : 연삭숫돌의 결합도가 필요 이상으로 높으면, 숫돌 입자가 마모되어 예리하지 못할 때 탈락하지 않고 둔화되는 현상
- 눈메움(로딩) : 결합도가 높은 숫돌에서 알루미늄이나 구리 같이 연한 금속을 연삭하게 되면 연삭숫돌 표면에 기공이 메워져서 칩을 처리하지 못하여 연삭 성능이 떨어지는 현상

11

밀링머신에서 원주를 단식 분할법으로 13등분하는 경우의 설명으로 옳은 것은?

① 13구멍 열에서 1회전에 3구멍씩 이동한다.
② 39구멍 열에서 3회전에 3구멍씩 이동한다.
③ 40구멍 열에서 1회전에 13구멍씩 이동한다.
④ 40구멍 열에서 3회전에 13구멍씩 이동한다.

SOLUTION

분할 크랭크수 $n = \dfrac{40}{N} = \dfrac{40}{13} = \dfrac{120}{39}$ 이므로,

분할대의 구멍수는 39개이고 3회전마다 3구멍씩 이동한다.

12

화재를 A급, B급, C급, D급으로 구분했을 때, 전기화재에 해당하는 것은?

① A급 ② B급
③ C급 ④ D급

SOLUTION
① A급 : 일반화재
② B급 : 유류화재
③ C급 : 전기화재
④ D급 : 금속화재

13

측정기에 대한 설명으로 옳은 것은?

① 일반적으로 버니어 캘리퍼스가 마이크로미터보다 측정 정밀도가 높다.
② 사인바(Sine Bar)는 공작물의 내경을 측정한다.
③ 다이얼 게이지는 각도 측정기이다.
④ 스트레이트 에지(Straight Edge)는 평면도의 측정에 사용된다.

SOLUTION 스트레이트 에지
판금 작업 시 금긋기 작업을 하거나 실린더 블록의 변형도를 측정하는 자

14

그림과 같은 육각 볼트를 제도할 때 옳지 않은 설명은?

① 볼트 머리의 외형선은 굵은 실선으로 그린다.
② 나사의 골지름을 나타내는 선은 가는 실선으로 그린다.
③ 나사의 피치원 지름선은 가는 2점 쇄선으로 그린다.
④ 완전 나사부와 불완전 나사부의 경계선은 굵은 실선으로 그린다.

SOLUTION 나사의 피치원 지름은 가는 1점 쇄선으로 그린다.

15

다음 선반의 부속장치에 대한 설명으로 틀린 것은?

① 단동척 : 4개의 조가 단독으로 이동하여 공작물을 고정하며, 공작물의 바깥지름이 불규칙하거나 중심을 편심시켜 가공할 때 편리하다.
② 연동척 : 3개의 조를 갖고 있으며, 한 개의 조를 척 핸들로 이동시키면 다른 조 들도 동시에 방사상으로 움직이므로 불규칙한 단면을 가진 공작물을 고정하는 데 편리하다.
③ 콜릿척 : 지름이 작은 가공물이나 각 봉재를 가공할 때 편리하며, 보통 선반에서 사용할 경우에는 주축의 테이퍼 구멍에 슬리브를 끼우고 여기에 부착하여 사용한다.
④ 마그네틱척 : 자성을 이용해 공작물을 고정하며 두께가 얇은 공작물을 변형시키지 않고 고정할 수 있으나 다른 척에 비해 고정력이 약해 절삭깊이를 작게 해야 한다.

SOLUTION 연동척(Universal Chuck, Scroll Chuck)
3개의 조가 120° 간격으로 배치되어 있으며, 1개의 조를 돌리면 3개의 조가 함께 동일한 방향과 크기로 이동하기 때문에 원형, 각형 등 단순한 단면을 가진 공작물을 숙련되지 않아도 빠르고 편하게 고정할 수 있다. 단동척에 비해 고정력이 약하고, 조가 마모되면 정밀도가 저하된다.

16

일반 구조용 압연강재의 KS 재료기호는?

① SPS
② SBC
③ SS
④ SM

SOLUTION
① SPS : 스프링강
② SBS : 보일러용 압연 강판
③ SS : 일반구조용 압연강재
④ SM : 기계구조용 탄소강

17

선반가공에서 $\phi 100 \times 400$인 SM45C소재를 절삭 깊이 3[mm], 이송속도를 0.2[mm/rev], 주축 회전수를 400[rpm]으로 1회 가공할 때, 가공 소요시간은 약 몇 분인가?

① 2
② 3
③ 5
④ 7

SOLUTION

가공시간 $t = \dfrac{l}{Nf} = \dfrac{400}{400 \times 0.2} = 5[\min]$

N : 회전수[rpm], l : 공작물의 길이[mm], f : 분당 이송량[mm/rev]

18

구름베어링의 안지름 번호에 대하여 베어링의 안지름 치수를 잘못 나타낸 것은?

① 안지름번호 : 01 – 안지름 : 12[mm]
② 안지름번호 : 02 – 안지름 : 15[mm]
③ 안지름번호 : 03 – 안지름 : 18[mm]
④ 안지름번호 : 04 – 안지름 : 20[mm]

SOLUTION 베어링 호칭의 안지름 번호

베어링의 안지름 치수를 나타내고, 안지름 번호가 04 이상인 것은 이 수치를 5배하면 안지름의 치수가 된다.

※ 안지름 번호 : 00(안지름10[mm]), 01(안지름12[mm]), 02(안지름15[mm]), 03(안지름17[mm]), 04(안지름20[mm])

19

기준치수가 $\phi 50$인 구멍기준식 끼워 맞춤에서 구멍과 축의 공차 값이 다음과 같을 때 틀린 것은?

- 구멍 : 위 치수허용차 +0.025, 아래 치수허용차 0.000
- 축 : 위 치수허용차 –0.025, 아래 치수허용차 –0.050

① 축의 최대 허용치수 : 49.975
② 구멍의 최소 허용치수 : 50.00
③ 최대 틈새 : 0.050
④ 최소 틈새 : 0.025

SOLUTION

- 축의 최대 허용치수 : 기준치수 + 축의 위 치수허용차 = 50 + (–0.025) = 49.975
- 구멍의 최소 허용치수 : 기준치수 + 구멍의 아래 치수허용차 = 50 + 0.00 = 50.00
- 최대 틈새 : 구멍의 최대 허용치수 – 축의 최소허용치수 = 50.025 – 49.95 = 0.075
- 최소 틈새 : 구멍의 최소 허용치수 – 축의 최대허용치수 = 50 – 49.975 = 0.025

20

스퍼기어에서 피치원의 지름이 150[mm]이고, 잇수가 50일 때 모듈(Module)은 얼마인가?

① 5
② 4
③ 3
④ 2

SOLUTION

$$모듈\ m = \dfrac{\text{피치원의 지름[mm]}}{\text{잇수}} = \dfrac{D}{Z} = \dfrac{150}{50} = 3$$

21

지름이 같은 원기둥이 그림과 같이 직교할 때의 상관선의 표현으로 가장 적합한 것은?

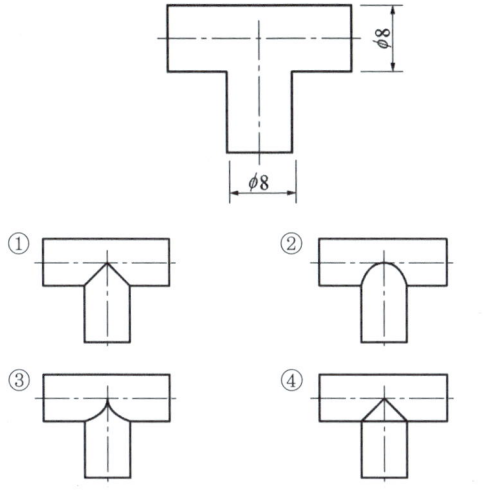

SOLUTION 동일한 직경을 가진 원이 겹쳐질 때의 상관선은 직선으로 표시한다.

22

그림과 같은 사인 바(Sine Bar)를 이용한 각도 측정에 대한 설명으로 틀린 것은?

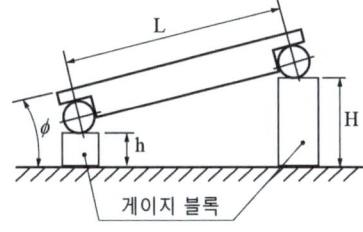

① 게이지 블록 등을 병용하고 3각함수 사인(Sine)을 이용하여 각도를 측정하는 기구이다.
② 사인바는 롤러의 중심거리가 보통 100[mm] 또는 200[mm]로 제작한다.
③ 45°보다 큰 각을 측정할 때에는 오차가 적어진다.
④ 정반 위에서 정반면과 사인봉과 이루는 각을 표시하면 $\sin\phi = (H-h)/L$ 식이 성립한다.

SOLUTION 측정각이 45° 이상이 되면 측정 오차가 생기게 된다.

$$\sin\phi = \frac{H}{L} = \frac{H-h}{L}$$

(작은 게이지 블록을 사용하지 않은 경우)

23

선반을 구성하고 있는 주요 구조에 대한 설명으로 옳은 것은?

① 왕복대 : 리브가 있는 상자형 주물로서 심압대의 안내 역할을 한다.
② 주축대 : 베드 위에 놓여 있으며 주축대와 심압대 사이에서 공구대에 설치된 바이트를 가로, 세로로 이송을 한다.
③ 베드 : 왕복대의 에이프런에 장치되어 있으며, 수동 이송을 할 수 있는 손잡이와 각종 레버로 구성되어 있다.
④ 심압대 : 주축대의 반대쪽에 설치되어 있으며, 공작물의 한쪽 끝을 지지할 때나 드릴 등의 공구를 고정하거나 지지하는 역할을 한다.

SOLUTION 왕복대

베드 위에서 공구를 가로 및 세로방향으로 이송시키는 부분으로, 에이프런과 새들, 복식공구대로 나눈다.

24

기계가공 도면에 기재된 KS 나사 표시법에서 "왼 2줄 M20×1.5-6H"로 표시된 경우 "1.5"는 나사의 무엇을 나타낸 것인가?

① 나사산 높이　② 등급
③ 나사골 깊이　④ 피치

SOLUTION "왼 2줄 M20×1.5-6H" 해석
- 왼 : 왼쪽으로 감기
- 2줄 : 줄의 수는 2줄
- M20×1.5 : 미터나사 지름 20[mm]
- 피치 1.5
- 6H : 공차 위치 H

25

다음 투상도에서 A-A와 같이 단면했을 때 가장 올바르게 나타낸 단면도는?

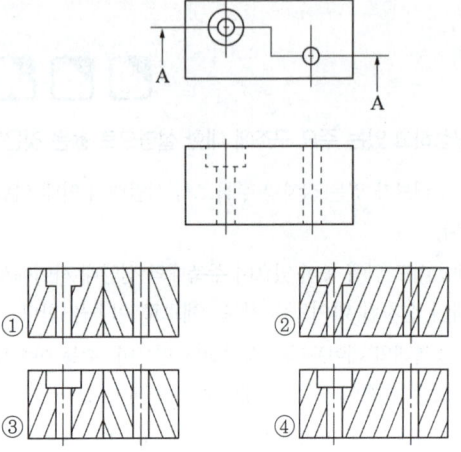

SOLUTION 계단 단면도

절단한 면이 투상면에 평행 또는 수직하게 계단 형태로 절단하여 단면을 표시한다. 절단한 처음과 끝 그리고 방향이 변하는 부분에 굵은선과 기호를 붙여 단면도 쪽에 나타낸다.

26

ϕ10-4날 초경합금 엔드밀을 이용하여 머시닝센터로 가공할 때 절삭속도가 50[m/min], 이송이 0.1[mm/날]이라면 스핀들의 회전수와 이송속도[mm/min]를 얼마로 설정해야 하는가?

	스핀들 회전수[rpm]	이송속도[mm/min]
①	398	318.4
②	796	636.8
③	1,592	636.8
④	3,184	318.4

SOLUTION

절삭속도 $v = \dfrac{\pi d n}{1,000}$ 에서,

회전수 $n = \dfrac{1,000 v}{\pi d} = \dfrac{1,000 \times 50}{3.14 \times 10} \fallingdotseq 1,592$[rpm]

테이블 이송속도
$F = f_z \times z \times n = 0.1 \times 4 \times 1,592$
$= 636.8$[mm/min]

27

"용접할 부분이 화살표의 반대쪽인 필릿 용접"이라는 의미로 도시된 것은?

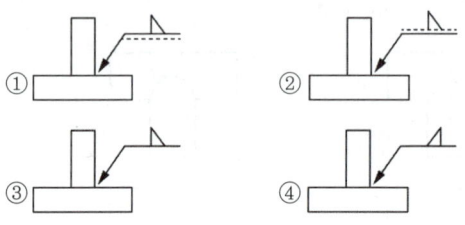

SOLUTION

실선에 기호 : 화살표 방향으로 필릿용접	점선에 기호 : 화살표 방향 반대쪽으로 필릿용접

28

다음 0.05[mm] 버니어 캘리퍼스의 측정값은?

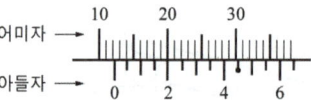

① 11.45[mm]   ② 12.40[mm]
③ 12.45[mm]   ④ 11.40[mm]

SOLUTION

- 어미자의 눈금 : 12[mm]
- 아들자의 눈금 : 9번째 눈금(9 × 0.05[mm] = 0.45[mm])
- 측정값 : 12[mm] + 0.45[mm] = 12.45[mm]

25 ④ 26 ③ 27 ② 28 ③

29

다음 도면과 같이 치수 25 밑에 그은 선이 의미하는 것은?

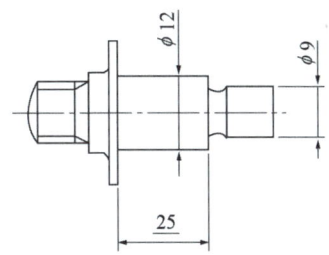

① 다듬질 치수 ② 가공 치수
③ 기준 치수 ④ 비례하지 않는 치수

SOLUTION 도면에서의 그림 크기에 따라 비례하지 않는 치수는 치수값 밑에 밑줄로 표시한다.

• 치수보조기호

기호	구분	사용법	예
φ	지름	지름 치수의 치수 수치 앞에 붙인다.	φ10
R	반지름	반지름 치수의 치수 수치 앞에 붙인다.	R20
Sφ	구의 지름	구의 지름 치수의 치수 수치 앞에 붙인다.	Sφ5
SR	구의 반지름	구의 반지름 치수의 치수 수치 앞에 붙인다.	SR10
□	정사각형	정사각형의 한변 치수의 치수 수치 앞에 붙인다.	□6
C	45° 모따기	45° 모따기 치수의 치수 수치 앞에 붙인다.	C2
t	두께	판 두께의 치수 수치 앞에 붙인다.	t30
⌒	원호의 길이	원호의 길이 치수의 치수 수치 위에 붙인다.	⌒10
( )	참고지수	참고 지수의 치수 수치(치수 보조 기호 포함)를 둘러쌈	(15)
☐	이론적으로 정확한 치수	이론적으로 정확한 치수의 치수 수치 앞에 붙인다.	50

30

다음은 선반용 인서트 팁의 ISO 표시법이다. G가 의미하는 것은?

C N M G 10

① 인서트 공차 ② 팁의 여유각
③ 절삭날의 길이 ④ 인서트 단면 형상

SOLUTION 인서트 팁의 규격(ISO 형번 표기법)

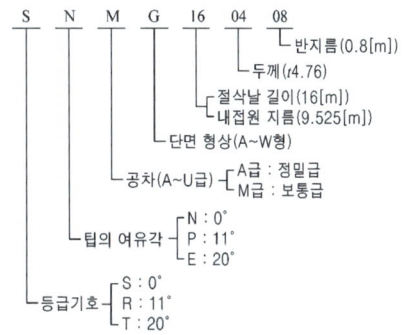

31

방향제어밸브의 연결구 표시방법 중 'R'이 의미하는 것은?

① 배출구 ② 작업라인
③ 제어라인 ④ 에너지 공급구

SOLUTION 연결구 표시법

	ISO 5599	ISO 1219
공급라인	1	P
작업라인	2, 4 …	A, B, C
배기라인	3, 5 …	R, S, T
제어라인	10, 12, 14 …	X, Y, Z
누출라인		L

32

공기압 조정 유닛에서 공급되는 공기압이 6[bar]이고 실린더의 단면적이 10[cm²]라고 하면 작용할 수 있는 하중은 몇 [kgf]까지인가?

① 6[kgf]
② 60[kgf]
③ 600[kgf]
④ 6,000[kgf]

SOLUTION

$p = \dfrac{F}{A}, \quad F = p \times A$

$F = 6[bar] \times 10[cm^2]$,
1[bar] = 1.019[kgf/cm²]이므로,
$F = 6 \times 10.19[kgf/cm^2] \times 10[cm^2] ≒ 60[kgf]$

※ 1[atm] = 1.01325[bar]
   = 1.0332[kgf/cm²]에서 유추

33

AND 밸브라고도 불리며 연동 제어, 안전제어에 사용되는 밸브는?

① 2압 밸브
② 셔틀 밸브
③ 차단 밸브
④ 체크 밸브

SOLUTION AND 밸브(2압 밸브)
두 개의 입구와 한 개의 출구를 갖춘 밸브로서 두 개의 입구에 같은 압력 작용 시 출구에 출력이 작용하는 밸브

34

다음 밸브의 명칭은?

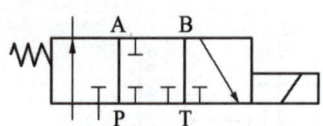

① 2포트 전환밸브
② 3포트 전자 전환밸브
③ 4포트 교축 전환밸브
④ 5포트 파일럿 전환밸브

SOLUTION

- 3포트 3위치 밸브
- 조작방법 : 전자식(솔레노이드)
- 편솔노이드 밸브(스프링)

35

다음 회로에서 점선 안에 있는 제어기의 명칭은?

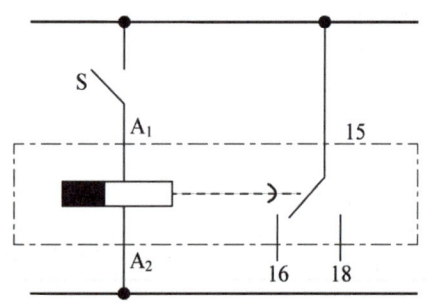

① 카운터
② 플리커 릴레이
③ ON 지연 타이머
④ OFF 지연 타이머

SOLUTION

On-Delay Timer	Off-Delay Timer

36

내경 32[mm]의 실린더 10[mm/s]의 속도로 움직이려 할 때 필요한 최소 펌프 토출량은 약 몇 [L/min]인가?

① 0.48　　② 1.04
③ 1.52　　④ 2.17

SOLUTION

$Q = A \cdot V = \dfrac{\pi \cdot D^2}{4} \times V$

$Q = \dfrac{\pi \times 3.2^2}{4} \times (1 \times 60) ≒ 482[cm^3/min]$

$Q = 482[cm^3/min] \div 1,000 = 0.482[L/min]$

37

전기에너지와 탄성에너지의 가역 변환에 의해 변형량을 측정하는 데 이용되는 센서는?

① 서미스터　　② 초음파 센서
③ 포텐셔미터　　④ 스트레인게이지

SOLUTION 스트레인게이지

측정기의 합금선은 인장방향의 변형을 받으면 길이가 증가하여 단면적이 감소되어 전기저항이 증가하며, 그 증가량을 측정하는 원리이다.

38

기계적인 변위를 제어하는 서보(Servo)센서의 종류가 아닌 것은?

① 리졸버　　② 타코미터
③ 포텐셔미터　　④ 파이로 센서

SOLUTION 서보 센서

- 리졸버
- 타코미터
- 포텐셔미터

※ 파이로 센서는 초음파 센서이다.

39

공기압 실린더의 부착 방식이 아닌 것은?

① 풋형　　② 플랜지형
③ 클래비스형　　④ 용접형

SOLUTION 실린더 지지방식

고정형	풋형	• 가장 단단하고 일반적인 설치방법으로 경부 하용이다.
	플랜지형	• 가장 강력한 설치방법 중 하나이다.
요동형	피벗형	• 부하의 운동 방향과 실린더 요동 방향을 일치시킬 것 • 요동 운동을 하므로 실린더가 다른 곳에 닿지 않도록 한다.
	트러니언형	• 피스톤 로드의 중심선에 대해 직각을 이루는 실린더의 양측으로 뻗은 1쌍의 원통 모양의 피벗으로 지지한다.

40

어큐뮬레이터(Accumulator)의 일반적 기능이 아닌 것은?

① 맥동 제거　　② 압력 감소
③ 충격 완충　　④ 에너지 축적

SOLUTION

축압기의 경우 압력 감속이 아니라 압력 보상의 기능을 하게 된다.

41

다음 중 터보형 공기 압축기의 압축방식은?

① 원심식　　② 스크류식
③ 피스톤식　　④ 다이어프램식

SOLUTION 터보형 공기 압축기

날개를 회전시키는 것에 의해 공기에 에너지를 주어 압력으로 변환하여 사용하는 것으로 원심식, 축류식 등이 있다.

정답 36 ① 37 ④ 38 ④ 39 ④ 40 ② 41 ①

42

다음 PLC회로를 논리식으로 표현한 것으로 옳은 것은?

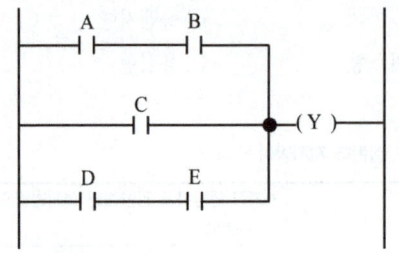

① Y=(A+B)·C·(D+E)
② Y=(A·B)·C·(D·E)
③ Y=(A+B)+C+(D+E)
④ Y=(A·B)+C+(D·E)

SOLUTION

- 직렬로 연결되어 있는 것은 논리곱
  A·B, D·E
- 병렬로 연결되어 있는 것은 논리합
  Y = (A·B) + C + (D·E)

43

PLC하드웨어 구조에서 외부 입, 출력 기기의 노이즈가 PLC의 CPU쪽에 전달되지 않도록 하기 위하여 사용되는 소자는?

① 다이오드　② 트랜지스터
③ LED　④ 포토 커플러

SOLUTION

① 다이오드 : 전류를 한 방향으로만 흐르게 하고, 그 역방향으로 흐르지 못하게 하는 성질을 가진 반도체 소자
② 트랜지스터 : 전류나 전압흐름을 조절하여 증폭, 스위치 역할을 한다.
③ LED : 발광 다이오드로 화합물에 전류를 흘려 빛을 발산하는 반도체 소자
④ 포토 커플러 : 전기신호를 빛으로 결합시키는 장치로 발광부와 수광부가 서로 전기적으로 절연되는 장점을 이용한 것

44

그림의 시퀀스 회로를 논리식으로 나타내면?

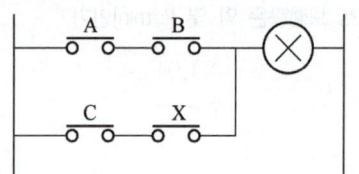

① X = AB + CX　② X = AB + CX
③ X = $\overline{AB}$ + $\overline{CX}$　④ X = $\overline{AB}$ + $C\overline{X}$

SOLUTION 직렬연결은 논리곱, 병렬연결은 논리합으로 위 논리식은 X = AB + CX이다.

45

전동기의 정·역 운전 회로 등에서 다른 계전기의 동시 동작을 금지시키는 회로는?

① 인터록 회로　② 정지 우선 기억 회로
③ 기동 우선 기억 회로　④ 선입력 우선 회로

SOLUTION 인터록 회로

2개의 입력 중 먼저 동작시킨 쪽의 회로가 우선으로 이루어져 기기가 작동하며, 다른 쪽에 입력이 들어오더라도 작동하지 않는 회로로서 퀴즈문제, 정역회로, 기기의 보호회로에 많이 사용한다.

46

시로코 통풍기의 베인 방향으로 옳은 것은?

① 경향베인
② 수직베인
③ 전향베인
④ 후향베인

SOLUTION
- 흡입베인 : 원심 송풍기의 흡입 콘 또는 흡입 소매에 방사상으로 설치하는 가동 안내 날개. 원심 송풍기의 풍량을 조절한다.
- 전향베인 : 임펠러의 베인에서 출구 측이 회전 방향 쪽으로 휘어져 있는 것. 날개의 출구 각도가 90도 이상이다.
- 후향베인 : 임펠러의 베인의 출구 측이 회전 방향과 반대 방향으로 휘어져 있는 베인. 출구 각도가 90도 이하이다.

47

방향제어밸브의 연결도(포트)에 "P"라는 문자가 적혀있다면 여기에 연결해야 하는 배관은?

① 소음기로 배기되는 배관
② 실린더와 연결되는 배관
③ 공기탱크와 연결되는 배관
④ 제어라인과 연결되는 배관

SOLUTION
방향제어밸브의 연결구의 "P"포트는 공급라인으로 공기탱크와 연결되는 배관이다.

48

논리식 $Y = A \cdot \bar{A} + B$를 간단히 한 식은?

① $Y = A$
② $Y = B$
③ $Y = \bar{A} + B$
④ $Y = 1 + B$

SOLUTION 논리식
$Y = A \cdot \bar{A} + B = 0 + B = B$

49

스트레인게이지를 이용하여 만들 수 있는 센서는?

① 유도형 센서
② 광전 센서
③ 압력 센서
④ 용량형 센서

SOLUTION 센서 종류
- 유도형 센서 : 금속체에서만 반응하는 것으로 100 ~ 1,000[kHz]의 고주파를 센서 표면에서 방출하여 검출헤드 가까이에 금속체가 없으면 변화가 없고, 감지거리 이내에 금속물체가 있으면 검출 헤드로부터 전자계의 영향을 받아 와전류가 금속체 내부에 발생하여 에너지를 빼앗아 발진 진폭의 감쇄를 가져온다.
- 광전 센서 : 빛 자체 또는 빛에 포함되는 정보를 전기신호로 변환하여 감지하는 소자
- 압력 센서
  - 스트레인게이지 : 물체가 압축이나 인장으로 인해 변형을 일으킴에 따라 전기저항이 변화하게 된다. 이때의 변형률을 측정하는 것
  - 로드셀 : 중량 센서로 무게를 측정하며 전자 저울에 필수적이며, 수백 ~ 수톤까지 넓은 범위의 측정이 가능하고, 구조가 간단하고 정밀도가 높다.

50

다음 중 캐비테이션(공동현상)의 발생 원인이 아닌 것은?

① 흡입 필터가 막히거나 급격히 유로를 차단한 경우
② 흡입관로 및 스트레이너의 저항 등에 의한 압력 손실이 있을 경우
③ 과부하이거나 오일이 점도가 클 경우
④ 펌프의 정격속도 이하로 저속 회전시킬 경우

SOLUTION 캐비테이션 발생 원인
① 펌프를 규정 속도 이상으로 고속 회전시킬 경우
② 과부하이거나 급격히 유로를 차단한 경우
③ 패킹부의 공기 흡입
④ 흡입필터가 막히거나 유온이 상승한 경우

51

PLC 프로그램에 대한 설명 중 틀린 것은?

① 입력 조건 없이는 모선에 출력을 지정할 수 없다.
② 동일한 출력 코일을 두 번 이상 사용할 수 있다.
③ 더미 접점을 사용하여 출력할 수 있다.
④ 신호의 흐름은 좌에서 우로 또는 위에서 아래로 흐르게

SOLUTION 동일한 출력 코일을 두 번 이상 사용하는 것은 이중코일 오류로 작동되지 않는다.

52

저항 변화형 센서가 아닌 것은?

① 스트레인게이지   ② 리드 스위치
③ 서미스터   ④ 포텐셔미터

SOLUTION

• 저항 변화형 센서
 - 스트레인게이지 : 물체가 압축이나 인장으로 인해 변형을 일으킴에 따라 전기저항이 변화하게 되는데, 이때의 변형률을 측정하는 압력센서
 - 서미스터 : 반도체 중에서 열에 민감한 저항체를 이용한 것으로 미세한 온도 측정에 용이하다.
 - 포텐셔미터 : 직선변위와 회전변위를 전기저항의 변로 바꾸는 가변저항기. 접촉형과 비접촉형이 있다. 접촉형은 저항체위를 브러시가 움직이는 구조로서, 직선형의 경우는 스트로크가 1,000[mm] 정도인 것까지 있고, 회전형인 경우는 1회전에서 다회전인 것까지 있다.
• 리드스위치
 - 자석에 발생하는 자력력에 의해 스위치를 작동시켜 검출하는 자기형 근접감지기로, 물체에 직접 접촉하지 않아도 검출할 수 있다.
 - 구동 전원을 필요로 하지 않고, 2개의 자성체 조각으로 구성되어 자계에 반응하는 스위치이다.

53

산업용 다관절 로봇이 3차원 공간에서 임의의 위치와 방향에 있는 물체를 잡는 데 필요한 자유도는?

① 3   ② 4
③ 5   ④ 6

SOLUTION 산업용 다관절 로봇 자유도

• 어느 정도 운동의 자유를 갖는지 표현한 수치
• 로봇이 사람처럼 3차원 공간 상의물체를 임의의 다른 3차원 공간상의 지점으로 옮기려면 필요한 자유도가 6이 되어야 하는데, 수직 이동, 확장과 수축, 회전, 목의 회전과 상하운동, 좌우회전 이렇게 여섯 가지 운동이 필요한 것이다.

54

그림에서처럼 밀폐된 시스템이 평형 상태를 유지할 경우 힘 F_1을 옳게 표현한 식은?

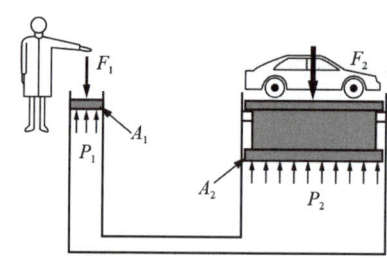

① $\dfrac{A_1 \times A_2}{F_2}$ ② $\dfrac{A_1 \times F_2}{A_2}$

③ $\dfrac{F_2}{A_1 \times A_2}$ ④ $\dfrac{A_2}{A_1 \times F_2}$

SOLUTION 파스칼의 원리

비압축성 유체를 밀폐된 공간에 담아 유체의 일부에 힘을 가하여 압력을 증가시키면, 유체 내의 압력은 모든 부분에 똑같은 크기로 전달된다. 즉, 밀폐된 용기 속에 정지하고 있는 유체에 힘을 가하면 압력은 모든 방향에서 같은 크기로 발생한다.

※ 파스칼의 원리에 의해 압력은 모든 방향에서 같은 크기로 발생하므로,

$$P_1 = P_2 = \dfrac{F_1}{A_1} = \dfrac{F_2}{A_2}, \; F_1 = \dfrac{A_1 \times F_2}{A_2}$$

55

유체의 관로 중 짧은 줄임 기구로 면적을 줄인 길이가 단면 치수에 비하여 비교적 짧은 것은?

① 초크
② 벤추리
③ 피토관
④ 오리피스

SOLUTION
- 오리피스 : 관로 단면적을 줄인 길이가 단면 치수에 비해 짧은 경우의 교축을 말한다. 압력 강하는 액체의 점도에 영향을 받지 않는다.
- 초크 : 관로 단면적을 줄인 길이가 단면 치수에 비해 긴 경우의 교축을 말한다. 압력 강하는 액체의 점도에 따라 크게 영향을 받는다.

56

압력제어 밸브의 핸들을 돌렸을 때 회전각에 따라 공기 압력이 원활하게 변화하는 특성은?

① 압력조정 특성
② 유량 특성
③ 재현 특성
④ 릴리프 특성

SOLUTION 압력조정 특성
- 압력조정 특성 : 압력제어밸브의 핸들을 돌렸을 때 회전각에 따라 공기압력이 원활하게 변화하는 특성
- 유량 특성 : 2차측 유로를 조여서 유량이 0인 상태에서 공기 압력을 설정한 후에 2차측 유량을 서서히 증가시켜 가면, 2차측 압력은 서서히 저하된다.
- 압력 특성 : 압력 특성은 1차측 압력의 변동에 따라 2차측 압력 변동의 변화 특성을 말한다.
- 재현 특성 : 1차측의 공기 압력을 일정 공기압으로 설정하고 2차측을 조절할 때 설정압력의 변동상태를 확인하는 것
- 히스테리시스 특성 : 압력 제어 밸브의 핸들을 조작하여 공기 압력을 설정하고 압력을 변동 시켰다가, 다시 핸들을 조작하여 원래의 설정값에 복귀 켰을 때, 최초의 설정값과의 오차를 말하며 이는 밸브의 내부 마찰 등에 그 영향이 크게 나타난다.
- 릴리프 특성 : 2차측 공기의 압력을 외부에서 상승시켰을 때 릴리프 구멍에서 배기되는 고압의 압력 특성

57

목표값이 시간에 따라 변하며, 이 변화하는 목표값에 제어량을 추종하도록 하는 되먹임제어를 무엇이라 하는가?

① 정치제어(Constant-value Control)
② 추종제어(Follow-up Control)
③ 공정제어(Process Control)
④ 자동조정(Automatic Regulation)

SOLUTION 목표값의 종류에 따른 분류
- 정치제어 : 목표값이 일정하다.
- 추치제어 : 목표값이 시간에 따라 변하는 제어 서보기구
  - 추종제어 : 대공포의 포신 제어, 자동 아날로그 선반 등
  - 프로그램제어 : 열처리 노의 온도제어, 무인 열차 운전 등
  - 비율제어 : 보일러의 자동 연소 장치, 암모니아의 합성 프로세서 제어 등

58

시퀀스도를 그리는 일반적인 방법으로 옳지 않은 것은?

① 전원 모선은 상하 또는 좌우에 쓴다.
② 아래(오른쪽) 제어 모선에 전등을 비롯한 부하를 그린다.
③ 위(왼쪽) 제어 모선에 누름 버튼 스위치, 감지기 등을 그린다.
④ 교류전원은 P(+), N(−), 직류전원은 (R), (T) 등으로 표시한다.

SOLUTION 시퀀스도 그리는 방법
- 전원 모선은 상하 또는 좌우에 쓴다.
- 위(왼쪽) 제어 모선에 입력장치(스위치, 센서 등)를 그린다.
- 아래(오른쪽) 제어 모선에 출력장치(전동을 비롯한 부하)를 그린다.
- 직류전원은 P(+), N(−), 교류전원은 R, T 등으로 표시한다.

59

공기 압축기를 출력에 따라 분류할 때 소형의 범위는?

① 50 ~ 180[W] ② 0.2 ~ 14[kW]
③ 15 ~ 75[kW] ④ 75[kW] 이상

SOLUTION 공기압축기 출력에 따른 분류
- 소형 : 0.2 ~ 14[kW]
- 중형 : 15 ~ 75[kW]
- 대형 : 75[kW] 초과

60

배타적 OR회로(EX-OR 회로)의 설명으로 올바른 것은?

① 모든 입력이 0일 때에만 출력이 1인 회로
② 서로 다른 입력이 가해질 때에만 출력이 1인 회로
③ 모든 입력이 1인 경우만을 제외하고 출력이 1인 회로
④ 입력이 0이면 출력이 1이고, 입력이 1이면 출력이 0인 회로

SOLUTION
- 배타적 OR회로(XOR회로) : 두 개의 입력이 서로 다를 때에만 출력이 1인 회로
- 배타적 부정 OR회로(XNOR회로) : 두 개의 입력이 서로 같을 때에만 출력이 1인 회로

CBT 복원문제 2021 * 3

※ 2016년 5회부터는 CBT 방식으로 전면 시행됨에 따라 실제 수험생 분들의 복원을 토대로 문제를 구성하였습니다.

01

지름이 50[mm]인 연강 둥근 막대를 선반에서 절삭할 때, 주축의 회전수를 100[rpm]이라 하면 절삭속도는 몇 [m/min]인가?

① 15.7
② 20.4
③ 25.3
④ 29.7

SOLUTION

$$v = \frac{\pi DN}{1,000} = \frac{\pi \times 50 \times 100}{1,000} = 15.7 \,[\text{m/min}]$$

02

절삭저항 3분력이 아닌 것은?

① 표면분력
② 주분력
③ 이송분력
④ 배분력

SOLUTION 절삭저항 3분력

주분력, 이송분력, 배분력

03

절삭공구 인선의 마모에 해당되지 않는 것은?

① 크레이터(Crater)
② 플랭크(Flank)
③ 치핑(Chipping)
④ 드레싱(Dressing)

SOLUTION 공구 마멸의 종류

① 크레이터링(Cratering) : 칩이 절삭공구의 경사면 위를 미끄러지면서 나갈 때 마찰력에 의해 경사면 일부가 오목하게 패이는 마모 형태
② 플랭크 마모(Flank Wear) : 플랭크가 절삭면과 마찰에 의하여 절삭면에 평행하게 마모되는 형태
③ 치핑(Chipping, 결손) : 공구 날끝의 일부가 충격에 의하여 떨어져 나가는 것으로 순간적으로 발생한다.

04

스퍼기어, 헬리컬기어, 웜기어 등을 가공하는 기어가공용 공작기계는?

① 호빙 머신
② 브로칭 머신
③ 방전가공기
④ 브릴링 머신

SOLUTION 기어절삭 기계 종류

- 호빙머신 : 호브(hob) 공구를 사용하여 가공물과 공구의 상대운동으로 기어를 절삭한다. 호빙머신으로 절삭할 수 있는 기어는 스퍼기어, 헬리컬기어, 기어 등이다.
- 기어 셰이퍼 : 피니언 커터를 사용하여 상하 왕복 운동과 회전운동을 하는 창성식 기어절삭을 할 수 있는 기계이다.

정답 01 ① 02 ① 03 ④ 04 ①

05

두 물체 사이의 거리를 일정하게 유지시키면서 결합하는 데 사용하는 볼트는?

① 기초 볼트 ② 아이 볼트
③ 나비 볼트 ④ 스테이 볼트

SOLUTION 볼트의 종류
- 관통 볼트 : 머리 달린 볼트를 연결할 두 부품에 구멍을 뚫고 이것을 관통시켜 반대쪽에 끼워 체결하는 것
- 탭 볼트 : 실린더 블록에 구멍을 뚫고 탭으로 나사를 깎은 다음 머리 달린 볼트로 실린더 헤드를 체결하는 것
- 스터드 볼트 : 봉의 양 끝에 나사가 절삭되어 한 쪽은 기계의 본체에 체결하고 다른 한 쪽은 너트를 사용해서 체결하는 것
- 리머 볼트 : 리머로 다듬질한 구멍에 박아 체결하는 볼트
- T 볼트 : 공작기계의 테이블에 공작물을 고정시킬 때 사용하는 볼트
- 나비 볼트 : 손으로 쉽게 돌려 죌 수 있는 볼트
- 아이 볼트 : 기계, 가구류 등을 매달아 올릴 때 사용되는 쇠고리 모양의 볼트
- 스테이 볼트 : 두 물체의 간격 유지하는 데 사용하는 볼트
- 충격 볼트 : 충격이 많이 걸리는 곳에 사용되며 나사부분과 나사를 깎지 않은 부분과의 단면적을 같게 해주어 고른 강도를 가지게 만든다.

06

연삭숫돌 결합제에서 다이아몬드 입자와 구리, 황동 등의 분말을 분말 야금법으로 결합하는 것은 무슨 결합제에 속하는가?

① 고무 결합제
② 금속 결합제
③ 비트리파이드 결합제
④ 실리케이트 결합제

SOLUTION

결합제		기호	재질	용도
비트리파이드		V	점토, 장석	• 균일한 기공을 나타내고 가장 많이 사용 • 다양한 결합도로 제작 가능
실리케이트		S	규산나트륨 (물유리)	• 대형 숫돌, 발열이 적어야 할 때 적합 • 결합도가 약해 마멸이 빠름
탄성 숫돌	셀락	E	천연셀락	• 주로 절단용으로 사용 • 얇은 숫돌을 만들 수 있음 • 열에 약함
	고무	R	천연·인조고무	
	레지노이드	B	합성수지	
	비닐	PVA	폴리비닐알코올	
금속		M	다이아몬드	• 보석류, 초경합금 연삭에 사용

07

두 개의 강관을 평행(일직선상)으로 연결하고자 할 때 사용되는 관 이음쇠는?

① 유니언 ② 엘보
③ 티 ④ 크로스

SOLUTION
① 유니언 : 접속할 때 배관을 회전시키는 일 없이 이음 자신을 회전시키기만 함으로써 관을 접합 또는 제거할 수 있는 이음 부품
② 엘보 : 90°나 45° 연결
③ 티 : 서로 직각을 이루는 방향으로 배치되는 관의 접속에 사용하는 이음쇠
④ 크로스 : 십자형 모양의 관 이음쇠

08

기계에서 발생하는 소음이나 진동 등과 같은 주위 환경에서 오는 오차 또는 자연 현상의 급변 등으로 생기는 오차는?

① 측정기의 오차
② 시차
③ 우연오차
④ 긴 물체의 휨에 의한 영향

SOLUTION 측정오차의 종류
- 기기오차 : 측정 기기의 특성에 따라 발생하는 오차로 측정기의 지시값에서 참값을 뺀 것. 그러나 표준기의 경우는 공칭값에서 참값을 뺀 값을 말한다.
- 개인오차 : 측정하는 사람의 습관, 부주의, 숙련도에 따라 발생하는 오차
- 외부조건에 의한 오차 : 온도나 채광의 변화에 의한 오차
- 우연오차 : 개인오차나 외부조건에 의한 오차를 없애고 기기오차를 보정하여도 발생하는 오차로 어떤 현상을 측정함에 있어 방해가 되는 모든 요소로 인해생기는 오차. 운동 부분의 마찰, 끼워맞춤 변화, 측정 변화(진동, 실온, 기압, 조명 등) 등의 원인으로 일어난다.

09

다음 중 액상 또는 기체상의 연료성 화재(휘발유, 벤젠 등)는 어느 화재의 분류에 속하는가?

① D급 화재　　② C급 화재
③ B급 화재　　④ A급 화재

SOLUTION
- 일반 화재 - A급 화재
- 유류 화재 - B급 화재
- 전기 화재 - C급 화재
- 금속 화재 - D급 화재

10

WA 60KmV로 표시된 연삭숫돌에서 입자의 크기(입도)를 나타내는 것은?

① WA　　② 60
③ K　　④ V

SOLUTION 연삭숫돌 호칭법

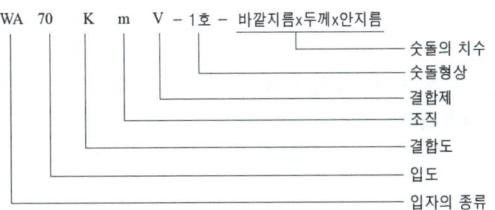

11

기계제도에서 사용하는 치수기입 시 사용되는 기호와 그 설명으로 틀린 것은?

① C : 45° 모따기　　② φ : 지름
③ SR : 구의 반지름　　④ ◇ : 정사각형

SOLUTION 치수보조기호

기호	구분	사용법	예
ϕ	지름	지름 치수의 치수 수치 앞에 붙인다.	$\phi 10$
R	반지름	반지름 치수의 치수 수치 앞에 붙인다.	$R20$
$S\phi$	구의 지름	구의 지름 치수의 치수 수치 앞에 붙인다.	$S\phi 5$
SR	구의 반지름	구의 반지름 치수의 치수 수치 앞에 붙인다.	$SR10$
□	정사각형	정사각형의 한변 치수의 치수 수치 앞에 붙인다.	□6
C	45° 모따기	45° 모따기 치수의 치수 수치 앞에 붙인다.	$C2$
t	두께	판 두께의 치수 수치 앞에 붙인다.	$t30$
⌒	원호의 길이	원호의 길이 치수의 치수 수치 위에 붙인다.	⌒10
( )	참고치수	참고 치수의 치수 수치(치수 보조 기호 포함)를 둘러쌈	(15)
⬜	이론적으로 정확한 치수	이론적으로 정확한 치수의 치수 수치 앞에 붙인다.	50

12

기어를 도시하는 데 있어서 선의 사용방법으로 맞는 것은?

① 잇봉우리원은 가는 실선으로 표시한다.
② 피치원은 가는 2점 쇄선으로 표시한다.
③ 피치원은 가는 1점 쇄선으로 표시한다.
④ 잇줄방향은 보통 3개의 가는 실선으로 표시한다.

SOLUTION 스퍼기어 제도(KS B 0002)
① 이끝원(이끝선)은 굵은 실선으로 작도한다.
② 피치원(피치선)은 가는 1점 쇄선으로 작도한다.
③ 이뿌리원(이뿌리선)은 가는 실선으로 작도한다. 다만, 정면, 단면도로 표시할 때에는 이뿌리선을 굵은 실선으로 그린다.
④ 헬리컬 기어, 나사 기어, 웜 등에서 잇줄 방향은 3개의 가는 실선으로 그린다. 단, 헬리컬 기어의 정면도, 단면도를 도시할 때에는 잇줄 방향을 3개의 가는 2점 쇄선으로 그린다.

정답　09 ③　10 ②　11 ④　12 ④

⑤ 맞물려 회전하는 한 쌍의 기어에서 정면도를 단면도로 도시할 때에는 한 쪽 기어의 이끝원은 파선으로 그린다.

13

기하 공차를 적용할 때, 단독형체에 적용하는 공차는?

① 원통도 공차
② 위치도 공차
③ 동심도 공차
④ 평행도 공차

SOLUTION

공차의 종류		기호
단독형체	모양공차	진직도	—
		평면도	▱
		진원도	○
		원통도	⌭
단독형체 또는 관련 형체		선의 윤곽도	⌒
		면의 윤곽도	⌓

14

그림과 같은 도면에 지시한 기하공차의 설명으로 가장 옳은 것은?

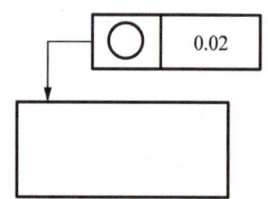

① 원통의 축선은 지름 0.02[mm]의 원통 내에 있어야 한다.
② 지시한 표면은 0.02[mm] 만큼 떨어진 2개의 평면 사이에 있어야 한다.
③ 임의의 축직각 단면에 있어서의 바깥둘레는 동일 평면 위에서 0.02[mm] 만큼 떨어진 두 개의 동심원 사이에 있어야 한다.
④ 대상으로 하고 있는 면은 0.02[mm] 만큼 떨어진 2개의 동축 원통면 사이에 있어야 한다.

SOLUTION

- 진직도 : 해당 모양에서 기하학적으로 정확한 직선을 기준으로 설정하고 이 직선으로부터 벗어나는 어긋남의 크기를 측정한다.
- 평면도 : 해당 모양에서 기하학적으로 정확한 평면을 기준으로 설정하고 이 평면으로부터 벗어나는 어긋남의 크기를 측정한다.
- 진원도 : 해당 모양에서 기하학적으로 정확한 원을 기준으로 설정하고 이 원으로부터 벗어나는 어긋남의 크기를 측정한다.
- 원통도 : 해당 모양에서 기하학적으로 정확한 원통을 기준으로 설정하고 이 원통으로부터 벗어나는 어긋남의 크기를 측정한다.

※ 보기 기하공차는 "진원도" 공차로 임의의 축 직각 단면에 있어 바깥둘레는 동일 평면 위에서 0.02[mm]만큼 떨어진 두 개의 동심원 사이에 있어야 한다.

15

암이나 리브, 림 등의 단면을 나타내기 위해 회전도시 단면도로 나타내려고 한다. 이 단면 현상을 도형 내의 절단한 곳에 겹쳐서 나타날 때는 어떤 선을 사용해야 하는가?

① 가는 실선
② 굵은 실선
③ 가는 1점 쇄선
④ 가는 파선

SOLUTION 바퀴의 암, 리브, 혹, 형강 등의 경우 절단한 단면의 모양을 90° 회전시켜 투상도의 내부에 도시할 때는 가는 실선으로, 외부에 도시할 때는 굵은 실선으로 그린다.

16

축의 치수가 $\phi 100 = {}^{+0.05}_{-0.02}$ 일 때 치수공차는 얼마인가?

① 0.02
② 0.03
③ 0.05
④ 0.07

SOLUTION 치수공차
최대허용한계 치수 - 최소허용한계 치수
0.05 - (- 0.02) = 0.07

17

나사 기호의 설명 중 틀린 것은?

① $PF\frac{1}{2}$: 관용 테이퍼 나사

② $Rp\frac{1}{2}/R\frac{1}{2}$: 관용 평행 암나사와 관용 테이퍼 수나사

③ $M50 \times 3$: 미터 가는 나사

④ $\frac{3}{8}-16UNC$: 유니파이 보통 나사

SOLUTION
- 관용 테이퍼 나사 : PT(테이퍼수나사), PS(평행 암나사)
- 관용 평행나사 : PF

18

선반에서 연동척에 대한 설명으로 옳은 것은?

① 4개의 돌려 맞출 수 있는 조(Jaw)가 있고, 조는 각각 개별적으로 조절된다.
② 원형 또는 6각형 단면을 가진 공작물을 신속히 고정시킬 수 있는 척이며, 조(Jaw)는 3개가 있고, 동시에 작동한다.
③ 스핀들 테이퍼 구멍에 슬리브를 꽂고, 여기에 척을 꽂은 것으로 가는 지름 고정에 편리하다.
④ 원판 안에 전자석을 장입하고, 이것에 직류전류를 보내어 척(Chuck)을 자화시켜 공작물을 고정한다.

SOLUTION 연동척
동시에 움직이는 3개의 조(Jaw)로 구성된 척. 완벽하게 고정되지 않아도 빠르고 편하게 공작물을 고정할 수 있으나 단동척에 비해 고정력이 약함

19

도면에 굵은 1점 쇄선으로 표시되어 있을 경우 다음 중 어느 경우에 해당되는가?

① 기어의 피치선이다.
② 인접부분을 참고로 표시하는 선이다.
③ 특수 가공을 지시하는 선이다.
④ 이동 위치를 표시하는 선이다.

SOLUTION 특수지정선

선의 종류	선의 모양	굵기
굵은 1점 쇄선	—·—·—	0.8~1.0

특수한 가공을 하는 부분 등 특별한 요구 사항을 적용할 수 있는 범위를 나타내는 선

20

기하공차의 표시 방법 중 원통도 공차를 표시한 것은?

① ○   ② ⌀
③ ◎   ④ ⊕

SOLUTION 기하공차

공차의 종류		기호
단독형체	진직도	—
	평면도	▱
모양공차	진원도	○
	원통도	⌀
단독형체 또는 관련 형체	선의 윤곽도	⌒
	면의 윤곽도	△

21

각도 측정에 사용하는 사인바의 호칭 치수는?

① 롤러의 직경
② 양쪽 롤러의 중심 사이 거리
③ 사인바의 폭
④ 사인바의 전체 길이

SOLUTION

• 사인바
  길이를 측정하여 직각 삼각형의 삼각 함수를 이용한 계산에 의하여 임의의 각의 측정 또는 임의각을 만드는 기구

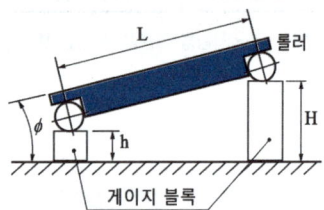

• 호칭치수 양쪽 롤러의 중심 사이 거리

22

다음 중 나사의 유효지름 측정과 가장 거리가 먼 것은?

① 나사 마이크로미터   ② 센터게이지
③ 공구현미경   ④ 삼침법

SOLUTION 나사의 유효지름 측정 방법

• 삼침법에 의한 방법 : 나사골에 3개의 핀을 끼운 후 거리를 측정해 수나사의 유효지름 측정
• 공구현미경에 의한 방법 : 투영기, 공구현미경을 이용해 광학식으로 수나사의 유효지름 측정
• 나사한계게이지에 의한 방법 : 링게이지로 수나사, 플러그게이지로 암나사를 검사하는 방법
• 나사마이크로미터에 의한 방법

23

구름베어링의 호칭번호가 6001 C2 P6으로 표시된 경우에 베어링의 안지름은 몇 [mm]인가?

① 100   ② 60
③ 12   ④ 10

SOLUTION

60	01
종류	베어링 안지름 번호

베어링 호칭의 안지름 번호 : 베어링의 안지름 치수를 나타내고, 안지름 번호가 04 이상인 것은 이 수치를 5배하면 안지름의 치수가 된다.

※ 안지름 번호 : 00(안지름 10[mm]), 01(안지름 12[mm]), 02(안지름 15[mm]), 03(안지름 17[mm]), 04(안지름 20[mm])

24

단식분할법을 이용하여 밀링가공으로 원을 중심각 $5\frac{2}{3}°$씩 분할하고자 한다. 분할판 27구멍을 사용하면 가장 적합한 가공법은?

① 분할판 27구멍을 사용하여 17구멍씩 돌리면서 가공한다.
② 분할판 27구멍을 사용하여 20구멍씩 돌리면서 가공한다.
③ 분할판 27구멍을 사용하여 12구멍씩 돌리면서 가공한다.
④ 분할판 27구멍을 사용하여 8구멍씩 돌리면서 가공한다.

SOLUTION

각도 분할법 $n = \dfrac{x}{9} = \dfrac{5\frac{2}{3}}{9} = \dfrac{\frac{17}{3}}{9} = \dfrac{17}{27}$

⇒ 27구멍 열을 선택하여 17구멍씩 이동
여기서, x = 분할각도°

25

냉간가공에 의하여 경도 및 항복강도가 증가하나 연신율은 감소하는데 이 현상을 무엇이라 하는가?

① 가공경화 ② 탄성경화
③ 표면경화 ④ 시효경화

SOLUTION
- 가공경화 : 금속재료를 기계가공이나 소성변형시켜 경도를 증가시키는 방법
- 표면경화 : 금속의 표면부만 전혀 다른 조성으로 변화시키거나 성질을 변화시켜 재료 표면의 기계적 성질을 개선하는 방법
- 시효경화 : 금속재료를 일정한 시간과 적당한 온도에 놓아두면 단단해지는 현상

26

선 그리기에서 틀린 것은?

① 외형선과 은선의 연장을 표시하는 데 가는 실선을 사용한다.
② 회전단면과 지시선은 가는 실선으로 한다.
③ 중심선과 피치선은 가는 1점 쇄선으로 한다.
④ 가상선은 굵은 실선으로 한다.

SOLUTION 가는 실선의 종류 및 용도
- 치수선 : 치수를 기입하기 위한 선
- 치수보조선 : 치수를 기입하기 위하여 도형에서 인출한 선
- 지시선 : 지시, 기호 등을 나타내기 위하여 인출한 선
- 회전 단면선 : 도형 내에 그 부분의 전단면을 90° 회전시켜서 나타내는 선
- 중심선 : 도형의 중심을 나타내는 선
- 수준면선 : 수면, 액면 등의 위치를 나타내는 선

27

표면의 결 도시방법에서 제거 가공을 허락하지 않는 것을 지시하고자 할 때 사용하는 제도 기호로 옳은 것은?

① 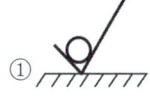   ②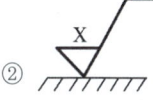

③ 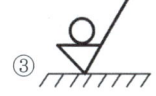   ④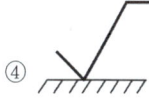

SOLUTION 제거 가공 표시 기호

제거 가공	제거 가공을 필요로 함	제거 가공 허락하지 않음

28

KS 나사 표시 방법에서 G 1/2 A로 기입된 기호의 올바른 해독은?

① 가스용 암나사로 인치 단위이다.
② 관용 평행 암나사로 등급이 A급이다.
③ 관용 평행 수나사로 등급이 A급이다.
④ 가스용 수나사로 인치 단위이다.

SOLUTION G - 관용 평행 나사
나사의 호칭에 대한 표시방법의 보기 : G 1/2 A

29

다음 중 검출 방법이 접촉식인 것은?

① 근접 스위치 ② 리밋 스위치
③ 광전 스위치 ④ 초음파 스위치

정답 25 ① 26 ④ 27 ① 28 ③ 29 ②

SOLUTION
- 접촉식 : 리밋 스위치
- 비접촉식 : 근접 스위치, 광전 스위치, 리드 스위치, 초음파 스위치

30

드릴링 머신으로 할 수 있는 기본 작업 중 접시머리 볼트의 머리 부분이 묻히도록 원뿔자리 파기 작업을 하는 가공은?

① 태핑
② 카운터 싱킹
③ 심공 드릴링
④ 리밍

SOLUTION 드릴링 머신 가공의 종류

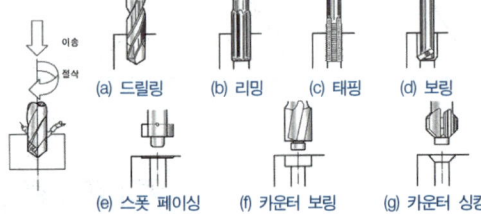

31

투상법에 관한 KS B 기계제도 규정 설명 중 틀린 것은?

①   은 제1각법의 표시 기호이다.
② 제3각법에 따르는 것이 원칙이다.
③ 필요한 경우에는 제1각법을 따를 수 있다.
④ 투상법의 기호를 표제란 또는 그 근처에 나타낸다.

SOLUTION 투상법
- 1각법()
  - 눈→물체→투상으로 선박제도에 사용된다.
  - 평면도는 정면도 아래에 배치된다.
  - 좌측면도는 정면도의 우측에, 우측면도는 좌측에 배치한다.
- 3각법( )
  - 눈→투상→물체로 기계제도에 사용된다.
  - 평면도는 정면도 위에 배치된다.
  - 측면도는 정면도를 중심으로 좌·우측에 배치한다.

32

스트레인 게이지와 로드 셀은 무슨 종류의 센서와 관계가 있는가?

① 온도 센서
② 자기 센서
③ 압력 센서
④ 광 센서

SOLUTION
① 온도센서 : 측온저항체, 적외선 센서, 서미스터, 열전온도계
② 자기센서 : 홀 소자, 자기저항 소자
③ 압력센서 : 스트레인 게이지, 로드 셀
④ 광센서 : 포토 커플러, 포토 다이오드, 포토 트랜지스터

33

유압 실린더가 기반으로 하고 있는 원리 또는 법칙은?

① 뉴턴의 법칙
② 아베의 원리
③ 파스칼의 원리
④ 베르누이의 정리

SOLUTION 유압 실린더는 파스칼의 원리를 기반으로 한다.
- 파스칼의 원리 : 비압축성 유체를 밀폐된 공간에 담아 유체의 일부에 힘을 가하여 압력을 증가시키면, 유체 내의 압력은 모든 부분에 똑같은 크기로 전달된다.
- 베르누이의 정리 : 점성이 없는 비압축성의 액체가 수평 관을 흐를 때 속도에너지, 위치에너지, 압력에너지의 합은 항상 일정하다.
- 아베의 원리 : 표준자와 피측정물은 동일 축선상에 있어야 한다는 원리

34

두 개의 입력신호가 서로 같은 경우에만 출력이 발생되는 논리는?

① AND
② XOR
③ NOT
④ XNOR

정답: 30 ② 31 ① 32 ③ 33 ③ 34 ④

SOLUTION
- AND : 두 개의 입력신호가 모두 있어야 출력이 발생
- OR : 두 개의 입력신호 중 하나의 신호만 있어도 출력 발생
- NOT : 입력신호와 다른 출력이 발생
- XOR : 두 개의 입력신호가 서로 다른 경우에만 출력이 발생
- XNOR : 두 개의 입력신호가 서로 같을 경우에만 출력이 발생

35

다음 공기압 회로도의 기기 순서로 옳게 나열한 것은?

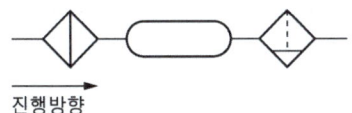

① 루브리케이터 → 공기 탱크 → 에어드라이어
② 에어드라이어 → 공기 탱크 → 루브리케이터
③ 냉각기 → 공기 탱크 → 드레인 배출구 붙이 필터
④ 드레인 배출구 붙이 필터 → 공기탱크 → 냉각기

SOLUTION

냉각기	공기 탱크	드레인 붙이 필터
◇	◯	◇

36

PLC의 주변장치를 사용하여 프로그램을 PLC의 메모리에 기억시키는 작업을 무엇이라고 하는가?

① 로딩
② 코딩
③ 입력할당
④ 출력할당

SOLUTION
- 로딩 : PLC 주변장치를 사용하여 프로그램을 PLC의 메모리에 기억시키는 작업
- 코딩 : PLC용 시퀀스 래더도에 따라 명령문을 순서대로 기입하는 작업

37

PLC의 출력에 해당하지 않는 것은?

① Lamp
② Motor
③ Sensor
④ Solenoid Valve

SOLUTION
- PLC 입력 : 센서, 스위치
- PLC 출력 : 램프, 모터, 솔레노이드 밸브, 실린더

38

측온 저항온도계에서 사용하는 금속 저항체가 아닌 것은?

① 백금
② 니켈
③ 안티몬
④ 구리

SOLUTION 측온 저항체(RTD)
- 금속체의 전기저항은 일반적으로 온도에 따라서 변화하며 이러한 성질을 이용하여 온도를 측정하는 접촉식 온도 센서이다.
- 측온 저항체로 백금, 구리, 니켈 등의 순금속이 사용되고 있으며, 저항온도계수가 크고, 사용온도 범위가 넓고 제작이 쉽고, 소성 가공이 용이한 것이 좋으며, 기계적, 화학적으로 안정된 것이 좋다.
- 고온 측정이 불가능하고 구조가 복잡하여 형상이 크고 응답속도가 느리다.

39

다음 중 입력장치로만 짝지어진 것은?

① 릴레이, 타이머, 카운터
② 타이머, 카운터, 엔코더
③ 습도센서, 토글스위치, 릴레이
④ 푸시버튼, 캠스위치, 토글스위치

SOLUTION
- 입력장치 : 센서, 스위치, 엔코더
- 출력장치 : 릴레이, 타이머, 카운터, 모터, 솔레노이드 밸브, 램프 등

정답 35 ③ 36 ① 37 ③ 38 ③ 39 ④

40

자동제어의 장점이 아닌 것은?

① 제품의 품질이 균일화되어 불량품이 감소한다.
② 연속작업이 가능하다.
③ 고속작업이 가능하다.
④ 시설투자비가 적게 든다.

SOLUTION 자동제어의 특징
- 생산원가를 줄일 수 있고 생산량을 증대시킬 수 있다.
- 품질을 균일화시키고 인건비를 감축시킬 수 있다.
- 생산설비의 수명이 길어진다.
- 작업환경을 향상시킬 수 있다.
- 초기 시설투자비가 많이 든다.

41

10진수 56을 BCD코드로 나타내면?

① 1101 1001 ② 0101 0110
③ 1100 1100 ④ 1010 1101

SOLUTION
10진수 56을 BCD 코드(2진수, 8자리)로 나타내면,
- 십진수 5 → 2진수 $0101_{(2)}$
- 십진수 6 → 2진수 $0110_{(2)}$

42

릴레이의 기능을 설명한 것 중 틀린 것은?

① 증폭 기능   ② 교환 기능
③ 연산 기능   ④ 10진 정보의 저장기능

SOLUTION 릴레이의 기능
- 증폭기능
- 교환기능
- 연산기능

43

ISO 규격에 의한 공유압 밸브 연결구 표시방법으로 옳은 것은?

① 공급라인 : 1   ② 배기라인 : 2, 4, 6
③ 작업라인 : 3, 5, 7 ④ 제어라인 : 11, 13, 15

SOLUTION 밸브 연결구 표시방법

구분	ISO-1219	ISO-5599
작업라인	A, B, C	2, 4, 6
공급라인	P	1
배출구	R, S, T	3, 5, 7

44

PLC기본 모듈(CCU)의 구성이 아닌 것은?

① 전원부   ② A/D변환부
③ CPU   ④ 입출력부

SOLUTION PLC 기본 모듈(CCU)의 구성
전원부, CPU, 입출력부로 구성되어 있다.

45

실린더 피스톤의 운동 속도를 증가시킬 목적으로 사용하는 밸브는?

① 이압 밸브   ② 셔틀 밸브
③ 체크 밸브   ④ 급속 배기 밸브

SOLUTION
- 이압 밸브 : 두 개의 입구와 한 개의 출구를 갖춘 밸브로 두 개의 입구에 압력이 작용할 때만 출구에 출력이 작용(AND밸브)한다.
- 셔틀 밸브 : 두 개 이상의 입구와 한 개의 출구를 갖춘 밸브로 압력에 따라 선택적으로 유압유를 통과시키며, 저압 우선형 셔틀 밸브와 고압 우선형 셔틀 밸브로 나뉜다.
- 체크 밸브 : 유체의 흐름을 선택적으로 허용하거나 차단시키는 밸브

46

유압기계 장치에서 유압을 제어하는 밸브의 3종류로 맞지 않는 것은?

① 압력제어 밸브   ② 감압제어 밸브
③ 유량제어 밸브   ④ 방향제어 밸브

SOLUTION 유압제어 밸브는 크게 3가지로 나눈다.
- 압력제어 밸브
- 유량제어 밸브
- 방향제어 밸브
※ 감압제어 밸브는 압력제어 밸브의 종류 중 하나이다.

47

2개 이상의 실린더나 모터를 동일 속도로 또는 위치로 제어하고자 할 때 구성되는 회로는?

① 동조 회로   ② 카운터 밸런스 회로
③ 감속 회로   ④ 시퀀스 회로

SOLUTION
- 동조 회로 : 2개의 실린더를 똑같이 움직이게 하는 회로로 유압에서는 래크와 피니언에 의한 동조, 실린더의 직렬 결합에 의한 동조 등이 있다.
- 카운터 밸런스 회로 : 부하가 급격히 감소되었을 때 피스톤이 자유 낙하 하는 것을 방지하는 회로
- 시퀀스 회로 : 순차적으로 작동하고, 실린더가 2개인 회로

48

캐비테이션의 방지책이 아닌 것은?

① 펌프의 설치 위치를 되도록 낮게 할 것
② 흡입관을 가능한 짧게 할 것
③ 펌프의 회전수를 낮게 할 것
④ 흡입양정을 크게 할 것

SOLUTION 캐비테이션의 방지법
- 흡입양정을 작게 한다.
- 펌프 흡입 라인을 가능한 짧게 한다.
- 펌프의 운전속도는 규정 속도 이상으로 해서는 안 된다.
- 단흡입형 펌프이면 양흡입형 펌프로 고친다.
- 펌프의 설치위치를 낮게 한다.
- 임펠러의 재질을 침식에 강한 것으로 선택한다.

49

유압 실린더의 조립형식에 의한 분류에 속하지 않는 것은?

① 슬라이딩 방식   ② 일체형 방식
③ 플랜지 방식   ④ 볼트 삽입 방식

SOLUTION 유압 실린더의 조립형식에 의한 분류
- 일체형 방식
- 플랜지 방식
- 볼트 삽입 방식

50

다음은 압력을 표시한 단위이다. SI(International System of Unit) 단위계에서 압력의 기본 단위로 맞는 것은?

① [Pa]   ② [bar]
③ [kgf/cm²]   ④ [psi]

SOLUTION SI단위계에서 압력의 단위는 [Pa]이다.

51

역학 센서의 범주에 들지 않는 것은?

① 습도 센서
② 길이 센서
③ 압력 센서
④ 진동 센서

SOLUTION

- 화학 센서 : 이온, 효소, 미생물, 가스, 면역, 매연, 습도 센서
- 물리 센서 : 전기, 자기, 칼라, 방사선, 광센서
- 역학 센서 : 길이, 변위, 압력, 진공, 속도·가속도, 진동, 하중 센서

52

윤활제가 구비해야 할 조건 중 틀린 것은?

① 화학적으로 안정되고 고온에서 변화가 없을 것
② 인화점이 낮을 것
③ 윤활성이 좋을 것
④ 적당한 점도를 가질 것

SOLUTION 윤활제 구비조건

- 화학적으로 안정되고 고온에서 변화가 없을 것
- 인화점이 높을 것
- 윤활성이 좋을 것
- 적당한 점도를 가질 것

53

다음 시퀀스제어 회로도의 동작설명으로 옳은 것은? (단, GL은 녹색램프이고, RL은 적색램프이다)

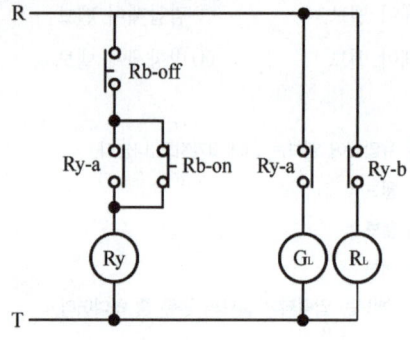

① R과 T에 전원만 넣으면 녹색 램프가 켜진다.
② R과 T에 전원만 넣으면 적색 및 녹색 램프가 동시에 켜진다.
③ Pb-on 스위치를 누르는 동안만 녹색 램프가 켜진다.
④ Pb-on 스위치를 한 번만 눌렀다 놓아도 녹색램프는 켜진 상태로 유지된다.

SOLUTION

- R과 T에 전원만 넣으면 적색 램프가 켜진다.
- Pb-on 스위치를 한 번만 눌렀다 놓아도 녹색램프는 켜진 상태로 자기유지된다.
- Pb-off 스위치를 한 번만 눌렀다 놓으면 Ry 릴레이가 소거되어 적색 램프가 다시 켜진다.

54

유압 실린더나 유압 모터의 작동 방향을 바꾸는 데 사용되는 것으로 회로 내의 유체 흐름의 통로를 조정하는 것은?

① 체크 밸브
② 유량 제어 밸브
③ 방향 제어 밸브
④ 압력 제어 밸브

SOLUTION
- 체크 밸브 : 유체가 역류하여 흐르는 것을 방지해주는 밸브
- 유량 제어 밸브 : 관의 단면적을 변화시켜 유량을 제어하고 액추에이터의 속도와 회전수를 변화시키는 밸브
- 압력 제어 밸브 : 압축 공기의 변화를 일정한 압력치로 제어해서 안정된 공기 압력을 공급하는 밸브

55

다음 불대수 식의 결과로 옳은 것은?

$$(A+B) \cdot (A+\overline{B})$$

① A
② B
③ $A+B$
④ $A \cdot B$

SOLUTION
$Y = (A+B) \cdot (A+\overline{B})$
$\quad = (A \cdot A) + (A \cdot \overline{B}) + (A \cdot B) + (B \cdot \overline{B})$
$\quad = A + A + (A \cdot B) + 0 = A$

56

액추에이터의 공급 쪽 관로에 설정된 바이패스 관로의 흐름을 제어함으로써 속도를 제어하는 회로는?

① 미터 인 회로
② 미터 아웃 회로
③ 블리드 온 회로
④ 블리드 오프 회로

SOLUTION
① 미터 인 회로 : 액추에이터에 공급되는 유량을 제어
② 미터 아웃 회로 : 액추에이터에서 배출되는 유량을 제어
③ 해당 없음
④ 블리드 오프 회로 : 공급쪽 관로에 바이패스관로를 설치하여 바이패스로의 흐름을 제어하는 회로

57

감각기능 및 인식기능에 의해 행동결정을 할 수 있는 로봇은?

① 지능 로봇
② 수치제어 로봇
③ 플레이 백 로봇
④ 매뉴얼 머니퓰레이션

SOLUTION 입력정보 교시에 의한 로봇의 분류
- 고정 시퀀스 로봇 : 미리 설정된 순서와 조건 및 위치에 따라 동작의 각 단계를 차례로 거쳐나가는 머니퓰레이터로 설정정보 변경 불가능
- 가변 시퀀스 로봇 : 미리 설정된 순서와 조건 및 위치에 따라 동작의 각 단계를 차례로 거쳐나가는 머니퓰레이터로 설정정보 변경 가능
- 플레이백 로봇 : 머니퓰레이터를 조작하여 미리 작업을 설정함으로써 그 작업의 순서, 위치 및 기타의 정보를 기억시켜 이를 재생함으로써 그 작업을 되풀이 할 수 있는 머니퓰레이터
- 수치제어 로봇 : 순서, 위치 기타의 정보를 수치에 의해 지령 받은 작업을 할 수 있는 머니퓰레이터
- 지능 로봇 : 감각기능 및 인식기능에 의해 행동 결정을 할 수 있는 로봇

58

공압 조정 유닛 구성 요소로 맞는 것은?

① 필터-압력조절기-윤활기
② 공기건조기-냉각기-윤활기
③ 기름 분무 분리기-냉각기-건조기
④ 자동배수밸브-압력조절기-공기건조기

SOLUTION 공압 조정 유닛 구성요소
- 압축공기 필터
- 압축공기 조절기(감압밸브)
- 압축공기 윤활기(루브리케이터)

59

다음 PLC 언어 중 문자식 언어가 아닌 것은?

① IL　　　　　　② ST
③ FBD　　　　　 ④ SFC

SOLUTION 문자식 언어에는 IL, ST, SFC가 있다. FBD는 도형식 언어이다.

60

회로압이 설정압을 넣으면 막(膜)이 유체압에 의하여 파열되어 유압유를 탱크로 귀환시킴과 동시에 압력 상승을 막아 기기를 보호하는 역할을 하는 것은?

① 감압 밸브　　　　② 압력스위치
③ 체크 밸브　　　　④ 유체퓨즈

SOLUTION
- 감압밸브 : 공급압력을 일정하게 유지시키기 위해 고압의 유체를 감압시키는 밸브
- 압력스위치 : 회로의 압력이 설정치 이상 또는 이하에 달하면 전기접점을 개폐하는 스위치
- 체크 밸브 : 유량을 한쪽 방향으로는 흐를 수 있게 하지만, 반대 방향의 흐름은 차단하는 역할을 하는 밸브

CBT 복원문제　　2022 * 1

※ 2016년 5회부터는 CBT 방식으로 전면 시행됨에 따라 실제 수험생 분들의 복원을 토대로 문제를 구성하였습니다.

01

다음 중 직접 측정기가 아닌 것은?

① 측장기　　　　② 마이크로미터
③ 버니어캘리퍼스　④ 공기 마이크로미터

SOLUTION
- 직접 측정기 : 눈금자, 측장기, 버니어캘리퍼스, 마이크로미터 등
- 비교 측정기 : 다이얼게이지, 두께게이지, 공기 마이크로미터, 옵티미터 등
- 간접 측정기 : 사인바, 삼침법을 이용한 나사유효지름측정 등

02

가공방법의 보조기호 중에서 리밍(Reaming) 가공에 해당하는 것은?

① FS　　② FL
③ FF　　④ FR

SOLUTION
- FS : 스크레이퍼 다듬질
- FL : 래핑 다듬질
- FF : 줄 다듬질

03

4개의 조가 각각 단독으로 이동하여 불규칙한 공작물의 고정에 적합하고 편심가공이 가능한 선반척은?

① 연동척　　② 유압척
③ 단동척　　④ 콜릿척

SOLUTION
① 연동척 : 동시에 움직이는 3개의 조(jaw)로 구성된 척. 숙련되지 않아도 빠르고 편하게 공작물을 고정할 수 있으나 단동척에 비해 고정력이 약함
② 유압척 : 유압을 이용해 조(jaw)를 자동적으로 움직여 고정하는 척. 대량 생산에 유리함
③ 단동척 : 각각 단독으로 움직이는 4개의 조(jaw)로 구성된 척. 불규칙한 가공물을 고정할 수 있고 고정력이 강함
④ 콜릿척 : 지름이 작은 가공물이나 봉재를 가공할 때 사용하는 척

04

선반 가공에서 직경 60[mm], 길이 100[mm]의 탄소강 재료 환봉을 초경바이트를 사용하여 1회 절삭 시 가공 시간은 약 몇 초인가? (단, 절삭깊이 1.5[mm], 절삭속도 150[m/min], 이송은 0.2[mm/rev]이다)

① 38초　　② 42초
③ 48초　　④ 52초

SOLUTION
- 회전수

$$n = \frac{1{,}000v}{\pi d} = \frac{1{,}000 \times 150}{\pi \times 60} \fallingdotseq 795.8[\text{rpm}]$$

- 가공 시간

$$t = \frac{L}{nf} = \frac{100}{795.8 \times 0.2}$$
$$\fallingdotseq 0.63[\text{min}] = 0.63 \times 60 = 37.8[\text{초}]$$

정답　01 ④　02 ④　03 ③　04 ①

05

절삭유가 갖추어야 할 조건으로 틀린 것은?

① 마찰계수가 적고 인화점이 높을 것
② 냉각성이 우수하고 윤활성이 좋을 것
③ 장시간 사용해도 변질되지 않고 인체에 무해할 것
④ 절삭유의 표면장력이 크고 칩의 생성부에는 침투되지 않을 것

SOLUTION 절삭유의 구비조건
- 윤활성 및 냉각성이 우수해야 한다.
- 화학적으로 안정되고 산화되지 않아야 한다.
- 휘발성이 없어야 하고 인화점과 발화점이 높아야 한다.
- 구하기 쉽고 저렴하며 회수가 용이해야 한다.
- 인체에 해롭지 않아야 한다.

06

일반적으로 보통 선반의 크기를 표시하는 방법이 아닌 것은?

① 스핀들의 회전속도
② 왕복대 위의 스윙
③ 베드 위의 스윙
④ 주축대와 심압대 양 센터 간 최대거리

SOLUTION 선반의 크기 표시
- 베드 위의 스윙 : 가공 가능한 공작물의 최대 지름으로 표시
- 왕복대 위의 스윙 : 왕복대 윗면에서부터의 공작물 최대 지름으로 표시
- 양 센터 사이의 최대 거리 : 가공 가능한 공작물의 최대 길이로 표시
- 베드 길이 : 선반의 최대 길이로 표시

07

오스테나이트 조직을 굳은 조직인 베이나이트로 변환시키는 항온 변태 열처리법은?

① 서브제로   ② 마템퍼링
③ 오스포밍   ④ 오스템퍼링

SOLUTION
- 심냉처리(서브제로) : 담금질 직후 조직의 성질을 저하시키고 뜨임 변형을 유발하는 잔류오스테나이트를 없애기 위하여 0[℃] 이하로 냉각하는 열처리
- 오스템퍼링 : 오스테나이트에서 Ms(마르텐자이트 변태시작점) 위의 온도까지 급랭 후 일정시간 동안 온도를 유지시켜 베이나이트 조직을 얻는 열처리
- 오스포밍 : 오스테나이트 상태의 강을 항온 변태 곡선의 코(nose)의 밑의 온도까지 급랭하고 Ms점에 달할 때까지의 사이에 압연 등의 가공으로 담금질하는 열처리

08

숏피닝(Shot Peening)에 대한 설명으로 틀린 것은?

① 숏피닝은 얇은 공작물일수록 효과가 크다.
② 가공물 표면에 작은 해머와 같은 작용을 하는 형태로 일종의 열간 가공법이다.
③ 가공물 표면에 가공 경화된 잔류 압축응력층이 형성된다.
④ 반복하중에 대한 피로파괴에 큰 저항을 갖고 있기 때문에 각종 스프링에 널리 이용된다.

SOLUTION 숏피닝
강구(쇼트)를 압축공기로 분사하여 공작물의 표면을 두드려 가공경화시켜 기계적 성질을 향상시키는 가공 방법. 제품의 치수나 재질의 변경 없이 피로강도가 향상시키는 방법이며, 공작물 표면에 가공 경화된 잔류 압축응력층이 형성되며 얇은 공작물일수록 효과가 커진다.

09

주철과 같은 강하고 깨지기 쉬운 재료(매진 재료)를 지속으로 절삭할 때 생기는 칩의 형태는?

① 균열형 칩 ② 유동형 칩
③ 열단형 칩 ④ 전단형 칩

SOLUTION

① 균열형 칩 : 공구에 의해 깨지듯이 절삭되어 나오는 칩. 취성이 큰 재료를 저속절삭 시 발생
② 유동형 칩 : 절삭공구의 경사면을 따라 연속적으로 흘러나오는 칩. 가공면이 깨끗함
③ 열단형 칩 : 공구가 공작물을 뜯어내듯 흔적이 남는 칩. 연하고 질긴 재료를 저속절삭 시 발생
④ 전단형 칩 : 칩이 원활히 흐르지 못해 공구 윗면에서 끊어지듯 발생하는 칩. 거칠기가 나쁨

10

표면경화법에서 금속침투법 중 아연을 침투시키는 것은?

① 칼로라이징   ② 세라다이징
③ 크로마이징   ④ 실리코나이징

SOLUTION 금속침투법

금속표면을 다른 종류의 금속으로 피복시켜 합금층을 만드는 방법

종류	열처리 특징
세라다이징	아연(Zn)을 침투 : 내식성, 방청성 증가
크로마이징	크로뮴(Cr)을 침투 : 내식성, 내열성, 내마모성, 경도 증가
칼로라이징	알루미늄(Al)을 침투 : 고온산화방지, 내열성 증가
보로나이징	붕소(B)를 침투 : 내식성, 경도 증가
실리코나이징	규소(Si)를 침투 : 내산성, 내열성 증가

11

나사의 종류를 표시하는 기호 중에서 관용 평행 나사를 나타내는 것은?

① E ② G
③ M ④ R

SOLUTION

① E : 전구 나사
③ M : 미터 나사
④ R : 테이퍼 수나사

12

롤러 중심거리 200[mm]인 사인바로 게이지 블록 42[mm]를 사용하여 피측정물의 경사면이 정반과 평행을 이루었을 때, 피측정물 구배값은 약 몇 도(°)인가?

① 30 ② 25
③ 21 ④ 12

SOLUTION

사인바에 의한 각도 측정

$\sin\theta = \dfrac{\Delta H}{L}$ 에서,

$\theta = \sin^{-1}\left(\dfrac{\Delta H}{L}\right) = \sin^{-1}\left(\dfrac{42}{200}\right) ≒ 12.12°$

13

다음 그림과 같은 리벳 이음의 명칭은?

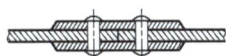

① 1열 겹치기 이음   ② 1열 맞대기 이음
③ 2열 겹치기 이음   ④ 2열 맞대기 이음

SOLUTION 리벳 이음의 종류

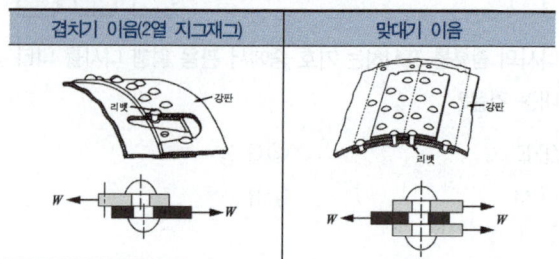

14

국부 투상도를 그릴 때 투상 관계를 나타내기 위하여 사용할 수 있는 선이 아닌 것은?

① 가상선
② 중심선
③ 기준선
④ 치수보조선

SOLUTION 대상물의 구멍, 홈 등 한 국부만의 모양을 도시하는 것으로 충분한 경우에는 그 필요한 부분을 국부 투상도로서 나타낸다. 투상 관계를 나타내기 위하여 원칙적으로 주된 그림에 중심선, 기준선, 치수보조선 등으로 연결한다.

15

치수배치방법이 아닌 것은?

① 직선 치수 기입법
② 병렬 치수 기입법
③ 누진 치수 기입법
④ 공간 치수 기입법

SOLUTION 치수의 배치
- 직렬(직선) 치수 기입방법
- 병렬 치수 기입방법
- 누진 치수 기입방법(기점 위치는 O 기호로 표시)

16

평행 핀의 호칭이 바른 것은?

① 명칭, 종류, 형식, 호칭지름×길이, 재료
② 명칭, 형식, 종류, 호칭지름×길이, 재료
③ 명칭, 호칭지름×길이, 재료, 지정사항
④ 명칭, 재료, 호칭지름×길이, 지정사항

SOLUTION 핀의 호칭방법

명칭	호칭방법
평행 핀	규격 번호 또는 명칭, 종류, 형식, 호칭지름×길이, 재료
테이퍼 핀	명칭, 등급, 호칭지름×길이, 재료
슬롯 테이퍼 핀	명칭, 호칭지름×길이, 재료, 지정사항
분할 핀	규격 번호 또는 명칭, 호칭 지름×길이, 재료

17

단면도에서 해칭에 관한 설명 중 틀린 것은?

① 해칭은 주된 중심선에 대하여 45°로 하는 것이 좋다.
② 인접단면의 해칭은 선의 방향이나 각도를 변경한다.
③ 해칭선의 간격이나 해칭선의 굵기로 단면을 구분할 수 있다.
④ 해칭을 하는 부분안에 글자, 기호를 기입하기 위해 해칭을 중단할 수 있다.

SOLUTION 단면도의 해칭
- 해칭은 주된 중심선에 대하여 45°로, 가는 실선으로 등간격으로 표시한다.
- 동일 부품의 단면은 떨어져 있어도 해칭의 방향과 간격 등을 같게 한다.
- 서로 인접하는 단면의 해칭은 선의 방향 또는 각도(30°, 45°, 60° 임의의 각도) 및 그 간격을 바꾸어서 구별한다.
- 경사진 단면의 해칭선은 경사진 면에 수평이나 수직으로 그리지 않고, 재질에 관계없이 기본 중심에 대하여 45° 경사진 각도로 그린다.
- 절단 자리의 면적이 넓을 경우에는 그 외형선을 따라 적절한 범위에 해칭을 한다.
- 해칭을 하는 부분 속에 문자, 기호 등을 기입하기 위해 필요할 경우에는 해칭을 중단한다.
- 단면도에 재료 등을 표시하기 위하여 특수한 해칭을 해도 좋다.

18

다음 밸브 그림 기호 설명 중 맞는 것은?

① ▷◁ 밸브 일반
② ▷◁ 앵글 밸브
③ ▶◁ 안전 밸브
④ ▷◁ 체크 밸브

SOLUTION

밸브·콕의 종류	그림 기호	밸브·콕의 종류	그림 기호
밸브 일반	▷◁	앵글 밸브	△
게이트 밸브	▷◁	3방향 밸브	▷◁
글로브 밸브	▶●◁	안전 밸브	≶
체크 밸브	▶◁ 또는 ◁		≶
볼 밸브	▷◁		
버터플라이밸브	▷◁ 또는 ▶●	콕 일반	▷◁

19

스퍼 기어의 요목표에 보통이로 표시되는 것과 가장 관계 깊은 것은?

① 기어치형
② 공구압력각
③ 다듬질방법
④ 공구치형

SOLUTION 스퍼 기어의 요목표
- 기어치형 : 표준 또는 전위
- 공구치형 : 보통이
- 공구압력각 : 20°, 14.5°
- 다듬질방법 : 호브 절삭

20

아래 그림은 볼트(Bolt)의 간략 도시법이다. 나사의 불완전부 A는?

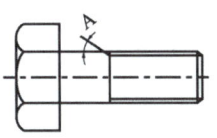

① 30°
② 45°
③ 60°
④ 75°

SOLUTION 불완전나사부의 골밑을 표시하는 선은 축선에 대하여 30° 경사진 가는 실선으로 표시하고 필요에 따라서 불완전 나사부의 치수를 표시한다.

21

그림의 기하공차의 기호가 나타내는 것은?

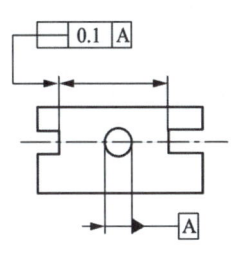

① 진직도
② 원통도
③ 동심도
④ 대칭도

SOLUTION

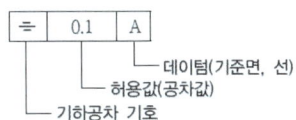

22

리벳팅이 끝난 후에 리벳머리의 주위 또는 강판의 가장자리를 정으로 때려 밀착시켜 틈을 없애는 작업은?

① 코킹
② 시밍
③ 드로잉
④ 풀러링

SOLUTION
- 코킹 : 보일러와 같이 기밀을 필요로 할 때 리벳 작업이 끝난 후에 리벳머리 주위와 강판의 가장자리를 정으로 때리는 작업
- 풀러링 : 코킹 작업 후 기밀을 완전하게 유지하기 위해 강판과 같은 너비의 풀러링 공구로 때려 붙이는 작업

23

다음 도면에서 A의 길이는?

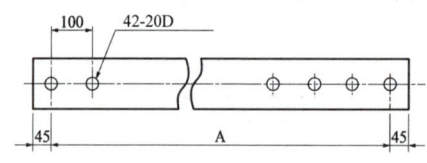

① A=2,000
② A=4,100
③ A=4,200
④ A=4,500

SOLUTION
합계치수(A)=(구멍수−1)×같은 간격 치수
A=(42−1)×100=4,100

24

베어링의 형식번호에서 N은 무엇을 나타내는가?

① 단열홈형
② 복열 자동 조심형
③ 단열 앵귤러 컨택트형
④ 원통 롤러형

SOLUTION 베어링의 형식번호(첫번째 숫자)

1 : 복열 자동 조심형
2, 3 : 복열 자동 조심형(큰나비)
6 : 단열 홈형
7 : 단열 앵귤러 볼형
N : 원통 롤러형

25

센터리스 연삭의 특징으로 틀린 것은?

① 가늘고 긴 가공물의 연삭에 적합하다.
② 연속작업을 할 수 있어 대량 생산이 용이하다.
③ 키 홈과 같은 긴 홈이 있는 가공물은 연삭이 어렵다.
④ 축 방향의 추력이 있으므로 연삭 여유가 커야 한다.

SOLUTION 센터리스 연삭기의 특징

가늘고 긴 원통형 공작물을 조정숫돌을 이용해 연속적으로 연삭하는 연삭기

장점	• 높은 숙련을 요구하지 않는다. • 센터가 필요하지 않아 센터 구멍을 가공할 필요가 없고, 중공의 가공물을 연삭할 때 편리하다. • 연삭 여유가 작아도 된다. • 가늘고 긴 공작물의 연삭에 적합하다. • 연삭숫돌의 폭이 크므로, 연삭숫돌 지름의 마멸이 적어, 수명이 길다.
단점	• 대형이나 중량물의 연삭이 불가능하다. • 긴 홈이 있는 가공물의 연삭이 불가능하다. • 연삭숫돌 폭보다 넓은 가공물은 플랜지 컷 방식으로 연삭할 수 없다.

정답 22 ① 23 ② 24 ④ 25 ④

26

최대 실체공차방식은 주로 두 개의 형태를 단순히 조립할 필요가 있을 때에 치수 여유분을 적용할 경우 다음 중 가장 올바른 설명은?

① 자세공차에만 적용할 수 있다.
② 위치공차에만 적용할 수 있다.
③ 자세공차 또는 위치공차에 적용한다.
④ 자세공차 또는 위치공차에는 적용할 수 없다.

SOLUTION 최대실체공차의 적용은 자세공차(∥, ⊥, ∠)와 위치공차(⊕)에 쓰인다.

27

단면도를 나타낼 때 긴 쪽 방향으로 절단하여 도시할 수 있는 것은?

① 볼트, 너트 와셔
② 축, 핀, 리브
③ 리벳, 강구, 키
④ 기어의 보스

SOLUTION 단면으로 표시하지 않는 부품
- 길이 방향으로 절단하지 않는 부품
  - 축, 스핀들 종류
  - 볼트, 너트, 와셔 종류
  - 작은 나사(Machine Screw), 세트 스크루 종류
  - 키, 핀, 코터, 리벳 종류
- 세로 방향으로 절단하지 않는 부품 : 리브, 바퀴의 암, 기어의 이(치), 핸들 등
- 얇은 부분 : 리브, 웨브
- 베어링의 볼, 롤러 등

28

기어, 풀리, 커플링 등의 회전체를 축에 고정시켜서 회전운동을 전달시키는 기계요소는?

① 나사
② 리벳
③ 핀
④ 키

SOLUTION 키(Key)는 축에 기어, 풀리, 플라이휠, 커플링, 클러치 등의 회전체를 고정시켜서 회전 운동을 전달시키는 결합용과 보스를 축에 고정하지 않고 축 방향으로 이동할 수 있게 한 것이 있다.

29

다음의 도면을 올바르게 제3각법으로 투상한 정면도는 어느 것인가? (단, 화살표 방향에서 본 것을 정면도로 한다)

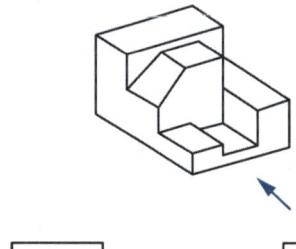

 ①
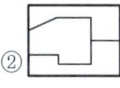 ②
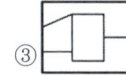 ③
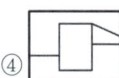 ④

SOLUTION 화살표 방향으로 도형을 투상하면 ②번과 같은 형상이 나옴

30

축 이음 중 두 축이 평행하고 각속도의 변동없이 토크를 전달하는 데 가장 적합한 것은?

① 올덤 커플링 ② 플렉시블 커플링
③ 유니버설 커플링 ④ 플랜지 커플링

SOLUTION
- 플렉시블 커플링 : 두 축의 중심선을 일치시키기 어렵거나 또는 전달토크의 변동으로 충격을 받거나 고속회전으로 진동을 일으키는 경우 고무, 강선, 가죽, 스프링 등을 이용하여 충격과 진동을 완화시켜 주는 데 사용한다.
- 올덤 커플링 : 두 축이 평행하며 두 축 사이가 변화하는 경우에 사용되며, 각속도 변화가 없지만 진동이나 마찰 저항이 커서 고속회전에 부적합하다.
- 유니버설 커플링 : 두 축이 만나고 각이 수시로 변화하는 경우에 사용되는 커플링으로 원동축은 등속 회전, 종동축은 부등속회전을 하여 두 축이 만나는 각도 30° 이내로 해야 한다.
- 유체 커플링 : 유체를 이용한 커플링으로 진동과 충격이 유체에 흡수되어 종동축에 전달되지 않아 자동차 등의 주동력축의 축이음에 사용된다.

31

날개의 회전운동에 따라 공기의 흐름이 회전축과 평행으로 흐르는 압축기는?

① 사류식 압축기 ② 원심식 압축기
③ 축류식 압축기 ④ 혼류식 압축기

SOLUTION 압축기 종류

압축기 종류	특성
왕복식 압축기	왕복 운동을 하는 피스톤에 의해 실린더 내에서 기체의 압축을 하는 기계로 피스톤형 압축기, 다이어프램 압축기가 있다.
회전식 압축기	회전체의 회전을 이용한 압축기로 베인형, 스크루형, 루트블로워형이 있다.
터보형 압축기	공기의 유동 원리를 이용한 터보형 공기 압축기는 각종 플랜트, 고로와 같은 대용량에 적합하다. • 공기가 날개바퀴를 축방향으로 통과하는 축류식 • 공기가 날개바퀴를 반지름방향으로 가속시키는 원심식

32

논리방정식을 간략하게 한 것으로 틀린 것은?

① $A+0=A$ ② $A+1=1$
③ $A \cdot 0 = 0$ ④ $A \cdot \overline{A} = 1$

SOLUTION

$A \cdot \overline{A} = 0$

33

다음 중 계전기에 의한 제어 시스템과 비교하여 PLC의 특징으로 볼 수 없는 것은?

① 프로그램의 변경으로 제어 동작의 변경이 가능하다.
② 프로그래밍 언어로 래더 다이어그램이 있다.
③ 입출력 장치의 착탈이 용이하다.
④ 장치 구성에 시간이 많이 소요된다.

SOLUTION PLC의 특징

- 체계적인 고장진단 및 점검이 용이하다.
- 릴레이 제어반에 비해 신뢰성이 높고, 고속 동작이 가능하다.
- 설치 면적이 작다.
- 동작 실행에 대한 내용 변경을 쉽게 할 수 있다.
- 산술, 비교 연산과 데이터 처리까지 할 수 있다.

34

긴 행정거리를 얻을 수 있도록 다단 튜브형의 로드를 갖는 실린더는?

① 충격 실린더 ② 양로드형 실린더
③ 로드리스 실린더 ④ 텔레스코프 실린더

SOLUTION 텔레스코프 실린더

짧은 실린더 본체로 긴 행정거리를 필요로 하는 경우에 사용할 수 있는 다단 튜브형 로드를 가진 실린더이다.

35

그림과 같이 입력이 A와 B인 회로도에서 출력 Y는?

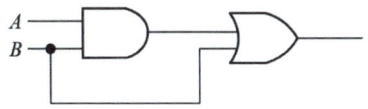

① $A \cdot B$
② $(A \cdot B) \cdot B$
③ $(A+B)+B$
④ $(A \cdot B)+B$

SOLUTION

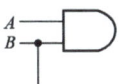 부분은 $A \cdot B$이며, 그 값에

 부분에서 $+B$가 더해지게 되어 $(A+B)+B$가 된다.

36

카운터 밸런스 밸브 및 시퀀스 밸브에 관한 설명으로 옳은 것은?

① 원격제어가 가능한 시퀀스 밸브는 내부 파일럿형이다.
② 카운터 밸런스 밸브는 압력릴리프 밸브와 체크 밸브의 조합이다.
③ 카운터 밸런스 밸브는 무부하, 시퀀스 밸브는 배압발생 밸브이다.
④ 카운터 밸런스 밸브는 압력제어 밸브, 시퀀스 밸브는 방향제어 밸브이다.

SOLUTION 카운터 밸런스 밸브의 경우 압력 릴리프 밸브의 입출구쪽을 체크 밸브로 연결해 놓은 밸브이다.

37

그림은 건설기계에서 사용되고 있는 유압모터 회로이다. 이 회로의 명칭은?

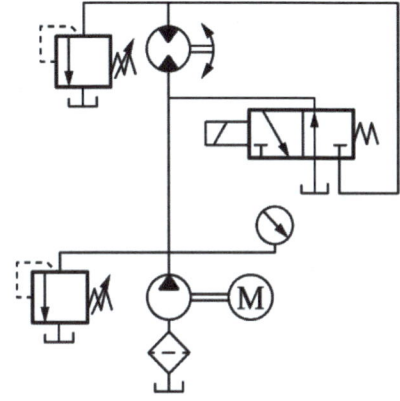

① 정토크 회로
② 직렬 배치 회로
③ 탠덤형 배치 회로
④ 병렬 배치 회로

SOLUTION 위 문제 그림은 유압 모터가 정방향으로 회전하는 정토크 회로이다.
※ 직렬 배치, 병렬 배치, 탠덤형 배치 등은 실린더와 관계된 회로이다.

38

관로 면적을 감소시킨 통로로서 길이가 단면 치수에 비하여 짧은 것은?

① 스풀(Spool)
② 초크(Choke)
③ 플린저(Plunger)
④ 오리피스(Orifice)

SOLUTION

- 교축 : 유체 흐름의 단면적을 감소 시켜 관로 내의 저항을 지니게 하는 기구를 교축이라 하며 오리피스와 초크가 있다.
- 오리피스 : 관로 단면적을 줄인 길이가 단면치수에 비해 짧은 경우의 교축을 말한다. 압력 강하는 액체의 점도에 영향을 받지 않는다.
- 초크 : 관로 단면적을 줄인 길이가 단면 치수에 비해 긴 경우의 교축을 말한다. 압력 강하는 액체의 점도에 따라 크게 영향을 받는다.

39

펌프의 송출압력이 50[kgf/cm²], 송출량이 20[L/min]인 유압 펌프의 펌프동력은 약 몇 [kW]인가?

① 1.0
② 1.2
③ 1.6
④ 2.2

SOLUTION

- 펌프 동력(P) = 힘(F)×속도(V) ················ ㉠
- 유량(Q) = 면적(A)×속도(V) ················ ㉡
- 압력(P) = 힘(F)/면적(A) ················ ㉢
- 즉, 펌프 동력(P) = $Q/A × F$ = Q(유량)×P(압력)
- 송출유량 = 20[L/min] = 333[cc/s] = 333[cm³/s]
- 송출압력 = 50[kgf/cm²]

펌프동력(P) = 송출유량×송출압력
= 333[cm³/s]×50[kgf/cm²]
= 16,650[kgf·cm/s]
= 16,650[kgf·cm/s]×9.81[m/s²]
= 163,336[N·cm/s]
= 1,633.36[N·m/s]

1[kW] = 1,000[N·m/s]이므로,
= 1.633[kW]

40

양 끝의 지름이 다른 관이 수평으로 놓여 있다. 왼쪽에서 오른쪽으로 물이 정상류를 이루고 매 초 2.8[L]의 물이 흐른다. B부분의 단면적이 20[cm²]이라면 B부분에서 물의 속도는?

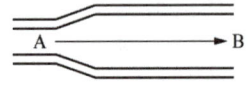

① 14[cm/s]
② 56[cm/s]
③ 140[cm/s]
④ 560[cm/s]

SOLUTION

[cm³/s] = [cm²]×[cm/s]
[cm/s] = [cm³/s] / [cm²]
= 2,800[cm³/s] / 20[cm²]
= 140[cm/s]

※ 1[L] = 1,000[cc] = 1,000[cm³]

41

제어 시스템의 구성 중 조작부의 구비조건으로 거리가 먼 것은?

① 응답성이 좋고 히스테리시스가 클 것
② 제어신호에 정확히 동작할 것
③ 주위환경과 사용조건에 충분히 견딜 것
④ 보수점검이 용이할 것

SOLUTION 조작부의 구비조건

- 응답성이 좋고 히스테리시스가 작을 것
- 제어신호에 정확히 동작할 것
- 주위환경과 사용조건에 충분히 견딜 것
- 보수점검이 용이할 것

※ 히스테리시스 : 자극보다 반응이 늦게 나타나는 현상

42

자동제어의 분류 중 폐루프 제어에 해당되는 내용으로 적합한 것은?

① 시퀀스제어 시스템이다.
② 피드백(Feed Back)신호가 요구된다.
③ 출력이 제어에 영향을 주지 않는다.
④ 외란에 대한 영향을 고려할 필요가 없다.

SOLUTION

- 개루프제어(= 시퀀스제어 = 순차제어) : 순차적으로 동작하는 제어로 출력이 제어에 영향을 주지 않는다.
- 폐루프제어(= 피드백제어) : 목표값과 출력을 비교하여 오차를 줄여나가는 제어로 출력이 제어에 영향(피드백)을 주는 제어

43

공압 센서의 종류가 아닌 것은?

① 광 센서 ② 공기 배리어
③ 반향 감지기 ④ 배압 감지기

SOLUTION 공압 센서 종류
- 공기 배리어(에어 배리어)
- 반향 감지기
- 배압 감지기

44

외부의 압력부하가 변하더라도 회로에 흐르는 유량을 항상 일정하게 유지시켜 주면서 유압모터의 회전이나 유압실린더의 이동속도를 제어하는 밸브는?

① 압력 보상형 유량 조절 밸브
② 온도 보상형 유량 조절 밸브
③ 단순 교축 밸브
④ 분류 밸브

SOLUTION 압력 보상형 유량 조절 밸브
유량의 조정에 영향을 미치는 압력차를 일정하게 유지함으로써 부하 변화에 따른 유량 변화가 없는 유량제어 밸브

45

제어오차가 검출될 때 오차가 변화하는 속도에 비례하여 조작량을 가감하는 동작으로서 오차가 커지는 것을 방지하는 제어는?

① 자력 제어 ② 메모리 제어
③ 미분동작 제어 ④ 프로세서 제어

SOLUTION 연속 데이터 제어
- 비례 제어(P 동작) : 잔류 편차가 발생하는 제어계
- 적분 제어(I 동작) : 옵셋을 제거, 편차 제거 시 적용한다.
- 비례적분 제어(PI 동작) : 응답속도가 느리다.
- 미분 제어(D 동작) : 오차가 커지는 것을 미연에 방지한다.
- 비례적분 미분 제어(PID 동작) : 응답속도가 빠르고 안정도가 가장 좋은 동작이다.

※ 자력 제어 : 조작부를 조작하는 데 외부의 동력을 필요로 하지 않고 제어 신호를 자체를 이용하는 제어로 구조가 간단하고 동작이 확실하며 저가이다.

46

PLC 기본 모듈(CCU)의 구성이 아닌 것은?

① 전원부 ② A/D변환부
③ CPU ④ 입출력부

SOLUTION PLC 기본 모듈(CCU)의 구성
전원부, CPU, 입출력부로 구성되어 있다.

정답 43 ① 44 ① 45 ③ 46 ②

47

그림의 회로도에서 죔 실린더의 전진 시 최대 작용압력은 몇 [kgf/cm²]인가?

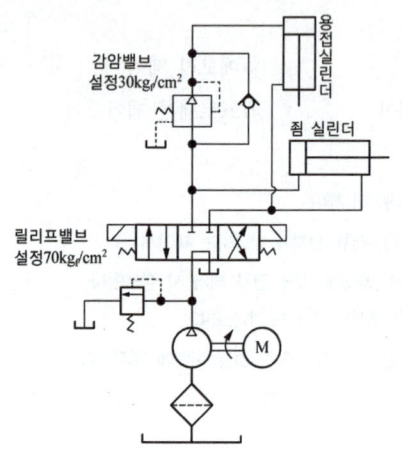

① 30 ② 40
③ 70 ④ 110

SOLUTION 릴리프밸브에 의해 설정된 회로의 최고 압력은 70[kgf/cm²]이고, 용접실린더는 주회로에서 감압밸브에 의해 감압된 30[kgf/cm²]로 전진한다. 죔 실린더는 감압밸브에 영향을 받지 않으므로 전·후진 시 최고 압력 70[kgf/cm²]이 그대로 작용한다.

48

검출용 스위치에 해당하지 않는 것은?

① 토글 스위치   ② 마이크로 스위치
③ 리미트 스위치 ④ 광전 스위치

SOLUTION
- 검출용 스위치 : 센서 - 리미트 스위치, 마이크로 스위치, 리드 스위치, 광전 스위치 등
- 조작용 스위치 : 푸쉬버튼 스위치, 토글 스위치, 셀렉트 스위치 등

49

베르누이의 정리에서 에너지 보존의 법칙에 따라 유체가 가지고 있는 에너지가 아닌 것은?

① 위치 에너지   ② 마찰 에너지
③ 운동 에너지   ④ 압력 에너지

SOLUTION 베르누이의 법칙

압력수두 + 속도수두 + 위치수두 = 일정
(압력에너지) (운동에너지) (위치에너지)

50

습기 있는 압축공기가 실리카겔, 활성알루미나 등의 건조제를 지나가면 건조제가 압축공기 중의 습기와 결합하여 혼합물이 형성되어 건조되는 공기 건조기는?

① 흡착식 에어 드라이어
② 흡수식 에어 드라이어
③ 냉동식 에어 드라이어
④ 혼합식 에어 드라이어

SOLUTION 공기건조방식
- 냉동식 : 이슬점 온도를 낮추는 원리로 공기를 강제로 냉각시켜 수증기를 응축시켜 수분을 제거하는 방식
- 흡착식 : 고체 흡착제(실리카겔)를 사용하여 수분을 흡착하는 방식
- 흡수식 : 건조제를 사용하여 건조제와 물의 혼합물로 용해되어 공기가 건조되는 방식

51

구동부가 일을 하지 않아 회로에서 작동유를 필요로 하지 않을 때 작동유를 탱크로 귀환시키는 것은?

① AND 회로
② 무부하 회로
③ 플립플롭 회로
④ 압력설정 회로

SOLUTION

① AND 회로 : 두 개의 입구와 한 개의 출구를 갖춘 밸브로 두 개의 입구에 압력이 작용할 때만 출구에 출력이 작용하는 밸브
③ 플립플롭 회로 : 신호와 출력의 관계가 기억되어, 먼저 도달한 신호가 우선으로 작동하고 다음 신호가 입력될 때까지 처음 신호가 유지되는 회로
④ 압력설정 회로 : 회로에서 최대 압력을 넘지 않도록 하거나 조작 실린더의 압력을 바꾸거나 하는 등에 사용하는 회로

52

다음 그림의 시스템 방식은?

① 서보 시스템(Servo System)
② 피드백 제어시스템(Feedback Control System)
③ 개회로 제어시스템(Open Loop Control System)
④ 폐회로 제어시스템(Closed Loop Control System)

SOLUTION 위 시스템 방식은 조작부가 없는 것으로 보아 개회로 제어시스템(시퀀스 제어시스템)이다.

개회로제어 ↔ 폐회로제어 = 피드백제어 = 되먹임제어

53

비압축성 유체의 정상 흐름에 대한 베르누이 방정식

$$\frac{v_1^2}{2g}+\frac{P_1}{\gamma}+z_1=\frac{v_2^2}{2g}+\frac{P_2}{\gamma}+z_2=\mathrm{const}$$

에서 $\frac{v_1^2}{2g}$ 항이 나타내는 에너지의 종류는 무엇인가? (단, v : 속도, P : 압력, γ : 비중량, z : 위치)

① 속도에너지
② 위치에너지
③ 압력에너지
④ 전기에너지

SOLUTION 베르누이의 정리

$$\frac{P}{\gamma}+z+\frac{v^2}{2g}=일정$$

- $\frac{P}{\gamma}$: 압력수두
- z : 위치수두
- $\frac{v^2}{2g}$: 속도수두

54

다음 중 표준 대기압(1[atm])과 다른 값은?

① 760[mmHg]
② 1.0332[kgf/m²]
③ 1,013[mbar]
④ 101.3[kPa]

SOLUTION

1표준기압(atm)
= 760[mmHg](수은주) = 1,000×13.6×0.76
= 10,336[kgf/m²] = 1.0332[kgf/cm²](중력단위)
= 10,332[mAq](물기둥) = 101,292.8[N/m²](SI단위)
= 1.013[bar] = 1,013[mbar] = 1,013[hPa]

55

어큐뮬레이터(축압기)의 용도로 적합하지 않은 것은?

① 에너지 축적용 ② 펌프 맥동 완화용
③ 충격압력의 완충용 ④ 압력 증대용

SOLUTION 어큐뮬레이터(축압기) 용도
- 에너지를 축적하고 보조에너지원의 역할
- 압력을 일정하게 유지시켜주어 충격압력의 완충용, 펌프의 맥동(서지압) 흡수 역할
- 고장, 정전 등으로 인한 비상 동력원 및 유체 이송의 역할
- 대유량의 순간적인 공급 및 2차 회로 구동의 역할

56

펌프의 토출 압력이 높아질 때 체적 효율과의 관계로 옳은 것은?

① 효율이 증가한다.
② 효율은 일정하다.
③ 효율이 감소한다.
④ 효율과는 무관하다.

SOLUTION 펌프의 토출 압력이 높아지면 체적 효율은 감소한다.
※ 체적효율 : 이론상 토출되는 양과 실제로 토출되는 양과의 비율

57

다음의 그림은 단동실린더 제어 회로이다. 이 회로를 설명한 것 중 옳은 것은?

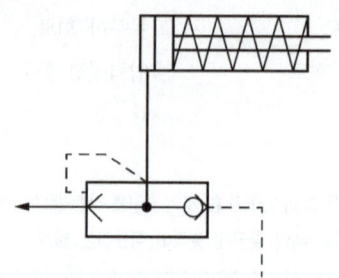

① 후진속도 증가회로 ② 전진속도 증가회로
③ 전진속도 조절회로 ④ 후진속도 조절회로

SOLUTION 보기 회로의 기호는 "급속배기 밸브"로 체크 밸브의 방향으로 보아 후진속도를 증가하는 회로이다.

58

시퀀스 제어회로에서 입력에 의해 작동된 후 입력을 제거하여도 계속 작동되는 회로는?

① 인터록회로 ② 타이머회로
③ 자기유지회로 ④ 수동복귀회로

SOLUTION 시퀀스 제어 기본회로
- 자기유지회로 : 전자 계전기 자신의 a접점에 의하여 동작회로를 구성하고 스스로 동작을 유지하는 회로로, 복귀신호를 주어야 원래의 상태로 복귀하는 회로
- 인터록회로 : 2개의 입력 중 먼저 동작시킨 쪽의 회로가 우선으로 이루어져 기기가 작동하는 회로

59

다음 그림은 4포트 3위치 방향제어밸브의 도면기호이다. 이 밸브의 중립위치 형식은?

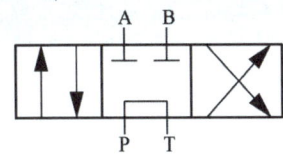

① 탠덤(Tandem) 센터형
② 올 오픈(All Open) 센터형
③ 올 클로즈(All Close) 센터형
④ 프레셔 포트블록(Block) 센터형

SOLUTION

올 오픈 센터형	세미 오픈 센터형	올 클로즈드 센터형
펌프클로즈드 센터형	탠덤 센터형	

60

강자성체가 영구 자석에 접근하면 코일 내 자속의 변화율에 따라 출력 단자 사이에 전압을 발생시켜 물체의 유무를 판단하는 센서는?

① 압력 센서
② 리드 스위치
③ 유도형 센서
④ 용량형 센서

SOLUTION

① 압력 센서 : 압력을 측정하는 압력계의 일종으로, 주로 측정 결과를 전기 신호로 변환하여 출력하는 압력계를 가리킨다.
② 리드 스위치 : 한 쌍의 리드핀이 자기장 범위 내에 위치할 때, 리드는 반대 극성으로 자화하여 서로 끌어당기고 접점이 닫혀 스위치가 ON 되는 원리를 이용한 스위치
③ 유도형 센서 : 강자성체가 영구 자석에 접근하면 코일 내 자속의 변화율에 따라 출력 단자 사이에 전압을 발생시켜 물체의 유무를 판단한다.
④ 용량형 센서 : 대상으로 하는 물체와의 거리를 비접촉상태로 검출하는 근접(각)센서

CBT 복원문제 2022 * 3

※ 2016년 5회부터는 CBT 방식으로 전면 시행됨에 따라 실제 수험생 분들의 복원을 토대로 문제를 구성하였습니다.

01

다음 그림이 나타내는 선반작업은?

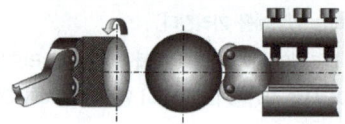

① 널링가공 ② 나사가공
③ 편심가공 ④ 드릴가공

SOLUTION 널링가공공작물에 표면에 널(Knurl)을 눌러 형상을 압인하는 가공 방법. 미끄럼 방지를 위한 손잡이 제작에 사용하며 널링작업을 하면 다듬질 치수보다 0.2 ~ 0.4[mm]정도 지름이 커진다.

02

그림과 같은 면의 지시기호 의미로 가장 적합한 설명은?

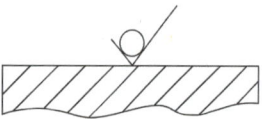

① 제거 가공을 필요로 한다는 것을 지시하는 경우
② 제거 가공을 허락하지 않는 것을 지시하는 경우
③ 제거 가공을 자유롭게 하도록 지시하는 경우
④ 특별히 규정하지 않는다는 것을 지시하는 경우

SOLUTION 면의 지시 기호

제거 가공	제거 가공을 필요로 함	제거 가공 허락하지 않음

03

그림과 같이 테이퍼를 가공할 때 심압대의 편위량은 몇 [mm]인가?

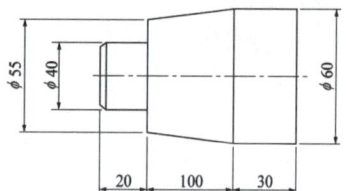

① 3.0 ② 3.25
③ 3.75 ④ 5.25

SOLUTION 심압대 편위량

$$x = \frac{(D-d)L}{2l} = \frac{(60-55) \times 150}{2 \times 100} = 3.75[mm]$$

04

다음 마이크로미터의 측정값은?

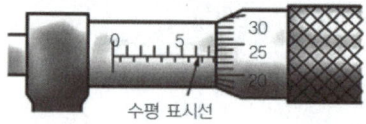

① 7.73[mm] ② 7.23[mm]
③ 8.73[mm] ④ 8.23[mm]

SOLUTION
• 슬리브 상의 눈금 : 7.5[mm]
• 딤블 원주 상의 눈금 : 0.23[mm]
• 측정값 : 7.5[mm] + 0.23[mm] = 7.73[mm]

정답 01 ① 02 ② 03 ③ 04 ①

05

기어가공에서 창성법에 의한 가공이 아닌 것은?

① 호브에 의한 가공
② 형판에 의한 가공
③ 랙 커터에 의한 가공
④ 피니언 커터에 의한 가공

SOLUTION 기어 절삭법

- 형판에 의한 방법 : 형판을 사용해서 치형을 깎는 방법
- 총형 공구에 의한 방법 : 공구의 모양을 절삭하는 기어의 치형에 맞추어서 기어 소재 원판을 같은 간격으로 분할하면서 한 이씩 가공하여 기어를 절삭하는 방법
- 창성에 의한 방법 : 인벌류트 치형을 정확히 가공할 수 있는 방법으로, 피니언 커터 또는 랙커터를 사용하는 방법을 기어 셰이빙이라고 하며 호브를 사용하는 방법을 기어 호빙이라 한다.

06

재료기호 SM10C에서 10을 바르게 설명한 것은?

① 탄소강 10번
② 주조품 1종
③ 인장강도 $10[\text{kg}_f/\text{mm}^2]$
④ 탄소 함유량 $0.08 \sim 0.13[\%]$

SOLUTION SM10C

- SM : 기계구조용 탄소강
- 10C : 탄소함유량($0.08 \sim 0.13[\%]$)

07

지름 30[mm]의 강봉을 800[rpm]으로 회전하여 선삭할 때 절삭 속도는 얼마인가?

① 24.36[m/min]
② 75.36[m/min]
③ 127.15[m/min]
④ 244.46[m/min]

SOLUTION 절삭속도

$$v = \frac{\pi dn}{1,000} = \frac{3.14 \times 30 \times 800}{1,000} = 75.36[\text{m/min}]$$

08

보링머신에서 이미 뚫은 구멍을 필요한 크기나 정밀한 치수로 넓히는 작업에 사용되는 공구는?

① 면 판
② 돌리개
③ 방진구
④ 보링 바

SOLUTION 보링 공구

- 보링 바(Boring Bar) : 보링 바이트를 고정하고 주축에 끼워져 회전하여 공작물의 구멍을 다듬질하는 데 사용하는 봉이다.
- 보링 바이트(Boring Bite) : 날끝은 선반용 바이트와 같으며 각형과 원형이 있다.
- 보링 헤드(Boring Head) : 지름이 큰 구멍을 다듬질할 때 보링 바에 끼워 사용한다.

09

가공방법의 보조기호 중에서 리밍(Reaming) 가공에 해당하는 것은?

① FS
② FL
③ FF
④ FR

SOLUTION

- FS : 스크레이퍼 다듬질
- FL : 래핑 다듬질
- FF : 줄 다듬질

10

다양한 형태를 가진 면 또는 홈에 의하여 회전 운동 또는 왕복 운동을 발생시키는 기구는?

① 캠 ② 스프링
③ 베어링 ④ 링크

SOLUTION 특수한 모양을 가진 원동절에 회전 운동 또는 직선 운동을 주어서 이것과 짝을 이루고 있는 종동절(Follower)이 복잡한 왕복 직선 운동이나 왕복 각운동 등을 하게 하는 기구를 캠 기구(Cam Mechanism)라 하고, 원동절을 캠(Cam)이라 한다.

11

모터에 내장된 타코제너레이터에서 속도를 검출하고 엔코더에서 위치를 검출하여 피드백시키는 다음 그림과 같은 서보기구 방식은?

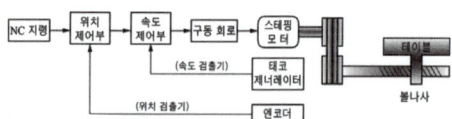

① 반 폐쇄회로 방식 ② 개방회로 방식
③ 폐쇄회로 방식 ④ 복합회로 방식

SOLUTION NC의 서보기구

종류	설명
개방회로 방식 (Open Loop System)	• 피드백 장치 없이 스태핑 모터를 사용한 방식 • 피드백 장치가 없어 가공 정밀도의 문제가 있음
반 폐쇄회로 방식 (Semi-closed Loop System)	• 모터에 내장된 타코제너레이터에서 속도를 검출하여 엔코더에서 위치를 검출해 피드백하는 제어 방식 • 볼스크류 개발로 CNC공작기계에서 가장 많이 사용
폐쇄회로 방식 (Closed Loop System)	• 타코제너레이터로 속도를 검출하고, 테이블에 부착된 스케일에서 위치를 검출해 피드백하는 방식 • 백래시, 처짐, 비틀림, 열변형로 인한 오차도 보정하여 정밀 고속 복합가공기에 주로 사용
복합회로 방식 (Hybrid Servo System)	• 반 폐쇄회로 방식과 폐쇄회로 방식을 결합 • 고정밀도 제어 방식으로 가격이 고가

12

나사가 "M50x2-6H"로 표시되었을 때 이 나사에 대한 설명 중 틀린 것은?

① 미터 가는 나사이다.
② 암나사 등급 6이다.
③ 피치 2[mm]이다.
④ 왼나사이다.

SOLUTION "M50×2 - 6H" 해석
• M50×2 : 미터나사 지름 50[mm]
• 피치 2
• 6H : 공차 위치 H

13

ϕ10-4날 초경합금 엔드밀을 이용하여 머시닝센터로 가공할 때 절삭속도가 50 [m/min], 이송이 0.1[mm/날]이라면 스핀들의 회전수와 이송속도[mm/min]를 얼마로 설정해야 하는가?

	스핀들 회전수[rpm]	이송속도[mm/min]
①	398	318.4
②	796	636.8
③	1,592	636.8
④	3,184	318.4

SOLUTION

절삭속도 $v = \dfrac{\pi dn}{1,000}$ 에서,

회전수 $n = \dfrac{1,000v}{\pi d} = \dfrac{1,000 \times 50}{3.14 \times 10} \fallingdotseq 1,592[rpm]$

테이블 이송속도
$F = f_z \times z \times n = 0.1 \times 4 \times 1,592$
$= 636.8[mm/min]$

14

다음과 같은 기하 공차를 기입하는 틀의 지시사항에 해당하지 않는 것은?

① 데이텀 문자 기호
② 공차값
③ 물체의 등급
④ 기하 공차의 종류 기호

SOLUTION 기하 공차의 기입 틀

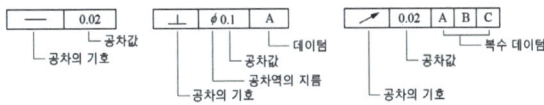

15

축 중심의 센터구멍 표현법으로 올바르지 않은 것은?

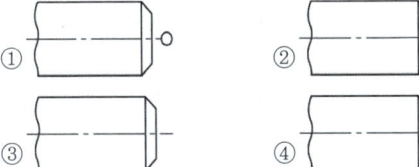

SOLUTION

센터구멍을 남겨둠	센터구멍의 유무 관계없음	센터구멍을 제거함

16

가공 결과 그림과 같은 줄무늬가 나타났을 때 표면의 결 도시 기호로 옳은 것은?

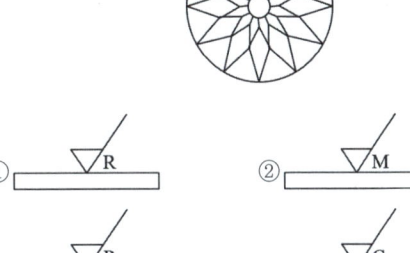

① R ② M ③ P ④ C

SOLUTION 줄무늬 방향 기호와 의미

기호	의미	설명도
=	가공으로 생긴 앞줄의 방향이 기호를 기입한 그림의 투영면에 평행	
⊥	가공으로 생긴 앞줄의 방향이 기호를 기입한 그림의 투영면에 수직	
X	가공으로 생긴 선이 두 방향으로 교차	
M	가공으로 생긴 선이 다방면으로 교차 또는 무방향	
C	가공으로 생긴 선이 거의 동심원	
R	가공으로 생긴 선이 거의 방사상	

17

축을 제도할 때 도시방법의 설명으로 맞는 것은?

① 축에 단이 있는 경우는 치수를 생략한다.
② 축은 길이 방향으로 전체를 단면하여 도시한다.
③ 축 끝에 모따기 치수는 생략하고 기호만 기입한다.
④ 단면 모양이 같은 긴 축은 중간을 파단하여 짧게 그릴 수 있다.

SOLUTION
- 축이나 보스의 끝 구석 라운드 가공부는 필요하면 확대하여 부품도 옆이나 주서 기입란에 기입하여 준다.
- 축은 일반적으로 길이 방향으로 절단하지 않으며 필요에 따라서는 부분 단면은 가능하다.
- 긴축은 단축하여 그릴 수 있으나, 길이는 실제 길이를 기입해야 한다.
- 축에 있는 널링(knurling)의 도시는 빗줄인 경우에 축선에 대하여 30°로 서로 엇갈리게 그린다.
- 축의 모따기 및 평면부 표시는 치수기입법에 따른다.

18

다음 그림의 치수 기입에 대한 설명으로 틀린 것은?

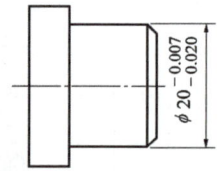

① 기준 치수는 지름 20이다.
② 공차는 0.013이다.
③ 최대 허용치수는 19.93이다.
④ 최소 허용치수는 19.98이다.

SOLUTION
- 최대 허용치수(Maximum Limit of Size) : 기준치수에 대해 허용되는 최대 치수
  20 + (-0.007) = 19.993
- 최소 허용치수(Minimum Limit of Size) : 기준치수에 대해 허용되는 최소 치수
  20 + (-0.02) = 19.98

19

기계가공 도면에 기재된 KS 나사 표시법에서 "왼 2줄 M20×1.5-6H"로 표시된 경우 "1.5"는 나사의 무엇을 나타낸 것인가?

① 나사산 높이　② 등급
③ 나사골 깊이　④ 피치

SOLUTION "왼 2줄 M20×1.5-6H" 해석
- 왼 : 왼쪽으로 감기
- 2줄 : 줄의 수는 2줄
- M20×1.5 : 미터나사 지름 20[mm]
- 피치 1.5
- 6H : 공차 위치 H

20

다음 선반의 부속장치에 대한 설명으로 틀린 것은?

① 단동척 : 4개의 조가 단독으로 이동하여 공작물을 고정하며, 공작물의 바깥지름이 불규칙하거나 중심을 편심시켜 가공할 때 편리하다.
② 연동척 : 3개의 조를 갖고 있으며, 한 개의 조를 척 핸들로 이동시키면 다른 조들도 동시에 방사상으로 움직이므로 불규칙한 단면을 가진 공작물을 고정하는 데 편리하다.
③ 콜릿척 : 지름이 작은 가공물이나 각 봉재를 가공할 때 편리하며, 보통 선반에서 사용할 경우에는 주축의 테이퍼 구멍에 슬리브를 끼우고 여기에 부착하여 사용한다.
④ 마그네틱척 : 자성을 이용해 공작물을 고정하며 두께가 얇은 공작물을 변형시키지 않고 고정할 수 있으나 다른 척에 비해 고정력이 약해 절삭깊이를 작게 해야 한다.

SOLUTION 연동척(Universal Chuck, Scroll Chuck)
3개의 조가 120° 간격으로 배치되어 있으며, 1개의 조를 돌리면 3개의 조가 함께 동일한 방향과 크기로 이동하기 때문에 원형, 각형 등 단순한 단면을 가진 공작물을 숙련되지 않아도 빠르고 편하게 고정할 수 있다. 단동척에 비해 고정력이 약하고, 조가 마모되면 정밀도가 저하된다.

21

용접부의 기호 도시 방법에 대한 설명 중 잘못된 것은?

① 용접부 도시를 위해서는 일반적으로 실선과 점선의 2개의 기준선을 사용한다.
② 기준선에서 경우에 따라 점선은 나타내지 않을 수도 있다.
③ 기준선은 우선적으로는 도면 아래 모서리에 평행하도록 표시하고, 여의치 않을 경우 수직으로 표시할 수도 있다.
④ 용접부가 접합부의 화살표 쪽에 있다면 용접기호는 기준선의 점선 쪽에 표시한다.

SOLUTION
- 설명선은 기선, 화살표, 꼬리로 구성되고 꼬리부분은 용접 방법 등 특별히 지정할 필요가 있는 사항을 기재한다.
- 기본 기호 및 치수는 용접할 쪽이 화살표쪽 또는 앞쪽일 때에는 기선의 아래쪽에, 화살표 반대쪽 또는 건너쪽일 때에는 기선의 위쪽에 기입한다.
- 현장 용접, 전둘레 용접, 전둘레 현장용접의 기호는 기선과 지시선의 교점에 기입한다.
- 용접부가 접합부의 화살표 쪽에 있다면 기호는 기준선(실선)쪽에 표시하고 반대쪽에 있다면 식별선(점선)쪽에 표시한다.

22

심압대의 편위량을 구하는 식으로 옳은 것은? (단, x : 심압대 편위량)

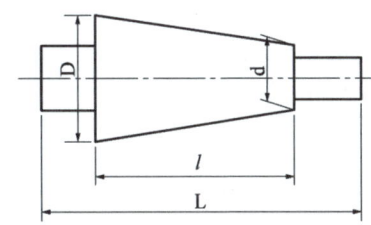

① $x = \dfrac{D-dL}{2l}$ ② $x = \dfrac{L(D-d)}{2l}$

③ $x = \dfrac{l(D-d)}{2L}$ ④ $x = \dfrac{2L}{(D-d)l}$

SOLUTION 심압대 편위량(일부만 테이퍼일 경우)

$$x = \frac{(D-d)L}{2l}$$

L : 전체길이, l : 테이퍼의 길이

23

기준치수가 $\phi 50$인 구멍기준식 끼워맞춤에서 구멍과 축의 공차 값이 다음과 같을 때 틀린 것은?

- 구멍 : 위 치수허용차 +0.025, 아래 치수허용차 0.000
- 축 : 위 치수허용차 -0.025, 아래 치수허용차 -0.050

① 축의 최대 허용치수 : 49.975
② 구멍의 최소 허용치수 : 50.00
③ 최대 틈새 : 0.050
④ 최소 틈새 : 0.025

SOLUTION
- 축의 최대 허용치수 : 기준치수 + 축의 위 치수허용차
  = 50 + (- 0.025) = 49.975
- 구멍의 최소 허용치수 : 기준치수 + 구멍의 아래치수허용차
  = 50 + 0.00 = 50.00
- 최대 틈새 : 구멍의 최대 허용치수 - 축의 최소허용치수
  = 50.025 - 49.95 = 0.075
- 최소 틈새 : 구멍의 최소 허용치수 - 축의 최대허용치수
  = 50 - 49.975 = 0.025

24

스퍼기어에서 피치원의 지름이 150[mm]이고, 잇수가 50일 때 모듈(Module)은 얼마인가?

① 5 ② 4
③ 3 ④ 2

SOLUTION 모듈 $m = \dfrac{\text{피치원의 지름[mm]}}{\text{잇수}} = \dfrac{D}{Z} = \dfrac{150}{50} = 3$

25

기준치수가 50[mm]이고, 최대 허용치수 50.015[mm]이며, 최소 허용치수 49.990[mm]일 때 치수공차는 몇 [mm]인가?

① 0.025 ② 0.015
③ 0.005 ④ 0.010

SOLUTION
치수공차 = 최대 허용치수 − 최소 허용치수
= 50.015 − 49.990 = 0.025[mm]

26

도면에 그림과 같은 기하공차가 도시되어 있을 때 이에 대한 설명으로 옳은 것은?

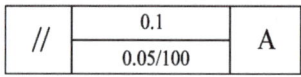

① 경사도 공차를 나타낸다.
② 전체 길이에 대한 허용값은 0.1이다.
③ 지정길이에 대한 허용값은 0.05/100[mm]이다.
④ 이 기하공차는 데이텀 A를 기준으로 100[m] 이내의 공간을 대상으로 한다.

SOLUTION 기하공차 기호의 종류

공차의 종류		기호
단독형체	진직도	—
	평면도	◻
	진원도	○
모양공차	원통도	⌭
단독형체 또는 관련 형체	선의 윤곽도	⌒
	면의 윤곽도	△

27

나사의 종류 중 ISO 규격에 있는 관용 테이퍼 나사에서 테이퍼 암나사를 표시하는 기호는?

① PT ② PS
③ Rp ④ Rc

SOLUTION
① PT : 관용 테이퍼 나사 - 테이퍼 수나사(ISO 규격에 없는 것)
② PS : 관용 테이퍼 나사 - 평행 암나사(ISO 규격에 없는 것)
③ Rp : 관용 테이퍼 나사 - 평행 암나사(ISO 규격에 있는 것)
④ Rc : 관용 테이퍼 나사 - 테이퍼 수나사(ISO 규격에 있는 것)

28

다음과 같이 치수가 도시되었을 경우 그 의미로 올바른 것은?

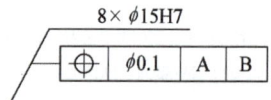

① 8개의 축이 φ15에 공차등급이 H7이며, 원통도가 데이텀 A, B에 대하여 φ0.1을 만족해야 한다.
② 8개의 구멍이 φ15에 공차등급이 H7이며, 원통도가 데이텀 A, B에 대하여 φ0.1을 만족해야 한다.
③ 8개의 축이 φ15에 공차등급이 H7이며, 위치도가 데이텀 A, B에 대하여 φ0.1을 만족해야 한다.
④ 8개의 구멍이 φ15에 공차등급이 H7이며, 위치도가 데이텀 A, B에 대하여 0.1을 만족해야 한다.

SOLUTION 기하 공차의 기입 틀
공차에 대한 표시사항은 공차 기입 틀을 두 구획 또는 그 이상으로 구분하여 그 안에 기입한다.

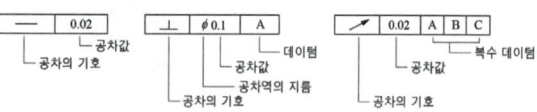

29

산업용 로봇의 관절 기구 같은 부분에 주로 사용되고 있는 모터는?

① DC 모터 ② AC 모터
③ 스테핑 모터 ④ 리니어 모터

SOLUTION

① DC 모터 : 직류모터
② AC 모터 : 교류모터
③ 스테핑 모터 : 구조가 간단하고, 신뢰성이 높으며, 1개의 펄스가 가해질 때 1스텝만 회전하고 그 위치에서 일정한 유지토크로 정지하는 모터로 D/A 변환기, CNC 선반, 플로터, 복사기, 로봇 관절 기구 등에 사용된다.
④ 리니어 모터 : 직선운동을 하는 모터

30

그림과 같은 표면 거칠기 지시기호에서 λc2.5의 값은 어떤 값을 의미하는가?

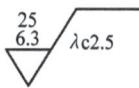

① 컷 오프 값 ② 거칠기 지시 값 상한값
③ 최대높이 거칠기 값 ④ 거칠기 지시 값 하한값

SOLUTION 가공방법 기호

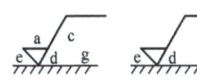

각 지시 기호의 기입 위치

• a : Ra의 값[μm]
• b : 가공방법, 표면처리
• c : 컷 오프 값·평가 길이
• c' : 기준길이·평가 길이
• d : 줄무늬 방향 기호
• e : 기계가공 공차
• f : Ra 이외의 파라미터
• g : 표면 파상도(KS B 0610에 따른다)

④항에서 컷 오프 값이 2.5[μm]이다.

31

다음의 그림은 단동실린더 제어 회로이다. 이 회로를 설명한 것 중 옳은 것은?

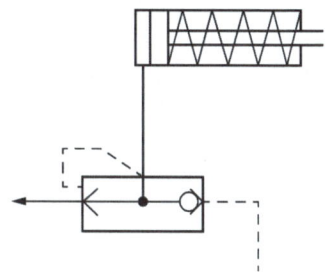

① 후진속도 증가회로 ② 전진속도 증가회로
③ 전진속도 조절회로 ④ 후진속도 조절회로

SOLUTION 보기 회로의 기호는 "급속배기 밸브"로 체크 밸브의 방향으로 보아 후진속도가 증가하는 회로이다.

32

다음 중 죔새가 가장 큰 억지 끼워 맞춤은?

① $100\dfrac{H7}{h6}$ ② $100\dfrac{H7}{g6}$

③ $100\dfrac{H7}{x6}$ ④ $100\dfrac{H7}{m6}$

SOLUTION 자주 사용하는 구멍 기준 끼워맞춤

기준 구멍	축의 공차역 클래스																
	헐거운 끼워맞춤						중간				억지 끼워맞춤							
H6					g5	h5	js5	k5	m5								
				f6	g6	h6	js6	k6	m6	n6	p6						
H7				f6	g6	h6	js6	k6	m6	n6	p6	r6	S6	t6	u6	x6	
			r7	f7		h7	js7										
H8				f7		h7											
			e8	f8		h8											
		d9	e9														
H9		d8	e8		h8												
	c9	d9	e9		h9												
H10	b9	c9	d9														

33

제어 시스템의 AND 논리를 잘못 표현한 것은?

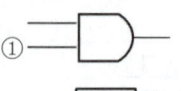
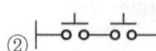
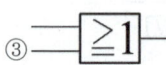
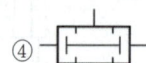

SOLUTION

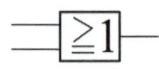

입력이 1 이상 있으면 출력이 나오는 기호로 "OR" 논리에 해당한다.

34

전원 차단 시 내용이 전부 지워지는 메모리는?

① RAM　　② ROM
③ PROM　　④ EPROM

SOLUTION

- RAM : 읽기, 쓰기가 가능한 메모리, 휘발성(전원이 차단되면 데이터가 지워짐)메모리
- ROM : 읽기만 가능한 메모리로 비휘발성 메모리
- PROM : 비휘발성 메모리로 사용자가 1회에 한해 프로그램이 가능하고 그 이후는 읽기만 가능
- EAROM : 비휘발성 메모리, 전기를 이용하여 읽기, 쓰기가 가능
- EPROM : 비휘발성 메모리, 자외선을 이용하여 읽기, 쓰기가 가능

35

압축공기의 건조에 사용되는 흡착식 건조기에 관한 설명으로 옳은 것은?

① 일시적으로 사용한다.
② 외부에너지 공급이 필요하지 않다.
③ 사용되는 건조제는 염화리튬 수용액, 폴리에틸렌 등이다.
④ 물리적 방식을 사용하여 반영구적으로 사용할 수 있다.

SOLUTION 공기 건조기의 종류

흡수식 건조	• 조해성을 이용하여 화학적인 방법으로 건조한다. 흡수액으로는 염화리튬수용액, 폴리에틸렌을 사용한다. • 장비설치가 간단하고 1년에 2~3회 정도 건조제만 보충하면 되므로 고장발생률이 적다. • 30[℃] 이상의 공기가 입력되면 화학반응이 잘 일어나지 않기 때문에 건조효율이 불량하며, 비용이 많이 든다.
흡착식 건조	• 습기에 대하여 친화력을 갖는 실리카겔이나 알루미나 겔 등의 고체 건조제를 두 개의 타워 속에 가득 채워 습기와 미립자를 제거하여 초건조공기를 토출한다. • 포화가 된 겔은 더운 공기에 통과시키면 간단하게 원래 상태로 돌아온다. • 저노점(이슬점온도)은 -70[℃]까지 효과를 볼 수 있고, 반영구적으로 사용이 가능하다.
냉각 건조	• 공기의 온도를 이슬점 온도 이하로 낮추어 물을 제거하는 방법이다. • 신뢰성이 높고 경제적인 방법으로 가장 많이 이용되고 있다.

36

두 개의 입력신호가 서로 다른 경우에만 출력이 발생되는 논리는?

① AND　　② OR
③ NOT　　④ XOR

SOLUTION

- AND : 두 개의 입력신호가 모두 있어야 출력이 발생
- OR : 두 개의 입력신호 중 하나의 신호만 있어도 출력이 발생
- NOT : 입력신호와 다른 출력이 발생
- XOR : 두 개의 입력신호가 서로 다른 경우에만 출력이 발생
- XNOR : 두 개의 입력신호가 서로 같을 경우에만 출력이 발생

37

텔레스코프형 실린더의 특징으로 틀린 것은?

① 긴 행정거리를 얻을 수 있다.
② 단동 및 복동 형태로 작동된다.
③ 전진 끝단에서의 출력이 떨어진다.
④ 다른 실린더에 비해 속도제어가 용이하다.

SOLUTION 텔레스코프형 실린더 특징
- 긴 행정의 실린더로 만들기 위하여 다단 튜브형의 로드를 가짐
- 유압 실린더 내부에 작은 실린더가 내장되어 있음
- 단동 및 복동 형태로 작동한다.
- 전진 끝단에서의 면적이 작기 때문에 출력이 떨어진다.

38

다음 기호의 설명으로 옳은 것은?

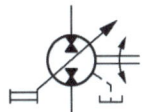

① 가변용량형, 2방향유동, 외부드레인, 인력조작
② 가변용량형, 2방향유동, 내부드레인, 인력조작
③ 가변용량형, 2방향유동, 외부드레인, 조작기구미지정
④ 정용량형, 2방향유동, 외부드레인, 인력조작

SOLUTION
- 조작방법 : 인력조작
- 가변용량형 2방향유동
- 외부드레인

39

어큐뮬레이터(Accumulator)의 일반적 기능이 아닌 것은?

① 맥동 제거   ② 압력 감소
③ 충격 완충   ④ 에너지 축적

SOLUTION 축압기(어큐뮬레이터) 사용 목적
- 보조에너지원의 역할
- 압력을 일정하게 유지
- 충격압력의 완충용 및 펌프의 맥동 흡수
- 유체 이송의 역할
- 대유량의 순간적인 공급

40

제어시스템에서 제어를 행하는 과정에 따른 분류 중 설명이 틀린 것은?

① 파일럿제어 – 메모리 기능이 없고 이의 해결을 위해 불논리 방정식을 이용한다.
② 메모리제어 – 출력에 영향을 줄 반대되는 입력신호가 들어올 때까지 이전에 출력된 신호는 유지된다.
③ 시퀀스제어계 – 이전 단계 완료 여부를 센서를 이용하여 확인 후 다음 단계의 작업을 수행한다.
④ 조합제어 – 요구되는 입력 조건에 관계없이 그에 관련된 모든 신호가 출력된다.

SOLUTION
- 파일럿제어 : 메모리 기능이 없고 이의 해결을 위해 불논리 방정식을 이용한다.
- 메모리제어 : 어떤 신호가 입력되어 출력 신호가 발생한 후에는 입력 신호가 없어져도 그때의 출력을 유지하는 제어방법
- 시간에 따른 제어 : 제어가 시간의 변화에 따라서 행하여지는 제어로 옥외 광고 등에 사용한다.
- 조합제어 : 시간에 따른 제어와 시퀀스제어의 조합
- 시퀀스제어 : 전 단계의 작업 완료 여부를 리밋스위치나 센서를 이용하여 확인한 후 다음 단계의 작업을 행하는 제어를 말하며, 공장 자동화에 가장 많이 이용되고 있다.

정답 37 ④ 38 ① 39 ② 40 ④

※ 조합제어는 시퀀스제어와 시간에 따른 제어의 조합으로 요구되는 입력 조건에 영향을 받는다.

41

유압 베인 모터의 1회전당 유량이 50[cc]일 때 공급 압력을 80[kg$_f$/cm^2], 유량을 30[L/min]으로 할 경우 최대 회전수[rpm]는?

① 700　　　　　② 650
③ 625　　　　　④ 600

SOLUTION

토출량[cc/min] = 1회전당 유량[cc/rev] × 분당 회전수[rpm]
분당회전수 = 토출량/1회전당 유량
　　　　　= 30 × 10^3[cc/min]/50[cc/rev]
　　　　　= 600[rpm]

42

실린더 피스톤의 운동 속도를 증가시킬 목적으로 사용하는 밸브는?

① 이압 밸브　　　② 셔틀 밸브
③ 체크 밸브　　　④ 급속 배기 밸브

SOLUTION

① 이압 밸브 : 두 개의 입구와 한 개의 출구를 갖춘 밸브로 두 개의 입구에 압력이 작용할 때만 출구에 출력이 작용(AND밸브)
② 셔틀 밸브 : 두 개 이상의 입구와 한 개의 출구를 갖춘 밸브로 압력에 따라 선택적으로 유압유를 통과시키며, 저압 우선형 셔틀 밸브와 고압 우선형 셔틀 밸브로 나뉜다.
③ 체크 밸브 : 유체의 흐름을 선택적으로 허용하거나 차단시키는 밸브

43

도면에서 ㉠의 밸브가 ON되면 실린더의 피스톤 운동 상태는 어떻게 되는가?

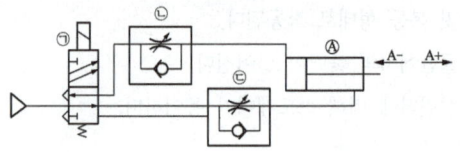

① A+쪽으로 전진　　② A-쪽으로 복귀
③ 왕복운동　　　　　④ 정지상태 유지

SOLUTION

㉠의 방향제어밸브가 ON되면 방향이 바뀌어 유체는 ㉡의 일방향유량제어 밸브(미터아웃제어)를 지나 ㉢의 실린더 전진단 쪽으로 흐르게 된다. 즉, A실린더는 A+쪽으로 전진한다.

44

과도적으로 상승한 압력의 최대값을 무엇이라 하는가?

① 배압　　　　　② 서지압
③ 맥동　　　　　④ 전압

SOLUTION

① 배압 : 일반적으로 유체가 배출될 때 유체가 갖는 압력
③ 맥동 : 압력이 시간에 대한 방향은 바뀌지 않고 크기만 변하는 것
④ 전압 : 유동하는 유체의 정압과 동압의 합

45

다음 기호로 보고 알 수 없는 것은?

① 포트의 수　　　② 위치의 수
③ 조작방법　　　　④ 접속의 형식

SOLUTION
- 포트 수 : 4
- 위치의 수 : 3
- 조작방법 : 전자식 방법(솔레노이드), 스프링

46

다음과 같은 진리표에 해당하는 회로는? (단, L : 0[V], H : 5[V]이다)

입력신호		출력
A	B	C
L	L	L
L	H	L
H	L	L
H	H	H

① OR 회로   ② AND 회로
③ NOT 회로   ④ NOR 회로

SOLUTION
- L : Low(신호 없음)
- H : High(신호 있음)

입력신호 두 개가 동시에 들어올 때만 출력이 나오므로 AND 회로이다.

47

다음 중 시퀀스 제어에 속하는 것은?

① 정성적 제어   ② 정량적 제어
③ 되먹임 제어   ④ 닫힌 루프 제어

SOLUTION
- 정성적 제어 = 열린 루프 제어 = 시퀀스 제어 = 순차제어
- 정량적 제어 = 닫힌 루프 제어 = 피드백 제어

48

다음 회로도는 자기유지(메모리블록) 회로도를 IEC 심벌기호로 표시한 것이다. 다음 중에서 회로도의 입력 신호와 출력 신호 관계를 틀리게 설명한 것은?

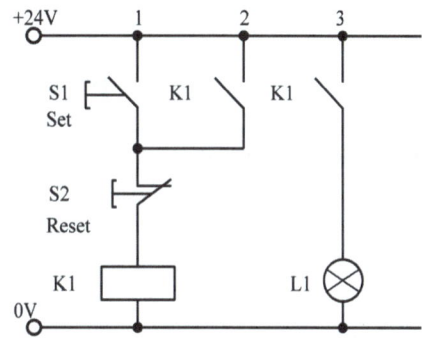

① 푸시버튼 스위치 S1을 누르면 K1 릴레이 내부의 코일이 여자되어 전자석이 된다.
② K1 릴레이가 여자되면 정상상태 열린 접점인 K1 접점이 닫혀 L1 램프가 점등된다.
③ K1 릴레이가 여자되면 정상상태 열린 접점인 K1 접점이 닫혀 K1 릴레이가 자기유지 된다.
④ K1 릴레이를 소자시켜 L1 램프를 소등시키려면 S1 스위치를 한번 더 누르면 된다.

SOLUTION ④ K1으로 자기유지가 되고 있으므로 S2 Reset 버튼을 눌러야 자기유지가 해제되어 L1이 소등된다.

49

체크 밸브 또는 릴리프 밸브 등 밸브의 입구축 압력이 상승하여 밸브가 열리기 시작하여 어떤 일정한 흐름의 양으로 안정되는 압력은?

① 최초 압력   ② 서지 압력
③ 크래킹 압력   ④ 리스트 압력

SOLUTION
- 서지 압력 : 과도적으로 상승한 압력의 최대치
- 리시트 압력 : 체크 밸브 또는 릴리프 밸브 등에서 밸브의 입구 압력이 저하하여 밸브가 닫히기 시작하고, 밸브의 누설량이 규정된 양까지 감소하였을 때의 압력

50

잔류 편차가 발생하는 제어계는?

① 비례 제어계
② 적분 제어계
③ 비례 적분 제어계
④ 비례 적분 미분 제어계

SOLUTION
- 비례 제어(P 동작) : 잔류 편차가 발생하는 제어계
- 적분 제어(I 동작) : 옵셋을 제거, 편차 제거 시 적용
- 비례적분 제어(PI 동작) : 응답속도가 느리다.
- 미분 제어(D 동작) : 오차가 커지는 것을 미연에 방지
- 비례적분 미분 제어(PID 동작) : 응답속도가 빠르고 안정도가 가장 좋은 동작

51

유압 제어 밸브 중 회로압이 설정압을 넘으면 막이 유체 압에 의해 파열되어 압유를 탱크로 귀환시키고 동시에 압력상승을 막아 기기를 보호하는 역할을 하는 기기는?

① 유체 퓨즈
② 압력 스위치
③ 감압 밸브
④ 릴리프 밸브

SOLUTION
- 유체 퓨즈 : 회로압이 설정압을 넘으면 막이 유체압에 의하여 파열되어 압유를 탱크로 귀환시킴과 동시에 압력상승을 막아 기기를 보호하는 것
- 압력 스위치 : 회로의 압력이 설정값에 도달하면 전기접점을 개폐하는 스위치

52

다음 중 오일 탱크의 구비 조건으로 틀린 것은?

① 스트레이너의 유량은 유압 펌프 토출량과 같을 것
② 오일 탱크의 크기는 적어도 펌프 토출량의 3배 이상일 것
③ 공기나 이물질을 오일로부터 분리할 수 있을 것
④ 공기청정기의 통기용량은 유압 펌프 토출량의 2배 이상일 것

SOLUTION 오일 탱크 선정조건
- 오일 탱크의 크기는 그 속에 들어가는 유량이 토출량의 3배 이상으로 한다.
- 오일 탱크의 용량은 장치의 운전중지 중 장치 내의 작동유가 복귀하여도 지장이 없을 만큼의 크기를 가져야 한다.
- 공기청정기의 통기 용량은 유압 펌프 토출량의 2배 이상으로 한다.
- 오일 탱크의 바닥면은 바닥에서 최소 간격 15[cm]를 유지하는 것이 바람직하다.
- 운전 중에도 보기 쉬운 곳에 유면계를 설치한다.
- 공기구멍에는 공기청정기를 부착하여 먼지의 혼입을 방지한다.
- 스트레이너의 유량은 유압 펌프 토출량의 2배 이상의 것을 사용한다.

53

다음 중 방향제어 밸브에 속하는 것은?

① 미터링 밸브
② 언로딩 밸브
③ 솔레노이드 밸브
④ 카운터 밸런스 밸브

SOLUTION
① 미터링 밸브 : 아주 가볍게 브레이크를 밟아도 앞바퀴에만 브레이크가 작동하여 패드를 빨리 마모시키는 것을 방지하기 위해 일정 유압까지는 앞바퀴에 유압이 작용하지 않도록 하기 위한 밸브
② 언로딩 밸브 : 파일럿 압력을 외부로부터 받았을 때 이것으로 밸브 내에 있는 평형 피스톤을 움직여 펌프로부터 압유를 탱크로 빼올려 펌프를 무부하 운전 상태가 되게 하는 밸브
③ 솔레노이드 밸브 : 도선을 나선형으로 감아서 전기를 통전시키면 자장의 힘에 의해 밸브가 열리고 닫히는 전자밸브
④ 카운터 밸런스 밸브 : 부하가 급격히 제거되었을 때 그 자중이나 관성력 때문에 소정의 제어를 못하게 된다거나 램의 자유낙하를 방지하기 위하여 귀환유의 유량에 관계없이 일정한 배압을 걸어주는 역할을 하는 밸브

정답 50 ① 51 ① 52 ① 53 ③

54

압력제어 밸브의 핸들을 돌렸을 때 회전각에 따라 공기 압력이 원활하게 변화하는 특성은?

① 압력조정 특성 ② 유량 특성
③ 재현 특성 ④ 릴리프 특성

SOLUTION
- 압력조정 특성 : 압력제어 밸브의 핸들을 돌렸을 때 회전각에 따라 공기 압력이 원활하게 변화하는 특성
- 유량 특성 : 2차측 유로를 조여서 유량이 0인 상태에서 공기 압력을 설정한 후에 2차측 유량을 서서히 증가시켜 가면, 2차측 압력은 서서히 저하된다.
- 압력 특성 : 압력 특성은 1차측 압력의 변동에 따라 2차측 압력 변동의 변화 특성을 말한다.
- 재현 특성 : 1차측의 공기 압력을 일정 공기압으로 설정하고 2차측을 조절할 때 설정압력의 변동상태를 확인하는 것
- 히스테리시스 특성 : 압력 제어 밸브의 핸들을 조작하여 공기 압력을 설정하고 압력을 변동시켰다가, 다시 핸들을 조작하여 원래의 설정값에 복귀시켰을 때, 최초의 설정값과의 오차를 말하며 이는 밸브의 내부 마찰 등에 그 영향이 크게 나타난다.
- 릴리프 특성 : 2차측 공기의 압력을 외부에서 상승시켰을 때 릴리프 구멍에서 배기되는 고압의 압력 특성

55

다음 밸브 작동 방법 기호의 의미는?

① 감압 작동 ② 레버 작동
③ 압축 공기 작동 ④ 롤러 레버 작동

SOLUTION

압력을 가함	압력을 제거
	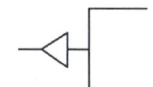
레버	롤러레버

56

시퀀스 제어용 기기로서 제어회로에 신호가 들어오더라도 바로 동작하지 않고 설정시간 만큼 지연동작을 시키려할 때 사용되는 제어용 기기는?

① 전자 릴레이 ② 한시 계전기
③ 전자 개폐기 ④ 열동 계전기

SOLUTION 시퀀스 제어용 기기
- 한시 계전기 : 입력 신호에 의하여 미리 정해진 일정 시간 뒤에 출력 신호를 내보내는 계전기
- 전자 릴레이 : 입력이 어떤 값에 도달하였을 때 작동하여 다른 회로를 개폐하는 장치
- 전자 개폐기 : 과부하로 인한 과열로부터 전자 접촉기를 보호하고자 열동형 과부하 계전기를 부착한 전자 계전기로 교류 전동기의 운전에 많이 사용한다.
- 열동 계전기 : 전류의 발열 작용을 이용한 시한계전기. 가열 코일에 전류를 흘림으로써 바이메탈이 동작하여 통전 후의 일정 시간에 접점을 닫는다. 긴 동작 시간이 얻어지지만 일단 동작하면 원상태로 복귀하는 데 시간이 걸린다. 통신기나 전기 기기 등에 쓰인다.

57

다음 기능 다이어그램(Function Diagram)과 동작이 같은 것은?

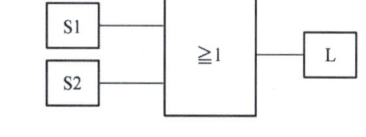

① OR ② AND
③ NOT ④ EX-OR

SOLUTION S1과 S2 중 입력이 하나라도 있으면 출력이 나오는 것으로 OR회로와 동작이 같다.

정답 54 ① 55 ① 56 ② 57 ①

58

유량제어 밸브에 해당하는 것은?

① 교축 밸브 ② 시퀀스 밸브
③ 감압 밸브 ④ 릴리프 밸브

SOLUTION 유량제어 밸브의 종류

교축 밸브, 속도제어 밸브, 급속배기 밸브

59

투광기와 수광기로 되어 있으며, 검출 방식에 따라 투과형, 직업 반사형, 거울 반사형으로 구분되는 센서는?

① 광 센서 ② 리드 센서
③ 유도형 센서 ④ 정전 용량형 센서

SOLUTION 광 센서

- 빛을 이용하여 물체의 유무를 검출하는 것으로 포토 센서, 광학적 센서가 이에 속한다.
- 투광기와 수광기로 되어 있으며, 검출 방식에 따라 투과형, 직업 반사형, 거울 반사형으로 구분한다.
- 광에너지 변환에 따라 광기전력 효과형, 광도전 효과형, 광전자 방출형으로 나눌 수 있다.

60

그림과 같은 논리 회로의 연산 결과를 불식으로 나타낸 것은?

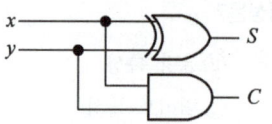

① $S = x+y,\ C = x \cdot y$
② $S = x+y,\ C = x-y$
③ $S = \overline{x} \cdot y + x,\ C = x+y$
④ $S = x \cdot \overline{y} + \overline{x} \cdot y,\ C = x \cdot y$

SOLUTION

x와 y에 각각 값을 대입해보면,

x	y	S	C
0	0	0	0
1	0	1	0
0	1	1	0
1	1	0	1

$S = x \cdot \overline{y} + \overline{x} \cdot y,\ C = x \cdot y$

XOR	AND
두 개의 입력이 서로 다른 경우에만 출력이 나오는 회로	두 개의 입력이 모두 1인 경우에만 출력이 나오는 회로

CBT 복원문제 2023 * 1

※ 2016년 5회부터는 CBT 방식으로 전면 시행됨에 따라 실제 수험생 분들의 복원을 토대로 문제를 구성하였습니다.

01

다음 중 가공 방법의 기호를 옳게 나타낸 것은?

① 보링가공 : BR
② 줄 다듬질 : FL
③ 호닝가공 : GBL
④ 밀링가공 : M

SOLUTION 면의 가공 방법 기호

가공방법	약호	가공방법	약호	
선반 가공	L	선반	호닝 가공	GH	호닝
드릴 가공	D	드릴	액체 호닝 가공	SPL	액체호닝
보링 머신 가공	B	보링	베럴 연마 가공	SPBR	베럴
밀링 가공	M	밀링	버프 다듬질	FB	버프
평삭반 가공	P	평삭	블라스트 다듬질	SB	블라스트
형삭반 가공	SH	형삭	랩핑 다듬질	FL	랩핑
브로치 가공	BR	브로치	줄 다듬질	FF	줄
리머가공	FR	리머	스크레이퍼 다듬질	FS	스크레이퍼
연삭가공	G	연삭	페이퍼 다듬질	FCA	페이퍼
벨트 샌딩 가공	GB	포인	주조	C	주조

02

그림과 같은 표면 줄무늬 방향기호의 설명으로 옳은 것은?

① 가공으로 생긴 선이 방사상
② 가공으로 생긴 선이 거의 동심원
③ 가공으로 생긴 선이 두 방향으로 교차
④ 가공으로 생긴 선이 무방향

SOLUTION 줄무늬 방향 기호와 의미

기호	의미	설명도
=	가공으로 생긴 앞줄의 방향이 기호를 기압한 그림의 투영면에 평행	
⊥	가공으로 생긴 앞줄의 방향이 기호를 기압한 그림의 투영면에 수직	
X	가공으로 생긴 선이 두 방향으로 교차	
M	가공으로 생긴 선이 다방면으로 교차 또는 무방향	
C	가공으로 생긴 선이 거의 동심원	
R	가공으로 생긴 선이 거의 방사상	

정답 01 ④ 02 ④

03

CNC 선반에서 증분값 명령 방식으로만 이루어진 것은?

① G00 U_ W_ ;   ② G00 X_ Z_ ;
③ G00 X_ W_ ;   ④ G00 U_ Z_ ;

SOLUTION 좌표치의 지령방법

종류	설명
절대 지령	• 프로그램 원점을 기준으로 직교 좌표계의 좌표값을 입력하는 방식 • CNC선반의 경우 : G00 X40. Z20. ; • 머시닝센터의 경우 : G00 G90 X15. Y20. Z20. ;
증분 지령	• 현재 공구위치를 기준으로 끝점까지의 X, Y, Z의 증분값을 입력하는 방식 • CNC선반의 경우 : G00 U40. W20. ; • 머시닝센터의 경우 : G00 G91 X25. Y25. Z15. ;
혼합 지령	• 절대지령 방식과 증분지령 방식을 한 블록 내에서 혼합하는 방식 • CNC선반의 경우 : G00 U40. Z20. ;

04

선반에서 주축회전수를 1,200rpm, 이송속도 0.25mm/rev으로 절삭하고자 한다. 실제 가공길이가 500mm라면 가공에 소요되는 시간은 얼마인가?

① 1분 20초   ② 1분 30초
③ 1분 40초   ④ 1분 50초

SOLUTION

$$가공시간[min] = \frac{가공길이[mm]}{이송속도[mm/rev] \times 회전수[rev/min]}$$

$$= \frac{500}{0.25 \times 1,200} ≒ 1.666[min]$$

∴ 1.67[min] = 1.67 × 60[s] = 100초 = 1분 40초

05

다음 중 CNC 선반 작업 시 안전사항으로 옳지 않은 것은?

① 고정 사이클 가공 시에 공구 경로에 유의한다.
② 칩이 공작물이나 척에 감기지 않도록 주의한다.
③ 가공 상태를 확인하기 위하여 안전문을 열어 놓고 조심하면서 가공한다.
④ 고정 사이클 가공 시 첫 번째 블록까지는 공작물과 충돌 예방을 위하여 Single Block으로 가공한다.

SOLUTION CNC 선반 안전

• CNC 선반 기계 운전은 작업자에 한하여 조작하도록 한다.
• 시운전을 실시하여 안전장치, 각종 센서, 리미트 스위치 기능을 점검한다.
• 기계 주위 미끄러짐 또는 걸려 넘어질 위험 요인을 제거한다.
• 이상 발생 시에는 기계 정지 모드로 전환한다.
• 긴급 상황 발생 시에는 비상정지 스위치를 조작하여 급정지시킨다.
• 모든 종류의 절삭유 및 급유 보충 등은 기계 정지 상태에서 수행한다.
• 안전문을 여는 경우에는 항상 비상정지 스위치를 조작하여 척이 정지한 후에 열리도록 한다.

06

4개의 조가 각각 단독으로 움직일 수 있으므로 불규칙한 모양의 일감을 고정하는 데 편리한 척은?

① 단동척   ② 인동척
③ 콜릿척   ④ 마그네틱척

SOLUTION 단동척(Independent Chuck)

4개의 조가 90° 간격으로 배치되어 있으며, 각각의 조가 단독으로 이동하며, 고정력이 크고, 불규칙한 가공물, 편심, 중량의 가공물 등을 정밀하게 고정하여 가공할 수 있다.

07

다음 중 절삭가공의 일반적인 특징이 아닌 것은?

① 가공 정밀도가 높은 편이다.
② 복잡한 형상 또는 중공축 등을 가공할 수 있다.
③ 재료의 소성을 이용한 가공이다.
④ 공작물의 불필요한 부분을 제거한다.

SOLUTION 절삭가공

경도가 큰 절삭공구를 사용하여 공작물의 불필요한 부분을 칩(Chip)의 형태로 제거하는 가공방법. 이때 사용되는 공구는 바이트, 드릴, 밀링커터 등으로 칩을 내면서 공작물의 불필요한 부분을 깎아낸다.
- 절삭가공 : 밀링, 선반, 연삭, 래핑, 호빙, 슈퍼피니싱
- 비절삭가공 : 단조, 주조, 압연, 압출, 인발, 용접, 소성가공

08

다이얼 게이지에 대한 설명으로 틀린 것은?

① 소형이고 가벼워서 취급이 쉽다.
② 외경, 내경, 깊이 등의 측정이 가능하다.
③ 연속된 변위량의 측정이 가능하다.
④ 어태치먼트의 사용방법에 따라 측정 범위가 넓어진다.

SOLUTION 다이얼 게이지

측정자의 직선 또는 원호 운동을 기계적으로 확대하여 움직임을 회전 변위로 변환시켜 눈금으로 읽을 수 있는 측정기이다. 특히, 지침이 1회전 이하인 것은 지침 축미라고 한다.
- 취급이 용이하다.
- 측정 범위가 넓다.
- 오차가 적다.
- 연속된 측정이 가능하다.
- 많은 개소의 측정을 동시에 할 수 있다.
- 부속품의 사용에 따라 광범위하게 사용할 수 있다.
※ 외경, 내경 측정에 용이하나 깊이를 측정하는 데에는 부적당하다.

09

선반에서 테이퍼 가공을 하는 방법으로 틀린 것은?

① 심압대의 편위에 의한 방법
② 맨드릴을 편위시키는 방법
③ 복식 공구대를 선회시켜 가공하는 방법
④ 테이퍼 절삭장치에 의한 방법

SOLUTION 선반의 테이퍼 작업
- 심압대를 편위시키는 방법 : 심압대를 편위시켜서 가공물을 양 센터로 지지한 방법이다. 테이퍼가 작고 길이가 길 경우 사용하며, 가공물의 전체 길이에 영향을 받는다.
- 복식 공구대를 경사시키는 방법 : 테이퍼의 각이 크고 길이가 짧은 가공물을 복식 공구대를 선회시켜 가공하는 방법이다. 베벨기어의 소재, 센터의 소재, 내경 테이퍼 등을 가공
- 테이퍼 절삭장치(어태치먼트)에 의한 방법 : 릴리빙 선반 또는 공구 선반
- 가로이송과 세로이송을 동시에 작업하는 방법

10

CNC 선반의 프로그램 중 절삭유 공급을 하고자 할 때 사용해야 하는 기능은?

① F 기능
② M 기능
③ S 기능
④ T 기능

SOLUTION 주소(Address)

영문 대문자(A~Z) 중 한 개로 표시한다.

기능	주소 (Address)	설명
프로그램 번호	O	프로그램 번호
전개 번호	N	전개 번호(작업순서)
준비 기능	G	이동 형태(직선, 원호 등)
좌표어	X Y Z	각 축의 이동 위치 지정(절대지령)
	U V W	각 축의 이동 거리와 방향 지정 (증분지령)
	A B C	부가축의 이동 명령
	I J K	원호 중심의 각 축 성분, 모따기 량 등
	R	원호반지름, 코너 R
이송 기능	F, E	이송속도, 나사리드
보조 기능	M	기계 각 부위 지령
주축 기능	S	주축 속도, 주축 회전수
공구 기능	T	공구 번호 및 공구 보정 번호
휴지	X, P, U	휴지 시간(Dwell)
프로그램번호 지정	P	보조 프로그램 호출 번호
전개번호 지정	P, Q	복합반복 사이클에서의 시작과 종료 번호
반복 횟수	L	보조 프로그램 반복 횟수
매개 변수	D, I, K	주기에서의 파라미터 (절입량, 횟수 등)

※ M08 절삭유 on

11

선반 왕복대의 구성요소로 거리가 먼 것은?

① 공구대 ② 새들
③ 에이프런 ④ 베드

SOLUTION 왕복대

베드 위에서 공구를 가로 및 세로방향으로 이송시키는 부분으로, 에이프런과 새들, 복식공구대로 나눈다.

• 에이프런(Apron) : 자동이송장치, 나사 깎기 장치 등이 내장되어 있으며 왕복대의 전면, 즉 새들의 앞쪽에 위치
• 새들(Saddle) : H자로 되어 있으며 베드면과 미끄럼 접촉
• 복식 공구대(Tool post) : 공구를 고정하는 부분으로 회전시켜 테이퍼 절삭이 가능

12

센터리스 연삭기에 대한 설명 중 틀린 것은?

① 가늘고 긴 가공물의 연삭에 적합하다.
② 가공물을 연속적으로 가공할 수 있다.
③ 조정숫돌과 지지대를 이용하여 가공물을 연삭한다.
④ 가공물 고정은 센터, 척, 자석척 등을 이용한다.

SOLUTION 센터리스 연삭기

가공물을 연속적으로 가공할 수 있으며, 조정숫돌을 조정하면 연삭을 자동으로 진행할 수 있어 핀, 피스톤 핀, 베어링 레이스, 롤러 등의 연삭에 효율적이다(조정숫돌 : 일감의 회전 및 이송역할).

장점	• 높은 숙련을 요구하지 않는다. • 센터가 필요하지 않아 센터 구멍을 가공할 필요가 없고, 중공의 가공물을 연삭할 때 편리하다. • 연삭 여유가 작아도 된다. • 가늘고 긴 공작물의 연삭에 적합하다. • 연삭숫돌의 폭이 크므로, 연삭숫돌 지름의 마멸이 적어, 수명이 길다.
단점	• 대형이나 중량물의 연삭이 불가능하다. • 긴 홈이 있는 가공물의 연삭이 불가능하다. • 연삭숫돌 폭보다 넓은 가공물은 플랜지 컷 방식으로 연삭할 수 없다.

※ 센터, 척, 자석척 등을 이용하는 것은 선반이다.

13

선반가공에서 외경을 절삭할 경우, 절삭가공 길이 100[mm]를 1회 가공하려고 한다. 회전수 1,000[rpm], 이송속도 0.15[mm/rev]이면 가공시간은 약 몇 분[min]인가?

① 0.5 ② 0.67
③ 1.33 ④ 1.48

SOLUTION

$$\text{가공시간[min]} = \frac{\text{가공길이[mm]}}{\text{이송속도[mm/rev]} \times \text{회전수[rev/min]}}$$

$$= \frac{100}{0.15 \times 1,000} ≒ 0.666[\text{min}]$$

14

구성인선의 방지대책으로 틀린 것은?

① 절삭 깊이를 적게 할 것
② 절삭 속도를 크게 할 것
③ 경사각을 작게 할 것
④ 절삭공구의 인선을 예리하게 할 것

SOLUTION 구성인선의 방지 대책
- 절삭 깊이를 적게 한다.
- 경사각을 크게 한다.
- 절삭 공구의 인선을 예리하게 한다.
- 절삭 속도를 크게 한다.
- 윤활성이 좋은 절삭액을 사용한다.

15

게이지 블록의 부속품 중 내측 및 외측을 측정할 때 홀더에 끼워 사용하는 부속품은?

① 둥근형 조
② 센터 포인트
③ 베이스 블록
④ 나이프 에지

SOLUTION 게이지 블록의 부속품
- 둥근형 조 : 내측 및 외측을 측정할 때 홀더에 끼워 사용
- 센터 포인트 : 원을 그릴 때 중심을 지지하며, 끝이 60°로 되어 있어 나사산을 검사할 때 사용
- 베이스 블록 : 금긋기 작업이나 높이 측정을 할 때 홀더와 함께 사용
- 나이프 에지 : 측정하려는 면에 대고 반대쪽에서 새어 나오는 빛으로 틈새를 판단하여 면의 진직도, 평면도를 검사하는 데 사용

16

선반가공에서 이동식 방진구를 사용할 때 어느 부분에 설치하는가?

① 심압대
② 에이프런
③ 왕복대의 새들
④ 베드

SOLUTION 방진구(Work Rest)
가늘고 긴 공작물(길이가 지름의 20배 이상)을 가공할 때 자중에 의해 휘거나 절삭력에 의해 휘는 것을 방지하는 데 쓰인다.
- 고정 방진구 : 베드 위에 고정하며 가공물을 지지하는 방진구로서 절삭 범위에 제한을 받는다(조 3개 120° 간격).
- 이동 방진구 : 왕복대의 새들에 고정되며, 절삭을 진행함과 동시에 방진구의 역할을 함께 한다. 절삭범위에 제한없이 가공할 수 있다(조 2개).

17

선반에서 가늘고 긴 공작물은 절삭력과 자중에 의하여 휘거나 처짐이 일어나기 쉬워 정확한 치수로 가공하기 어렵다. 이와 같은 처짐이나 휨을 방지하는 부속장치는?

① 면판
② 돌림판과 돌리개
③ 맨드릴
④ 방진구

SOLUTION
16번 해설 참고

18

가장 널리 쓰이는 키(Key)로 축과 보스 양쪽에 키 홈을 파서 동력을 전달하는 것은?

① 성크 키
② 반달 키
③ 접선 키
④ 원뿔 키

SOLUTION 묻힘 키(성크 키)
- 축과 보스에 모두 홈을 파는 키
- 키는 축심에 평행으로 끼우고 보스를 밀어 넣음

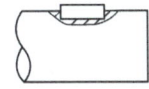

19

탄소강 판에 지름 20[mm]의 드릴로 절삭속도 50[m/min]로 드릴가공을 할 때, 적합한 회전수는?

① 약 1,592[rpm]   ② 약 1,043[rpm]
③ 약 872[rpm]   ④ 약 796[rpm]

SOLUTION

$$N = \frac{1,000\,V}{\pi D} = \frac{1,000 \times 50}{\pi \times 20} = 796[rpm]$$

20

다음 도면에 대한 설명으로 옳은 것은?

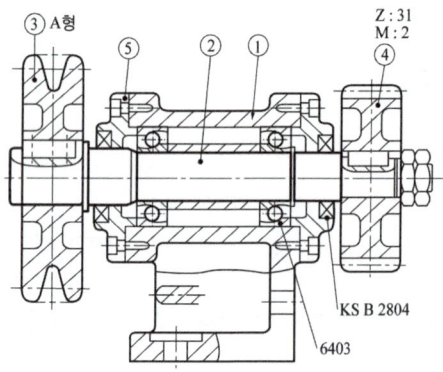

① 품번 ③에서 사용하는 V벨트는 KS 규격품 중에서 그 두께가 가장 작은 것이다.
② 품번 ④는 스퍼 기어로서 피치원 지름은 62[mm]이다.
③ 롤러 베어링이 사용되었으며 안지름 치수는 15[mm]이다.
④ 축과 스퍼 기어는 묻힘 핀으로 고정되어 있다.

SOLUTION

① 품번 ③번에서 사용하는 V벨트는 A형이다.
  KS 규격품(M, A, B) 중 가장 두께가 작은 것은 M형이다.
② D(피치원 지름) = M(모듈)×Z(잇수), 31×21 = 62[mm]
③ 볼 베어링이 사용되었으며, 안지름 치수는 03으로 17[mm]이다.
④ 축과 스퍼 기어는 묻힘 키로 고정되어 있다.

21

다듬질 면의 지시기호가 틀린 것은?

① 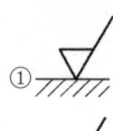   ②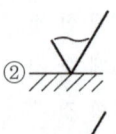

③ 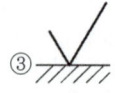   ④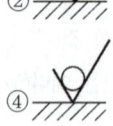

SOLUTION

- : 가공 여부 묻지 않음
- : 제거 가공을 필요로 함
- : 제거 가공을 허락하지 않음

22

구멍의 최대 허용치수가 50.025, 최소 허용치수가 50.000이고, 축의 최대 허용치수가 50.050, 최소 허용치수가 50.034일 때 최소 죔새는 얼마인가?

① 0.009   ② 0.050
③ 0.025   ④ 0.034

SOLUTION

- 최소 죔새
  =(축의 최소 허용 치수) - (구멍의 최대 허용 치수)
∴ 50.034 - 50.025 = 0.009

23

최대 허용치수가 구멍 50.025[mm], 축 49.975[mm]이며 최소 허용치수가 구멍 50.000[mm], 축 49.950[mm]일 때 끼워 맞춤의 종류는?

① 중간 끼워맞춤   ② 억지 끼워맞춤
③ 헐거운 끼워맞춤   ④ 상용 끼워맞춤

SOLUTION 헐거운 끼워맞춤

조립하였을 때, 구멍의 최소 치수가 축의 최대 치수보다 큰 경우로서 항상 틈새가 생기는 상태

구분	구멍	축	허용차
최대허용한계치수	50.025	49.975	0.05
최소허용한계치수	50.000	49.950	0.05

24

나사의 도시에 관한 내용 중 나사 각부를 표시하는 선의 종류가 틀린 것은?

① 수나사의 골 지름과 암나사의 골 지름은 가는 실선으로 그린다.
② 가려서 보이지 않는 나사부는 파선으로 그린다.
③ 완전 나사부와 불완전 나사부의 경계는 가는 실선으로 그린다.
④ 수나사의 바깥지름과 암나사의 안지름은 굵은 실선으로 그린다.

SOLUTION

- 굵은 실선 : 완전 나사부와 불완전 나사부의 경계선, 수나사의 바깥지름과 암나사의 안지름을 표시하는 선
- 가는 실선 : 수나사와 암나사의 골을 표시하는 선
- 가는 파선 : 보이지 않는 나사부의 산마루

25

다음 기호 중 화살표 쪽의 표면에 V형 홈 맞대기 용접을 하라고 지시하는 것은?

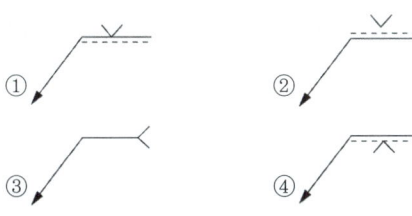

SOLUTION 용접 기본 기호 기재 방법

- 용접 기본 기호는 기준선의 위 또는 아래 둘 중에 어느 한쪽에 표시한다.
- 용접부(용접면)가 이음의 화살표 쪽에 있을 때의 기호는 실선 쪽의 기준선에 표시한다.
- 용접부가 화살표의 반대쪽에 있을 때에는 파선 쪽에 기본 기호를 붙인다.
- 프로젝션 용접법에 따른 스폿 용접부의 경우 프로젝션 표면을 용접부의 표면으로 생각한다.

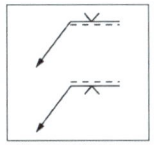 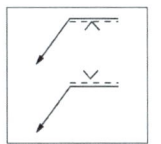

화살표 쪽의 용접   화살표 반대쪽의 용접

26

경사면부가 있는 대상물에 대해서 그 대상면의 실형을 도시할 필요가 있는 경우 그림과 같이 투상도를 나타낼 수 있는데 이 투상도의 명칭은?

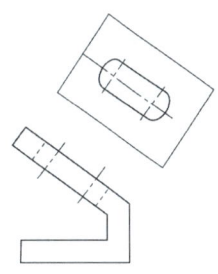

① 부분 투상도   ② 보조 투상도
③ 국부 투상도   ④ 특수 투상도

SOLUTION 보조 투상도

투상부의 경사진 부분의 내용을 투상면의 지점에 대해 회전해서 실제 길이와 같도록 투상하는 방법이다. 대상물 경사면의 실형을 도시할 필요가 있을 경우에는 그 경사면과 맞서는 위치에 보조 투상도로서 표시한다.

27

다음 중 스프로킷 휠의 도시방법으로 틀린 것은? (단, 축방향에서 본 경우를 기준으로 한다)

① 항목표에는 톱니의 특성을 나타내는 사항을 기입한다.
② 바깥지름은 굵은 실선으로 그린다.
③ 피치원은 가는 2점 쇄선으로 그린다.
④ 이뿌리원은 나타내는 선은 생략 가능하다.

SOLUTION 스프로킷 휠의 도시방법
- 우측면도의 바깥지름(이끝원)은 굵은 실선, 피치원은 가는 1점 쇄선, 이골원(이뿌리원)은 가는 실선 또는 굵은 파선으로 표시하나 이골원은 기입을 생략할 수 있다.
- 축에 직각인 방향에서 본 그림(정면도)을 단면으로 도시할 때에는 이골의 선은 굵은 실선으로 기입한다.

28

오차가 +20[μm]인 마이크로미터로 측정한 결과 55.25[mm]의 측정값을 얻었다면 실제값은?

① 55.18[mm]   ② 55.23[mm]
③ 55.25[mm]   ④ 55.27[mm]

SOLUTION
오차 = 측정값 - 실제값에서,
실제값 = 측정값 - 오차 = 55.25 - 0.02
       = 55.23[mm]
여기서, 20[μm] = 0.02[mm]

29

다음 중심선 평균 거칠기 값 중에서 표면이 가장 매끄러운 상태를 나타낸 것은?

① 0.2a   ② 1.6a
③ 3.2a   ④ 6.3a

명칭	표면거칠기의 표준수열			다듬질 기호 (종래의 기호)
	Ra	Rmax	Rz	
다듬질 안함	규정안함	-	-	~
거친 다듬질	25a	100s	100z	▽
보통 다듬질	6.3a	25s	25z	▽▽
정밀 다듬질	1.6a	6.3s	6.3z	▽▽▽
연마 다듬질	0.2a	0.8s	0.8z	▽▽▽▽

명칭	표면거칠기 기호 (새로운 기호)	가공법 및 표시하는 부분 설명
다듬질 안함	∀	제거 가공을 하지 않는 부분
거친 다듬질	W/∀	절삭 가공만 하고, 끼워맞춤은 없는 표면부에 표시
보통 다듬질	X/∀	끼워맞춤만 하고 상호 부품의 마찰운동은 하지 않는 가공면
정밀 다듬질	y/∀	끼워맞춤한 상호 부품이 마찰운동을 하는 부분
연마 다듬질	z/∀	초정밀 고급가공면, 내연기관의 실린더 내면

30

그림에서 기하공차 기호로 기입할 수 없는 것은?

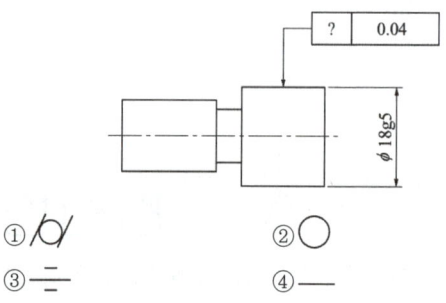

① ⌀   ② ○
③ ═   ④ ─

SOLUTION 대칭도 공차는 데이텀으로 설정한 기준면이 없으므로 기입할 수 없다.

31

일반 치수 공차 기입 방법 중 잘못된 기입 방법은?

① 10 ± 0.1
② $10 {}^{+0.1}_{0}$
③ $10 {}^{+0.2}_{-0.5}$
④ $10 {}^{-0.1}_{0}$

SOLUTION 일반 치수 공차는 큰 숫자가 위로, 작은 숫자가 아래로 기입한다.

32

가는 실선으로만 사용하지 않는 선은?

① 지시선
② 절단선
③ 해칭선
④ 치수선

SOLUTION 절단선

선의 종류	선의 모양	굵기
가는 1점 쇄선		0.1 ~ 0.25

단면도를 그리는 경우, 그 절단 위치를 대응하는 그림에 표시하는 선
(절단선이 꺾이는 부분은 굵은 실선으로 표시한다)

33

축의 도시 방법에 대한 설명으로 틀린 것은?

① 긴 축은 중간 부분을 파단하여 짧게 그리고 실제 치수를 기입한다.
② 길이 방향으로 절단하여 단면을 도시한다.
③ 축의 끝에는 조립을 쉽고 정확하게 하기 위해서 모따기를 한다.
④ 축의 일부 중 평면 부위는 가는 실선의 대각선으로 표시한다.

SOLUTION
- 축이나 보스의 끝 구석 라운드 가공부는 필요하면 확대하여 부품도 옆이나 주서 기입란에 기입하여 준다.
- 축은 일반적으로 길이 방향으로 절단하지 않으며 필요에 따라서는 부분 단면은 가능하다.
- 긴 축은 단축하여 그릴 수 있으나, 길이는 실제 길이를 기입해야 한다.
- 축에 있는 널링(knurling)의 도시는 빗줄인 경우에 축선에 대하여 30°로 서로 엇갈리게 그린다.
- 축의 모따기 및 평면부 표시는 치수 기입법에 따른다.

34

다음 중 가장 고운 다듬면을 나타내는 것은?

①
② 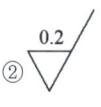 0.2
③ 6.3
④ 25

SOLUTION

명칭	표면거칠기의 표준수열			다듬질 기호 (종래의 기호)
	Ra	Rmax	Rz	
다듬질 안함	규정안함	-	-	~
거친 다듬질	25a	100s	100z	▽
보통 다듬질	6.3a	25s	25z	▽▽
정밀 다듬질	1.6a	6.3s	6.3z	▽▽▽
연마 다듬질	0.2a	0.8s	0.8z	▽▽▽▽

명칭	표면거칠기 기호 (새로운 기호)	가공법 및 표시하는 부분 설명
다듬질 안함	∇	제거 가공을 하지 않는 부분
거친 다듬질	W	절삭 가공만 하고, 끼워맞춤은 없는 표면부에 표시
보통 다듬질	X	끼워맞춤만 하고 상호 부품의 마찰운동은 하지 않는 가공면
정밀 다듬질	y	끼워맞춤한 상호 부품이 마찰운동을 하는 부분
연마 다듬질	Z	초정밀 고급가공면, 내연기관의 실린더 내면

정답 31 ④ 32 ② 33 ② 34 ②

35

그림과 같이 벨트 풀리의 암 부분을 투상한 단면도법은?

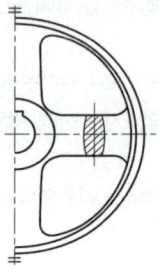

① 부분 단면도 ② 국부 단면도
③ 회전도시 단면도 ④ 한쪽 단면도

SOLUTION 회전도시 단면도
핸들, 벨트 풀리, 기어 등과 같은 바퀴의 암, 리브, 후크, 축과 주로 구조물에 사용하는 형강 등 투상법으로 표시하기 어려운 경우 단면으로 물체를 절단하여 90°로 회전시켜 도시하는 방법

36

다음 그림은 어떤 물체를 제 3각법 정투상도로 나타낸 것이다. 입체도로 옳은 것은?

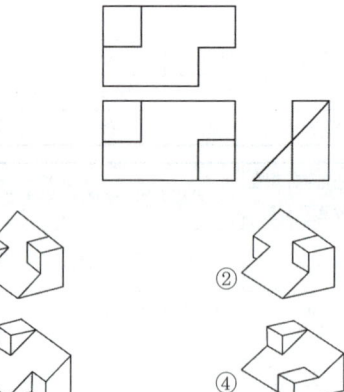

37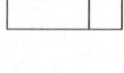

SOLUTION
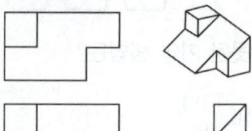

축의 끝에 45° 모떼기 치수를 기입하는 방법으로 틀린 것은?

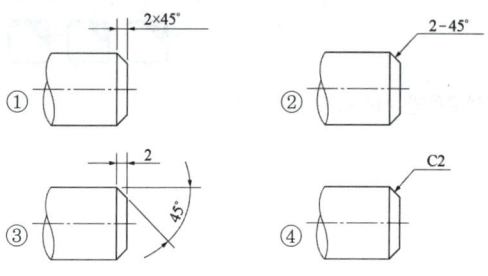

SOLUTION 모떼기 치수기입
모떼기 각도가 45°일 때는 '모떼기 길이 치수×45°' 또는 'C' 기호 다음에 모떼기 길이 수치를 기입한다.

38

대칭형의 물체를 1/4로 절단하여 내부와 외부의 모습을 동시에 보여주는 단면도는?

① 온 단면도 ② 한쪽 단면도
③ 부분 단면도 ④ 회전도시 단면도

SOLUTION 한쪽 단면도
대칭형의 대상물을 1/4로 절단하여 내부와 외부의 모습을 조합하여 표시한다.

39

기하공차의 종류를 나타낸 것 중 틀린 것은?

① 전직도(—) ② 진원도(○)
③ 평면도(▱) ④ 원주 흔들림(↗)

SOLUTION

공차의 종류		기호	공차의 종류		기호
모양공차	진직도	—	자세공차	평행도	∥
	평면도	▱		직각도	⊥
	진원도	○		경사도	∠
	원통도	⌭	위치공차	위치도	⊕
	선의 윤곽도	⌒		동심도	◎
	면의 윤곽도	⌓		대칭도	=
흔들림공차	원주 흔들림	↗	흔들림공차	온 흔들림	↗↗

40

단면을 나타내는 데에 대한 설명으로 옳지 않은 것은?

① 동일한 부품의 단면은 떨어져 있어도 해칭의 각도와 간격을 동일하게 나타낸다.
② 두께가 얇은 부분의 단면도는 실제 치수와 관계없이 한 개의 굵은 실선으로 도시할 수 있다.
③ 단면은 필요에 따라 해칭하지 않고 스머징으로 표현할 수 있다.
④ 해칭선은 어떠한 경우에도 중단하지 않고 연결하여 나타내야 한다.

SOLUTION 해칭(또는 스머징)을 하는 부분 안에 글자, 기호 등을 기입하기 위하여 필요한 경우에는 해칭(또는 스머징)을 중단한다.

41

2개의 입력 A, B가 서로 같으면 0이 되고, 다르면 1이 출력되는 회로를 무엇이라 하는가?

① 금지 회로 ② 일치 회로
③ 다수결 회로 ④ 배타적 OR 회로

SOLUTION 배타적 OR 회로
2개의 입력 A, B가 서로 다른 경우에만 출력이 1이 되고, 2개의 입력이 같은 경우에는 출력이 0으로 되는 회로

42

릴리프 밸브를 이용한 유압 브레이크 회로에서 유압 모터를 정지시키고자 오일 공급을 중단했을 때 유압 모터의 현상은? (단, 모터축의 부하 관성이 크다)

① 바로 정지한다.
② 잠시 동안 고정된다.
③ 얼마간 회전을 지속하다가 정지한다.
④ 급정지했다가 관성에 의해 다시 회전한다.

SOLUTION 오일 공급을 중단하여도 관성의 법칙으로 인해 모터는 바로 정지하지 않고 얼마간 회전을 지속하다가 정지한다.

43

용적형 공기압축기가 아닌 것은?

① 격판 압축기　② 베인 압축기
③ 터보 압축기　④ 피스톤 압축기

SOLUTION 공기압축기 작동원리에 따른 분류
- 용적형
 - 왕복식 : 피스톤식, 다이어프램식
 - 회전식 : 나사식(스크류식), 베인식, 루터 블로어
- 터보형
 - 원심식
 - 축류식

44

비교적 소형으로 성형케이스에 접점 기구를 내장하고 밀봉되어 있지 않은 스위치로서, 물체의 움직이는 힘에 의하여 작동편이 눌려져서 접점이 개폐되며 물체에 직접 접촉하여 검출하는 스위치는?

① 광전 스위치　② 근접 스위치
③ 온도 스위치　④ 마이크로 스위치

SOLUTION 센서 종류
- 리드 스위치(근접 스위치) : 자석에 발생하는 자력에 의해 스위치를 작동시켜 검출하는 자기형 근접감지기로, 물체에 직접 접촉하지 않아도 검출할 수 있다.
- 광전 센서 : 빛 자체 또는 빛에 포함되는 정보를 전기신호로 변환하여 감지하는 소자
- 온도 스위치 : 온도를 측정하는 센서로 접촉식과 비접촉식으로 나뉘며 측온저항체, 열전쌍 센서, 서미스터 등이 있다.
- 마이크로 스위치 : 미소접점 간격과 스냅 동작기구를 가졌다, 규정된 동작과 규정된 힘으로 개폐동작을 하는 접점기구가 케이스에 덮여지고, 그 외부에 액추에이터를 갖추어 소형으로 만들어진 스위치

45

그림은 어떤 회로를 나타낸 것인가?

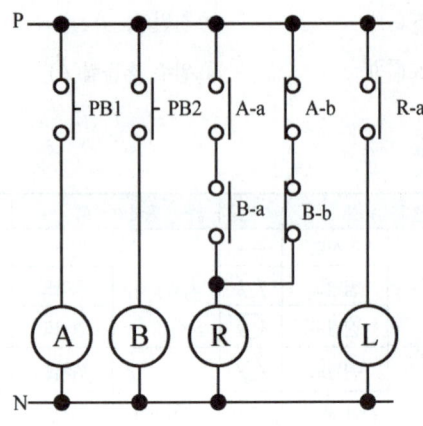

① 일치 회로　② 인터록 회로
③ 금지 회로　④ 배타적 OR 회로

SOLUTION 일치 회로
회로 로직 설계에서 논리 로직 중에 배타적인 NOR 게이트를 이용하여 구성한 것으로 두 입력의 상태가 같을 때에 출력을 나타내는 것으로 신호 비트가 항상 일치해야 결과를 나타내는 회로

46

다음 기능선도 기본기호의 의미로 옳은 것은?

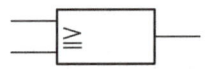

① OR　② AND
③ NOT　④ EX-OR

SOLUTION 위 기호는 둘 중 하나만 있어도 출력이 나오므로 OR 기호이다.

47

그림에서 전열기의 발열량에는 관계없이 스위치를 개·폐하여 전류를 흐르게 하거나 차단시키는 두 동작 가운데 어느 한 동작에 의해 제어명령이 내려지는 제어는?

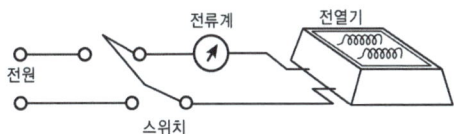

① 정량적 제어
② 정성적 제어
③ 되먹임 제어
④ 자동조정 제어

SOLUTION
- 정성적 제어 : 목표값이 변화하지 않는 제어. 즉, 2진값 신호이며, 상태 제어라고 한다. 즉, 정성적 제어는 목표값과 제어량의 오차를 정정할 수 있는 부분을 갖지 않는 것이 특징이다.
- 정량적 제어 : 크기와 양에 대하여 일정량을 제어하는 것으로 온도의 높고 낮음, 전기로의 발열량이 많고 적음 등이 있다. 즉, 오차를 자동적으로 정정할 수 있는 피드백 제어라고 하며 폐회로 제어라 한다.

48

변위 센서의 종류가 아닌 것은?

① 압전형
② 와전류형
③ 전자 광학형
④ 정전 용량형

SOLUTION 변위형 센서
- 비접촉형으로 와전류형, 용량형, 전자 광학형 등의 센서를 이용한다.
- 회전축 감시, 편심의 축방향 움직임 등 회전기계의 정밀진단에 적합하다.
- 기어, 베어링, 축진동 등에 이용한다.

49

외부의 압력부하가 변하더라도 회로에 흐르는 유량을 항상 일정하게 유지시켜 주면서 유압모터의 회전이나 유압실린더의 이동속도를 제어하는 밸브는?

① 분류 밸브
② 단순 교축 밸브
③ 압력 보상형 유량 조절 밸브
④ 온도 보상형 유량 조절 밸브

SOLUTION 압력 보상형 유량 조절 밸브
유량의 조정에 영향을 미치는 압력차를 일정하게 유지함으로써 부하 변화에 따른 유량 변화가 없는 유량 제어 밸브

50

PLC(Programmable Logic Controller)의 출력 인터페이스로 적합하지 않은 것은?

① 램프(Lamp)
② 부저(Buzzer)
③ 리밋 스위치(Limit Switch)
④ 솔레노이드 밸브(Solenoid Valve)

SOLUTION
- 입력장치 : 리밋 스위치, 리드 스위치, 푸쉬버튼스위치
- 출력장치 : 램프, 부저, 솔레노이드 밸브, 릴레이, 타이머릴레이, 카운터 릴레이 등

51

그림과 같은 유압 탱크에서 스트레이너를 장착할 가장 적절한 위치는?

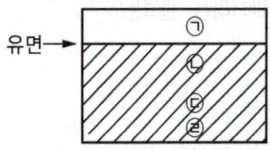

① ㉠과 같이 유면 위쪽
② ㉡과 같이 유면 바로 아래
③ ㉢과 같이 바닥에서 좀 떨어진 곳
④ ㉣과 같이 바닥

SOLUTION 스트레이너의 특징
- 여과량은 펌프 흡입량의 2배 이상
- 오일 탱크 밑바닥에서 약 10[cm] 이상, 유면에서 10~15[cm] 이상 떨어져서 설치
- 약 1,000메시 이상의 먼지를 제거하기 위해 오일 필터와 조합하여 사용하는 것이 바람직
- 100~150[μm]의 철망 사용

52

다음 그림이 의미하는 시스템은?

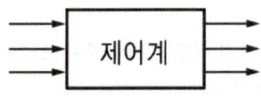

① 서보 시스템(Servo System)
② 피드백제어 시스템(Feedback Control System)
③ 개회로제어 시스템(Open Loop Control System)
④ 폐회로제어 시스템(Closed Loop Control System)

SOLUTION 개회로제어 시스템(순차 제어 시스템)
- 미리 정해놓은 순서에 따라 제어의 각 단계를 순차적으로 행하는 제어이다.
- 제어명령이 스위치를 열거나 닫는 두 동작 가운데 한 동작이 내려지고 필요한 명령이 자동적으로 처리되는 것을 말한다.

53

시퀀스 제어용 기기 중 설정시간 만큼 동작을 지연시키기 위하여 사용하는 것은?

① 카운터
② 전자접촉기
③ 타이머
④ 솔레노이드 밸브

SOLUTION 시퀀스 제어용 기기
- 릴레이 : 흔히 릴레이라 부르는 것으로 논리적 판단을 위한 제어 요소로 사용되고 전자력에 의해 접점을 개폐하는 제어 장치
- 타이머 : 어떤 신호를 설정 시간만큼 늦추거나 설정 시간만큼 그 신호를 유지하는 것
- 카운터 : 물체의 위치나 상태를 검출하고, 계수하여 설정된 값에 도달하면 접점이 작동되는 기기, 계수기라고도 한다.
- 전자접촉기 : 전동기나 용량이 큰 부하의 개폐에 널리 사용되고, 주회로 접점과 보조 접점으로 구성되어 있다.
- 솔레노이드 밸브 : 전자 조작으로 유로의 방향을 전환시키는 방향제어 밸브로 전기 공압, 전기 유압 등에 많이 쓰인다.

54

유압 실린더의 수축과정에서 발생하는 힘을 나타내는 수식표현으로 옳은 것은?

① 압력×피스톤 면적
② 유량÷피스톤 면적
③ 압력×(피스톤 면적 − 로드 면적)
④ 유량÷(피스톤 면적 − 로드 면적)

SOLUTION
압력 = (받는 힘)/(힘을 받는 면적)이므로
힘 = 압력×(힘을 받는 면적)이라고 표현할 수 있다.

55

방향제어 밸브의 조작방식 중 기계방식의 밸브기호는?

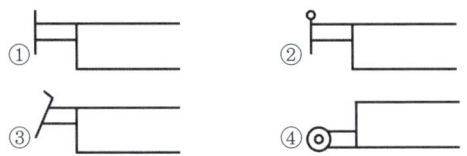

SOLUTION
① 인력조작방식의 일반형
② 인력조작방식의 레버형
③ 인력조작방식의 페달형

56

회로의 압력이 설정압을 초과하면 격막이 파열되어 회로의 최고 압력을 제한하는 것은?

① 유체 퓨즈 ② 유체 스위치
③ 압력 스위치 ④ 감압 스위치

SOLUTION
• 유체 퓨즈 : 회로압이 설정압을 넘으면 막이 유체압에 의하여 파열되어 압유를 탱크로 귀환시킴과 동시에 압력상승을 막아 기기를 보호하는 것
• 압력 스위치 : 회로의 압력이 설정값에 도달하면 전기접점을 개폐하는 스위치

57

절대습도의 정의로 옳은 것은?

① 습공기 내에 있는 건공기의 비
② 습공기 $10[m^3]$당 수증기의 비
③ 습공기 $100[m^3]$당 수증기의 비
④ 습공기 $1[m^3]$당 건공기의 중량과 수증기의 중량의 비

SOLUTION
• 절대습도
$$\frac{\text{습공기 중의 수증기의 중량[g]}}{\text{습공기 중의 건공기의 중량[g]}} \times 100[\%]$$

• 상대습도
$$\frac{\text{습공기 중의 수증기 분압}[kg_f/cm^3]}{\text{포화수증기압}[kg_f/cm^3]} \times 100[\%]$$

58

유압 기본회로 중 2개 이상의 실린더가 정해진 순서대로 움직일 수 있는 회로에 속하는 것은?

① 로킹 회로 ② 언로딩 회로
③ 차동 회로 ④ 시퀀스 회로

SOLUTION
① 로킹 회로 : 실린더 행정 중 임의의 위치에 실린더를 고정하여 피스톤의 이동을 방지하는 회로
② 언로딩 회로 : 반복 작업 시에 펌프의 수명 연장, 동력비의 절감, 열 발생의 방지, 조작의 안전성 등을 위하여 작업을 하지 않는 동안 펌프를 무부하 상태로 유지할 수 있는 회로
③ 차동회로 : 차동 밸브를 이용하여 메인회로가 아닌 보조 회로에서 유압을 보충하여 실린더가 더 빠르게 움직일 수 있도록 한 회로

59

실린더 직경이 2[cm]이고, 압력이 $6[kg_f/cm^2]$인 경우 실린더가 낼 수 있는 힘[kgf]은 약 얼마인가? (단, 내부 미찰력은 무시한다)

① 9.4 ② 18.8
③ 28.2 ④ 37.6

SOLUTION
$$F = p \times \frac{\pi D^2}{4} = 6 \times \frac{\pi \times 2^2}{4} = 18.8[kg_f]$$

정답 55 ④ 56 ① 57 ④ 58 ④ 59 ②

60

두 개의 복동 실린더가 1개의 실린더 형태로 조립되어 출력이 거의 2배의 힘을 낼 수 있는 실린더는?

① 탠덤 실린더
② 케이블 실린더
③ 로드리스 실린더
④ 다위치제어 실린더

SOLUTION

② 케이블 실린더 : 양쪽의 피스톤에 케이블이 부착되어 있는 복동실린더의 일종으로 케이블에 장력을 발생시킨다.

③ 로드리스 실린더 : 피스톤 로드를 없앤 실린더로 공간상 설치 장소를 대폭 감소시킬 수 있고 행정 거리도 크게 늘릴 수 있다.

④ 다위치 실린더 : 복수의 실린더를 직렬로 연결하고 몇 개의 정지 위치를 선정하는 실린더

CBT 복원문제 2023 * 3

※ 2016년 5회부터는 CBT 방식으로 전면 시행됨에 따라 실제 수험생 분들의 복원을 토대로 문제를 구성하였습니다.

01

드릴의 표준 날끝 선단각은 몇 도(°)인가?

① 118° ② 135°
③ 163° ④ 181°

SOLUTION 드릴 끝(Chisel Point : 치즐 포인트)

드릴 절삭 날의 끝 부분으로, 일반적으로 드릴 양쪽 날이 이루는 각도는 118°이다.

02

연삭조건에 따른 입도의 선정 방법에서 고운 입도의 연삭숫돌을 선정하는 경우는?

① 절삭 깊이와 이송량이 클 때
② 다듬질 연삭 및 공구를 연삭할 때
③ 숫돌과 가공물의 접촉 면적이 클 때
④ 연하고 연성이 있는 재료를 연삭할 때

SOLUTION 연삭조건에 따른 입도의 선정 방법

거친 입도의 연삭숫돌	• 거친 연삭, 절삭 깊이와 이송량이 클 때 • 숫돌과 가공물의 접촉 면적이 클 때 • 연하고 인성이 있는 재료를 연삭할 때
고운 입도의 연삭숫돌	• 다듬질 연삭, 공구 연삭 • 숫돌과 가공물의 접촉 면적이 작을 때 • 경도가 크고 메진 가공물을 연삭할 때

03

다음 중 선반(Lathe)을 구성하고 있는 주요 구성 부분에 속하지 않는 것은?

① 분할대 ② 왕복대
③ 주축대 ④ 베드

SOLUTION 선반의 4대 구성요소

• 주축대 : 공작물 지지, 동력전달
• 왕복대 : 바이트 및 각종 공구 설치
• 심압대 : 드릴작업, 센터작업 등
• 베드 : 주축대, 왕복대, 심압대를 지지 절삭력 및 중력을 견딜 수 있게 제작

04

공기 마이크로미터를 원리에 따라 분류할 경우 이에 속하지 않는 것은?

① 유량식 ② 배압식
③ 유속식 ④ 전기식

SOLUTION 공기 마이크로미터

• 공기의 흐름을 확대기구로 하여 길이를 측정하는 방법으로 노즐 부분을 교환함으로써 바깥지름, 안지름, 직각도, 진원도, 평면도, 테이퍼, 타원 등을 측정할 수 있다.
• 공기 마이크로미터는 유량의 조절에 따라 유량식, 배압식, 유속식이 있다.

정답 01 ① 02 ② 03 ① 04 ④

05

주물품에서 볼트, 너트 등이 닿는 부분을 가공하여 자리를 만드는 작업은?

① 보링 ② 스폿 페이싱
③ 카운터 싱킹 ④ 리밍

SOLUTION 드릴링 머신의 작업 종류

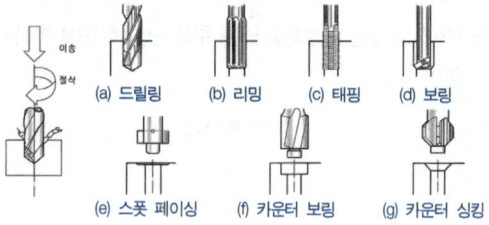

06

다음 중 연삭 숫돌의 구성 요소가 아닌 것은?

① 숫돌 입자 ② 결합제
③ 기공 ④ 드레싱

SOLUTION 연삭 숫돌의 구성 3요소
- 숫돌 입자
- 기공
- 결합제

07

공구의 수명에 관한 설명으로 맞지 않는 것은?

① 일감을 일정한 절삭조건으로 절삭하기 시작하여 깎을 수 없게 되기까지의 총 절삭 시간을 분[min]으로 나타낸 것이다.
② 공구의 수명은 마멸이 주된 원인이며, 열 또한 원인이다.
③ 공구의 윗면에서는 경사면 마멸, 옆면에서는 여유면 마멸이 나타난다.
④ 공구의 수명은 높은 온도에서 길어진다.

SOLUTION 공구 수명
- 절삭공구로 절삭가공을 할 때, 고온과 고압으로 인한 마찰력으로 공구가 마모되어 절삭성이 감소하고, 가공치수의 정밀도가 낮아지고, 가공된 면의 표면 거칠기가 불량해진다.
- 재질이 일정할 때 절삭속도가 공구수명에 가장 큰 영향을 미치며 마찰열에 의해 절삭공구 본래의 형상을 잃게 되고 소요되는 절삭동력도 증가한다.

08

다음 중 CNC프로그램에서 공구 지름 보정과 관계없는 준비 기능은?

① G40 ② G41
③ G42 ④ G43

SOLUTION 공구 인선 반지름 보정 G-코드

G-코드	가공위치	공구경로
G40	인선 반지름 보정 취소	프로그램 경로 위에서 공구이동
G41	인선 좌측 보정	프로그램 경로의 왼쪽에서 공구이동
G42	인선 우측 보정	프로그램 경로의 오른쪽에서 공구이동

09

표면 거칠기의 표시법 중 최대높이 거칠기를 나타내는 것은?

① R_a ② R_{max}
③ R_z ④ R_e

SOLUTION 표면거칠기
- 최대 높이 거칠기(R_{max}) : 거친 면 사이에 가장 높은 산과 가장 낮은 골의 차이를 측정하여 미크론(μ)단위로 나타낸다.
- 10점 평균 거칠기(R_z) : 가장 높은 산 5곳과 가장 낮은 골 5곳의 평균값의 차이를 측정하여 미크론(μ)단위로 나타낸 것
- 중심선 평균 거칠기(산술 평균 거칠기, R_a) : 중심선을 기준으로 위쪽과 아래쪽의 면적의 합을 측정길이로 나눈 것이다.

10

밀링 공작기계에서 스핀들의 회전 운동을 수직 왕복 운동으로 변환시켜주는 부속 장치는?

① 수직밀링 장치
② 슬로팅 장치
③ 만능밀링 장치
④ 래크밀링 장치

SOLUTION 슬로팅 장치(Slotting Attachment)

슬로팅 장치는 주축의 회전운동을 직선 왕복운동으로 변화시키고, 바이트를 사용하여 가공물의 안지름에 키홈, 스플라인, 세레이션 등을 가공한다. 슬로팅장치는 밀링머신 헤드에 설치하여 사용한다.

11

CNC선반에서 심압대 쪽에서 주축방향으로 내경가공을 위하여 주로 사용되는 반경보정은?

① G40
② G41
③ G42
④ G43

SOLUTION 공구 인선 반지름 보정 G-코드

G-코드	가공위치	공구경로
G40	인선 반지름 보정 취소	프로그램 경로 위에서 공구이동
G41	인선 좌측 보정	프로그램 경로의 왼쪽에서 공구이동
G42	인선 우측 보정	프로그램 경로의 오른쪽에서 공구이동

12

선반바이트에서 바이트의 옆면 및 앞면과 가공물의 마찰을 줄이기 위한 각의 명칭으로 옳은 것은?

① 경사각
② 여유각
③ 절삭각
④ 설치각

SOLUTION 바이트의 주요 각도

- 경사각(Rake Angle) : 경사각이 크면 절삭성이 좋아지고, 가공된 면의 표면거칠기도 좋아지지만 날 끝이 약해져서 바이트의 수명이 단축되므로 절삭조건에 적절한 경사각으로 사용해야 한다.
- 여유각(Clearance Angle or Relief Angle) : 여유각은 바이트의 옆면 및 앞면과 가공물과의 마찰을 줄이기 위한 각으로 여유각이 너무 크면 날 끝이 약하게 된다.
- 절삭각(Cutting Edge Angle) : 주조나 단조품의 단단한 표피를 가공할 때 바이트 인선을 보호하기 위한 각으로 설치각과 같은 효과를 나타낸다.

13

다음 중 머시닝센터에서 원호 보간 시 사용되는 I, J의 의미로 틀린 것은?

① I는 X축 보간에 사용된다.
② J는 Y축 보간에 사용된다.
③ 원호의 시작점에서 원호 끝점까지의 벡터 값이다.
④ 원호의 시작점에서 원호 중심까지의 벡터 값이다.

SOLUTION 원호 보간(G02, G03)

지령된 시작점에서 끝점까지 반지름 R로 시계방향(G02)과 반시계방향(G03)으로 원호 가공

- 지령 방법

  G17   G02 G90   X_ Y_ Z_   R_   F_ ;
  G18   G03 G91   I_ J_ K_
  G19

- 지령 의미

  - G17, G18, G19 : 작업 평면
  - G90, G91 : 절대, 증분 지령(2개 중 하나만 지령)
  - R 또는 I, J, K : 원호반지름 또는 시작점에서 원호 중심까지의 벡터량
    (I : X축 벡터량, J : Y축 벡터량, K : Z축 벡터량)
  - F : 이송 속도

14

그림에서 정반면과 사인바의 윗면이 이루는 각($\sin\theta$)을 구하는 식은?

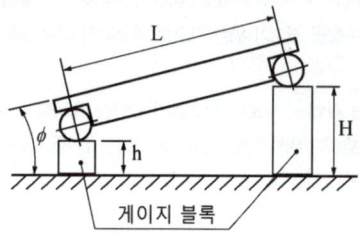

① $\sin\theta = \dfrac{H-h}{L}$ ② $\sin\theta = \dfrac{H+h}{L}$

③ $\sin\theta = \dfrac{L-h}{H}$ ④ $\sin\theta = \dfrac{L-H}{h}$

SOLUTION 사인바(Sine Bar)

사인바는 길이를 측정하여 직각 삼각형의 삼각 함수를 이용한 계산에 의하여 임의의 각을 측정한다. 사인 바의 크기는 100[mm], 200[mm]로 만든다.

$\sin\theta = \dfrac{H}{L}$

- L : 사인바의 크기(길이)
- H : 블록 게이지의 높이

15

기어의 종류 중 피치원 지름이 무한대인 기어는?

① 스퍼기어   ② 래크
③ 피니언   ④ 베벨기어

SOLUTION 래크(Rack)

원통기어의 피치원 반경이 무한대인 것을 래크라 하고 피니언의 회전에 대하여 직선운동을 한다.

16

관용 테이퍼 나사 중 테이퍼 수나사를 표시하는 기호는?

① M   ② Tr
③ R   ④ S

SOLUTION

- M : 미터 보통 나사
- Tr : 미터 사다리꼴 나사
- S : 미니어처 나사
- R : 관용 테이퍼 나사

17

결합도가 높은 숫돌을 선정한 기준으로 틀린 것은?

① 연질 가공물을 연삭 때
② 연삭 깊이가 작을 때
③ 접촉 면적이 적을 때
④ 가공면의 표면이 치밀할 때

SOLUTION 연삭 숫돌의 결합도

결합도	호칭
E, F, G	극히 연한 것
H, I, J, K	연한 것
L, M, N, O	중간 것

결합도가 높은 숫돌 (단단한 숫돌)	• 연질재료의 연삭 • 숫돌차의 원주속도가 느릴 때 • 연삭 깊이가 작을 때 • 접촉면이 작을 때 • 재료표면이 거칠 때
결합도가 낮은 숫돌 (연한 숫돌)	• 경질재료의 연삭 • 숫돌차의 원주속도가 느릴 때 • 연삭 깊이가 깊을 때 • 접촉면이 클 때 • 재료표면이 치밀할 때

18

밀링머신에서 분할대를 이용하여 분할하는 방법이 아닌 것은?

① 직접 분할방법
② 차동 분할방법
③ 단식 분할방법
④ 복합 분할방법

SOLUTION 밀링 작업에서 분할 가공

- 직접 분할법 : 분할대 주축 앞면에 있는 직접 분할판을 이용하여 정밀도를 요구하지 않는 볼트, 너트, 키 홈 등의 단순한 분할을 할 때 사용하는 방법이다. 직접 분할 판의 구멍수가 24개이므로 24의 약수, 즉 24, 12, 8, 6, 4, 3, 2등분이 가능하다. 반드시 정수일 때만 분할이 가능하다.
- 단식 분할법 : 직접 분할법으로 불가능하거나 분할이 정밀해야 할 경우에 사용한다. 분할 크랭크와 분할판을 사용하여 분할하는 방법으로 분할 크랭크를 40회전 시키면 주축은 1회전하므로 주축을 회전시키려면 분할 크랭크를 40/N회전시키면 된다.
- 차동 분할법 : 직접 분할법이나 단식 분할법으로 분할할 수 없는 61 이상의 소수나 특수한 수의 분할을 복합운동으로 분할하는 방법이다.

19

선반가공에서 바이트를 구조에 따라 분류할 때 틀린 것은?

① 단체 바이트
② 팁 바이트
③ 클램프 바이트
④ 분리 바이트

SOLUTION 바이트의 형상에 따른 분류

- 단체 바이트 : 날 부분과 자루 부분이 같은 재질
- 납땜 바이트(팁 바이트) : 탄소강으로 만든 자루에 초경합금 등을 경납으로 접합 사용
- 클램프 바이트 : 공구 자루에 절삭날을 작은 나사로 고정하여 날이 무뎌지면 새 것으로 교환하여 사용
- 폐기식 바이트 : 사용 중에 절삭날이 무디어지면 날 부분만 새것으로 교환 사용

20

다음 중 그림과 같은 원호보간 지령을 I, J를 사용하여 표현한 것으로 옳은 것은?

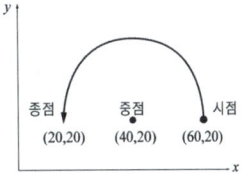

① G03 X20.0 Y20.0 I-20.0 ;
② G03 X20.0 Y20.0 I-20.0 J-20.0 ;
③ G03 X20.0 Y20.0 J-20.0 ;
④ G03 X20.0 Y20.0 I20.0 ;

SOLUTION 원호 보간(G02, G03)

지령된 시작점에서 끝점까지 반지름 R로 시계방향(G02)과 반시계방향(G03)으로 원호 가공

- 지령 방법

  G17 G02 G90   R_
  G18 G03 G91 X_ Y_ Z_   F_ ;
  G19   I_ J_ K_

- 지령 의미

  - G17, G18, G19 : 작업 평면
  - G90, G91 : 절대, 증분 지령(2개 중 하나만 지령)
  - R 또는 I, J, K : 원호반지름 또는 시작점에서 원호 중심까지의 벡터량
    (I : X축 벡터량, J : Y축 벡터량, K : Z축 벡터량)
  - F : 이송 속도

21

센터리스 연삭의 장점에 대한 설명으로 거리가 먼 것은?

① 센터가 필요하지 않아 센터 구멍을 가공할 필요가 없다.
② 연삭 여유가 작아도 된다.
③ 대형 공작물의 연삭에 적합하다.
④ 가늘고 긴 공작물의 연삭에 적합하다.

SOLUTION 센터리스 연삭기
가공물을 연속적으로 가공할 수 있으며, 조정숫돌을 조정하면 연삭을 자동으로 진행할 수 있어 핀, 피스톤 핀, 베어링 레이스, 롤러 등의 연삭에 효율적이다(조정숫돌 : 일감의 회전 및 이송역할).

장점	• 높은 숙련을 요구하지 않는다. • 센터가 필요하지 않아 센터 구멍을 가공할 필요가 없고, 중공의 가공물을 연삭할 때 편리하다. • 연삭 여유가 작아도 된다. • 가늘고 긴 공작물의 연삭에 적합하다. • 연삭숫돌의 폭이 크므로, 연삭숫돌 지름의 마멸이 적어, 수명이 길다.
단점	• 대형이나 중량물의 연삭이 불가능하다. • 긴 홈이 있는 가공물의 연삭이 불가능하다. • 연삭숫돌 폭보다 넓은 가공물은 플랜지 컷 방식으로 연삭할 수 없다.

22
공구의 마멸형태 중에서 주철과 같이 메짐이 있는 재료를 절삭할 때 생기는 것은?
① 경사면 마멸
② 여유면 마멸
③ 치핑(Chipping)
④ 확산 마멸

SOLUTION 공구 마멸의 종류
• 크레이터링(Cratering) : 칩이 절삭공구의 경사면 위를 미끄러지면서 나갈 때 마찰력에 의해 경사면 일부가 오목하게 패이는 마모 형태
• 플랭크 마모(Flank Wear) : 플랭크가 절삭면과 마찰에 의하여 절삭면에 평행하게 마모되는 형태
• 치핑(Chipping, 결손) : 공구 날끝의 일부가 충격에 의하여 떨어져 나가는 것으로 순간적으로 발생한다.
• 미소파괴(Minute Chipping) : 절삭공구를 연삭하면 숫돌입자에 의해 절삭날이 고르지 못하여 절삭저항이 작용되면 쉽게 떨어져나가는 현상

23
기하 공차의 종류 중 모양 공차에 해당되지 않는 것은?
① 평행도 공차
② 진직도 공차
③ 진원도 공차
④ 평면도 공차

SOLUTION

공차의 종류		기호	공차의 종류		기호
모양공차	진직도	—	자세공차	평행도	//
	평면도	▱		직각도	⊥
	진원도	○		경사도	∠
	원통도	⌭	위치공차	위치도	⊕
	선의 윤곽도	⌒		동심도	◎
	면의 윤곽도	⌓		대칭도	⌯
흔들림공차	원주 흔들림	↗	흔들림공차	온 흔들림	↗↗

24
주어진 테이퍼 핀의 호칭지름으로 맞는 부위는?

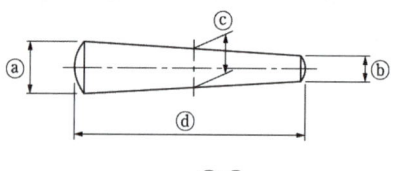

① ⓐ
② ⓑ
③ ⓒ
④ ⓓ

SOLUTION 테이퍼 핀의 호칭
작은 쪽의 지름(ⓑ)으로 표시한다.

25

치수기입의 원칙에 맞지 않는 것은?

① 가공에 필요한 요구사항을 치수와 같이 기입할 수 있다.
② 치수는 주로 주 투상도에 집중시킨다.
③ 치수는 되도록 도면 사용자가 계산하도록 기입한다.
④ 공정마다 배열을 나누어서 기입한다.

SOLUTION 치수는 되도록 계산해서 구할 필요가 없도록 기입한다.

26

다음 표면거칠기의 표시에서 C가 의미하는 것은?

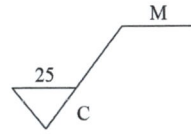

① 주조가공
② 밀링가공
③ 가공으로 생긴 선이 무방향
④ 가공으로 생긴 선이 거의 동심원

SOLUTION
- = : 가공에 의한 앞줄 방향이 투영면에 평행
- ⊥ : 가공에 의한 앞줄 방향이 투영면에 수직
- × : 가공에 의한 선이 두 방향으로 교차
- M : 가공에 의한 선이 다방면으로 교차 또는 무방향
- C : 가공에 의한 선이 거의 동심원
- R : 가공에 의한 선이 거의 방사상

27

그림의 "b"부분에 들어갈 기하 공차 기호로 가장 옳은 것은?

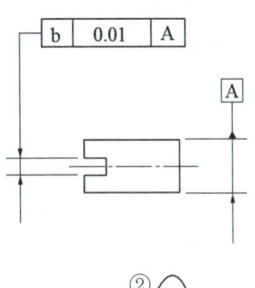

① ⊥   ② ⌒
③ ○   ④ ═

SOLUTION A부분 데이텀을 기준으로 대칭도를 나타낸다.

공차의 종류		기호	공차의 종류		기호
모양공차	진직도	─	자세공차	평행도	//
	평면도	▱		직각도	⊥
	진원도	○		경사도	∠
	원통도	⌀	위치공차	위치도	⊕
	선의 윤곽도	⌒		동심도	◎
	면의 윤곽도	⌒		대칭도	═
흔들림공차	원주 흔들림	↗	흔들림공차	온 흔들림	↗↗

28

특수한 가공을 하는 부분 등 특별한 요구사항을 적용할 수 있는 범위를 표시하는 데 사용하는 선은?

① 굵은 1점 쇄선   ② 가는 2점 쇄선
③ 가는 실선   ④ 굵은 실선

SOLUTION 특수지정선

선의 종류	선의 모양	굵기
굵은 1점 쇄선	─·─·─	0.8~1.0

특수한 가공을 하는 부분 등 특별한 요구 사항을 적용할 수 있는 범위를 나타내는 선

29

구멍의 치수가 $\phi 50^{+0.025}_{+0.009}$, 축의 치수가 $\phi 50^{-0.009}_{-0.025}$ 일 때 최대 틈새는 얼마인가?

① 0.025
② 0.05
③ 0.07
④ 0.09

SOLUTION

- 최소틈새
  = 구멍의 최소 허용치수 - 축의 최대 허용치수
- 최대틈새
  = 구멍의 최대 허용치수 - 축의 최소 허용치수

∴ 최대틈새 = 50.025 - 49.975 = 0.05

30

도면의 표제란에 사용되는 제1각법의 기호로 옳은 것은?

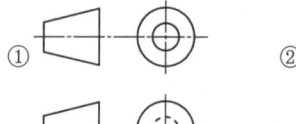
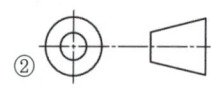
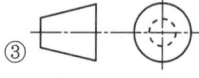

SOLUTION

- 제1각법 표시기호
  (눈 → 물체 → 투상면)
- 제3각법 표시기호
  (눈 → 투상면 → 물체)

31

다음과 같이 정면도와 우측면도가 주어졌을 때 평면도로 알맞은 것은? (단, 제3각법의 경우)

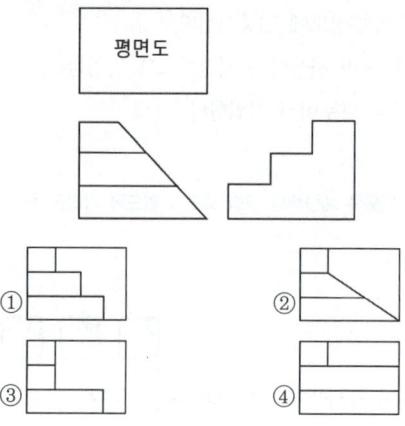

SOLUTION

32

치수보조선에 대한 설명으로 옳지 않은 것은?

① 필요한 경우에는 치수선에 대하여 적당한 각도로 평행한 치수보조선을 그을 수 있다.
② 도형을 나타내는 외형선과 치수보조선은 떨어져서는 안 된다.
③ 치수보조선은 치수선을 약간 지날 때까지 연장하여 나타낸다.
④ 가는 실선으로 나타낸다.

SOLUTION 치수보조선은 지시하는 치수의 끝에 닿는 도형상의 점 또는 선의 중심을 통과하고 치수선에 직각되게 그어서 치수선을 약간 지날 때까지 연장한다. 이때, 치수보조선과 도형 사이를 약간 떼어 놓는다.

29 ② 30 ① 31 ① 32 ②

33

나사 표기가 다음과 같이 나타낼 때 설명으로 틀린 것은?

$$Tr40 \times 14(P7)LH$$

① 호칭지름은 40mm이다.
② 피치는 14mm이다.
③ 왼 나사이다.
④ 미터 사다리꼴 나사이다.

SOLUTION
- Tr : 미터 사다리꼴 나사
- 40 : 호칭지름 40mm
- 14 : 리드의 길이 14mm
- LH : 왼 나사

34

제품의 표면 거칠기를 나타낼 때 표면 조직의 파라미터를 "평가된 프로파일의 산술 평균 높이"로 사용하고자 한다면 그 기호로 옳은 것은?

① R_t ② R_q
③ R_z ④ R_a

SOLUTION
- 최대 높이 거칠기(R_{max}) : 거친 면 사이에 가장 높은 산과 가장 낮은 골의 차이를 측정
- 10점 평균 거칠기(R_z) : 가장 높은 산 5곳과 가장 낮은 골 5곳의 평균값의 차이를 측정
- 중심선 평균 거칠기(산술 평균 거칠기, R_a) : 중심선을 기준으로 위쪽과 아래쪽의 면적의 합을 측정

35

제도 시 선의 굵기에 대한 설명으로 틀린 것은?

① 선은 굵기 비율에 따라 표시하고 3종류로 한다.
② 선의 최대 굵기는 0.5[mm]로 한다.
③ 동일 도면에서는 선의 종류마다 굵기를 일정하게 한다.
④ 선의 최소 굵기는 0.18[mm]로 한다.

SOLUTION 굵기에 따른 선의 종류
0.18, 0.25, 0.35, 0.5, 0.7 및 1[mm]
(※ 0.18은 가능한 사용하지 않음)

36

도면에서 구멍의 치수가 $\phi 50^{+0.05}_{-0.02}$로 기입되어 있다면 치수 공차는?

① 0.02   ② 0.03
③ 0.05   ④ 0.07

SOLUTION 치수공차(Tolerance)
최대 허용 치수와 최소 허용 치수와의 차를 말하며, 공차라고도 한다.
치수공차 = (위 치수 허용차) - (아래 치수 허용차)
∴ (+ 0.05) - (- 0.02) = 0.07

37

다음 중 인접 부분을 참고로 나타내는 데 사용하는 선은?

① 가는 실선   ② 굵은 1점 쇄선
③ 가는 2점 쇄선   ④ 가는 1점 쇄선

SOLUTION 가상선

선의 종류	선의 모양	굵기
가는 2점 쇄선	—————	0.1 ~ 0.25

인접부분을 참고로 표시하는 선, 물체가 이동할 운동범위를 나타내는 선, 되풀이되는 도형을 나타내는 선

38

기하공차 기호에서 다음 중 자세 공차를 나타내는 것이 아닌 것은?

① 대칭도 공차
② 직각도 공차
③ 경사도 공차
④ 평행도 공차

SOLUTION

공차의 종류		기호	공차의 종류		기호
모양공차	진직도	—	자세공차	평행도	//
	평면도	▱		직각도	⊥
	진원도	○		경사도	∠
	원통도	⌭	위치공차	위치도	⊕
	선의 윤곽도	⌒		동심도	◎
	면의 윤곽도	⌒		대칭도	=
흔들림공차	원주 흔들림	↗	흔들림공차	온 흔들림	↗↗

39

열처리, 도금 등 특별한 요구사항을 적용할 수 있는 범위를 표시하는 데 사용하는 특수지정선은?

① 굵은 실선
② 가는 실선
③ 굵은 파선
④ 굵은 1점 쇄선

SOLUTION 특수지정선

선의 종류	선의 모양	굵기
굵은 1점 쇄선	—·—·—	0.8 ~ 1.0

특수한 가공을 하는 부분 등 특별한 요구 사항을 적용할 수 있는 범위를 나타내는 선

40

아래 그림과 같은 치수 기입 방법은?

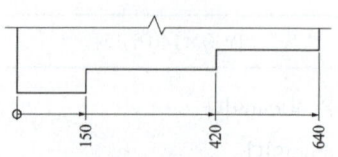

① 직렬 치수 기입 방법
② 병렬 치수 기입 방법
③ 누진 치수 기입 방법
④ 복합 치수 기입 방법

SOLUTION 누진 치수 기입법

치수 공차에 관하여 병렬 치수 기입법과 완전히 동등한 의미를 가지면서, 하나의 연속된 치수선으로 간편하게 표시된다. 이 경우, 치수의 기점 위치는 기점 기호(○)로 나타내고, 치수선의 다른 끝은 화살표로 나타낸다.

41

큰 운동에너지를 얻기 위해 설계된 것으로 리벳팅, 펀칭, 프레싱 작업 등에 사용되는 실린더는?

① 충격 실린더
② 양로드 실린더
③ 쿠션 내장형 실린더
④ 텔레스코프형 실린더

SOLUTION 충격 실린더

- 일반적인 실린더는 1~2[m/s]의 속도를 얻지만, 이 실린더는 7.5~10[m/s] 빠른 속도를 얻을 수 있다.
- 작은 실린더로 큰 충격 에너지를 얻을 수 있어서 리베팅, 펀칭, 미킹 등의 작업에 효율적이다.

42

PLC에 대한 설명으로 틀린 것은?

① PLC의 구성요소는 중앙처리장치, 전원장치, 입출력장치 및 주변장치로 구성된다.
② PLC 프로그램에서는 코일에 대한 보조접점이 2개 이내로 제한된다.
③ PLC의 제어신호는 왼쪽에서 오른쪽으로 전달되도록 되어 있다.
④ 국제표준 언어로는 문자기반으로 되어 있는 IL과 ST가 있다.

SOLUTION PLC 프로그램 작성 시 유의사항

- 사용접점 수의 제한
- 코일의 위치 : 항상 전류가 좌측에서 우측으로 흐르는 방향으로 회로 구성, 시퀀스와는 달리 출력 코일 뒤에는 어떠한 접점도 올 수 없다.
- 신호의 흐름 : PLC회로에서는 항상 전류가 좌측에서 우측으로, 위에서 아래로 흐르게 하며 신호선과 신호선 사이에 접점이 사용되지 않도록 해야 한다.
- 더미 접점의 사용 : PLC 회로에서는 시퀀스와 달리 제어 모선에 직접 접속시키지 못한다. 따라서 내부 접점의 b접점을 이용하여 출력 접점 전에 사용해야 한다(더미 접점).

※ 국제 표준 언어
 - 문자식 : IL, ST
 - 도형식 : SFD, FBD

43

실린더 피스톤의 운동 속도를 증가시킬 목적으로 사용하는 밸브는?

① 이압 밸브   ② 셔틀 밸브
③ 체크 밸브   ④ 급속배기 밸브

SOLUTION

① 이압 밸브 : 두 개의 입구와 한 개의 출구를 갖춘 밸브로 두 개의 입구에 압력이 작용할 때만 출구에 출력이 작용(AND밸브)
② 셔틀 밸브 : 두 개 이상의 입구와 한 개의 출구를 갖춘 밸브로 압력에 따라 선택적으로 유압유를 통과시키며, 저압 우선형 셔틀 밸브와 고압 우선형 셔틀 밸브로 나뉜다.
③ 체크 밸브 : 유체의 흐름을 선택적으로 허용하거나 차단시키는 밸브
④ 급속배기 밸브 : 실린더의 속도를 증가시키려 하거나 에어 탱크 내의 공기를 급속히 방출할 필요가 있을 때 사용하는 밸브

44

입력신호가 가해지고 있는 상태에서 클록 펄스가 들어가면 펄스 1개 정도가 뒤져서 출력되는 플립플롭은?

① D 플립플롭   ② R-S 플립플롭
③ T 플립플롭   ④ J-K 플립플롭

SOLUTION 플립플롭의 종류

- 동기식 R-S(Reset-Set) 플립플롭 : 기본 플립플롭 회로에 게이트를 추가하여 플립플롭이 하나의 클록펄스 발생기간 동안에만 입력이 응답하도록 만든 것
- J-K 플립플롭 : R-S 플립플롭에서 S=R=1일 때 정의되지 않는 출력(부정) 상태를 정의한 것
- T 플립플롭 : 트리거 입력 펄스가 들어올 때마다 Q의 출력이 반전을 하는 플립플롭으로 Toggle의 의미를 붙여 T플립플롭이라고 하는데, J와 K값을 항상 같게 인가되도록 구성한 플립플롭
- D(Data transfer) 플립플롭 : D 플립플롭은 R-S 플립플롭에서 S와 R값을 항상 다르게 인가되도록 구성한 시간 지연소자 역할을 하는 플립플롭으로 입력신호가 가해지고 있는 상태에서 클록펄스가 들어가면 펄스 1개 정도가 뒤져서 출력된다.

45

관로의 면적을 줄인 길이가 단면치수에 비하여 비교적 긴 경우의 교축을 무엇이라 하는가?

① 서지   ② 초크
③ 공동   ④ 오리피스

SOLUTION

유로의 단면적을 변화시키는 기구를 교축이라 한다.
- 관로 면적을 줄인 통로 길이가 단면 치수에 비해 길 경우 : 초크
- 관로 면적을 줄인 통로 길이가 단면 치수에 비해 짧은 경우 : 오리피스

정답 42 ② 43 ④ 44 ① 45 ②

46

논리식 $\overline{\overline{AB} \cdot \overline{AC} \cdot \overline{BC}}$을 드모르간 정리에 의해 변환하면?

① $AB^2 + AC^2 + BC^2$
② $AB + AC + BC$
③ $AB \cdot AC \cdot BC$
④ $A \cdot B \cdot C$

SOLUTION 드모르간 법칙

$\overline{(A \cdot B)} = \overline{A} + \overline{B}$, $\overline{(A+B)} = \overline{A} \cdot \overline{B}$에 의해,

$\overline{\overline{AB} \cdot \overline{AC} \cdot \overline{BC}} = \overline{\overline{AB}} + \overline{\overline{AC}} + \overline{\overline{BC}}$
$= AB + AC + BC$

47

펌프가 포함된 유압 유니트에서 펌프 출구의 압력이 상승하지 않는다면 그 원인으로 적당하지 않은 것은?

① 외부 누설 증가
② 릴리프 밸브의 고장
③ 밸브 실(seal)의 파손
④ 속도제어 밸브의 조정 불량

SOLUTION 펌프 유압 유닛에서 압력이 형성되지 않는 경우

- 릴리프 밸브의 설정압이 잘못되었거나 작동 불량
- 펌프 내부의 고장에 의해 압력이 새고 있는 경우
- 언로드 밸브 고장 / 펌프의 고장
- 유압 회로 중 실린더 및 밸브에서 누설

48

공기 조정 유닛의 압력조절 밸브에 관한 설명으로 옳은 것은?

① 감압을 목적으로 사용한다.
② 압력유량 제어 밸브라고도 한다.
③ 생산된 압력을 증압하여 공급한다.
④ 밸브시트에 릴리프 구멍이 있는 것이 논 브리드식이다.

SOLUTION 압축공기 조정 유닛

압축공기 필터, 압축공기 조절기(감압 밸브 사용), 압축공기 윤활기(루브리케이터)

49

다음 중 무접점 방식과 비교하여 유접점 방식의 장점에 해당하지 않는 것은?

① 동작속도가 빠르다.
② 온도 특성이 양호하다.
③ 동작상태의 확인이 용이하다.
④ 전기적 잡음에 대해 안정적이다.

SOLUTION

- 유접점 회로의 특징

장점	단점
• 개폐부하용량이 크다.	• 소비전력이 비교적 크다.
• 과부하에 견디는 힘이 크다.	• 접점이 소모되므로 수명에 한계가 있다.
• 전기적 노이즈에 대하여 안정하다.	• 동작속도가 늦다.
• 온도 특성이 양호하다.	• 기계적 진동, 충격 등에 비교적 약하다.
• 입력과 출력을 분리하여 사용할 수 있다.	• 외형의 소형화에 한계가 있다.

- 무접점 회로의 특징

장점	단점
• 동작속도가 빠르다.	• 전기적 노이즈, 서지에 약하다.
• 고빈도 사용에 견디며 수명이 길다.	• 온도변화에 약하다.
• 고정밀도로서 동작 시간, 강도에 분산이 적다.	• 신뢰성이 떨어진다.
• 진동, 충격에 대한 불량 동작의 우려가 없다.	• 별도의 전원을 필요로 한다.
• 장치의 소형화가 가능하다.	

50

다음의 기호가 나타내는 것은?

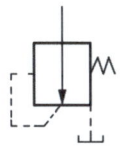

① 체크 밸브   ② 무부하 밸브
③ 감압 밸브   ④ 급속배기 밸브

SOLUTION

체크 밸브	무부하 밸브
감압 밸브	급속배기 밸브

51

다른 실린더에 비하여 고속으로 동작할 수 있는 공압 실린더는?

① 충격 실린더
② 다위치형 실린더
③ 텔레스코프 실린더
④ 가변스트로크 실린더

SOLUTION

② 다위치형 실린더 : 복수의 실린더를 직렬로 연결하고 몇 개의 정지 위치를 선정하는 실린더
③ 텔레스코프 실린더 : 긴 행정을 지시할 수 있는 다단튜브형 로드를 가진 실린더
④ 가변스트로크 실린더 : 스트로크를 제어하는 가변 스토퍼가 있는 실린더

52

다음 중 논리식이 틀린 것은?

① $A + A \cdot B = B$
② $A \cdot (A + B) = A$
③ $(A \cdot \overline{B}) + B = A + B$
④ $(A + B) + C = A + (B + C)$

SOLUTION $A + A \cdot B = A(1 + B) = A$

53

제어작업이 주로 논리제어의 형태로 이루어지는 곳에 AND, OR, NOT, 플립플롭 등의 기본논리 연결을 표시하는 기호도를 무엇이라고 하는가?

① 논리도   ② 제어선도
③ 회로도   ④ 변위-단계선도

SOLUTION

② 제어선도 : 신호 발생 요소의 신호영역을 ON-OFF 표시 방식을 표현함으로써 각 신호 발생 간의 신호 간섭현상을 예지할 수 있는 동작 상태 표현법이다.
④ 변위-단계선도 : 제어 시스템에 여러 개의 작업 요소가 사용되면 같은 방법으로 여러 줄로 표시하는 것이며, 기기 간 접속보다 단지 액추에이터의 동작 순서를 표시하는 것이다.

54

시간의 변화에 대해 연속적 출력을 갖는 신호는?

① 디지털 신호   ② 접점의 개폐
③ 아날로그 신호   ④ ON-OFF 신호

SOLUTION 아날로그 신호

- 시간과 정보가 모두 연속적인 신호
- DC -10[V] ~ +10[V], DC 0 ~ +10[V], 4 ~ 20[mA] 등이 사용된다.

55

기능 다이어그램 형식의 PLC 프로그램 언어에서 다음 기호가 의미하는 것은?

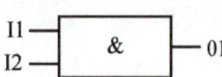

① NOT 요소
② AND 요소
③ OR 요소
④ TIME 요소

SOLUTION PLC 프로그램 언어 기호

AND	OR
I1 — & — O1 I2 —	≥1

56

내경 32[mm]의 실린더 10[mm/s]의 속도로 움직이려 할 때 필요한 최소 펌프 토출량은 약 몇 [L/min]인가?

① 0.48
② 1.04
③ 1.52
④ 2.17

SOLUTION

$Q = A \cdot V = \dfrac{\pi \cdot D^2}{4} \times V$

$Q = \dfrac{\pi \times 3.2^2}{4} \times (1 \times 60) ≒ 482[cm^3/min]$

$Q = 482[cm^3/min] \div 1,000 = 0.482[l/min]$

57

스트레인 게이지를 이용하여 만들 수 있는 센서는?

① 유도형 센서
② 광전 센서
③ 압력 센서
④ 용량형 센서

SOLUTION 센서 종류

- 유도형 센서 : 금속체에서만 반응하는 것으로 100~1,000[kHz]의 고주파를 센서 표면에서 방출하여 검출 헤드 가까이에 금속체가 없으면 변화가 없고, 감지거리 이내에 금속물체가 있으면 검출헤드로부터 전자계의 영향을 받아 와전류가 금속체 내부에 발생하여 에너지를 빼앗아 발진 진폭의 감쇄를 가져온다.
- 광전 센서 : 빛 자체 또는 빛에 포함되는 정보를 전기신호로 변환하여 감지하는 소자
- 압력 센서
  - 스트레인 게이지 : 물체가 압축이나 인장으로 인해 변형을 일으킴에 따라 전기저항이 변화하게 된다. 이때의 변형률을 측정하는 것
  - 로드셀 : 중량 센서로 무게를 측정하며 전자저울에 필수적이며, 수백 ~ 수톤까지 넓은 범위의 측정이 가능하고, 구조가 간단하고 정밀도가 높다.
- 용량형 센서 : 전극판에서 고주파 전계를 발생시켜 물체의 접근에 따라 물체표면과 검출 전극판 표면에서 분극현상이 일어나 정전용량이 증가되어 발진조건이 향상되면 이로 인하여 발진 진폭이 증가되어 출력이 나오도록 되어 있으며, 비금속 물질의 검출도 가능하다.

58

무부하 밸브(Unloading Valve)에 대한 설명으로 틀린 것은?

① 동력을 절감시키는 역할을 한다.
② 유압의 상승을 방지하는 역할을 한다.
③ 실린더의 부하를 감소시키는 역할을 한다.
④ 펌프 송출량을 탱크로 되돌리는 역할을 한다.

SOLUTION 무부하 밸브(언로딩 밸브)

- 작동압력이 규정압력 이상으로 되면, 유압유를 유압 펌프로부터 직접 오일탱크로 귀환시키면서 펌프를 무부하 상태로 하고, 이하가 되면 밸브는 닫히고 다시 작동하게 된다.
- 동력을 절감시키고 유압유의 온도 상승을 방지하기 위해 사용한다.

59

다음 중 오일 탱크의 구비 조건으로 틀린 것은?

① 스트레이너의 유량은 유압 펌프 토출량과 같을 것
② 오일 탱크의 크기는 적어도 펌프 토출량의 3배 이상일 것
③ 공기나 이물질을 오일로부터 분리할 수 있을 것
④ 공기청정기의 통기용량은 유압 펌프 토출량의 2배 이상일 것

SOLUTION 오일 탱크 선정조건

- 오일 탱크의 크기는 그 속에 들어가는 유량이 토출량의 적어도 3배 이상으로 한다.
- 오일 탱크의 용량은 장치의 운전중지 중 장치 내의 작동유가 복귀하여도 지장이 없을 만큼의 크기를 가져야 한다.
- 공기청정기의 통기 용량은 유압 펌프 토출량의 2배 이상으로 한다.
- 오일 탱크의 바닥면은 바닥에서 최소 간격 15[cm]를 유지하는 것이 바람직하다.
- 운전 중에도 보기 쉬운 곳에 유면계를 설치한다.
- 공기구멍에는 공기청정기를 부착하여 먼지의 혼입을 방지한다.
- 스트레이너의 유량은 유압 펌프 토출량의 2배 이상의 것을 사용한다.

60

다음 블록선도의 전달함수(C/R)로 옳은 것은?

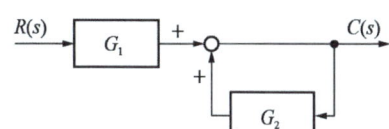

① $\dfrac{1}{1+G_1 G_2}$
② $\dfrac{G_1 G_2}{1-G_2}$
③ $\dfrac{G_1}{1-G_2}$
④ $\dfrac{G_1}{1+G_2}$

SOLUTION

$C(s)/R(s) = \dfrac{\text{입력부터 출력 경로에 있는 함수}}{1 - \text{폐루프 경로 함수}}$

즉, $C(s)/R(s) = \dfrac{G_1}{1-G_2}$

정답 59 ① 60 ③

CBT 복원문제 2024 * 1

※ 2016년 5회부터는 CBT 방식으로 전면 시행됨에 따라 실제 수험생 분들의 복원을 토대로 문제를 구성하였습니다.

01

연삭숫돌 중 초경합금 연삭 작업에 쓰이며 색깔이 녹색인 것은?

① A 숫돌
② C 숫돌
③ GC 숫돌
④ WA 숫돌

SOLUTION

① A 숫돌 : 일반강
② C 숫돌 : 주철
③ GC 숫돌 : 초경합금
④ WA 숫돌 : 고속도강, 담금질강

02

정사각뿔의 중심에 직립하는 원통의 구조물에 대해 그림과 같이 정면도와 평면도를 나타내었다. 여기서 일부 선이 누락된 정면도를 가장 정확하게 완성한 것은?

①   ②
③   ④

SOLUTION 평면도를 참고하여 유추한 정면도는 "①"이다.

03

연삭숫돌의 결합도 선정 기준으로 틀린 것은?

① 숫돌의 원주 속도가 빠를 때는 연한 숫돌을 사용한다.
② 연삭 깊이가 얕을 때는 경한 숫돌을 사용한다.
③ 공작물의 재질이 연하면 연한 숫돌을 사용한다.
④ 공작물과 숫돌의 접촉 면적이 작으면 경한 숫돌을 사용한다.

SOLUTION 연삭 숫돌의 결합도

결합도	호칭
E, F, G	극히 연한 것
H, I, J, K	연한 것
L, M, N, O	중간 것

결합도가 높은 숫돌 (단단한 숫돌)	• 연질재료의 연삭 • 숫돌차의 원주속도가 느릴 때 • 연삭 깊이가 작을 때 • 접촉면이 작을 때 • 재료표면이 거칠 때
결합도가 낮은 숫돌 (연한 숫돌)	• 경질재료의 연삭 • 숫돌차의 원주속도가 느릴 때 • 연삭 깊이가 깊을 때 • 접촉면이 클 때 • 재료표면이 치밀할 때

정답 01 ③ 02 ① 03 ③

04

창성법에 의한 기어 가공용 커터가 아닌 것은?

① 래크 커터   ② 브로치
③ 피니언 커터   ④ 호브

SOLUTION 창성법에 의한 기어 절삭
- 래크 커터에 의한 방법
- 피니언 커터에 의한 방법
- 호브에 의한 방법

05

일반적인 방법으로 선반에서 가공하지 않는 것은?

① 원통 가공   ② 나사절삭 가공
③ 기어 가공   ④ 널링 가공

SOLUTION 선반 가공법의 종류

외경 절삭 / 단면 절삭 / 절단(홈) 작업 / 테이퍼 절삭
드릴링 / 보링 / 수나사 절삭 / 암나사 절삭
정면 절삭 / 곡면 절삭 / 총형 절삭 / 널링 작업

06

너트의 풀림 방지법이 아닌 것은?

① 턴 버클에 의한 방법
② 자동 죔 너트에 의한 방법
③ 분할 핀에 의한 방법
④ 로크 너트에 의한 방법

SOLUTION 너트의 풀림 방지법
- 탄성 와셔에 의한 법
- 로크 너트에 의한 법
- 핀 또는 작은 나사를 쓰는 법
- 너트의 회전방향에 의한 법
- 자동 죔 너트에 의한 법

07

파단선의 용도 설명으로 가장 적합한 것은?

① 단면도를 그릴 경우 그 절단위치를 표시하는 선
② 대상물의 일부를 떼어낸 경계를 표시하는 선
③ 물체의 보이지 않는 부분의 형상을 표시하는 선
④ 도형의 중심을 표시하는 선

SOLUTION 파단선
대상물의 일부를 파단한 경계 또는 일부를 떼어낸 경계를 표시

08

지름 15[mm], 표점거리 100[mm]인 인장 시험편을 인장시켰더니 110[mm]가 되었다면 길이 방향의 변형률은?

① 9.1[%]   ② 10[%]
③ 11[%]   ④ 15[%]

SOLUTION

$$\frac{l'-l_0}{l_0}=\frac{110-100}{100}\times 100 = 10[\%]$$

정답 04 ② 05 ③ 06 ① 07 ② 08 ②

09

그림과 같이 대상물의 구멍, 홈 등과 같이 한 부분의 모양을 도시하는 것으로 충분한 경우에는 그 필요한 부분만을 나타내는 투상도의 종류는?

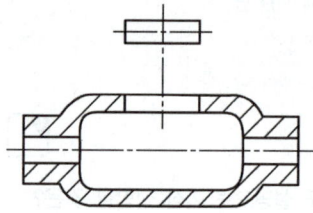

① 국부 투상도
② 부분 투상도
③ 보조 투상도
④ 회전 투상도

SOLUTION

② 부분 투상도 : 그림의 일부를 도시하는 것으로, 그 필요 부분만을 나타내는 투상도로 생략한 부분과의 경계를 파단선으로 나타낸다.
③ 보조 투상도 : 경사면부가 있는 대상물에서 그 경사면의 실제 모양을 표시할 필요가 있는 경우에 그린 투상도
④ 회전 투상도 : 투상면이 일정한 각도를 가지고 있어서 실형을 제대로 표시하기 어려운 경우에, 그 부분의 일부를 회전하여 나타내는 투상도

10

기하 공차 기입 틀의 설명으로 옳은 것은?

| // | 0.02 | A |

① 표준길이 100[mm]에 대하여 0.02[mm]의 평행도를 나타낸다.
② 구분구간에 대하여 0.02[mm]의 평면도를 나타낸다.
③ 전체 길이에 대하여 0.02[mm]의 평행도를 나타낸다.
④ 전체 길이에 대하여 0.02[mm]의 평면도를 나타낸다.

SOLUTION 보기 기하공차 해석으로는 데이텀 A면 전체 길이에 대하여 0.02[mm]의 평행도를 나타낸다.

11

42,400[kgf·mm]의 굽힘 모멘트가 작용하는 연강 축 지름은 약 몇 [mm]인가? (단, 허용 굽힘 응력은 5[kgf·mm²]이다)

① 21
② 36
③ 44
④ 92

SOLUTION

굽힘 응력 $\sigma = \dfrac{M(\text{굽힘 모멘트})}{Z(\text{단면계수})}$

축지름 단면계수 $Z = \dfrac{\pi d^3}{32}$

$Z = \dfrac{M}{\sigma} = \dfrac{42{,}500[\text{kgf} \cdot \text{mm}]}{5[\text{kgf}/\text{mm}^2]} = 8{,}500[\text{mm}^3]$

그러므로, $d^3 = \dfrac{8{,}500 \times 32}{\pi} \fallingdotseq 86{,}624 \quad d \fallingdotseq 44$

12

애크미 나사라고도 하며 나사산의 각도가 인치계에서는 29°이고, 미터계에서는 30°인 나사는?

① 사다리꼴 나사
② 미터 나사
③ 유니파이 나사
④ 너클 나사

SOLUTION

② 미터 나사 : 나사산의 각도가 60°인 삼각나사의 일종
③ 유니파이 나사 : ABC나사라고도 하며 나사산이 삼각형인 삼각나사로, 나사산의 각도는 미터나사와 같은 60°로 되어 있지만, 인치나사로 ISO에 규격화되어 있는 나사. 유니파이보통나사(UNC)와 유니파이 가는나사(UNF)로 분류된다.
④ 너클 나사(둥근 나사) : 나사산의 단면이 원호 모양으로 되어 있는 형태의 나사로서, 모난 곳이 없으므로 먼지나 가루 등이 나사부에 끼이기 쉬운 곳에 사용된다.

13

축 방향 및 축과 직각인 방향으로 하중을 동시에 받는 베어링은?

① 레이디얼 베어링 ② 테이퍼 베어링
③ 스러스트 베어링 ④ 슬라이딩 베어링

SOLUTION 하중의 작용에 따른 분류
- 레이디얼 베어링 : 축선에 직각으로 작용하는 레이디얼 하중을 받쳐준다.
- 스러스트 베어링 : 축선과 같은 방향으로 작용하는 스러스트 하중을 받쳐준다.
- 테이퍼 베어링(원추롤러 베어링) : 레이디얼 하중과 스러스트 하중을 동시에 작용하는 하중을 받쳐준다.

14

공작물의 길이가 600[mm], 지름이 25[mm]인 강재를 아래의 조건으로 선반 가공할 때 소요되는 가공시간(t)은 약 몇 분인가? (단, 1회 가공이다)

- 절삭속도 : 180[m/min]
- 절삭깊이 : 2.5[mm]
- 이송속도 : 0.24[mm/rev]

① 1.1 ② 2.1
③ 3.1 ④ 4.1

SOLUTION
- 회전 속도
$$n = \frac{1,000v}{\pi d} = \frac{1,000 \times 180}{\pi \times 25} ≒ 2,291.8[\text{rpm}]$$
- 가공 시간
$$t = \frac{L}{nf} = \frac{600}{2,291.8 \times 0.24} ≒ 1.09[\text{min}]$$

15

리벳의 호칭 길이를 가장 올바르게 도시한 것은?

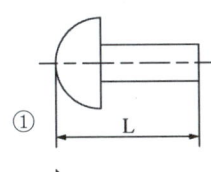 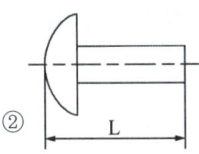
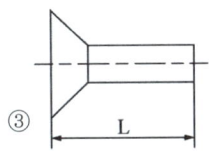 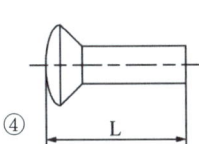

SOLUTION 리벳의 호칭길이는 접시머리 리벳만 머리를 포함하고 다른 리벳은 머리를 포함하지 않는다.

16

축에서 토크가 67.5[kN·mm]이고, 지름 50[mm]일 때 키(key)에 발생하는 전단 응력은 몇 [N/mm²]인가? (단, 키의 크기는 나비×높이×길이 = 15[mm]×10[mm]×60[mm]이다)

① 2 ② 3
③ 6 ④ 8

SOLUTION 전단응력

$\tau = \dfrac{W}{A}$ 이므로, 전단력 W를 구해준다.

$T = F \cdot r$, $F = \dfrac{67,500[\text{N}\cdot\text{mm}]}{25[\text{mm}]} = 2,700[\text{N}]$

$\tau(\text{전단 응력}) = \dfrac{2,700}{15 \times 60} = 3[\text{N/mm}^2]$

17

페더 키(Feather Key)라고도 하며, 축 방향으로 보스를 슬라이딩 운동을 시킬 필요가 있을 때 사용하는 키는?

① 성크 키
② 접선 키
③ 미끄럼 키
④ 원뿔 키

SOLUTION
① 성크 키 : 묻힘 키라고도 하며 축과 보스에 다 같이 홈을 파는 가장 널리 사용하는 일반적인 키
② 접선 키 : 축의 접선 방향으로 끼우는 키로 1/100 기울기를 가진 2개의 키를 한 쌍으로 하여 사용하는 키로 아주 큰 회전력을 전달하는 데 적합하다.
④ 원뿔 키 : 축이 설치되는 구멍에 원뿔 통을 끼워 마찰로서 축과 보스를 고정하는 키

18

선반가공에서 회전운동을 하며 절삭할 때의 이송(Feed)의 단위는?

① [m/min]
② [rev/min]
③ [mm/rev]
④ [rev/mm]

SOLUTION 이송(Feed)
주축 1회전마다의 이송[mm/rev]

19

굵은 실선 또는 가는 실선을 사용하는 선에 해당하지 않는 것은?

① 외형선
② 파단선
③ 절단선
④ 치수선

SOLUTION
• 외형선 : 굵은 실선
• 치수선 : 가는 실선

• 파단선 : 대상물의 일부를 파단한 경계 또는 일부를 떼어낸 경계를 표시하는 데 쓰이는 선으로 자유 실선을 사용
• 절단선 : 가는 1점 쇄선으로 끝부분 및 방향이 변하는 부분을 굵게 한 것 (단면도를 그리는 경우, 그 절단 위치를 대응하는 그림에 표시하는 데 사용)

20

다음 그림에 대한 설명으로 옳은 것은?

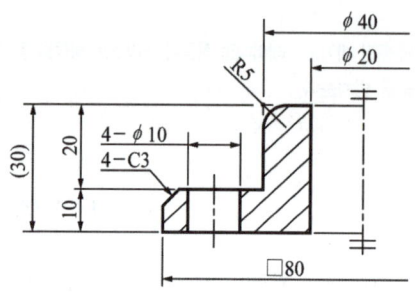

① 참고 치수로 기입한 곳이 2곳이 있다.
② 45° 모따기의 크기는 4[mm]이다.
③ 지름이 10[mm]인 구멍이 한 개 있다.
④ □80은 한 변의 길이가 80[mm]인 정사각형이다.

SOLUTION
① 참고 치수로 기입한 곳이 1곳(30)이 있다.
② 45° 모따기의 크기는 3[mm](C3)이다.
③ 지름이 10[mm]인 구멍이 4개(4-ϕ10)가 있다.

21

일반 치수 공차 기입 방법 중 잘못된 기입 방법은?

① 10 ± 0.1
② $10^{+0.1}_{0}$
③ $10^{+0.2}_{-0.5}$
④ $10^{-0.1}_{0}$

SOLUTION 일반 치수 공차는 큰 숫자를 위에, 작은 숫자를 아래에 기입한다.

22

베벨기어 제도 시 피치원을 나타내는 선의 종류는?

① 굵은 실선
② 가는 1점 쇄선
③ 가는 실선
④ 가는 2점 쇄선

SOLUTION 기어의 단면을 도시하며, 정면도에서는 이끝선과 이뿌리선은 굵은 실선, 피치선은 가는 1점 쇄선으로 그린다. 측면도의 이끝원은 외단부와 내단부를 모두 굵은 실선, 피치원은 외단부만 가는 1점 쇄선으로 도시하고, 이뿌리원은 양쪽 끝을 모두 생략한다.

23

연속의 법칙에 대한 설명으로 틀린 것은?

① 질량 보존의 법칙을 유체의 흐름에 적용한 것이다.
② 관내의 유체는 도중에 생성되거나 손실되지 않는다는 것이다.
③ 점성이 없는 비압축성 유체의 에너지 보존법칙을 설명한 것이다.
④ 유량을 구하는 식에서 배관의 단면적이나 유체의 속도를 구할 수 있다.

SOLUTION 연속의 법칙
비압축성 유체가 관내를 흐를 때 유량이 일정할 경우 유체의 속도는 단면적에 반비례한다.

24

제도 시 선의 굵기에 대한 설명으로 틀린 것은?

① 선은 굵기 비율에 따라 표시하고 3종류로 한다.
② 선의 최대 굵기는 0.5[mm]로 한다.
③ 동일 도면에서는 선의 종류마다 굵기를 일정하게 한다.
④ 선의 최소 굵기는 0.18[mm]로 한다.

SOLUTION 굵기에 따른 선의 종류
0.18, 0.25, 0.35, 0.5, 0.7 및 1[mm]
(※ 0.18은 가능한 사용하지 않음)

25

기하공차 기호에서 다음 중 자세 공차를 나타내는 것이 아닌 것은?

① 대칭도 공차
② 직각도 공차
③ 경사도 공차
④ 평행도 공차

SOLUTION

공차의 종류		기호	공차의 종류		기호
모양공차	진직도	—	자세공차	평행도	//
	평면도	▱		직각도	⊥
	진원도	○		경사도	∠
	원통도	⌭	위치공차	위치도	⊕
	선의 윤곽도	⌒		동심도	◎
	면의 윤곽도	⌓		대칭도	═
흔들림공차	원주 흔들림	↗	흔들림공차	온 흔들림	⌰

26

급속배기 밸브의 사용 목적은?

① 실린더 피스톤을 보호한다.
② 실린더의 이동 속도를 느리게 하는 데 사용한다.
③ 실린더의 이동 속도를 빠르게 하는 데 사용한다.
④ 실린더의 피스톤이 원하는 위치에 정지시키고자 사용한다.

SOLUTION 급속배기 밸브
실린더의 속도를 증가시켜 급속히 작동시킬 때 사용한다.
※ 실린더의 피스톤이 원하는 위치에 정지시키고자 사용하는 밸브는 방향 제어 밸브이다.

27

큰 토크를 전달시키기 위해 같은 모양의 키 홈을 등 간격으로 파서 축과 보스를 잘 미끄러질 수 있도록 만든 기계요소는?

① 코터
② 묻힘 키
③ 스플라인
④ 테이퍼 키

SOLUTION 스플라인

축에 여러 줄의 키를 절삭 가공하여 축에 키를 일체로 같은 간격의 홈을 판 것. 축의 둘레에 4~20개의 턱을 만들어 큰 회전력을 전달할 경우에 쓰이며, 자동차, 공작기계, 항공기, 발전기, 공기터빈 등에 널리 사용한다.

28

스퍼 기어에서 Z는 잇수(개)이고, P가 지름피치(인치)일 때, 피치원 지름(D, [mm])을 구하는 공식은?

① $D = \dfrac{PZ}{25.4}$
② $D = \dfrac{25.4}{PZ}$
③ $D = \dfrac{P}{25.4Z}$
④ $D = \dfrac{25.4Z}{P}$

SOLUTION

- 지름피치 : $D = \dfrac{25.4 \times Z}{P}$
- Z : 잇수
- P : 지름피치(인치)

29

회전식 공기 압축기가 아닌 것은?

① 베인형
② 스크롤형
③ 루트블로워
④ 다이어프램형

SOLUTION 공기 압축기 종류

왕복식	피스톤형
	격판(다이어프램)
회전식	베인형
	루트블로워
	스크롤형
터보형	축류식
	원심식

30

제1각법과 제3각법의 설명 중 틀린 것은?

① 제1각법은 물체를 1상한에 놓고 정투상법으로 나타낸 것이다.
② 제1각법은 눈 → 투상면 → 물체의 순서로 나타낸다.
③ 제3각법은 물체를 3상한에 놓고 정투상법으로 나타낸 것이다.
④ 한 도면에 제1각법과 제3각법을 같이 사용해서는 안 된다.

SOLUTION

- 제1각법 표시기호

 (눈 → 물체 → 투상면)

- 제3각법 표시기호

(눈 → 투상면 → 물체)

31

나사의 제도 시 불완전 나사부와 완전 나사부의 경계를 나타내는 선을 그릴 때 사용하는 선의 종류는?

① 굵은 파선 ② 굵은 1점 쇄선
③ 가는 실선 ④ 굵은 실선

SOLUTION
- 굵은 실선 : 완전 나사부와 불완전 나사부의 경계선, 수나사의 바깥지름과 암나사의 안지름을 표시하는 선
- 가는 실선 : 수나사와 암나사의 골을 표시하는 선
- 가는 파선 : 보이지 않는 나사부의 산마루

32

다음 도면의 양식 중에서 반드시 마련해야 하는 양식은?

① 도면의 구역 ② 중심마크
③ 비교눈금 ④ 재단마크

SOLUTION 중심마크는 도면을 다시 만들거나 마이크로 필름을 만들 때, 도면의 위치를 잘 잡기 위해 0.7[mm] 굵기의 실선으로 그린다.

33

제어시스템은 에너지 요소, 신호 입력 요소, 신호 처리 요소, 신호 출력 요소로 구성되는 신호 전달 체계를 갖는다. 전기회로 구성 요소 중에서 푸시버튼 스위치는 신호 전달 체계에서 어느 부분에 해당되는가?

① 에너지 요소 ② 신호 입력 요소
③ 신호 처리 요소 ④ 신호 출력 요소

SOLUTION
- 신호입력요소 : 푸쉬버튼, 디텐드 버튼 등
- 신호출력요소 : 램프, 실린더, 모터 등

34

도면이 구비하여야 할 기본 요건이 아닌 것은?

① 보는 사람이 이해하기 쉬운 도면
② 그린 사람이 임의로 그린 도면
③ 표면정도, 재질, 가공 방법 등의 정보성을 포함한 도면
④ 대상물의 크기, 모양, 자세, 위치 등의 정보성을 포함한 도면

SOLUTION 도면은 명확하고 이해하기 쉬운 방법으로 표현하며, 애매한 해석이 생기지 않도록 난해하거나 복잡한 부분은 단면도와 상세도로 충분히 표현한다. 그린 사람이 임의로 그린 도면은 관계가 없다.

35

나사에 대한 설명으로 틀린 것은?

① 나사선의 모양에 따라 삼각, 사각, 둥근 것 등으로 분류한다.
② 체결용 나사는 기계 부품의 접합 또는 위치 조정에 사용된다.
③ 나사를 1회전하여 축 방향으로 이동한 거리를 "리드"라 한다.
④ 힘을 전달하거나 물체를 움직이게 할 목적으로 사용하는 나사는 주로 삼각나사이다.

SOLUTION 삼각나사는 주로 체결용으로 쓰이며, 사각나사는 주로 힘을 전달할 목적으로 쓰인다.

36

수나사 막대의 양 끝에 나사를 깎은 머리 없는 볼트로서, 한쪽 끝은 본체에 박고 다른 끝은 너트로 죌 때 쓰이는 것은?

① 관통 볼트　　② 미니어처 볼트
③ 스터드 볼트　④ 탭 볼트

SOLUTION
- 관통 볼트 : 조이려는 부분을 관통하여 볼트 지름보다 약간 큰 구멍을 뚫고, 여기에 머리 붙이 볼트를 끼워 넣은 후 너트로 결합하는 볼트이다.
- 스터드 볼트 : 양쪽 끝 모두 수나사로 되어있는 나사로서 관통하는 구멍을 뚫을 수 없는 경우에 사용한다. 한쪽 끝은 상대 쪽에 암나사를 만들어 미리 반영구적으로 나사 박음하고, 다른 쪽 끝에 너트를 끼워 죄도록 하는 볼트이다.
- 탭 볼트 : 관통 볼트를 사용하기 어려울 때 결합하려는 상대 쪽에 암나사를 내고, 머리붙이 볼트를 조여 부품을 결합하는 볼트이다.

37

실린더에 인장하중이 걸리는 경우, 피스톤이 끌리게 되는데 이를 방지하기 위해 인장하중이 걸리는 측에 압력 릴리프 밸브를 이용하여 저항을 형성한다. 이러한 목적을 위해 사용되는 밸브는?

① 안전 밸브(Sagety Valve)
② 브레이크 밸브(Brake Valve)
③ 시퀀스 밸브(Sequence Valve)
④ 카운터 밸런스 밸브(Counter Balance Valve)

SOLUTION 카운터 밸런스 회로
- 부하가 급격하게 감소 되었을때 피스톤이 자유 낙하하는 것을 방지하는 회로
- 릴리프 밸브와 체크 밸브로 구성되어 있다.
- 일정한 배압을 유지시켜 램의 중력에 의해서 자연 낙하하는 것을 방지한다.

38

다음 기호에 대한 설명이 틀린 것은?

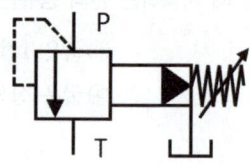

① 내부 드레인이다.
② 파일럿 작동형이다.
③ 정상상태에서 닫혀 있다.
④ 1차 압력을 일정하게 한다.

SOLUTION

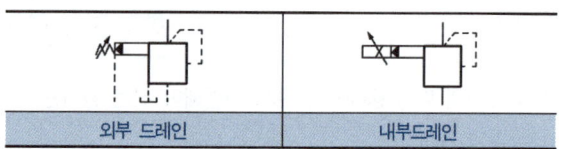

| 외부 드레인 | 내부드레인 |

탱크 기호가 있으면 외부 드레인으로 구분하면 된다.

39

다음 공기압 기호에 관한 설명으로 틀린 것은?

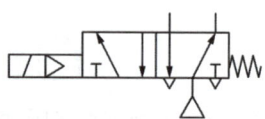

① 5포트 2위치 방향 제어 밸브이다.
② 플런저 조작 방식의 방향 제어 밸브이다.
③ 조작력을 가하지 않은 초기 상태가 오른쪽이다.
④ 절환 위치에 따라 2개의 배기포트를 번갈아 사용한다.

SOLUTION

조작방법	종류	기호
인력 조작 방법	누름버튼방식	
	레버방식	
	페달방식	
기계 방식	플런저방식	
	롤러방식	
	스프링방식	
전자 방식	직접작동방식	
	간접작동방식	
공기압 방식	직접파일럿	
	간접파일럿	
보조방식	디텐드	

보기의 조작방식은 전자방식 중 간접작동방식이다.

40

유압 실린더의 속도조절방식 중 외부에 유량조절밸브를 사용하지 않고 유압실린더 속도를 빠르게 하여 작업시간을 단축하는 회로는?

① 차동 회로 ② 미터 인 회로
③ 미터 아웃 회로 ④ 블리드 오프 회로

SOLUTION 차동회로

유압 실린더의 속도조절방식 중 외부에 유량조절밸브를 사용하지 않고 유압실린더 속도를 빠르게 하여 작업시간을 단축하는 회로

41

다음 중 동력전달 비용이 1[kW] 당 가장 높은 것은?

① 유압식 ② 전기식
③ 공기압식 ④ 기계·유압식

SOLUTION 동력전달 비용은 에너지 전달효율에 반비례한다. 보기 중 에너지 전달효율이 좋은 것은 전기식 - 기계유압식 - 공기압식 순이다. 따라서 동력 전달 비용이 가장 높은 것은 에너지 전달효율이 가장 낮은 공기압식이다.

42

비용적형 유압펌프가 아닌 것은?

① 원심펌프 ② 축류펌프
③ 피스톤펌프 ④ 사류펌프

SOLUTION 용적형 펌프, 비용적형 펌프

용적형	왕복식	피스톤 펌프, 회전 펌프, 회전피스톤 펌프
	회전식	기어 펌프, 베인 펌프, 나사 펌프
비용적형	원심식	벌류트 펌프, 터빈 펌프
	사류식	사류 펌프
	축류식	축류 펌프

43

방향 제어 밸브 조작 방식 명칭과 기호의 연결이 틀린 것은?

① 전자 방식
② 페달 방식
③ 플런저 방식
④ 누름 버튼 방식

SOLUTION 공기압 파일럿 방식

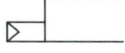

44

실린더의 속도를 증가시키는 데 사용할 수 있는 밸브는?

① 2압 밸브
② 급속배기 밸브
③ 교축릴리프 밸브
④ 압력 시퀀스 밸브

SOLUTION 유량제어밸브

- 교축 밸브(스로틀 밸브) : 유로의 단면적을 교축하여 유량을 제어하는 밸브로 구조에 따라 오리피스, 니들, 볼 밸브로 나뉜다(양방향 유량제어).
- 유량조정 밸브 : 압력의 변동에 의해 유량이 변동되지 않도록 회로에 흐르는 유량을 일정하게 유지시킨다.
- 속도제어 밸브 : 유량을 교축하는 동시에 흐름의 방향을 제어하는 밸브로 실린더의 속도를 제어하는 밸브
- 쿠션 밸브(완충 밸브) : 유속을 조절하기 위해 사용, 급격한 정지 및 충격 흡수
- 급속배기 밸브 : 실린더의 속도를 증가시켜 급속히 작동시킬 때 사용한다.

45

제어(Control)에 관한 정의로 옳지 않은 것은?

① 작은 에너지로 큰 에너지를 조절하기 위한 시스템을 말한다.
② 사람이 직접 개입하지 않고 어떤 작업을 수행시키는 것을 말한다.
③ 기계의 재료나 에너지의 유동을 중계하는 것으로 수동인 것이다.
④ 기계나 설비의 작동을 자동으로 변화시키는 구성 성분의 전체를 의미한다.

SOLUTION 제어(Control)

- 작은 에너지로 큰 에너지를 조절하기 위한 시스템
- 어떤 동작을 지시/기억, 다른 구성성분 작동
  → 힘과 운동을 전달하는 요소와 설비
- 설비의 작동을 일반적으로 자동으로 변화시키는 구성 성분의 전체
- 사람이 직접 개입하지 않고 어떤 작업을 수행시키는 것

46

일반적인 유압 발생장치에서 기름 탱크의 용량을 결정하는 기준으로 적절한 것은?

① 펌프 토출량의 3배 이상
② 펌프의 토출량과 같은 크기
③ 스트레이너 유량의 3배 이상
④ 공기 청정기 통기용량의 3배 이상

SOLUTION 오일 탱크의 개요

- 유압장치에 필요한 유압유(작동유)를 저장하는 기능뿐만 아니라, 기름 속에 혼입되어 있는 불순물이나 기포를 제거하거나 운전 중에 흡수한 마찰이나 압력상승으로 인한 열을 방출하여 유온을 일정하게 유지하는 역할을 한다.
- 오일 탱크의 크기는 펌프 토출량의 3배 이상이어야 한다.
- 기호는 T(Tank), R(Reservoir)로 표시한다.

47

논리식 $F = (A \cdot B + C) \cdot A$을 간단히 변환한 것은?

① $A + B + C$
② $A \cdot B \cdot C$
③ $A \cdot (B + C)$
④ $(A + B) \cdot C$

SOLUTION

$F = (A \cdot B + C) \cdot A = (A \cdot B + A \cdot C)$
$= A \cdot (B + C)$

48

물체가 접근하면 진폭이 감소하는 고주파 LC발진기에 의해 센서 표면에 전자계를 형성하고 금속만을 감지하는 센서는?

① 광전 센서
② 리드 스위치
③ 용량형 센서
④ 유도형 센서

SOLUTION
- 유도형 센서 : 자성체가 영구 자석에 접근하면 코일 내 자속의 변화율에 따라 출력 단자 사이에 전압을 발생시켜 물체의 유무를 판단하는 센서
- 압력 센서 : 압력을 측정하는 압력계의 일종으로, 주로 측정 결과를 전기 신호로 변환하여 출력하는 압력계를 가리킴
- 리드 스위치 : 한 쌍의 리드핀이 자기장 범위 내에 위치할 때, 리드는 반대 극성으로 자화하여 서로 끌어당기고 접점이 닫혀 스위치가 ON되는 원리를 이용한 스위치
- 용량형 센서 : 대상으로 하는 물체와의 거리를 비접촉상태로 검출하는 근접(각) 센서

49

공기압 및 유압에 관한 설명으로 틀린 것은?

① 공기압은 인화나 폭발의 위험이 없다.
② 공기압은 공기탱크에 에너지를 저장할 수 있다.
③ 유압은 위치 제어성이 우수하고, 이송 속도도 매우 빠르다.
④ 유압은 가스나 스프링 등을 이용한 축압기에 소량의 에너지 저장이 가능하다.

SOLUTION 유압은 공압에 비해 작동속도가 느리다.

50

온도센서가 아닌 것은?

① NTC   ② RTD
③ 서미스터   ④ 포텐셔미터

SOLUTION 온도센서
- 열전쌍 : 기전력이 다른 두 금속을 접합해서 온도차를 주고 반응하도록 한 것
- 서미스터(NTC, PTC, CTR) : 반도체의 저항이 온도에 따라 물질의 저항이 변화하는 성질을 이용한 전기적 장치
- 측온저항체(RTD) : 저항과 온도와의 관계를 이용하여 온도를 측정하는 장치

51

공기압 작업요소의 설명이 틀린 것은?

① 격판 실린더는 격판에 부착된 피스톤 로드가 미끄럼 실링 되어있다.
② 회전 실린더는 피니언과 랙 등의 구조를 이용하여 회전 운동을 할 수 있다.
③ 탠덤 실린더는 2개의 복동 실린더가 1개의 실린더 형태로 된 것이다.
④ 다위치제어 실린더는 2개 또는 그 이상의 복동 실린더로 구성된다.

SOLUTION 격판 실린더
내장된 격판이 압축 공기의 압력에 의해 부풀어져서 짧은 직선 운동을 얻는 장치로 주로 클램핑에 이용되며 압축 공기의 압력에 의해 피스톤이 움직이므로 미끄럼 실링이 필요하지 않다.

52

다음의 기호가 의미하는 기기는?

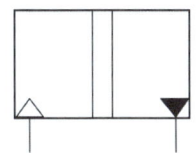

① 증압기   ② 공기유압 변환기
③ 텔레스코프형 실린더   ④ 고압우선형 셔틀밸브

SOLUTION

증압기	단동형	연속형
공기유압 변환기	단동형	연속형
고압우선형 셔틀밸브		

정답 49 ③ 50 ④ 51 ① 52 ②

53

위치 데이터를 서보 오프 상태에서 수동 조작하여 위치를 확인한 후 입력하는 제어방식은?

① 직선보간   ② 원호보간
③ 티칭 플레이 백   ④ 포인트 투 포인트

SOLUTION
- 직선보간 : 직각 좌표상에서 두 축을 동시에 제어할 때 두 축이 한 점에서 다른 점까지 움직이는 궤적을 직선이 되도록 제어하는 방법
- 원호보간 : 직각 좌표상에서 두 축을 동시에 제어할 때 궤적을 원이 되도록 제어하는 방법
- 포인트 투 포인트 : 미리 지정된 점을 순차적으로 이동하는 제어방식
- 티칭 플레이백 방식 : 위치 데이터를 서보 오프(servoOFF) 상태에서 수동 조작하여 위치를 확인한 후 입력하는 방식
- 가감속 방식 : 사다리꼴 곡선 방식으로 정지 상태에서 순식간에 고속으로 토크가 필요하게 되고 정지시킬 때는 큰 관성이 걸리게 된다. 모터를 구동하려면 따라서 모터에서 발생 가능한 토크 범위 내에서 가감속도를 설정하는 방식

54

다음 모터의 정·역회로에서 사용된 것은?

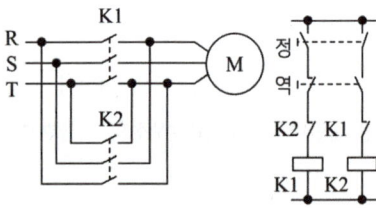

① 인터록회로   ② 시간지연회로
③ 양수안전회로   ④ 자기유지회로

SOLUTION 인터록회로
2개의 입력 중 먼저 동작시킨 쪽의 회로가 우선으로 이루어져 기기가 작동하며, 다른 쪽에 입력이 들어오더라도 작동하지 않는 회로로서 퀴즈문제, 정역회로, 기기의 보호회로에 많이 사용한다. 위 회로는 정회전 스위치와 역회전 스위치, 상대방의 릴레이 b접점으로 정회전과 역회전이 동시에 이루어지지 않도록 구성한 인터록회로이다.

55

무인 반송차(AGV)의 특징 중 틀린 것은?

① 레이아웃의 자유도가 낮다.
② 컴퓨터와의 통신이 가능하다.
③ 정지, 정밀도를 확보할 수 있다.
④ 충돌, 추돌의 회피 등 자기 제어가 가능하다.

SOLUTION 무인반송차의 특징
- 레이아웃의 자유도가 높다.
- 컴퓨터와의 통신이 가능하다.
- 정지, 정밀도를 확보할 수 있다.
- 충돌, 추돌의 회피 등 자기 제어가 가능하다.

56

다음 그림의 시스템 방식은?

① 서보 시스템(Servo System)
② 피드백 제어 시스템(Feedback Control System)
③ 개회로 제어 시스템(Open Loop Control System)
④ 폐회로 제어 시스템(Closed Loop Control System)

SOLUTION
위 시스템 방식은 조작부가 없는 것으로 보아 개회로 제어 시스템(시퀀스 제어 시스템)이다.
개회로 제어 ↔ 폐회로 제어 = 피드백 제어 = 되먹임 제어

57

가열기를 나타낸 공·유압기호는?

SOLUTION

냉각기	가열기	유량계	압력계
	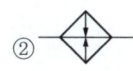	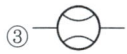	

58

다음 중 일반적인 단동실린더의 속도제어에 적합한 방법은?

① 재생제어
② 미터 인 제어
③ 미터 아웃 제어
④ 블리드 오프 제어

SOLUTION 단동실린더는 유체 유입구가 하나이기 때문에 일반적으로 액추에이터에 공급되는 유량을 제어하는 회로인 미터 인 제어가 적합하다.

59

가변 토출량형 유압 피스톤펌프 토출라인에 릴리프 밸브를 설치한 이유는?

① 원격제어
② 무부하회로 구성
③ 회로 내 최대 압력 설정
④ 회로 내 압력 증압 및 감압 압력 설정

SOLUTION 릴리프 밸브(세이프, 안전 밸브)
- 압력제한, 입구측(1차측) 압력이 스프링의 힘보다 커지면 통과시킨다.
- 시스템 내의 최고 압력을 설정하는 밸브로써, 입력되는 압력을 일정 압력 이하로 유지시켜준다.
- 시스템 내의 압력이 최대 허용 압력을 초과하는 것을 방지한다.
- 실린더 내의 토크나 힘을 제한하여 과부하를 방지하는 안전 밸브이다.

60

오리피스(Orifice)에 대한 설명으로 옳은 것은?

① 길이가 단면치수에 비해 비교적 긴 교축이다.
② 유체의 압력강하는 교축부를 통과하는 유체온도에 따라 크게 영향을 받는다.
③ 유체의 압력강하는 교축부를 통과하는 유체점도의 영향을 거의 받지 않는다.
④ 유체의 압력강하는 교축부를 통과하는 유체점도에 따라 크게 영향을 받는다.

SOLUTION 유체의 교축
- 교축 : 유체 흐름의 단면적을 감소시켜 관로 내의 저항을 지니게 하는 기구를 교축이라 하며 오리피스와 초크가 있다.
- 오리피스 : 관로 단면적을 줄인 길이가 단면 치수에 비해 짧은 경우의 교축을 말한다. 압력 강하는 액체의 점도에 영향을 받지 않는다.
- 초크 : 관로 단면적을 줄인 길이가 단면 치수에 비해 긴 경우의 교축을 말한다. 압력 강하는 액체의 점도에 따라 크게 영향을 받는다.

CBT 복원문제 — 2024 * 3

※ 2016년 5회부터는 CBT 방식으로 전면 시행됨에 따라 실제 수험생 분들의 복원을 토대로 문제를 구성하였습니다.

01

도면에서 척도란에 NS로 표시된 것은 무엇을 뜻하는가?

① 축적임을 표시
② 1각법임을 표시
③ 비례척이 아님을 표시
④ 배척임을 표시

SOLUTION NS(No Scale) 비례척이 아님을 표시한다.

02

V벨트의 단면 형태를 표시한 것 중 단면적이 가장 큰 것은?

① A형
② B형
③ C형
④ M형

SOLUTION V 벨트의 표준치수
M, A, B, C, D, E의 6종류가 있으며, M에서 E쪽으로 가면 단면이 커진다.

03

그림의 치수선은 어떤 치수를 나타내는 것인가?

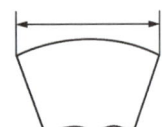

① 각도의 치수
② 현의 길이 치수
③ 호의 길이 치수
④ 반지름의 치수

SOLUTION

현의 치수	호의 치수
40	42

04

607C2P6으로 표시된 베어링에서 안지름은?

① 7[mm]
② 30[mm]
③ 35[mm]
④ 60[mm]

SOLUTION 60 / 7 / C2 / P6
- 60 : 베어링 계열번호(깊은 홈 볼베어링)
- 7 : 내경(7[mm])
- C2 : 내부 틈새
- P6 : 등급 기호(5급)

05

1회전하는 동안에 드릴의 이송거리는 0.05[mm/rev]이고, 드릴 끝 원뿔의 높이 1.6[mm], 구멍의 깊이 25[mm]일 때, 이 구멍을 뚫는 데 소요되는 시간은 약 얼마인가? (단, 절삭속도는 50[m/min], 드릴지름은 12[mm]이다)

① 0.12분
② 0.8분
③ 0.4분
④ 1분

정답 01 ③ 02 ③ 03 ② 04 ① 05 ③

SOLUTION

1회전 동안 이송거리는 0.05[mm/rev]이고, 총길이가 26.6[mm](1.6[mm] + 25[mm])이므로

관통하는 데 필요한 회전수를 x라 하면,

26.6[mm] : 0.05[mm] = x : 1

x = 532[rev]

즉, 532바퀴 회전해야 관통할 수 있다.

절삭속도(V) = $\frac{\pi DN}{1,000}$, 50[m/min] = $\frac{\pi \times 12 \times n}{1,000}$

∴ n ≒ 1,327[rev]

분당 1,327회전을 하므로 구멍을 뚫는 데 걸리는 시간을 구하려면,

532[rev] : 1,327[rev] = x : 1분

∴ x = 0.4분

06

아래 도시된 내용은 리벳 작업을 위한 도면 내용이다. 바르게 설명한 것은?

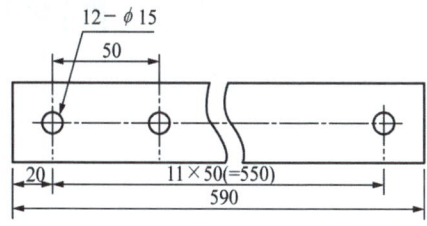

① 양끝 20[mm] 띄어서 50[mm]의 피치로 지름 15[mm]의 구멍을 12개 뚫는다.
② 양끝 20[mm] 띄어서 50[mm]의 피치로 지름 12[mm]의 구멍을 15개 뚫는다.
③ 양끝 20[mm] 띄어서 12[mm]의 피치로 지름 15[mm]의 구멍을 50개 뚫는다.
④ 양끝 20[mm] 띄어서 15[mm]의 피치로 지름 50[mm]의 구멍을 12개 뚫는다.

SOLUTION 12-ϕ15

지름이 15[mm]인 원이 12개, 원과 원 중심 사이의 간격이 50[mm]이므로, 양끝 20[mm] 띄워서 50[mm]의 피치로 지름 15[mm]의 구멍을 12개 뚫는다.

07

1/100의 기울기를 가진 2개의 테이퍼 키를 한 쌍으로 하여 사용하는 키는?

① 원뿔 키 ② 둥근 키
③ 접선 키 ④ 미끄럼 키

SOLUTION

① 원뿔 키 : 축과 보스에 홈을 파지 않고 보스 구멍을 원뿔 모양으로 만들고 세 개로 분할된 원뿔통형의 키를 때려박아 마찰만으로 회전력을 전달하는 키
② 둥근 키 : 축과 보스를 끼워맞춤하고 축과 보스 사이에 구멍을 가공하여 원형 단면의 평행 핀 또는 테이퍼 핀으로 때려 박은 키
④ 미끄럼 키 : 페더 키 또는 안내 키라고도 하며 축 방향으로 보스를 미끄럼 운동을 시킬 필요가 있을 때 사용

08

양 끝에 수나사를 깎은 머리 없는 볼트로 한쪽은 본체에 조립한 상태에서, 다른 한쪽에는 결합할 부품을 대고 너트를 조립하는 볼트는?

① 탭 볼트 ② 관통 볼트
③ 기초 볼트 ④ 스터드 볼트

SOLUTION

① 탭 볼트 : 관통 볼트를 사용하기 어려울 때 결합하려는 상대 쪽에 암나사를 내고, 머리붙이 볼트를 조여 부품을 결합하는 볼트
② 관통 볼트 : 조이려는 부분을 관통하여 볼트 지름보다 약간 큰 구멍을 뚫고, 여기에 머리 붙이볼트를 끼워 넣은 후 너트로 결합하는 볼트
③ 기초 볼트 : 기계를 설치할 때에 사용하는 볼트
④ 스터드 볼트 : 양쪽 끝 모두 수나사로 되어있는 나사로서 관통하는 구멍을 뚫을 수 없는 경우에 사용한다. 한쪽 끝은 상대 쪽에 암나사를 만들어 미리 반영구적으로 나사 박음하고, 다른 쪽 끝에 너트를 끼워 죄도록 하는 볼트

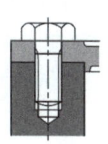 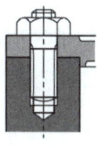 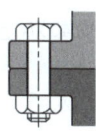

탭 볼트   관통 볼트   스터드 볼트

09

기계제도에서 척도 및 치수 기입법 설명으로 잘못된 것은?

① 치수는 되도록 주 투상도에 집중하여 기입한다.
② 치수는 특별한 명기가 없는 한 제품의 완성치수이다.
③ 현의 길이를 표시하는 치수선은 동심 원호로 표시한다.
④ 도면에 NS로 표시된 것은 비례척이 아님을 나타낸 것이다.

SOLUTION 현의 길이를 표시하는 치수선은 직선으로 표시하고 호의 길이를 표시하는 치수선은 원호로 표시한다.

10

표면의 줄무늬 방향 기호에 대한 설명으로 맞는 것은?

① X : 가공에 의한 컷의 줄무늬 방향이 투상면에 직각
② M : 가공에 의한 컷의 줄무늬 방향이 투상면에 평행
③ C : 가공에 의한 컷의 줄무늬 방향이 중심에 동심원 모양
④ R : 가공에 의한 컷의 줄무늬 방향이 투상면에 교사 또는 경사

SOLUTION 가공 줄무늬 방향기호 종류

기호	커터의 줄무늬 방향	적용
⊥	투상면에 직각	선삭
=	투상면에 평행	셰이핑
X	투상면에 경사지고 두방향으로 교차	호닝
C	중심에 대하여 동심원	끝면절삭
M	여러방향으로 교차되거나 무방향	밀링, 래핑
R	중심에 대하여 레이디얼 모양	일반적인 가공

11

저널 베어링에서 저널의 지름이 30[mm], 길이가 40[mm], 베어링의 하중이 2,400[N]일 때, 베어링의 압력은 몇 [MPa]인가?

① 1   ② 2
③ 3   ④ 4

SOLUTION 베어링에 작용하는 압력

$$P = \frac{W}{D \times L} \text{[MPa]}$$

W : 하중[N], D : 베어링 직경[mm], L : 베어링 길이[mm]

$$P = \frac{2,400}{30 \times 40} = 2\text{[MPa]}$$

12

SI단위계의 물리량과 단위가 틀린 것은?

① 힘 - [N]   ② 압력 - [Pa]
③ 에너지 - [dyne] ④ 일률 - [W]

SOLUTION

③ 에너지 - [J]

13

센터리스 연삭의 특징으로 틀린 것은?

① 긴 축 재료의 연삭이 가능하다.
② 대형, 중량물의 연삭에 적합하다.
③ 속이 빈 원통의 외면 연삭에 편리하다.
④ 긴 홈이 있는 가공물의 연삭은 할 수 없다.

SOLUTION 센터리스 연삭기 특징

- 연삭하는데 큰 숙련도를 요하지 않는다.
- 가늘고 긴 가공물의 연삭에 적합하다.
- 중공물의 원통 연삭에 적합하다.
- 센터 구멍이 필요 없다.
- 연삭숫돌의 너비가 크므로 지름의 마멸이 적어 수명이 길다.

14

동력전달을 직접 전동법과 간접 전동법으로 구분할 때, 직접 전동법으로 분류되는 것은?

① 체인 전동
② 벨트 전동
③ 마찰차 전동
④ 로프 전동

SOLUTION
- 직접 전동법 : 마찰차, 기어, 캠
- 간접 전동법 : 벨트, 로프, 체인

15

각종 측정 지시값의 확인과 교정 등의 비교 측정의 기준 게이지로 사용되고 있는 것은?

① 게이지 블록
② 마이크로미터
③ 다이얼 게이지
④ 버니어 캘리퍼스

SOLUTION
① 게이지 블록 : 길이 측정의 표준이 되는 게이지로 비교측정 시 사용됨
② 마이크로미터 : 물체의 외경, 두께, 내경, 깊이 등을 마이크로미터[μm] 정도까지 측정할 수 있는 기구로 외측 마이크로미터, 내측 마이크로미터, 깊이 마이크로미터, 나사 마이크로미터 등이 있음
③ 다이얼 게이지 : 측정자의 직선 또는 원호 운동을 기계적으로 확대하여 그 움직임을 지침의 회전 변위로 변환시켜 눈금으로 읽을 수 있는 길이 측정기
④ 버니어 캘리퍼스 : 자와 캘리퍼스를 조합한 것으로 일감의 바깥 지름, 안지름, 깊이 등을 측정하는데 사용함

16

가공방법의 보조기호 중에서 리밍(Reaming) 가공에 해당하는 것은?

① FS
② FL
③ FF
④ FR

SOLUTION
① FS : 스크레이퍼 다듬질
② FL : 래핑 다듬질
③ FF : 줄 다듬질

17

제거가공의 지시 방법 중 "제거가공을 필요로 한다."를 지시하는 것은?

①
②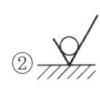
③
④

SOLUTION 면의 지시 기호

- ∇ : 제거가공을 필요로 함
- ∇ : 제거가공을 허락하지 않음
- ∇ : 가공 여부 묻지 않음

18

표면 거칠기의 표시법 중 최대높이 거칠기를 나타내는 것은?

① R_a
② R_{max}
③ R_z
④ R_e

SOLUTION 표면거칠기

- 최대 높이 거칠기(R_{max}) : 거친 면 사이에 가장 높은 산과 가장 낮은 골의 차이를 측정하여 미크론(μ)단위로 나타낸다.
- 10점 평균 거칠기(R_z) : 가장 높은 산 5곳과 가장 낮은 골 5곳의 평균값의 차이를 측정하여 미크론(μ)단위로 나타낸 것
- 중심선 평균 거칠기(산술 평균 거칠기, R_a) : 중심선을 기준으로 위쪽과 아래쪽의 면적의 합을 측정길이로 나눈 것이다.

19

연삭 가공 방법이 아닌 것은 무엇인가?

① 원통 연삭 ② 나사절삭 가공
③ 기어 가공 ④ 널링 가공

SOLUTION 널링 가공은 선반에서 이루어지는 가공 방법이다.

20

도면에서 특정 치수가 비례척도가 아닌 경우를 바르게 표기한 것은?

① (24) ② 24
③ 24 ④ 24

SOLUTION
① 참고치수
② 수정치수
③ 일반치수

21

도면을 철하지 않을 경우 A2 용지의 윤곽선은 용지의 가장자리로부터 최소 얼마나 떨어지게 표시하는가?

① 10[mm] ② 15[mm]
③ 20[mm] ④ 25[mm]

SOLUTION

용지크기의 호칭		A0	A1	A2	A3	A4
axb		1,189×841	841×594	594×420	420×297	297×210
도면의 테두리	c(최소)	20	20	10	10	10
	d (최소) 철하지 않을 때	20	20	10	10	10
	철할 때	25	25	25	25	25

22

나사의 종류와 표시하는 기호로 틀린 것은?

① S 0.5 : 미니어처 나사
② Tr 10×2 : 미터 사다리꼴 나사
③ Rc 3/4 : 관용 테이퍼 암나사
④ E10 : 미싱나사

SOLUTION
- 전구나사 : E10
- 미싱나사 : SM 1/4 산40

23

최대 허용치수가 구멍 50.025[mm], 축 49.975[mm]이며 최소 허용치수가 구멍 50.000[mm], 축 49.950[mm]일 때 끼워 맞춤의 종류는?

① 중간 끼워맞춤 ② 억지 끼워맞춤
③ 헐거운 끼워맞춤 ④ 상용 끼워맞춤

SOLUTION 헐거운 끼워맞춤
조립하였을 때, 구멍의 최소 치수가 축의 최대 치수보다 큰 경우로서 항상 틈새가 생기는 상태

	구멍	축	허용차
최대허용한계치수	50.025	49.975	0.05
최소허용한계치수	50.000	49.950	0.05

24

요구되는 입력조건이 충족되면 그에 상응하는 출력신호가 나타나는 제어는?

① 논리제어
② 동기제어
③ 시퀀스제어
④ 시간종속 시퀀스제어

SOLUTION 신호처리 방식에 의한 분류
- 동기제어계 : 실제의 시간과 관계된 신호에 의해 제어가 행해지는 것으로 교통 신호등이 이에 속한다.
- 비동기제어계 : 시간과는 관계없이 입력 신호의 변화에 의해서만 제어가 행해지는 것으로 누르는 신호등이 이에 속한다.
- 위치종속 시퀀스제어계 : 순차적인 작업이 전 단계의 작업완료 여부를 확인하여 수행하는 제어 시스템이다.
- 논리제어계 : 입력조건만 만족되면 출력이 되는 시스템으로 메모리 기능은 없고 불 대수를 이용한다.

25

다음 표면거칠기의 표시에서 C가 의미하는 것은?

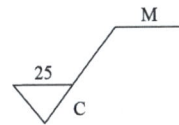

① 주조가공
② 밀링가공
③ 가공으로 생긴 선이 무방향
④ 가공으로 생긴 선이 거의 동심원

SOLUTION
- = : 가공에 의한 앞줄 방향이 투영면에 평행
- ⊥ : 가공에 의한 앞줄 방향이 투영면에 수직
- × : 가공에 의한 선이 두 방향으로 교차
- M : 가공에 의한 선이 다방면으로 교차 또는 무방향
- C : 가공에 의한 선이 거의 동심원
- R : 가공에 의한 선이 거의 방사상

26

깊은 홈 볼베어링의 호칭번호가 6208일 때 안지름은 얼마인가?

① 10[mm]   ② 20[mm]
③ 30[mm]   ④ 40[mm]

SOLUTION
- 62 : 베어링 계열기호
- 08 : 베어링 안지름 번호

안지름 번호는 베어링의 안지름 치수를 나타내고, 안지름 번호가 04 이상인 것은 이 수치를 5배 하면 안지름이 얻어진다.

※ 안지름 번호 : 00(안지름 10[mm]), 01(안지름 12[mm]), 02(안지름 15[mm]), 03(안지름 17[mm]), 04(안지름 20[mm])

27

인치계 사다리꼴 나사의 나사산 각도는?

① 29°   ② 30°
③ 55°   ④ 60°

SOLUTION 사다리꼴 나사
나사의 효율면에서 사각 나사가 이상적이나 가공의 어려움이 있어 사다리꼴 나사로 대체한다. 나사산 각이 미터계(Tr)는 30°, 인치계(TW)는 29°로 되어 있는 사다리꼴 나사로서, 미터계는 피치를 [mm]로, 인치계는 1인치에 대한 나사산 수를 기준으로 나타내며, 애크미 나사라고도 한다.

28

다음 그림은 어떤 기계요소를 나타낸 것인가?

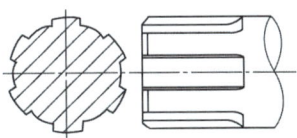

① 원뿔 키   ② 접선 키
③ 세레이션   ④ 스플라인

SOLUTION 스플라인
축에 여러 줄의 키를 절삭 가공하여 축에 키를 일체로 같은 간격의 홈을 판 것. 축의 둘레에 4~20개의 턱을 만들어 큰 회전력을 전달할 경우에 쓰이며, 자동차, 공작기계, 항공기, 발전기, 공기터빈 등에 널리 사용한다.

29

좌 2줄 M50×3 - 6H는 나사 표시방법의 보기이다. 리드는 몇 [mm]인가?

① 3
② 6
③ 9
④ 12

SOLUTION

리드 = 줄수×피치 = 2×3 = 6

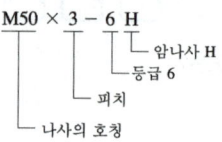

30

유압 모터의 종류가 아닌 것은?

① 기어 모터
② 베인 모터
③ 스크루 모터
④ 피스톤 모터

SOLUTION 유압 모터의 종류

- 기어모터
- 피스톤모터
- 나사 모터
- 베인 모터

31

회전체의 균형을 좋게 하거나 너트를 외부에 돌출시키지 않으려고 할 때 주로 사용하는 너트는?

① 캡 너트
② 둥근 너트
③ 육각 너트
④ 와셔붙이 너트

SOLUTION

- 육각 너트 : 6각 모양으로 되어 있으며, 가장 널리 사용되는 너트이다. 6각 너트에는 너트의 호칭 높이가 호칭지름에 대하여 0.8배 이상인 너트(일반 6각 너트)와 0.8배 이하인 너트(6각 낮은 너트)가 있다.
- 와셔붙이 너트 : 너트의 밑면에 넓은 원형 플랜지가 붙어있는 와셔붙이 너트는 볼트 구멍이 큰 경우 또는 접촉하는 물체와의 접촉 면적을 크게 함으로써 접촉 압력을 작게 하려고 할 때 주로 사용하며, 너트 하나로 와셔의 역할을 겸한 너트이다.
- 캡 너트 : 너트의 한쪽을 관통되지 않도록 만든 것으로 나사면을 따라 증기나 기름 등이 누출되는 것을 방지하는 부위 또는 외부로부터 먼지 등의 오염물 침입을 막는 데 주로 사용한다.
- 둥근 너트 : 회전체의 균형을 좋게 하거나 너트를 외부에 돌출시키지 않으려고 할 때 주로 사용하며, 너트를 죄는 데는 특수한 스패너가 필요하다.

32

왕복운동 기관에서 직선운동과 회전운동을 상호 전달할 수 있는 축은?

① 직선 축
② 크랭크 축
③ 중공 축
④ 플렉시블 축

SOLUTION

- 직선 축 : 직선 축은 길이 방향으로 일직선 형태의 축이며, 일반적인 동력 전달용으로 사용한다.
- 크랭크 축(Crank Shaft) : 크랭크 축은 왕복 운동기관 등에서 직선 운동과 회전 운동을 상호 변환시키는 축으로, 자동차 엔진에서 볼 수 있으며, 피스톤의 왕복 운동을 회전 운동의 형태로 바꾸어 출력시킨다.
- 플렉시블 축(Flexible Shaft) : 유연축은 자유롭게 휠 수 있도록 강선을 2중, 3중으로 감은 나사 모양의 축이며, 공간상의 제한으로 일직선 형태의 축을 사용할 수 없을 때 이용한다.

33

가공 방법에 대한 기호가 잘못 짝지어진 것은?

① 용접 : W
② 단조 : F
③ 압연 : E
④ 전조 : RL

> **SOLUTION**
> 면의 가공 방법 기호에서 압연은 R이다.
> • 용접 : W   • 단조 : F
> • 압연 : R   • 압출 : E
> • 전조 : RL   • 드릴 : D
> • 선반 : L   • 밀링 : M

34

일반적으로 스퍼 기어의 요목표에 기입하는 사항이 아닌 것은?

① 치형 ② 잇수
③ 피치원 지름 ④ 비틀림 각

> **SOLUTION** 스퍼기어 요목표 기입사항
> 공구(치형, 모듈, 압력각), 잇수, 피치원 지름, 다듬질 방법

35

주로 금형에 생산되는 플라스틱 눈금자와 같은 제품 등에 제거 가공 여부를 묻지 않을 때 사용되는 기호는?

① 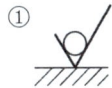   ②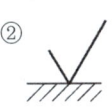

③    ④

> **SOLUTION**
> • 가공 여부 묻지 않음
> • 제거 가공을 필요로 함
> • 제거 가공을 허락하지 않음

36

양쪽 끝 모두 수나사로 되어 있으며, 한쪽 끝에 상대쪽에 암나사를 만들어 미리 반영구적으로 나사 박음하고, 다른 쪽 끝에 너트를 끼워 죄도록 하는 볼트는 무엇인가?

① 스테이 볼트 ② 아이 볼트
③ 탭 볼트   ④ 스터드 볼트

> **SOLUTION**
> • 스터드 볼트 : 양쪽 끝 모두 수나사로 되어있는 나사로서 관통하는 구멍을 뚫을 수 없는 경우에 사용한다. 한쪽 끝은 상대 쪽에 암나사를 만들어 미리 반영구적으로 나사 박음하고, 다른 쪽 끝에 너트를 끼워 죄도록 하는 볼트이다.
> • 탭 볼트 : 관통 볼트를 사용하기 어려울 때 결합하려는 상대 쪽에 암나사를 내고, 머리붙이 볼트를 조여 부품을 결합하는 볼트이다.
> • 아이 볼트 : 볼트의 머리부에 핀을 끼울 구멍이 있어 자주 탈착하는 뚜껑의 결합에 사용된다.

37

아래 그림은 표준 스퍼기어 요목표이다. ㉠, ㉡에 들어갈 숫자로 옳은 것은?

스퍼기어 요목표		
기어치형		표준
기준 레크	치형	보통이
	모듈	2
	압력각	20°
잇수		32
피치원 지름		(㉠)
전체 이 높이		(㉡)
다듬질 방법		호브 절삭
정밀도		KS B 1450, 급

① ㉠ φ62 ㉡ 4.5   ② ㉠ φ40 ㉡ 4
③ ㉠ φ40 ㉡ 4.5   ④ ㉠ φ64 ㉡ 4.5

> **SOLUTION**
> ㉠ $P.C.D$(피치원 지름) = m(모듈)$\times Z$(잇수) = $2\times 32 = \phi 64$
> ㉡ 전체 이 높이 = m(모듈)$\times 2.25 = 2\times 2.25 = 4.5$

38

기어의 잇수가 40개이고, 피치원의 지름이 320[mm]일 때 모듈은 얼마인가?

① 4   ② 6
③ 8   ④ 12

SOLUTION

$m(모듈) = \dfrac{P.C.D(피치원\ 지름)}{Z(기어\ 잇수)} = \dfrac{320}{40} = 8$

39

다음 그림에서 모떼기가 C2일 때 모떼기의 각도는?

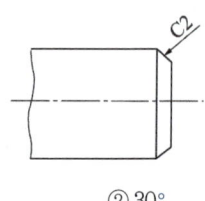

① 15°   ② 30°
③ 45°   ④ 60°

SOLUTION

| C | 45° 모떼기 | 45° 모떼기 치수의 치수 수치 앞에 붙인다. |

40

기어의 제도방법 중 틀린 것은?

① 축 방향에서 본 이끝원은 굵은 실선으로 표시한다.
② 축 방향에서 본 피치원은 가는 1점 쇄선으로 표시한다.
③ 서로 물려 있는 한 쌍의 기어에서 맞물림부의 이끝원은 가는 실선으로 표시한다.
④ 베벨 기어 및 웜 휠의 축 방향에서 본 그림에서 이뿌리원은 생략하는 것이 보통이다.

SOLUTION 이끝원(잇봉우리원)은 굵은 실선으로, 피치원은 가는 1점 쇄선으로, 이뿌리원은 가는 실선 또는 굵은 실선으로 그리고 축방향에서 이골원은 가는 실선으로 그린다. 맞물리는 한 쌍의 기어의 이끝원은 굵은 실선으로 그린다.

41

공기압 실린더의 설치형식이 아닌 것은?

① 풋형   ② 플랜지형
③ 타이로드형   ④ 트러니언형

SOLUTION 설치형식에 따른 실린더 분류

설치형식	풋형 (LA, LB)		고정	가장 단단하고 일반적인 설치 방법으로 주로 경부하용
	플랜지형 (FA, FB)			가장 강력한 설치방법의 하나로 부하의 운동 방향과 축심을 일치시키는 것
	피벗형		요동	부하의 운동 방향과 실린더 요동 방향을 일치시킬 것
	트러니언형 (TA, TB, TC)			요동 운동을 하므로 실린더가 다른 곳에 닿지 않도록 한다.
	회전형 (CA, CB)		회전	부하가 연속적으로 회전한다.

42

미리 정해 놓은 순서 또는 일정한 논리에 의하여 정해진 순서에 따라 제어의 각 단계를 순차적으로 진행하는 제어는?

① 동기 제어   ② 시퀀스 제어
③ 비동기 제어   ④ ON-OFF 제어

SOLUTION 신호처리 방식에 의한 분류

• 동기제어계 : 실제의 시간과 관계된 신호에 의해 제어가 행해지는 것으로 교통 신호등이 이에 속한다.
• 비동기제어계 : 시간과는 관계없이 입력 신호의 변화에 의해서만 제어가 행해지는 것으로 누르는 신호등이 이에 속한다.

- 위치종속 시퀀스제어계 : 순차적인 작업이 전 단계의 작업완료 여부를 확인하여 수행하는 제어 시스템
- 논리제어계 : 입력조건만 만족되면 출력이 되는 시스템으로 메모리 기능은 없고 불 대수를 이용한다.
- 시퀀스제어계 : 제어프로그램에 의해 미리 결정된 순서대로 순차적인 제어가 행하여지는 것

43

공기압 모터의 기호는?

① 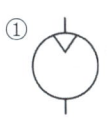   ②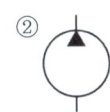

③ 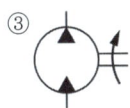   ④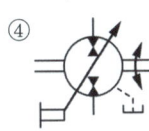

SOLUTION

①	②	③	④
공압 펌프	유압펌프	양방향 유압모터	요동형 유압 모터

44

유도형 센서의 특징이 아닌 것은?

① 전력 소모가 적다.
② 자석 효과가 없다.
③ 감지 물체 안에 온도 상승이 없다.
④ 비금속재료 감지용으로 사용한다.

SOLUTION 유도형 센서 특징
- 전력 소모가 적다.
- 자석 효과가 없다.
- 감지 물체 안에 온도 상승이 없다.
- 금속재료 감지용으로 사용한다.

45

공기압 에너지를 저장할 때에는 긍정적인 효과로 나타나지만 실린더의 저속 운전 시 속도의 불안정성을 야기하는 공기압의 특성은?

① 배기 시 소음
② 공기의 압축성
③ 과부하에 대한 안정성
④ 압력과 속도의 무단 조절성

SOLUTION 공기압 에너지는 압축성으로 인해 정밀한 제어가 어렵다.

46

공기압 유량제어 밸브에 대한 설명으로 틀린 것은?

① 공기압 회로의 유량을 조정하고자 할 때 사용하는 것은 교축 밸브이다.
② 공기압 실린더의 속도제어를 위해 방향제어밸브와 실린더의 중간에 설치하는 것은 속도제어 밸브이다.
③ 공기압의 속도제어는 배기 교축에 의한 속도제어 회로를 주로 채택한다.
④ 공기압 실린더의 배기 유량을 감소시켜 실린더의 속도를 증가시키는 것은 급속 배기 밸브이다.

SOLUTION 급속배기 밸브
공압 실린더의 배기압을 빨리 제거하여 실린더의 전진이나 복귀속도를 빠르게 하기 위한 목적으로 사용하는 밸브

47

다음 중 1[atm]과 같지 않은 것은?

① 1,013[kPa]   ② 760[mmHg]
③ 1.0132[bar]   ④ 10,332[kgf/m^2]

SOLUTION

1[atm] = 760[mmHg](수은주)
= 10,332[mAg)](수주)
= 1.0332[kg/cm²] = 1.01325[bar]
= 101,325[Pa] = 101,325[N/m²]
= 14.7[psi(lb/in²)]

48

PLC와 같은 장치가 속하는 부분은?

① 센서
② 네트워크
③ 프로세서
④ 동력 제어부

SOLUTION PLC 기본 모듈(CCU)의 구성은 전원부, CPU, 입출력부로 구성되어 있고 컴퓨터와 비교하면 프로세서라고 볼 수 있다.

49

오일 탱크에 관한 설명으로 틀린 것은?

① 오일 탱크의 크기는 펌프 토출량과 동일하게 제작한다.
② 에어 블리저 용량은 펌프 토출량의 2배 이상으로 제작한다.
③ 스트레이너 유량은 펌프 토출량의 2배 이상의 것을 사용한다.
④ 오일 탱크의 유면계를 운전할 때 잘 보이는 위치에 설치한다.

SOLUTION 오일 탱크 개요
- 오일 탱크의 크기는 펌프 토출량의 3배 이상이어야 한다.
- 탱크 바닥면은 바닥에서 최소 150[mm](15[cm])를 유지해야 한다.
- 운전 중에 유면이 정상인지 확인할 수 있도록 탱크 상부 벽에 유면계를 설치해야 하며, 적당한 유면을 항상 유지한다(유면의 높이는 $\frac{2}{3}$ 이상).
- 기름 탱크 내의 유온의 안전한 온도 영역은 35 ~ 55[℃]이다.
- 스트레이너는 기름 탱크 바닥에서 50[mm] 떨어져서 설치하고, 유량은 토출량의 2배 이상이어야 한다.

50

다음 기호의 명칭으로 옳은 것은?

① 유압 펌프
② 공기압 모터
③ 유압 전도장치
④ 요동형 액추에이터

SOLUTION

유압펌프	공기압모터	요동형 액추에이터

51

다음 그림과 같이 솔레노이드 작동 스프링 복귀형의 4포트 2위치 밸브에서 B포트를 막으면 어떤 밸브가 되는가?

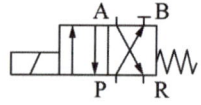

① 2포트 2위치 정상상태 열림형 밸브
② 2포트 2위치 정상상태 닫힘형 밸브
③ 3포트 2위치 정상상태 열림형 밸브
④ 3포트 2위치 정상상태 닫힘형 밸브

SOLUTION 4포트 2위치 밸브에서 B포트를 막으면 포트수가 하나 줄어 3포트 2위치 밸브가 되고 공급 P가 B를 향하고 있어 이 관로는 닫혀있는 상태이므로, 3포트 2위치 정상상태 닫힘형 밸브가 된다.

52

나사형 회전자의 회전운동을 이용하여 고속회전이 가능하고, 소음이 적으며, 맥동 현상이 발생되지 않고 큰 용량의 공기탱크가 필요 없는 것은?

① 베인 압축기
② 스크루 압축기
③ 피스톤 압축기
④ 2단 피스톤 압축기

SOLUTION 스크류 압축기

- 스크류 압축기는 오목한 측면과 볼록한 측면을 가진 2개의 로터가 한 쌍이 되어 회전하면서, 축방향으로 흡입된 공기를 반대 방향으로 밀어내면서 압축하는 형식
- 소음과 진동이 작고, 압축공기가 연속적으로 송출되기 때문에 압력의 맥동 현상이 작다.
- 6[kg/cm²] 이상의 압력이 필요한 곳에는 압축기의 생산 효율이 급격하게 저하되므로 주의해야 하며, 높은 압력을 얻는 것은 불가능하다.

53

일반적인 유압 발생장치에서 기름 탱크의 용량을 결정하는 기준은?

① 펌프 토출량의 3배 이상
② 펌프의 토출량의 같은 크기
③ 스트레이너 유량의 3배 이상
④ 공기 청정기 통기용량의 2배 이상

SOLUTION 오일 탱크

- 유압장치에 필요한 유압유(작동유)를 저장하는 기능뿐만 아니라, 기름 속에 혼입되어 있는 불순물이나 기포를 제거하거나 운전 중에 흡수한 마찰이나 압력상승으로 인한 열을 방출하여 유온을 일정하게 유지하는 역할을 한다.
- 오일 탱크의 크기는 펌프 토출량의 3배 이상이어야 한다.

54

유압 시스템에서 사용하는 압력제어 밸브가 아닌 것은?

① 리듀싱 밸브
② 시퀀스 밸브
③ 언로딩 밸브
④ 디셀러레이션

SOLUTION 압력제어밸브 종류

- 릴리프 밸브
- 감압 밸브
- 시퀀스 밸브
- 카운터밸런스 밸브

55

용적형 공기압축기가 아닌 것은?

① 격판 압축기
② 베인 압축기
③ 터보 압축기
④ 피스톤 압축기

SOLUTION 공기압축기 작동원리에 따른 분류

- 용적형
  - 왕복식 : 피스톤식, 다이어프램식
  - 회전식 : 나사식(스크류식), 베인식, 루터 블로어
- 터보형
  - 원심식
  - 축류식

56

제어량이 온도, 압력, 유량, 액면 등과 같은 일반 공업량일 때 발생하는 신호의 형태에 의한 제어는?

① 2진 제어
② 논리 제어
③ 디지털 제어
④ 아날로그 제어

SOLUTION
- 아날로그 제어 : 자동화 시스템과 제어기의 인터페이스 과정에서 연속적인 물리량으로 표시되는 신호를 아날로그 신호라고 하며 이 아날로그 신호를 제어하는 것으로 전기기기를 이용한 제어에서 많이 사용한다.
- 디지털 제어 : 시스템 제어 시에 처리하기 어려운 아날로그 제어 신호를 시간과 정보의 크기 면에서 모두 불연속적으로 표현한 제어기법
- 2진 제어 : 시스템 제어 시에 실제적으로 하나의 제어변수에 2가지의 가능한 값을 만드는 제어기법으로, 제어 신호의 유/무, ON/OFF, YES/NO, 1/0 등과 같은 2진 신호를 이용하여 제어하는 시스템 제어

57

순차적인 작업에서 전 단계의 작업완료 여부를 리밋 스위치나 센서 등을 이용하여 확인한 후 다음 단계의 작업을 수행하는 제어는?

① 논리 종속 시퀀스 제어
② 동기 종속 시퀀스 제어
③ 시간 종속 시퀀스 제어
④ 위치 종속 시퀀스 제어

SOLUTION
리밋 위치나 리드 스위치를 이용하여 물체의 위치를 파악하는 단계는 위치 종속 시퀀스 제어에 해당한다.

58

자동화된 기계장치를 제어하는 전기회로의 구성방법으로 적절하지 않은 것은?

① 단속, 연속운전이 가능하게 회로가 구성되어야 한다.
② 자동, 수동운전이 가능하게 회로가 구성되어야 한다.
③ 작업자보호, 장치보호 등의 회로가 구성되어야 한다.
④ 제어부, 구동부는 혼재되어 회로가 구성되어야 한다.

SOLUTION
제어부와 구동부는 가능한 한 섞이지 않도록 회로를 구성해야 회로 설계 오류를 찾는 데 수월하다.

59

다음 설명에 해당되는 법칙은?

> 비압축성 유체가 관내를 흐를 때 유량이 일정할 경우 유체의 속도는 단면적에 반비례한다.

① 렌츠의 법칙
② 보일의 법칙
③ 샤를의 법칙
④ 연속의 법칙

SOLUTION 유압의 기초 이론 및 관련 법칙
- 보일의 법칙 : 온도가 일정할 때 기체의 부피와 압력은 반비례 관계를 갖는다.
- 샤를의 법칙 : 일정한 부피의 기체는 온도가 상승하면 압력 또한 상승한다.
- 베르누이의 정리 : 점성이 없는 비압축성의 액체가 수평 관을 흐를 때 속도에너지, 위치에너지, 압력에너지의 합은 항상 일정하다.
- 파스칼의 원리 : 비압축성 유체를 밀폐된 공간에 담아 유체의 일부에 힘을 가하여 압력을 증가시키면, 유체 내의 압력은 모든 부분에 똑같은 크기로 전달된다. 즉, 밀폐된 용기 속에 정지하고 있는 유체에 힘을 가하면 압력은 모든 방향에서 같은 크기로 발생한다.
- 연속의 법칙 : 비압축성 유체가 관내를 흐를 때 유량이 일정할 경우 유체의 속도는 단면적에 반비례한다.

60

서보 제어의 의미로 옳은 것은?

① 증폭 제어
② 느린 정밀 제어
③ 오픈(Open)회로 제어
④ 빠르고 정확한 폐회로 제어

SOLUTION 서보 제어
물체의 위치, 방위, 자세 등의 기계적인 변위를 제어량으로 하고 임의의 변화에 추종하도록 구성된 제어계로 자동위치 제어, 비행기나 추적용 레이더의 방향제어 등을 빠르고 정확하게 폐회로를 제어하는 것

CBT 복원문제 2025 * 1

※ 2016년 5회부터는 CBT 방식으로 전면 시행됨에 따라 실제 수험생 분들의 복원을 토대로 문제를 구성하였습니다.

01

다음 중 일반적인 조임과 풀림의 목적으로 사용되는 체결용 나사로 가장 적절한 것은?

① 볼나사
② 사각나사
③ 삼각나사
④ 사다리꼴나사

SOLUTION 나사 용도에 따른 분류

용도	예시
체결용 나사	삼각나사
운동용(동력전달용) 나사	사각나사, 사다리꼴 나사, 볼나사, 톱니나사 등

02

공기 마이크로미터를 원리에 따라 분류할 때 이에 속하지 않는 것은?

① 광학식
② 배압식
③ 유량식
④ 유속식

SOLUTION 공기 마이크로미터 원리에 따른 분류
- 유량식
- 배압식
- 유속식

03

수평식 보링머신의 분류가 아닌 것은?

① 베드형
② 플로우형
③ 테이블형
④ 플레이너형

SOLUTION 수평식(보통) 보링 머신의 분류
- 테이블형
- 플레이너형
- 플로우형

04

수평밀링과 유사하나 복잡한 형상의 지그, 게이지, 다이 등을 가공하는 소형 밀링머신은?

① 공구 밀링 머신
② 나사 밀링 머신
③ 플레이너형 밀링 머신
④ 모방 밀링 머신

SOLUTION 특수 밀링 머신 종류
- 공구 밀링 머신 : 수평 밀링 머신과 유사하나, 복잡한 형상의 지그, 게이지, 다이 등을 가공하는 소형 밀링 머신
- 나사 밀링 머신 : 가공물에 회전을 주고, 일정한 비율의 이송을 주어 나사를 절삭하는 전용 밀링 머신
- 모방 밀링 머신 : 모방 장치를 이용하여 단조, 프레스, 주조형 금형 등의 복잡한 형상을 능률적으로 가공할 수 있다. 기계의 발달로 근래에는 사용되지 않는 밀링 머신

정답 01 ③ 02 ① 03 ① 04 ①

05

게이지 블록을 취급할 때 주의사항으로 적절하지 않은 것은?

① 목재 작업대나 가죽 위에서 사용할 것
② 먼지가 적고 습한 실내에서 사용할 것
③ 측정면은 깨끗한 천이나 가죽으로 잘 닦을 것
④ 녹이나 돌기의 해를 막기 위하여 사용한 뒤에는 잘 닦아 방청유를 칠해 둘 것

SOLUTION 게이지 블록 취급 시 유의사항
- 먼지가 적고 건조한 실내에서 사용할 것
- 목재 테이블이나 천 또는 가죽 위에서 사용할 것
- 측정면은 깨끗한 천이나 가죽으로 잘 닦을 것
- 필요한 치수의 것만을 꺼내 쓰고, 보관상자의 뚜껑을 닫아 둘 것
- 녹이 발생하지 않도록 사용한 뒤에는 잘 닦아 방청유를 칠해 둘 것

06

접시머리 나사의 머리 부분을 묻히게 하기 위해 자리를 파는 작업은?

① 스텝 보링(Step Boring)
② 스폿 페이싱(Spot Facing)
③ 카운터 보링(Counter Boring)
④ 카운터 싱킹(Counter Sinking)

SOLUTION 드릴링 작업의 종류
- 스폿 페이싱 : 단조나 주조품의 경우 표면이 울퉁불퉁하여, 볼트나 너트를 체결하기 곤란한 경우에 기타 범용 공작기계 볼트나 너트가 닿는 구멍 주위에 부분만을 평탄하게 가공하여 체결이 잘되도록 하는 가공 방법
- 카운터 보링 : 볼트 또는 너트의 머리 부분이 가공물 안으로 묻히도록 드릴과 동심원의 2단 구멍을 절삭하는 방법
- 카운터 싱킹 : 나사머리의 모양이 접시 모양일 때 테이퍼 원통형으로 절삭하는 가공

07

2진수 101010의 10진수 변환결과로 옳은 것은?

① 32 ② 42
③ 52 ④ 62

SOLUTION

$101010_{(2)} \rightarrow 2^5 + 2^3 + 2 = 32 + 8 + 2 = 42$

08

구성인선에 대한 설명으로 틀린 것은?

① 치핑 현상을 막는다.
② 가공 정밀도를 나쁘게 한다.
③ 가공면의 표면 거칠기를 나쁘게 한다.
④ 절삭공구의 마모를 크게 한다.

SOLUTION 구성인선 영향
구성인선의 영향으로 치핑 현상이 발생한다.
※ 치핑 : 경도가 매우 높고 인성이 작은 공구를 사용할 때, 공구의 날 모서리를 따라 작은 조각으로 떨어져 나가는 것
- 구성인선 영향
  - 공구각을 변화시킨다.
  - 가공면의 표면 거칠기를 나쁘게 한다.
  - 공구의 떨림(채터링) 현상이 발생하여 절삭 공구 마모를 크게 한다.
  - 가공 정밀도를 나쁘게 한다.

09

다음 연삭숫돌의 규격표시에서 'L'이 의미하는 것은?

WA 60 L m V

① 입도 ② 조직
③ 결합제 ④ 결합도

SOLUTION 숫돌바퀴의 표시

A	60	K	m	V	1호
숫돌입자	입도	결합도	조직	결합제	모양
WA 60 L m V					

- WA : 화이트 알루미나
- 60 : 중간 눈
- L : 결합도 중간
- m : 중간 조직
- V : 비트라파이트 결합제

10

밀링가공에서 하향절삭 작업에 관한 설명으로 틀린 것은?

① 절삭력이 하향으로 작용하여 가공물 고정이 유리하다.
② 상향절삭보다 공구수명이 길다.
③ 백래시 제거 장치가 필요하다.
④ 기계강성이 낮아도 무방하다.

SOLUTION
밀링가공 하향절삭 시 공구 진입 과정에서 비교적 큰 초기 충격력이 발생하여 기계의 강성과 백래시 제거 장치가 필수적이다.

11

CG 60 K m V 1호이며 외경이 300[mm]인 연삭숫돌을 사용한 연삭기의 회전수가 1,700[rpm]이라면 숫돌의 원주 속도는 약 몇 [m/min]인가?

① 102
② 135
③ 1,602
④ 1,725

SOLUTION

숫돌 원주 속도 $= \dfrac{\pi d N}{1,000}$ [m/min]

$= \dfrac{\pi (300) \cdot 1,700[\text{rpm}]}{1,000}$ [m/min]

$= 1,602.2$ [m/min]

12

밀링 가공에서 테이블의 이송속도를 구하는 식으로 옳은 것은? (단, F는 테이블 이송속도[mm/min], f_z는 커터 1개의 날당 이송[mm/tooth], Z는 커터의 날수, n은 커터의 회전수[rpm], f_r은 커터 1회전당 이송[mm/rev]이다)

① $F = f_z \times Z$
② $F = f_r \times f_z$
③ $F = f_z \times f_r \times n$
④ $F = f_z \times Z \times n$

SOLUTION 밀링 가공 테이블 이송속도

공식정리

$$F = f_z \times Z \times n = n \times f_r \text{[mm/min]}$$

- F : 테이블 이송속도[mm/min]
- f_z : 커터 1개의 날 당 이송[mm/tooth]
- Z : 커터의 날수
- n : 커터의 회전수[rpm]
- f_r : 커터 1회전 당 이송[mm/rev]

13

다음 중 기하공차 표기가 틀린 것은?

① | ∠ | 0.01 | A |
② | ○ | 0.01 | A |
③ | ◎ | ⌀ 0.01 | A |
④ | ↗ | 0.01 | A |

해설 및 용어설명 |

○	진원도(공차)	단독형체
∠	경사도	관련형체
◎	동축도(동심도)	관련형체
↗	원주 흔들림	

진원도는 단독형체이므로 기하공차 표기 시 데이텀(기준)이 필요하지 않다.

예) 진원도 공차 표기 : | ○ | 0.1 |

14

일반 구조용 압연 강재의 재료기호가 SS 235일 경우 "235"의 의미로 옳은 것은?

① 연신율이 23.5[%] 이상이다.
② 평균 탄소함유량은 2.35[%]이다.
③ 최저항복강도가 235[N/mm^2]
④ 최저탄성한도가 235[N/mm^2]

SOLUTION

SS 235

- S : 재질(강)
- S : 용도(일반 구조용 압연 강재)
- 235 : 최저 인장강도(항복강도)[N/mm^2]

15

파단선에 대한 설명으로 옳은 것은?

① 기술, 기호 등을 나타내기 위하여 끌어낸 선이다.
② 반복하여 도형의 피치를 잡는 기준이 되는 선이다.
③ 대상물이 보이지 않는 부분의 형태를 나타낸 선이다.
④ 대상물의 일부분을 가상으로 제외했을 경우의 경계를 나타내는 선이다.

SOLUTION 파단선

대상물의 일부를 파단한 경계 또는 일부를 떼어낸 경계를 표시하는 데 사용

16

게이지블록 등의 측정기 측정면과 정밀 기계부품, 광학 렌즈 등의 마무리 다듬질 가공 방법으로 가장 적절한 것은?

① 연삭　　② 래핑
③ 호닝　　④ 밀링

SOLUTION 래핑

가공물과 랩 사이에 미세한 분말 상태의 랩제를 넣고 같이 가공물에 압력을 가하면서 상대운동을 시켜 표면 거칠기가 매우 우수한 가공 면을 얻는 가공방법

17

다음 그림과 같은 입체도에서 화살표 방향의 투상도가 정면도일 경우 평면도로 가장 적합한 것은?

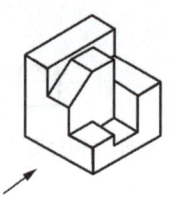

① 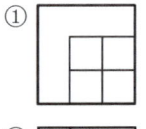　　②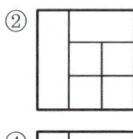

③ 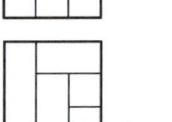　　④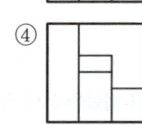

SOLUTION 문제의 등각투상도를 3면도로 나타내면 아래와 같다.

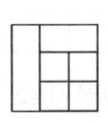　
평면도　　등각투상도

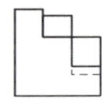　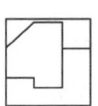
정면도　　우측면도

정답　14 ③　15 ④　16 ②　17 ②

18

드릴 선단부에 마멸이 생긴 경우 선단부의 끝날을 연삭하여 사용하는 방법은?

① 시닝(thinning) ② 트루잉(truing)
③ 드레싱(dressing) ④ 글레이징(glazing)

SOLUTION 시닝

드릴 웹 부분을 특수하게 연마하여 얇고 날카로운 절삭날을 만드는 공정
※ 웹 : 드릴 끝부분에 있는 두꺼운 부분
트루잉, 드레싱, 글레이징은 모두 연삭작업 시 사용하는 용어이다.

19

범용 선반작업에서 내경 테이퍼 절삭가공 방법이 아닌 것은?

① 테이퍼 리머에 의한 방법
② 복식공구대의 회전에 의한 방법
③ 테이퍼 절삭장치를 이용하는 방법
④ 심압대를 편위시켜 가공하는 방법

SOLUTION 선반 작업 - 테이퍼 절삭가공 방법

• 복식 공구대를 경사시키는 방법
• 테이퍼 절삭장치를 이용하는 방법
• 총형 바이트를 이용하는 방법
• 테이퍼 드릴 또는 테이퍼 리머를 이용하는 방법
④ 심압대를 편위시켜 가공하는 방법은 테이퍼 절삭가공할 때 사용하나 내경 가공에 직접적으로 사용하는 경우는 드물고 대부분 외경 테이퍼 가공에 주로 사용된다.

20

선반 작업에서의 안전사항으로 틀린 것은?

① 칩(chip)은 손으로 제거하지 않는다.
② 공구는 항상 정리정돈하며 사용한다.
③ 절삭 중 측정기로 바깥지름을 측정한다.
④ 측정, 속도변환 등은 반드시 기계를 정지한 후에 한다.

SOLUTION 측정 시에는 반드시 절삭 작업을 멈추고 실시한다.

21

초음파 센서는 여러 가지 용도로 사용이 가능하다. 그 중 반사파의 주파수 변화를 측정하여 주로 속도 측정이나 혈류계에 적용하는 초음파 센서 계측 형태는?

① 반사형 ② 공진형
③ 도플러형 ④ 전파속도형

SOLUTION 초음파 센서의 적용

계측형태	측정되는 물리량	주요 적용
반사형	강도, 전파 시간	거리 측정, 소나, 어군 탐지기, 탐상기, 수심 측정기
공진형	공진 주파수	음속 측정, 치수 측정
도플러형	반사파의 주파수 변화	속도 측정, 혈류계
전파 속도형	전파 시간	유속측정, 재질 측정, 온도계
투과형	강도, 위상	결함의 정면상, 초음파 현미경

22

다음 그림과 같은 제3각 정투상도의 평면도와 우측면도에 가장 적합한 정면도는?

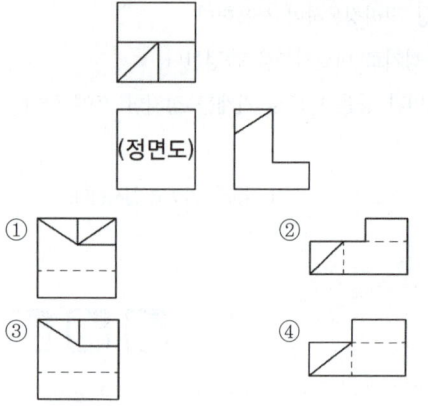

SOLUTION

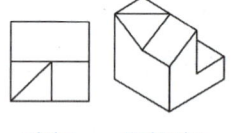

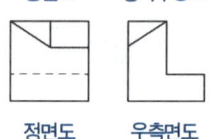

23

볼트 부품을 제도할 때 수나사의 완전 나사부와 불완전 나사부의 경계선을 나타내는 선은?

① 가는 실선 ② 굵은 실선
③ 가는 1점 쇄선 ④ 굵은 1점 쇄선

SOLUTION 완전 나사부와 불완전 나사부의 경계는 굵은 실선으로 그린다.

24

최대 실체 요구사항이 공차가 있는 형체에 적용될 경우, 기하공차 뒤에 사용하는 기호로 옳은 것은?

① Ⓐ ② Ⓑ
③ Ⓜ ④ Ⓟ

SOLUTION
- Ⓜ : 최대 실체 요구사항
- Ⓛ : 최소 실체 요구사항
- Ⓢ : 실체 무관 요구사항

25

센터 구멍의 간략 도시 방법에서 다음 설명을 옳게 도시한 것은?

> 센터 구멍은 반드시 필요하며 B형으로 카운터싱크 구멍지름은 8[mm], 드릴 구멍 지름은 2.5[mm]이다.

① KS A ISO 6411-B 2.5/8
② KS A ISO 6411-B 2.5/8
③ KS A ISO 6411-B 8/2.5
④ KS A ISO 6411-B 8/2.5

SOLUTION 센터 구멍 기호 및 호칭 방법의 간략 도시 방법

센터 구멍의 필요 여부	기호	도시 방법	기호 크기
필요	<	KS A ISO 6411-A 2/4.25	
필요하나 기본적으로 요구하지 않음	없음	KS A ISO 6411-A 2/4.25	60° 5
불필요	K	(95) KS A ISO 6411-A 2/4.25	

KS A ISO 6411-B 2.5/8

B는 센터구멍 종류, 2.5는 구멍의 호칭 지름, 8은 (카운터 싱크지름)의 최소 반경을 의미

정답 22 ③ 23 ② 24 ③ 25 ②

26

다음 전동기 회로에서 사용하는 기기가 아닌 것은?

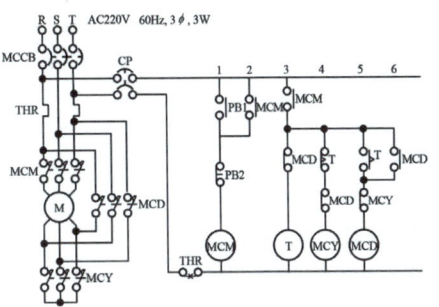

① 카운터릴레이
② 회로 보호기
③ 배선용 차단기
④ 과부하 열동형 계전기

SOLUTION 전동기 회로 기기 용어
- MCCB : 배선용 차단기
- CP : 회로 보호기
- PB : 누름버튼 스위치
- THR : 과부하 보호용 열동형 계전기
- MCM : 메인 전자 접촉기
- MCY : Y결선 운전용 전자 접촉기
- T : 타이머 계전기

27

조립 전의 구멍 치수가 $100^{+0.04}_{\ \ 0}$, 축의 치수가 $100^{+0.02}_{-0.06}$ 일 때 최대 틈새는?

① 0.02 ② 0.06
③ 0.10 ④ 0.04

SOLUTION
최대 틈새 = (구멍의 최대 허용치수) − (축의 최소 허용치수)
         = 0.04 − (−0.06) = 0.10

28

해머 작업 시 유의사항으로 틀린 것은?

① 녹이 있는 재료를 가공할 때는 보호 안경을 착용한다.
② 처음에는 큰 힘을 주면서 가공한다.
③ 기름이 묻은 손이나 장갑을 끼고 가공을 하지 않는다.
④ 자루가 불안정한 해머는 사용하지 않는다.

SOLUTION 해머 작업 시 유의사항
처음부터 너무 강하게 타격하지 말고, 처음 한두 번은 가볍게 쳐서 위치를 잡은 후 힘을 가한다.

29

다음 그림과 같이 지시선의 화살표에 온 흔들림 공차를 적용하고자 할 때 기하공차의 표기가 옳은 것은?

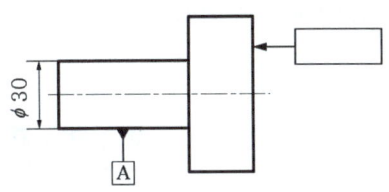

SOLUTION 온 흔들림 공차 기호

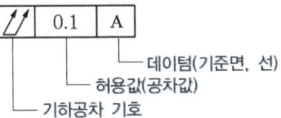

30

스텝 모터의 특징으로 틀린 것은?

① 정지 시에 홀딩 토크가 작아서 제 위치를 유지할 수 없다.
② 회전각도의 오차가 적고, 오차는 누적되지 않는다.
③ 구동 회로에 가해지는 입력 펄스의 수에 의해서 회전각이 결정된다.
④ 디지털 신호로 직접 오픈 루프 제어를 할 수 있고 시스템 전체가 간단하다.

SOLUTION 스텝 모터 특징
- 구동 회로에 가해지는 입력 펄스의 수에 의해서 회전각이 결정된다.
- 구동 회로에 가해지는 입력 펄스의 주파수에 의해 회전 속도가 결정된다.
- 디지털 신호로 직접 오픈 루프 제어를 할 수 있고 시스템 전체가 간단하다.
- 정지 시에 홀딩 토크가 커서 제 위치를 유지할 수 있다.
- 기동, 정지, 정·역회전, 변속이 용이하며 응답특성이 우수하다.
- 회전각도의 오차가 적고, 오차는 누적되지 않는다.
- 기계적으로 견고하고, 유지비가 들지 않는다.

31

다음 중 모터 시동 전 점검사항이 아닌 것은?

① 회전방향은 정확한가?
② 브러시 압력은 정상인가?
③ 사용 전선의 굵기는 적절한가?
④ 정격 전원의 종류, 전압 및 전류 용량은 적당한가?

SOLUTION
- 모터 시동 전 점검사항
  - 정격 전원의 종류, 전압 및 전류 용량은 적당한가?
  - 배선은 올바르게 정확히 접속되어 있는가?
  - 전동기의 프레임은 접지되어 있는가?
  - 사용 전선의 굵기는 적절한가? 또한 접속 단자의 이완이나 접촉 불량은 없는가?
  - 전자 접촉기와 열동 계전기의 정격, 협조성은 적당한가?, 또한 접촉자에 오염은 없는가?
  - 개폐기나 조작 스위치는 시동 위치에 세트되어 있는가?
  - 모터의 시동 방법은 적당한가?
  - 전동기의 축을 움직여 보아 축이 흔들리거나 빡빡하게 닿는 곳은 없는가?
  - 베어링의 오일, 그리스는 충분히 들어있는가?
  - 직결 운전 시는 편심이 없는가, 벨트 구동 시는 벨트의 장력이 적당한가?
  - 정류자나 슬립링 및 브러시 등 섭동면이 더럽거나 홈집은 없는가?
  - 브러시 압력은 정상인가?
- 시동 직후의 점검사항
  - 회전방향은 정확한가?
  - 시동 전류는 정상인가?
  - 시동 시간은 정상인가?
  - 가속 시의 이상음이나 이상 진동은 없는가?
  - 부하 용량에 맞는 부하 전류가 흐르고 있는가?
  - 브러시 부분에 불꽃이 생기지 않는가?
  - 급유펌프, 냉각용 팬 등의 보조 기기가 정상적으로 가동되고 있는가?

32

다음 그림에서 나사의 완전 나사부를 나타내는 것은?

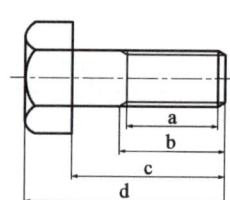

① a
② b
③ c
④ d

SOLUTION 완전 나사부와 불완전 나사부

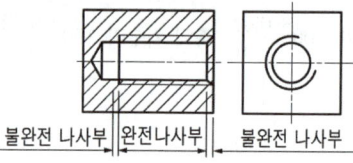

33

기준 치수에 대한 구멍공차가 $50^{+0.025}_{-0.013}$일 때 치수 공차의 값은?

① 0.012
② 0.013
③ 0.025
④ 0.038

SOLUTION 치수공차

최대 허용 치수와 최소 허용 치수와의 차이
- 최대 허용 치수 = 50 + 0.025 = 50.025
- 최소 허용 치수 = 50 - 0.013 = 49.987

치수공차 = 0.025 - (- 0.013) = 0.025 + 0.013
       = 0.038

34

굵은 1점 쇄선의 용도로 옳은 것은?

① 인접부분을 참고로 표시할 때 사용한다.
② 수면, 유면 등의 위치를 표시할 때 사용한다.
③ 대상물의 보이지 않는 부분의 모양을 표시할 때 사용한다.
④ 특수한 가공을 하는 부분 등 특별한 요구사항을 적용할 수 있는 범위를 표시할 때 사용한다.

SOLUTION 선의 용도

명칭	모양	용도
굵은 1점 쇄선 (특수지정선)	─────	특수한 가공을 하는 부분 등 특별한 요구사항을 적용할 수 있는 범위를 표시하는 데 사용
가는 2점 쇄선 (가상선, 무게중심선)	─·─·─	인접 부분을 참고로 표시하는 데 사용
파선(숨은선)	------	대상물의 보이지 않는 부분의 모양을 표시하는 데 사용

35

스텝 전동기를 여자 상태로 하여 출력축을 외부에서 회전시키려고 했을 때 이 힘에 대항하여 발생하는 최대 토크를 무엇이라 하는가?

① 홀딩 토크
② 디텐트 토크
③ 정토크 특성
④ 탈출 토크 특성

SOLUTION

- 정토크 특성 : 전동기의 정지위치를 기준으로 하여 외부에서 강제적으로 출력축을 회전시켰을 때의 출력축 변위각과 외부에서 가해진 인가 토크와의 관계 특성
- 홀딩 토크 : 스텝 전동기를 여자 상태로 하여 출력축을 외부에서 회전시키려고 했을 때 이 힘에 대항하여 발생하는 최대 토크
- 디텐트 토크 : 전동기 내부에 자석이 사용되고 있는 PM형 스텝 전동기나 HB형 스텝 전동기에서는 여자전류를 흘리지 않아도 자석에 의한 자속 때문에 안정 평형점으로 전동기를 끌어당기는 토크가 발생하는데 이 무여자 상태에서 외부에서 출력 측으로 토크를 가했을 때 발생하는 최대 토크
- 탈출 토크 특성 : 풀아웃 특성, 스루 특성이라고도 하며 어느 일정부하로써 자 기동 시킨 전동기의 인가 펄스 비를 올려가고 그 이상 빠른 펄스 비에서는 오동작을 일으키거나 정지하는 한계의 주파수를 구하고, 그 한계 펄스 비와 부하 토크값이 관계를 나타낸 특성
- 풀-인토크 특성 : 축에 직결된 풀리에 추를 매다는 방법으로 축에 부하 토크를 가하여 임의의 구동 펄스를 인가하거나 멈추게 하여 전동기를 기동정지 시켰을 때, 그 전동기를 오동작 없이 회전시킬 수 있는 한계의 부하 토크

36

소형 인덕션 모터 사용 시 주의사항으로 옳은 것은?

① 전원을 끈 후 30초간은 제어장치의 출력단자에 닿지 말아야 한다.
② 이상이 발생한 경우 5분 뒤 전원을 끈다.
③ 모터 회전부분에 커버를 설치하여 닿게 한다.
④ 모터나 제어장치의 사양을 조금은 넘어도 된다.

SOLUTION 소형 인덕션 모터 사용 시 주의사항
- 이상이 발생한 경우에는 곧바로 전원을 꺼야 한다. 감전, 부상, 화재의 위험이 있다.
- 회전 부분에 닿지 않도록 커버 등을 설치하여야 한다. 부상의 위험이 있다.
- 모터나 제어장치의 사양을 넘어서 사용하지 말아야 한다. 감전, 부상, 장치파손의 위험이 있다.

37

다음 논리식을 PLC 프로그램으로 변환한 결과로 옳은 것은?

$$Y = A\overline{B}C + \overline{A}BC + \overline{A}\overline{B}C + ABC + AB\overline{C} + \overline{A}BC$$

① 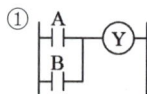 ②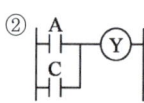

③ 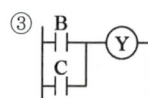 ④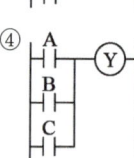

SOLUTION

$Y = A\overline{B}C + \overline{A}BC + \overline{A}\overline{B}C + ABC + AB\overline{C} + \overline{A}BC$
$Y = \overline{B}C(A + \overline{A}) + B\overline{C}(A + \overline{A}) + BC(A + \overline{A})$
$Y = \overline{B}C + B\overline{C} + BC = B(C + \overline{C}) + \overline{B}C$
$Y = B(1 + C) + \overline{B}C = B + BC + \overline{B}C = B(1 + C) + \overline{B}C$
$Y = B + BC + \overline{B}C = B + C(B + \overline{B}) = B + C$
$B + C$ 논리합은 병렬연결이므로 정답은 3번이다.

38

다음 중 서보모터에서 요구되는 특성으로 틀린 것은?

① 제어성이 좋을 것
② 속도 응답성이 작을 것
③ 낭비 시간이 적을 것
④ 정전 역전의 특성이 같으며 모터의 특성 자체가 안정할 것

SOLUTION 서보모터 요구 특성
- 속도 응답성이 클 것
- 제어성이 좋을 것
- 빈번한 시동, 정지, 제동, 역전 등의 운전이 연속적으로 이루어지더라도 기계적 강도가 크고, 내열성이 우수해야 한다.
- 낭비 시간이 적을 것
- 정전 역전의 특성이 같으며 모터의 특성 자체가 안정할 것
- 부착위치나 사용 환경에 충분히 적합할 수 있어야 하며 보수하기도 용이해야 하지만 높은 신뢰도를 보장하여야 한다.

39

다음 중 서보 전동기의 종류가 아닌 것은?

① DC 서보 전동기
② 유도기형 DC 서보 전동기
③ 유도기형 AC 서보 전동기
④ 동기기형 AC 서보 전동기

SOLUTION 서보 전동기 종류
- DC 서보 전동기
- 동기기형 AC 서보 전동기
- 유도기형 AC 서보 전동기

40

그림과 같은 되먹임 제어계의 전달함수는?

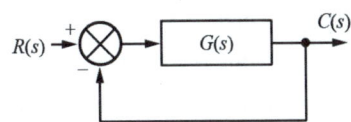

① $\dfrac{G(s)}{1+R(s)}$ ② $\dfrac{C(s)}{1+R(s)}$

③ $\dfrac{R(s)C(s)}{1+G(s)}$ ④ $\dfrac{G(s)}{1+G(s)}$

SOLUTION

공식 정리

$$\dfrac{C(s)}{R(s)} = \dfrac{\text{순방향의 전달함수}}{1-(\text{폐루프 내 전달함수})}$$

여기서, $R(s)$: 입력, $C(s)$: 출력

폐루프 내 전달함수가 (-)로 들어오고 있으므로,

$$\dfrac{C(s)}{R(s)} = \dfrac{G(s)}{1-(-G(s))} = \dfrac{G(s)}{1+G(s)}$$

41

PLC에 사용되는 구성 요소 중 어드레스 버스로 지정된 메모리의 내용이 읽는 명령이라면 명령 레지스터로, 쓰는 명령이면 메모리로, 연산용 데이터라면 ALU와 연결하는 요소는?

① 어드레스 제어 ② 데이터 버스 제어
③ ALU ④ 명령 레지스터

SOLUTION PLC 내부 구성요소

- 어드레스 제어 : CPU에 입력하고자 하는 데이터가 들어 있는 메모리 어드레스를 어드레스 버스로 출력한다.
- 데이터 버스 제어 : 어드레스 버스로 지정된 메모리의 내용이 읽는 명령이라면 명령 레지스터로, 쓰는 명령이면 메모리로, 연산용 데이터라면 ALU와 연결한다.
- ALU(Arithmetic Logic Unit) : 산술이나 논리 연산을 한다.
- 명령 레지스터 : 데이터 버스 제어에 의해 받아들인 데이터가 명령어일 때 이곳으로 운반되어 내용 판단을 위해 명령 디코더로 보내진다.

- 명령 디코드 CPU 제어 : 명령 레지스터가 보내온 명령을 해독하여 실행할 때 경우에 따라서는 제어에 필요한 신호를 외부에서 얻는다.
- CPU 레지스터 : CPU 내부에 있는 소용량의 메모리와 같은 것으로 데이터를 일시 기억하거나 연산의 보조역할을 한다.

42

어큐뮬레이터 취급 시 주의사항으로 틀린 것은?

① 봉입 가스는 불활성 가스 또는 공기압(저압용)을 사용한다.
② 충격 완충용은 가급적 충격이 발생하는 곳에서 멀리 설치한다.
③ 어큐뮬레이터에 부속쇠 등을 용접하거나 가공, 구멍 뚫기 등을 하지 않는다.
④ 펌프와 어큐뮬레이터 사이에 유압유가 펌프로 역류하지 않도록 체크 밸브를 설치한다.

SOLUTION 어큐뮬레이터 취급상의 주의사항

충격 완충용은 가급적 충격이 발생하는 곳에 가까이 설치한다.

43

지름 300[mm]인 관 속에 흐르는 유체가 평균속도 3[m/s]로 흐를 때 유량은 약 몇 [m³/s]인가?

① 0.021 ② 0.21
③ 2.1 ④ 21.2

SOLUTION

$Q(\text{유량}) = A(\text{면적}) \times v(\text{속도})$

$Q = \dfrac{\pi(0.3[m])^2}{4} \times 3[m/s]$,

$Q = \dfrac{\pi(0.09[m^2])}{4} \times 3[m/s]$,

$Q = 0.21[m^3/s]$

44

외란의 영향에 대하여 이를 제거하기 위한 적절한 조작을 가하는 제어는?

① 동기 제어
② 비동기 제어
③ 시퀀스 제어
④ 폐회로 제어

SOLUTION 제어와 자동제어

- 제어(개회로 제어) : 어떤 목적에 적합하도록 필요한 조치를 시행하는 것으로 출력이 제어 자체에 영향을 미치지 않아 원하는 값이 출력되지 않아도 자동적으로 출력이 바뀌지 않는다.
- 자동제어(폐회로, 되먹임, 피드백, 궤환 제어) : 출력이 제어 자체에 영향을 미치는 시스템으로, 원하는 값이 출력되지 않으면 원하는 값이 출력되도록 제어기가 자동으로 보정해준다.

45

전기식 서보기구에 관한 설명으로 옳은 것은?

① 작동속도가 유압식에 비해 느리다.
② 유압식에 비해 큰 출력을 얻을 수 있다.
③ 전기식 서보기구에는 분사관식 서보기구가 있다.
④ 유압식에 비해 경제성이 우수하고 취급이 용이하다.

SOLUTION

특징	전기식 서보기구	유압식 서보기구
동작 매체	전기(전선)	유압유(파이프, 호스)
효율	비교적 높음 (에너지 손실 적음)	낮음(압력 및 마찰 손실 큼)
제어 정밀도	고정밀 제어 가능 (디지털 제어 용이)	정밀 제어가 비교적 어려움
유지보수	거의 불필요 (브러시리스 모터 기준)	유압유 교체, 필터 청소 등 필요
출력	상대적으로 작음	큼
작동속도	빠름	상대적으로 느림
적용 분야	정밀 로봇, CNC 공작기계 등	중장비, 프레스 등 고출력 분야
취급	용이함	상대적으로 나쁨
경제성	우수	상대적으로 나쁨

46

PLC에 관한 설명으로 틀린 것은?

① PLC 언어에는 IL과 LD가 있다.
② PLC의 출력부에 AC 220[V]의 부하를 연결할 수 없다.
③ PLC의 입력부에 AC 220[V]용 스위치를 연결할 수 있다.
④ PLC의 명령어에는 비트 시프트, 전송, 비교 명령어가 있다.

SOLUTION PLC의 입력부, 출력부 전원은 DC 24[V], AC 220[V] 사용한다.

47

프로그램을 작성하는 일반적인 순서로 옳은 것은?

> ㄱ. PLC용 시퀀스와 논리식 작성
> ㄴ. 입출력 접속도 작성
> ㄷ. 입출력 할당
> ㄹ. 코딩
> ㅁ. 로딩
> ㅂ. 내부 출력, 타이머, 카운터의 할당

① ㄱ-ㄷ-ㄴ-ㅂ-ㄹ-ㅁ
② ㄴ-ㄱ-ㄷ-ㅂ-ㅁ-ㄹ
③ ㄷ-ㄴ-ㄱ-ㅂ-ㄹ-ㅁ
④ ㄷ-ㄴ-ㄱ-ㅂ-ㅁ-ㄹ

SOLUTION PLC 프로그램 작성 일반적인 순서

1. 입출력 할당
2. 입출력 접속도 작성
3. PLC용 시퀀스와 논리식 작성
4. 내부 출력, 타이머, 카운터의 할당
5. 코딩
6. 로딩

48

그림과 같은 타임차트의 논리 게이트는?

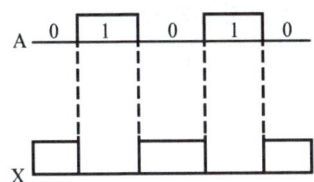

① AND ② OR
③ NOT ④ NOR

SOLUTION 위 문제 타임차트는 입력과 출력이 서로 반대이므로 NOT게이트이다.

49

다음 회로의 논리식으로 옳은 것은?

① $Y = A + B$
② $Y = A(A+B)$
③ $Y = A(\overline{A} - B)$
④ $Y = (AB - A)B$

SOLUTION

AND(논리곱)	OR(논리합)	NOT(부정)

$Y = A \cdot B$	$Y = A + B$	$Y = \overline{A}$

$Y = (A + B) \cdot A$

50

$1001_{(2)} - 1100_{(2)}$을 2의 보수를 이용하여 계산하면?

① $0101_{(2)}$ ② $0010_{(2)}$
③ $0011_{(2)}$ ④ $0001_{(2)}$

SOLUTION 2의 보수는 1의 보수에 1을 더한 것으로, 2진수 0110의 2의 보수는 1의 보수 1001에 1을 더한 10100이 된다.
$1001_{(2)} - 1100_{(2)} \rightarrow 1001_{(2)} + 0100_{(2)} = 1101_{(2)}$
자리올림(Carry)가 발생하지 않으므로,
$1101_{(2)}$의 2의 보수는 $0011_{(2)}$

51

미분조절기로서 제어편차의 증가율이 제어변수의 값이 되는 제어 방법은?

① D 동작   ② I 동작
③ K 동작   ④ P 동작

SOLUTION 제어동작에 따른 분류

- 비례제어 동작(P 동작 : proportional action) : 조절부의 전달특성이 비례적인 특성을 가진 제어 시스템으로 잔류편차가 발생된다.
- 적분제어 동작(I 동작 : integral action) : 편차의 크기와 편차가 발생하고 있는 시간에 둘러싸인 면적(적분값의 크기)에 비례하여 조작부를 제어하는 것
- 미분 제어 동작(D 동작 : derivative action) : 미분조절기로서 제어 편차가 검출될 때 편차가 변화하는 속도에 비례하여 조작량을 가감하도록 하는 제어로 오차가 커지는 것을 미연에 방지한다.
- 비례 적분 제어 동작(PI 동작 : proportional integral action) : 비례 동작에 의해 발생되는 잔류 편차를 제거하기 위하여 적분 동작을 부가한 동작으로, 제어 결과가 진동적으로 되기 쉬우나 잔류 편차가 작아진다.
- 비례 미분 제어 동작(PD 동작 : proportional derivative action) : 제어 결과에 빨리 도달하도록 미분 동작을 부가한 동작으로 응답 속응성의 개선에 사용된다.
- 비례 적분 미분 제어 동작(PID 동작 : proportional integral and derivative action) : 비례 적분 동작에 미분 동작을 추가시킨 것

52

8비트 2진수 0010 0110을 2의 보수로 변환한 결과로 옳은 것은?

① 1101 1001
② 1101 1011
③ 1101 1010
④ 1101 0001

SOLUTION 2의 보수

2의 보수는 이진수(Binary Number)의 음수(Negative Number)를 표현
- 계산방법
  - 1단계 : 1의 보수(1's complement) 구하기
    주어진 이진수의 모든 비트(bit)를 반전시킨다.
    즉, 0은 1로, 1은 0으로 바꾼다.
  - 2단계 : 1더하기
    1의 보수를 만든 결과에 1을 더한다.
- 0010 0110$_{(2)}$의 2의 보수 변환
  - 1단계 : 1101 1001$_{(2)}$
  - 2단계 : 1101 1010$_{(2)}$

53

불대수의 정리 중 쌍대관계를 나타내는 것으로 옳은 것은?

① 모든 변수는 보수를 만든다.
② 모든 상수 1은 0으로 바꾼다.
③ 모든 OR 연산은 NAND 연산으로 바꾼다.
④ 모든 AND 연산은 NOT 연산으로 바꾼다.

SOLUTION 드모르간 정리 중 쌍대관계
- 모든 AND 연산은 OR 연산으로 바꾼다.
- 모든 OR 연산은 AND 연산으로 바꾼다.
- 모든 상수 1은 0으로 바꾼다.
- 모든 상수 0은 1로 바꾼다.
- 모든 변수는 보수를 만들지 않고 그대로 둔다.

54

다음 중 측정체가 가진 물리량이나 그 변화를 전기적으로 변환하는 센서를 구분한 것으로 옳지 않은 것은?

① 저항형
② 기전력형
③ 스위치형
④ 유도형

SOLUTION 측정체가 가진 물리량이나 그 변화를 전기적으로 변환하는 센서
- 저항형
- 기전력형
- 스위치형

55

PLC의 기능 중 동작의 특정 상태나 I/O 등이 상태를 메모리에 표시한다는 점에서 레지스터와 다를 바 없으나 bit 단위로 사용이 가능한 것은?

① 연산기능
② 플래그
③ 멀티프로세싱
④ 패리티 체크

SOLUTION PLC 기능
- 연산기능 : 덧셈, 뺄셈, 곱셈, 나눗셈이 주로 2진으로 처리되며 눈에 익숙한 표시를 위하여 10진 변환기능도 갖추고 있다.
- 플래그 : 동작의 특정 상태나 I/O 등이 상태를 메모리에 표시한다는 점에서 레지스터와 다를 바 없으나 bit 단위로 사용이 가능하고 레지스터와는 다르다.
- 멀티 프로세싱 : 1개의 CCU가 2개 이상의 프로그램을 독립적으로 동시에 수행하는 기능으로 1개의 CCU로 2개 이상의 CCU를 사용하는 것과 같은 효과를 얻을 수 있다.
- 패리티 체크 : 데이터의 송, 수신 시 에러가 발생되었는지를 확인하기 위해 사용되는 기능이다.

56

유도기형 서보 전동기의 특징으로 틀린 것은?

① 정류에 한계가 있다.
② 고속 이용이 가능하다.
③ 고 토크 이용이 가능하다.
④ 브러시가 없어서 보수가 용이하다.

SOLUTION 유도기형 서보 전동기 특징
- 회전자 구조가 간단하다.
- 회전자와 고정자의 상대적인 위치 검출 센서가 필요하지 않다.
- 높은 신뢰성 및 내구성을 가진다.
- 고속에서 높은 효율을 유지하고, 고 토크 이용이 가능하다.
- 브러시가 없어 유지보수가 용이하다.
- 시스템 제어회로가 복잡하다.
- 전기적 시정수가 크다.

57

PLC가 노이즈의 영향을 받지 않도록 하기 위한 방법으로 옳지 않은 것은?

① 동력선은 PLC로부터 20[cm] 이상 멀리한다.
② PLC의 입·출력선과 동력선은 별개의 덕트로 하여 배선 루트를 바꾼다.
③ 입·출력선은 CPU 장치에 접촉되지 않도록 덕트 밖으로 배선한다.
④ CPU 장치와 증설용 I/O 장치 간의 I/O 접속 케이블은 전압이 낮고, 속도가 빠르게 데이터 송·수신을 실행하고 있어 노이즈의 영향을 받기 쉬우므로 다른 선과 같은 덕트에는 넣지 않도록 한다.

SOLUTION PLC 노이즈 영향 방지 대책
- 동력선은 PLC로부터 20[cm] 이상 멀리한다.
- PLC의 입·출력선과 동력선은 별개의 덕트로 하여 배선 루트를 바꾼다.
- 입·출력선은 CPU 장치에 접촉되지 않도록 덕트에 넣어 배선한다.
- CPU 장치와 증설용 I/O 장치 간의 I/O 접속 케이블은 전압이 낮고, 속도가 빠르게 데이터 송·수신을 실행하고 있어 노이즈의 영향을 받기 쉬우므로 다른 선과 같은 덕트에는 넣지 않도록 한다.

58

중앙처리장치(CPU)의 주요 기능이 아닌 것은?

① 메모리로 데이터를 전송한다.
② 외부 인터럽트에 응답하여 처리한다.
③ 프로그램 명령을 인출, 해독, 실행한다.
④ DMA(Direct Memory Access)를 처리한다.

SOLUTION CPU(중앙처리장치) 주요 기능
- 연산 기능(산술연산, 논리연산, 데이터 조작)
- 제어 기능(명령어 인출 및 해석, 명령어 실행, 프로그램 순서 제어)
- 기억 기능(데이터 임시저장, 명령어 주소 저장)
DMA를 처리하는 장치는 DMA 컨트롤러이다.

59

다음 블록선도의 전달함수로 옳은 것은?

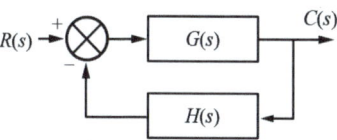

① $\dfrac{G(s)}{1+R(s)}$ ② $\dfrac{G(s)}{1-R(s)}$

③ $\dfrac{G(s)}{1+G(s)H(s)}$ ④ $\dfrac{G(s)}{1-G(s)H(s)}$

SOLUTION

공식 정리

$$\dfrac{C(s)}{R(s)} = \dfrac{\text{순방향의 전달함수}}{1-(\text{폐루프 내 전달함수})}$$

여기서, $R(s)$: 입력, $C(s)$: 출력
폐루프 내 전달함수에는 $G(s)$, $H(s)$가 있으므로 논리곱으로 $G(s)H(s)$로 나타내며, 부호는 (-)로 들어오고 있으므로

$$\dfrac{C(s)}{R(s)} = \dfrac{G(s)}{1-(-G(s)H(s))} = \dfrac{G(s)}{1+G(s)H(s)}$$

정답 56 ① 57 ③ 58 ④ 59 ③

60

디지털 시스템의 출력 장치나 구동 장치에서 연산되어진 계산 값들을 적절한 구동신호로 바꾸어 출력하는 장치는?

① 인버터
② A/D 변환기
③ D/A 변환기
④ 초퍼 변환기

SOLUTION

- A/D 변환기 : 입력 측에 공급되는 아날로그 전압 값을 등가의 비트 조합 값으로 변환하여 출력 측에 전달하는 변환기
- D/A 변환기 : 입력 측에 공급되는 디지털 전압 값을 전하와 전류같은 비례적인 아날로그 신호로 변환하여 출력 측에 전달하는 변환기

CBT 복원문제 2025 * 3

※ 2016년 5회부터는 CBT 방식으로 전면 시행됨에 따라 실제 수험생 분들의 복원을 토대로 문제를 구성하였습니다.

01

그림에서 치수 500과 같이 치수 밑에 굵은 실선을 적용하였을 때 이 치수에 대한 해석으로 옳은 것은?

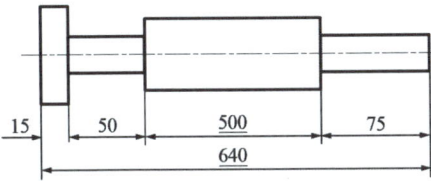

① 500의 치수 부분은 비례척이 아님
② 치수 500만큼 표면 처리를 함
③ 치수 500 부분을 정밀 가공을 함
④ 치수 500은 참고 치수임

SOLUTION 도면 해석

500, 640 : 이 부분은 표제란에 표기되어 있는 척도와는 관계없이 비례척이 아니다.

02

자동조심 볼 베어링의 베어링 계열 기호로만 짝지어진 것은?

① 60, 62, 63
② 70, 72, 73
③ 12, 22, 23
④ 511, 522

SOLUTION 레이디얼 볼 베어링 계열기호

- 단열 깊은 홈형 : [68, 69, 60], [62, 63, 64]
- 단열 앵귤러형 : [70, 72, 73, 74]
- 자동 조심형 : [12, 22, 13, 23]

03

끼워 맞춤 공차 $\phi 50H7/g6$에 대한 설명으로 틀린 것은?

① 중간 끼워 맞춤의 형태이다.
② 구멍 기준식 끼워 맞춤이다.
③ 축과 구멍의 호칭 치수는 모두 $\phi 50$이다.
④ $\phi 50H7$의 구멍과 $\phi 50$ g6축의 끼워 맞춤이다.

SOLUTION

기준 구멍	축의 공차역 클래스														
	헐거운 끼워맞춤			중간 끼워맞춤				억지 끼워맞춤							
H6			g5	h5	js5	k5	m5								
		f6	g6	h6	js6	k6	m6	n6	p6						
H7		f6	g6	h6	js6	k6	m6	n6	p6	r6	S6	t6	u6	x6	
	r7	f7		h7	js7										

$\phi 50H7/g6$은 헐거운 끼워맞춤이다.

04

측정에서 다음 설명에 해당하는 원리는?

> 표준자와 피측정물은 동일 축 선상에 있어야 한다.

① 아베의 원리
② 버니어의 원리
③ 에어리의 원리
④ 해르쯔의 원리

SOLUTION 아베의 원리

표준자와 피측정물은 동일 축 선상에 위치하여야 한다는 법칙

05

보기와 같은 내용의 기하공차를 표시한 것 중 옳은 것은?

> 길이 25[mm]의 원기둥의 표면을 0.1[mm]만큼 차이가 있는 2개의 동심 원기둥 사이에 들어 있어야 한다.

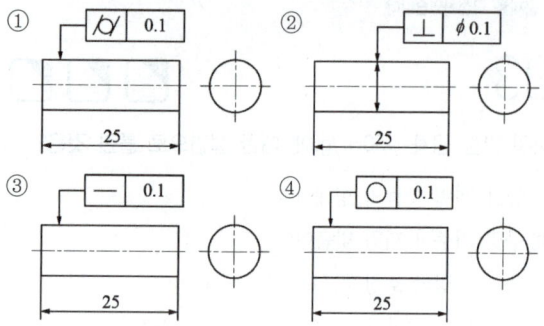

SOLUTION 기하공차의 종류

공차의 종류		기호
모양 공차	진직도 공차	—
	평면도 공차	▱
	진원도 공차	○
	원통도 공차	⌭
	선의 윤곽도 공차	⌒
	면의 윤곽도 공차	⌓
자세 공차	평행도 공차	∥
	직각도 공차	⊥
	경사도 공차	∠
위치 공차	위치도 공차	⊕
	동축도 공차 또는 동심도 공차	◎
	대칭도 공차	≡
흔들림 공차	원주 흔들림 공차	↗
	온 흔들림 공차	↗↗

보기 내용은 원통도를 의미하고 있으므로 원통도 공차를 나타내는 ①번이 정답이다.

06

절삭공구에서 칩 브레이커(Chip Breaker)의 설명으로 옳은 것은?

① 전단형이다.
② 칩의 한 종류이다.
③ 바이트 섕크의 종류이다.
④ 칩이 인위적으로 끊어지도록 바이트에 만든 것이다.

SOLUTION 칩 브레이커 특징

- 정의 : 선삭, 밀링 등 절삭 가공 시 발생하는 길고 연속적인 칩을 작고 짧게 끊어주는 도구
- 특징
  - 유동형 칩에서 발생
  - 안전성 확보, 공작물 및 공구 보호

07

센서의 검출 면에 전자유도 작용으로 금속체의 유·무를 판별하는 비접촉식 검출 센서는?

① 포토센서   ② 리밋 스위치
③ 용량형 근접센서   ④ 유도형 근접센서

SOLUTION

- 유도형 센서 : 자성체가 영구 자석에 접근하면 코일 내 자속의 변화율에 따라 출력 단자 사이에 전압을 발생시켜 금속체의 유무를 판단하는 센서
- 용량형 센서 : 대상으로 하는 물체와의 거리를 비접촉상태로 검출하는 근접(각) 센서
- 리밋스위치 : 기계적 동작을 접점 동작으로 변환하는 접촉식 스위치

08

원형 부분을 두 개의 동심의 기하학적 원으로 취했을 경우, 두 간격이 최소가 되는 두 원의 반지름의 차로 나타내는 형상 정밀도는?

① 원통도   ② 직각도
③ 진원도   ④ 평행도

SOLUTION 모양 공차의 종류

- 진직도 : 정확한 직선을 기준으로 이에 벗어나는 정도를 표시
- 평면도 : 정확한 평면을 기준으로 이에 벗어나는 정도를 표시
- 진원도 : 정확한 원을 기준으로 이에 벗어나는 정도를 표시
- 원통도 : 정확한 원통을 기준으로 이에 벗어나는 정도를 표시
- 선의 윤곽도 : 평면의 정확한 윤곽으로부터 윤곽선의 어긋남의 정도를 표시
- 면의 윤곽도 : 입체의 정확한 윤곽으로부터 윤곽선의 어긋남의 정도를 표시

09

다음 중 V 벨트 전동장치에서 사용하는 벨트의 단면각은?

① 34°   ② 36°
③ 38°   ④ 40°

SOLUTION
V벨트의 단면각은 일반적으로 30°에서 40° 사이의 값을 갖는데 협폭 V벨트는 일반적으로 40°를 표준 각도로 사용한다.

10

밀링작업에 대한 안전사항으로 틀린 것은?

① 가공 전에 각종 레버, 자동이송, 급속이송장치 등을 반드시 점검한다.
② 정면커터로 절삭작업을 할 때 칩커버를 벗겨 놓는다.
③ 주축속도를 변속시킬 때에는 반드시 주축이 정지한 후에 변환한다.
④ 밀링으로 절삭한 칩은 날카로우므로 주의하여 청소한다.

SOLUTION 밀링 정면커터로 절삭작업을 할 때 칩 커버를 벗겨놓으면 칩이 튀므로 절삭작업 중에서는 반드시 칩 커버를 설치한다.

11

화재를 A급, B급, C급, D급으로 구분했을 때, 전기화재에 해당하는 것은?

① A급   ② B급
③ C급   ④ D급

SOLUTION
- A급 화재 : 일반화재
- B급 화재 : 유류화재
- C급 화재 : 전기화재
- D급 화재 : 금속화재

12

다음 중 분할법의 종류에 해당하지 않는 것은?

① 단식분할법   ② 직접분할법
③ 차동분할법   ④ 간접분할법

SOLUTION 분할법의 종류
- 단식분할법
- 직접분할법
- 차동분할법

정답 09 ④ 10 ② 11 ③ 12 ④

13

다음 나사를 나타낸 도면 중 미터 가는 나사를 나타낸 것은?

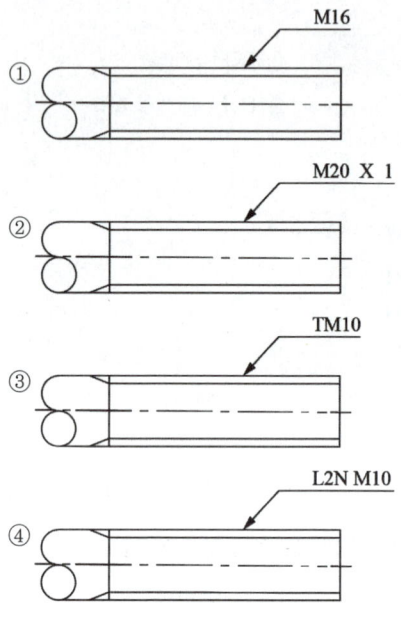

SOLUTION
- M16 : 미터 보통 나사
- M20×1 : 미터 가는 나사
- TM10 : 29도 사다리꼴 나사
- L2N M10 : 왼나사 2줄 미터계 나사

14

선의 종류와 용도에 대한 내용으로 틀린 것은?

① 굵은 실선 : 대상물이 보이는 부분의 모양을 표시하는 데 사용된다.
② 가는 1점 쇄선 : 중심이 이동한 중심궤적을 표시하는 데 사용된다.
③ 가는 2점 쇄선 : 얇은 두께를 가진 부분을 나타내는 데 사용된다.
④ 굵은 1점 쇄선 : 특수한 가공을 하는 부분 등 특별한 요구 사항을 적용할 수 있는 범위를 표시하는 데 사용된다.

SOLUTION 가는 2점 쇄선
- 용도에 의한 명칭 : 가상선
- 용도
 - 인접 부분을 참고로 표기하는 데 사용
 - 공구, 지그 등의 위치를 참고로 나타내는 데 사용
 - 가동 부분을 이동 중의 특정한 위치 내의 이동한계의 위치로 표시하는 데 사용

15

다음 기하공차에 대한 설명으로 옳지 않은 것은?

○	0.1	
//	0.02/100	A

① 기하공차 값 0.1[mm]는 동심도 기하공차가 적용된다.
② 평행도 기하공차의 데이텀을 지시하는 문자 A이다.
③ 평행도 기하공차 값은 지정길이 100[mm]에 대해 0.02[mm]이다.
④ 공차가 지시된 부분은 2개의 기하공차가 모두 적용된다.

SOLUTION
- | ○ | 0.1 |

 진원도 공차, 기하공차 값 0.1[mm]

- | // | 0.02/100 | A |

 평행도 공차, 지정길이 100[mm]에 대한 0.02[mm] 기하공차값, 데이텀 지시 문자 A

16

다음 중 표면의 결을 도시할 때 제거가공을 허용하지 않는다는 것을 지시한 것은?

①  Rmax
②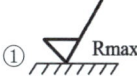
③
④

SOLUTION 제거 가공 표시 기호

제거 가공을 해도 되고 하지 않아도 됨	제거 가공을 필요로 함	제거 가공을 허락하지 않음
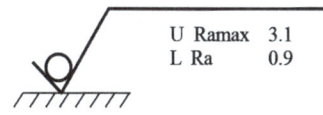		

17

그림과 같이 표면의 결 도시기호가 있을 때 이에 대한 설명으로 옳지 않은 것은?

 U Ramax 3.1
L Ra 0.9

① 양측 상한 및 하한치를 적용한다.
② 재료 제거를 허용하지 않은 공정이다.
③ 10개의 샘플링 길이를 평가 길이로 적용한다.
④ 상한치는 산술평균편차에 max-규칙을 적용한다.

SOLUTION 표면 거칠기

- 산술 평균 거칠기(Ra) : 기준 길이 내에서 측정된 모든 거칠기 값의 절댓값 평균
- 최대 높이 거칠기(Rz) : 기준 길이 내에서 가장 높은 봉우리와 가장 낮은 골짜기 사이의 수직 거리
- 최대 높이(Ry) : Rz와 비슷하게 사용되나, 주로 구별된 측정 구간 내에서 가장 높은 봉우리에서 가장 낮은 골짜기까지의 거리
③ 10개의 샘플링 길이를 평가 길이로 적용하는 것은 Rz(최대 높이 거칠기) 이다.

18

그림과 같이 절단된 편심 원뿔의 전개법으로 가장 적합한 것은?

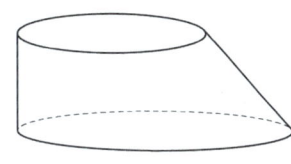

① 삼각형법
② 동심원법
③ 평행선법
④ 사각형법

SOLUTION 전개도법 종류

- 평행선법 : 기둥이나 각기둥과 같이 평행한 모서리를 가진 입체 도형을 전개하는 방법
- 방사선법 : 뿔이나 원뿔과 같이 꼭지점에서 모든 모서리가 방사형으로 뻗어나가는 입체 도형을 전개하는 방법
- 삼각형법 : 평행선법이나 방사선법으로 전개하기 어려운 복잡한 입체 도형(절단된 편심 원뿔 등)을 여러 개의 삼각형으로 분할하여 전개하는 방법

19

다음 중 복렬 자동 조심 볼 베어링에 해당하는 베어링 간략 기호는?

①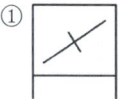
②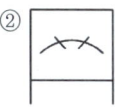
③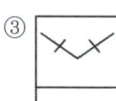
④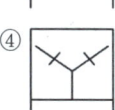

SOLUTION

단열 앵귤러 콘택트 분리형 볼베어링	복렬 앵귤러 콘택트 고정형 볼베어링 (복렬 자동 조심 볼 베어링)	두 조각 내륜 복렬 앵귤러 콘택트 분리형 볼베어링

정답 16 ② 17 ③ 18 ① 19 ②

20

숫돌 입자의 크기를 표시하는 단위는?

① [mm] ② [cm]
③ [mesh] ④ [inch]

SOLUTION
- 입도 : 연삭 입자의 크기
- 단위 : [mesh]

21

제3각법으로 투상한 정면도와 우측면도가 그림과 같을 때 평면도로 가장 적합한 것은?

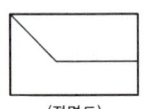 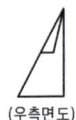
(정면도) (우측면도)

①  ②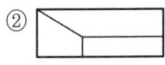
③ 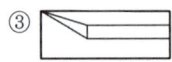 ④

22

다음 불 논리식을 간략화한 결과로 옳은 것은?

$$Z = (A+B)(\overline{A}+B)$$

① $Z = B$ ② $Z = A + \overline{B}$
③ $Z = \overline{A} + B$ ④ $Z = AB + \overline{B}$

SOLUTION

$Z = (A+B) \cdot (\overline{A}+B)$

불대수 분배법칙에 의해 정리하면,

$Z = (A \cdot \overline{A}) + (A \cdot B) + AB + BB$

$Z = AB + AB + BB = AB + B$

$\quad = B(A+1) = B \cdot 1 = B$

23

도면에서 2종류 이상의 선이 같은 장소에 겹치게 될 경우에 다음 선 중에서 순위가 가장 낮은 것은?

① 중심선 ② 숨은선
③ 절단선 ④ 치수 보조선

SOLUTION 선의 우선순위

외형선 → 숨은선 → 절단선 → 중심선 → 치수선 → 치수보조선

24

광센서의 분류 중 접합형 센서에 해당하지 않는 것은?

① Cds ② 컬러센서
③ 포토다이오드 ④ 포토트랜지스터

SOLUTION 광센서
- 광전자 방출형 : 광전관, 광전자 증배관
- 광도전형 센서 : Cds, PbS, 광도전셀
- 접합형 센서 : 포토다이오드, 포토트랜지스터, 컬러센서

25

다음 중 치수 기입의 원칙이 아닌 것은?

① 도면에 나타내는 치수는 계산하여 구하도록 기입한다.
② 치수는 되도록 주 투상도에 집중해서 지시한다.
③ 관련 치수는 되도록 한 곳에 모아서 기입한다.
④ 가공 또는 조립 시에 기준이 되는 형체가 있는 경우에는 그 형체를 기준으로 해서 치수를 기입한다.

SOLUTION 치수는 되도록 계산해서 구할 필요가 없도록 기입한다.

20 ③ 21 ③ 22 ① 23 ④ 24 ① 25 ①

26

전류, 전압, 저항과 다른 전기량을 함께 측정할 수 있는 기구를 지칭하는 용어로 다른 것은?

① 테스터 ② VOM
③ 멀티미터 ④ 벨테스터기

SOLUTION 멀티미터
- 전류, 전압, 저항과 다른 전기량을 함께 측정할 수 있는 기구
- 테스터, VOM(Volt-ohm-milliampere)라고도 부름

27

제어대상의 현재 출력값과 미래 출력의 예상값을 이용하여 제어하며, 응답 속응성의 개선에 사용되는 동작으로 옳은 것은?

① 미분 동작 ② 적분 동작
③ 비례 미분 동작 ④ 비례 적분 동작

SOLUTION 연속 데이터 제어
- 비례 제어(P 동작) : 잔류 편차가 발생하는 제어계
- 적분 제어(I 동작) : 옵셋을 제거, 편차 제거 시 적용
- 비례적분 제어(PI 동작) : 응답속도가 느림
- 미분 제어(D 동작) : 제어 편차가 검출될 때 편차가 변화하는 속도에 비례하여 조작량을 가감하도록 하는 제어
- 비례미분 제어(PD 동작) : 제어 결과에 빨리 도달하도록 미분 동작을 부가한 동작으로 응답 속응성의 개선에 사용된다.
- 비례적분 미분 제어(PID 동작) : 응답속도가 빠르고 안정도가 가장 좋은 동작
* 속응성 : 빠르게 반응하는 정도

28

다음 그림은 계의 입·출력 관계를 나타내는 블록선도이다. 여기서, 전달함수 G1 = 2, G2 = 3일 때 계 전체의 전달함수는?

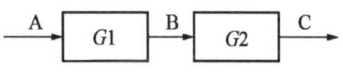

① 3 ② 6
③ 9 ④ 12

SOLUTION
- 전달함수 직렬 : 곱
- 전달함수 병렬 : 더하기

$$\frac{C(s)}{R(s)} = G1 \cdot G2 = 2 \times 3 = 6$$

29

아래 그림은 가공에 의한 커터의 줄무늬 기호 그림이다. ( ) 안에 들어갈 기호는?

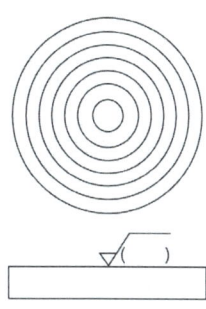

① M ② F
③ R ④ C

SOLUTION 줄무늬 방향 기호와 의미

기호	의미
=	• 가공에 의한 커터의 줄무늬 방향이 기호를 기입한 그림의 투영면에 평행 • 보기 : 셰이핑면
⊥	• 가공에 의한 커터의 줄무늬 방향이 기호를 기입한 그림의 투영면에 직각 • 보기 : 셰이핑면(옆으로부터 보는 상태) 선삭, 원통 연삭면
X	• 가공에 의한 커터의 줄무늬 방향의 기호를 기입한 그림의 투영면에 경사지고 두 방향으로 교차 • 보기 : 호닝 다듬질면
M	• 가공에 의한 커터의 줄무늬가 여러 방향으로 교차 또는 무방향 • 보기 : 래핑 다듬질면, 수퍼 피니싱면 가로 이송을 준 정면 밀링 또는 엔드 밀 절삭면
C	• 가공에 의한 커터의 줄무늬 방향의 기호를 기입한 면의 중심에 대하여 대략 동심원 모양 • 보기 : 끝면 절삭면
R	• 가공에 의한 커터의 줄무늬가 기호를 기입한 면의 중심에 대하여 대략 레이디얼 모양

④ 위 그림은 면의 중심에 대해 대략 동심원 모양(C)이다.

30

유압 시스템에서 유압유를 선택할 때 요구조건으로 틀린 것은?

① 화재의 위험이 없을 것
② 녹이나 부식 발생이 없을 것
③ 수분을 쉽게 분리시킬 수 있을 것
④ 동력을 전달하기 위해 압축성일 것

SOLUTION 유압 시스템에서 사용되는 유압유는 비압축성을 사용한다.

31

PLC에서 스캔타임(scan time)의 의미로 옳은 것은?

① PLC 입력 모듈에서 1개 신호가 입력되는 시간
② PLC 출력 모듈에서 1개 신호가 입력되는 시간
③ PLC에 의해 제어되는 시스템의 1회 실행시간
④ PLC에 입력되는 프로그램을 1회 연산하는 시간

SOLUTION 스캔타임
PLC에 입력된 프로그램을 1회 연산하는 시간

32

공압 근접 센서에서 사용하는 압력증폭기의 종류로 옳지 않은 것은?

① 배압노즐   ② 반향 노즐
③ 트랜지스터   ④ 에어 배리어

SOLUTION 압력증폭기 종류
- 배압노즐
- 반향노즐
- 에어 배리어

33

데이터를 1개의 케이블을 통해 1bit씩 전송하는 방식으로 전송 속도는 느리나 설치비용이 저렴한 데이터 전송 방식은?

① 병렬전송방식   ② 직렬전송방식
③ 반이중전송방식   ④ 전이중전송방식

SOLUTION 데이터 전송방식
- 단반향 통신 : 데이터를 항상 한 방향으로만 전송
- 반 이중 통신 : 데이터를 양방향으로 전송할 수 있지만 동시에는 전송 불가능한 것
- 전 이중 통신 : 전송에 필요한 송수신 반전시간이 없어도 동시에 양방향으로 데이터 전송이 가능한 방식
- 직렬전송방식 : 정보를 나타내는 하나의 문자를 구성하는 각 데이터 비트를 직렬로 나열한 후 1개의 전송회선을 이용하여 전송하는 방식
- 병렬전송방식 : 정보를 구성하는 각 데이터 비트가 각각 1 화선을 차지하는 방식

34

선형 스텝 모터에서 이송거리를 S, 스핀들리드를 h, 회전각이 a일 경우, 이송거리에 대한 식으로 옳은 것은?

① $S = \dfrac{360°}{a} \times h$ ② $S = \dfrac{h}{360°} \times a$

③ $S = \dfrac{h}{360° \times a}$ ④ $S = \dfrac{a}{360° \times h}$

SOLUTION 선형 스텝 모터
로터는 나선식 스핀들이 내장된 기어로 구성되고 스텝 모터의 각 회전(회전 스텝)은 나선식 스핀들을 정해진 거리만큼 전·후진시킨다.

이송거리 $S = \dfrac{h}{360°} \times a$

정답 30 ④ 31 ④ 32 ③ 33 ② 34 ②

35

다음 전달함수의 값으로 옳은 것은?

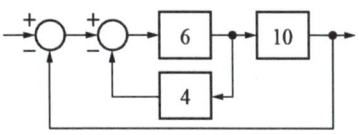

① 0.6 ② 0.7
③ 0.8 ④ 0.9

SOLUTION 블록선도의 전달함수

$$\frac{C(s)}{R(s)} = \frac{\text{순방향의 전달함수}}{1-(\text{폐루프 내 전달함수})}$$

폐루프 내 전달함수 전원이 (-)이므로,

$$\frac{C(s)}{R(s)} = \frac{6 \times 10}{1-(-(6 \times 4)-(6 \times 10))} = \frac{60}{85} = 0.7$$

36

다음 블록선도에서 제어시스템의 전달 함수로 옳은 것은?

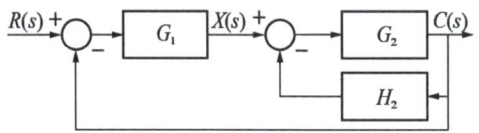

① $\dfrac{G_1 G_2}{1 + G_1 G_2 + G_2 H_2}$ ② $\dfrac{G_1 G_2}{1 + G_1 H_2 + G_1 G_2}$

③ $\dfrac{G_1 + G_2}{1 + G_1 H_2 + G_1 G_2}$ ④ $\dfrac{G_1 + G_2}{1 + G_1 G_2 + G_2 H_2}$

SOLUTION 블록선도의 전달함수

$$\frac{C(s)}{R(s)} = \frac{\text{순방향의 전달함수}}{1-(\text{폐루프 내 전달함수})}$$

폐루프 내 전달함수 전원이 (-)이므로,

$$\frac{C(s)}{R(s)} = \frac{G_1 G_2}{1-(-G_2 H_2 - G_1 G_2)}$$

$$= \frac{G_1 G_2}{1+(G_2 H_2 + G_1 G_2)}$$

37

측정체가 가진 물리량이나 그 변화를 전기적으로 변환하는 센서를 저항형, 기전력형, 스위치형으로 분류할 수 있다. 다음 중 저항형에 속하는 센서는?

① 서미스터 ② 열전쌍
③ 리드스위치 ④ 바이메탈

SOLUTION 측정체가 가진 물리량이나 그 변화를 전기적으로 변환하는 센서

- 저항형 : 서미스터, Cds 조도센서
- 기전력형 : 열전쌍, 태양 전지
- 스위치형 : 리드 스위치, 바이메탈 스위치

38

스테핑 모터 구조상의 분류가 아닌 것은?

① CD형 ② HB형
③ PM형 ④ VR형

SOLUTION 스테핑 모터 구조상의 분류

- PM형(영구자석형)
- VR형(가변 자기 저항형)
- HB형(하이브리드형)

정답 35 ② 36 ① 37 ① 38 ①

39

다음 유압 회로도에서 ⓐ기기의 역할로 옳은 것은?

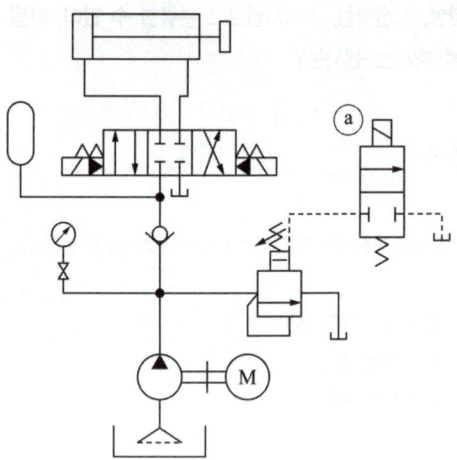

① 회로 내 발생되는 서지 압력을 흡수한다.
② 기계 정지시간에 유압유를 탱크로 언로드 시킨다.
③ 실린더의 전진 완료 후, 클램프 압력을 유지한다.
④ 실린더 전·후진 시 속도를 일정하게 제어한다.

SOLUTION ⓐ는 2포트 2위치 편솔레노이드 밸브로 기계 정지 시 유압유를 탱크로 언로드(무부하)시킨다.

40

유압 실린더의 속도제어 회로에 해당하는 것은?

① 미터인 회로, 블리드 오프 회로, 플립플롭 회로
② 미터아웃 회로, 로킹 회로, 카운터 밸런스 회로
③ 언로드 회로, 플립플롭 회로, 카운터 밸런스 회로
④ 미터인 회로, 미터아웃 회로, 블리드 오프 회로

SOLUTION 유압 실린더의 속도제어 회로
• 미터인 회로
• 미터아웃 회로
• 블리드 오프 회로

41

주파수 응답에 주로 사용되는 입력은?

① 계단 입력   ② 램프 입력
③ 임펄스 입력   ④ 정현파 입력

SOLUTION 정현파 신호
• 주파수 응답 분석 시 가장 기본적으로 사용되는 신호
• 보드선도, 나이퀴스트 선도와 같은 형태로 나타내어 시스템의 주파수 응답 특성을 시각적으로 분석할 수 있다.

42

십진수 19를 BCD코드로 변환한 결과로 옳은 것은?

① 0001 0011   ② 0110 1100
③ 0001 1001   ④ 0010 1100

SOLUTION

십진수 19를 8bit 2진수로 변환하면,

십진수	1	9
BCD	0001	1001

(Binary Coded Decimal)

43

입력 펄스에 비례하여 회전각을 낼 수 있어 디지털 제어가 용이한 특성을 가진 모터는?

① DC 모터   ② 유도 모터
③ 스테핑 모터   ④ 브러시리스 모터

SOLUTION 스테핑 모터
• 구조가 간단하고, 신뢰성이 높으며, 1개의 펄스가 가해질 때 1스텝만 회전하여 회전각도의 오차가 적다.
• 그 위치에서 일정한 유지토크로 정지하는 모터
• D/A 변환기, CNC 선반, 플로터, 복사기 등에 사용된다.
※ 브러시리스 모터 : AC 서보 전동기

44

다음 논리식을 PLC프로그램으로 올바르게 작성한 것은?

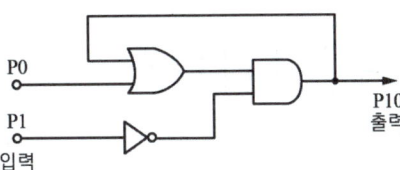

① 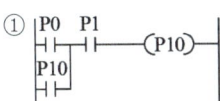 ② (P0, P1, P10 ladder)

③ 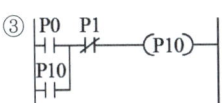 ④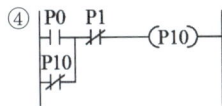

SOLUTION 문제 그림 논리식

AND(논리곱)	OR(논리합)	NOT(부정)
$Y = A \cdot B$	$Y = A + B$	$Y = \overline{A}$

문제그림의 논리식 : $(P0 + P10) \cdot \overline{P1} = P10$

PLC 프로그램으로 나타내면,

직렬은 논리곱 / 병렬은 논리합

③번과 같은 그림이 나온다.

45

공유압 밸브 연결구 표시법의 명칭과 기호가 잘못 짝지어진 것은?

① 배기구 – I, J, K
② 작업라인 – A, B, C
③ 제어라인 – Z, Y, X
④ 압축 공기 공급라인 – P

SOLUTION 밸브 연결구 표시법

분류	ISO-1219	ISO-5599
작업라인	A, B, C …	2, 4, 6 …
에너지 공급구	P	1
배출구	R, S, T	3, 5, 7
누출라인	L	9
제어라인	X, Y, Z …	10, 12, 14 …

46

조절부의 전달특성에 비례적인 특성을 가진 제어 시스템으로 잔류편차가 발생되는 제어는?

① 비례제어 ② 비례미분제어
③ 비례적분제어 ④ 비례적분미분제어

SOLUTION 비례제어 동작(P 동작)

조절부의 전달특성이 비례적인 특성을 가진 제어 시스템으로 잔류편차가 발생된다.

47

제어 시스템 내의 신호를 어떤 양자화된 신호로 제어하는 제어는?

① 서보 제어 ② 적응 제어
③ 최적 제어 ④ 디지털 제어

SOLUTION 디지털 제어

아날로그 제어로 처리하기 어려운 시간과 정보의 크기를 불연속적으로 표현한 제어 시스템으로 신호를 어떤 양자화된 신호로 제어하는 제어

정답 44 ③ 45 ① 46 ① 47 ④

48

PLC 입력부에 사용되는 기기가 아닌 것은?

① 엔코더
② 근접센서
③ 전자밸브
④ 리밋 스위치

SOLUTION
- PLC 입력부 : 스위치, 센서, 엔코더 등
- PLC 출력부 : 전자밸브, 램프, 전자개폐기 등

49

무접점 시퀀스를 구성하는 요소가 아닌 것은?

① 논리회로
② 입력회로
③ 출력회로
④ 공기압회로

SOLUTION 무접점 시퀀스 구성하는 요소
- 논리회로
- 입력회로
- 출력회로

50

리드스위치의 특성으로 틀린 것은?

① 스위칭 시간이 짧다.
② 사용 온도 범위가 넓다.
③ 반복 정밀도가 낮다.
④ 회로 구성이 간단하다.

SOLUTION 리드스위치 특성
- 스위칭 시간이 짧다.
- 반복 정밀도가 높다.
- 사용 온도 범위가 넓다.
- 내전압 특성이 우수하다.
- 동작 수명이 길다.
- 소형, 경량, 저가격이다.
- 회로 구성이 간단하다.

51

다음 그림에서 전체전달함수 $\dfrac{C(s)}{R(s)}$ 는?

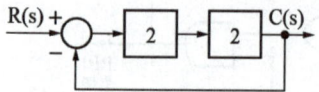

① 0.5
② 0.6
③ 0.7
④ 0.8

SOLUTION

공식 정리

$$\dfrac{C(s)}{R(s)} = \dfrac{\text{순방향의 전달함수}}{1-(\text{폐루프 내 전달함수})}$$

폐루프 내 전달함수 전원이 (-)이므로,

$$\dfrac{C(s)}{R(s)} = \dfrac{2\times 2}{1-(-4)} = \dfrac{4}{5} = 0.8$$

52

PLC의 CPU부 구성에 포함되지 않는 것은?

① 연산부
② 데이터 메모리부
③ 래더 다이어그램부
④ 프로그램 메모리부

SOLUTION PLC의 CPU부 구성요소
- 연산부
- 데이터 메모리부
- 프로그램 메모리부

53

공유압 장치의 전기 시퀀스 제어회로를 설계할 때 고려사항으로 틀린 것은?

① 대상 시스템의 동작순서는 고려하지 않는다.
② 비용, 설비 관리자의 수준이 고려되어야 한다.
③ 설계 전 충분히 대상시스템을 파악해야 한다.
④ 설계절차에 따라 순차적으로 진행되어야 한다.

SOLUTION 전기 시퀀스 제어회로를 설계할 때 대상시스템의 동작순서를 고려해야 한다.

54

다음 그림에서 전달함수 G로 옳은 것은?

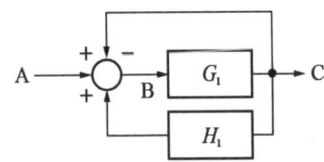

① $\dfrac{G_1}{1+H_1G_1-G_1}$ ② $\dfrac{G_1}{1+G_1-G_1H_1}$

③ $\dfrac{G_1A}{1+H_1G_1-G_1}$ ④ $\dfrac{G_1A}{1+AG_1-G_1H_1}$

SOLUTION

$$\dfrac{C(s)}{R(s)} = \dfrac{\text{순방향의 전달함수}}{1-(\text{폐루프 내 전달함수})}$$

문제에서 폐루프는 총 2개로, G_1, G_1과 H_1 이다.

G_1은 전원이 (-)로 들어오므로 $-G_1$,

G_1과 H_1은 직렬이므로 논리곱으로 나타내주고 전원은 (+)이므로 정리해주면

폐루프 내 전달함수 = $(-G_1+G_1H_1)$

$\dfrac{C(s)}{R(s)} = \dfrac{G_1}{1-(-G_1+G_1H_1)} = \dfrac{G_1}{1+G_1-G_1H_1}$

55

다음 진리표에 해당되는 논리식은?

A	B	Y
0	0	0
0	1	1
1	0	1
1	1	0

① $Y=A+B$ ② $Y=A \cdot B$
③ $Y=A \oplus B$ ④ $Y=A \odot B$

SOLUTION 입력과 출력이 다를 때만 출력이 나오므로 XOR 논리이다.
- XOR : $Y=A \oplus B$
- NXOR : $Y=A \odot B$

56

온도, 유량, 압력 등을 제어량으로 하는 제어에 적합한 제어 방식은?

① 서보 제어 ② 정치 제어
③ 개루프 제어 ④ 프로세스 제어

SOLUTION 제어량에 따른 분류
- 프로세스 제어 : 온도, 유량, 압력 레벨 농도, 습도, 비중 pH 등 공정 제어의 제어량으로 하는 제어
- 서보 기구 : 기계적 위치, 방향, 자세 등을 제어량으로 하는 추치 제어로써, 선박이나 비행기의 자동조정, 로켓의 자세 제어, 공작기계의 제어, 자동평형 기록계, 공업용 로봇의 제어 등의 제어로 임의의 설정치에 대해 추종하는 형태
- 자동 조정 : 속도, 회전력, 전압, 주파수, 역률 등 기계적 또는 전기적인 양을 제어량으로 하는 제어

57

발광부와 수광부가 서로 마주보고 배치되어 있고 이 사이에 물체가 들어가면 빛이 차단되어 출력을 내보내는 원리로 회전 속도제어, 위치제어, 계수 등에 사용되는 센서는?

① 로드 셀
② 자기 센서
③ 유도형 센서
④ 포토 인터럽트

SOLUTION 포토 인터럽트
광학 센서의 한 종류로, 빛을 이용해 물체의 유무나 위치, 속도 등을 감지하는 장치
- 비접촉식 감지
- 높은 정밀도, 빠른 응답 속도
- 발광부와 수광부가 서로 마주보고 있는 구조
- 사무기기, 자동문, 로봇 및 자동화 장비, 엔코더(회전 속도 및 각도제어)에 사용된다.

58

AC서보모터와 DC서보모터의 구조상 가장 큰 차이점은?

① 브러시 유무
② 영구자석 유무
③ 고정자 코일 유무
④ 전기차 코일 유무

SOLUTION AC서보모터와 DC서보모터의 구조상 가장 큰 차이점은 브러시 유무와 회전자의 구성이다.
- DC서보모터 구조 : 고정자, 회전자, 브러시
- AC서보모터 구조 : 고정자, 회전자, 엔코더

59

공유압 기기에 관한 설명이 틀린 것은?

① 감압밸브 : 2차 측의 압력을 일정하게 한다.
② 셔틀밸브 : 안전장치, 검사기능, 연동제어에 사용된다.
③ 압력 스위치 : 공기 압력신호를 전기신호로 변환한다.
④ 시퀀스 밸브 : 액추에이터의 동작을 정해진 순서에 따라 작동시킨다.

SOLUTION 셔틀밸브(OR밸브)
OR논리 회로를 구현하기 위해 사용되는 밸브로 여러 압력 입력 중 가장 높은 압력을 자동으로 선택하여 하나의 출력 포트로 보내는 것
※ 안전장치, 검사기능, 연동제어에 사용되는 것은 압력 스위치이다.

60

DC서보모터의 특징으로 틀린 것은?

① 제어성이 좋다.
② 속도제어 점위가 넓다.
③ 열이 발생하지 않는다.
④ 크기에 비해 큰 토크를 발생한다.

SOLUTION DC서보모터 특징
- 정밀제어
- 우수한 응답성, 간단한 제어 회로
- 고토크 특징
- 저렴한 비용, 높은 효율
- 유지보수 필요, 수명 한계, 전기적 노이즈 발생(열 발생)

자동화설비기능사 필기
무료특강

무료특강 신청방법

신규 무료특강은 교재 출간 후 순차적으로 촬영 및 편집되어 업로드 됩니다.

▲ 카페 바로가기

1 나합격 카페 가입
cafe.naver.com/napass1

2 사진 촬영
하단 공란에 닉네임 기입

3 카페 게시물 작성
등업 후 영상 시청 가능

카페 닉네임

- 가입한 카페 닉네임과 동일하게 기입
- 지워지지 않는 펜으로 크게 기입
- 화이트 및 수정테이프 사용 금지
- 중복기입 및 중고도서는 등업 불가능

처음이신가요?

자세한 등업방법은 아래의 QR 코드 참고해 주세요.

모바일 등업방법

PC 등업방법

카카오톡 오픈채팅방

나합격 자동화설비기능사 필기 + 무료특강

2018년 3월 5일 초판 발행 | 2019년 1월 5일 2판 발행 | 2020년 1월 5일 3판 발행 | 2021년 1월 5일 4판 발행 | 2022년 1월 5일 5판 발행
2023년 1월 5일 6판 발행 | 2024년 1월 5일 7판 발행 | 2025년 1월 5일 8판 1쇄 발행 | 2025년 4월 5일 8판 2쇄 발행 | 2026년 1월 5일 9판 발행

지은이 나합격 콘텐츠연구소 | 발행인 오정자 | 발행처 삼원북스 | 팩스 02-6280-2650
등록 제2017-000048호 | 홈페이지 www.samwonbooks.com | ISBN 979-11-94997-26-9 13500 | 정가 28,000원
Copyright ⓒ samwonbooks.Co.,Ltd.

- 낙장 및 파손된 책은 구입한 서점에서 바꿔드립니다.
- 이 책에 실린 모든 내용, 디자인, 이미지, 편집 형태에 대한 저작권은 삼원북스와 저자에게 있습니다. 허락없이 복제 및 게재는 법에 저촉을 받습니다.